数学·统计学系列

Source Book in Mathematics

数学之源

[美] 大卫·尤金·史密斯 (David Eugene Smith) 著

程晓亮 杜奕秋 杨艳秋 刘鹏飞 王晓红 译

U0223663

哈尔滨工业大学出版社

HARBIN INSTITUTE OF TECHNOLOGY PRESS

内容简介

本书由美国数学史大家大卫·尤金·史密斯(David Eugene Smith)邀请100余位当时知名数学家,编辑翻译数学发展史具有里程碑意义的原始文章,主要包括黎曼、高斯、牛顿、罗巴切夫斯基、费马、柯西等数学大师的原始文章.本书分5章,涵盖数、代数、几何、函数与微积分以及概率等领域的内容.

本书可供高等学校数学专业本科生、研究生,从事数学教育、研究的工作者,以及数学爱好者阅读使用.

图书在版编目(CIP)数据

数学之源/(美)大卫·尤金·史密斯
(David Eugene Smith)著;程晓亮等译. —哈尔滨:
哈尔滨工业大学出版社,2020.1(2023.7重印)
ISBN 978 - 7 - 5603 - 8698 - 0

Ⅰ.①数… Ⅱ.①大… ②程… Ⅲ.①数学 - 文集
Ⅳ.①O1 - 53

中国版本图书馆 CIP 数据核字(2020)第 006925 号

策划编辑　刘培杰　张永芹
责任编辑　李广鑫　孙　阳
封面设计　孙茵艾
出版发行　哈尔滨工业大学出版社
社　　址　哈尔滨市南岗区复华四道街 10 号　邮编 150006
传　　真　0451-86414749
网　　址　http://hitpress.hit.edu.cn
印　　刷　哈尔滨市工大节能印刷厂
开　　本　787mm×1092mm　1/16　印张31.5　字数574千字
版　　次　2020 年 1 月第 1 版　2023 年 7 月第 3 次印刷
书　　号　ISBN 978 - 7 - 5603 - 8698 - 0
定　　价　58.00 元

(如因印装质量问题影响阅读,我社负责调换)

◎ 译者前言

由美国数学史家大卫·尤金·史密斯（David Eugene Smith）担任作者的《数学之源》（*Source Book in Mathematics*）是一部经典巨著，他邀请100余位知名数学家翻译并整理了数、代数、几何、函数与微积分以及概率等领域中开创性的原始论文，包括黎曼、高斯、牛顿、罗巴切夫斯基、费马、柯西等数学大师的原始文章，对深刻理解数学的产生、发展以及可预见未来有着巨大的意义。该书自1929年出版以来，得到了广泛赞誉，影响深远。

2018年5月，在吉林师范大学"数学教育与数学史研究中心"成立之际，我们有幸与全国数学史研究会理事长、上海交通大学纪志刚教授当面交流，谈到《数学之源》一书，也了解到我国著名数学史家李文林先生主编的《数学珍宝——历史文献精选》一书中曾选译过该书的文章，这也足以证明该书的意义。

译者之一在首都师范大学读书期间，经导师李庆忠教授推荐开始详细阅读此书，十余年来，把此书作为案头读物，研究与教学之余时常翻阅，每次都有新的体会，对研究工作和教学工作启发颇多。在日常交流中，经常把此书介绍给同事和朋友，并逐渐把其内容翻译成中文推荐给学生。如今，几位译者能够全部翻译出此书，希望能使更多数学学习者受益。

在翻译过程中，我们参阅了大量中英文资料，在此对文章的作者表示衷心的感谢。翻译过程中诸多数学同行给予了不同角度的指导、帮助与支持，从中展现出的求真精神和严谨的学术态度使我们受益终身，在此表示深深的敬意和感激。感谢数学史专家、辽宁师范大学王青建教授给予的诸多帮助，他解释了该书部分原文的意图，指导我们查询相关资料。感谢国家自然科学基金数学天元

1

基金的支持(项目号:11826405),感谢哈尔滨工业大学出版社编审人员的辛苦付出。感谢马庆丰、丛鑫、宁春辉、张馨予等众多学生在书稿翻译、录入等环节给予的大力相助。

该书内容庞杂,涉猎广泛,又从德语、法语、丹麦语等原始文献翻译成英文,由于译者水平有限,在理解与翻译中,有的内容我们可能理解得还不够深刻,甚至没有完全理解当时作者的真实思考过程,翻译中语言使用也一定还存在偏差,在此特向读者表示深深的歉意,也恳请读者与同行多多批评指正,使我们及时纠正疏漏、修正不足,让更多读者受益。

译者
2019 年 12 月

◎

目

录

第一章　算数 // 1

§1　雷科德关于"算术价值的对白" // 9

§2　斯蒂文关于十进分数的研究 // 13

§3　戴德金关于无理数的研究 // 24

§4　沃利斯关于虚数的研究 // 31

§5　韦塞尔关于复数的研究 // 37

§6　帕斯卡关于算术三角形的研究 // 45

§7　蓬贝利和卡塔尔迪关于连分数的研究 // 53

§8　雅各布·伯努利关于伯努利数的研究 // 55

§9　欧拉关于证明每一个有理数都是四个数的平方和的研究 // 59

§10　欧拉用字母 e 表示 2.718…的研究 // 62

§11　埃尔米特关于 e 的超越性的研究 // 64

§12　高斯关于数的同余的研究 // 70

§13　高斯关于二次互反律的第三个证明的研究 // 73

§14　库默尔关于理想数的研究 // 78

§15　复数理论 // 79

§16 切比雪夫关于全体素数的研究 // 83

§17 纳皮尔关于对数表的研究 // 101

§18 德拉曼关于计算尺的研究 // 105

§19 奥特雷德关于计算尺的研究 // 106

§20 帕斯卡关于计算机领域的研究 // 109

§21 莱布尼茨关于算术计算机的研究 // 113

§22 纳皮尔关于纳皮尔尺的研究 // 118

§23 伽利略关于比例或扇形圆规的研究 // 121

第二章 代数领域 // 125

§1 卡尔达诺对虚根的处理 // 125

§2 卡尔达诺解三次方程 // 126

§3 关于立方数和"未知量"等于一个数 // 127

§4 费拉里 – 卡尔达诺关于四次方程的解法 // 130

§5 费马对方程 $x^n + y^n = z^n$ 的批注 // 134

§6 费马论佩尔方程 // 135

§7 沃利斯论一般指数 // 137

§8 沃利斯和牛顿论分数和负指数幂的二项式定理 // 138

§9 牛顿论分数与负指数幂的二项式定理 // 143

§10 莱布尼茨和伯努利论多项式定理 // 146

§11 霍纳法 // 148

§12 罗尔定理 // 163

§13 阿贝尔论五次方程 // 168

§14 莱布尼茨论行列式 // 173

§15 雅各布·伯努利论无穷级数 // 175

§16 雅各布·伯努利论组合论 // 175

§17 伽罗瓦论群、方程和阿贝尔积分 // 180

§18 阿贝尔论由幂级数定义函数的连续性 // 185

§19 高斯论代数基本定理的第二个证法 // 189

第三章　几何 // 202

　§1　笛沙格的透视三角形 // 202

　§2　笛沙格论四点对合 // 205

　§3　彭赛列论射影几何 // 207

　§4　波塞利耶连杆 // 213

　§5　帕斯卡的《圆锥曲线论》 // 214

　§6　布里昂雄定理 // 217

　§7　布里昂雄和彭赛列论九点圆定理 // 223

　§8　费尔巴哈定理 // 224

　§9　威廉·琼斯第一个使用 π 表示圆周率 // 229

　§10　高斯论圆的 n 等分问题 // 230

　§11　萨凯里非欧几何 // 232

　§12　罗巴切夫斯基 // 239

　§13　费马论解析几何 // 261

　§14　笛卡儿论解析几何 // 267

　§15　黎曼曲面和拓扑学 // 271

　§16　黎曼关于几何基础的假设 // 275

　§17　蒙日论画法几何学 // 283

　§18　雷格蒙塔努斯论球面三角形的正弦定理 // 284

　§19　雷格蒙塔努斯论三角形各部分的关系 // 289

　§20　皮提斯科斯论正弦定理和余弦定理 // 290

　§21　皮提斯科斯论布尔基的弧三等分法 // 291

　§22　棣莫弗公式 // 294

　§23　克拉维乌斯和皮提斯卡斯论积化和差 // 304

　§24　皮提斯卡斯论积化和差 // 305

　§25　克拉维乌斯积化和差在三角学中的应用 // 306

　§26　高斯论共形表示 // 309

　§27　施泰纳论两个空间之间的生成变换 // 318

§28　克雷莫纳论平面图形的几何变换 // 319

§29　李的一类几何变换 // 325

§30　莫比乌斯、凯莱、柯西、西尔维斯特和克利福德关于四维或更高维的几何学 // 351

第四章　概率 // 366

§1　棣莫弗关于正态概率的定理 // 380

§2　勒让德论最小二乘 // 387

§3　切比雪夫关于均值的定理 // 389

§4　拉普拉斯论大量观测均值误差的概率及其最优均值 // 395

第五章　微积分、函数、方程 // 408

§1　费马关于极大值和极小值的研究 // 411

§2　牛顿论流数 // 413

§3　莱布尼茨关于微积分的研究 // 417

§4　伯克利的《分析学家》及其对微积分的影响 // 422

§5　柯西关于一元函数导数与微分的研究 // 428

§6　欧拉关于二阶微分方程的研究 // 430

§7　伯努利对最速降线问题的研究 // 434

§8　阿贝尔关于积分方程的研究 // 444

§9　贝塞尔关于函数的研究 // 450

§10　莫比乌斯关于重心微积分的研究 // 455

§11　威廉·罗文·哈密尔顿对四元数的研究 // 460

§12　格拉斯曼关于扩张论的研究 // 466

算术

（特雷维索,意大利,第一本印刷的算术书,1478 年）
（本文由纽约市哥伦比亚大学师范学院的大卫·尤金·史密斯（David Eugene Smith）教授译自意大利文）

第

一

章

虽然现代普遍认为纯粹的计算及其在生活中的简单应用并不能算作是数学科学的一部分,但其在这样讨论数学之源的书里还是具有一定地位. 基于这个原因,此部分内容是从文艺复兴时期新成立的出版社出版的第一本关于算术的书中挑选出来的. 这部作品的作者虽然是曼佐洛人（Manzolo）,但是他并不知名,而且关于这本书的出版商也存在着疑问. 它是时间上而不是实际上的源泉,因为它所包含的内容对其他早期的算术家影响微小. 这部作品用的是威尼斯方言,极其罕见. 本文译自保留在纽约市乔治普林顿图书馆的复本. 和其他许多古老的复本一样,这本书没有标题,仅仅是以如下的话开头: Incommincia vna practica molto bona et vtilez a ciascbaduno cbi vuole vxare larte dela mercbadantia. chiamata vulgarmentelarte de labbacbo. 它在距离威尼斯北部不远的特雷维索市出版,上面没有标明作者,书的末尾有"特雷维索,1478 年 12 月 10 日"的字样.

由此开始了对从事商业艺术的人很有帮助的实践发明,比如被大众所熟知的算盘.

经常有一些我熟悉的想要从商的年轻人,想让我把算盘的基本算术原理写下来. 出于我对他们的喜爱以及这个主题的价值,我必须尽我所能地在一定程度上满足他们,并使他们愿有所值. 因此,我将十进制算法引入如下:

万物皆数. 此外,现存的事物都是受规则约束的,因此在各个知识领域中,像"算盘"的这类发明是必要的. 为了走进这个主题,读者必须首先了解我们的科学基础. 数是由多个单位组合而成的,并且至少是两个单位,例如 2,它是第一个并且是最小的数. 任何事物的单位都被证明是 1. 此外,我们知道有三种类型的数,第一种叫作简单数,第二种叫作整十数,第三种是复合数或混合数. 简单数是指不含十位的数,它由单个的数字表示,比如 1,2,3 等. 整十数是指能够被 10 整除的数,如 10,20,30 等类似的数. 混合数是指大于 10 但不能被 10 整除的数,例如 11,12,13 等. 在运算中,我们也必须理解五种基本运算:计数法、加法、减法、乘法和除法. 对于这些,我们首先探讨计数法的相关内容,然后依次讨论其余的内容.

计数法是指用数字来表示数,通过 10 个字母或数字来完成,例如 1,2,3, 4,5,6,7,8,9,0. 当然,这些数字中的第一个数字 1,并不叫作数字,而是数之源①. 第 10 个数字 0,叫作"零",表示"什么都没有",尽管这个数字本身没有什么价值,但是当它与其他数字结合起来时,就会增加其他数字的价值. 此外,你应该注意到一个数字本身的值不能超过 9,从 9 这个数字开始往后,如果你想要表示一个数,就必须使用至少两个数字. 因此,用 10 来表示十,用 11 来表示十一,依此类推.

十亿位	亿位	千万位	百万位	十万位	万位	千位	百位	十位	个位
									1
								1	2
							1	2	3
						1	2	3	4
					1	2	3	4	5
				1	2	3	4	5	6
			1	2	3	4	5	6	7
		1	2	3	4	5	6	7	8
	1	2	3	4	5	6	7	8	9
1	2	3	4	5	6	7	8	9	0
2	3	4	5	6	7	8	9	0	0
3	4	5	6	7	8	9	0	0	0
4	5	6	7	8	9	0	0	0	0
5	6	7	8	9	0	0	0	0	0
6	7	8	9	0	0	0	0	0	0
7	8	9	0	0	0	0	0	0	0
8	9	0	0	0	0	0	0	0	0
9	0	0	0	0	0	0	0	0	0

为了理解这些数字,我们必须牢记②:

1 乘 1 等于 1	1 乘 10 等于 10
1 乘 2 等于 2	2 乘 10 等于 20
1 乘 3 等于 3	3 乘 10 等于 30
1 乘 4 等于 4	4 乘 10 等于 40

---

① 较早时不是用 1 表示数字 1,而是用 i 来表示,原文也用 i 来表示,本译文中直接用 "1" 表示.

② 下面一直延续到 "1 乘 100 等于 100""0 乘 100 等于 0".

1 乘 5 等于 5	5 乘 10 等于 50
1 乘 6 等于 6	6 乘 10 等于 60
1 乘 7 等于 7	7 乘 10 等于 70
1 乘 8 等于 8	8 乘 10 等于 80
1 乘 9 等于 9	9 乘 10 等于 90
1 乘 0 等于 0	0 乘 10 等于 0

为了理解上述内容,有必要注意到上面的文字给出了下面这些数字所占据的位置的名称. 例如,在"个位"下面即定义为个位的数字,在"十位"下面即定义为十位的数字,在"百位"下面即定义为百位的数字,依此类推. 因此,如果我们赋予每一个数字以自己的名字,并用它乘以它所在位置的值,我们就会得到它的真实值. 例如,如果我们用"个位"下面的 1 去乘以它所在位置的值,也就是 1,我们有"1 乘 1 等于 1",意味着我们得到了一个个位数. 同样地,如果我们取同一列中的 2,并且乘以它的位值,我们将有"1 乘 2 等于 2",这意味着我们有两个单位. 这条规则也适用于其他数字,每一个数都将乘以该数位上的值.

这足以表明计数法是如何进行"运算"的.

现在已经介绍完计数法,我们来继续看另外四种运算,即加法、减法、乘法和除法. 为了区分每一种运算对应的一个专有名词,如下所示

加法	加,
减法	减,
乘法	乘,
除法	除.

还应注意到,取两个数,至少需要两个数才能运算,在上述任何一种运算下,都会得到确定的结果. 此外,每种运算都得到一个不同的结果,除了 2 乘 2 与 2 加 2 有相同的结果外,因为它们的运算结果都是 4. 以 3 和 9 为例,我们有:

加法:	3 加 9	等于	12
减法:	9 减 3	等于	6
乘法:	3 乘 9	等于	27
除法:	3 除 9	等于	3

因此,我们看到不同的数在不同的运算下会得到不同的结果.

为了理解第二种运算,即加法,有必要知道这是几个数的结合,至少是两个数的结合,从一个数出发,最后我们可以知道加法运算的结果是不断增大的. 还有一点要理解的是,在加法运算中,至少需要两个数,即被加数较大,加数较小. 因此,我们总是把较小的数加到较大的数上,这比按照相反的顺序相加更方便,尽管后者也是可行的,而且在任何情况下其结果都是相同的. 例如,如

果我们把 2 加到 8 上,结果是 10,把 8 加到 2 上的结果也是 10. 因此,如果我们想把一个数加到另一个数上,那么我们把大数放在上面,小数放在下面,并把数的位置对齐,即个位对应个位,十位对应十位,百位对应百位,等等. 我们总是从最低位开始加起,对齐. 因此,如果我们把 38 和 59 相加,写作:

$$59$$

$$38$$

和　97

然后我们说,8 加 9 等于 17,我们把 7 写在和的个位上,并且进 1(当某一位上相加的结果是两位数时,把个位上的数留在相应位置,而把十位上的数进到相邻的高位中去). 现在 1 加 3 等于 4,再加 5 等于 9,把它写在对应的位置上,就会得到 97.

这项工作的证明在于从总和中减去一个相加的数,差就是另一个数. 用减法证明加法,用加法证明减法,我把证明的方法留到后面来研究,即理解各种运算之间的相应的证明.

还有另外一种证明方法. 可以用舍九法检验结果,不必注意到每个结果,只观察个位数字就可以. 当一个数的各位数字总和超过 9 时,就减去 9,余数就是这个数的舍九数. 和的舍九数等于加数的舍九数之和. 例如, 假设你希望验算下面的加法:

$$59$$

$$38$$

和　97 | 7

59 的舍九数是 5 + 9 - 9 = 5;59 的舍九数加上 38 的舍九数即 5 + (3 + 8 - 9) = 7,在总和之后画个竖线写在后面. 97 的舍九数是 9 + 7 - 9 = 7. 用这种方法可以验算所有数的加法结果,即不考虑相等数下代表的金钱、尺寸或质量. 我将根据不同的类型给出另一种证明方法. 如 1916 加 816,排列数字如下:

$$1916$$

$$816$$

和　2732

因为 6 加 6 等于 12,将 2 写下,提出 1. 然后将这个 1 接着往左边加,即 1 加 1 等于 2,再加一个 1 等于 3. 落下来写上 3,并计算 8 加 9 的和等于 17,写下 7,把 1 接着加到左边:1 + 1 = 2,落下来写上 2,总和计算完成. 如果你想通过舍九法验算一下:

$$1916$$
$$816$$

和　2732|5

现在可以通过从上面的数开始对证明进行验证，即 $1+1+6+8=16,16-9=7,7+1+6=14,14-9=5$，这应该是写在总和之后，由一个竖线分隔。现在看看总和中舍 9 的余数：2 加 7 等于 9，余数是 0；3 加 2 等于 5，余数是 5，因此结果是正确的。

现在我们已经研究了算术的第二种运算，即加法运算，读者接下来应该注意第三种运算，即减法运算。因此，我说减法的运算无非是这样的：两个数，我们要找出数字从小到大排列之后它们有多少差异，然后计算出这种差异。例如，从 9 中取 3，剩下 6。减法必须有两个数，即减数和被减数。

为计算方便起见，被减数写在上面，减数写在下面，即：个位对应个位，十位对应十位，依此类推。如果我们接下来想要用被减数中每一位对应的数字，减去减数中所对应的数字，我们将发现减数中的数字比被减数中所对应的数字更小、更大或者相等。如果相等，比如 8 与 8 之间，所差的数是 0，我们在相应的列下面写上 0。如果被减数所对应的数字比减数的大，则我们去掉减数中小的那位数，取而代之的是所差的数，比如 $9-3$，差是 6。可是如果被减数所对应的数字比减数小，因为我们不能用一个较小的数减去一个较大的数，那么我们取较大的数对 10 的补数加上这个较小的数，但要记住前提：左边紧挨的一位要减去 1。每当你要用一个小的数去减大的数时要格外小心，补上 10 并且要记得之前说的前提。现在举一个例子，452 减去 348，像这样做：

$$452$$
$$348$$

差　104

首先，我们用一个小数减去一个大数，然后两个相等的数相减，最后用一个较大的数减去一个较小的数。我们进行如下计算：我们不能从 2 中拿走 8，但是 8 相对于 10 的补数是 2，2 加 2 等于 4，我们在 8 的下面写上 4。但是 8 的左面的数字 4 加上 1 等于 5，5 减 5 等于 0，写在下面。然后 4 减去 3 等于 1，写在 3 的下面。这样我们就得到了结果 104。

如果我们想证明这个结果，把差与减数相加就等于被减数。过程如下：

$$452|2$$
$$348|6$$
$$104|5$$
$$452$$

现在作加法，4 加 8 等于 12；把 2 写在 4 的下面，剩下 1. 然后 1 加 4 等于 5；把 5 写在 0 之下；然后作加法，1 加 3 等于 4，并把 4 写在 1 的下面，这样就检查完了. 因此，你就看到了之前我承诺的事情.

现在解释了第三种运算，即减法，读者应该注意第四种运算了，即乘法. 要理解这一点，有必要知道，一个数乘以本身或另一数实际上就是从这两个数中找到第三个数，这第三个数是其中一个数的多少倍. 另一个数中都含有同样多个单位. 例如，2 乘 4 等于 8，因为 2 中有 2 个单位，所以 8 包含 2 个 4，所以 8 是 4 的 2 倍. 因为单位是 4，8 包含 4 个 2，所以 8 是 2 的 4 倍. 应该很清楚，在乘法中，必须有两个数，即乘数和被乘数，并且乘数也有可能作被乘数，反之亦然. 总之在两种情况下，结果是相同的. 然而，根据以往的经验和实践，要求将较小的数视为乘数. 因此，虽然结果是一样的，但我们应该说，2 乘 4 是 8，而不是 4 乘以 2 是 8. 现在不用多说，但出于练习的目的，我将会介绍三种方法，即制表法、十字相乘法、棋盘法. 这三种方法，我会简单地向你们解释. 但在给出规则或方法之前，你们必须记住下面所说的，没有这些，就没人可以理解所有的乘法运算.

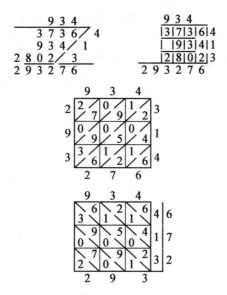

我现在已经让你们用心去学习算术练习中所需的所有规则，没有它，没有人能掌握这门艺术. 我们不应抱怨为了准备工作必须背下这些东西；因为我向你保证，我所提出的这些东西对任何一个想要精通这门艺术的人来说都是必不可少且长久相伴的，除了这些之外还需学习的东西，也是有价值的，却不是必需的.

用心学习了以上所有的事实之后，小学生可能会热情地通过表格作乘法运算了. 当乘数是一个简单数, 而被乘数至少是两位数时, 这个运算就产生了, 但是我们想要多少就有多少. 我们可以更容易地理解这个运算, 我们将最右边的数字称为个位; 向左第二个数字为十位, 第三个数字为百位. 这便于理解, 通过表格得到如下规则: 首先乘数与被乘数的个位数字相乘. 如果得到一个简单数, 把它写在适当位置; 如果得到的是一个整十数, 写下 0, 保留十位并且加到十位的结果上; 但是如果得到一个混合数, 把它的个位写在适当的位置, 然后保留十位加到十位的结果上, 对于其他所有数位套用同样的方式. 之后将乘数的个位乘上十位; 然后乘百位, 依此类推;.

为了了解第四种运算, 即除法. 要研究三件事: 即什么是除法, 除法中需要多少数字; 这些数中哪一个更大. 首先, 我说, 除法是从两个给定的数中求出第三个数的运算, 较小的数中有多少个单位, 较大的数就是较小的数的多少倍, 当你发现较大的数包含了几倍的较小的数时, 就会找到这第三个数. 例如, 假设我们计算 8 除以 2;8 是 2 的 4 倍. 因此, 我们说 4 是所要求的商. 此外, 8 除以 4, 这里 8 是 4 的 2 倍, 因此 2 是所要求的商.

其次, 需要注意的是, 在除法中必须有三个数——被除数、除数和商, 正如你从上面给出的例子中所理解的那样, 2 是除数, 8 是被除数, 4 是商. 需要注意的是, 由此得出了我们所研究的第三件事, 被除数总是大于或等于除数. 当被除数等于除数时, 商总是 1.

简单来说, 在实际计算时有两种相除方法——分别用表格和竖线来表示. 在除法中, 要从数的最高位开始, 从左往右算, 能用表格法算的用竖线法也能算, 为了简便起见, 我们尽量不用竖线法. 因此, 再看表格法: 看左边第一位数中有多少除数, 如果包含除数, 把所包含的商写在它上面; 如果其中不包含除数, 把这个数看作是十位, 并和右边下一位数整体看作一个数, 找到商, 写在个位上面. 如果有余数, 再把它看作十位, 和右边下一位数整体看作一个数, 再把商写在这个数的个位上面. 用这个方法算完右边剩下的数, 并写下商, 把余数写在右边, 用竖线隔开, 如果余数是 0, 也写在右边. 下面我举一个例子:

把 7 624 枚金币分为两部分, 具体步骤如下:

除数	.2. 7 624	余数	0
商	3812	3 812	

如果可以理解我上面所述的步骤, 那么就有必要接收并应用这些方法和规则, 你现在必须学习的规则就是这三条. 你有必要加深对上述四种运算的理解——加法, 减法, 乘法以及除法——我将拿它们作比喻. 作为一个木匠 (希望是个出色的木匠) 需要有非常锋利的工具, 要知道先使用什么工具, 再使用什么工具……最后他可以在工作中获得快乐, 所以这是一份需要实践的工作. 在你学习这三条规则之前, 你应该熟练掌握已经详细解释过的加法、减法、乘法

和除法的步骤，以便你可以在工作中收获快乐，越干越起劲. 此外，这三条规则在算术艺术中是最重要的，它们会遵循你的指令，你必须牢牢掌握运算这项工具，这样你就可以开始苦干而不用担心损坏你的工具，也就是避免算错. 这样你们的努力就会受到高度赞扬.

这三条规则是这样的：你应该把你想知道的东西乘上不像它的东西再除以另外一种东西. 而产生的商将是没有类似术语的事物的性质. 除数总是与我们想知道的事物不一样（重量、尺寸或其他差异）.

在阐述这条规则时，首先要注意的是，在每一种情况下，只有两种性质不同的东西，其中一个命名为两次——用两个不同的数——另一个命名为一次，只有一个数字. 例如：

如果 1 里拉的藏红花的价值等于 7 里拉的胡椒，那么价值 25 里拉的藏红花值多少钱？虽然这里没有同时提到藏红花和钱，但是藏红花被两个不同的数字提到，即 1 和 25；通过一个数字 7，钱被提到过一次，所以这不是三条规则，因为有三个不同性质的东西，有一件事被提到过两次.

……

三个商人把他们的钱投资在合伙企业里，为了使问题表述得更清楚，我用名字来提及. 第一个人被称为皮耶罗，第二个人为马球，第三个人为祖娜. 皮耶罗放了 112 金币，马球放了 200 金币，祖娜放了 142 金币. 在某一时期结束时，他们发现他们已经赚了 563 金币. 要知道每一个人身上到底有多少金币，这样就没有人会上当受骗.

……

有两个商人，一个人有价值 22 里拉每码的布，以 27 里拉的价格卖出；另一个人有价值 19 里拉每担的羊毛. 要知道他在出售时每担索要多少里拉，这样就不会被骗了.

……

圣父从罗马派了一个信使到威尼斯，命令他在 7 天内到达威尼斯. 威尼斯最杰出的领主也派了另一位信使前往罗马，要求他在 9 天内到达罗马. 从罗马到威尼斯是 250 英里（1 英里 = 1 609.344 米）. 碰巧，在这些领主的命令下，信使们同时出发了. 需要知道他们将在几天内能够见面.

……

有谁好逸恶劳而被称颂？没有！

1478 年 12 月 10 日，特雷维索

§1　雷科德关于"算术价值的对白"

（本文由纽约市哥伦比亚大学师范学院的大卫·尤金·史密斯教授选定）

罗伯特·雷科德(Robert Recorde，约 1510—1558)，毕业于牛津大学和剑桥大学，后来又同时在这两所大学任教.他写了几本有关数学的著作.他的算术著作《艺术基础》(*The Ground of Artes*)，并不是在英格兰出版的第一部书，却是迄今为止对英语国家而言最有影响的早期数学著作.这不是因为它的问答式风格，虽然这无疑影响了其他作者采用这种教科书形式，而是因为它通过其主题和风格，制定了一个标准，一直沿袭到近代.本着一本源书至少应该涉及基础分支的原则，"算术价值的对白"在此给出.这本书的第一版的准确时间尚不确定，但大约在 1542—1550 年之间.虽然有许多早期版本可以在纽约市乔治普林顿图书馆找到，但是，要想挑出一部雷科德影响一个世纪(直到 1646 年)的代表作的话，此书当然是首选.如标题页所述，这本书"后来由约翰·迪伊(John Dee)先生改编"，其是欧几里得《几何原本》英文首译本的修订人；"由约翰·梅利斯(John Mellis)补充""由雷科德审阅、修正、注释并扩充"，并且其中的表格"由哈特维尔(Hartwell)勤奋地计算"，因此，这部书代表了一百多年来教学工作的最大努力.

以下是雷科德序言的摘录：

致亲爱的读者
——罗伯特·雷科德先生的序言

在伤感的时代，我怀着沉痛的心情哀叹英国的不幸，许多伟人出现在世界的其他地方，却很少有人出现在英国.然而，由于自然的孕育，我认为几乎没有哪个国家的人比英国人更聪明，但我不能把原因归咎于对学习的误解或任何其他的事情，然后再去沉思.因为英国人在智慧上不低于任何人，但大多数人都只沉迷于徒劳的享乐，而这种享乐也随即带给他们巨大的痛苦和劳动，如果他们经过用功的学习和艰辛的劳动，那么他们就不会只是享乐了！

然而，并非所有的人都是这样的，尽管多数人都是，但他们却是快乐的，而不是孤军奋战.用功学习，也努力地与他人交流他们的学习成果，使整个英国(如果可能)都能分享到同样的东西；多数人都是这样的，以至于他们无法承担自己所需的费用，因此他们无法做出那些伟大的创举，也就是他们想要做的事情.

但更可悲的是，当学识渊博的人为帮助不学习的人而努力做事情时，他们很少会被允许做他们擅长的工作,却被嘲弄和鄙视,完全不愿意再去干类似的事情.以下是"阿里塞梅蒂克利润宣言",取代了正文的前十页.可以说是在一段时期内代表本文的立场,目前教育家们以何作为初等算术的"对象"的基础.

大师与学者之间的对话:用钢笔教学艺术和算术

先生,出于我对您权威的尊重,我很乐意赞成您的说法,并将其奉为真理,尽管我找不到任何能让我接受它的理由.此外,在我看来,与自己花时间学习知识,每时每刻自主学习相比,与他人讨论问题似乎是无用的.

老师:瞧,这就是他们试图为自己的盲目无知辩护的理由和方式.当他们认为自己已经找出了强有力的理由时,结果却恰恰相反.数学是相当普遍的(正如你所承认的那样),离开它没有人能单独做任何事情,更不用说和别人轻松地交谈或讨价还价,必须用到数字:这并不是可鄙的行为,而是相当优秀的,有很高的声誉的,这是所有的事情的基础,因为没有它就不能讲任何事,没有它就不能交流,没有它,任何讨价还价都不可能完美无缺地结束,或者说,没有数学参与的交易,就不是正当交易.这些商品,如果没有其他商品,还能否考虑数量上的问题……但是还有无数的、遥远的对数字的赞美.为什么在所有的工作中职员的工作如此被美慕?为什么审计人员如此富裕?几何专家们的地位如此之高而令人着迷?为什么天文学家有这么大的进步?因为他们用数字所做的事情、所发现的东西是超出人们想象的.

学生:的确,先生,如果是这样的话,那么这些人就能用数学狡猾地做出多数人感到不可思议的事情来达到他们的目的,那么我就很清楚我被骗了,而且数学比我想象的还要狡猾.

老师:如果数字像你所看待的那样卑劣,那就不要在人们的交流中提到它了.不使用数字,回答这个问题:你几岁了?

学生:嗯.

老师:一周有几天?一年有几个星期?你父亲有多少土地?他养了几口人?你从他那里到我这来有多久了?

学生:嗯.

老师:你看,如果不用到数字,你所有的回答都是"嗯":多少英里到伦敦?

学生:一个装满李子的罐子中李子的数量.

老师:为什么,因此你可以看到,什么是在数字下产生的规则,如果没有数字,将使人哑口无言,因此,对大多数问题都将回答得含糊不清.

学生:这就是为什么,先生,我认为它是如此狡猾,因为它在日常生活中无处不在,就像俗语所说,它可谓是"丰衣足食"啊!

老师:事物的存储是没有坏处的,明白吗?事情越普通,就越被需要,就越好,就越被渴望,但是在数学中,它的一部分是容易的而且普通的,大部分是困

数学之源

难的,不容易达到的.较容易的部分是为所有人服务的,而另一部分则需要一定的学问.为什么没有数字一个人几乎什么都做不了,因为在它的帮助下,你可以做一切事情.

学生:是的,先生,为什么最好先学习数字的艺术,如果先学习其他的,所有人都跟着一个人学,那么他就再也不用学了.

老师:不,不是这样的,但如果首次学习它,那么一个人就能够通过学习感知和获得其他科学,而不学习它,它就永远不可得.

学生:我从你以前的话中看出,天文学和几何学在很大程度上依赖于数字的帮助,但其他科学,如音乐、物理、法律、语法等,也都在一定程度上运用到了数字.我并没有发现.

老师:我也许只能通过一些科学手段认知繁复计算过程中的一小部分,但我可以将其跳过,因为它并不影响我所要达到的目的.同时,我会向你呈现,算术是如何在其中获利的,仅仅根据少部分的理解,省略大量的其他原因!

首先,音乐都是以数量和比例为基础的;在物理学中,除了批判计算之外,一个人如果不知道数字的比例,如何能正确地判断脉冲呢?

因此,对于律法来说,很明显,如果一个法官、检察官、辩护律师不了解算数,那么他怎么能很好地理解另一个人的动机呢?如果他不知道算术,那他怎么能够理解如何分配货物,其他债务,或是钱的总价值?当法官不喜欢听到不被察觉的事情,或因缺乏理解影响判断时,都会使他的权力受到制约:这是由于对算术的无知.

现在,关于语法,我想你不会怀疑它所需要的数字,因为你已经了解了各种名词、代词、动词和分词,还有与其有很明显区别的词性,比如具有多样性的数词和副词.如果你从语法中去掉数字,那么所有音节的数量都丢失了.此外,有许多其他方法可以帮助学习和理解语法,研究人员又是依靠什么建立和制造的呢?不都是按照数字计算的吗?

但是,他们很快就会看到,在亚里士多德、柏拉图或其他哲学家的著作中,对于哲学的各个部分而言,算术都是多么的必要.几乎所有的例子以及检验都依赖于算术,亚里士多德有句话说,"对算术一无所知,是不懂科学的".

他的老师柏拉图在他的校门上写了一个句子:"不懂几何者勿入!"看到他的所有学者都成为几何学家,更希望在算术身上也能如此,不会几何是站不住脚的.

对于神学来说,算术是多么的必要,许多神学家运用算术解释了无数的谜题,并且写了很多关于它的东西.如果我去写所有的民事行为中运用算术的部分,如和平时期的共同西部治理,以及军队在战时的一切规定、东道国的编号、工资总和、食物的提供、炮兵的视野,还有建造土地、为人类扎营这样的地方,算术在很多方面为人们提供福利:作家、财务主管、接收人、管家、法警,诸如此类的人,他们的办公室里没有算术,什么都不是.所以特别强调,所有东西都或多或少运用到了算术科学,它足够称得上是一部伟大的著作.

学生:不,不,先生,你不需要,因为我不怀疑,但正如你刚才说的,这足以使任何人觉得这门艺术是正确的、好的,而且对人们来说是必要的.(就像我现在想的那样)一个人干得很好,他的理智和机智也是如此.

老师:怎么,你现在听了几种简单的知识就改变很多了吗?如果你知道所有的知识,那你就有很大改变了.

学生:我恳求你,先生,把那些藏在它们后面的内容留到更方便的地方去吧,如果在此时就无条件地接受这宝贵的财富,那么我可能会有点不舒服.如果有的话,我将会再次感受您的痛苦.

老师:我很开心收到你的请求,如果你准备好了来学习,我们可以马上开始.

学生:您的吩咐是我的荣幸,无论你说什么,我都认为是对的.

老师:这实在是太过分了,在没有道理的情况下,谁也不能被使唤干任何事情.尽管我可能要求我的学生对我有基本的信任,但除非我说明理由,我对此并不强求.可是从现在起,你如此认真地想要把这门艺术发挥得淋漓尽致,最好抓紧时间,免得别的什么激情把这巨大的热流带走,然后在你看到终点之前就结束了.

学生:虽然那里有许多人的心是如此的不稳定,以至于他们的思想总是起起伏伏反复无常,但我并不是这样的人,我相信你一定知道的.因为我一旦开始一件事情,直到它完全结束,我永远都不会放弃.

老师:我终于遇到你了,并且我相信你将大有所成,而不是退步.至于永远不想接受考验,企图走捷径,我相信你是不会那么做的;因此,请简单地告诉我:什么叫你如此渴望的科学.

学生:先生,你知道的.

老师:我想知道你们了解吗,因此我问你.它曾研究一门科学,但却无法知道它是如何命名的,这会受到巨大的批评

学生:有人把它称为 Arsemetrick,也有一些人称它为 Augrime.

老师:这些名字意味着什么?

学生:如果你高兴的话,我会向你学习.

老师:这两个名字都写得很烂:希腊人将 Arsemetrick 命名为算术,阿拉伯人将 Augrime 命名为算法,这二者都是计算科学的一部分.在希腊文中,Arithmos 表示数字,将 Arithmetick 等同于算术艺术.因此,算术是一门科学或艺术,它的主要内容是数字的规则与用法.

这种艺术可以用钢笔或计算器进行不同程度的运算.

但我会先向你展示用钢笔进行的工作,然后才是用计算器进行的工作.

学生:我会记住的.但是,究竟要学习多少东西,才能完全实现这门艺术呢?

老师:一般认为它由七个部分组成:数字,加法,减法,乘法,除法,级数和根的提取.有些人在其中又添加了二倍数、三倍数和中数.至于这三项,将其归属于其他.二倍数、三倍数在乘法运算下进行,就像在它们的位置上所显示的那样,以及取中数在除法运算下进行,我也将在其他位置介绍这一点.

学生:然而,仍然有前七种运算.

老师:是这样的,如果我要确切地说出数字的各个部分,我必须提及其中的五个部分:因为级数是加法、乘法和除法的复合运算,根的提取也是如此.但是这并不影响它们的命名,它们各司其职.因为它并不是为了争夺它们的数量,而是为了它们的知识和实践.

学生:那么我现在知道了,算术应由这七个部分组成并命名,现在我希望您能教导我如何使用它们.

老师:我会的,但必须按顺序来,因为你不可能第一次就学到最后一个,所以你必须像我排练的那样,按照顺序学习,如果你能很快地学会的话,那么就很好了.

学生:按照您说的来,我们开始;按照顺序,第一个是计算,我应该如何学习呢?

老师:首先,你必须知道它是什么,然后再学习它的用法.

§2　斯蒂文关于十进分数的研究

(本文由俄亥俄州克利夫兰(Cleveland,Ohio)西储大学(Western Reserve University)的维拉·桑福德(Vera Sanford)教授译自法文)

十进分数的发明不能归功于任何一个人.当除数为 10,100 或 1 000 的倍数时,佩洛斯(Pellos,1492)在第 1,2 或 3 位加小数点来表示被除数.亚当·里斯(Adam Reise,1522)打印了一张平方根表,将无理数的值计算至小数点的后三位.最重要的是,鲁道夫(Rudolff,1530)在复利表中用"|"表示小数点.

第一个讨论十进分数及其算术理论的人是西蒙·斯蒂文(Simon Stevin,1548—1620),他是布鲁日人,也是威廉(William)的忠实支持者,威廉一直默默参与低地国家(荷兰)与西班牙的斗争.斯蒂文是莫黎斯王子的导师,荷兰军队的军需官,也是某些公共工程的专员,尤其是堤防工程的专员.据报道,他是第一位将商业簿记原理应用于国民账目的人,他在水力学方面的研究成果也有助于日后微积分定理的研究.

斯蒂文关于十进分数的著作出版于 1585 年,同年发行了佛兰芒文版(De Thiende)和法文版(La Disme).

以下的译文出自吉拉德(Girard)编辑,并于 1634 年在莱登(Leyden)出版的西蒙·斯蒂文的作品.

1. 十进算术

如何将商业中满足的所有计算都可以在没有分数的情况下由整数执行.

最开始的版本是佛兰芒语,现在由布鲁日的西蒙·斯蒂文译成法语.

西蒙·斯蒂文向占星家、统计师、测量员、立体几何学家、造币局长及所有商人致意.

一个人若将这部书与这一领域的专著相比,特别是将这部书的规模想象为无知与杰出能力相比的程度,就一定会认为我的想法是可笑的. 但与此同时,他也许已经比较了那个假想的比例式中的首末项. 而我宁愿让他多考虑一下第三项比第四项.

本书要说的是什么? 奇妙的发明吗? 还说不上是,像这么简单的东西实在不适合冠之发明的美名,就是一些并不聪明的人也说不定会碰巧不用任何方法就发现它. 如果哪位觉得我讲述十进数的功用是在吹嘘自己聪明,那么他就确切无疑地显示出他既缺乏判断力又没有足够的智力,他简直不知道什么容易,什么困难,要不就是他仇视对公众有好处的事情. 然而,即使有人这样没有根据地污蔑,我也要讲这些数的用处,就像一个航海家偶然发现一个从前不为人知的岛屿上的财富,如香甜的水果、富饶的土地、珍稀的矿藏,并将所有的财富告知国王,而我们不能称他为自负一样. 所以这里我们要谈谈发明十进位数的巨大用途,这种用途超出你们任何人的想象,而我却并不是在褒扬自己的成就.

先生们,日常生活足以使你意识到数的作用,这也是《十进算术》的主题,在此无须赘述,占星学家知道,用磁偏角数表进行计算,领航员会算出某地的真实纬度和经度,用那种方法,地球表面上的每一点的位置都可以确定. 但其计算量大的缺点是不能掩盖的,它涉及六十进分数度、分、秒、毫等的乘法和除法的单调运算;统计学家知道,运用统计学可以避免许多未知地区的土地争端. 当土地面积很大时,他不能忽略英里、英尺、英寸①的繁复的乘法运算,因为通常情况下产生的错误会给当事的某一方造成损害,同时,也会损害这个统计学家的声誉. 同样,造币局长、经商者在其职业生涯中也有类似问题. 这些计算越是重

---

① 1 英里 = 1 609.344 米,1 英尺 = 0.304 8 米,1 英寸 = 0.025 4 米.

要,其工作量就越大,本书发现的十进数的意义也就越重大,因为十进数可以克服所有这些计算的困难. 简而言之,《十进算术》就是教人们怎样像摆算筹一样容易地对所有的数进行加、减、乘、除四则运算.

如果这些可以节省人们的时间,避免劳累、争端、错误、诉讼及由此引起的一切不幸的话,我非常愿意把《十进算术》呈现给你们,以供评考. 也许有人会说,许多看来还不错的发明在真正应用时就失灵了,一些在特例中效果良好的新方法也常常在更重要的场合毫无用处. 这种疑虑在这里是绝对没有必要的,我们曾把这种方法介绍给荷兰的职业测量师,他们现已舍弃了原先为减少计算量而发明的工具,而且非常满意地使用着我的方法. 最尊敬的先生们,如果你们也使用这种方法的话,一定也会感到同样的满意.

2. 概要

《十进算术》包括两个部分:定义和运算. 在第一部分中,第一个定义解释了什么是十进数,第二、三、四个定义则解释了单位、甲、乙等十进数词的意思.

在运算部分中,四个定理演示了十进数的加、减、乘、除的运算法则,书中的主要内容可以概括成图1:

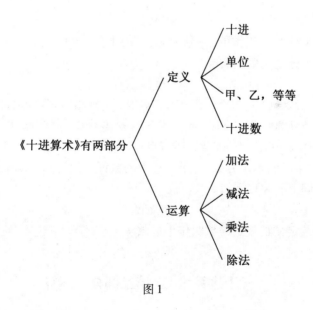

图 1

讨论结束后,附录给出了十进数在实际问题中的应用.

15

3.《十进算术》之第一部分　定义

定义 I

十进数是一种利用十进位的概念和阿拉伯数字的算术. 任何数都可以由它写出,由此商业中用到的所有计算只用整数就能完成,而无须借助分数.

解释

把一千一百一十一写作阿拉伯数字 1 111,在这种形式中每个 1 都好像是下一高位数的十分之一. 同样,378 中 8 的位上的每个单位都是 7 的位上每个单位的十分之一,其他数也是这样. 这为我们接下来的研究带来很多方便. 我们将在后面的讨论中看到,这种计算主要基于以十进位的思想,因此我们可以把本书恰当地叫作《论十进数》,我们将明白,不用分数,就可以解决我们在商业活动中遇到的一切计算问题.

定义 II

任一给定的数叫作"单位",并有符号⓪.

解释

比如,把三百六十四这个数叫作三百六十四单位,并写成 364⓪. 其他情形同此.

定义 III

单位的十分之一叫作甲,符号为①;甲的十分之一叫作乙,符号为②;下面每个数位的十分之一依此类推.

解释

这样,3①7②5③9④即 3 甲 7 乙 5 丙 9 丁. 显然由定义知,各位上的数为 3/10,7/100,5/1 000,9/10 000,此数为 3 759/10 000. 同样 8⓪9①3②7③对应的数是 89/10,3/100,7/1 000 或 8 937/1 000. 其他数也是这样. 我们必须认识到,在这些数中我们不用分数,每个符号下的数都不超过 9. 比如,我们不写 7①12②而写成同值的 8①2②.

定义 IV

定义 II 及定义 III 规定的数叫作十进数.

定义部分完.

4.《十进算术》之第二部分　运算

定理 I 　十进数相加.

给定三个十进数 27⓪8①4②7③,37⓪6①7②5③,875⓪7①8②2③,求它们的和.

```
        ⓪ ① ② ③
    2 7 8 4 7
    3 7 6 7 5
  8 7 5 7 8 2
  ─────────────
  9 4 1 3 0 4
```

解法:把这些数像上面那样排好,就像作整数加法一样把它们加在一起. 这样得到和 941 304,由上端的符号所示,此数为 941⓪3①0②4③,即为所求之和.

证明:由本书定义Ⅲ,已知的 27⓪8①4②7③是 278/10,4/100,7/1 000,或 27 847/1 000,同理 37⓪6①7②5③为 37 675/1 000,875⓪7①8②2③为 875 782/1 000. 这样三数相加,得 941 304/1 000,而 941⓪3①0②4③与它相等,故知求得的确为其和.

结论:我们已得到十进数相加的方法.

注释:如果问题中的数字有些位上缺数,则填 0 占位. 比如,8⓪5①6②与 5⓪7②相加,后一数缺少甲位项,则把 0①填入,把 5⓪0①7②作为给定的数相加. 这一注释同样适用于下面的三个定理.

```
      ⓪ ① ②
    8 5 6
    5 0 7
  ─────────
  1 3 6 3
```

定理Ⅱ 十进数相减.

给出一数 237⓪5①7②8③,从中减去 59⓪7①4②9③,求所得的差.

```
        ⓪ ① ② ③
  2 3 7 5 7 8
    5 9 7 4 9
  ─────────────
  1 7 7 8 2 9
```

解法:把数按上面的顺序排好. 按整数的方式作减法,余 177 829,按上面的符号即为 117⓪8①2②9③,此即所求之差.

证明:由《十进算术》定义Ⅲ,237⓪5①7②8③即 2 375/10,7/100,8/1 000 或 237 578/1 000. 同样 597①4②9③即 59 749/1 000,从 237 578/1 000 中减去它,得 177 829/1 000,而前面提到的 177⓪8①2②9③与它的值相同,故确为所求的差.

结论:我们已得出从一个十进数中减去另一个十进数的方法.

定理Ⅲ 十进数相乘.

给出 32⓪5①7②和乘数 89⓪4①6②,求其积.

解法:把两数排好,并按整数乘法的方式将其相乘,得积 29 137 122. 将给定两数末位的次数符号相加,其中一个是②,另一个也是②,于是得④. 那么积的末位数次数符号就是④. 它一旦确定,也就由顺序知道了前面的次数符号. 所以 2913⓪7①1②2③2④即为所求的积.

17

$$
\begin{array}{r}
⓪①② \\
3\ 2\ 5\ 7 \\
8\ 9\ 4\ 6 \\
\hline
1\ 9\ 5\ 4\ 2 \\
1\ 3\ 0\ 2\ 8\quad \\
2\ 9\ 3\ 1\ 3\quad\quad \\
2\ 6\ 0\ 5\ 6\quad\quad\quad \\
\hline
2\ 9\ 1\ 3\ 7\ 1\ 2\ 2 \\
⓪①②③④
\end{array}
$$

证明:如《十进算术)定义Ⅲ所示,所给的数32⓪5①7②为325/10,7/100或3 257/100,同样,乘数89⓪4①6②是8 946/100. 它乘以3 257/100得积29 137 122/10 000. 而前面所说的积为2913⓪7①1②3②④与它等值,所以确为我们要求的积. 下面解释为什么乙位乘以乙位的数得到的积是丁位数,即两个符号的和,为什么丁位乘以戊位数得积为壬位数,为什么单位乘以丙位数得积为丙位数,等等.

试以2/10和3/100为例,依本书定义,它们是2①和3②的值. 它们的积是6/1 000,由上面的定义Ⅲ知它为6③. 这样,甲位乘以乙位数所得积为丙位数,即此数次数为给定次数之和.

结论:已知十进数的乘数和被乘数,我们会求积.

注释:若被乘数和乘数的末位次数不相等,如:3④7⑤8⑥和5①4②,计算过程同上,数字排列如下:

$$
\begin{array}{r}
④⑤⑥ \\
3\ 7\ 8 \\
5\ 4② \\
\hline
1\ 5\ 1\ 2 \\
1\ 8\ 9\ 0\quad \\
\hline
2\ 0\ 4\ 1\ 2 \\
④⑤⑥⑦⑧
\end{array}
$$

定理Ⅳ:十进数相除.

给出34⓪4②3③5④2⑤被9①6②除,试求它们的商.

解法:先不管次数符号,像整数作除法那样把两数相除,这样得到商3587. 为确定次数,从被除数的末位次数⑤减去除数的末位次数②,得到③即商的末位次数. 接着由顺序推知其他位的次数. 故3⓪5①8②7③为所求的商.

$$
\begin{array}{l}
\not 1 \\
\not 1\not 8 \\
\not 5\not 1\not 6\not 4 \\
\not 7\not 1\not 6\not 8\not 7 \qquad ⓪①②③\\
\not 3\not 4\not 4\not 3\not 5\not 2 \quad (\ 3\ 5\ 8\ 7 \\
\not 9\not 6\not 6\not 6\not 6 \\
\not 9\not 9\not 9
\end{array}
$$

对上式的解释:将除数 96 写在被除数 344 352 之下,以 9 除 34,商为 3 写在被除数右边;9 除 34 余数为 7,写在 4 的上面,将除数中的 9 和被除数中的 3,4 画去,用商 3 乘除数中的 6 得 18,被余数中的 74 减,余 56 写在 74 的上面,将余数中的 7,4 和除数中的 6 划去.

将除数 96 后移一位,9 除 56 余数为 11,写在 56 上面,将除数中的 9 和被除数中的 5,6 划去.

用商 5 乘除数中的 6 得 30,被余数中的 113 减,余 83 落在相应位置上,将 113 及除数中的 6 划去.

将除数 96 后移一位,9 除 83 余数为 11,写在 83 上面,将除数中的 9 和被除数中的 83 划去.

用商 8 乘除数中的 6 得 48,被余数中的 115 减,余 67 写在 15 上方,将 115 及除数中的 6 划去.

将除数 96 后移一位,9 除 67 余数为 4,写在 7 上面,将除数中的 9 和被除数中的 67 划去.

用商 7 乘除数中的 6 得 42,被余数中的 42 减,余 0,将 42 及除数中的 6 划去.

证明:由本书定义 Ⅲ,被除数 3⓪4①4②2③3③5④2⑤是 34/10,4/100,3/1 000,5/10 000,2/100 000 或 344 352/10 000,除数 9①6②为 9/10,6/100 或 96/100,其商为 3 587/1 000. 故前面所说的 3⓪5①8②7③即为其商.

结论:给出十进数的被除数和除数,我们可以求商.

注释1:如果除数的次数高于被除数的次数,则在被除数后面添上可能需要的若干个零. 例如,7②被4⑤除,在 7 后添零,像上面那样作除法,得商 1 750.

$$\begin{array}{l} 3\!\!\!/2 \qquad\quad ⓪ \\ 7\!\!\!/0\!\!\!/0\!\!\!/0\ (1750 \\ 4\!\!\!/4\!\!\!/4\!\!\!/4 \end{array}$$

有时,商不能表示为整数,如 4②除以 3④. 好像商的后面有无穷的 3 还余 $\frac{1}{3}$. 这种情况下,我们将按问题的要求尽量接近真值而省略余数.

$$\begin{array}{l} X\!\!\!/X\!\!\!/X \qquad\qquad ⓪①② \\ 4\!\!\!/0\!\!\!/0\!\!\!/0\,000\ (\ 1\ 3\ 3\ 3 \\ 3\!\!\!/3\!\!\!/3\!\!\!/3 \end{array}$$

实际上,13⓪3①3②或 13⓪3①3②3 $\frac{1}{3}$③为精确的结果,但本书中我们只用整数,我们还注意到,在商业上人们并不计较一麦或一谷的千分之一是多少. 像这种省略的结果甚至出现在几何和数论大师意义重大的计算中. 比如,托勒密和杰安德·蒙特罗制数表时并不是取尽能用混合数表示的精确值,从这些表的功用看,近似比完美有用得多.

19

注释 2：十进数可用来求根. 比如，要求 5②2③9④的平方根，用一般的求平方根的方法得根为 2①3②. 根的最后一位的符号总是所给数末位符号的一半. 如果所给数末位符号是奇数，则要在末尾添上一位（添上一个零），然后按上面的方法求根. 用同样的方法可求立方根，已知数末位符号的 $\frac{1}{3}$ 即为根的最后一位符号，其他次根依此类推.

$$
\begin{array}{c}
1 \\
829 \\
\overline{2,3} \\
\overline{829}
\end{array}
$$

5. 附　录

讲过了十进数，现在我们要考察其应用. 在以下五个附录中，我们要介绍在商业中碰到的计算问题是怎样用十进数解决的. 我们将从测量的计算开始，因为在导言中我们首先提到这个话题.

附录一　测量的计算

将十进数用于测量时，把测量用的杆当作一个单位，把它分为相等的十部分叫作甲，若要更小的单位，再把每个甲分为十乙，把每个乙分为十丙，这视需要而定. 在测量中，乙的刻度已足够了，但若要更精确，比如测量金属屋顶的厚度等，人们就要用到丙位了. 但是许多测量员并不用杆测量，而是用一种约三杆或五杆长的绳索和一把横交尺. 这种横交尺带有精确到英寸的长为 5 或 6 英尺（1 英尺 =0.304 8 米）的刻度. 这些人可用五或六英尺来代替十甲，然后再把单位进一步分为十份，每一部分为乙. 他们可以使用带有这种刻度的横交尺而不必管在当地一杆有多少英尺和英寸，进而像前面的例子那样对测量数据进行加、减、乘、除运算. 比如，把四个面积相加：345⓪7①2②，872⓪5①3②，615⓪4①8②和 956⓪8①6②. 用《十进算术》的定理 I 把它们相加，得到和为 2 790 杆 5 甲 9 乙，此数除以杆就得到所需杆数，把测量尺翻过另一面可知 5 甲 9 乙合多少英尺和英寸；这是测量员最后要做的事，即他给土地所有者的报告中最后要写的，而这一步工作经常省略，因为大多数人觉得提及小的单位没有什么用、

$$
\begin{array}{c}
⓪①② \\
3\ 4\ 5\ 7\ 2 \\
8\ 7\ 2\ 5\ 3 \\
6\ 1\ 5\ 4\ 8 \\
\underline{9\ 5\ 6\ 8\ 6} \\
7\ 9\ 0\ 5\ 0
\end{array}
$$

例 1　从 57⓪3①2② 中减去 32⓪5①7②，依《十进算术》的定理Ⅱ，得到差为 24 杆 7 甲 5 乙.

$$
\begin{array}{c}
⓪①② \\
5\ 7\ 3\ 2 \\
3\ 2\ 5\ 7 \\
\hline
2\ 4\ 7\ 5
\end{array}
$$

例 2　8⓪7①3② 乘以 7⓪5①4②（它们可能是一长方形或四边形的两个边），根据《十进算术》定理Ⅲ进行运算得积（或者说面积）为 65 杆 8 甲等.

$$
\begin{array}{c}
⓪①② \\
8\ 7\ 3 \\
7\ 5\ 4 \\
\hline
3\ 4\ 9\ 2 \\
4\ 3\ 6\ 5 \\
6\ 1\ 1\ 1 \\
\hline
6\ 5\ 8\ 2\ 4\ 2 \\
⓪①②③④
\end{array}
$$

例 3　设长方形 *ABCD* 的边 *AD* 长 23①. 过 *AB* 上一点作 *AD* 的平行线，割出一面积为 367⓪6① 的矩形. 367⓪6① 除以 26⓪3①，根据《十进算术》定理四得商 13⓪9①7②，即要求的 *AE* 的距离. 如要更精确的结果，除法还可以继续进行下去，但这种精确的结果似乎没有必要. 这些问题的证明已经在我们前面提到的定理中给出.

$$
\begin{array}{l}
1 \\
22 \\
76 \\
2308 \\
4631 \\
104789 \qquad ⓪①② \\
367600\ (\ 1\ 3\ 9\ 7 \\
263333 \\
2666 \\
22
\end{array}
$$

附录二　论挂毯的度量单位的计算

昂是挂毯的度量单位. 将昂进行十等分，其中每一个部分都是一甲，和统计学家将杆等分的情形一样. 然后将每一个甲十等分，其中每一个部分是十乙. 将上述在测量部分举出的例子在下面的各个方面逐一讨论是没有必要的.

附录三　一般体积度量的计算

事实上,这种测量是科学的测量体积的立体测量学的一种,但所有的体积测定又都不是测量.因此,我们在本文中将它们区分开来.体积计通常是使用《十进算术》标记常用测量方法,无论用杆,还是用昂,对十进制的划分,在上面的附录一和附录二中已有描述.

我们假设他要求一个长方形柱的体积,它的长度为3①2②,宽度为2①4②,高度为2⓪3①5②.他应该把长度乘以宽度(根据《十进算术》的定理四)所得结果再乘以高度,结果是1①8②4④4⑤.

$$
\begin{array}{r}
3\ 2 \\
2\ 4 \\
\hline
1\ 2\ 8 \\
6\ 4 \\
\hline
7\ 6\ 8 \\
2\ 3\ 5 \\
\hline
3\ 8\ 4\ 0 \\
2\ 3\ 0\ 4 \\
1\ 5\ 3\ 6 \\
\hline
1\ 8\ 0\ 4\ 8\ 0 \\
①②③④⑤⑥
\end{array}
$$

注释:有些忽视体积计原理的人(正是我们在寻找的人)可能疑惑,为什么我们说上文中柱的体积是1①,因为它包含超过180个边长为1甲的立方体,他应该意识到,1立方杆不是边长为1甲的10个立方体,而是1 000个立方体.相似的,体积单位中的1甲是100个边长为1甲的立方体.对测量师来说,当说地球是2杆3英尺时,他指的不是2杆3英尺平方,而是2杆36英尺平方(1杆为12英尺).

然而,如果在上文的柱体中,问题变为其中有多少个边长为1甲的立方体,问题的结果就应按照要求改变.记住,体积单位中的每甲指100个边长为1甲的立方体,每乙为10个边长为1乙的立方体,如果将杆均分十次后得到的位值能够最精确地测量体积,那么它应被作为单位,就像上面我们给出的一样.

附录四　天文计算

古代天文学家把圆分成360度,他们发现用这些部分和分数部分计算太麻烦了.因此,他们把度分成子倍数,再把它们分成相等数目的相等部分,同时,为了可以一直得到整数结果,他们选择了这些六十进制的数放在除法中,而六十又是很多整数的倍数,如1,2,3,4,5,6,10,12,15,20,30.然而,如果我们重视生活经验,并且对过去充满敬意的话,就会知道至今十进制数远比六十进制数在自然界的应用更为便利. 因此,我们将 360 度称为单位,然后将其分成 10 个相等的部分,或将其分为 10 甲,将每甲再分为 10 个相等的部分,依此类推. 一旦就这一划分达成一致,我们就可以描述这些数字的加法、减法、乘法和除法的简单运算. 但由于这与前面的命题没有什么不同,这样的独奏会只是浪费时间. 因此,我们运用下面的例子做更具体的阐述. 此外,我们迫切希望将这种划分的形式用最完美、最精致、最独特的佛兰芒语出版. 我们认为它比皮埃尔和杰汗在最近出版的《辩证法》中的阐释更为充分.

附录五　各级造币局长、商人及一般人士的计算问题

简而言之,本篇要说的是所有的度量单位——不管是丈量的、液量的、干量的及货币的都可以按十进制来划分,而大的单位才被叫作单位. 渣是金银重量的单位,磅(1 磅 = 0.453 6 千克)是其他重量的单位. 钱在佛兰德斯的单位是毛镑,在英格兰的单位是细,在西班牙的单位是杜卡. 在钱的各种度量单位中,渣的最高符号(最低的单位)是丁位的,因为甲相当于安特卫普的埃斯的一半,而毛镑的最高符号是丙位的,因丙比一便士的四分之一小.

重量单位的分划应包括每个符号的 5,3,2,1 倍,即磅之后是 5 甲(半磅),接着是 3 甲、2 甲、1 甲,而不是半镑、盎司、半盎司、细、谷等,其他重量单位也应该有类似单位的 5 倍以及接下来的倍数.

我们想,不管何种度量单位,每种分划都起码应命名为甲、乙、丙等. 因为我们凭次数可明显看出乙位乘以丙位得到戊位的积,丙位除以乙位得到甲位的商. 这一事实再清楚不过了,当人们为了区别度量的单位而把它们命名时,像我们所说的半古尺、半镑等,我们可称它们为甲渣、乙渣、乙镑、乙古尺等.

比如,设想 1 渣的金子值 36 镑 5①3②,那么 8 渣 3①5②4③的金子值多少呢? 把 3 653 乘以 8 354 得积 305 镑 1①7②1③即所求的解,至于零头 6④2⑤,我们忽略不计.

再如 2 古尺 3①的布值 3 镑 2①5②,那么 7 古尺 5①3②的布值多少呢? 为求得答案,依习惯把已知的最后一数乘以第二个数,再把所得之积除以第一个数,即 753 乘以 325 得 244 725,它除以 23 得商为 10 镑 6①4②.

我们本来可以给出各种与商业有关的算术的一般算律的例子,及合伙、利率、交易的例子,并说明怎样仅用整数处理,怎样用算筹就能简单地完成. 但这些都可以通过上面的论述推导出,就不加详述了. 我们也可以再用烦琐的、利用分数计算的例子来表明,用一般数计算和用十进数计算效果迥然不同,但为简洁,还是将它省去.

最后,我们必须指出附录五与前几个附录的区别,任何人都可以做前四个附录中所指出的分划,但最后一个必须为善良守法的人所知. 从十进分划的巨

大利用价值来看,应鼓励人们去积极呼吁,使国家实行除现行的度量、重量、金衡的普通单位外的大单位的十进制分划法. 进一步可以让所有新的钱币都用这种十进制. 如果这一设想的实施并不像我们希望的那么快,那么至少它会有利于我们的子孙后代,我确信,我们的后代如能像他们的先祖一样,则一定不会永远忽视这种有重大价值的东西.

在任何时候,人们都很乐意将自己从繁重的劳动中解放出来. 虽然附录五的内容在一段时间里还不能发挥其效用,至少人们还可以利用前四篇中的内容. 实际上,它们已经明显地付诸于人们的实践了.

§3 戴德金关于无理数的研究

(本文由密歇根州安阿伯市密歇根大学的伍尔斯特·伍德拉夫·贝曼(Wooster Woodruff Beman)教授译自德文. 由俄亥俄州克利夫兰西储大学的维拉·桑福德(Vera Sanford)教授修订和编辑)

尤利乌斯·威廉·理查德·戴德金(Julius Wilhelm Richard Dedekind, 1831—1916)就读于哥廷根大学,后来在苏黎世和不伦瑞克任教. 他在 1872 年发表的文章《连续性与无理数》(Stetigkeit und irrationale Zahlen)是在苏黎世进行的一项研究成果. 在 1858 年,戴德金第一次教授微积分的时候,人们就开始越来越意识到需要对概念进行科学的讨论.

这篇作品收录在戴德金的《数论》(Theory of Numbers)中,由已故教授伍尔斯特·伍德拉夫·贝曼翻译(Open Court Publishing Company, Chicago, 1901 年). 此处的摘录在此翻译的第 6 至 24 页,并经出版商同意复制.

作者首先给出了有理数的三个性质和直线上点的三个对应性质的表述. 这些性质如下:

1. 关于数

Ⅰ. 如果 $a > b$, $b > c$,那么 $a > c$.

Ⅱ. 如果 a, c 是两个不同的数,那么在 a 和 c 之间有无穷多个不同的数.

Ⅲ. 如果 a 是任何一个确定的数,那么数系 R 的所有的数落在两个类 A_1 和 A_2 之中,它们每个都含有无穷多个数;第一个类 A_1 由所有小于 a 的数 a_1 组成,第二个类 A_2 由所有大于 a 的数 a_2 组成,数 a 本身既可算作属于第一类,又可算作属于第二类,并且分别是第一类中的最大数、第二类中的最小数.

2. 关于直线上的点

Ⅰ. 如果 p 在 q 的右边,而 q 在 r 的右边,则 p 在 r 的右边,并且我们说 q 在点 p 和 r 之间.

Ⅱ. 如果 p,r 是两个不同的点,那么总有无穷多个点在 p 和 r 之间.

Ⅲ. 如果 p 是直线 L 上的一个确定的点,那么 L 上的所有的点落在两个类 P_1 和 P_2 之中,它们每个都含有无穷多个点;第一个类 P_1 含有所有在 p 左边的点,第二个类 P_2 含有所有在 p 右边的点;点 p 本身既可算作属于第一类,又可算作属于第二类. 在每种情形,直线 L 分划为两个类或两个部分 P_1,P_2,第一类 P_1 的每个点都在第二类 P_2 的每个点的左边.

3. 直线的连续性

最重要的事实是,直线 L 上有无穷多个不对应于有理数的点,如果点 p 对应于有理数 a,那么如我们所知,长度 Op 与构造中所使用的不变度量单位是可公度的,亦即存在第三个长度,它称作公度,使这两个长度都是此公度的整数倍. 但古希腊人就已经知道并且证明了存在与给定长度单位不可公度的长度,例如,单位边长的正方形的对角线. 如果我们从点 O 起在直线上截取一个这样的长度,那么我们得到一个端点,它不对应于有理数. 此外,还容易证明,存在无穷多个与长度单位不可公度的长度,因此我们可以肯定地说:直线 L 上点的数目要比有理数域 R 中数的数目多.

现在,如我们所希望的,如果试图把直线上的所有现象从算术角度探究下去,那么有理数域就不再能够满足我们的需求,所以,将通过创造有理数建立起来的机制 R 再借助于创造新的数在本质上加以改进,以使数域获得与直线相同的完备性(或,如同我们马上就要说的相同的连续性),就绝对必要了.

前面的考虑是大家如此熟悉的而且是众所周知的,以致多数人都认为将它们重复是完全多余的. 但我还是认为做这个简要的重述对于我们的主要问题是真正必要的准备,因为通常引进无理数的方法是直接基于扩充数量的概念,而这个概念本身无论在哪里都没有仔细地被定义,并且把数解释为用另一个同类的数来度量一个数的结果. 我不用这种方法,而是要从算术本身来产生.

这种与非算术概念的比较为数域的扩充提供了一个契机,一般来说是可以的(虽然复数根本不是这么引进的);但这只是把这些外来概念引进数的科学——算术中的一面之词. 正如负数和有理小数是由新的创造形成的,并且这些数的运算必须能够归结为正整数的运算,所以我们必须努力只用有理数完整地定义无理数,剩下的问题只是怎样去做这件事.

上面比较有理数域 R 和直线使我们认识到前者存在间断,即具有某种不完备性或不连续性,后者即直线具有完备性、无间断或连续性.那么这个连续性是由什么组成的呢? 一切都依赖于对此问题的解答,只有通过解答此问题,才能建立起所有有关"连续性"的科学基础. 显然,借助于关于各个微小部分的不明确联系的模糊议论将什么也得不到;问题的关键是指出连续性的精确特征以作为有效演绎的基础. 在很长一段时间内,我对此问题的思考是徒劳的,但最后我终于发现了我所要找的东西. 也许这个发现是别人难以估量的;多数人会认为它的实质是非常平凡的. 它由如下内容组成,在前节我们注意到直线上每个点 p 把它分划为两部分,其中一个部分的每个点都在另一部分的每个点的左边. 反过来我找到了连续性的本质,亦即下列的原则:

"如果直线上所有的点落在两个类中,使得第一类中每个点都在第二类的每个点的左边,那么存在一个而且只有一个点,它产生这个将所有点分为两类的分划,即它将直线分为两个部分."

如我已经说过的,假定每个人都会承认这段话是正确的,我认为,我的多数读者若听到用这段平凡的论述来揭示连续性的秘密,一定会非常失望. 对此我可以说,如果每个人都认为上面的原则是显然的,并且和他们自己关于直线的想法是协调的,那么我将非常高兴;因为我完全不能提供它的正确性的任何证明,任何人也没有这个能力. 假设直线有这个性质,那么它并不比把连续性归于直线(由此得到直线的连续性)的公理少任何东西. 如果空间有真实的存在性,那么"它是连续的"对于它就不是必要的了;即使它不连续,它的许多性质仍然保持不变. 并且如果我们确实知道空间是不连续的,那么并没有任何东西妨碍我们,以防万一,我们还是希望通过填补它在想象中的间隙以使它连续;这个填补将由创造新的点来组成,因而就要依照上面的原则来构造.

4. 无理数的创造

从最后的论述显然可知,只需要说明如何使不连续的有理数域 R 成为完备的以形成连续的域. 在"1. 关于数"中我们已经指出,每个有理数 a 都将数系 R 分划为两个类,使得第一个类 A_1 中的每个数 a_1 都小于第二个类 A_2 中的每个数 a_2,数 a 既是类 A_1 的最大数,又是类 A_2 的最小数. 现在如果给定任意一个将数系 R 分为两个类 A_1,A_2 的分划,而且它仅仅是由 A_1 中每个数 a_1 小于 A_2 中每个数 a_2 这个性质产生的,为了简便,我们称这样的分划为分割,且记作 (A_1, A_2). 于是我们可以说每个有理数产生一个分割,或者严格地说两个分割,但我们不把它们看成本质上不同;另外,这个分割具有这样的性质:或者在第一类的数中存在最大数,或者在第二类的数中存在最小数. 并且反过来,如果一个分割具有这个性质,那么它是由这个最大的或最小的有理数产生的.

但容易证明存在无穷个不是由有理数产生的分割. 下面的例子是十分容易

提出来的:

设 D 是正整数但不是整数的平方, 那么存在正整数 λ 满足

$$\lambda^2 < D < (\lambda+1)^2$$

如果我们设每个平方大于 D 的正有理数 a_2 属于第二类 A_2, 其他所有的数 a_1 属于第一类 A_1, 这个分划形成一个分割 (A_1, A_2), 即每个数 a_1 小于每个数 a_2. 因为如果 $a_1 = 0$ 或是负的, 那么依定义, 任何数 a_2 都是正的, 从而 a_1 小于任何数 a_2; 如果 a_1 是正的, 那么它的平方小于或等于 D, 因而 a_1 小于任何一个平方大于 D 的正数 a_2. 但这个分割不是由有理数产生的. 为了证明它, 我们必须首先证明不存在任何有理数的平方等于 D. 虽然这由数论的初等原理即可得知, 但我们还是要在此给出下列非直接的证明. 如果存在一个平方等于 D 的有理数, 那么即存在两个正整数 t 和 u 满足方程

$$t^2 - Du^2 = 0$$

并且我们可以假定 u 是具有下列性质的最小的正整数: 它的平方用 D 乘后将变成某个整数 t 的平方. 因为显然有 $\lambda u < t < (\lambda+1)u$. 所以, 数 $u' = t - \lambda u$ 一定是小于 u 的正整数. 如果我们令

$$t' = Du - \lambda t$$

则 t' 同样是正整数, 并且我们有

$$t'^2 - Du'^2 = (\lambda^2 - D)(t^2 - Du^2) = 0$$

这和我们关于 u 的假设矛盾.

于是每个有理数 x 的平方或者小于 D, 或者大于 D. 由此容易推出既在类 A_1 中没有最大数, 也在类 A_2 中没有最小数. 因为, 如果我们令

$$y = \frac{x(x^2 + 3D)}{3x^2 + D}$$

那么, 我们有

$$y - x = \frac{2x(D - x^2)}{3x^2 + D}$$

以及

$$y^2 - D = \frac{(x^2 - D)^3}{(3x^2 + D)^2}$$

如果我们在其中设 x 是类 A_1 中的正数, 那么 $x^2 < D$, 因而 $y > x$ 及 $y^2 > D$. 于是 y 也属于类 A_1. 但如果我们设 x 属于类 A_2, 那么 $x^2 > D$, 因而 $y < x, y > 0$ 及 $y^2 > D$, 于是 y 属于类 A_2. 因此, 这个分割不是由有理数产生的.

有理数域 R 的不完备性或不连续性就存在于 "不是所有的分割都由有理数产生" 这个性质中.

于是, 我们便做出了一个不是由有理数产生的分割 (A_1, A_2), 我们创造了

一个新的数,即一个无理数 a,我们把它看成是由这个分割(A_1, A_2)完全定义的;我将说数 a 对应于这个分割,或说它产生这个分割.因此,从现在起,每个确定的分割对应于一个确定的有理数或无理数,并且当且仅当两个数对应于本质上不同的两个分割时,我们认为它们是不同的或不相等的.

为了得到所有实数有序排列(即全体有理数和无理数)的基础,我们必须研究由任意两数 α 和 β 产生的分割(A_1, A_2)和(B_1, B_2)间的关系.显然,如果两个类中有一个,例如,第一个类 A_1 已经知道了,那么分割(A_1, A_2)就完全给定了,这是因为第二个类 A_2 将由所有不含在 A_1 中的有理数组成,并且因为这个第一类的特征性质是:若数 a_1 含在其中,则它亦含有所有小于 a_1 的数.如果我们互相比较这样的两个第一类 A_1, B_1,那么能够发生下列几种情况:

(1)它们完全一致,亦即 A_1 中的每个数也含在 B_1 中,并且 B_1 中的每个数也含在 A_1 中.此时 A_2 必然和 B_2 一致,因而这两个分割完全相同,我们用符号将此记作 $\alpha = \beta$ 或 $\beta = \alpha$,但是如果两个类 A_1 和 B_1 并不一致,那么在其中一个,例如在 A_1 中存在数 $a_1' = b_2'$,其中 b_2' 是不含在另一个第一类 B_1 中的一个数,因而是在 B_2 中的数;因此所有含在 B_1 中的数都一定小于这个数 a_1'($= b_2'$),于是所有的数 b_1 含在 A_1 中.

(2)如果 a_1' 是 A_1 中仅有的一个不含在 B_1 中的数,那么每个含在 A_1 中的其他数 a_1 也含在 B_1 中,因而小于 a_1',亦即 a_1' 是所有的数 a_1 中的最大数,因此分割(A_1, A_2)由有理数 $\alpha = a_1' = b_2'$ 产生.关于另一个分割(B_1, B_2),我们已经知道 B_1 中的所有的数 b_1 也含在 A_1 中,并且小于数 $a_1' = b_2'$,而此数是含在 B_2 中的;但是每个含在 B_2 中的其他数 b_2 必定大于 b_2',否则它将小于 a_1',于是它含在 A_1 中,因而含在 B_1 中;因此 b_2' 是所有含在 B_2 中的数中最小的,从而分割(B_1, B_2)由相同的有理数 $\beta = b_2' = a_1' = \alpha$ 产生,因此这两个分割仅仅是非本质上的不同.

(3)如果在 A_1 中至少存在两个不同的数 $a_1' = b_2'$ 及 $a_1'' = b_2''$ 不含在 B_1 中,那么在 A_1 中存在无穷多个不含在 B_1 中的数,这是因为 a_1' 和 a_1'' 间的无穷多个数显然含在 A_1 中(依据关于数部分中的 II),但不含在 B_1 中.在此情形,我们说对应于这两个本质上不同的分割(A_1, A_2)和(B_1, B_2)的两数 α 和 β 是不同的,并且还说 α 大于 β,β 小于 α,我们用符号将此记作 $\alpha > \beta$,以及 $\beta < \alpha$.要注意,这个定义和我们之前当 α, β 是有理数时所给的定义完全一致.

剩下的可能情形如下:

(4)如果在 B_1 中有且只有一个数 $b_1' = a_2'$,其中 a_2' 是一个不含在 A_1 中的数,那么两个分割(A_1, A_2)和(B_1, B_2)仅是非本质上的不同,因而它们由一个相同的有理数 $\alpha = a_2' = b_1' = \beta$ 产生.

(5)如果 B_1 中至少有两个不含在 A_1 中的数,那么 $\beta > \alpha$,$\alpha < \beta$.

因为上面列举了所有可能情形,所以推出在两个不同的数中一定是一个较大,另一个较小,且只有这两种可能,第三种情形是不可能的. 这确实涉及使用比较级(较大、较小)去指明 α,β 间的关系;但这个用法仅仅是现在才令人满意. 恰是在这样的研究中人们更需要加倍小心,像我们希望的那样,他不会由于仓促地借用其他已成型概念的表示方法,令人不可接受地从一个数域转换到另一个数域.

现在如果我们再稍微仔细地考虑 $\alpha>\beta$ 的情形,那么显然可见,若较小的数 β 是有理数,则它一定属于类 A_1;这是因为,由于 A_1 中存在一个数 a_1' 与类 B_2 中的一个数 b_2' 相等,那么无论数 β 是 B_1 中的最大数还是 B_2 中的最小数,它必定小于或等于 a_1',所以它含在 A_1 中. 类似地,由 $\alpha>\beta$ 显然可知,若较大的数 α 是有理数,则必属于类 B_2(因为 $\alpha\geqslant a_1'$),合并这两个考察结果,我们得到下列结论:如果一个分割是由数 α 产生的,那么任一个有理数依据它小于或大于 α 而属于类 A_1 或类 A_2;如果数 α 本身是有理数,那么它可以属于两个类中的任一个.

最后,我们由此得到:若 $\alpha>\beta$,即有穷多个数在 A_1 但不在 B_1 中. 在 B_1 中,那么存在无穷多个与 α 和 β 都不同的数;每个这样的数 c 都小于 α(因为它含在 A_1 中),同时大于 β(因为它含在 B_2 中).

5. 实数域的连续性

作为刚才建立的特性的推论,全体实数组成的数系 R 形成一个一维良序域,这意味着下列法则成立:

Ⅰ. 如果 $\alpha>\beta,\beta>\gamma$,那么也有 $\alpha>\gamma$,我们说 β 落在 α 和 γ 之间.

Ⅱ. 如果 α 和 γ 是任何两个不同的数,那么存在无穷多个不相同的数 β 落在 α 和 γ 之间.

Ⅲ. 如果 α 是任何一个确定的数,那么数系 R 的所有数落在两个类 u_1 和 u_2 中,每个类都含有无穷多个数;第一个类 u_1 由所有小于 α 的数 a_1 组成,第二个类 u_2 由全体大于 α 的数 a_2 组成;数 α 本身既可在第一类又可在第二类中,即它是第一类中的最大数或第二类中的最小数. 在每种情形下,将数系 R 分为两个类 u_1 和 u_2 的分划是这样的:第一类 u_1 中的每个数都小于第二类 u_2 中的每个数,并且我们说这个分划是由数 α 产生的. 为了简洁,并且不使读者感到冗繁,我略去了这些定理的证明, 它们可以由前节中的定义推出来.

但是,除了这些性质外,域 R 也有连续性,亦即下列定理成立:

Ⅳ. 如果全体实数组成的数系 R 被分为两个类 u_1 和 u_2,使得类 u_1 中的每个数 a_1 都小于类 u_2 中的每个数 a_2,那么存在一个且仅有一个数 α,它产生这个分划.

证明 由于 R 被分划（或分割）为 u_1 和 u_2，我们同时得到全体有理数组成的数系 R 的一个分割 (A_1, A_2)，其定义如下：A_1 含有类 u_1 中的所有有理数，A_2 含有所有其他的有理数，亦即类 u_2 中的所有有理数。令 α 是产生这个分割 (A_1, A_2) 的一个完全确定的数。如果 β 是任何一个与 α 不同的数，那么总存在无穷多个有理数 c 落在 α 和 β 之间。如果 $\beta < \alpha$，那么 $c < \alpha$；因此 c 属于类 A_1，因而也属于类 u_1，并且因为同时有 $\beta < c$，于是 β 也属于同一类 u_1。但如果 $\beta > \alpha$，那么 $c > \alpha$；因此 c 属于类 A_2，因而也属于类 u_2，并且因为同时有 $\beta > c$，于是 β 也属于同一类 u_2（因 u_1 中的每个数小于 u_2 中的每个数 c）。因此，每个与 α 不同的数依据 $\beta < \alpha$ 或 $\beta > \alpha$ 而属于类 u_1 或类 u_2，因而 α 本身或者是 u_1 中的最大数，或者是 u_2 中的最小数，亦即 α 是仅有的一个产生将 R 分为类 u_1 和 u_2 的分划的数，这正是所要证明的结论。

6. 实数的运算

为了把两个实数 α, β 的任何运算归结为有理数的运算，只需要从数系 R 中由数 α 和 β 产生的分割 (A_1, A_2) 和 (B_1, B_2) 出发，去定义对应于运算结果的分割 (C_1, C_2)。在此我仅讨论最简单的情形，即加法情形。

假设 c 是任一有理数，如果存在两个数，一个是 a_1 在 A_1 中，一个是 b_1 在 B_1 中，使它们的和 $a_1 + b_1 \geqslant c$，那么我们把数 c 放在类 C_1 中；所有其他的有理数放在类 C_2 中。这个将全体有理数分为两个类 C_1 和 C_2 的分划显然形成一个分割，这是因为 C_1 中的每个数 c_1 小于 C_2 中的每个数 c_2。如果 α 和 β 都是有理数，那么含于 C_1 中的每个数 $c_1 \leqslant \alpha + \beta$。这是因为 $a_1 \leqslant \alpha, b_1 \leqslant \beta$，因而 $a_1 + b_1 \leqslant \alpha + \beta$；此外，如果在 C_2 含有一个数 $c_2 < \alpha + \beta$，因而 $\alpha + \beta = c_2 + p$，其中 p 是一个正有理数，那么我们有

$$c_2 = \left(\alpha - \frac{1}{2}p \right) + \left(\beta - \frac{1}{2}p \right)$$

但因为 $\alpha - \frac{1}{2}p$ 是 A_1 中的数，$\beta - \frac{1}{2}p$ 是 B_1 中的数，所以上式与数 c_2 的定义矛盾；于是每个含在 C_2 中的数 $c_2 \geqslant \alpha + \beta$。因此在这个情形分割 (C_1, C_2) 是由和 $\alpha + \beta$ 产生的。于是，在所有情形中把任何两个实数 α, β 的和 $\alpha + \beta$ 理解为产生分割 (C_1, C_2) 的数 γ，也将不会违反在有理数的算术中成立的定义。另外，如果两个数 α, β 中只有一个，例如 α 是有理数，那么容易看出，无论是把数 α 放在类 A_1 中还是放在类 A_2 中都不会影响和 $\gamma = \alpha + \beta$。

恰如加法被定义一样，我们也可以定义所谓基本算术的其他运算，也就是构成差、积、商、幂、方根、对数的运算，因而我们可以得到一些定理（例如，像 $\sqrt{2} \cdot \sqrt{3} = \sqrt{6}$）的证明，据我所知，以前从未有人做过这样的证明。在更加复杂的

运算的定义中,正是由于数学学科自身的性质才有如此冗长的证明过程,但在大部分情形是可以避免的. 在此方面一个非常有用的概念是区间,亦即具有下列特征性质的有理数组成的数系 A:如果 a 和 a' 是数系 A 中的数,那么落在 a 和 a' 之间的所有数也含在 A 中. 全体有理数组成的数系 R,以及任何分割中的两个类都是区间. 如果存在一个有理数 a_1,它小于区间 A 中的每个数,以及一个有理数 a_2,它大于区间 A 中的每个数,那么 A 称为有限区间;于是存在无穷多个满足与 a_1 相同的条件的数及无穷多个满足与 a_2 相同的条件的数;整个域 R 可以分割为三个部分 A_1, A, A_2,并且有两个完全确定的有理数或无理数 α_1 和 α_2,它们可以分别被称作区间 A 的下(或较小)限和上(或较大)限;下限 α_1 由数系 A_1 形成第一类的那个分割确定,而上限 α_2 由数系 A_2 形成第二类的那个分割确定. 落在 α_1 和 α_2 之间每个有理数或无理数 α 被称为落在区间 A 中. 如果区间 A 所有的数也是区间 B 的数,则称 A 为 B 的部分.

当我们试图让有理数的算术的几个定理(例如,像定理 $(a+b)c = ac+bc$)也能适用于任何实数,似乎就要出现还要长些的证明. 但实际并非如此. 容易看出,这全部归结为证明算术运算具有某种连续性. 我这句话的意思可以用一般性定理的形式来表达:

"如果数 λ 是对数 $\alpha, \beta, \gamma, \cdots$ 实施某个运算的结果,并且 λ 落在区间 L 内,那么我们可以选取区间 $A, B, C, \cdots$,使这些数 $\alpha, \beta, \gamma, \cdots$ 分别落在其中,并且当用区间 $A, B, C, \cdots$ 中的任意数代替数 $\alpha, \beta, \gamma, \cdots$ 作相同的运算时,所得的结果总是落在 L 中的一个数."但是,这样一个定理的叙述所显示的笨拙使我们确信,必须要引进某些东西来帮助我们表达. 实际上,这是通过引进不定元、函数、极限值的思想来实现的,并且最好是使最简单的算术运算的定义也以这些思想为基础,但我们不能在此进一步做这些事情了.

§4 沃利斯关于虚数的研究

(本文由纽约市哥伦比亚大学师范学院的大卫·尤金·史密斯教授从英文版选定)

约翰·沃利斯(John Wallis,1616—1703),牛津大学萨维里几何教授(1649—1703)和牛顿同时代,他是最早对虚数的几何研究做出重大贡献的人. 这些出现在他的《代数》一书中,1673 年,第二卷,286 页,拉丁文版. 以下摘自英文译本:

1. 负数的平方根和虚根

我们以前曾(在一些二次和三次方程的解中)提到负数的平方根和虚根

(与所谓的实根截然不同,它们既不是正的,也不是负的),在此更充分地考虑这些根.

这些虚量(它们通常被这样来称谓)源于一个负数的假定的平方根,(当它们发生时)认为这种假定的情况是不可能的.

事实上,这是关于这些根是什么的第一个且严格的注记.因为任何数(正的或负的)与其自身相乘,其结果都不可能是负的(比如 −4),因为符号相同的(+ 或 −)两个数相乘,其结果都是正的(+)(不可能得到 −4).

任何数量(尽管不是假设的平方根)都可能是"负"的,但这也是"不可能的".因为一个量不会比什么都没有更少,或者没有一个数比什么都没有更小.

然而,当正确地理解时,关于负的量的平方根假设并不是无用的或荒谬的.尽管在代数上很少得到比什么都没有更少的量,但当涉及现实应用时,它表示的是与带" + "的量相反的意义的量.

例如,如图 1 所示,假设一个人前进或向前(从 A 到 B)5 码;然后后退(从 B 到 C)2 码:如果有人问,他在点 C 时(整个过程)前进了多少码?或者他现在对于点 A 来说向前了多少码?我发现:他整体前进了 3 码(因为 +5 −2 = + 3).

图 1

但是,如果前进 5 码到 B,后退 8 码到 D;然后问,他在点 D 时进步了多少码?或者对于点 A 来说向前了多少码?我说是 −3 码(因为 +5 −8 = −3),也就是说,他比原地不动还少前进了 3 码.

上述问题中,再说沿着直线 AB 向前是不恰当的,因为不可能有什么比原地不动再少的情况了.

但是,如果相反,从 A 出发,连续向后,在 A 后面 3 码处就会发现 D.

所以说,他是前进了 −3 码;但是,我们应该说(以普通的讲话形式),他后退了 3 码;或者他从 D 前进 3 码后到达点 A.

这对所提问题中的负数做出了回答,他根本就不是如所设想的那样前进了,而是离向前更远了,后退了 3 码,或者说他比在点 A 时向后 3 码.

因此,−3 确实标记了点 D,不是假定的向前,而是从 A 向后;+3 标记了点 C.

所以,+3 表示向前 3 码,−3 表示向后 3 码:但仍然在同一条直线上.每个数表示(至少在同一条无限直线上)一个点:只有一个.因此,所有的一次方程只有一个根.

现在,在直线上成立的事实,同理,在平面中也成立.

例如,假设在一个地方,我们得到了 30 英亩(1 英亩 = 4 046.86 平方米)的海面,但在另一个地方失去了 20 英亩:如果现在问,我们总共获得了多少英亩:答案是 10 英亩,也可记为 + 10(因为 30 − 20 = 10),或者说 1 600 平方杆.(以英亩为单位,每英亩等于长度为 40 杆,宽度为 4 杆的矩阵的面积,即 160 平方杆; 10 英亩是 1 600 平方杆.)如果这一区域是正方形的,那么它的边长是 40 杆;或者(允许存在负根)是 − 40 杆.

进一步,假设在第三个地方又失去了 20 英亩;那么同样的问题,我们一共得到了多少呢?答案肯定是 − 10 英亩.(因为 30 − 20 − 20 = − 10).那就是说, 10 英亩的收益也没有了.也就是说,有 10 英亩的损失,或者是 1 600 平方杆的损失.

迄今为止,没有新的难题出现,也没有遇到比我们之前遇到的更不可能发生的事,即可以假定一个负的量,或者比什么也没有还小的量. $\sqrt{1\,600}$ 的值是不明确的,可能是 + 40,也可能是 − 40.从这种模棱两可的角度来看,二次方程有两个根.但是现在假设 − 1 600 平方杆是一个平方形式,那么此时的正方形的边长是多少?既不能说它是 40,也不能说是 − 40(因为这两种结果中的任意一种,都会得出 + 1 600,而不是 − 1 600).

但因此,它表示成 $\sqrt{-1\,600}$(假设负数有平方根),或(等价于)$10\sqrt{-16}$,或 $20\sqrt{-4}$,或 $40\sqrt{-1}$.

在这里,"$\sqrt{}$"用来表示正数和负数之间的比例中项.就像 $\sqrt{bc}$ 表示 + b 与 + c 或者是 − b 与 − c 之间的比例中项(任何一组作乘法都可以得到 + bc);同理,$\sqrt{-bc}$ 表示 + b 与 − c 或者是 − b 与 + c 之间的比例中项(任何一组做乘法都可以得到 − bc).就代数而言,这就是虚根 $\sqrt{-bc}$ 的真正概念.

2. 几何学中的相同例证

在代数学中已经解释了 $\sqrt{-bc}$(正数与负数之间的比例中项),而在几何学中也可以得到相同的例证.

例如,如图 2 所示,以 A 为起点,取 AB = + b;接着,再取 BC = + c(使得 AC = + AB + BC = + b + c,即圆的直径).则正弦线,或比例中项 $BP = \sqrt{+bc}$.但是如果从 A 出发向后,取 AB = − b,然后以 B 为起点,取 BC = + c(使得 AC = − AB + BC = − b + c,即圆的直径).则正切线,或比例中项 $BP = \sqrt{-bc}$.

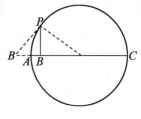

图 2

在同一个圆中,对应点 P,同一直径 AC,同一 $\overset{\frown}{AP}$,$\sqrt{+bc}$ 表示其正弦线,而 $\sqrt{-bc}$ 表示其正切线.

如图 3 所示,为了进一步说明,假设在直线 AC(不确定长度)上作一个三角形,它的一条边 $AP = 20$,高度 $PC = 12$,已知角 PAB,以及另一条边的长度 $PB = 15$ 是给定的.由此去求 AB 的长度.

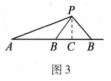

图 3

由题意知,$AP^2 = 400$,$PC^2 = 144$,因此
$$AC^2 = 256(即 400 - 144)$$

因此 $AC(\sqrt{256}) = +16$ 或 -16;根据要求,以 A 为起点向前或向后来取正根或负根,这里我们取正根.

然后,由 $PB^2 = 225$,$PC^2 = 144$,因此 $CB^2 = 81(255 - 144)$,故 $CB = \sqrt{81} = +9$ 或 9.因此 C 可看作起点向前或向后取点 B.由此 AB 有两个值,即 $AB = 16 + 9 = 25$,或 $AB = 16 - 9 = 7$,二者都是正的(但如果以 A 为起点向后取 $AC = -16$,则 $AB = -16 + 9 = -7$,或 $AB = -16 - 9 = -25$,二者都是负的).

再设,$AP = 15$,$PC = 12$(因此 $AC = \sqrt{225 - 144} = \sqrt{81} = 9$),$PB = 20$(因此 $BC = \sqrt{400 - 144} = \sqrt{256} = +16$ 或 -16),因而有 $AB = 9 + 16 = 25$,或 $AB = 9 - 16 = -7$,一个是正的,另一个是负的.(取相反的符号时得到的结果也是相同的,即 $AB = -9 + 16 = +7$,$AB = -9 - 16 = -25$)

在所有的情况中,我们在直线 AC 上找点 B(如果不是向前,至少是向后)是问题的关键.

其本质在于这些二次方程的根都是实数(无论是正的还是负的,或者一个是正的,另一个是负的),除此之外没有任何其他的可能,即出现两个负根.

如图 4,但如果我们假设 $AP = 20$,$PB = 12$,$PC = 15$(因此 $AC = \sqrt{175}$).接下来,我们按之前一样作减法,$PC^2 = 225$,$PB^2 = 144$,从而求 BC^2,得到 $BC^2 = 144 - 225 = -81$.

所以 BC^2 实际上是 PB,PC 的平方的差,但这是不对的:PC 是较大的数却作为较小的数而被减去,并且三角形 PBC 不是以假设的 C 而是以 B 为起点.从而 $BC = \sqrt{-81}$.

事实上,这就给出了 AB 的两个值,$\sqrt{175} + \sqrt{-81}$ 和 $\sqrt{175} - \sqrt{-81}$;但是,这就要求在代数中存在一个不可能发生的现象:负数的平方根,严格来说,存在实根(正的或负的),与本身相乘得到一个负数,这是不可能的.

这在代数中显然是不可能的,在几何学中也提出了一个不可能的例子,即在 AC 不能以 A 为起点向前或向后产生点 B.

同一平面上的两点 A,P,过点 A 作直线 AB,再联结 BP,从而得到三角形.

它的两条边 AP,PB 就是我们所求. 而角 PAC 以及顶垂线 PC(在 AC 之上,但不在 AB 上)是已知的,且有 $PB^2 - PC^2 = CB^2$.

在一个案例中,AB 的两个值(都是正的)使得 AC 也有两个值($16+9+16-9=16+16=32$),所以我们有 $\sqrt{175} + \sqrt{-81} + \sqrt{175} - \sqrt{81} = 2\sqrt{175}$. 并且由图 5 我们可以得知:两条直线本身,$AB,AB$,在第一种情况下,它们在直线 AC 上或者是它们所在的水平线,$A\beta,A\beta$,使得 AC 有两个值. 这也就是说,AB 中的一个加上 $A\alpha$ 就等同于其中另一个不同倾斜程度的直线,那么就像第一个例子中,$Ac\alpha$ 构成一条直线使得 AC 有两个相等的值.

两个例子中最大的不同就是:在第一个例子中,直线 AC 上的点 B,B,以及直线 AB,AB 受它们所在的水平线影响,而在此例中,B,B 两点都在 β,β 上,这也

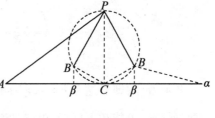

图 5

使得这一问题更可行,但 $Ac\alpha$($AB\alpha$ 的底边)使得 AC 有两个值.

因此,关于负根的问题,我们发现,点 B 不会在 A,C 两点前作起点,但从 A 向后可能得到相同的直线. 所以说,在解决负平方的问题时,直线 AC 上的点 B 不会被作为起点,但是在直线上,它们可能在相同的平面内.

因此,由于这一新概念,现在我能想到的最简单且形象的解释就是二次方程的虚根. 如下所示.

例如,方程 $aa - 2a\sqrt{175} + 256 = 0$ 的两个根,$a = \sqrt{175} + \sqrt{-81}$ 和 $a = \sqrt{175} - \sqrt{-81}$(这是 AB 在最后一种情况下的值). 如果 175 减去 256 的绝对值,余数是 -81;再分别对二者开平方,作和,或作减法就可以得到方程的两个根. 同样,在方程 $aa - 32a + 175 = 0$ 中,如果 256 减去 175 的绝对值,余数是 $+81$;再分别对二者开平方,作和,或作减法就可以得到方程的两个根 16 ± 9,这也是第一个例子中 AB 的两个值.

3. 几何结构同样适用

上一部分中,我们发现在几何问题中也存在着代数学中负方程根的问题.

现在我来说明一下这一概念对于几何学的影响,下面是对由负方程引起的关于二次方程的根可能存在虚根的问题的解答.

如图 6 所示,该方程的自然构造是这样的:$aa \mp ba + \alpha = 0$. 系数 b 是两个量的和,且这两个量的乘积是 α. 在无限情形中,无法用自然语言叙述 b 作为圆的直径,$\sqrt{\alpha}$ 作为右正弦或纵坐标(因为它是圆的最著名的性质之一,所以纵坐标是直径的两个部分之间的平均比例). 并且由于 BS 可能在 CT 的任意一边,因

此,直径上的两点 B,B 对应半圆上的 S,S. 把直径分成三段,其中 $AB,B\alpha$ 就是所求的两个根. 且随着 BC 的增加,B 靠近 C,则 CB 即根的半相位差减少. 但是因为正弦 BS 永远不能大于半径 CT. 因此,尽管 $\sqrt{\alpha}$ 大于 $\frac{1}{2}b$,但根据这一结构而来的问题是不可能的.

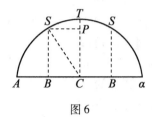

图 6

几何效应,即对这个方程 $aa \mp ba + \alpha = 0$ 的影响可能如下.(以便同时考虑这两种情况,可能和不可能;也就是说,$\frac{1}{4}b$ 是否大于或等于 α.)

当 $AC\alpha = b$ 时,作 $AC\alpha$ 的中点,记为 C,过点 C 建立一个垂直平面 $CP = \sqrt{\alpha}$. 并取 $PB = 1/2b$,作(可使用边 CP)一个直角三角形 PBC. 其垂足在 C 或 B,取决于 PB 或 PC 的长度;同样决定了 BC 比 PB 或 PC 是正弦还是正切.

直线 $AB,B\alpha$ 是 α 的两个值,两者作乘法得到 $-ba$,那么它们都是正的. 如果两者作乘法得到 $+ba$,那么它们都是负的. 如果垂足在 C 处,那么二者都是实数;如果垂足在 B 处,那么二者都是虚数.

在这两种情况下(无论垂足是 C 还是 B),点 B 都可能出现在 PC 的任何一端. 两个点 B,B 也会由方程相应得出.

在第一种情况下:如图 7 所示,$AB\alpha$ 是一条直线,与 $AC\alpha$ 相同.

在后一种情况下:如图 8 所示,$AB\alpha$ 是以 B 为顶点的角,$AC\alpha$ 是 A 到 α 的距离;并且点 B 关于 $AC\alpha$ 的投影为点 β.

图 7   图 8

因此,如果 $AB\alpha$ 被视作一条直线;或是点 B 在直线 $AC\alpha$ 与 β 重合;或是 $AC\alpha$ 等于 $AB + B\alpha$;都不可能对此情况做出明确解释. 因此只有将条件进行限定,才能给出明确解释.

限定条件和不限定条件的区别就在于横向方程. 在横向方程中,我们去掉一个负值,也就是说,点 B 按照要求是不能在点 A 前面的(在 AC 中提出的),而

是在 A 的后面. 但是在一个二次方程中, 我们便只需去掉(不为负值, 但是可以横向相乘)一个虚根. 也就是说, 假设点 B 不在直线 AC 上, 但是, 在这条线之外, 它可以(在同一个平面上)在 AC 之上的位置.

如图 9 所示, 二次方程的另一种形式: $aa \mp ba - æ = 0$. 令 CA 或 $CP = \frac{1}{2} b$. $PB = \sqrt{æ}$ 并且点 P 处的角为直角. 假设延长 BC 与圆 $PA\alpha$ 的交线为 $A\alpha$, 因此得到两个根 AB 和 $B\alpha$; 在这二者之间, 正切值 PB 是比例中项, $A\alpha$ 是它们的差值. 同时它们中的一个一定是正值, 另一个是负值(因为如果 AB 是向前的, $B\alpha$ 是向后的; AB 是向后的, 则 $B\alpha$ 是向前的).

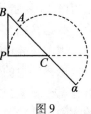

图 9

在方程中, 其表示形式可为 $+ AB$, $- B\alpha$, $+ ba$, $- AB$, $+ B\alpha$. 但是这个构造不适合这里: 因为在这种形式的方程中, 我们永远不能去掉虚值. 无论 PB 多长, 都与这个圆相切.

§5 韦塞尔关于复数的研究

(本文由丹麦明尼苏达州诺斯菲尔德的圣奥拉夫学院, 诺德加德(Martin A. Nordgaard)教授译自丹麦语)

卡斯帕·韦塞尔(Caspar Wessel, 1745—1818)是一位挪威测量员. 他在 1797 年写了一篇关于复数的图形表示的论文. 这篇论文发表于 1798 年, 并于 1799 年在丹麦皇家科学院的论文集中出现. 论文所采用的研究方法可以说是现代方法中值得注意的第一次尝试. 在此后的几年里, 许多其他的尝试都取得了相似的结果(参见史密斯的《数学史》, Vol. II, 263～267 页). 韦塞尔的作品在当时并没有引起人们的强烈注意, 直到 1897 年法国翻译版本出现才被人们所知. 此处所选择的某些重要段落, 源于丹麦语原文.

1. 关于方向的解析表示的试验

主要应用于(由韦塞尔调查员提出的)平面和球面多边形的解, 目前我们尝试论述的问题是: 怎样解析地表示方向, 也就是我们如何表示直线, 才能在一个包含一条未知直线和若干已知直线的方程中, 把未知直线的长度和方向都表示出来.

为了回答这个问题, 我的工作均基于在我看来不容置疑的两个命题下完成. 第一个是: 由代数运算所影响的方向的变化, 应当用符号来表示. 第二个是:

只有当方向能用代数运算改变时,它才是一个代数对象. 然而,由于除了变成相反的方向,即从正的变成负的,或反过来之外,用目前的方法不能变成别的方向(至少像通常解释的那样),因而只可能指定这两个方向,对于其他方向问题就不可解了. 我猜测这就是没有人对这个问题进行研究的原因. 毫无疑问,人们认为这些运算已有了被人普遍接受的解释而不允许再做任何改变.

因此只要这种解释仅一般地涉及数量,我们并不反对. 但是在某些情况下,当所论述的量的性质需要更加精确的定义时,而且应用这些定义有所裨益时,进行调整就应当视为可行的. 当我们从算术的分析转向几何的分析,或从抽象的数的运算转向直线的运算时,我们确实遇到一些量,它们彼此之间的关系与数之间的关系一样,但它们还有许多其他关系. 如果我们现在广义地说明这些运算,而不像迄今那样将它们的应用局限于具有相同或相反方向的直线,将目前的狭义概念做某些延拓,使之不仅适用于与以前相同的情形,而且适用于数不胜数的新情况,如果我们这样随心所欲而又不违反已被普遍接受的运算法则,我们就不会违反数的第一条定律. 我们只是扩展它,使之适合于所考虑的量的性质,我们考察方法的规则,它要求我们逐步使一个困难的原理变得清晰易懂.

用于几何中的运算比用于算术中的运算含义广泛并不是一个不合理的要求. 人们很容易得到,并且运用这种方法,在之后的证明过程中,不仅可以避免许多不必要的运算,运用其解释许多之前不能解释的矛盾说法,还可将同一平面上所有直线的方向都能像它们的长度那样解析地表示,而不必有新符号或新法则之忧. 如果方向能够解析地表示,那么仅在某些特殊情形中用图形表示时才更多地依赖于代数法则. 那么人们无疑会习以为常,轻而易举地看到几何命题的一般效力. 因此,除了应用相同(那些同向的)和相反的线的运算外,应用适于其他线的运算不仅应该被允许,还应被推广. 基于此我以下的目的是:

Ⅰ. 首先,定义这种运算的法则;

Ⅱ. 接着,用两个例子说明当直线在同一平面上时,法则的具体应用;

Ⅲ. 用一种新的,非代数的运算方法定义位于不同平面上的直线的方向;

Ⅳ. 用这种方法解平面和球面多边形;

Ⅴ. 最后,用同样的方式推导球面三角形的一般公式.

以上是这篇论文的主题,正是在上述主题的引领下,我探索了一种避免不可能运算的方法,并将其直接应用于某些著名的公式中,使我确信这些公式的普遍性. 尊敬的国家议员特滕斯(Tetens)先生热心地通读了初稿. 正是由于这位卓越的学者的鼓励、建议与指导,删除了文章中最初的不完善之处,使得皇家科学院出版的正是该文的精华部分.

2. 通过代数运算由已知直线形成其他直线的方法，以及怎样标示它们的方向和符号

某些齐次量具有这样的性质，当它们放在一起时，它们仅仅作为增量或减量，彼此增加或减小. 还有其他在同样的情况下，以无数种的方式彼此影响变化的量. 直线就属于这类量. 因而一点到一平面的距离可以随着由该点画出的平面外不同程度的倾斜直线以无数种方式改变.

如果这条直线垂直于平面的轴，也就是说，如果点的轨迹与轴成直角，那么该点在一个与已知平面平行的平面内，其轨迹不影响它与平面的距离.

如果所描述的线是非直的，即它与平面的轴成斜角，就要从距离中加上或减去一个小于该线本身的长度，有无数种增加或减小.

如果所描述的线是直的，即距离在线上，就要加上或减去等于该距离的长度. 该线本身的长度，在第一种情形中是正的，在第二种情形中是负的.

因此，所有可以通过一点画成的直线就其对于已知点到这点外的平面的距离的作用而言，根据从距离中加上或减去该线自身长度的全部、部分或零而分为直的、非直的，或垂直的.

如果一个量的值可以与其他量无关地直接给出，这个量就称为绝对的，因此我们可以在前面的定义中称距离为绝对线，增长或缩短绝对线时相对线的部分可以称为相对线.

除直线外，还有其他存在这种关系的量. 因此，一般地阐明这些关系，并将它们的一般概念体现在运算的说明中是一项很有价值的工作. 我接受了审稿人的意见，这篇文章中内容的性质及说明都很清晰，应使读者不必为抽象的概念所累. 所以下面我仅用几何作相关说明.

(1)如果我们将两条直线以某种方式合并起来，就称将两条直线相加，方法是第二条线的始端连接第一条线的末端，然后从合并线的第一个点到最后一点贯穿一条直线，这条线就是合并的两线之和.

例如，若一点向前运动了 3 英尺，又往回运动 2 英尺，这两段路径之和不是前 3 英尺与后 2 英尺的组合，而是向前 1 英尺. 这段由同一点描绘的路径与另两段路径的作用相同.

类似地，如果三角形的一边从 a 延伸到 b，另一边从 b 延伸至 c，第三边从 a 到 c 就称为和. 我们用 $ab + bc$ 表示，如果 ba 与 ab 相反，表示成 $ac = ab + bc = -ba + bc$. 如果所加的线是直的，这个定义与通常给出的定义完全一致. 如果所加的线不是直线，我们也并不反对将一条直线称作另外两条直线合并的和，因为这种类推效果相同. 我也没有赋予"+"这个符号非同寻常的意义，可以看出在 $ab + \dfrac{ba}{2} = \dfrac{1}{2}ab$ 这个表达式中，$\dfrac{ba}{2}$ 不是和的一部分. 因此，我们列出 $ab + bc =$

ac，而不将 bc 视为 ac 的一部分，$ab + bc$ 仅仅是表示 ac 的符号.

（2）如果希望加上多于两条的直线，我们采取同样的步骤. 将第一条直线的末端点与第二条直线的首端点联结起来，再将第二条直线的末端点与第三条直线的首端点联结起来，等等，如此将这些直线合并起来. 然后我们从第一条直线的首端点到最后一条直线的末端点联结一条直线，我们称之为这些直线的和.

选取这些线的次序无关紧要，因为在三个互成直角的平面内，无论一点在何处形成直线，这条线对于这点到这三个平面的距离的影响都是相同的. 因而相加的每条直线无论它位于序列中的首位、最后，还是其他位置，在对于和的末端点的位置的决定上作用都相同. 因此直线相加的次序也是无足轻重的. 由于第一个点假定已知，最后一个点总是设为同一位置，和总是相同.

因此在这种情形中，同样可以用" + "号将相加直线彼此联结起来表示和. 例如，在一个四边形中，如果第一条边表示由 a 到 b，第二条边表示由 b 到 c，第三条边表示由 c 到 d，而第四条边表示由 a 到 d，那么我们可以写成 $ad = ab + bc + cd$.

（3）如果几个长、几个宽和几个高的和等于零，那么长的和，宽的和，高的和分别等于零.

（4）在每种情形中，都可能形成两条直线的积，一个因子与另一个因子同样通过正单位或等于单位的绝对线形成. 也就是：

首先，这两个因子的方向应使它们都与正单位位于同一平面.

其次，对于长度，积比一个因子等于另一个因子比单位.

最后，如果我们设正单位，因子和积的原点相同，那么积的方向应位于单位和因子的平面上，并且在同一侧偏离一个因子的度数与另一个因子离开（偏离）单位的度数相同，这样积的方向角，或它对于正单位的散度就与两个因子方向角的和相等.

（5）设 $+1$ 表示指定正直线的单位，$+\varepsilon$ 表示某个垂直于正单位且原点相同的单位，那么 $+1$ 的方向角等于 $0°$，-1 的方向角等于 $180°$，$+\varepsilon$ 的方向角等于 $90°$，$-\varepsilon$ 的方向角等于 $-90°$ 或 $270°$. 根据法则，积的方向角等于因子方向角之和，我们有：$(+1)(+1) = +1$；$(+1)(-1) = -1$；$(-1)(-1) = +1$；$(+1)(+\varepsilon) = +\varepsilon$；$(+1)(-\varepsilon) = -\varepsilon$；$(-1)(+\varepsilon) = -\varepsilon$；$(-1)(-\varepsilon) = +\varepsilon$；$(+\varepsilon)(+\varepsilon) = -1$；$(+\varepsilon)(-\varepsilon) = +1$；$(-\varepsilon)(-\varepsilon) = -1$，由此可见 $\varepsilon = \sqrt{-1}$，不违背普通的运算法则，积的散度得以确定.

（6）从半径 $+1$ 的终点开始的余弦曲线的余弦是半径的一部分，或者是与其相对的半径的一部分，半径从中心开始，在垂线的末端结束. 这个弧的正弦是从它的终点到弧的终点的余弦.

因此,根据(5),直角的正弦值等于 $\sqrt{-1}$,令 $\sqrt{-1}=\varepsilon$. 令 v 是任意角度,令 $\sin v$ 表示与角 v 所对正弦曲线长度相同的直线. 如果角度的测量在第一个半圆周上终止,则其是正的. 但如果在第二种情况下,则其是负的. 那么由(4)和(5)得到 $\varepsilon \sin v$ 表示角度 v 的正弦,涉及方向和长度.

(7)与(2)和(6)相同,由中心开始的半径偏离绝对值单位或正单位角 v 为单位向外发散,且等于 $\cos v+\varepsilon\sin v$. 但根据(4),两个因数的乘积,其中一个偏离单位角 v,另一个偏离单位角 u,它们的积偏离单位的角应为角 $v+u$. 因此,如果右线 $\cos v+e\sin v$ 与右线 $\cos u+e\sin u$ 相乘,乘积就是其方向的右线. 角度是 $u+v$,所以,由(1)和(6),我们可以用 $\cos(v+u)+\varepsilon\sin(v+u)$ 表示积.

(8)积 $(\cos v+\varepsilon\sin v)(\cos u+\varepsilon\sin u)$ 或 $\cos(v+u)+\varepsilon\sin(v+u)$ 还可以用另一种方式表示,即通过将其和组合成一个因子的每条相加线乘以其组成另一个因子的每条相加线所产生的部分积加到和中. 因此,如果我们用为人熟知的三角公式

$$\cos(v+u)=\cos v\cos u-\sin v\sin u$$
$$\sin(v+u)=\cos v\sin u+\sin u\cos v$$

我们将得到这种形式

$$(\cos v+\varepsilon\sin v)(\cos u+\varepsilon\sin u)=\cos v\cos u-\sin v\sin u+\varepsilon(\cos v\sin u+\cos u\sin v)$$

可以证明上述两个公式对所有情形——一个角或者两个角都是锐角或钝角,正的或负的,均适用. 因此从这两个公式推出的命题也广泛适用.

(9)根据(7), $\cos v+\varepsilon\sin v$ 是长度等于单位且对于 $\cos 0°$ 的散度是角的圆的半径. 因而 $r\cos v+r\varepsilon\sin v$,表示长度为 r,方向角为 v 的直线. 一个直角三角形的边长若增加 r 倍,则斜边也增加 r 倍,但角依然相同. 然而根据(1),边的和等于斜边,因此 $r\cos v+r\varepsilon\sin v=r(\cos v+\varepsilon\sin v)$. 所以这是直线与线 $\cos 0°$ 及 $\varepsilon\sin 90°$ 在同一平面内,长度为 r,偏离 $\cos 0°$,方向角为 v 的所有直线的一般表达式.

(10)如果 a,b,c 表示任意长度,正的或负的直线,两条非直线 $a+\varepsilon b$ 及 $c+\varepsilon d$ 与绝对单位在同一平面内,即使它们对于绝对单位的散度未知,也可以得到它们的积. 我们只需将组成一个和的每一条相加线乘以组成另一和的每一条相加线,并将这些积相加,这个和是所求的关于长度和方向的积:于是,$(a+\varepsilon b)(c+\varepsilon d)=ac-bd+\varepsilon(ad+bc)$.

证明 令线 $a+\varepsilon b$ 的长为 A,它对于绝对单位的散度是 v,令 $c+\varepsilon d$ 的长度为 C,散度为 u. 那么,由(9),$a+\varepsilon b=A\cos v+A\varepsilon\sin v$,$c+\varepsilon d=C\cos u+C\varepsilon\sin u$. 于是,$a=A\cos v$,$b=A\sin v$,$c=C\cos u$,$c+\varepsilon d=C\cos u+C\varepsilon\sin u$. 但是,根据(4)有

$$(a+\varepsilon b)(c+\varepsilon d)=AC[\cos(v+u)+\varepsilon\sin(v+u)]$$
$$=A[\cos v\cos u-\sin v\sin u+\varepsilon(\cos v\sin u+\cos u\sin v)]$$

因此,如果我们用 ac 代替 $AC\cos v\cos u$,用 bd 代替 $AC\sin v\sin u$,等等,就推出了

要证明的等式关系.

于是,尽管和的加线不全是直线,我们也不必在已知法则中给出例外的法则,方程论、整函数论及它们的简单因子均是基于这些已知法则,即如果两个和相乘,则和中的每一个加量必须乘以另一个和中每一个加量. 因此,如果一个方程研究直线且其根为 $a + \varepsilon b$ 的形式,那么,一条非直的线就当然能表示出来. 因此就可将两条不都与绝对单位位于同一平面的直线相乘表示出来,另一种方向变化的表示方法将在后面(24)~(35)中继续讨论.

(11)除数乘以商等于被除数. 因为由(4)中的定义可直接得到,我们不必证明这些线必须与绝对单位在相同的平面内. 显然,如果被除数偏离绝对单位角 v,除数偏离角 u,那么,商必偏离绝对单位角 $v - u$.

例如,假设我们要用 $B(\cos u + \varepsilon \sin u)$ 除 $A(\cos v + \varepsilon \sin v)$,商是

$$\frac{A}{B}\left[\cos(v - u) + \varepsilon \sin(v - u)\right]$$

因为由(7)有

$$\frac{A}{B}\left[\cos(v - u) + \varepsilon \sin(v - u)\right] \times B(\cos u + \varepsilon \sin u) = A(\cos v + \varepsilon \sin v)$$

又因为

$$\frac{A}{B}\left[\cos(v - u) + \varepsilon \sin(v - u)\right]$$

等于被除数 $A(\cos v + \varepsilon \sin v)$ 除以除数 $B(\cos u + \varepsilon \sin u)$,即

$$\frac{A}{B}\left[\cos(v - u) + \varepsilon \sin(v - u)\right]$$

是所求的商.

(12)如果 a, b, c 及 d 是直线,非直线 $a + \varepsilon b$ 和 $c + \varepsilon d$ 与绝对单位在同一平面内,那么 $\dfrac{1}{c + \varepsilon d} = \dfrac{c - \varepsilon d}{c^2 + d^2}$,即商可表示为

$$\frac{a + \varepsilon b}{c + \varepsilon d} = (a + \varepsilon b)\frac{1}{c + \varepsilon d} = (a + \varepsilon b) \cdot \frac{c - \varepsilon d}{c^2 + d^2}$$

$$= \left[ac + bd + \varepsilon(bc - ad)\right] : (c^2 + d^2)$$

由(9),我们可令

$$a + \varepsilon b = A(\cos v + \varepsilon \sin v)$$
$$c + \varepsilon d = C(\cos u + \varepsilon \sin u)$$

所以由(3)

$$c - \varepsilon d = C(\cos u - \varepsilon \sin u)$$

因为由(10)

$$(c + \varepsilon d)(c - \varepsilon d) = c^2 + d^2 = C^2$$

所以再根据(10)

$$\frac{c-\varepsilon d}{c^2+d^2}=\frac{1}{C}(\cos u-\varepsilon\sin u)$$

或由(11)

$$\frac{c-\varepsilon d}{c^2+d^2}=\frac{1}{C}[\cos(-u)+\varepsilon\sin(-u)]=\frac{1}{c+\varepsilon d}$$

乘上

$$a+\varepsilon b=A(\cos v+\varepsilon\sin v)$$

由(11)得到

$$(a+\varepsilon b)\cdot\frac{c-\varepsilon d}{c^2+d^2}=\frac{A}{C}[\cos(v-u)+\varepsilon\sin(v-u)]=\frac{a+\varepsilon b}{c+\varepsilon d}$$

此类非直线的线量与直线量有这种共性,如果被除数是几个量的和,那么,这些量中的每一个被除数除,得出一个商,这些商的和组成所求的商.

(13)如果 m 是一个整数,那么 $\cos\dfrac{v}{m}+\varepsilon\sin\dfrac{v}{m}$ 自乘 m 次得到其幂 $\cos v+\varepsilon\sin v$(由(7)),因此我们有

$$(\cos v+\varepsilon\sin v)^{\frac{1}{m}}=\cos\frac{v}{m}+\varepsilon\sin\frac{v}{m}$$

但是,根据(11)

$$\cos\left(-\frac{v}{m}\right)+\varepsilon\sin\left(-\frac{v}{m}\right)=\frac{1}{\cos\dfrac{v}{m}+\varepsilon\sin\dfrac{v}{m}}=\frac{1}{(\cos v+\varepsilon\sin v)^{\frac{1}{m}}}=(\cos v+\varepsilon\sin v)^{\frac{1}{m}}$$

因此,无论 m 是正数还是负数,总有

$$\cos\frac{v}{m}+\varepsilon\sin\frac{v}{m}=(\cos v+\varepsilon\sin v)^{\frac{1}{m}}$$

所以,如果 m 和 n 都是整数,我们有

$$(\cos v+\varepsilon\sin v)^{\frac{n}{m}}=\cos\frac{n}{m}v+\varepsilon\sin\frac{n}{m}v$$

用这种方法我们发现了诸如 $\sqrt[n]{b+c\sqrt{-1}}$ 或 $\sqrt[m]{a\sqrt[n]{b+c\sqrt{-1}}}$ 这种表达式的值. 例如 $\sqrt[3]{4\sqrt{3}+4\sqrt{-1}}$ 表示一条长为2,与绝对单位夹角为10°的直线.

(14)如果两个角有相等的正弦和余弦值,它们的差是0,±4直角或±4直角的倍数;反之,如果两个角的差是0或±4直角的一倍或几倍,那么它们有相等的正弦和余弦.

(15)若 m 为一整数,π 等于360°,那么 $(\cos v+\varepsilon\sin v)^{\frac{1}{m}}$ 仅有下列 m 个不同的值

$$\cos v+\varepsilon\sin v,\cos\frac{\pi+v}{m}+\varepsilon\sin\frac{\pi+v}{m},\cos\frac{2\pi+v}{m}+\varepsilon\sin\frac{2\pi+v}{m},\cdots$$

$$\cos \frac{(m-1)\pi+v}{m} + \varepsilon \sin \frac{(m-1)\pi+v}{m}$$

π 依次乘的倍数是 $1,2,3,4,\cdots,m-1$. 因此, 如果取其中两个数, 一个数与 1 的距离等于另一数与 $m-1$ 的距离, 则每两个这样的数之和为 m, 如果数目不是偶数, 那么, 中间数将作两次取作 m. 所以, 如果将 $\frac{(m-n)\pi+v}{m}$ 加到 $\frac{(m-u)\pi+v}{m}$ 上, 在级数中, 后者距离 $\frac{\pi+v}{m}$ 等于 $\frac{(m-n)\pi+v}{m}$ 距离 $\frac{(m-i)\pi+v}{m}$, 那么, 和等于

$$\frac{2m-u-n}{m}\pi + \frac{2v}{m} = \pi + \frac{2v}{m}$$

但加上 $\frac{(m-n)\pi}{m}$ 与减去 $\frac{(m-n)(-\pi)}{m}$ 所得结果相同, 又因为差为 π, 故 $\frac{(m-n)(-\pi)+v}{m}$ 与 $\frac{(m-n)\pi+v}{m}$ 有相同的余弦和正弦. (同样 $(-\pi)$ 的值都由 $+\pi$ 给出.)

然而, 由于这个级数中任何两角之差总是小于 π 而又不等于 0, 这些值都不相等. 如果继续这个级数也不会产生更多的值, 因为新的角将是 $\pi + \frac{v}{m}$, $\pi + \frac{\pi+v}{m}$, $\pi + \frac{2\pi+v}{m}$ 等, 根据 (14), 这些角的正弦和余弦与我们已得的角的正弦和余弦相同. 所有的角都属于这个级数, 因为 π 不会被一个整数乘到分子上, m 所乘的角也不会产生被 v 减后等于 0, $\pm\pi$ 或 $\pm\pi$ 倍数的角, 因此, 这些角的余弦和正弦的 m 次幂不会等于 $\cos v + \varepsilon \sin v$.

(16) 在不知道非直的线 $1+x$ 与绝对单位所成角度的情况下, 如果 x 的长小于 1, 那么

$$(1+x)^m = 1 + \frac{mx}{1} + \frac{m}{1} \cdot \frac{m-1}{2} x^2 + \cdots$$

如果这个级数按 m 次幂排列, 其值相同, 并化为

$$1 + \frac{ml}{1} + \frac{m^2 l^2}{1 \cdot 2} + \frac{m^3 l^3}{1 \cdot 2 \cdot 3} + \cdots$$

的形式, 其中

$$l = x - \frac{x^2}{2} + \frac{x^3}{3} - \frac{x^4}{4} + \cdots$$

是一条直线和一条垂线之和. 如果我们称直线为 a, 垂线为 $b\sqrt{-1}$, 那么, b 是 $1+x$ 与 $+1$ 所成角的最小度量, 若我们令

$$1 + \frac{1}{1} + \frac{1}{1 \cdot 2} + \frac{1}{1 \cdot 2 \cdot 3} + \cdots = e$$

则 $(1+x)^m$ 或

$$1 + \frac{ml}{1} + \frac{m^2 l^2}{1 \cdot 2} + \frac{m^3 l^3}{1 \cdot 2 \cdot 3} + \cdots$$

可由 $e^{ma+mb\sqrt{-1}}$ 表示,即 $(1+x)^m$ 的长度为 e^{ma},方向角的度量为 mb,m 假设可正可负. 那么位于同一平面角的直线的方向还可用另一种方式表示,即借助于自然对数. 如果允许的话,我们将在其他篇幅对这些陈述给以完整的证明. 现在我已陈述了我的方案,得到直线的和、积、商及幂.

§6 帕斯卡关于算术三角形的研究

(本文由纽约哥伦比亚大学的安娜萨维茨基译自法语)

帕斯卡并不是算术三角的最早发现者,这种数字的排列是人们早就预料到的. 随着他对三角形性质的发展与应用,他的名字与算术三角形联系在了一起. 这一研究工作的兴趣可能源于他对概率以及二项式定理早期发展的研究. 由于帕斯卡对概率理论的理解在本书的其他章节有所深入讨论,在本节中省略了与该理论相关的内容,当然无可避免地会有一些重要又有发展空间的知识被遗漏. 原文出自帕斯卡的著作中,而最新版本是由 Léon Brunschvicg 和 Pierre Boutroux 编辑而成的(1908 年于巴黎).

1. 算术三角的定义

定义算术三角的结构如图 1 所示.

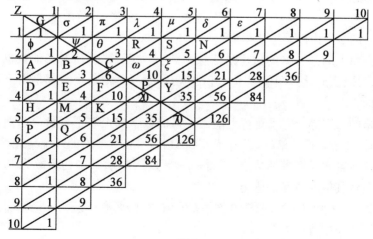

图1

从任意一点 G 画两条相互垂直的线 GV，$G\xi$，从 G 开始，在每一条直线上划分许多相等且连续的部分，叫作 $1,2,3,4,\cdots$，这些数字就是直线上分割的指标．然后我将每条线上第一分点用一直线联结，形成一个以它为底边的三角形．同样我再把第二分点用一直线联结起来，形成一个以它为底的三角形．像这样将有相同指标的分点联结起来，形成许多的三角形及底边．

过每一分点作边的平行线，它们相互交叉形成一些小方块，叫作格．

在两条平行线间的格从左到右叫作同一平行行的格，如格 G，σ，π 等或 ϕ,ψ,θ 等．

从上到下的两条平行线间的格叫作同一垂直行的格，如 G，ϕ，A，D 等或 σ,ψ,B 等．

那些同底的斜方向上的格子叫作同底格，如：D,B,θ,λ，或 A，ψ,π．

在同底上距底的两个端点距离相等的格子就称它们是互反的．比如 E 和 R，还有 B 和 θ．之所以这样叫是因为其中一个格子的平行行指标是另一个格子的垂直行指标，这在下面的例子中看得很明显．

例如，E 在第二垂直行及第四平行行上，与它互反的 R 则在第二平行行及对应的第四垂直行上；并且也极易验证那些指标互反对应相等的格子在同一底上且距两端点的距离相等．

同样容易证明任何格子的垂直行指标，加上它的平行行指标总比它的底指标大 1．

比如，F 格在第三垂直行和第四平行行，及第六底上；行指标的和 $3+4$ 比底指标 6 大 1．这由算术三角的两边被分成相等数量的部分这一事实得到，它理解起来要比证明容易．

以上陈述相当于说每一底比上一底多一格，且格的数量与指标的数量相同．这样，第二底 $\phi\sigma$ 有两个格，第三底 $A\psi\pi$ 有三个格，等等．

每格的数字由以下方法得到：

在直角上的第一格的数字是任意的；但它一旦确定，所有其他数也就都被确定下来了；因此此数叫作算术三角的"初始数"．其他每个数都是由下面的规则确定的：

每格的数字等于它垂直行上前面一格的数字加上它平行行上前面一格的数字．所以 F 格（即 F 格的数）等于 C 格加上 E 格，其他格的情况与此类似．

从这些事实得到多种结论，下面是一些主要结论，其中初始数为 1，但其得到的结论对其他的情况也适用．

推论 1　在每个算术三角中，第一个平行行的所有格及第一个垂直行的所有格都等于初始数．

因从算术三角的构成得知，每格等于它垂直行的前一格加上它的平行行的前一格,现第一平行行上的格子在平行行方向上前面并没有格子,同样对第一垂直行的格子来说,垂直行方向上前面也没有格子,所以它们互相相等,也就等于初始的第一个数字:

故 φ 等于 G + 0, 即 φ 等于 G.

同样 A 等于 φ + 0, 即 A 等于 φ.

同样 σ 等于 G + 0, π 等于 σ + 0.

其他数同理.

推论 2   在每一算术三角中,每一格等于它前一平行行中由其所在的垂直行到第一垂直行的所有数字之和.

考虑任一格 ω:我断言它等于 R + θ + ψ + φ,它们是上面的平行行中从 ω 的垂直行到第一垂直行的所有格的和.

从这些格子的定义(特别是它们是如何形成的)可以明显看出.

因为 ω 等于

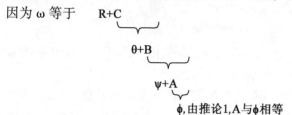

故 ω 等于 R + θ + ψ + φ.

推论 3   在每一算术三角中,每一格等于它前一垂直行中由其所在的平行行到第一平行行的所有格的和.

考虑任一格 C:我断言它等于 B + ψ + σ,它们是上面的垂直行中从格 C 的平行行到第一平行行的所有格子的和.

这同样由格的定义得出.

因为 C 等于

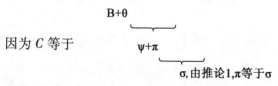

故 C 等于 B + ψ + σ.

推论 4   任一个算术三角中,每格减去 1 等于那些在它的垂直行和平行行内的(不包括其所在的平行行和垂直行)所有格子的和.

考虑任一格 ξ,我推断 ξ - 初始数等于 R + θ + ψ + φ + λ + π + σ + G,他们是在行 ξωCBA 和行 ωSμ 内的不包括这两行的所有格之和.

同样由定义得到此结论.

因 ξ 等于

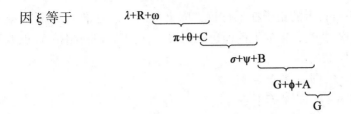

故 ξ 等于 R + θ + ψ + φ + λ + π + σ + G.

注 我曾说过"每格减去 1",因 1 是初始数;但如果初始数是另一数,则必须说"每格减去开始一格的数."

推论5 在每个算术三角中,每一格都与它互反的格相等.

在第二底 φσ 上,很明显两个互反的格 φ,σ 彼此相等且等于 G.

在第三底 Aψπ 上,同样可以看出互反的格 π,A,二者是彼此相等的且等于 G.

在第四底上,可见两端的 D,λ 彼此相等且等于 G.

对在它们中间的两个数,也是明显相等的,因 B 等于 A + ψ,θ 等于 ψ + π,而我已指出 π + ψ 等于 A + ψ;故得上面结论,等等.

这样,我们可以指出在所有其他的底上的互反格都是相等的,因为在底端的格都等于 G,而其他的格总可以由它前面底上的格子得到其数字,而前面底上的格子也是彼此互反的.

推论6 在任意算术三角中,一平行行与同它有相同指标的垂直行上的格子对应相等.

因为它们是由彼此互反的格组成的,故第二垂直行 σψBEMQ 是与第二平行行 φψθRSN 完全相等的.

推论7 在任何算术三角中,每个底上格子的数字之和是前底上格子数字之和的两倍.

考虑任意一个底 DBθλ,我断言它上的格子的数字之和是前底 Aψπ 上格子的数字之和的两倍.

因端点的格……	D,	λ,
等于端点的格……	A,	π,
而每个其他的格……	B,	θ,
等于另一个底上两个格数字的和…	A + ψ,	ψ + π

故 D + λ + B + θ = 2A + 2ψ + 2π.

对于其他底的情况同理可证.

推论8 在任何算术三角中,每一底上数字之和构成一列几何级数,这一几何级数从 1 开始,顺序与底的指标一致.

第一底的和是 1.

第二底的和是第一底的二倍,即 2.

第三底的和是第二底的和的二倍,即 4.

如此以至无穷.

注 如果初始数不是 1,比如 3,结论也是成立的;不过形成的几何级数不是从 1 开始的 1,2,4,8,16,…,而是另一个从初始数 3 开始的几何级数:3,6,12,24,48,….

推论 9 在任一算术三角中,每一底减 1 等于前面所有底的和.

因这是双倍(几何)级数的一个特点.

注 如果初始数不是 1,则必须说:"每一底减去初始数."

推论 10 在任意算术三角中,在一底上从一端开始的任意多的连续格子的和等于前一底上相同数量的格子之和再加上前一底上少一个格的格子之和.

取底 DBθλ 上多个格子的和,比如前三格 $D + B + \theta$.

我推断它等于前一底上的前三格 $A + \psi + \pi$,再加上前两格 $A + \psi$.

因为 $D = A \cdot B = A + \psi \cdot \theta = \psi + \pi$.

故 $D + B + \theta$ 等于 $2A + 2\psi + \pi$.

定义 定义那些被直角的平分线斜着穿过的格子,如 G, ψ, C, P 等为"分划格".

推论 11 每一分划格都是它平行行或垂直行上前一格的两倍.

考虑一分划格 C,我推断它是 θ 的两倍,也是 B 的两倍.

因 C 等于 $\theta + B$,而 θ 等于 B(由推论 5).

注 所有这些推论都是有关在算术三角中所遇到的等量问题的,现在我们要考虑与比例有关的问题,对它们来说,下面的定理是基本的.

推论 12 在任意算术三角中,在同底上的两个相邻的格子,上面的格与下面的格的比,等于从面上格到此底的顶端的格与从下面的格到此底的底端的格的比,那两个格子都包括其中.

考虑同底上任意两相邻的格 E,C,我推断

$$E : C = 2:3$$
$$\text{下面的} \quad \text{上面的}$$

因从 E 到底端有两个格,即 E,H;

因从 C 到顶端有三个格,即 C,R,μ.

虽然这一定理有无限多种情况,但我将给出一个很短的证明,首先假定两个前提.

引理 1 在第二底上此定理显然成立;因为很明显 φ 比 σ 等于 1 比 1.

引理 2 如在某一底上有比例,则在下一底上一定也有此比例.

从以上引理可见比例在所有底上都成立:由引理 1 得到在第二底上成立;

于是由引理 2, 在第三底上也成立, 于是在第四底上也成立, 如此以至无穷.

那么下面仅需证明引理 2 是确实成立的. 如在任意底上有此比例, 不妨说在第四底 $D\lambda$ 上, $D:B=1:3$, $B:\theta=2:2$, $\theta:\lambda=3:1$ 等. 我就说在下一底 $H\mu$ 上也有此比例, 比如 $E:C=2:3$.

由假设, $D:B=1:3$, 所以
$$(D+B):B=(1+3):3; E:B=4:3$$
其中 $E=D+B, 4=1+3$.

同理, 由假设 $B:\theta=2:2$, 所以
$$(B+\theta):B=(2+2):4$$
$$C:B=4:2 (C=B+\theta, 4=2+2)$$
$$B:E=3:4$$

由合比定理, $C:E=3:2$, 即为所证.

同理可证剩下的所有情况, 因这一证明仅建立在此比例在前一底上成立, 且每一格等于它前面的格所加上上面的格, 这一在所有情况下均成立的假定上.

推论 13 在任意算术三角中, 如果两个格在相同的垂直行下是连续的, 那么下面的与上面的比就相当于上面的底的指标与它平行行的比.

考虑在相同垂直行的任意两个格 F, C, 我推断 $F:C=5:3$. 因为
$$E:C=2:3$$
所以 $(E+C):C=(2+3):3$, 其中 $F=E+C$. 故 $F:C=5:3$.

推论 14 在任意算术三角中, 如果两个单元格在同一个平行行下是连续的, 那么较大的与前面一个的比就相当于前面的底的指标与它的垂直行的比.

考虑任意两个在同一个平行行下是连续的格 F, E, 我推断 $F:E=5:2$. 因为 $F:E=5:2$, 所以
$$\underbrace{E+C}_{F}:E=\underbrace{2+3}_{5}:2$$

推论 15 在任意算术三角中, 任何平行行的格的和与最后一个格的比相当于三角形的指标与行数的比.

考虑任意一个三角形, 例如, 第四个三角形 $GD\lambda$, 我推断, 对于任何一个包含在内的行, 就像第二平行行, 其格的和 $(\phi+\psi+\theta):\theta=4:2$. 因为在推论 13 中有 $\phi+\psi+\theta=C$, 所以 $C:\theta=4:2$.

推论 16 在任意算术三角中, 任何平行行比上下面一个的行, 相当于下面的行的行数与其格数量的比.

考虑任意一个三角形, 例如第 5 个三角形 μGH, 我推断, 无论选择其中哪一行, 例如第三个, 它的格的总和与第四行格的总和的比, 即 $(A+B+C):(D+E)=4$(第四行的行数)$:2$(其格的数量), 因为这一行包含两个格. 因为

$$A + B + C = F, D + E = M$$

所以由推论 12 $\qquad\qquad F : M = 4 : 2$

注 也可以用这种方式表述:每一个平行行与下面一行的比,相当于下面一行与三角形的减去上面一行的比.

因为一个三角形的指标,减去它的一个行的指标,总是等于下面一行所包含的格数.

推论 17 在每个算术三角形中,与任意一格在同一平行行与同一垂直行,它们是连续的且格小于此格,它们格的数量加和的比等于它们格加和的比.

考虑任意一个格 B,我推断 $(B + \psi + \sigma) : (B + A) = 3 : 2$.

我说 3,因为有 3 个格加在上面的行中,我说 2 是因为有两个格加在前面的行中.

因为 $B + \psi + \sigma = C$(推论 3),$B + A = E$(推论 2),因此 $C : E = 2$(推论 12).

推论 18 在任意算术三角中,两个平行行格的个数的比相当于它们格的比.

考虑任意三角形 $GV\xi$,两个从后开始距离相同的两个行,如第六个 $P + Q$,第二个 $\phi + \varphi + \theta + R + S + N$,我推断,一行格的总和与另一行格的总和的比相当于第一个格的数量与第二个格的数量的比.

因为,根据推论 6,第二个平行行 $\phi\psi\theta RSN$ 与第二个垂直行 $\sigma\psi BEMQ$ 是一样的,这是我们已经证明的比例.

注 也可以这样说:在每一个封闭的三角形中,两个平行行,它们的行数相加超过了三角形的指标,就如刚才所说的,它们的行数与它们的格成反比.

推论 19 在任意算术三角中,如果被除数所在的两个格是连续的,那么下面的与上面的四倍作比就相当于上面的底的指标与较大的数的比(比底大的).

考虑两个被除数所在的格中的 ρ, C,我推断:

$\rho : 4C = 5$(C 的基底的指标)$: 6$.

因为 $\rho = 2\omega, C = 2\theta$,因此 $4\theta = 2C$. 因此 $4\theta : C = 2 : 1$,所以 $\rho : 4C = \omega : 4\theta$.

或者是通过一个比例 $\omega : C + C : 4\theta = 5 : 6$ 导出之前的一个推论,这已经被证明了.

注 我已经把很多其他的比例画出来了,因为它们很容易被推断出来,而那些想要应用它的人可能会发现一些比我现在所能展示的更优雅的东西.

2. 算术三角的应用

——求和二项式及差二项式的次数

如果求一项为 A,另一项为 1 的二项式的幂,如四次幂,即 $A + 1$ 的四次方,则看算术三角的第五底,即指标为 $4 + 1$ 的底. 这一底上的格子是 1, 4, 6, 4, 1;

第一个数——1 是 A^4 的系数;第二个数——4 是 A 的低一次幂即 A^3 的系数;底的下一个数 6 是再低一次幂的系数,即 A^2 的系数;下一个数 4 是 A 的更低一次的幂,即 A 的系数;底的最后一个数 1 为常数. 这样我们得到: $1A^4 + 4A^3 + 6A^2 + 4A + 1$,也就是二项式 $A + 1$ 的四次幂. 因此,如果 A(可代表任何数)是 1,并且二项式 $A + 1$ 变为 2,那么 $1A^4 + 4A^3 + 6A^2 + 4A + 1 = 1 \cdot 1^4 + 4 \cdot 1^3 + 6 \cdot 1^2 + 4 \cdot 1 + 1.$

就是说,1 乘以 A(即单位)的四次幂是……1

4 乘 1 的立方是 ……4

6 乘 1 的平方是 ……6

4 乘 1 是 ……4

再加上 1 ……1

加起来的和是 ……16

而事实上,2 的 4 次幂确为 16.

如果 A 是一个其他的数,比如 4,这样和二项式 $A + 1$ 就是 5,然后根据它的四次幂依此法将是

$$1A^4 + 4A^3 + 6A^2 + 4A + 1$$

即:4 的四次幂的一倍,即 …… 256

4 的立方的四倍,即 …… 256

4 的平方的六倍,即 …… 96

4 的四倍,即 …… 16

加 1 …… 1

和为 …… 625

得到 5 的四次方,而事实上 5 的四次幂确为 625.

其他的例子依同理可以验证.

如果要求和二项式 $A + 2$ 的四次幂,写下相同的表示式 $1A^4 + 4A^3 + 6A^2 + 4A + 1$,然后把 2 的前四个幂 2,4,8,16,写在除去第一个之外的底的每个数字下面

$$1A^4 + 4A^3 + 6A^2 + 4A^1 + 1$$
$$\quad\quad 2 \quad\quad 4 \quad\quad 8 \quad\quad 16$$

然后把相应的数相乘,得 $1A^4 + 8A^3 + 24A^2 + 32A^1 + 16.$

这样就得到和二项式 $A + 2$ 的四次幂;如果 A 是 1,则这个四次幂如下:

A 的四次幂的一倍是 …… 1

1 的立方的八倍是 …… 8

1 的平方的 24 倍是 …… 24

1 的 32 倍是 …… 32

再加 …… 16

和为 …… 81

即 3 的四次幂,而事实上 81 是 3 的四次方.

如果 A 是 2,那么 $A+2$ 就是 4,则它的四次幂将是:

A(或 2)的四次幂的一倍,即　　……　16

2 的立方的 8 倍,即　　　　　　……　64

2 的平方的 24 倍,即　　　　　　……　96

2 的 32 倍,即　　　　　　　　　……　64

加 2 的四次幂　　　　　　　　　……　16

和为　　　　　　　　　　　　　……　256

即为 4 的四次幂.

同样可求 $A+3$ 的四次幂,可写如下:

$$1A^4 + 4A^3 + 6A^2 + 4A + 1$$
$$3 \quad 9 \quad 27 \quad 81$$

得　　　　　　　　$1A^4 + 12A^3 + 54A^2 + 108A + 81$

即 3 的前四次幂乘以相应的数字得到 $A+3$ 的四次幂.

如此以至无穷,如果要求五次方,则写下第六底的数字,然后就像在第五底的情况下我描述的那样,对其他次幂的情况同样处理.

差二项式 $A-1,A-2$ 等的幂也可同样求得,方法完全类似,不同的只是符号问题,符号"+"和符号"-"交替出现,第一项总是带"+"号的.

于是 $A-1$ 的四次幂可以用此方法求得. $A+1$ 的四次幂根据前述的方法是 $1A^4 + 4A^3 + 6A^2 + 4A + 1$. 于是,依所述的方法改变符号,我们得到 $1A^4 - 4A^3 + 6A^2 - 4A + 1$. 这样 $A-2$ 的立方也同样得到,因为 $A+2$ 的立方依前面的法则是 $A^3 + 6A^2 + 12A + 8$. 于是改变符号得到 $A-2$ 的立方是 $A^3 - 6A^2 + 12A - 8$. 如此以至无穷. 这些证明我将不再给出,因为像埃里冈(Hérigogne)已经研究过这些问题,而且这些证明也过于简单.

§7　蓬贝利和卡塔尔迪关于连分数的研究

(本文由俄亥俄克里兰夫的西储大学的维拉·桑福德(Vera Sanford)教授译自意大利语)

关于连分数的研究似乎与寻找非完全平方数的平方根的近似值有关. 很早的时候人们就已经发现了许多种寻找这些根的方法,但是总的来说这些方法大多都是困难且笨拙的.

最早利用连分数概念的数学家是拉斐尔·蓬贝利(Rafael Bombelli,生于 1530 年). 很少有人知道他的职业生涯,但是他关于数学的贡献是写出了一部被定性为"在意大利出现时间最长且最有教育价值"的代数研究,这本著作在 1572 年出版于博洛尼亚,在 1579 年以代数为标题在这个城市又出了第二版. 值得注意的是它对于三次方程和四次方程的处理. 本文我们选择的是 1579 年出版的第 35 页到第 37 页的内容.

1. 根形成分数的构造方法

很多构造分数的方法已经在一些作家的著作中给出. 那些因非正当理由对彼此的方法相互诋毁与攻击的作家最终都落得了一样的下场. 事实上,如果一种方法比另一种方法简洁,且被多数人肯定与接受,那么其才能被毫无质疑地称为最简洁的方法. 因此,今天我给出的这个法则可能比过去曾给出的都更容易接受,但如果另一个更有价值的法则被发现后,那么后者就会立即被接受,那么我的方法就会被抛弃;正如俗话所说,经验是我们的主人,我们应该赞扬曾经做出贡献的人. 简言之,我今天将会提出我最满意的一种方法,它将取决于人们对于此方法的自我判断. 下面我将开始我对此方法的阐释.

为了求得 13 的根的近似值,我们首先假设这个根是 3,则余 4. 该余数除以 6(将上面的 3 加倍)得 $\frac{2}{3}$. $3 \frac{2}{3}$ 是第一个加到 3 的分数,所以使之成为 13 的近似根,但是 $3 \frac{2}{3}$ 的平方是 $13 \frac{4}{9}$,而 $\frac{4}{9}$ 太大了,所以如果想要找出一个更接近的近似值,那么 3 的倍数 6 要加上 $\frac{2}{3}$,得到 $6 \frac{2}{3}$,这个数再除 13 减 9 的差 4,结果就是 $\frac{3}{5}$,加上 3 得 $3 \frac{3}{5}$. 因为它的平方是 $12 \frac{24}{25}$,比 $3 \frac{2}{3}$ 的平方更接近于 13,所以它就是一个更接近 13 的近似根. 但是如果我还想得出一个更接近的近似根,我可以继续用 $\frac{3}{5}$ 加 6 得 $6 \frac{3}{5}$,再除 4 得到 $\frac{20}{33}$,因为 $3 \frac{20}{33}$ 的平方是比 $13 \frac{4}{1089}$,其中 $\frac{4}{1089}$ 太大了,所以如果我想得出一个更接近的近似根,可以用 $6 \frac{20}{33}$ 除 4,得 $\frac{109}{180}$,加 3 得 $3 \frac{109}{180}$. 因为它的平方是 $13 \frac{1}{32\,400}$,其中 $\frac{1}{32\,400}$ 较大. 所以如果我还想要一个更接近的近似根,那么就用 $6 \frac{109}{180}$ 除 4 得 $\frac{720}{1\,189}$,它是一个比 $\frac{4}{1\,413\,721}$ 大很多的 $13 \frac{4}{1\,413\,721}$ 的根,这个过程依此类推. 然而,在许多情况下,当这些根的数目不等于一个完全平方数(如 8)时,我们应该注意这些分数的形成. 在这种情况下,因为 4 是最大平方数,并且 4 还是余数,所以这个分数是 $\frac{4}{4}$,即 1 加上 2 等于 3,它的平方是 9. 减去这个需要求根的数字 8,仍然得 1. 它除以 3 的倍数 6

后得到 $\frac{1}{6}$，用 3 减去 $\frac{1}{6}$ 得 $2\frac{5}{6}$，把它作为 8 的近似根. 它的平方是 $8\frac{1}{36}$，其中 $\frac{1}{36}$

大很多. 如果我们想要得到一个更接近的近似根，将 $2\frac{5}{6}$ 加上 3 等于 $5\frac{5}{6}$，并按

照前面的做法得到 $\frac{6}{35}$，用 3 减去 $\frac{6}{35}$ 等于 $2\frac{29}{35}$，是一个更接近的根. 如果还想得到

一个更接近的近似根，用 $5\frac{29}{35}$ 去分割 1. 用上面的方法，依次计算下去.

......

§8 雅各布·伯努利关于伯努利数的研究

（本文由纽约犹太学院的 Jekuthiel Ginsburg 教授译自拉丁语）

对用于分析各种种类的数据，几乎没有比伯努利数更为重要且普遍适用的. 它们的许多性质和应用引发了这一领域的研究热潮，至今仍在继续引起学者们的注意. 对于这些数字的特性的首次论述是由它们的发明者雅各布·伯努利在他去世后出版的著作《猜度术》（巴塞尔，1713）第 95 至 98 页提出的. 以下是相关部分的译文.

从不同观点看，这个片段很有趣. 首先，我们在书中目睹了天才的第一次创造，见证了人类思维的第一道笔触引起的涟漪，这些思想至今还没有消失. 第二，这本回忆录在今天仍然和当初写的时候一样新鲜而且充满活力，事实上，它甚至可以作为伯努利数的简单性质向大众普及. 第三，本文揭示的是个人的感触，伯努利关于此数的名气甚至高过伯努利本人. 他关于布里奥论文结果的阐述借助于他的数字可以被压缩到不到一页的篇幅里，既引人注目也富于启发. 同样也不缺乏谜题与神秘的元素. 尽管这一发现已经有超过 200 年的历史，数学家们还没有找到伯努利是从怎样的过程中得出他在这几页给出的关于数字的性质. 我们很容易用现代的方法得出它们，但他是如何用自己的方法得到的呢？同样有趣的是，他对沃利斯不完全归纳法的应用的评论和他自己同样不完美的工具的应用进行了比较. 简言之，在有限的三页印刷纸中我们所得到的不仅有关于发明的知识，还有大师的真实想法.

我们将会观察到大多数学者致力于研究有形数（主要有乌尔姆大学的福尔哈伯（Faulhaber）和雷梅林（Remmelin）、航海技术领域中的沃利斯（Wallis）和墨卡托（Mercator）等人），但是我不知道是谁给出了这一性质[①]的科学依据.

[①] 此性质是指如何在一列数中，求 n 项数之和.

沃利斯在他的《无穷算术》(*Arithmetica Infinitorum*)中用归纳法研究了自然数的平方、立方和其他次方的级数必须与最大项级数的比都相等. 他把这一方法作为自己方法的基础. 他的下一步是建立关于三角形、锥体和其他形状数字的176种性质，但如果过程被逆转并且先给出关于有固定性状数字的讨论，它会更好且更适合自然数幂的主题，这是一个普遍且精确的论证，才有了通过对自然数幂的和的调查. 即使无视归纳法的非科学性，也需要对每一个新系列都有专门的工作；这是一种简单的判断方法，即更简单、更原始的东西应该先于其他的东西. 因为它们是由加法形成的，而其他数字都是由乘法形成的，所以这是有关于有形状数字的特殊权利；然而主要的是，由于有形状的数字系列为对应原点提供了比例约数等于1的一系列. 在幂的情况下，无论添加多少个零①，它都没有剩余量. 在已知有形状数字和的情况下，导出幂的和是没有任何困难的②. 我将简要地说明他是如何完成的.

令自然数列为 $1,2,3,4,5,\cdots,n$，求它的和、平方和、立方和等. 注解①组合表中第二列的一般项为 $n-1$，所有各项(即所有的 $n-1$)之和(或 $\int n-1$)③按前面所述应为

---

① 数0是指将数表中的空位均补为0，使三角形形状数表变为正方形形状数表，即

1	0	0	0	0	0	0
1	1	0	0	0	0	0
1	2	1	0	0	0	0
1	3	3	1	0	0	0
1	4	6	4	1	0	0
1	5	10	10	5	1	0
1	6	15	20	15	6	1
1	7	21	35	35	21	7

因此，第三列的和为 $0+0+1+3+6+10+15+21$.

② 以上表中的第三列为例，由两个零开始的数依次相加求和比上依次相加求和的最后一个数作相同次和结果为 $\frac{1}{3}$. 因此 $\frac{0+0+1+3}{3+3+3+3}=\frac{4}{12}=\frac{1}{3}$；$\frac{0+0+1+3+6+10}{10+10+10+10+10+10}=\frac{1}{3}$；$\frac{0+0+1+3+6+10+15}{15+15+15+15+15+15+15}=\frac{1}{3}$，$\cdots$.

第四列结果为 $\frac{1}{4}$，第五列结果为 $\frac{1}{5}$，依次进行下去.

③ $0+1+2+\cdots+(n-1)$ 的和，即利用注①表中第 $n-1$ 列.

由于 $\frac{0+1+2+\cdots+(n-1)}{(n-1)(n-1)+\cdots+(n-1)}=\frac{1}{2}$，且 $\frac{S}{n(n-1)}=\frac{1}{2}$，所以 $S=\frac{n(n-1)}{2}$.

在伯努利的研究中，用 S 表示和，也用"$\int$"或"$\sum$"表示，他也将 $n(n-1)$ 写成 $n\cdot n-1$. 用 $\propto$ 表示相等"$=$"，而将 n^2 写成 nn.

$$\frac{n \cdot (n-1)}{1 \cdot 2} = \frac{nn-n}{2}$$

和

$$\int n - \int 1 = \frac{nn-n}{2}$$

因此

$$\int n = \frac{nn-n}{2} + \int 1$$

但 $\int 1 = n$（所有的单位之和），因此所有 n 的和

$$\int n = \frac{nn-n}{2} + n = \frac{1}{2}nn + \frac{1}{2}n$$

第三列的一般项为

$$\frac{(n-1)\cdot(n-2)}{1\cdot 2} = \frac{nn-3n+2}{2}$$

所以各项（即所有的 $\frac{nn-3n+2}{2}$）之和为

$$\frac{n\cdot(n-1)\cdot(n-2)}{1\cdot 2\cdot 3} = \frac{n^3-3nn+2n}{6}$$

我们有

$$\int \frac{1}{2}^n - \int \frac{3}{2}n + \int 1 = \frac{n^3-3nn+2n}{6}$$

则

$$\int \frac{1}{2}nn = \frac{n^3-3nn+2n}{6} + \int \frac{3}{2}n - \int 1$$

因为

$$\int \frac{3}{2}n = \frac{3}{4}\int n = \frac{3}{4}nn + \frac{3}{4}n, \int 1 = n$$

代入后得

$$\int \frac{1}{2}nn = \frac{n^3-3nn+2n}{6} + \frac{3nn+3n}{4} - n = \frac{1}{6}n^3 + \frac{1}{4}nn + \frac{1}{12}n$$

则它的二倍

$$\int nn = \frac{1}{3}n^3 + \frac{1}{2}nn + \frac{1}{6}n$$

就是所有 n 的平方之和.

第四列的所有项通常为

$$\frac{(n-1)\cdot(n-2)\cdot(n-3)}{1\cdot 2\cdot 3} = \frac{n^3-6nn+11n-6}{6}$$

所有项的和为

$$\frac{n \cdot (n-1) \cdot (n-2) \cdot (n-3)}{1 \cdot 2 \cdot 3 \cdot 4} = \frac{n^4 - 6n^3 + 11nn - 6n}{24}$$

它确定无疑是 $\int \dfrac{n^3 - 6nn + 11n - 6}{6}$，即

$$\int \frac{1}{6}n^3 - \int nn + \int \frac{11}{6}n - \int 1 = \frac{n^4 - 6n^3 + 11nn - 6n}{24}$$

因此

$$\int \frac{1}{6}n^3 = \frac{n^4 - 6n^3 + 11nn - 6n}{24} + \int nn - \int \frac{11}{6}n + \int 1$$

并且，前面我们发现

$$\int n = \frac{1}{2}nn + \frac{1}{2}n$$

$$\int nn = \frac{1}{3}n^3 + \frac{1}{2}nn + \frac{1}{6}n$$

那么

$$\int \frac{11}{6}n = \frac{11}{12}nn + \frac{11}{12}n$$

且 $\int 1 = n.$

当所有的代换都尝试之后，我们会得到下面的规则

$$\int \frac{1}{6}n^3 = \frac{n^4 - 6n^3 + 11nn - 6n}{24} + \frac{1}{3}n^3 + \frac{1}{2}nn + \frac{1}{6}n - \frac{11}{12}nn - \frac{11}{12}n + n$$

$$= \frac{1}{24}n^4 + \frac{1}{12}n^3 + \frac{1}{24}nn$$

乘 6 后得

$$\int n^3 = \frac{1}{4}n^4 + \frac{1}{2}n^3 + \frac{1}{4}nn$$

因此，我们可以一步步得出越来越高的幂，并且努力建立出下列表示：

$$\int n = 1/2nn + 1/2n,$$

$$\int nn = 1/3n^3 + 1/2nn + 1/6n,$$

$$\int n^3 = 1/4n^4 + 1/2n^3 + 1/4nn,$$

$$\int n^4 = 1/5n^5 + 1/2n^4 + 1/3n^2 + \cdots - 1/30n,$$

$$\int n^5 = 1/6n^6 + 1/2n^5 + 5/12n^4 + \cdots - 1/12nn,$$

$$\int n^6 = 1/7n^7 + 1/2n^6 + 1/2n^5 + \cdots - 1/6n^3 + \cdots + 1/42n,$$

$$\int n^7 = 1/8n^8 + 1/2n^7 + 7/12n^6 + \cdots - 7/24n^4 + \cdots 1/12nn,$$

$$\int n^8 = 1/9n^9 + 1/2n^8 + 2/3n^7 + \cdots - 7/15n^5 + \cdots + 2/9n^3 + \cdots - 1/30n,$$

$$\int n^9 = 1/10n^{10} + 1/2n^9 + 3/4n^8 + \cdots - 7/10n^6 + \cdots + 1/2n^4 + \cdots - 1/12nn,$$

$$\int n^{10} = 1/11n^{11} + 1/2n^{10} + 5/6n^9 + \cdots - 1n^7 + \cdots 1n^6 + \cdots - 1/2n^3 + \cdots 5/66n.$$

无论是谁检查这些序列的规律性,都是可以继续下去的. 把 c 看成任何指数的幂,那么所有的 n^c 的和为

$$\int n^c = \frac{1}{c+1}n^{c+1} + \frac{1}{2}n^c + \frac{c}{2}An^{c-1} + \frac{c \cdot (c-1) \cdot (c-2)}{2 \cdot 3 \cdot 4}Bn^{c-3} +$$

$$\frac{c \cdot (c-1) \cdot (c-2) \cdot (c-3) \cdot (c-4)}{2 \cdot 3 \cdot 4 \cdot 5 \cdot 6}Cn^{c-5} +$$

$$\frac{c \cdot (c-1) \cdot (c-2) \cdot (c-3) \cdot (c-4) \cdot (c-5) \cdot (c-6)}{2 \cdot 3 \cdot 4 \cdot 5 \cdot 6 \cdot 7 \cdot 8}Dn^{c-7}$$

n 的指数每次减去 2,直到可以达到 n 或 nn. 用大写字母 A, B, C, D 依次表示直到 $\int nn$,$\int n^4$ 最后一项的系数,对于 $\int n^8$ 来说,A 等于 $\frac{1}{6}$,B 等于 $-\frac{1}{30}$,C 等于 $\frac{1}{42}$,D 等于 $-\frac{1}{30}$. 这些系数在同一表达式中相加便为单位 1. 因为 $\frac{1}{9} + \frac{1}{2} + \frac{2}{3} - \frac{7}{15} + \frac{2}{9} - \frac{1}{30} = 1$,所以 D 必须为 $-\frac{1}{30}$.

在上述表示的帮助下,我用了不到半个小时的时间得出这前 1 000 个数的 10 次幂相加得

91 409 924 241 424 243 424 241 924 242 500

从中可以明白,布利奥(Ismael Bullialdus)在编辑大量的无穷算术上花费时间是毫无用处的,况且他仅仅是计算了第一个六次方的无穷项的和,其中的一部分我们已经用单页纸完成了.

§9 欧拉关于证明每一个有理数都是四个数的平方和的研究

(本文由加利福尼亚帕萨迪纳加州理工大学的 E. T. Bell 教授译自拉丁文)

莱昂哈德·欧拉(Leonhard Euler,1707—1783)是伯努利的学生,不仅是他那个年代最伟大的数学家、天文学家,还精通神学、医学、植物学、物理学、力学、化学和现代东方语言. 他有很多著作,并且几乎在每一个数学分支上都做出了贡献. 这里所选的译文是他专攻的数字理论中的一个问题的解决方法. 这是

从他的由 P. H. Fuss 和 N. Fuss 在 1849 年共同编辑的 Commentationes Aritbmeti-cae Collecte 中选择出来的,但是在 Acta Eruditorrum 和 Acta Petrop 中出现的却更早. 在准备这篇文章的过程中,尽最大努力将欧拉的思想的意义,而不是仅仅依照拉丁语进行翻译. 对于 $n=2$ 这种特殊情况的两个证明,我们只给出了较简单的证明方法. 从现代观点来看,这个定理的证明不是那么完美,但是它却可以在某种程度上对 18 世纪的数论加以说明.

引理 两个都为四个平方数的和的数相乘总可以表示为四个数的平方和.

正如下面给出的 $(a^2+b^2+c^2+d^2)(\alpha^2+\beta^2+\gamma^2+\delta^2)$,令

$$A = a\alpha + b\beta + c\gamma + d\delta$$
$$B = a\beta - b\alpha - c\delta + d\gamma$$
$$C = a\gamma + b\delta - c\alpha - d\beta$$
$$D = a\delta - b\gamma + c\beta - d\alpha$$

则

$$A^2 + B^2 + C^2 + D^2 = (a^2+b^2+c^2+d^2)(\alpha^2+\beta^2+\gamma^2+\delta^2)$$

显然交叉相乘项在 A^2,B^2,C^2,D^2 中消去.

定理 1 如果 N 整除四个数的平方和,其中没有一个数可以整除 N,那么 N 为四个数的平方和.

首先选择四个都小于 $\frac{1}{2}N$ 的根 p,q,r,s.

Ⅰ. 设 n 是用这四个数的平方和除以 N 所得的商,那么

$$Nn = p^2 + q^2 + r^2 + s^2$$

令

$$p = a + n\alpha, q = b + n\beta, r = c + n\gamma, s = d + n\delta$$

其中每一个余数 a,b,c,d 的绝对值都不超过 $\frac{1}{2}n$. 因此

$$a^2 + b^2 + c^2 + d^2 < n^2$$

Ⅱ. 把前面 p,q,r,s 的值带入到 $Nn = p^2 + q^2 + r^2 + s^2$ 中,我们得到

$$Nn = a^2 + b^2 + c^2 + d^2 + 2n(a\alpha + b\beta + c\gamma + d\delta) + n^2(\alpha^2 + \beta^2 + \gamma^2 + \delta^2)$$

其中 n 必须整除 $a^2 + b^2 + c^2 + d^2$.

令 $a^2 + b^2 + c^2 + d^2 = nn'$,则 $n > n'$ 或 $n' < n$. 通过相除我们可以得到

$$N = n' + 2A + n(\alpha^2 + \beta^2 + \gamma^2 + \delta^2)$$

Ⅲ. 现在乘 n'. 因为 $nn' = a^2 + b^2 + c^2 + d^2$,所以,由引理我们有

$$nn'(\alpha^2 + \beta^2 + \gamma^2 + \delta^2) = A^2 + B^2 + C^2 + D^2$$

结合前面的等式,有

$$Nn' = n'^2 + 2n'A + A^2 + B^2 + C^2 + D^2$$

因此

$$(n' + A)^2 + B^2 + C^2 + D^2 = Nn'$$

Ⅳ. 通过重复上述过程,我们可以得到一个递减的整数序列 $Nn', Nn'', \cdots$,因此我们可以得到 $N \cdot 1$,并且可以把它表示为四个数的平方和.

推论 这里有一个明显的例外,令 p, q, r, s 为奇数,n 为偶数,因为 $Nn = p^2 + q^2 + r^2 + s^2$,所以有

$$\frac{1}{2} Nn = \left(\frac{p+q}{2}\right)^2 + \left(\frac{p-q}{2}\right)^2 + \left(\frac{r+s}{2}\right)^2 + \left(\frac{r-s}{2}\right)^2$$

其中右边的四个平方数都为整数. 只要所有的平方根都为奇数,就可以进行类似的收缩. 因此,当 $n = 2$ 时就出现了异常.

定理 2 如果 N 是素数,那么 N 不仅可以整除这四个数的平方和,还可以整除无穷多的平方和以及三个数的平方和.

对于 N,所有的数都可表示为下述形式

$$\lambda N, \lambda N + 1, \lambda N + 2, \lambda N + 3, \cdots, \lambda N + N - 1$$

忽略第一种包含 N 的所有倍数的形式. 保留 $N - 1$ 的形式,我们可以观察到 $\lambda N + 1$ 的平方的形式与 $\lambda N + N - 1$ 的形式相同,都属于 $\lambda N + 1$ 的形式. 类似地,$\lambda N + 2$ 和 $\lambda N + N - 2$ 的平方的形式与 $\lambda N + 4$ 的形式相同. 因此,除了 λN 的所有数的平方的形式都包含在 $\frac{1}{2}(N - 1)$ 的形式

$$\lambda N + 1, \lambda N + 4, \lambda N + 9, \cdots$$

中,这将被称为是第一种形式,写作

$$\lambda N + a, \lambda N + b, \lambda N + c, \lambda N + d, \cdots$$

的形式,所以 $a, b, c, d, \cdots$ 表示平方数 $1, 4, 9, 16, \cdots$,如果这些数大于 n,那么就用大于的部分除以 N. 其余的 $\frac{1}{2}(N - 1)$ 将用

$$\lambda N + \alpha, \lambda N + \beta, \lambda N + \gamma, \cdots$$

表示,这就是第二种形式. 用下面这三个性质很容易对这种形式进行证明.

Ⅰ. 因为 $\lambda N + ab$ 显然为第一种形式,所以第一种的两个数的乘积还是第一种形式. 如果 $ab > N$,那么 ab 除以 N 的余数部分将被放在下面.

Ⅱ. 第一类中的数 $a, b, c, d, \cdots$ 乘以第二类中的数 $\alpha, \beta, \gamma, \delta, \cdots$,乘积形式为第二种形式.

Ⅲ. 第二类中的两个数相乘,如 $\alpha\beta$,属于第一类.

现在我们用反证法证明定理 2.

假设三个都不可以被 N 整除的数的平方和不可以被 N 整除,那么,两个也不可以. 因此,在第一类中不会马上出现 $\lambda N - a, \lambda N + (N - a)$. 因为如果有平方数为 $\lambda N - a$ 的形式,那么它们的和 $\lambda N + a$ 就可以被 N 整除,与假设矛盾. 因此 $\lambda N - a$ 必须是第二种形式;$-1, -4, -9, \cdots$ 都为集合 $\alpha, \beta, \gamma, \delta, \cdots$ 中的数. 设 f 为第一类中的任意一个数,那么存在形如 $\lambda N + f$ 的平方数. 如果把其中之一加上 $\lambda N + 1$,这两数的和为 $\lambda N + f + 1$,现在如果有形如 $\lambda N - f - 1$ 的平方数,那

么一定存在三个数的平方和可以被 N 整除,产生矛盾,所以 $\lambda N - f - 1$ 不包含在第一类中,因此,它属于第二类.但是在第二类中出现了 -1 和 $-f-1$,因此,通过前面的叙述,$f+1$ 是第一种形式.同理可知

$$f+2, f+3, f+4, \cdots$$

都是第一类的.因此,令 $f=1$,我们看到所有的数

$$\lambda N + 1, \lambda N + 2, \lambda N + 3, \cdots$$

都属于第一类,因此,没有第二类的数.但是同理我们可以看到 -1,$-f-1$,$f-2$,$\cdots$ 是第二类的,因此,所有的数都是第二类的.显然产生了矛盾.因此,三个数的平方和不可以被 N 整除是错误的.因此三个数或四个数的平方和可以被 N 整除.

推论 从这个定理出发,结合前面的例子,任何数都可以表示为四个或几个数的平方和.

§10 欧拉用字母 e 表示 2.718···的研究

(本文由位于加利福尼亚伯克利的加利福尼亚大学的卡约里教授选译)

对数学符号有贡献的著名的数学家们都提出要普遍使用瑞士的莱昂哈德·欧拉的符号.其中用字母 e 表示自然对数的底 2.718···的建议是欧拉 20 岁或 21 岁时在圣彼得堡的科学院提出的,它出现在欧拉发表的名为 *Meditation upon Experiments made recently on the firing of Canon* 的手稿中,这份手稿是 1862 年在 Petropoli 由 P. H. Fuss 和 N. Fuss 编辑的 Euler's Opera postuma mathematica et physica 中第一次出现的.文中列举了从 1727 年 8 月 21 号到 9 月 2 号的七个实验.这些日期和"最近"都表明这篇文章写于 1727 年或 1728 年.在文中,16 次提到用字母 e 代表 2.718···.从 800 页开始,我们有如下翻译:

设 c 为球的直径,球的特殊引力和空气(或球运动其中的某媒介)的特殊引力的比为 $m:n$,令 t 为球在空气中的活动时间,要求球上升的高度为 x.对数是 1 的数为 e,其等于 2.718 281 7,它的以 10 底的对数为 0.434 294 4.令 N 表示弧度,其正切值为 $\sqrt{e^{\frac{3nx}{4mc}} - 1}$,半径为 1.所需的高度 x 可以通过下面的方程得出

$$t = \frac{m\sqrt{c}}{447\,650\,\sqrt{3n(m-n)}}\left(125N - 7\,162\log\left(\sqrt{e^{\frac{3nx}{4mc}}} - \sqrt{e^{\frac{nx}{4mc}-1}}\right)\right)$$

我们称 $\sqrt{e^{\frac{3nx}{4mc}} - 1} = y$ 可以使分析更简单,则 N 为 y 的正切值对应的弧度数.

在欧拉于 1731 年 11 月 25 日写给哥德巴赫的信中(首次发表于 1843 年),他解出了微分方程

$$dz - 2zdv + \frac{zdv}{v} = \frac{dv}{v}$$

因此,用上边的等式乘以 e^{lv-2v} 或 $e^{-2v}v$(其中 e 为自然对数的底),变为

$$e^{-2v}vdz - 2e^{-2v}zvdv + e^{-2v}zdv = e^{-2v}dv$$

从而积分后有

$$e^{-2v}vz = -\frac{1}{2}e^{-2v} \cdot C(C \text{ 为任意常数})$$

或

$$2vz + 1 = ae^{2v}\cdots$$

用字母 e 代表 2.718…最早出现在 1736 年欧拉的《力学》书中,在卷 1 的第 68 页,卷 2 的第 252 页以及后面 200 页中都有应用. 本书是从卷 1 的第 68 页开始翻译,其中 c 表示的是点的速度.

推证 II

虽然在上述方程中,没有出现力 p,但是它的方向仍然存在,并且取决于 dx 和 dy 的比值. 因此,给定力的方向,根据点的移动方向以及点所在的曲线,我们可以得出该点在任意位置时的速度. 即为 $\frac{dc}{c} = \frac{dyds}{zdx}$ 或 $c = e^{\int \frac{dyds}{zdx}}$.

受虚数指数的影响,字母 e 在分析表达式上的这种新的数学应用,出现于欧拉的名为《连续自然的倒数幂级数》的论文中. 他令 s 表示一个圆弧,使 sin s 变为我们现在所熟悉的无穷级数,在第 177 页,他无解释地给出了 s 的指数表达式以及下文中 e^s 的极限:

因此,我现在能写出下列无穷表达式所有的根或因数

$$s - \frac{s^3}{1 \cdot 2 \cdot 3} + \frac{s^5}{1 \cdot 2 \cdot 3 \cdot 4 \cdot 5} - \frac{s^7}{1 \cdot 2 \cdot 3 \cdot \cdots \cdot 7} + \frac{s^9}{1 \cdot 2 \cdot 3 \cdot \cdots \cdot 9} - \cdots$$

实际上,这个表达式等价于 $\frac{e^{s\sqrt{-1}} - e^{-s\sqrt{-1}}}{2\sqrt{-1}}$. 又因为当 n 为无穷时,$e^z = \left(1 + \frac{z}{n}\right)^n$,所以给定的无穷表达式可写为

$$\frac{\left(1 + \frac{s\sqrt{-1}}{n}\right)^n - \left(1 - \frac{s\sqrt{-1}}{n}\right)^n}{2\sqrt{-1}}$$

这些内容在欧拉的《无穷小分析引证》(1748 年,洛桑,卷 1)中得到了更系统的发展,我们应用的是第 138 节的内容,其中字母 i 表示一个无穷大的数:

代换后,有

$$\cos v = \frac{\left(1 + \frac{v\sqrt{-1}}{i}\right)^i + \left(1 - \frac{v\sqrt{-1}}{i}\right)^i}{2}$$

和

$$\sin v = \frac{\left(1 + \dfrac{v\sqrt{-1}}{i}\right)^i - \left(1 - \dfrac{v\sqrt{-1}}{i}\right)^i}{2\sqrt{-1}}$$

在前一章中我们知道

$$\left(1 + \frac{z}{i}\right)^i = e^z$$

令 z 分别为 $\pm v\sqrt{-1}$，则有

$$\cos v = \frac{e^{+v\sqrt{-1}} + e^{-v\sqrt{-1}}}{2}$$

$$\sin v = \frac{e^{+v\sqrt{-1}} - e^{-v\sqrt{-1}}}{2\sqrt{-1}}$$

上式来自于

$$e^{+v\sqrt{-1}} = \cos v + \sqrt{-1}\sin v$$

$$e^{-v\sqrt{-1}} = \cos v - \sqrt{-1}\sin v$$

从中可以看出虚指数是如何变为实际弧的正弦值和余弦值的.

如果在公式 $e^{+v\sqrt{-1}}$ 中，用 π 替换 v，则产生了一个 e 和 π 关系的著名等式：$e^{\pi\sqrt{-1}} = -1$，在欧拉于 1749 年发表于柏林的论文中，他规定了对数的广义形式. 他提到：公式 $\cos\varphi + \sqrt{-1}\sin\varphi$ 包含在下面的对数公式中

$$l(\cos\varphi - \sqrt{-1}\sin\varphi) = (\varphi + p\pi)\sqrt{-1}$$

p 是任意偶整数. 于是我们得到

$$l - 1 = (1 + p)\pi\sqrt{-1} = q\pi\sqrt{-1}$$

q 是任意奇整数. 于是有

$$l - 1 = \pm\pi\sqrt{-1}; \pm 3\pi\sqrt{-1}; \pm 5\pi\sqrt{-1}; \pm 7\pi\sqrt{-1}, \cdots$$

§11　埃尔米特关于 e 的超越性的研究

(本文由纽约亨特学院的劳拉·古根比尔(Laura Guggenbuhl)教授译自法文)

埃尔米特(Charles Hermite,1822—1901)是 19 世纪后半叶对于函数理论研究最著名的作家之一. 他是埃科勒理工学院的一名教授，是巴黎大学的名誉教授，是科学研究院中的一名成员. 他关于 e 的超越性的论文发表于 1783 年. 众所周知，由于 π 与经典的圆面积问题有关，所以在古代它的性质一直是我们所困扰的问题. 从希腊时期起，著名的数学家们就已经接触到了超越数，但是直到 1844 年他们才对这一课题进行一般性的研究. 在这段时间，刘维尔(Liouville)

证明了这些数的存在,因此证明了代数数和超越数的分类. 刘维尔已经证明了 e 不是系数为有理数的二次方程的根. 最后,在 1873 年埃尔米特证明了 e 的超越性. 几年后(1882 年),林德曼(Lindemann)在埃尔米特的基础上证明了 π 的超越性.

这篇论文大约有 30 页,可以分为三部分. 在前面两个部分给出了 e 的超越性的两种证明,但是正如埃尔米特所说,第二种方法比较严密. 在第三部分,埃尔米特利用第二个证明的方法,得出了下面的近似值

$$e = \frac{58\ 291}{21\ 444}, e^2 = \frac{158\ 452}{21\ 444}$$

本文包括了上面所提到的论文的第二部分. 自从这篇论文出现,已经进行了许多次简化,所以现在没有一篇论文会比这篇论文更让人认识到这个证明的存在性和必要性. 然而,“埃尔米特定理”仍然可以给出 e 是超越数的说明.

但是,作为更一般的情形,我们取

$$F(z) = (z - z_0)^{\mu_0} (z - z_1)^{\mu_1} \cdots (z - z_n)^{\mu_n}$$

而不管这些指数取什么样的整数值,对恒等式

$$\frac{\mathrm{d}\left[e^{-z}F(z)\right]}{\mathrm{d}z} = e^{-z}\left[F'(z) - F(z)\right]$$

两边积分得到

$$e^{-z}F(z) = \int e^{-z}F'(z)\,\mathrm{d}z - \int e^{-z}F(z)\,\mathrm{d}z$$

由此可知

$$\int_{z_0}^{Z①} e^{-z}F(z)\,\mathrm{d}z = \int_{z_0}^{Z} F'(z)\,\mathrm{d}z$$

现在公式

$$\frac{F'(z)}{F(z)} = \frac{\mu_0}{z - z_0} + \frac{\mu_1}{z - z_1} + \cdots + \frac{\mu_n}{z - z_n}$$

产生下列分解

$$\int_{z_0}^{Z} e^{-z}F(z)\,\mathrm{d}z = \mu_0 \int_{z_0}^{Z} \frac{e^{-z}F(z)\,\mathrm{d}z}{z - z_0} + \mu_1 \int_{z_0}^{Z} \frac{e^{-z}F(z)\,\mathrm{d}z}{z - z_1} + \cdots + \mu_n \int_{z_0}^{Z} \frac{e^{-z}F(z)\,\mathrm{d}z}{z - z_n}$$

我们将证明,总是可以确定两个 n 次整多项式 $\theta(z)$ 和 $\theta_1(z)$,使下列关系式成立

$$\int \frac{e^{-z}F(z)f(z)}{z - \xi}\,\mathrm{d}z = \int \frac{e^{-z}F(z)\theta_1(z)}{f(z)}\,\mathrm{d}z - e^{-z}F(z)\theta(z)$$

此处 ξ 表示 $z_0, z_1, \cdots, z_n$ 之一,进一步,若用 $\theta(z, \xi)$ 代替 $\theta(z)$ 以强调 ξ 的存在性,我们有

---

① Z 表示 $z_1, z_2, \cdots, z_n$ 中的一个.

$$\theta(z,\xi) = z^n + \theta_1(\xi)z^{n-2} + \theta_2(\xi)z^{n-3} + \cdots + \theta_n(\xi)$$

由此,对于多项式 $\theta_1(z)$,有下面的公式成立

$$\frac{\theta_1(z)}{f(z)} = \frac{\mu_0\theta(z_0,\xi)}{z-z_0} + \frac{\mu_1\theta(z_1,\xi)}{z-z_1} + \cdots + \frac{\mu_n\theta(z_n,\xi)}{z-z_n}$$

在下面的关系式中对 z_0 到 Z 积分

$$\int \frac{\mathrm{e}^{-z}F(z)f(z)}{z-\xi}\mathrm{d}z = \int \frac{\mathrm{e}^{-z}F(z)\theta_1(z)\,\mathrm{d}z}{f(z)} - \mathrm{e}^{-z}F(z)\theta(z)$$

因此,我们得到下面的等式

$$\int_{z_0}^{Z} \frac{\mathrm{e}^{-z}F(z)f(z)}{z-\xi}\mathrm{d}z = \int_{z_0}^{Z} \frac{\mathrm{e}^{-Z}F(z)\theta_1(z)\,\mathrm{d}z}{f(z)} =$$

$$\mu_0\theta(z_0,\xi)\int_{z_0}^{Z} \frac{\mathrm{e}^{-z}F(z)}{z-z_0}\mathrm{d}z + \mu_1\theta(z_1,\xi)\int_{z_0}^{Z} \frac{\mathrm{e}^{-z}F(z)}{z-z_1}\mathrm{d}z + \cdots +$$

$$\mu_n\theta(z_n,\xi)\int_{z_0}^{Z} \frac{\mathrm{e}^{-z}F(z)}{z-z_n}\mathrm{d}z$$

我们可以应用这个等式,特别是当 $\mu_0 = \mu_1 = \cdots = \mu_n = m$ 时,在这种情况下,如果记 $m\theta(z_i,z_k) = (ik)$,当 ξ 分别为 $z_0,z_1,\cdots,z_n$ 时,上述关系变为

$$\int_{z_0}^{Z} \frac{\mathrm{e}^{-z}f^{m+1}(z)}{z-z_1}\mathrm{d}z = (i0)\int_{z_0}^{Z} \frac{\mathrm{e}^{-z}f^m(z)}{z-z_0}\mathrm{d}z +$$

$$(i1)\int_{z_0}^{Z} \frac{\mathrm{e}^{-z}f^m(z)}{z-z_1}\mathrm{d}z + \cdots + (in)\int_{z_0}^{Z} \frac{\mathrm{e}^{-z}f^m(z)}{z-z_n}\mathrm{d}z$$

其中 $i = 0,1,2,\cdots,n$. 但在一般情况下,我们还需证明下面的定理.

令 Δ 和 δ 为行列式

$$\begin{vmatrix} \theta(z_0,z_0) & \theta(z_1,z_0) & \cdots & \theta(z_n,z_0) \\ \theta(z_0,z_1) & \theta(z_1,z_1) & \cdots & \theta(z_n,z_1) \\ \vdots & \vdots & & \vdots \\ \theta(z_0,z_n) & \theta(z_1,z_n) & \cdots & \theta(z_n,z_n) \end{vmatrix}$$

和

$$\begin{vmatrix} 1 & 1 & \cdots & 1 \\ z_0 & z_1 & \cdots & z_n \\ z_0^2 & z_1^2 & \cdots & z_n^2 \\ \vdots & \vdots & & \vdots \\ z_0^n & z_1^n & \cdots & z_n^n \end{vmatrix}$$

那么 $\Delta = \delta^2$.

现在令

$$\varepsilon_m = \frac{1}{1 \cdot 2 \cdot \cdots \cdot m}\int_{z_0}^{Z} \mathrm{e}^{-z}f^m(z)\,\mathrm{d}z$$

$$\varepsilon_m^i = \frac{1}{1 \cdot 2 \cdot \cdots \cdot m-1} \int_{z_0}^{Z} \frac{e^{-z}f^m(z)}{z-z_i}dz$$

上面证明过的关系式

$$\int_{z_0}^{Z} e^{-z}f^m(z)dz = m\int_{z_0}^{Z} \frac{e^{-z}f^m(z)}{z-z_0}dz + m\int_{z_0}^{Z} \frac{e^{-z}f^m(z)}{z-z_1}dz + \cdots + m\int_{z_0}^{Z} \frac{e^{-z}f^m(z)}{z-z_n}dz$$

即可简写成

$$\varepsilon_m = \varepsilon_m^0 + \varepsilon_m^1 + \cdots + \varepsilon_m^n$$

并且若在关系式

$$\int_{z_0}^{Z} \frac{e^{-z}f^{m+1}(z)}{z-\xi}dz = m\theta(z_0,\xi)\int_{z_0}^{Z} \frac{e^{-z}fk^m(z)}{z-z_0}dz + m\theta(z_1,\xi)\int_{z_0}^{Z} \frac{e^{-z}f^m(z)}{z-z_1}dz + \cdots +$$
$$m\theta(z_n,\xi)\int_{z_0}^{Z} \frac{e^{-z}f^m(z)}{z-z_n}dz$$

中逐次令 ξ 分别为 $z_0, z_1, \cdots, z_n$,我们可以把 s_m 替换为

$$\varepsilon_{m+1}^0 = \theta(z_0,z_0)\varepsilon_m^0 + \theta(z_1,z_0)\varepsilon_m^0 + \cdots + \theta(z_n,z_0)\varepsilon_m^0$$
$$\varepsilon_{m+1}^1 = \theta(z_0,z_1)\varepsilon_m^1 + \theta(z_1,z_1)\varepsilon_m^1 + \cdots + \theta(z_n,z_1)\varepsilon_m^1$$
$$\vdots$$
$$\varepsilon_{m+1}^n = \theta(z_0,z_n)\varepsilon_m^n + \theta(z_1,z_n)\varepsilon_m^n + \cdots + \theta(z_n,z_n)\varepsilon_m^n$$

如果现在我们依次得出 $s_1, s_2, \cdots, s_{m-1}$,并用 $\varepsilon_1^0, \varepsilon_1^1, \cdots, \varepsilon_1^n$ 分别表示 $\varepsilon_m^0, \varepsilon_m^1, \cdots, \varepsilon_m^n$,我们可以得到

$$\varepsilon_m^0 = A_0\varepsilon_1^0 + A_1\varepsilon_1^1 + \cdots + A_n\varepsilon_1^n$$
$$\varepsilon_m^1 = B_0\varepsilon_1^0 + B_1\varepsilon_1^1 + \cdots + B_n\varepsilon_1^n$$
$$\vdots$$
$$\varepsilon_m^n = L_0\varepsilon_1^0 + L_1\varepsilon_1^1 + \cdots + L_n\varepsilon_1^n$$

把行列式的一部分乘以 2 后得到新的代换行列式为 $\delta^{2(m-1)}$,现在我们替换 ε_1^0, $\varepsilon_1^1, \cdots, \varepsilon_1^n$,这样,我们可以像我们期望的那样得到 ε_m^i 的表达式. 正如我们所看见的这样,这些值很容易获得.

为此,我们可以应用公式

$$\int e^{-z}F(z)dz = -e^{-z}\gamma(z)$$

其中取

$$F(z) = \frac{f(z)}{z-\xi}$$

亦即

$$F(z) = z^n + \xi z^{n-1} + \xi^2 z^{n-2} + \cdots + p_1 + p_1\xi z^{n-2} + \cdots + p_2 + \cdots$$

显然,$\gamma(z)$ 是关于 z 和 ξ 的表达式,对 $\theta(z,\xi)$ 完全类似,有

$$\Phi(z,\xi) = z^n + \varphi_1(\xi)z^{n-1} + \varphi_2(\xi)z^{n-2} + \cdots + \varphi_n(\xi)$$

其中 $\varphi_i(\xi)$ 是关于 ξ 的 i 次多项式,并且 ξ^i 的系数是 1,类比 $\theta(z,\xi)$,可以得出下面的行列式

$$\begin{vmatrix} \Phi(z_0,z_0) & \Phi(z_1,z_0) & \cdots & \Phi(z_n,z_0) \\ \Phi(z_0,z_1) & \Phi(z_1,z_1) & \cdots & \Phi(z_n,z_1) \\ \vdots & \vdots & & \vdots \\ \Phi(z_0,z_n) & \Phi(z_1,z_n) & \cdots & \Phi(z_n,z_n) \end{vmatrix}$$

也等于 δ^2. 下面根据公式

$$\int_{z_0}^{Z} \frac{e^{-z} f(z)}{z - \xi} \mathrm{d}z = e^{-z_0} \Phi(z_0,\xi) - e^{-z} \Phi(Z,\xi)$$

其中取 $\xi = z_i$,可得所有的值

$$\varepsilon_1^i = e^{-z_0} \Phi(z_0,z_i) - e^{-Z} \Phi(Z,z_i)$$

因此,我们可以得到关于 ε_m^i 的表达式.

令

$$u = A_0 \Phi(Z,z_0) + A_1 \Phi(Z,z_1) + \cdots + A_n \Phi(Z,z_n)$$
$$v = B_0 \Phi(Z,z_0) + B_1 \Phi(Z,z_1) + \cdots + B_n \Phi(Z,z_n)$$
$$\vdots$$
$$\tau = L_0 \Phi(Z,z_0) + L_1 \Phi(Z,z_1) + \cdots + L_n \Phi(Z,z_n)$$

并设 u_0, v_0, τ_0 是在其中令 $Z = z_0$ 所得到的值;我们有

$$\varepsilon_m^0 = e^{-z_0} u_0 - e^{-z_0} u$$
$$\varepsilon_m^1 = e^{-z_0} v_0 - e^{-z_0} v$$
$$\vdots$$
$$\varepsilon_m^n = e^{-z_0} \tau_0 - e^{-z_0} \tau$$

在这些公式中,Z 代表 $z_0, z_1, \cdots, z_n$ 中的任意一个量,现在如果我们想让 $Z = z_k$,我们首先要认同用 $u_k, v_k, \cdots, \tau_k$ 代替右边的字母 $u, v, \cdots, \tau$,用 $\eta_k^0, \eta_k^1, \cdots, \eta_k^n$ 代替左边的 $\varepsilon_m^0, \varepsilon_m^1, \cdots, \varepsilon_m^n$,所以得到下面的等式

$$\eta_k^0 = e^{-z_0} u_0 - e^{-z_k} u_k$$
$$\eta_k^1 = e^{-z_0} v_0 - e^{-z_k} v_k$$
$$\vdots$$
$$\eta_k^m = e^{-z_0} \tau_0 - e^{-z_k} \tau_k$$

这样我们得到了前面提到的第二个证明

$$e^{z_0} N_0 + e^{z_1} N_1 + \cdots + e^{z_n} N_n = 0$$

其中,指数 $z_0, z_1, \cdots, z_n$ 和系数 $N_0, N_1, \cdots, N_n$ 都为整数.

首先说明,对充分大的 m,ε_m^i 比任意给出的值都小. 因为指数 e^{-z} 总为正,正如已知的一样

$$\int_{z_0}^{Z} e^{-z} F(z) \, dz = F(\xi) \int_{z_0}^{Z} e^{-z} \, dz = F(\xi)(e^{-z_0} - e^{-Z})$$

$F(Z)$ 为任意函数, ξ 是介于 z_0 和 Z 之间的数, 我们有

$$F(z) = \frac{f^m(z)}{z - Z_i}$$

利用上面的性质, 考察下面的等式

$$\varepsilon_m^i = \frac{f^{(m-1)}(\xi)}{1 \cdot 2 \cdots (m-1)} \frac{f(\xi)}{\xi - z_i} (e^{-z_0} - e^{-Z})$$

从等式中我们可以得到

$$\eta_1^0 = e^{-z_0} u_0 - e^{-z_1} u_1$$

$$\eta_2^0 = e^{-z_0} u_0 - e^{-z_2} u_2$$

$$\vdots$$

$$\eta_n^0 = e^{-z_0} u_0 - e^{-z_n} u_n$$

则

$$e^{t_1} \eta_1^0 \cdot N_1 + e^{t_2} \eta_2^0 \cdot N_2 + \cdots + e^{t_m} \eta_n^0 \cdot N_n =$$

$$e^{-z_0} (e^{z_1} N_1 + e^{z_2} N_2 + \cdots + e^{z_m} N_n) -$$

$$(\eta_1 N_1 + \eta_2 N_2 + \cdots + \eta_n N_n)$$

如果已知条件

$$e^{z_0} N_0 + e^{z_1} N_1 + \cdots + e^{z_n} N_n = 0$$

那么等式可变为

$$e^{z_1} \eta_1^0 \cdot N_1 + e^{z_2} \eta_2^0 \cdot N_2 + \cdots + e^{z_n} \eta_n^0 \cdot N_n = -(u_0 N_0 + u_1 N_1 + \cdots + u_n N_n)$$

然而, 假设在 $z_0, z_1, \cdots, z_n$ 为整数且 $\theta(z_i, z_k)$, $\phi(z_i, z_k)$ 和 $u_0, u_1, \cdots, u_n$ 为整数的情况下, 我们就有和式

$$u_0 N_0 + u_1 N_1 + \cdots + u_n N_n$$

当 m 增加时等于 $\eta_1^0, \eta_1^1, \cdots, \eta_1^n$ 的无限减小; m 的某个确定值和所有较大的值有下面等式

$$\mathscr{A}_0 N_0 + \mathscr{A} N_1 + \cdots \mathscr{A} N_n = 0$$

并且类似地得到下列诸关系式

$$\mathscr{B}_0 N_0 + \mathscr{B}_1 N_1 + \cdots + \mathscr{B}_n N_n = 0$$

$$\cdots\cdots$$

$$\mathscr{L}_0 N_0 + \mathscr{L}_1 N_1 + \cdots + \mathscr{L}_n N_n = 0$$

关系式

$$e^{z_0} N_0 + e^{z_1} N_1 + \cdots + e^{z_n} N_n = 0$$

要求行列式

$$\Delta = \begin{vmatrix} \mathscr{A}_0 & \mathscr{A}_1 & \cdots & \mathscr{A}_n \\ \mathscr{B}_0 & \mathscr{B}_1 & \cdots & \mathscr{B}_n \\ \vdots & \vdots & & \vdots \\ \mathscr{L}_0 & \mathscr{L}_1 & \cdots & \mathscr{L}_n \end{vmatrix}$$

等于零. 但由于 $\mathscr{A}_n, \mathscr{B}_n, \mathscr{L}_n$ 的表达式, 可推出 Δ 是另外两个行列式

$$\begin{vmatrix} A_0 & A_1 & \cdots & A_n \\ B_0 & B_1 & \cdots & B_n \\ \vdots & \vdots & & \vdots \\ L_0 & L_1 & \cdots & L_n \end{vmatrix}$$

和

$$\begin{vmatrix} \Phi(z_0,z_0) & \Phi(z_1,z_0) & \cdots & \Phi(z_n,z_0) \\ \Phi(z_0,z_1) & \Phi(z_1,z_1) & \cdots & \Phi(z_n,z_1) \\ \vdots & \vdots & & \vdots \\ \Phi(z_0,z_n) & \Phi(z_1,z_n) & \cdots & \Phi(z_n,z_n) \end{vmatrix}$$

的乘积, 其中第一个行列式的值为 $\delta^{2(m-1)}$, 第二个行列式的值为 δ^2. 我们有 $\Delta = \delta^{2m}$, 我们很容易得出假设的关系是不成立的, 所以, e 不是无理的代数数.

§12　高斯关于数的同余的研究

(本文由纽约的哥伦比亚大学的阿奇博尔德(Ralph G. Archibald)教授译自拉丁文)

卡尔·弗里德里希·高斯(Carl Friedrich Gauss, 1777—1855)是一个临时工的儿子, 他是德国现代数学奠基人, 与此同时他在物理学和天文学领域也同样享有盛名, 克罗内克(Kronecker, 1823—1891)说"这个世纪, 几乎所有被提出的有关数学的原创科学思想都与高斯这个名字联系在一起." 他在数论方面的研究始于他在哥廷根的学生时代, 在 1801 年, 他只有 24 岁的时候, 他出版了《算术研究》(*Disquisitiones Arithmeticae*). 下面将给出他对数的同余论证的一些结果. 这部分也见高斯全集的第一卷(1870 年于哥廷根).

1. 关于数的同余的一般理论

(1)同余数、模、剩余和非剩余.

如果数 a 整除数 b 和 c 的差, 那么 b 和 c 被称作对于 a 同余; 否则, 称为不同余. 我们把 a 叫作模. 在前一种情形, 数 b 和 c 中每一个都称为另一个的剩

余,但在后一情形则称为非剩余.

这些概念可适用于所有正的和负的整数[①],但不能用于分数. 例如, -9 和 $+16$ 对模 5 同余; -7 是 $+15$ 对模 11 的剩余,但对模 3 是非剩余. 现在,因为每个数都整除零,所以每个数应当看作对于所有的模与自身同余.

如果 k 表示一个非确定的整数,那么一个给定的数 a 对于模 m 的所有剩余都由公式 $a + km$ 给出. 由上述公式很容易看出下面一些命题的正确性,我们也能很容易地给出其证明.

我们今后用符号"$\equiv$"表示两个数同余,并且在必要时用圆括号添上模. 例如

$$-16 \equiv 9 \pmod 5, \quad -7 \equiv 15 \pmod{11}$$

定理 如果给定 m 个连续整数

$$a, a+1, a+2, \cdots, a+m-1$$

以及另一个整数 A,那么,这 m 个数中有一个对模 m 与 A 同余;并且实际上只存在一个这样的数.

例如,如果 $\dfrac{a-A}{m}$ 是整数,则可以得到 $a \equiv A$;如果它是一个分数,则设 k 是接近于它的最大整数(或者若上面的分数是个负数,则取 k 为以绝对值接近于它的最小整数). 于是 $A + km$ 落在 a 与 $a+m$ 之间,因而就是所要求的数. 现在,显然所有的商 $\dfrac{a-A}{m}, \dfrac{a+1-A}{m}, \dfrac{a+2-A}{m}, \cdots$ 均落在 $k-1$ 与 $k+1$ 之间,因而不可能有一个以上整数.

(2)最小剩余.

每个数在序列 $0, 1, 2, \cdots, m-1$ 和序列 $0, -1, -2, \cdots, -(m-1)$ 中,对模 m 都有一个剩余. 我们称它们为最小剩余. 显然除非 0 是它的剩余,否则总有一正一负两个剩余. 如果它们有不同的绝对值,那么其中之一的绝对值将小于 $\dfrac{m}{2}$,如果它们的绝对值相等,那么等于 $\dfrac{m}{2}$. 很显然,任何数都有绝对值大小不超过模的一半的剩余,这个剩余叫作绝对最小剩余.

例如,对于模 5, -13 有正的最小剩余 2,同时 2 也是绝对最小剩余; -3 是负的最小剩余. 对于模 7, $+5$ 的正的最小剩余就是它本身, -2 是其负的最小剩余,同时也是绝对最小剩余.

(3)同余的基本性质.

从刚刚建立的概念中我们可以推导出以下关于同余的显然性质.

Ⅰ. 对于合数同余的数必然对模的任一因子也同余.

---

① 模总取绝对值,即不带正负号.

Ⅱ. 如果几个数对于同一个模与同一个数同余,那么它们互相也(对于这个模)同余.

下面的定理中,我们总认为模是相同的.

Ⅲ. 互相同余的数有相同的最小剩余,互不同余的数有不同的最小剩余.

命题 1 如果数 $A,B,C,\cdots$ 与数 $a,b,c,\cdots$ 对于任意的模一一对应同余,亦即
$$A \equiv a, B \equiv b, \cdots$$
那么我们有
$$A + B + C + \cdots \equiv a + b + c + \cdots$$

如果 $A \equiv a$ 且 $B \equiv b$,那么我们有 $A - B \equiv a - b$.

命题 2 如果 $A \equiv a$,那么也可得到 $kA \equiv ka$.

如果 k 是正数,那么它只是上一个命题中当 $A + B + C + \cdots$ 及 $a + b + c + \cdots$ 的特殊情形. 如果 k 是负数,那么 $-k$ 是正数,则可得 $-kA \equiv -ka$,因此 $kA \equiv ka$.

如果 $A \equiv a$ 且 $B \equiv b$,则有 $AB \equiv ab$,因为 $AB \equiv Ab \equiv ba$.

命题 3 如果数 $A,B,C,\cdots$,及数 $a,b,c,\cdots$,分别相应地对某个模同余,即 $A \equiv a, B \equiv b, \cdots$,那么每组数相乘之后也将是同余的,即 $ABC\cdots \equiv abc\cdots$.

由上一命题可知 $AB \equiv ab$,同理可得 $ABC \equiv abc$,用类似的方式我们可以得到更多因子之积,即得所有的结果.

如果令所有数 $A,B,C,\cdots$ 相等,对应的数 $a,b,c,\cdots$ 也相等,那么我们得到定理:

如果 $A \equiv a$ 且 k 是正整数,那么 $A^k \equiv a^k$.

命题 4 设 X 是关于未知数 x 的如下形式的函数
$$Ax^a + Bx^b + Cx^c + \cdots$$
其中 $A,B,C,\cdots$ 是任意整数,而 $a,b,c,\cdots$ 代表任意非负整数. 那么,若 x 取的每个值对任意给定的模都同余,那么所得到的函数 X 的值也对该模同余.

设 f 和 g 是 x 的两个互相同余的值. 因此 $f^a \equiv g^a$ 和 $Af^a \equiv Ag^a$,同样 $Bf^b \equiv Bg^b, \cdots$. 因此
$$Af^a + Bf^b + \cdots + Cf^c + \cdots \equiv Ag^a + Bg^b + Cg^c + \cdots$$
还容易看出怎样把这个定理推广到多个未知元的函数.

因此,如果所有整数都被用来代换 x,并将可以得到函数 X 的值都归结为最小剩余,那么这些剩余将组成一个序列,它的每一项都在一个 m 项的组值中重复(m 是模);或者,换句话说,这个序列是由一个 m 视为周期无限地重复而形成的. 例如,设 $X = x^3 - 8x + 6$ 及 $m = 5$,那么当 $x = 0,1,2,3,\cdots, X$ 的值给出正的最小剩余 $1,4,3,4,3,1,4,\cdots$,其中最初五个数即 $1,4,3,4,3$,无终止地重复. 此外,如果反向取这个序列,亦即令 x 取负值,那么同样的周期将会反序出现. 因此很明显,与组成周期的项不同的数不可能在这个序列中出现.

在命题 4 中既不能 $X \equiv 0$ 也不能 $X \equiv 2 (\bmod 5)$,并且不可能 $X = 0$ 或 $X = 2$.

因此得知方程 $x^3 - 8x + 6 = 0$ 和 $x^3 - 8x + 4 = 0$ 不可能有整数解,从而如我们所知,也不可能有有理数解. 显然,一般地,下面的命题也正确:如果 X 是未知元 x 的形如

$$x^n + Ax^{n-1} + Bx^{n-2} + \cdots + N$$

的函数,其中 $A, B, C, \cdots$ 是整数,n 是正整数(已知所有代数方程都可以化为这个形式),那么,如果对于某些特殊的模同余式 $X \equiv 0$ 不可能满足,则方程 $X = 0$ 没有有理根,这个判别准则在此是用自然的方式给出的,在第Ⅷ节中我们将以更长的篇幅加以研究. 这些简短的想法,毫无疑问地可以在一些实用的研究中发挥作用.

(4)一些应用.

通常在算术中考虑的许多定理都依赖于在此节所给出的定理;例如,关于检验一个数被 9,11 或其他数整除的法则. 对于模 9,有 10 的任何次幂都同余于 1. 因此,如果一个数是 $a + 10b + 100c + \cdots$ 的形式,那么对于模 9,它具有与 $a + b + c + \cdots$ 相同的最小剩余. 由此可见,一个给定的十进制表示的数,将其各个数位上的数相加,得到的和必定与该数有相同的最小剩余;因而,若这个数各数位上的数的和能被 9 整除,则该数可被 9 整除,反过来也成立. 同样的结论对于除数是 3 也正确. 因为对于模 11,$100 \equiv 1$,所以一般地,我们有 $10^{2k} \equiv 1$ 及 $10^{2k+1} \equiv 10 \equiv -1$. 于是,一个 $a + 10b + 100c + \cdots$ 形式的数对于模 11,将有与 $a - b + c - \cdots$ 相同的最小剩余,所以我们已知的法则可推导出来. 依据同样的原理,所有类似的法则都容易推出来.

前面的叙述中,为通常用来检验算术运算所依据的那些法则提供了基本原理. 当然,这些原则是适用的,当我们必须要从已知的数中通过加法、减法、乘法或提高幂次来得到其他的数时,我们只需用任意与已知数关于特定模量同余的数代替它们,即可得到想要的数(一般 9 或 11,因为,正如我们刚才所观察到的,在我们的十进制系统中关于这些模的余数可以很容易找到),由此得到的数应该与从已知数中推断出来的数同余. 另一方面,如果不同余,我们一定可以找到计算中的错误.

现在,因这些结果及其他类似的性质都是被人们所熟知的,所以我们不想把它们作为进一步研究的目标.

§13 高斯关于二次互反律的第三个证明的研究

(本文由美国罗德岛州普罗维登斯市布朗大学的莱默(D. L. Lehmer)译自拉丁文)

接下来的几页中,涉及的定理的名称与勒让德(Legendre)二次互反律相

比,高斯给出的基本定理之名更广为人知. 尽管在没有证明的情况下,在欧拉的作品中发现了一个等价于该定律的定理,但定律的第一次证明本身是由勒让德给出的,然而,他的证明是无效的. 它默认了在某些算术上存在无穷多的质数,这是半个世纪后狄利克雷首次提出的一个事实. 这个定理的第一个证明是高斯在 1801 年给出的,在 17 年的时间里,有七个其他的证明. 下面给出的证明是第三个发表的,尽管这是他的第五个证明. 高斯和其他许多人认为这是他的八个证明中最直接、最简洁的.

事实上,在目前证明中的前两段中,高斯表达了自己的观点:

高等算术问题往往呈现出一种引人注目的特点,这种特点在前面的更普遍的分析学中很少出现,这增加了它的美. 分析学的研究是在已被证实的基本原则的基础上,可以发现新的真理(这在一定程度上打开了通往这些真理的道路);相反,在算术上,最完美的定理经常出现在计算中,这是一种或多或少的意外好运的结果,当他们的证明深深陷入困境之中时,他们避开了所有的尝试,并解决了最尖锐的问题. 此外,第一眼看上去似乎大相径庭的算术真理之间的联系是如此的紧密,以至于人们常常会有一种好运来找到一个真理的证明(以一种完全意想不到的方式通过另一项探究),尽管需要付出很多努力,但这是一个非常令人渴望追求的真理. 这些真理常常可能是由许多不同的方法得到的,并且被发现的第一个方法并不总是最简洁的. 因此,当一个人对一个真理进行了反复的思考之后,能以一种相反的方式找到最简单、最自然的方法来证明它,这是一种极大的乐趣.

我们在第 4 节中提到的有关算术研究的理论,它包含了所有的二次剩余理论的基本定理,在我们前一段中提到的问题中占有突出的位置. 我们必须把勒让德看作是这个非常完美的定理的发现者,尽管由于特殊情况,它以前是由著名的几何学家欧拉和拉格朗日发现的. 我不会在这里详述,列举这些人试图提供证明的想法;感兴趣的人可以阅读上面提到的工作. 我自己的研究足以证明前一段的断言. 我在 1795 年独立地发现了这个定理,当时我完全不知道在算术中它已被证明,因此这个发现对学科进步的推动很小. 整整一年,这个定理折磨着我,耗费了我大量的精力,直到最后我得到了上述作品第四部分的证明. 后来我又遇到了另外三种证明,它们都是建立在完全不同的"原则"之上的. 我已经在第五部分中给出了其中的一个,而其他的与它的简洁没有可比性,我已经为将来的出版保留了下来. 尽管这些证明严格程度不够,但毕竟它们来自于非常遥远的时代,除了第一个至今仍继续引发争论,并且争议很大. 我毫不犹豫地说,到目前为止,还没有产生一个完美的证明. 最近我有幸发现,并在下面陈述了我的证明,希望人们可以正确判断它的准确性.

定理 1[①] 设 p 为正素数, k 是不能被 p 整除的数. 进一步设 A 为数

$$1,2,3,\cdots,\frac{(p-1)}{2}$$

的集合, B 为数

$$\left(\frac{p+1}{2}\right),\left(\frac{p+3}{2}\right),\cdots,p-1$$

的集合. 我们确定最小的正剩余(模 p)是由 k 乘集合 A 中的每一个数字得到的. 得到的数字将是截然不同的, 一部分属于 A, 一部分属于 B. 如果设 μ 为属于集合 B 中数的剩余, 那么 k 是 p 的二次剩余还是 p 的非余数, 取决于它是奇数还是偶数.

证明 设 $a,a',a'',\cdots$ 是属于集合 A 的剩余, 且 $b,b',b'',\cdots$ 是属于集合 B 的剩余. 那么显然, 差 $p-b,p-b',p-b'',\cdots$ 不等于 $a,a',a'',\cdots$ 中任一数, 并且这两组数合在一起构成了集合 A. 因此我们有

$$1\cdot2\cdot3\cdot\cdots\cdot\frac{p-1}{2}=a\cdot a'\cdot a''\cdot\cdots\cdot(p-b)(p-b')(p-b'')\cdots$$

右边的积对于模 p 显然

$$\equiv(-1)^{\mu}aa'a''\cdots bb'b''\cdots$$

$$\equiv(-1)^{\mu}k\cdot2k\cdot3\cdots\cdot k\frac{p-1}{2}$$

$$\equiv(-1)^{\mu}k^{\left(\frac{p-1}{2}\right)}1\cdot2\cdot3\cdot\cdots\cdot\frac{p-1}{2}$$

因此

$$1\equiv(-1)^{\mu}k^{\left(\frac{p-1}{2}\right)}$$

这就是 $k^{\frac{p-1}{2}}\equiv\pm1$, 其中符号选取依照 μ 是偶数还是奇数, 于是立得定理[②].

我们可以通过引入一些方便的符号来缩短下面的讨论. 令符号 $(k,p)^{[③]}$ 代表数 $k,2k,3k,\cdots,k\dfrac{p-1}{2}$ 的乘积. 其对于模 p 的最小正剩余超过 $p/2$ 的数的个数. 进一步, 如果 x 是一个非整数, 我们将用符号 $[x]$ 表示小于 x 的最大整数, 于是 $x-[x]$ 总是 0 与 1 之间的正数. 我们可以很容易地建立起以下关系式:

I. $[x]+[-x]=-1$.

II. $[x]+h=[x+h]$, 其中 h 是整数.

III. $[x]+[h-x]=h-1$.

IV. 如果 $x-[x]$ 是小于 $1/2$ 的分数, 那么 $[2x]-2[x]=0$. 另一方面, 如果

[①] 这个定理今天叫作高斯引理, 数 μ 叫作特征数.

[②] 来自于著名的欧拉原则: $k^{\frac{p-1}{2}}\equiv\pm1$ 取决于 k 是否是 p 的二次剩余.

[③] 用 (k,p) 表示上述定理中数 M 的特征数.

$x-[x]$ 大于 $1/2$，那么 $[2x]-2[x]=1$.

V. 如果 h 的最小正剩余（模 p）小于 $p/2$，那么 $[2h/p]-2[h/p]=0$. 反之如果大于 $p/2$，那么 $[2h/p]-2[h/p]=1$.

VI. 由此可推出

$$(k,p)=\left[\frac{2k}{p}\right]+\left[\frac{4k}{p}\right]+\left[\frac{6k}{p}\right]+\cdots+\left[\frac{(p-1)k}{p}\right]-$$

$$2\left[\frac{k}{p}\right]-2\left[\frac{2k}{p}\right]-2\left[\frac{3k}{p}\right]-\cdots-2\left[\frac{k(p-1)/2}{p}\right]$$

VII. 从 VI 和 I 我们不难得到

$$(k,p)+(-k,p)=\frac{p-1}{2}$$

由此可以推出，依据 p 是 $4n+1$ 型的或 $4n+3$ 型的数，$-k$ 与 k 对于 p 的二次特征相同或相反. 显然，-1 在第一种情形是 p 的剩余，在第二种情形是 p 的非剩余.

VIII. 我们对 VI 中已知公式进行变形：由 III 我们有

$$\left[\frac{(p-1)k}{p}\right]=k-1-\left[\frac{k}{p}\right]$$

$$\left[\frac{(p-3)k}{p}\right]=k-1-\left[\frac{3k}{p}\right]$$

$$\left[\frac{(p-5)k}{p}\right]=k-1-\left[\frac{5k}{p}\right]$$

$$\cdots\cdots$$

当我们将这些代换用于上面级数的最后 $\dfrac{p\mp1}{4}$ 项时，我们有：

第一，当 p 是 $4n+1$ 形的数

$$(k,p)=\frac{(k-1)(p-1)}{4}-2\left\{\left[\frac{k}{p}\right]+\left[\frac{3k}{p}\right]+\left[\frac{5k}{p}\right]+\cdots+\left[\frac{k(p-3)/2}{p}\right]\right\}-$$

$$\left\{\left[\frac{k}{p}\right]+\left[\frac{2k}{p}\right]+\left[\frac{3k}{p}\right]+\cdots+\left[\frac{k(p-1)/2}{p}\right]\right\}$$

第二，当 p 是 $4n+3$ 形的数

$$(k,p)=\frac{(k-1)(p-1)}{4}-2\left\{\left[\frac{k}{p}\right]+\left[\frac{3k}{p}\right]+\left[\frac{5k}{p}\right]+\cdots+\left[\frac{k(p-1)/2}{p}\right]\right\}-$$

$$\left\{\left[\frac{k}{p}\right]+\left[\frac{2k}{p}\right]+\left[\frac{3k}{p}\right]+\cdots+\left[\frac{k(p-1)/2}{p}\right]\right\}$$

IX. 特别地，当 $k=+2$ 时，上面的公式①变为 $(2,p)=(p\mp1)/4$，其中依 p 是 $4n+1$ 或 $4n+3$ 的形式的数分别取负号和正号. 因此，当 p 是形如 $8n+1$ 或

---

① 此时大括号中的项是 0，因为方括号中的数大于 1.

$8n+7$ 的数时,$(2,p)$ 是偶数,因而有 $2Rp$;另一方面,当 p 是形如 $8n+3$ 或 $8n+5$ 的数时,$(2,p)$ 是奇数,故有 $2Np$.

定理 2　如果 x 是一个正的非整数,且它的倍数 $x,2x,3x,\cdots,nx$ 中也不存在整数;令 $[nx]=h$,于是易推知 x 的倒数的倍数 $\dfrac{1}{x},\dfrac{2}{x},\dfrac{3}{x},\cdots,\dfrac{h}{x}$ 中也不存在整数,那么有

$$[x]+[2x]+[3x]+\cdots+[nx]+\left[\frac{1}{x}\right]+\left[\frac{2}{x}\right]+\left[\frac{3}{x}\right]+\cdots+\left[\frac{h}{x}\right]=nh$$

证明　令 $[x]+[2x]+[3x]+\cdots+[nx]$ 等于 Ω,从第一项起到第 $\left[\dfrac{1}{x}\right]$ 项止每项显然都是零,紧接着直到第 $\left[\dfrac{2}{x}\right]$ 项止,各项都等于 1,然后直到第 $\left[\dfrac{3}{x}\right]$ 项止,各项都是 2,……,于是我们有

$$\Omega=0\times\left[\frac{1}{x}\right]+1\times\left\{\left[\frac{2}{x}\right]-\left[\frac{1}{x}\right]\right\}+2\times\left\{\left[\frac{3}{x}\right]-\left[\frac{2}{x}\right]\right\}+$$

$$3\times\left\{\left[\frac{4}{x}\right]-\left[\frac{3}{x}\right]\right\}+\cdots+(h-1)\left\{\left[\frac{h}{x}\right]-\left[\frac{h-1}{x}\right]\right\}+h\left\{n-\left[\frac{h}{x}\right]\right\}=$$

$$hn-\left[\frac{1}{x}\right]-\left[\frac{2}{x}\right]-\left[\frac{3}{x}\right]-\cdots-\left[\frac{h}{x}\right]$$

证毕

定理 3　如果 k 和 p 是正奇数,且彼此互素,我们可得

$$\left[\frac{k}{p}\right]+\left[\frac{2k}{p}\right]+\left[\frac{3k}{p}\right]+\cdots+\left[\frac{k(p-1)/2}{p}\right]+$$

$$\left[\frac{p}{k}\right]+\left[\frac{2p}{k}\right]+\left[\frac{3p}{k}\right]+\cdots+\left[\frac{p(k-1)/2}{k}\right]=\frac{(k-1)(p-1)}{4}$$

证明　不妨设 $k<p$,则我们可得 $\dfrac{k(p-1)/2}{p}<\dfrac{k}{2}$,但大于 $\dfrac{k-1}{2}$,则有

$$\left[\frac{k(p-1)/2}{p}\right]=\frac{k-1}{2}$$

由此可见,这个定理与之前的定理是一样的,如果我们设

$$\frac{k}{p}=x,\quad\frac{p-1}{2}=n,\quad\frac{k-1}{2}=h$$

则可立即由它推出本定理.

也可以用类似的方法证明,如果 k 是偶数,且与 p 互素,那么

$$\left[\frac{k}{p}\right]+\left[\frac{2k}{p}\right]+\left[\frac{3k}{p}\right]+\cdots+\left[\frac{k(p-1)/2}{p}\right]+$$

$$\left[\frac{p}{k}\right]+\left[\frac{2p}{k}\right]+\left[\frac{3p}{k}\right]+\cdots+\left[\frac{kp/2}{k}\right]=k\frac{p-1}{4}$$

但我们不去证明这个命题,因为它对于我们的研究不是必需的.

现在的主要的定理由第四节的命题 8 最后的理论推导出. 如果我们设 k 和 p 是任意不同的正素数,并令

$$(k,p) + \left[\frac{k}{p}\right] + \left[\frac{2k}{p}\right] + \left[\frac{3k}{p}\right] + \cdots + \left[\frac{k(p-1)/2}{p}\right] = L$$

$$(p,k) + \left[\frac{p}{k}\right] + \left[\frac{2p}{k}\right] + \left[\frac{3p}{k}\right] + \cdots + \left[\frac{p(k-1)/2}{k}\right] = M$$

那么由 Ⅷ 可推导出,这里的 L 和 M 是偶数. 由定理 3 可以推导出

$$L + M = (k,p) + (p,k) + \frac{(k-1)(p-1)}{4}$$

所以当 $(k-1)(p-1)/4$ 是偶数时,这里 k 和 p 可能只有一个是素数,也可能都是素数,且都是 $4n+1$ 的形式,那么 (p,k) 和 (k,p) 都不是偶数或都不是奇数. 相反地,当 $(k-1)(p-1)/4$ 是奇数时,这里的 k 和 p 都是 $4n+3$ 的形式,并且 $(p,k),(k,p)$ 中必须一个是奇数一个是偶数. 一种情况是 k 对于 p 和 p 对于 k (指一个对另一个的二次特征)是相同的,另一种情况是相反的. 证毕.

§14 库默尔关于理想数的研究

(本文由剑桥市哈佛大学的国家数学研究员托马斯·弗里曼·科普 (Thomas Freeman Cope)博士译自德语)

从 1842 年到 1855 年,恩斯特·爱德华·库默尔[①](Ernst Eduard Kummer, 1810—1893)一直是布雷斯劳大学的数学教授. 1884 年,任职于柏林大学,在此期间,他在多个数学分支中做出了有价值的贡献. 在他研究的课题中,可能会提到超几何(高斯)级数的理论、里卡蒂(Riccati)方程、级数的收敛性问题、复数理论以及立方和四次方程余量问题. 他是复数的理想素因子的创造者,并深入研究了四阶曲面,尤其是那些以他的名字命名的曲面.

以下的论文出现在克里尔的《纯粹与应用数学杂志》(*Crelle's Journal für die reine und angewandte Mathematik*,第 35 卷,319~326 页,1847 年),库默尔引入了复数的理想素因子的概念,通过这种方法,他能够在算术基本定理不成立的领域中找到唯一的因式分解. 尽管库默尔的理论在很大程度上已经被更简单、更普遍的戴德金(Dedekind)理论所取代,但他所提出的观点是很重要的,以至于与 E. T 贝尔教授一样权威. 贝尔(Bell)很负责任地说[②]:"库默尔将理想数

---

① 有关简短的生平简介,请参阅 D. E 史密斯,《数学史》,第一卷,第 507~508 页,1923 年于波士顿.

② 《美国数学月刊》,第 34 卷,第 66 页.

引入算术,这不容置疑地成为 19 世纪最伟大的数学进步之一."针对库默尔理论在数论中的地位,读者可以参考贝尔教授的文章,上面的引用就是从贝尔教授的文章中引用的.

§15   复数理论

（译自布雷斯劳的库默尔教授 1845 年 3 月在柏林皇家科学院的报告的摘要）

我已经成功地完成并简化了这些关于高次根的复数理论,众所周知,它在割圆术和高阶幂求余的研究中起着重要作用;这种研究是通过引入一种特殊的虚数因子来实现的,这里我姑且叫它理想复数,对此我要冒昧地进行一些说明.

如果 α 是方程 $\alpha^{\lambda}=1$ 的一个虚根,其中 λ 是素数,a, a_1, a_2 是整数,那么 $f(\alpha)=a+a_1\alpha+a_2\alpha^2+\cdots+a_{\lambda-1}\alpha^{\lambda-1}$ 是复整数. 这样一个复数可能分解为同样类型的复因子之积,也可能不可分解. 在第一种情况下,该数是一个复合数;在第二种情况下,按照习惯称它为复素数. 然而,我发现,即使 $f(\alpha)$ 不能以任何方式被分解成复因子,它也仍然不具备一个复素数的性质,因为它缺少素数的第一个也是最重要的性质,即两个素数的乘积不能被其他素数整除. 相反地,像数 $f(\alpha)$,即使它不能被分解成复因子,但仍然具有复合数的性质;然而,这种情况下的因子不是一般的,而是理想复数. 这样引入理想复数有着简单的、基本的目的,正如同将虚数公式引入代数和分析中那样,以使有理整函数分解为它的最简单因子即线性因子. 此外,正是这种期望,促使高斯在他的双二次剩余研究中(因为形如 $4m+1$ 的素因子显示了复合数的性质),第一次引入了复数形式 $a+b\sqrt{-1}$.

为了确保复数素因子定义的正确性(通常是理想的),有必要使用复数素因子的有关性质,它们在每种情况下都成立,并且与真实的分解是否偶然发生完全无关,这就像在几何学中一样,就两个圆公共弦的问题而言,即使这些圆没有相交,你也会寻找理想的公共弦的定义,它将适用于处于任何位置的圆. 存在着几个这样的复数的不变性质,它们可以用来作为理想素因子的定义,并且在本质上总会得到相同的结果;对于这些,我喜欢选择最简单和最一般的情况进行研究.

如果 p 是形如 $m\lambda+1$ 的素数,那么通常情况下,它可以表示成以下这样 $\lambda-1$ 个复因子相乘的形式:$p=f(\alpha)f(\alpha^2)f(\alpha^3)\cdots f(\alpha^{\lambda-1})$;然而,有时候是不能分解成复因子的,所以需要用理想的形式实现分解的目的. 如果 $f(\alpha)$ 真的是一个复数且 p 是一个素因子,那么将有这样的性质:用以 p 为模的同余等式 $\xi^{\lambda}\equiv1(\mathrm{mod}\ p)$ 的根去代替方程 $\alpha^{\lambda}=1$ 的根,可以写成 $f(\xi)\equiv0(\mathrm{mod}\ p)$ 的形式.

因此如果复数 $\Phi(\alpha)$ 有素因子 $f(\alpha)$，那么 $\Phi(\xi)\equiv0(\bmod\,p)$ 一定成立；反之，如果 $\Phi(\xi)\equiv0(\bmod\,p)$ 且 p 可被分解成 $\lambda-1$ 个复素因子之积，则 $\Phi(\alpha)$ 有素因子 $f(\alpha)$。现在 $\Phi(\xi)\equiv0(\bmod\,p)$ 的有关性质不依赖任何相对于 p 可以分解成素因子的理论；它因此被用作定义，因为它认为复数 $\Phi(\alpha)$ 有理想素因子 p，这里的 p 是指如果 $\Phi(\xi)\equiv0(\bmod\,p)$，则有 $\alpha=\xi$，p 的 $\lambda-1$ 个复素因子中的每一个都可由与之有同余关系的数代替。这足以说明复素数因子，无论是在实际上，还是仅仅在理想上，都具有与复数相同的明确特征。然而，这里给出的过程中，我们没有用同余关系去定义理想素因子，因为它们不足以代表复数的几个等理想素因子，也因为 $m\lambda-1$ 形式的实素数的理想素因子存在局限性。

复数的每一个素因子也是每一个素实数 q 的素因子，尤其是理想素因子的性质的研究依赖于 q 的指数形式（模 λ）。设 f 是指数，那么 $q^{f}\equiv1(\bmod\,\lambda)$，且 $\lambda-1=e\cdot f$。这样的质数 q 永远不能分解成多个复质数因子，如果这个分解可以实现，那么这个分解就会表示成每一组为 f 项，周期为 e 的线性函数。方程 $\alpha^{\lambda}=1$ 的一个周期用 $\eta,\eta_{1},\eta_{2},\cdots,\eta_{e-1}$ 表示；实际上，按照这样规律的序列中的每一项都是 α 转换成 α^{λ} 所产生的，这里的 γ 是 λ 的元根，那么一个周期就变成下一个。众所周知，这些周期是 e 阶方程的 e 个根；并且这个方程涉及模 q 的同余量，即 e 个根同余，并按与上面类似的顺序 $u,u_{1},u_{2},\cdots,u_{e-1}$ 排列，这里除了 e 阶方程根的同余量，其他地方也存在同余的性质。如果构造具有周期性的复数 $c'\eta+c'_{1}\eta_{1}+c'_{2}\eta_{2}+\cdots+c'_{e-1}\eta_{e-1}$，并用 $\Phi(\eta)$ 表示，那么拥有指数 f 的质数 q 总可以表示成下面的形式

$$q=\Phi(\eta)\Phi(\eta_{1})\Phi(\eta_{2})\cdots\Phi(\eta_{e-1})$$

此外，这 e 个因子永远不能进一步分解。如果用一个与它们本身同余的根去代替这里的周期，这里的每一个周期与对应的同余根对应，那么这 e 个素因子总是与 0 关于模 q 同余。如果任意复数 $f(\alpha)$ 包含素因子 $\Phi(\eta)$，那么它对于 $\eta=u_{k},\eta_{1}=u_{k+1},\eta_{2}=u_{k+2},\cdots$ 总会有关于模 q 同余于零的性质。这条性质（有着明显的同余关系，推动相关内容的迅速发展）是始终成立的，即使对于那些不能分解为 e 个复素因子的素数 q。因此，它可以被用在复素因子的定义中；然而，它有一个缺陷，即不能表示一个复数的等理想素因子。

我所选取的理想复素因子的定义本质上和所描述的一样，但较简单且更一般，它是基于这样的事实，如我所单独证明的，我们总可以找到一个由周期生成的复数 $\psi(\eta)$，具有这样的性质：乘积 $\psi(\eta)\psi(\eta_{1})\psi(\eta_{2})\cdots\psi(\eta_{e-1})$（它是一个整数）能被 q 整除，但不能被 q^{2} 整除。这个复数 $\psi(\eta)$ 总具有上述性质，也就是说，如果对与周期用对应的同余根去代换，则它关于模 q 同余于零，于是当 $\eta=u,\eta_{1}=u_{1},\eta_{2}=u_{2},\cdots$ 时，有 $\psi(\eta)\equiv0(\bmod\,q)$。我现在令 $\psi(\eta_{1})\psi(\eta_{2})\cdots\psi(\eta_{e-1})=\Psi(\eta)$ 并用下列方式定义理想素数：

如果 $f(\alpha)$ 具有使 $f(\alpha)\Psi(\eta_{r})$ 被 q 整除的性质，那么我们将此表述为 $f(\alpha)$

含有 q 的属于 $u = \eta_r$ 的理想素因子. 此外, 如果 $f(\alpha)$ 具有使 $f(\alpha)(\Psi(\eta_r))^\mu$ 被 q^μ 整除但 $f(\alpha)(\Psi(\eta_r))^{\mu+1}$ 不能被 $q^{\mu+1}$ 整除的性质, 则我们就说 $f(\alpha)$ 恰好 μ 次含有 q 的属于 $u = \eta_r$ 的理想素因子.

如果我们在此就这个定义与上面描述过的由同余关系给出的结果之间的联系和一致性做进一步解释, 将会使话题扯得太远; 我只简要地提一下, $f(\alpha)\Psi(\eta_r)$ 被 q 整除这个关系完全等价于 f 个不同的同余关系, 而 $f(\alpha)(\Psi(\eta_r))^\mu$ 可以被 q^μ 整除这个关系完全等价于 uf 个不同同余关系. 我已使之完善并且要在此宣布其关于理想复数的整个理论的主要定理, 这证实了我所给出的定义及采用的术语的合理性. 主要定理如下:

Ⅰ. 两个或两个以上复数的乘积的理想素因子恰好就是所有因子的理想素因子的乘积.

Ⅱ. 如果一个复数(它是一些因子之积)含有 q 的所有 e 个理想素因子, 那么它也能被 q 本身整除; 此外, 如果它不含有这 e 个理想素因子中的某一个, 则它不能被 q 整除.

Ⅲ. 如果一个复数(它是乘积的形式)含有 q 的所有 e 个理想素因子, 并且每个理想素因子至少含有 μ 次, 那么它能被 q^μ 整除.

Ⅳ. 如果 $f(\alpha)$ 恰好含有 q 的 m 个理想素因子, 它们可以都不相同, 或者是部分或全部相同, 那么范数 $Nf(\alpha) \equiv f(\alpha)f(\alpha^2)\cdots f(\alpha^{\lambda-1})$ 恰含因子 q^{mf}.

Ⅴ. 每一个复数都只包含有限个的、个数确定的理想素因子.

Ⅵ. 两个恰好具有相同理想素因子的复数只差一个复数单位, 它可以作为一个因子.

Ⅶ. 如果一个复数含有另一个复数的所有理想素因子, 那么这个复数能被另一复数整除, 并且从被除数的理想素因子中去掉除数的理想素因子正好就是商所含有的理想素因子.

由这些定理可以推知, 引进理想素因子后, 复数计算就与整数及其实整素因子的计算完全相同. 因此, 我在 *Breslauer Programm zur Jubelfeier der Universität Königsherg*(第 18 页)中说过这样一句话:

"实整数可以分解素因子, 并且对同一个数其素因子始终是同一的这个性质不能使复数也具备, 看来是一件巨大的憾事; 如果现在要使这个性质是复数理论的一部分(虽然它的实现迄今仍被巨大的困难缠绕着), 那么问题就会容易地解决, 并将得到正确的结论. "

因此, 我们看到理想素因子解释了复数的内部性质, 并且展示了它们内部的清晰结构. 特别地, 如果一个复数只是由形式 $a + a_1\alpha + a_2\alpha^2 + \cdots + a_{\lambda-1}\alpha^{\lambda-1}$ 给出, 那么我们很少能对它做出什么断言, 除非我们已经应用它的理想素因子(在这种情形我们总可以用直接的方法求出它们)确定出它最简单的定性性质以作为进一步的算术研究基础.

已经证明，复数的理想因子是实际存在的，即复数的因数，因此，理想素因子乘以其他适当选取的因子，乘积一定等于已知的复数. 这个关于通过组合理想因子，以获得实际复数的问题，我将会以我已经发现的，最感兴趣的结论作为研究对象，因为它与数论中最重要的部分有着密切的联系. 与这个问题相关的两个最重要的结论如下：

Ⅰ. 总是存在一个有限的、确定的理想复乘数，足以将所有可能的理想复数化简到已知的复数[①].

Ⅱ. 每一个理想复数总有这样的性质，即每一个确定的整数幂可以确定一个已知的复数.

现在考虑这两个定理的一些更详细的内容. 当两个相同的理想数相乘时，这里这两个理想数由实际复数构成，因为对实际复数和理想复数的研究与 $\lambda - 1$ 阶和 $\lambda - 1$ 个变量的某些形式的分类是相同的，所以我称它们等价或同类；对于这种分类的主要原则，它已经被狄利克雷发现，但还没有出版，所以我不知道他的分类原则是否与复数理论相一致. 例如，两个变量的二阶行列式理论，然而素数 λ 与这些研究紧密地交织在一起，我们在这个例子中的分类与高斯的分类是一致的，而不是像勒让德那样. 关于这种分类正确与否的讨论，同样也出现在高斯以实数为基础的二次、高次问题中. 不可否认，在算术专题中它本身总出现错误. 例如，$ax^2 + 2bxy + cy^2$ 和 $ax^2 - 2bxy + cy^2$ 或者 $ax^2 + 2bxy + cy^2$ 和 $cx^2 + 2bxy + ay^2$ 两组被认为属于不同的类，正如在上述工作中所做的那样，实际上并没有发现它们之间的本质区别；另一方面，如果在这个问题的本质上，高斯的分类被认为是一个主要的依据，那么就必须承认 $ax^2 + 2bxy + cy^2$ 和 $ax^2 - 2bxy + cy^2$ 两种形式仅仅是表达方式不同，或仅仅代表了两个新的表达方式，但本质上不同的数论概念. 然而，它们无非都是属于同一个数的两个不同的理想素数因子. 所有关于二元二次的理论都等同于 $x + y\sqrt{D}$ 形式的理论，所以必然会得到相同类型的理想复数. 然而，后者根据理想的乘数进行分类，并且足以将它们化简到实际的复数形式 $x + y\sqrt{D}$. 由于与高斯的分类一致，因此理想复数理论奠定了它的真正基础.

在对复数理论进行研究时，与高斯最经典的部分《型的复合》(De compositione formarum) 进行类比，高斯关于二次方程式的主要证明结果在下面的"英文版 337 页". 该证明也适用于一般理想复数的组合. 因此，每一类理想数被第一类相乘时，就会得出另一类实际的复数（这里的实际复数与分类原理 (the Classis principalis) 中的相似）. 同样地，也有一类，当它们自己相乘时，也可得出实际的复数，因此这些类是具有双重性质的；特别地，分类原理本身总是确定一个

① 尽管不是一般的，且形式完全不同，这个重要定理的证明，见论文 L. Kronecker, De uaitatibus complexis，柏林，1847 年.

类. 如果对一个理想素数进行升幂运算,那么根据前面的第二个定理,它总会在某一幂次下成为一个实际复数;如果 h 是使 $(f(d))^h$ 成为理想复数的最小数,那么 $f(\alpha),(f(\alpha))^2,(f(\alpha))^3,\cdots,(f(\alpha))^h$ 属于不同类. 总会发生这样的情况,适当地选择 $f(\alpha)$,可以生成所有类;如果不是这样,那么总可以证明类的个数总是至少为 h 的倍数. 我还没有深入研究复数领域;尤其是,我还没有对具体类别的数量进行研究,因为我听说狄利克雷使用了类似于在他著名的二次型论文中所使用的原理,已经找到了这个数字. 我只对理想复数的性质做一个额外的补充,即在前面的第二个定理中,它们总是可以被认为是实际复数的确定的根,也就是说当 $\Phi(\alpha)$ 是一个复数,h 是一个整数时,他们可以表示成 $\sqrt[h]{\Phi(\alpha)}$ 的形式.

我在过去对复数理论所做的不同应用中,比如在前面的文章中,我只给出用割圆术进行验证的相关内容,对此我已在上面提到的相关内容中给出了证明. 已知

$$(\alpha,x) = x + \alpha x^g + \alpha^2 x^{g^2} + \cdots + \alpha^{p-2} x^{g^{p-2}}$$

这里 $\alpha^\lambda = 1, x^p = 1, p = m\lambda + 1$,并且 g 是素数 p 的元根,那么显然 $(\alpha,x)^\lambda$ 是与 x 无关的复数,并且由方程 $\alpha^\lambda = 1$ 的根组成. 在前面引用的内容中,我已经找到了这个数字的如下表达式,假设 p 可以被分解成 $\lambda - 1$ 个复素数因子,其中的一个是 $f(\alpha)$,则

$$(\alpha,x)^\lambda = \pm \alpha^h f^{m_1}(\alpha) f^{m_2}(\alpha^2) f^{m_3}(\alpha^3) \cdots f^{m_{\lambda-1}}(\alpha^{\lambda-1})$$

这里形如 m_k 的幂指数 $m_1, m_2, m_3 \cdots$ 小于 λ,且满足 $km_k \equiv 1 \pmod{\lambda}$. 大体上相同的简单表达式,可以很容易地被证明,甚至是在 $f(\alpha)$ 不是实际的而只是 p 的理想素因子时也可成立. 然而,在后一种情况下,想要表达式 $(\alpha,x)^\lambda$ 是一个实际的复数形式,只需要应用下面方法之一,即使理想的 $f(\alpha)$ 作为一个实际的复根,或间接地去代表一个理想素因子已知的实际复数.

§16　切比雪夫关于全体素数的研究

(本文由美国罗德岛州普罗维登斯市,布鲁大学教授塔玛金(J. D Tamarjin)译自法语)

切比雪夫(Tchebycheff)生于 1821 年 5 月 26 日,卒于 1894 年 12 月 8 日. 他是俄罗斯数学学派最杰出的代表人物之一. 他对数论、代数学、概率论、分析学和应用数学等领域做出了许多重要贡献. 这是他的论文中最重要的是两篇论文,这里是部分译本:

(1) "Sur la totalité des nombres premiers inférieurs à une line donnée," Mémoires presentés à l'Acádériaie des Sciences de St. - Pétersbourg par divers savants et lus dans ses assemblées, Vol. 6. pp. 141 - 157, 1851 (Lule 24 Mai, 1848);

Journal de Mathéatiques pures et appliquées, (1) Vol. 17, pp. 341 – 365, 1852; Oeuvres, Vol. 1, pp. 29 – 48, 1899.

2. "Mémoire sur les nombres premiers, "ibid, Vol. 7, pp. 15 – 33, 1854(lu le 9 Septembre, 1850), ibid, 366 – 390, ibid. , pp. 51 – 70.

这两篇论文代表了欧几里得(Euclid)在对函数 $\phi(x)$ 进行研究之后取得的第一个明确的进展,在函数 $\phi(x)$ 的研究中,它决定了素数的总和小于给定的极限 x 的问题,吸引了一些最杰出的数学家的注意,并都为之付出努力,比如勒让德、高斯、狄利克雷和黎曼.

在 1791 年,14 岁的高斯第一次从纯粹经验主义的角度提出 $\phi(x)$ 的渐近公式 $\dfrac{x}{\log x}$.(高斯著作全集,第 11 卷,第 11 页,1917 年).随后(1792—1793 年, 1849 年)他提出了另一个公式 $\displaystyle\int_2^x \dfrac{\mathrm{d}x}{\log x}$,它的首项是 $\dfrac{x}{\log x}$(见高斯给恩克(Encke)的信,1849,第二卷,第 444 ~ 447 页,1876 年).当然,勒让德不知道高斯的结果,并给出了另一个经验性公式 $\dfrac{x}{A\log x + B}$(Essai sur la théorie des nombres,第 1 页,第 18 ~ 19 页,1798 年),并在 Essai(394 ~ 395 页, 1808 年)的第二版中指定了 A 和 B 两个常量的值,即 $A = 1, B = -1.083\ 66$. 勒让德的公式被阿贝尔(Abel)誉为"数学中最了不起的公式"(给霍尔姆伯(Holmboe)的信,阿贝尔论文,1902 年,第 5 页),但这个公式仅有首项是对的. 这一事实得到了狄利克雷(Dirichlet)的认同("我使用了一系列的无限理论"狄利克雷日志(Crelle's Journal)第 18 卷,第 272 页,1838 年. 在他的评论中,他写了一篇关于高斯的文章. 狄利克雷作品集,第 1 卷,第 372 页,1889 年). 在给高斯的笔记中,狄利克雷给出了另一个公式 $\displaystyle\sum^x \dfrac{1}{\log n}$. 尽管狄利克雷已经宣布完成了这些结论的证明,但却从未发表过,因此切比雪夫的论文应该被认为是第一个企图用分析方法对这个问题进行严格证明的. 切比雪夫没有达到最终的目标,即证明这个比率 $\phi(x)$:当 $x \to \infty$ 时,$\dfrac{x}{\log x}$ 趋近于 1. 这个重要的定理在 40 年后被阿达玛(Hadamard)和瓦雷·普散(Vallee Poussin)证明了,他们的工作是基于黎曼引入的新思想和新建议的基础上完成的. 虽然切比雪夫最终没有证明这个定理,但他还是成功地获得了关于函数 $\phi(x)$ 的重要的不等式,这使他能够通过包含代数 x, $e^x, \log x(1)$ 的表达式来研究 $\phi(x)$ 的可能形式,并得出关于勒让德公式的适用范围是有限的结论. 在论文(2)中,切比雪夫对比率 $\phi(x)$:$\dfrac{x}{\log x}$ 有相当严格的限制,这为著名的伯特兰(Bertrand)假设提供了一个证明方法:如果 $x \geqslant 2$,那么在 x 和 $2x - 2$ 之间至少有一个素数.

1. 论文(1)关于素数总体小于给定极限的函数

勒让德在他的 *Théorie des nombre*[①] 中给出了一个公式,用于表示 1 到任意给定极限之间的素数的个数. 他首先将由他的公式得出的结果与在最大的数表中计算素数得出的结果进行比较,即从 1 万到 100 万,之后他将他的公式应用到许多问题的解决方法中. 同样的公式也成为了狄利克雷的研究对象,在他的论文的第 18 卷中提到,他发现了一个关于这个公式严格的分析与证明. 尽管权威的狄利克雷明确表示支持勒让德的公式,但是我们仍允许自己对它的正确性以及由这个公式推导出来的结果提出一些疑问. 我们的定理是基于一个关于函数性质的定理,这个函数确定了小于给定极限的素数的总和,这个定理可能会产生许多意想不到的结果. 我们首先要给出这个定理的证明,之后,我们再将说明它的一些应用.

定理 1 如果 $\phi(x)$ 代表所有小于 x 的素数的总数,n 是整数,ρ 是大于 0 的数,那么和式

$$\sum_{x=2}^{\infty} \left[\phi(x+1) - \phi(x) - \frac{1}{\log x} \right] \frac{\log^n x}{x^{1+\rho}}$$

具有这样的性质:当 ρ 趋于零时,它将会趋近一个有限的极限值.

证明 首先确定连续微分函数的性质,以及三个关于 ρ 的表达式

$$\sum \frac{1}{m^{1+\rho}} - \frac{1}{\rho}$$

$$\log \rho - \sum \log\left(1 - \frac{1}{\mu^{1+\rho}}\right)$$

$$\sum \log\left(1 - \frac{1}{\mu^{1+\rho}}\right) + \sum \frac{1}{\mu^{1+\rho}}$$

随着 m 从 2 到 ∞ 逐渐增大,积分值也逐渐增大,这里 μ 的值从 $\mu = 2$ 到 $\mu = \infty$ 只取素数.

考虑第一个表达式,很容易可以得到[②]

$$\int_0^{\infty} \frac{e^{-x}}{e^x - 1} x^{\rho} dx = \sum \frac{1}{m^{1+\rho}} \int_0^{\infty} e^{-x} x^{\rho} dx$$

$$\int_0^{\infty} e^{-x} x^{-1+\rho} dx = \frac{1}{\rho} \int_0^{\infty} e^{-x} x^{\rho} dx$$

[①] 第 2 卷,第 65 页(第 3 版).

[②] 第一个公式是通过把 $\dfrac{e^{-z}}{(e^z - 1)}$ 展成几何级数 $\sum e^{-mz}$,并逐项与 x^{ρ} 相乘,得

$$\sum \int_0^{\infty} e^{-mx} x^{\rho} dx = \sum m^{-1-\rho} \int_0^{\infty} e^{-x} x^{\rho} dx$$

这个公式很容易证明是正确的.

因此

$$\sum \frac{1}{m^{1+\rho}} - \frac{1}{\rho} = \frac{\int_0^\infty \left(\frac{1}{e^x - 1} - \frac{1}{x} \right) e^{-x} x^\rho \mathrm{d}x}{\int_0^\infty e^{-x} x^\rho \mathrm{d}x}$$

由这个方程可得,关于 ρ 的表达式 $\sum \dfrac{1}{m^{1+\rho}} - \dfrac{1}{\rho}$ 的任意 n 阶导数都等于一个分数,这个分数的分母为 $\left(\int_0^\infty e^{-x} x^\rho \mathrm{d}x \right)^{n+1}$,分子为

$$\int_0^\infty \left(\frac{1}{e^x - 1} - \frac{1}{x} \right) e^{-x} x^\rho \mathrm{d}x, \int_0^\infty \left(\frac{1}{e^x - 1} - \frac{1}{x} \right) e^{-x} x^\rho \log x \mathrm{d}x, \int_0^\infty \left(\frac{1}{e^x - 1} - \frac{1}{x} \right) e^{-x} x^\rho \log^2 x \mathrm{d}x$$

$$\cdots, \int_0^\infty \left(\frac{1}{e^x - 1} - \frac{1}{x} \right) e^{-x} x^\rho \log^n x \mathrm{d}x, \int_0^\infty e^{-x} x^\rho \mathrm{d}x, \int_0^\infty e^{-x} x^\rho \log x \mathrm{d}x, \int_0^\infty e^{-x} x^\rho \log^2 x \mathrm{d}x,$$

$$\cdots, \int_0^\infty e^{-x} x^\rho \log^n x \mathrm{d}x$$

中的多项式.

无论是 $n = 0$ 还是 $n > 0$,这种形式的分数在 $\rho \to 0$ 时,极限值都趋于一个有限值,那么若积分 $\int_0^\infty e^{-x} x^\rho \mathrm{d}x$ 的极限值为 1,则其他的积分也一定有有限的极限值[①]. 这证明了函数 $\sum \dfrac{1}{m^{1+\rho}} - \dfrac{1}{\rho}$ 和它的连续导数在 $\rho \to 0$ 时仍然是存在极限的.

现在考虑函数 $\log \rho - \sum \log \left(1 - \dfrac{1}{\mu^{1+\rho}} \right)$. 已知

$$\left[\left(1 - \frac{1}{2^{1+\rho}} \right) \left(1 - \frac{1}{3^{1+\rho}} \right) \left(1 - \frac{1}{5^{1+\rho}} \right) \cdots \right]^{-1} = 1 + \frac{1}{2^{1+\rho}} + \frac{1}{3^{1+\rho}} + \frac{1}{4^{1+\rho}} + \cdots [②]$$

并可以用求和符号简化为

---

① 这里的推理是合理的,因为问题中的所有积分都一致收敛于 $\rho (0 \le \rho \le A)$,A 是一个常数.

② 这一恒等式是由欧拉建立的("关于无穷级数的各种计算",《石油政治科学院评论》第 9 卷,第 160 ~ 188 页,1737 年(第 174 页的定理 8);《欧姆尼亚》(1) 中第 14 卷,第 216 ~ 244(230)页. 欧拉在这里引入了现在被称为黎曼 ζ - 函数的级数,即

$$\zeta(\rho) = \sum_{v=1}^\infty v^{-\rho}, \rho > 1$$

黎曼对于这个方程的使用给了现代复变函数论一个重重的一击.

这无项多项的结果是绝对收敛的,因为 $(1 - \mu^{-1-\rho})^{-1} = 1 + \left(\dfrac{1}{\mu^{1+\rho} - 1} \right)$,且 $\sum \left(\dfrac{1}{\mu^{1+\rho} - 1} \right)$ 是绝对收敛的,绝对收敛级数 $\sum m^{-1-\rho}$ 的一部分 $\sum \mu^{-1-\rho}$ 也是绝对收敛的. 所有这些级数以及导出的级数都一致收敛于 $\rho > 0$,这证明了下述中的逐项微分是正确的.

$$- \sum \log\left(1 - \frac{1}{\mu^{1+\rho}}\right) = \log\left(1 + \sum \frac{1}{m^{1+\rho}}\right)$$

那么可得

$$\log\rho - \sum \log\left(1 - \frac{1}{\mu^{1+\rho}}\right) = \log\left(1 + \sum \frac{1}{m^{1+\rho}}\right)\rho$$

或

$$\log\rho - \sum \log\left(1 - \frac{1}{\mu^{1+\rho}}\right) = \log\left[1 + \rho + \left(\sum \frac{1}{m^{1+\rho}} - \frac{1}{\rho}\right)\rho\right]$$

这个方程说明所有关于 ρ 的导数

$$\log\rho - \sum \log\left(1 - \frac{1}{\mu^{1+\rho}}\right)$$

可以用有限分数表示,分母是指数幂为正整数,即

$$1 + \rho + \left(\sum \frac{1}{m^{1+\rho}} - \frac{1}{\rho}\right)\rho$$

分子是关于 ρ 的表达式 $\sum \dfrac{1}{m^{1+\rho}} - \dfrac{1}{\rho}$ 以及它的导数. 当 $\rho\to 0$ 时,这样形式的分数的极限趋于有限值:因为在这些分数的分母中,已经证明差值 $\sum \dfrac{1}{m^{1+\rho}} - \dfrac{1}{\rho}$ 仍然是有限的,所以当 $\rho\to 0$ 时,表达式 $1 + \rho + \left(\sum \dfrac{1}{m^{1+\rho}} - \dfrac{1}{\rho}\right)\rho$ 趋向于 1;同理在这些分数的分子中,多项式 $\sum \dfrac{1}{m^{1+\rho}} - \dfrac{1}{\rho}$ 和它的导数在 $\rho\to 0$ 时,也同样有定极限.

为了证明函数

$$\sum \log\left(1 - \frac{1}{\mu^{1+\rho}}\right) + \sum \frac{1}{\mu^{1+\rho}}$$

的导数与函数本身的性质相同.

我们首先观察它的一阶导数

$$\sum \mu^{-2-2\rho}\log\mu(1 - \mu^{-1-\rho})^{-1}$$

由此可见,更高阶的导数也可以用形如

$$\sum \mu^{-2-2\rho-q}\log^p\mu(1 - \mu^{-1-\rho})^{-1-r}$$

的有限表达式来表示,这里 $p, q, r \geq 0$. 但是,对于具有 $\rho \geq 0$ 这种形式的每个表达式都有一个有限值,因为这个函数的求和符号 $\sum$ 下的次数 $1/\mu$ 是大于 1 的.

在证明了上面三个表达式的导数趋于有限的极限之后,就可以证明表达式

$$\frac{\mathrm{d}^n}{\mathrm{d}\rho^n}\left[\sum \log(1 - \mu^{-1-\rho}) + \sum \mu^{-1-\rho}\right] +$$

$$\frac{\mathrm{d}^n}{\mathrm{d}\rho^n}\left[\log\rho - \sum\log(1-\mu^{-1-\rho})\right] + \frac{\mathrm{d}^{n-1}}{\mathrm{d}\rho^{n-1}}\left(\sum m^{-1-\rho} - \frac{1}{\rho}\right)$$

具有相同的性质,把这个表达式微分之后并化简可得

$$\pm\left(\sum\frac{\log^n\mu}{\mu^{1+\rho}} - \sum\frac{\log^{n-1}m}{m^{1+\rho}}\right)$$

这个结果符合我们上面的定理,因为很容易看出

$$\sum\frac{\log^n\mu}{\mu^{1+\rho}} - \sum\frac{\log^{n-1}m}{m^{1+\rho}}$$

和

$$\sum_{x=2}^{\infty}\left[\phi(x+1) - \Phi(x) - \frac{1}{\log x}\right]\frac{\log^n x}{x^{1+\rho}}$$

的差值是一样的,或者和

$$\sum_{x=2}^{\infty}\left[\phi(x+1) - \Phi(x)\right]\frac{\log^n x}{x^{1+\rho}} - \sum_{x=2}^{\infty}\frac{\log^{n-1}x}{x^{1+\rho}}$$

是一样的.

为了证明这一点,我们只需要观察到,由于 $\dfrac{\log^n x}{x^{1+\rho}}$ 的系数 $\phi(x+1) - \phi(x)$ 上面的第一项的差等于 $\sum\dfrac{\log^n\mu}{\mu^{1+\rho}}$;则由定义可知,根据 x 是素数(或合数),函数 $\phi(x)$ 可化简为 1(或 0). 用 m 代替 x,则第二项转换成 $\sum\dfrac{\log^{n-1}m}{m^{1+\rho}}$ ①.

这就完成了关于这个定理的证明.

上面证明的定理可推导出函数的许多新的性质,比如它能够确定小于给定某极限的素数的总和. 我们首先观察到,关于 x 的差

$$\frac{1}{\log x} - \int_x^{x+1}\frac{\mathrm{d}x}{\log x}$$

是非常大的,并且是对于 $1/x$ 的一阶无穷小,因此,表达式

$$\left(\frac{1}{\log x} - \int_x^{x+1}\frac{\mathrm{d}x}{\log x}\right)\frac{\log^n x}{x^{1+\rho}}$$

中 $1/x$ 的次数是 $2+\rho$②. 因此对于 $\rho\geqslant 0$,和式

$$\sum_{x=2}^{\infty}\left(\frac{1}{\log x} - \int_x^{x+1}\frac{\mathrm{d}x}{\log x}\right)\frac{\log^n x}{x^{1+\rho}}$$

———————————

① 从现在的观点来看,切比雪夫证明的实质在于,当 $\rho\neq 1$ 时,$\zeta(\rho)$ 是解析的;当 $\rho=1$ 时,它有一个单极点是 1,$\zeta(\rho) - \dfrac{1}{\rho-1}$ 是一个超越整函数(惠特克-沃森,《现代分析》,第 3 版,1920 年,第 26 页).

② 这里的意思是,问题中的差值除以小于 $(2+\rho)$ 的任意次幂的商趋于 0.

为有限值. 把这个和式加到表达式

$$\sum_{x=2}^{\infty} \left(\phi(x+1) - \phi(x) - \frac{1}{\log x} \right) \frac{\log^n x}{x^{1+\rho}}$$

上, 则定理 1 仍然成立, 由此可以推断出, 当 $\rho \to 0$ 时, 表达式

$$\sum_{x=2}^{\infty} \left(\phi(x+1) - \phi(x) - \frac{1}{\log x} - \int_{x}^{x+1} \frac{dx}{\log x} \right) \frac{\log^n x}{x^{1+\rho}}$$

也为有限值. 由此我们可以推导出下面的定理.

定理 2 如果有无限小正数 α 和无限大的 n, 不等式

$$\phi(x) > \int_{2}^{x} \frac{dx}{\log x} - \frac{\alpha x}{\log^n x} \text{ 和 } \phi(x) < \int_{}^{x} \frac{dx}{\log x} + \frac{\alpha x}{\log^n x}$$

始终成立, 其中函数 $\phi(x)$ 能够确定所有小于 x 的素数的总个数, 这里的 x 是从 $x = 2$ 到 ∞.

证明 我们先证明这两个不等式中的一个; 第二个可以用同样的方式证明. 以下面不等式为例

$$\phi(x) < \int_{2}^{x} \frac{dx}{\log x} + \frac{\alpha x}{\log^n x} \tag{1}$$

为了证明这个不等式是满足无限次的, 我们首先假设相反的情况成立, 并研究这个假设的结果. 假设 a 是大于 e^n 的整数, 同时比式 (1) 中最大的数要大. 基于这个假设, 当 $x > a$ 时, 不等式

$$\phi(x) \geq \int_{2}^{x} \frac{dx}{\log x} + \frac{\alpha x}{\log^n x}, \log x > n$$

成立, 由此可得

$$\phi(x) - \int_{2}^{x} \frac{dx}{\log x} \geq \frac{dx}{\log^n x}, \frac{n}{\log x} < 1 \tag{2}$$

但如果不等式 (2) 成立, 那么将有下述情况与上面的已知条件矛盾, 即当 $\rho \to 0$ 时, 表达式

$$\sum_{x=2}^{\infty} \left[\phi(x+1) - \phi(x) - \int_{x}^{x+1} \frac{dx}{\log x} \right] \frac{\log^n x}{x^{1+\rho}}$$

不再趋于有限值, 而是趋于 $+\infty$. 事实上, 我们可以把这个表达式看作是当 $s \to \infty$ 时

$$\sum_{x=2}^{s} \left[\phi(x+1) - \phi(x) - \int_{x}^{x+1} \frac{dx}{\log x} \right] \frac{\log^n x}{x^{1+\rho}}$$

的极限.

若 $s > a$, 则有

$$C + \sum_{x=a+1}^{s} \left[\phi(x+1) - \phi(x) - \int_{x}^{x+1} \frac{dx}{\log x} \right] \frac{\log^n x}{x^{1+\rho}} \tag{3}$$

这里当 $\rho \geq 0$ 时

$$C = \sum_{x=2}^{a} \left[\phi(x+1) - \phi(x) - \int_{x}^{x+1} \frac{\mathrm{d}x}{\log x} \right] \frac{\log^n x}{x^{1+\rho}}$$

是有限值.

若

$$u_x = \phi(x) - \int_2^x \frac{\mathrm{d}x}{\log x}, u_x = \frac{\log^n x}{x^{1+\rho}}$$

则可通过公式

$$\sum_{a+1}^{s} u_x(v_{x+1} - v_x) = u_s v_{s+1} - u_a v_{a+1} - \sum_{a+1}^{s} v_x(u_x - u_{x-1})$$

将式(3)化为

$$C - \left[\phi(a+1) - \int_2^{a+1} \frac{\mathrm{d}x}{\log x} \right] \frac{\log^n a}{a^{1+\rho}} + \left[\phi(s+1) - \int_2^{s+1} \frac{\mathrm{d}x}{\log x} \right] \frac{\log^n s}{s^{1+\rho}} -$$

$$\sum_{x=a+1}^{s} \left[\phi(x) - \int_2^x \frac{\mathrm{d}x}{\log x} \right] \left[\frac{\log^n x}{x^{1+\rho}} - \frac{\log^n(x-1)}{(x-1)^{1+\rho}} \right]$$

这里进一步化简可以得到

$$C - \left[\phi(a+1) - \int_2^{a+1} \frac{\mathrm{d}x}{\log x} \right] \frac{\log^n a}{a^{1+\rho}} + \left[\phi(s+1) - \int_2^{s+1} \frac{\mathrm{d}x}{\log x} \right] \frac{\log^n s}{s^{1+\rho}} +$$

$$\sum_{r=a+1}^{s} \left[\phi(x) - \int_2^x \frac{\mathrm{d}x}{\log x} \right] \left[1 + \rho \cdot \frac{n}{\log(x-\theta)} \right] \frac{\log^n(x-\theta)}{(x-\theta)^{2+\rho}}$$

其中 $0 < \theta < 1$.

让 F 表示这个表达式的前两项的和,因为由条件(2)可知第三项是正的,所以我们得出上述表达式大于

$$F + \sum_{x=a+1}^{s} \left(\phi(x) - \int_2^x \frac{\mathrm{d}x}{\log x} \right) \left[1 + \rho - \frac{n}{\log(x-\theta)} \right] \frac{\log^n(x-\theta)}{(x-\theta)^{2+\rho}}$$

同样的,条件(2)表明,最后一个表达式中的符号 $\sum$ 之后的函数和它的极限仍然是正的. 进一步,在相同的极限下,有

I. $1 + \rho - \dfrac{n}{\log(x-\theta)} > 1 - \dfrac{n}{\log a}, \rho > 0, x > a+1, \theta < 1;$

II. $\phi(x) - \displaystyle\int_2^x \frac{\mathrm{d}x}{\log x} > \frac{\alpha(x-\theta)}{\log^n(x-\theta)}.$

由不等式(2)有

$$\phi(x) - \int_2^x \frac{\mathrm{d}x}{\log x} \geqslant \frac{\alpha x}{\log^n x}$$

而第二个式子中 $\dfrac{\alpha x}{\log^n x}$ 的导数是 $\dfrac{\alpha}{\log^n x}\left(1 - \dfrac{n}{\log x} \right)$,且为正,此时

$$\frac{\alpha x}{\log^n x} > \frac{\alpha(x-\theta)}{\log^n(x-\theta)}$$

因此我们的表达式大于如下和式

$$F + \sum_{x=a+1}^{s} \frac{\alpha(x-\theta)}{\log^n(x-\theta)}\left(1-\frac{n}{\log a}\right)\frac{\log^n(x-\theta)}{(x-\theta)^{2+\rho}} = F + \alpha\left(1-\frac{n}{\log a}\right)\sum_{x=a+1}^{s}\frac{1}{(x-\theta)^{1+\rho}}$$

而它明显大于

$$F + \alpha\left(1-\frac{n}{\log a}\right)\sum_{x=a+1}^{s}\frac{1}{x^{1+\rho}}$$

当 $s \to \infty$ 时,等式变为

$$F + \alpha\left(1-\frac{n}{\log a}\right)\sum_{x=a+1}^{\infty}\frac{1}{x^{1+\rho}} = F + \alpha\left(1-\frac{n}{\log a}\right)\frac{\int_0^\infty \frac{e^{-ax}}{e^x-1}x^\rho \, dx}{\int_0^\infty e^{-x}x^\rho \, dx}$$

很容易看出,当 $\rho \to 0$ 时我们得到的等式趋于 $+\infty$. 因此,我们有

$$\int_0^\infty \frac{e^{-ax}}{e^x-1}dx = \infty \, , \quad \int_0^\infty e^{-x}dx = 1$$

这里 α 和 $1-\dfrac{n}{\log a}$ 都是正的,前者是我们做出的假设,后者是由不等式(2)得出的.

因此,在假设成立的前提下,不仅

$$\sum_{x=a}^{\infty}\left[\phi(x+1) - \phi(x) - \int_x^{x+1}\frac{dx}{\log x}\right]\frac{\log^n x}{x^{1+\rho}}$$

是确定的,甚至小于这个和的等式趋于 $+\infty$ 也是确定的,这时我们推出问题中的假设是不成立的,这将在定理 2 中得到证明.

在前面命题的基础上,很容易证明出接下来的定理

定理 3　对于表达式 $\dfrac{x}{\phi(x)} - \log x$,当 $x \to \infty$ 时,不存在极限.

证明　设 L 为当 $x \to \infty$ 时,$\dfrac{x}{\phi(x)} - \log x$ 的极限,在这个假设下,我们可以

找到一个足够大的 N,使得当 $x > N$ 时,$\dfrac{x}{\phi(x)} - \log x$ 的值在极限 $L-\varepsilon$ 和 $L+\varepsilon$

之间,ε 为任意小正数. 因此这里的 x,ε 满足

$$\frac{x}{\phi(x)} - \log x > L-\varepsilon, \frac{x}{\phi(x)} - \log x < L+\varepsilon \tag{4}$$

但是,根据前面的定理我们知道,当 x 取得任意值时都满足不等式

$$\phi(x) > \int_2^x \frac{dx}{\log x} - \frac{\alpha x}{\log^n x}, \phi(x) < \int_2^x \frac{dx}{\log x} + \frac{\alpha x}{\log^n x}$$

当 x 大于 N 时自然也满足不等式,所以不等式(4)是成立的.

不等式(4)还可以表示成下述形式

$$\frac{x}{\int_2^x \dfrac{dx}{\log x} - \dfrac{\alpha x}{\log^n x}} - \log x > L - \varepsilon$$

$$\frac{x}{\int_2^x \dfrac{dx}{\log x} + \dfrac{\alpha x}{\log^n x}} - \log x < L + \varepsilon$$

据此

$$L + 1 < \frac{x - (\log x - 1)\left(\int_2^x \dfrac{dx}{\log x} - \dfrac{\alpha x}{\log^n x}\right)}{\int_2^x \dfrac{dx}{\log x} - \dfrac{\alpha x}{\log^n x}} + \varepsilon$$

$$L + 1 > \frac{x - (\log x - 1)\left(\int_2^x \dfrac{dx}{\log x} + \dfrac{\alpha x}{\log^n x}\right)}{\int_2^x \dfrac{dx}{\log x} + \dfrac{\alpha x}{\log^n x}} - \varepsilon$$

因此, $L+1$ 的绝对值不超过上述每个不等式右侧的数值. 进而, 当 ε 足够小, N 足够大时, 每个不等式

$$\frac{x - (\log x - 1)\left(\int_2^x \dfrac{dx}{\log x} \mp \dfrac{\alpha x}{\log^n x}\right)}{\int_2^x \dfrac{dx}{\log x} \mp \dfrac{\alpha x}{\log^n x}}$$

的值相同. 很容易发现, 由微分计算原理知, 当 $x \to \infty$ 时, 它们的共同的极限是 0. 所以, $L+1$ 的绝对值可以任意小, 即 $L+1=0$ 或 $L=-1$, 定理得证.

通过以上事实, 当 $x \to \infty$ 时 $\dfrac{x}{\phi(x)} - \log x$ 的极限不满足勒让德给出的公式, 因为素数总和的近似计算小于给定极限. 通过勒让德公式, 当 x 足够大时函数 $\phi(x)$ 可以有公式近似表达成

$$\frac{x}{\phi(x)} - \log x \phi(x) = \frac{x}{\log x - 1.083\,66}$$

将数字 $-1.083\,66$ 用 -1 替代, 就得到 $\phi(x) = \dfrac{x}{\log x - 1.083\,66}$ 的极限.

由定理 2 可知, 通过任意给定函数 $f(x)$ 都可以求出函数 $\phi(x)$ 的近似极限. 接下来我们用以下表达式比较 $f(x) - \phi(x)$ 与 $\dfrac{x}{\log x}, \dfrac{x}{\log^2 x}, \dfrac{x}{\log^3 x}, \cdots$ 的不同

为了简化讨论, 我们设数 A 为 $\dfrac{x}{\log^m x}$, 当 $x \to \infty$, $m > n$, 或 $0 < m < n$ 时, A 与 $\dfrac{x}{\log^m x}$ 的比是无穷大的. 在证明这之前, 先证明下述定理.

定理 4 如果表达式

$$\frac{\log^n x}{x}\Big(f(x) - \int_2^x \frac{\mathrm{d}x}{\log x}\Big)$$

当 $x \to \infty$ 时有有限不为 0 的值或无限值,那么函数 $f(x)$ 可以代替 $\phi(x)$ 直到 $\frac{x}{\log^m x}$ 依次成立[①].

证明 设 L 为当 $x \to \infty$ 时 $\frac{\log^n x}{x}\Big(f(x) - \int_2^x \frac{\mathrm{d}x}{\log x}\Big)$ 的极限. 由假设可知,它不为 0,或正或负.

如果 $L > 0$,我们可以找到一个足够大的 N 使得当 $x > N$ 时,表达式

$$\frac{\log^n x}{x}\Big(f(x) - \int_2^x \frac{\mathrm{d}x}{\log x}\Big)$$

将总比正数 l 大.

因此,$x > N$ 时

$$\frac{\log^n x}{x}\Big(f(x) - \int_2^x \frac{\mathrm{d}x}{\log x}\Big) > l \tag{5}$$

但是,由定理 2 知,无论 $\alpha = l/2$ 可能多小,x 的无穷多个值都满足不等式

$$\phi(x) < \int_2^x \frac{\mathrm{d}x}{\log x} + \frac{\alpha x}{\log^n x} \tag{6}$$

即

$$f(x) - \int_2^x \frac{\mathrm{d}x}{\log x} < f(x) - \phi(x) + \frac{\alpha x}{\log^n x}$$

在左右两端同时乘以 $\frac{\log^n x}{x}$,并将 $\alpha = l/2$ 带入上式,得

$$\frac{\log^n x}{x}\Big[f(x) - \int_2^x \frac{\mathrm{d}x}{\log x}\Big] < \frac{\log^n x}{x}[f(x) - \phi(x)] + \frac{l}{2}$$

又,由式(5)可知

$$\frac{\log^n x}{x}[f(x) - \phi(x)] > \frac{l}{2}$$

因为 $l/2 > 0$,且上述不等式,以及不等式(5),(6)对于 x 的无限多个值均满足,当 $x \to \infty$ 时

$$\frac{\log^n x}{x}[f(x) - \phi(x)]$$

的极限不等于 0. 通过上述事实,$f(x) - \phi(x)$ 的差是 $\frac{x}{\log^n x}$ 阶或更低阶,将需要证明. 同理,当 $L < 0$ 时也采用这种证明方法.

---

① 这意味着,当 $m > n$ 时,$f(x) - \phi(x)$ 不能是 $\frac{x}{\log^m x}$ 阶的.

在这个定理的基础上,且根据勒让德公式可以发现当 $x \to \infty$ 时,

$$\frac{\log^2 x}{x}\left(\frac{x}{\log x - 1.083\,66} - \int_2^x \frac{\mathrm{d}x}{\log x}\right)$$

的极限等于 $0.083\,66$,这不可以代表 $\phi(x)$ 为 $\frac{x}{\log^2 x}$ 阶的这个条件.

我们很容易确定常量 A 和 B,使得函数 $\frac{x}{A\log x + B}$ 可以代表函数 $\phi(x)$,且满足 $\frac{x}{\log^2 x}$ 阶. 上述定理常量 A 和 B 必须满足方程

$$\lim_{x \to \infty}\left[\frac{\log^2 x}{x}\left(\frac{x}{A\log x + B} - \int_2^x \frac{\mathrm{d}x}{\log x}\right)\right] = 0$$

由展开式得

$$\frac{x}{A\log x + B} = \frac{1}{A}\frac{x}{\log x} - \frac{B}{A^2}\frac{x}{\log^2 x} + \frac{B^2}{A^3}\frac{x}{\log^3 x} - \cdots$$

且由部分整合得

$$\int_2^x \frac{dx}{\log x} = \frac{x}{\log x} + \frac{x}{\log^2 x} + 2\int_2^x \frac{\mathrm{d}x}{\log^3 x} + C$$

上述不等式相减并带入得到

$$\lim_{x \to \infty}\left\{\frac{\log^2 x}{x}\left(\frac{1}{A}\frac{x}{\log x} - \frac{B}{A^2}\frac{x}{\log^2 x} + \frac{B^2}{A^3}\frac{x}{\log^3 x} - \cdots\right)\cdots - \frac{x}{\log x} - \frac{x}{\log^2 x} - 2\int_2^x \frac{\mathrm{d}x}{\log^3 x} + C\right\} = 0$$

即

$$\lim_{x \to \infty}\left\{\left(\frac{1}{A} - 1\right)\log x - \left(\frac{B}{A^2} + 1\right) + \frac{B^2}{A^3}\frac{1}{\log x} - \cdots - 2\frac{\log^2 x}{x}\int_2^x \frac{\mathrm{d}x}{\log^3 x} - C\frac{\log^2 x}{x}\right\} = 0$$

观察发现,当 x 无限增大时,所有的条件从第三次开始收敛到 0. 只有 $\frac{1}{A} - 1 = 0$ 及 $\frac{B}{A^2} + 1 = 0$ 时,上述方程才成立. 此时,$A = 1$,$B = -1$.

因此,所有形如 $\frac{x}{A\log x + B}$ 的函数中只有 $\frac{x}{\log x - 1}$ 可以代表函数 $\phi(x)$,且满足 $\frac{x}{\log^2 x}$ 阶①.

_____

① 我们省略了这篇论文的第 6 和第 7 节,在第 6 节中,切比雪夫运用了类似于上述分析方法去证明,即 $\phi(x)$ 可以被 x,$\log x$,e^z 等函数表示成 $\frac{x}{\log^n x}$ 阶. $\phi(x)$ 也可以被 $\frac{x}{\log x} + \frac{1!\,x}{\log^2 x} + \cdots + \frac{(n-1)!\,x}{\log x}$ 的近似值代替表示它的阶数. 第 7 节中包含了一个猜想(不是定理)去证明特殊的渐近关系 $\sum_{\mu \leqslant p} \frac{1}{\mu} \sim \log\log P + C_1$,$\prod_{\mu \leqslant p}\left(1 - \frac{1}{\mu}\right) \sim \frac{C_2}{\log P}$. 其中 C_1,C_2 是常数,P 是任意一个素数,那么这些结果都超过了比 P 小的素数.

2. 论文 2：论素数

让我们用 $\theta(z)$ 来表示所有不超过 z 的素数的对数之和. 当 x 小于最小的素数，也就是 2 时，这个函数等于 0. 不难发现函数满足下面的方程

$$\left.\begin{array}{l} \theta(x) + \theta(x)^{1/2} + \theta(x)^{1/3} + \cdots + \\[2mm] \theta\left(\dfrac{x}{2}\right) + \theta\left(\dfrac{x}{2}\right)^{1/2} + \theta\left(\dfrac{x}{2}\right)^{1/3} + \cdots + \\[2mm] \theta\left(\dfrac{x}{3}\right) + \theta\left(\dfrac{x}{3}\right)^{1/2} + \theta\left(\dfrac{x}{3}\right)^{1/3} + \cdots + \\[2mm] \cdots\cdots \end{array}\right\} = \log 1 \cdot 2 \cdot 3 \cdots \cdot [x]$$

这里符号 $[x]$ 表示不超过 x 的最大整数.

为了验证这个方程，我们注意到它都是由形如 $K \log a$ 的形式组成的，其中 a 是素数，K 是整数. 等式左边 K 等于项数

$$x, \frac{x}{2}, \frac{x}{3}, \cdots$$
$$(x)^{1/2}, \left(\frac{x}{2}\right)^{1/2}, \left(\frac{x}{3}\right)^{1/2}, \cdots \tag{1}$$
$$(x)^{1/3}, \left(\frac{x}{2}\right)^{1/3}, \left(\frac{x}{3}\right)^{1/3}, \cdots$$

这些数不小于 a，因为 $\theta(z)$ 的表达式只在 $z \geqslant a$ 的情况下包含 $\log a$. 对于等式右边的 $\log a$ 的系数，它与 $1 \cdot 2 \cdot 3 \cdots \cdot [x]$ 的最高的幂相等. 然而我们发现，这个幂也等于序列 (1) 中不小于 a 的项数；因此，序列

$$x, \frac{x}{2}, \frac{x}{3}, \cdots$$

的项数不小于 a，等于

$$1 \cdot 2 \cdot 3 \cdots \cdot [x]$$

的项数，且能被 a 整除.

同样的关系存在于这个序列之间，它的项数能被 $a^2, a^3, a^4, \cdots$ 整除，且这个序列

$$(x)^{1/2}, \left(\frac{x}{2}\right)^{1/2}, \left(\frac{x}{3}\right)^{1/2}, \cdots$$
$$(x)^{1/3}, \left(\frac{x}{2}\right)^{1/3}, \left(\frac{x}{3}\right)^{1/3}, \cdots$$
$$\cdots\cdots$$

不小于 a.

所以方程的两个元素都是一样的，它们的证明也是相同的.

刚刚建立的方程可以表示成

$$\psi(x) + \psi\left(\frac{x}{2}\right) + \psi\left(\frac{x}{3}\right) + \cdots = T(x) \tag{2}$$

其为下列式子的缩写

$$\begin{cases} \theta(z) + \theta(z)^{1/2} + \theta(z)^{1/3} + \cdots = \psi(z) \\ \log 1 \cdot 2 \cdot 3 \cdots \cdot [x] = T(x) \end{cases} \tag{3}$$

在用这些公式时,我们应当注意,当 $z < 2$ 时函数 $\theta(z)$ 的值,以及当 $z < 2$ 没有函数 $\psi(z)$ 时的情况. 因此,如果我们认为当 $z < 2$ 时, $T(x)$ 的值为 0,那么,方程在 $x = 0, x = 2$ 处的极限存在.

通过这个方程不难发现函数 $\psi(x)$ 满足许多不等式,在本回忆录中应使用以下不等式

$$\psi(x) > T(x) + T\left(\frac{x}{30}\right) - T\left(\frac{x}{2}\right) - T\left(\frac{x}{3}\right) - T\left(\frac{x}{5}\right)$$

$$\psi(x) - \psi\left(\frac{x}{6}\right) > T(x) + T\left(\frac{x}{30}\right) - T\left(\frac{x}{2}\right) - T\left(\frac{x}{3}\right) - T\left(\frac{x}{5}\right)$$

为了证明这些不等式,我们将通过条件(2)计算

$$T(x) + T\left(\frac{x}{30}\right) - T\left(\frac{x}{2}\right) - T\left(\frac{x}{3}\right) - T\left(\frac{x}{5}\right)$$

的值,从而得到方程

$$\left.\begin{cases} \psi(x) + \psi\left(\dfrac{x}{2}\right) + \psi\left(\dfrac{x}{3}\right) + \cdots \\ + \psi\left(\dfrac{x}{30}\right) + \psi\left(\dfrac{x}{2 \cdot 30}\right) + \psi\left(\dfrac{x}{3 \cdot 30}\right) + \cdots \\ - \psi\left(\dfrac{x}{2}\right) - \psi\left(\dfrac{x}{2 \cdot 2}\right) - \psi\left(\dfrac{x}{3 \cdot 2}\right) - \cdots \\ - \psi\left(\dfrac{x}{3}\right) - \psi\left(\dfrac{x}{2 \cdot 3}\right) - \psi\left(\dfrac{x}{3 \cdot 3}\right) - \cdots \\ - \psi\left(\dfrac{x}{5}\right) - \psi\left(\dfrac{x}{2 \cdot 5}\right) - \psi\left(\dfrac{x}{3 \cdot 5}\right) - \cdots \end{cases}\right\} = T(x) + T\left(\frac{x}{30}\right) - T\left(\frac{x}{2}\right) - T\left(\frac{x}{3}\right) - T\left(\frac{x}{5}\right)$$

$$(4)$$

等式左边相减后结果为

$$A_1 \psi(x) + A_2 \psi\left(\frac{x}{2}\right) + \cdots + A_n \psi\left(\frac{x}{n}\right) + \cdots$$

其中 $A_1, A_2, \cdots, A_n$ 是系数. 它们的值不难确定

$$A_n = 1, 当 n = 30m + 1, 7, 11, 13, 17, 19, 23, 29$$

$$A_n = 0, 当 n = 30m + 2, 3, 4, 5, 8, 9, 14, 16, 21, 22, 25, 26, 27, 28$$

$$A_n = -1, 当 n = 30m + 6, 10, 12, 15, 18, 20, 24$$

$$A_n = -1, 当 n = 30m + 30$$

的确,在第一种情况下, n 不能被任何带 2,3,5 的数字整除. 因此, $\psi\left(\dfrac{x}{n}\right)$ 仅在等式(4)中的第 1 行进行计算. 在第二种情况下, n 能被带 2,3,5 的数字整除,因

此,在第一行中,除了 $\psi\left(\dfrac{x}{n}\right)$ 之外,$-\psi\left(\dfrac{x}{n}\right)$ 在最后三行中找到,相减之后 $\psi\left(\dfrac{x}{n}\right)$ 系数将变为 0. 在第三种情况下,n 能被 2,3,5 中的两个数整除. 因此,最后三个包含两项 $-\psi\left(\dfrac{x}{n}\right)$,而第一行包含一项 $\psi\left(\dfrac{x}{n}\right)$,结果将是 $-\psi\left(\dfrac{x}{n}\right)$. 在最后一种情况下,$n$ 能被 30 整除,因为 $\pm\psi\left(\dfrac{x}{n}\right)$ 均会出现五次,两次带正号,三次带负号,所以我们得出相同的结论.

因此,当 $n=30m+1,2,3,4,5,6,7,8,9,10,11,12,13,14,15,16,17,18,19,20,21,22,23,24,25,26,27,28,29,30$,我们可以分别得出 $A_n=1,0,0,0,0,-1,1,0,0,-1,1,-1,1,0,-1,0,1,-1,1,-1,0,0,1,-1,0,0,0,0,1,-1$,所以方程(4)可以简写为

$$\psi(x)-\psi\left(\frac{x}{6}\right)+\psi\left(\frac{x}{7}\right)-\psi\left(\frac{x}{10}\right)+\psi\left(\frac{x}{11}\right)-\psi\left(\frac{x}{12}\right)+\cdots=$$

$$T(x)+T\left(\frac{x}{30}\right)-T\left(\frac{x}{2}\right)-T\left(\frac{x}{3}\right)-T\left(\frac{x}{5}\right)$$

左边的元素中系数为 1 的项交替地使用加号和减号. 此外,由于函数 $\psi(x)$ 的性质,等式左边的级数值在减小,它的值在极限 $\psi(x)$ 和 $\psi(x)-\psi\left(\dfrac{x}{6}\right)$ 之间. 因此,根据前面的方程,得到

$$\psi(x)\geqslant T(x)+T\left(\frac{x}{30}\right)-T\left(\frac{x}{2}\right)-T\left(\frac{x}{3}\right)-T\left(\frac{x}{5}\right)$$

$$\psi(x)-\psi\left(\frac{x}{6}\right)\leqslant T(x)+T\left(\frac{x}{30}\right)-T\left(\frac{x}{2}\right)-T\left(\frac{x}{3}\right)-T\left(\frac{x}{5}\right)$$

现在让我们检验一下函数 $T(x)$ 在这些公式中的值. 不超过 x 的最大整数记为 a,我们假设其大于等于 1,由式(3)有

$$T(x)=\log 1\cdot2\cdot3\cdots a$$

即等价于 $\qquad T(x)=\log 1\cdot2\cdot3\cdot\cdots\cdot a(a+1)-\log(a+1)$

但已知

$$\log 1\cdot2\cdot3\cdot\cdots\cdot a<\log\sqrt{2\pi}+a\log a-a+\frac{1}{2}\log a$$

$$\log 1\cdot2\cdot3\cdot\cdots\cdot a(a+1)>\log\sqrt{2\pi}+(a+1)\log(a+1)-\frac{1}{12a}(a+1)+\frac{1}{2}\log(a+1)$$

因此

$$T(x)<\log\sqrt{2\pi}+a\log a-a+\frac{1}{2}\log a+\frac{1}{12a}$$

$$T(x)>\log\sqrt{2\pi}+(a+1)\log(a+1)-(a+1)-\frac{1}{2}\log(a+1)$$

故

$$T(x) < \log \sqrt{2\pi} + x\log x - x + \frac{1}{2}\log x + \frac{1}{12a}$$

$$T(x) > \log \sqrt{2\pi} + x\log x - x - \frac{1}{2}\log x$$

当 $a \leqslant x < a+1, a \geqslant 1$ 时,显然满足条件

$$x\log x - x + \frac{1}{2}\log x \geqslant a\log a - a + \frac{1}{2}\log a + \frac{1}{12a}$$

$$x\log x - x - \frac{1}{2}\log x \leqslant (a+1)\log(a+1) - (a-1) - \frac{1}{2}\log(a+1)$$

以上关于 $T(x)$ 的不等式满足

$$T(x) + T\left(\frac{x}{30}\right) < 2\log \sqrt{2\pi} + \frac{2}{12} + \frac{31}{30}x\log x - x\log 30^{\frac{1}{30}}$$

$$T(x) + T\left(\frac{x}{30}\right) > 2\log \sqrt{2\pi} + \frac{31}{30}x\log x - x\log 30^{\frac{1}{30}} - \frac{31}{30}x - \log x + \frac{1}{2}\log 30$$

$$T\left(\frac{x}{2}\right) + T\left(\frac{x}{3}\right) + T\left(\frac{x}{5}\right) < 3\log \sqrt{2\pi} + \frac{3}{12} + \frac{31}{30}x\log x -$$

$$x\log 2^{\frac{1}{2}}3^{\frac{1}{3}}5^{\frac{1}{5}} - \frac{31}{30}x + \frac{3}{2}\log x - \frac{1}{2}\log 30$$

$$T\left(\frac{x}{2}\right) + T\left(\frac{x}{3}\right) + T\left(\frac{x}{5}\right) > 3\log \sqrt{2\pi} + \frac{31}{30}x\log x -$$

$$x\log 2^{\frac{1}{2}}3^{\frac{1}{3}}5^{\frac{1}{5}} - \frac{31}{30}x - \frac{3}{2}\log x + \frac{1}{2}\log 30$$

分别由第一个不等式减去最后一个不等式,第二个不等式减去第三个不等式得到

$$T(x) + T\left(\frac{x}{30}\right) - T\left(\frac{x}{2}\right) - T\left(\frac{x}{3}\right) - T\left(\frac{x}{5}\right) < Ax + \frac{5}{2}\log x - \frac{1}{2}\log 1\,800\pi + \frac{2}{12}$$

$$T(x) + T\left(\frac{x}{30}\right) - T\left(\frac{x}{2}\right) - T\left(\frac{x}{3}\right) - T\left(\frac{x}{5}\right) > Ax - \frac{5}{2}\log x + \frac{1}{2}\log \frac{450}{\pi} - \frac{3}{12}$$

这里我们简写 A 为

$$A = \log 2^{\frac{1}{2}}3^{\frac{1}{3}}5^{\frac{1}{5}}\cdots30^{-\frac{1}{30}} = 0.921\,2920\,2\cdots \tag{5}$$

在这些不等式证明的分析中,假设 $x \geqslant 30$,因此,讨论 $T(x)$ 时假设 $x \geqslant 1$,之后可以接连用 $x/2, x/3, x/5$ 和 $x/30$ 代替 x。上述做法并不困难,但是导出适用于所有 $x > 1$ 时的公式是不容易的,如果我们将上述不等式用更简单的形式代替为

$$T(x) + T\left(\frac{x}{30}\right) - T\left(\frac{x}{2}\right) - T\left(\frac{x}{3}\right) - T\left(\frac{x}{5}\right) < Ax + \frac{5}{2}\log x$$

$$T(x) + T\left(\frac{x}{30}\right) - T\left(\frac{x}{2}\right) - T\left(\frac{x}{3}\right) - T\left(\frac{x}{5}\right) > Ax - \frac{5}{2}\log x - 1$$

很容易发现以上不等式对于 1 到 30 内的任意 x 的值都成立.

将这些不等式与函数 $\psi(x)$ 证明的公式结合起来,得到两个公式

$$\psi(x) > Ax - \frac{5}{2}\log x - 1, \quad \psi(x) - \psi\left(\frac{x}{6}\right) < Ax + \frac{5}{2}\log x$$

第一个公式给出了函数 $\psi(x)$ 的下极限.

至于第二个公式,可以用来赋给函数 $\psi(x)$ 的另一个极限值. 为此,观察函数

$$f(x) = \frac{6}{5}Ax + \frac{5}{4\log 6}\log^2 x + \frac{5}{4}\log x$$

满足等式

$$f(x) - f\left(\frac{x}{6}\right) = Ax + \frac{5}{2}\log x$$

用不等式

$$\psi(x) - \psi\left(\frac{x}{6}\right) < Ax + \frac{5}{2}\log x$$

减去上式得到

$$\psi(x) - \psi\left(\frac{x}{6}\right) - f(x) + f\left(\frac{x}{6}\right) < 0$$

即

$$\psi(x) - f(x) < \psi\left(\frac{x}{6}\right) - f\left(\frac{x}{6}\right)$$

依次用 $\frac{x}{6}, \frac{x}{6^2}, \cdots, \frac{x}{6^m}$ 代替 x 带入公式中,得到

$$\psi(x) - f(x) < \psi\left(\frac{x}{6}\right) - f\left(\frac{x}{6}\right) < \cdots < \psi\left(\frac{x}{6^{m+1}}\right) - f\left(\frac{x}{6^{m+1}}\right)$$

现在,假设 m 是满足 $\frac{x}{6^m} \geq 1$ 的最大整数,所以 $\frac{x}{6^{m+1}}$ 在 1 和 $\frac{1}{6}$ 之间,在 $z = 1$ 及 $z = \frac{1}{6}$ 处 $\psi(z) = 0$,且 $-f(z)$ 的极限永远大于 1. 因此,$\psi\left(\frac{x}{6^{m+1}}\right) - f\left(\frac{x}{6^{m+1}}\right) < 1$,由前面不等式得

$$\psi(x) - f(x) < 1$$

最后,带入 $f(x)$ 的值得到

$$\psi(x) < \frac{6}{5}Ax + \frac{5}{4\log 6}\log^2 x + \frac{5}{4}\log x + 1$$

在此公式的基础上,我们发现并不难求出 $\theta(x)$ 的两个极限.

的确,从(3)中可以得到

$$\psi(x) - \psi(x)^{\frac{1}{2}} = \theta(x) + \theta(x)^{\frac{1}{3}} + \cdots$$
$$\psi(x) - 2\psi(x)^{\frac{1}{2}} = \theta(x) - \left[\theta(x)^{\frac{1}{2}} - \theta(x)^{\frac{1}{3}}\right] - \cdots$$

即

$$\theta(x) \leqslant \psi(x) - \psi(x)^{\frac{1}{2}}, \theta(x) \leqslant \psi(x) - 2\psi(x)^{\frac{1}{2}} \tag{6}$$

其中项

$$\theta(x)^{\frac{1}{3}}, \theta(x)^{\frac{1}{5}}, \cdots, \theta(x)^{\frac{1}{2}} - \theta(x)^{\frac{1}{3}}, \cdots$$

显然为正数或 0.

但我们发现

$$\psi(x) < \frac{6}{5}Ax + \frac{5}{4\log 6}\log^2 x + \frac{5}{4}\log x + 1$$

$$\psi(x) > Ax - \frac{5}{2}\log x - 1$$

即

$$\psi(x)^{\frac{1}{2}} < \frac{6}{5}Ax^{\frac{1}{2}} + \frac{5}{16\log 6}\log^2 x + \frac{5}{8}\log x + 1$$

$$\psi(x)^{\frac{1}{2}} > Ax^{\frac{1}{2}} - \frac{5}{4}\log x - 1$$

进一步

$$\psi(x) - \psi(x)^{\frac{1}{2}} < \frac{6}{5}Ax - Ax^{\frac{1}{2}} + \frac{5}{4\log 6}\log^2 x + \frac{5}{2}\log x + 2$$

$$\psi(x) - 2\psi(x)^{\frac{1}{2}} > Ax - \frac{12}{5}Ax^{\frac{1}{2}} - \frac{5}{8\log 6}\log^2 x - \frac{15}{4}\log x - 3$$

故,由式(6)得

$$\begin{cases} \theta(x) < \dfrac{6}{5}Ax - Ax^{\frac{1}{2}} + \dfrac{5}{4\log 6}\log^2 x + \dfrac{5}{2}\log x + 2 \\[2mm] \theta(x) > Ax - \dfrac{12}{5}Ax^{\frac{1}{2}} - \dfrac{5}{8\log 6}\log^2 x - \dfrac{15}{4}\log x - 3 \end{cases}^{①} \tag{7}$$

---

① 这里省略了论文的第 6~9 章,在第 6 章中切比雪夫以明显的不等式为出发点,给出了伯特兰公设的证明. 不等式为 $\theta(L) - \theta(l) > m\log l, \theta(L) - \theta(l) < m\log L$. 其中 m 是 l 与 L 之间素数的个数.

第 7 章包含了以下重要定理的证明:若 x 足够大,$F(x)$ 为正且 $\dfrac{F(x)}{\log x}$ 不增大,级数 $\sum \dfrac{F(m)}{\log m}$ 收敛的充要条件是 $\sum F(\mu)$ 收敛. 这个证明基于一个简单的变换公式,即

$$\sum_{l,L} F(\mu) = \sum_{m=l}^{L} F(m) \left\{ \frac{\theta(m) - \theta(m-1)}{\log m} \right\}. \mu$$ 可推广到所有素数上,而介于 l 与 L 之间的 m,可以推广到所有整数上. $\dfrac{1}{2\log 2} + \dfrac{1}{3\log 3} + \dfrac{1}{5\log 5} + \cdots, \dfrac{1}{2\log^2(\log 2)} + \dfrac{1}{3\log^2(\log 3)} + \dfrac{1}{5\log^2(\log 5)} + \cdots$ 是收敛的,但 $\dfrac{1}{2} + \dfrac{1}{3} + \dfrac{1}{5} + \cdots; \dfrac{1}{2\log 2} + \dfrac{1}{3\log 3} + \dfrac{1}{5\log 5} + \cdots$ 是发散的.

§17 纳皮尔关于对数表的研究

（本文由俄亥俄州的欧柏林学院的 W. D. 凯恩斯教授选定）

约翰·纳皮尔(John Napier,1550—1617)，苏格兰贵族，由于他公开出版了对数表，所以在它们的意义和用途的解释上被给予了无可争议的优先权. 他的研究很重要，因为通过他的改进，亨利·布里格斯(Henry Briggs)和其他人很快形成了一个接近现代形式的实用计算体系. 他于 1614 年在《奇妙的对数表说明》中发表了他的理论体系，并给出了自然对数的性质和连续角度的正弦对数表. 然而，现在的报告是取自他的《奇妙对数定律的构造》，这个著作是在 1619 年于他去世后出版的，但比内容摘要要早几年. 这里给出了充分的解释，并给出了文章的原始数据，以表达他对对数表的构造思想、对数的定义，以及对数的组合规则.

爱德华·赖特(Edward Wrigh)将内容摘要翻译成英文，其标题为"令人钦佩的对数表"，由 W. R. 麦克唐纳德(W. R. Macdonald)于 1616 年在伦敦出版. 在出版商的许可下，接下来的章节取自作品的后半部分，这些段落的数量与原文段落的数量是一样的. 这里只选择了段落中较重要的，足以显示奈皮尔构造一个对数表的思想方法的部分.

（1）对数表是一个小表格，使用它，我们可以用它经过一个非常简单的计算得到关于空间中所有几何维度和运动的知识，表中的数是从成连续比例的级数中选取的.

（2）在成连续的比例的级数中，算术级数是各加数等距行进的；而几何级数是不等距行进或按比例增加或减少的；

（16）从末尾节七个 0 的半径中减去它的第 10 000 000 分之一，再从这个差中减去它的第 10 000 000 分之一，依此类推，就会很容易地得到一百个成几何比例的数值，其中间比例总是保持为半径与比它小 1 的线段的比，即 10 000 000 比 9 999 999；这一列数我们命名为第一表.

因此，从这一半径的范围内增加了 7 位精度，即 10 000 000. 000 000 0 减去 1. 000 000 0，得到 9 999 999. 000 000 0；从这中再减去 0. 999 999 9，得到 9 999 998. 000 000 1；以这种方式继续操作，直到你创造出 100 个比例数，最后，如果你计算正确，结果将是 9 999 900. 000 495 0.

（17）第二表从末尾带六个零的半径开始，计算出 50 个成比例减少的数，这是最简单的，并且该比例尽可能接近第一个表的第一个和最后一个数之间.

因此，第一表的第一个和最后一个数是 100 000 00. 000 000 0 和 9 999 900. 000 495 0，在这种情况下，很难计算 50 个比例数. 尽可能接近的情况下,最简单的比例是 100 000 到 999 99,通过在半径后加六个零并不断地从每一个数字中减去它自己的 100 000 分之一,就可以继续保持足够的精确. 这个表中除了包含第一个半径的数字,还包含其他 50 个比例数字,如果你计算正确,你会发现最后一个是 9 995 001. 222 927.

（18）第三表由 69 列组成,每一列都有 21 个数字,按最简单的比例进行,并且尽可能接近第二表的第一个和最后一个数字之间. 当其他的数产生时,它的第一列很容易通过在半径后加 5 个 0 减去它的 2 000 分之一之后得到.

在形成的过程中,作为 10 000 000. 000 000 之间的比例,第二表的第一个数和 9 995 001. 222 927,之间的比很麻烦;因此,用 10 000 比 9 995 的比率(既简单又准确的)计算出 21 个数值;最后,如果计算正确,结果将是 9 900 473. 578 08.

在计算时,每个数字的最后一个数字可能会计算不出,但若没有错误,以后其他人可能会更容易地从这些已有的结果中计算出最后一个数字.

（19）每列的第一个数必须从加 4 个 0 的半径,其比率是最简单且最接近于第一列的第一个数和最后一个数之间.

第一列的第一个和最后一个数字分别是 1 000 000 000 和 9 900 473. 578 0,最简单的比例且与其非常接近的是 100 比 99. 因此依 100 比 99 的比率从半径开始,不断地从每个数中减去它的百分之一,可连续得到 68 个数.

（20）用同样的比例,从第一行的第二个数开始计算出每列的第二个数,从第一列的第三个数开始计算每列的第三个数,从第一列的第四个数计算出每列的第四个数字,依此类推.

因此,从一列的任意一数开始减去它的百分之一,可以得到接下来所有列中同样位置的数字,并且依次序排列.

注　第 69 列的最后一个数是 4 998 609. 403 4,这大概是起始数的一半.

（21）因此,在第三表中,在半径和半径的一半之间,你有 68 个数字需要插入,比例为 100 比 99,每两个数字之间有 20 个数字以 10 000 比 9 995 的比例进行插值比例是 10 000 比 9 995;另外,在第二表中,也就是 10 000 000 到 9 995 000 之间,有 50 个数以 100 000 比 99 999 的比例进行插值;最后,在第一表中,在后两个数之间,你有上百个数字以半径 10 000 000 比 9 999 999 的比例进行插值;因为它们的差总不大于单位 1,所以没有必要更详细地通过插值方法去划分它们,这时完成的三个表足够计算对数表.

到目前为止,我们已经解释了在正弦表或自然数表中怎样最简单地内插成几何级数.

（22）在第三表中以几何比例减少的正弦或自然数旁设置以算术级数的比例增加的对数或人造数.

(26)一个给定正弦的对数是指当半径以几何级数减小到给定正弦①时,这段时间里以半径开始减小的速度为自始至终的速度,以算术比例增加的数.

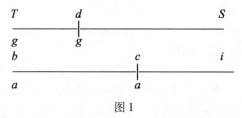

图1

如图1所示,设线 TS 为半径,dS 为给定同一线段上的正弦;令 g 以某一确定的时间从 T 以几何级数的速度移动到 d. 另外,设 bi 为另一条射线,向 i 方向无限延长,设 a 沿直线以 g 在点 T 时的速度以算术级数移动;从固定点 b 向 i 方向 a 用相同的时间到达点 c. 线段 bc 的长则称为给定正弦 dS 的对数.

(27)零是半径的对数.

(28)通常,任何给定正弦的对数大于半径与给定正弦的差,而比半径和一个量的差小,这个量与半径的比等于半径与给定正弦的比. 因此,这些差称之为对数的极限.

因此,前面的数字是重复的,如图2所示,将 ST 从 T 端延长出去到 o 点,使 oS 比 TS 等于 TS 比 dS. 这里,正弦 dS 的对数为 bc,大于 Td 小于 oT. 同时,g 从 o 到 T,再从 T 到 d 时间相同,(根据24)oT 占 oS 的一部分就像 Td 占 TS 的一部分,同时(依据对数的定义)oT 从 b 到 c;所以 oT,Td 和 bc 表示了相同的时间内经过的距离. 但是,因为 g 在 T 和 o 之间移动速度比在 T 处快,在 T 和 d 之间更慢,但是在 T 处和在 a 处速度相同.(依据26)在相同的时间内,bc 的距离小于 g 在 oT 的移动距离,大于其在 Td 的移动距离. 因此,bc 是 oT,Td 的某种平均数.

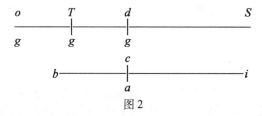

图2

因此,oT 称为 bc 代表的对数的上限,Td 为其下限.

(29)求给定正弦对数的上、下限.

由上已证,用半径减去给定正弦,得到下极,然后用半径乘下极,再用给定正弦除以这个结果,所得即为上极.

(30)当第一表的第一个比例 9 999 999 的对数在上、下限 1. 000 000 1 和

---

① 对纳皮尔来说,正弦即一线段或线段长,正如今天用线段表示三角函数一样.

1. 000 000 0 之间.

（31）上、下限本身的差极其微小，它们之间的任何数都可以视作一个对数.

（32）若有任意多的正弦以几何比例从半径开始递减，已知它们中一个的对数或其上、下限，求其他的对数.

这个结论的必要性要依据算术递增、几何递减和对数等概念得出. 如果半径给定后，第一个对数和第一个正弦对数相对应，第二个对数将加倍，第三个三倍，其他依此类推，直到所有正弦的对数结果均被求出.

（36）同比例的正弦对数差相同.

这是对数及两个运动定义的必然结果. 同样这些对数各自的上、下限的差也相同. 也就是说，对那些正弦是等比例地分布的对数来说，下限的差也相同，上限差也相同.

（38）四个几何比例中的两个乘积结果等于极值的乘积，它们的对数也是如此，这种方法求出的和与极值的和相等. 当任意三个对数已知时，第四个对数即可求出①.

（39）若两个正弦对数的极限不同，半径的上限是正弦和更小的正弦的差值，半径的下限是正弦和更大正弦的差值②.

（47）在第三表中，自然数旁边是它们对应的对数，所以在此之后，我们一直称第三个表格为根表，制根表的操作近乎完美.

（48）完成根表后，我们仅从其中取数作对数表. 就像前两表是第三表的准备，根表是为构造主对数表做准备，构造它非常容易，其误差不易察觉.

（51）所有比例为 2 比 1 的正弦与其对数之差为 6 931 469. 22③.

（52）所有比例为 10 比 1 的正弦的对数之差为 23 025 842. 34.

（55）半径的一半与给定弧度一半的正弦的比率等于半弧的补弧正弦与全

---

① 现代的积的对数定理这里不成立，因为单位 1 的对数不是零.

② 这由比例定律及 36 系证明，这一规则在 40～41 条中用来说明如何从 9 999 975. 5 在第一表中最近的一个正弦 9 999 975. 000 030 求其对数，注意到第 2 数对数的上、下限是 25. 000 002 5 和 25. 000 000 0，两个数对数的差由刚给出的规则是 4 999 712，于是 9 999 975. 5 的对数的上、下限为 24. 500 031 3 和 24. 500 028 8，他就把 24. 500 030 0 列为其对数.

在 41～45 条中他说明了现在可以第一、第二和第三表中计算出所有"比例数"的对数，这些表中的正弦虽不是比例数但却与比例数接近或在其间的自然数的对数，也可以这样算出.

③ 纳皮尔通过计算 7 071 068 的对数得到这一结果，它是 50×10^{12} 的平方根，而 50×10^{12} 的"半径"是 45°的正弦. 据 39 条，它的对数是 3 465 734. 5，即得到了 51 条的结果.

弧正弦的比率①.

(56)圆弧 45 度的对数的 2 倍是二分之一半径的对数.

(57)半径的对数之和与任何给定的弧的和,半弧和补半弧的对数和,两者是相等的. 如果其他三个对数给定,那么半弧的对数可以计算出来.

(59)构造一个对数表②.

§18　德拉曼关于计算尺的研究

(卡里约教授主编,于加利福尼亚大学,伯克利,加利福尼亚)

最早描述计算尺(不同于甘特的计算尺)的专著是数学教师理查德·德拉曼(Richard Delamain)于 1630 年在伦敦出版的. 它是一个 30 页的小册子,标题为《数学计算环》(*Grammelogia*),讲述了圆形计算尺. 在英国剑桥大学有这本,但这本里没有计算尺的绘制. 在接下来的 2 到 3 年里,至少有 4 个未注明日期的新版本,并添加了新内容. 剑桥大学图书馆有一份与 1630 年出版的相同副本,但附加了 17 页的附录. 在伦敦的大英博物馆和牛津的博德莱安图书馆,有另一版 113 页的副本,于 1632 年或 1633 年出版,据判断它们是奥特雷德的书,是根据 1632 年出版的《比例圆》(*the Circles of Proportion*)的参考文献中判断出来的. 它有两个标题页,我们可以进行复制引用.

在 1630 年的《数学计算环》中提到,德拉曼在对查理一世演讲时,强调使用他的计算尺进行运算的简易性,说明它是"适合使用的". 在《摩尔斯·巴克徒步》的"致读者"中提到,德拉曼在这个城镇教过很多年的数学,并且为了提高甘特的计算尺付出了很多努力,从而使整个逻辑学中的一个体系适当地有所进展.

这是一个在 1629 年 2 月的巧妙构思,仅凭我看了匆匆几眼就让我很惊讶,因为所有的比例都被用在了"数的本身"上,"在他的前言中,第一次提及是在 1630 年 1 月."《数学计算环》既适用于实践,又适用于理论.

德拉曼对这本书的描述如下:

仪器的各个部分是两个圆,一个是可移动的,另一个是固定的,可移动的圆

---

① 纳皮尔在这里才开始引入角度来构造他的表,他用几何法则及前面有关对数的定理证明了 55～57 条.

② 纳皮尔表的构造与今天所用的表大致相同,只是在第二(六)列给出正弦,这些正弦对应于在顶(底)端的度数及在第一(七)列分的. 第三(五)列给出对应的对数. 第四列是第三、五列对数值的差. 于是第三、五列的数就是基本的正切对数和余切对数. 其中一页的复制本可以在麦克唐纳的译本 138 页中看到.

是通过固定的一个小针来移动的;可移动圆的周长被分为不相等的部分,以数字为特征,1,2,3,4,5,6,7,8,9.这些数字代表了它们本身,或者这些数字添加了若干个10,并且随着时间的变化而变化等,所以1.代表1.或10.或100等. 2.代表2.或20.或200或2000等.3.代表30.或300.或3000等.

"如何执行黄金法则"(比例规则),他是这样解释的:

把第一个数字放在中间,然后把它再带到固定的第二个数,这样就对着可移动数字中的第三个数,能得到确定的答案.

如果数字是100,同样的时间数字是65.

把100移动到固定的8处,那么它在65的右边.可移动的是5.2.在固定的情况下,每次有得到很多的数字.方法没有改变,你可以对任何一个数字在移动中得到多种情况的数字.原因是来自于存在不确定的对数.

关于"球面三角形的解析",德拉曼说:如果有三个相等的圆,那么 D 的内边缘应该是 B,而外边缘可以用对数的符号来表示,还有 B 的外边缘和一个带对数小数的内边缘相同;然后在后面的是对数切线,而对数则相反地指向前分度.

在对十二条线的进一步的讨论之后,他补充道:

因此,我把它叫作环,和《数这计算环》中用自然语言描述的名词一样,通过一个自然语言加以注解,如果这个环是指向两码的直径或者一条线,这条线就会减少,它会在几秒内把所有的数字都用类似于一个眼睛来计算,它会使天文数字计算足够快速运行,但这是上帝赋予生命、健康和时间的能力.

该工具和书的专利和版权如下:

鉴于数学家理查德·德拉曼在博凯创立了"把 Vs 与一种叫作《数学计算环》的仪器,或者称作数学的方法相比较"这种做法,表达了它的用途,成为他自己的发明;王室支持授予理查德,并欣赏计算尺和他拥有的权利、特权、许可、权威,以及独家制造、印刷和销售仪器的权利,博凯声明:在接下来的十年内,在我们领域上,禁止其他以任何原因制造、盖印或销售该仪器,在本协议签订之日以后,经我公司书面同意,在我公司威斯特宫签署本协议.

§19 奥特雷德关于计算尺的研究

(本文由加州大学伯克利分校的 Florian Cajori 教授编辑)

威廉·奥特雷德(William Oughtred,1575—1660)是一名住在伦敦附近的牧师,对数学非常感兴趣.他在自己的住所里教学生数学,不收取任何报酬.曾经,他还协助过德拉曼进行数学研究.他的《比例圆》出版在1632年,由他的学生威廉·福斯特翻译成英文.福斯特写了一篇序言,他在其中提出了"another...went about to preoagate"的新观点.这引起了争论.德拉曼出版了几本新版本的论文,进一步描述了圆形计算尺的设计,并陈述了他的观点.他准备了一封回信,发表在1633版的《比例圆》中.在阅读了双方争议之后,我们得出结论.在德拉曼声称自己发明了这一发明之前,他发明了圆形计算尺,但并没有明确地表明它是不可靠的;我们更倾向于把他视为一个独立的发明家.1633年,他发表了关于直线计算尺的描述.

1. 比例圆的选取

(1)这个仪器有两面.其中一面,像是在地平线上一样,被描绘成球体剖面的样子.在另一面,有各种各样的圆,并且被分成了许多刻度;像打开圆规那样打开指针.接下来我们进行第一步.

(2)首先,最外面的圆指的是正弦值,从大概 5 度 45 分到 90 度.每度被分为 12 个部分,每一部分为 5 分直到 50 度,每度分为 6 部分,每部分 10 分直到 75 度.每度分为 2 部分,每部分 30 分,直到 85 度,它们不能再分了.

(3)第二圈是正切值,从 5 度 45 分开始,差不多到 45 度.每度被划分为 12 个部分,每部分 5 分.

(4)第三圈是正切值,从 45 度到 84 度 15 分,每度被分成 12 个部分,每部分也就是 5 分.

(5)第六圈是从 84 度到 89 度 25 分的正切值.

第七圈是大约 35 分的正切值,直到 6 度.

第八圈是正弦,从 35 分到 6 度.

(6)第四圈是诺加尔数,用数字 2,3,4,5,6,7,8,9,1 来表示.无论你把它们理解为单位数字,还是两位数,或三位数,或四位数,等等,最高位为五位,它们都被分成了 100 份,但在 5 到 1 之后,有 50 个部分.

第四个圆圈也表示了真实的正弦值以及正切值.因为如果指针应用于任何正弦或正切,它就会在第四个圆中切割正弦或正切.我们要知道,如果正弦或正切在第一个或第二个圆里,第四个圆的数字就代表了成千上万的数字.但是如果正弦或正切是在第七或八圈,那么第四圈的数字就会有几百个.如果是在第六圈里的正切,那么第四圈的数字,将有上千个.

这意味着,3 987 代表 $\sin 23°30'$,而正弦则是 9171;4348 代表 $\tan 23°30'$,它的正切值是 22998.半径是 10000,也就是 1 – 4 圈.据此,你可以找到不同的正弦和正切.

(7)第五圈是一个相等的数,这是用数字 1,2,3,4,5,6,7,8,9,0 来表示;每个空间都被分成了 100 等份.

这个圈几乎没有任何用途,但通过它的辅助,根据需要可以让给定的几个数之间相乘或相除.

例如,如果 100 和 10833 + 之间的距离是 7 倍. 第四圈指针指向 10833 +,在第五圈指向 03476 +,它乘以 7 等于 24333;然后,这个指针指向第五圈中的 24333,它将指向第四圈的 17512 +. 这是介于 100 和 10833 + 七倍的数,或者是 100 和 1083 + 七倍乘以它自身的比值.

反之,如果 17512 除以 7:在第四圈中指向 17568,它将在第五圈指向 24333:得 03476 +. 然后再指向第五圈中的这个数,在第四圈中,得 10833 + 即为所求.

这个运算的原理是,因为这五圈表示数的对数. 在第四圈中指向任意数,它将在第五圈上指向对数相同的数字,然后在一个整数中计算出整数的数目中减去一个数(你可以称之为渐变数). 所以数字 2 的对数是 0.301 03;436 的对数是 1.639 49.

数字乘以它们的对数再相加:它们相除再减去对数.

(8)在中间的那一圈,是一个双曲仪器,用来显示夜晚的寂静

(9)直线通过圆心,通过 90(45)我称为直径(或半径).

(10)操作的前半部分,我称之为前提,后半部分,我称之为结论.

2. 奥特雷德直线计算尺

为了解决自然问题,使用一个附加的仪器称为比例圆. 直线计算尺,由两个直尺组成,我把两个直尺中长的称为杖,短的称为横截,长度在 2 到 3 之间.

两个直尺是四方的、直角的、等距的.

上端的横截面用字母 S,T,N,E 表示,在四边形上有一条线;在下端,有半径过直线所在的直线.

在解释两个直尺的不同线之后,奥斯雷德继续说:

这样,这两个尺所占的大小比例是相同的,比例圆所能做的计算,也可以由两个直尺来执行,而原先为比例圆所设立的规则也适用于这两个直尺,不需要对这些直尺进行任何新的讨论,只需说明一下如何使用它们来计算给定的比例. 在用直尺计算一个比例时,用你的左手握住一个尺子,在半径或连接线的末端,把直尺的一边向上,在第一个线上,无论是正弦、正切值都可得到;接下来看另一个尺子,另一个也是相同的,把你右手的尺子和那一边向上,用这个方法,就可以求出第四组所对应的结果.

如果你用 48 乘 355,即 1.355 :: 48.17040.

你要计算 355,就要在这些数字中用相同的操作 1,则可求出对应的数是 17 040.

§20　帕斯卡关于计算机领域的研究

（本文由纽约布鲁克林的洛克利译自法语）

　　布莱斯·帕斯卡（Blaise Pascal）是哲学家、数学家、物理学家和发明家. 1623 年出生于克莱蒙特,1662 年于巴黎逝世.

　　鉴于帕斯卡构想并创造了第一台用于执行四种基本代数运算的计算机,他必须被给予荣誉. 在这台计算机中保留了他关于计算机的完整描述和真实模型. 他的第一台计算机于 1642 年完工,并于 1649 年 5 月 22 日由总理塞吉尔授予其使用权. 在获得使用权之后,他写了关于这个计算机的说明. 这个说明发表在他的作品里,而最新的版本被布鲁士维和布鲁克斯收录在《布莱斯·帕斯卡作品集》（第一卷,第 303 ~ 314 页,1908 年）,这台计算机是帕斯卡最有价值的遗物之一,也是计算机发展的第一个重要模型.

　　帕斯卡的"Advis"是关于机器计算问题的第一次讨论,如果从当今设计的角度来看待他的成就,有些问题可以被解释清楚. 这种机器可以分为两类:第一类是自动进行十进位的转换,通常称为"进位";第二类是初始安装经由中间介质进行传输,最后的结果在刻度盘上显示. 由于帕斯卡的主要理念是要建立一个自动进位的机器,所以他在连续命令之间引入了一个简单的棘轮和锁存器. 它的特征是当较低的指令从 9 到 0 时,能够将高阶的表盘向前移动一个单位. 帕斯卡计算机可以被归类为现代计算机,它具有在所有命令中输入数字的功能,前提是这些数字是单独输入的. 今天常见的圆盘和圆柱刻度盘就是起源于这种模式. 帕斯卡使用一种带销齿的冠轮,这是之中摩擦最小的装置. 这种机器设计的主要问题是如何调整运行负载,是最初安装可以用最小的努力达到最好的效果. 当所有刻度盘都是寄存器 9,就会出现按最低顺序添加 1 的情况. 帕斯卡的解决方法来源于后来的一位工程师. 当输入的数字接近 9 时,加权棘轮逐渐升高. 当它从 9 到 0 时,棘轮被释放,并以下降的方式将 1 传递到下一个更高的阶. 如果所有的刻度盘都指向 9,那么每个棘轮只有轻微的上升. 在许多命令中,这种累积负载会变得过多,因此肯定会限制机器的容量. 帕斯卡说一千个转盘可以像人们想要的那样容易转动,当然,在实践中是行不通的.

　　他的这个设计比其他任何设计都更能显示出他的天才的能力,那就是在减法中使用数字的补数,这使他能够在一个操作方向上完成所有四种代数运算,这也是对许多键驱动计算机的改进,目前仍在使用.

广告
对于那些有好奇心的人来说，这是必要的操作

亲爱的读者,这条注意将通知您,我向大家介绍一个小机器的发明,通过它,可能不废任何力气,就可以执行所有的算术操作,并可缓解你工作的疲劳.当你用计数器计算或者用笔计算时,我敢说您不会不满意,因为大主教曾对它赞赏有加,而在巴黎,最精通数学的人也都认为它值得他们赞赏.不过我觉得我有义务把你认真研究它时可能遇到的所有的困难都说清楚.图1为这项发明的示意图.

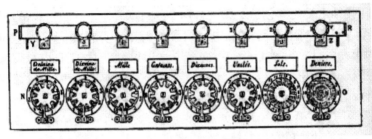

图1

我毫不怀疑,在你看过之后,你会立刻想到,我应该把二者都写出来,包括其使用,以及使用方法的解读.我自己也应该遵从几何学家所提出的数据维度的方法,考虑它们各部分之间的关系或它们整体之间的关系应用到机器上,使其可以完美地工作.但是不要相信,在我既没有花时间、劳力也没有花金钱把它放在有用的地方之后,我还没有做一切必要的事情来满足你.如果我没有这么大的决心去做这件事,那就说明我永远做不成这件事了,我希望读者可以谅解我.当你从简单的方面去考虑这台计算机的构造和使用的简易性,以及另一方面考虑它的局限性,我们可以通过书写来传达维度、形式、比例、位置,以及其他不同的特征.此外,你不妨考虑一下学习数学对那些人意味着什么? 它可以用口耳相传的方式来教,而书面解释就无用吗? 虽然口头解释很容易,但是很明显这样书面的论述不会产生任何其他的效果,使他们在根本没有困难的情况下,却认为困难重重.

现在,亲爱的读者,我认为这两件事可能在你的心中形成一些云雾.我知道,有许多人以到处找毛病为借口,他们中间也会有人说机器可以简化,这是我觉得有必要驱散的第一层迷雾.这样一个命题也许只能由那些具备力学或几何知识的人才能做.但若不知道如何正确理解两个物理学中的概念就进行研究,那都是自作自受.一般来说,他们的知识是不完善的,但这并不足以妨碍他们得出结论.无论是由于计算机的性质,还是由于机器的部件应该占据的位置,这些零件的运动是不同的,它们必须是独立存在的,以免互相干扰.因此,当那些知识体系不完善的人建议简化这台机器时,我请你们告诉他们.如果他们只是问

我,我会亲自回答;我也要向他们保证,只要他们愿意,我随时都可以让他们看到许多其他模型,再加上一个简单的完美机器,我已经公开操作了六个月. 这样看来,我很清楚这台机器是可以简化的. 特别是,如果我愿意的话,我可以进行正面操作,但这只能用许多不便来代替正面操作,人们希望并愉快地享受所有的便捷. 你也可以对他们说,我的设计并不总是着眼于运行中所减少的运算. 因此我相信,只有运行简单、容易、方便,执行迅速,而且机器耐用、坚固,能承受不变的运行压力,它才会完美. 最后你可能会说,如果他们以为我在这个问题上已经达到我的目标,经验表明,他们对于更简单的机器不可能所有创新,我已经成功地发明了这个小机器.

至于运行的简单性,我已经设计好了. 虽然在某种程度上讲,运算是一种映射,如加法、减法、乘法、除法,然而他们都在这台机器上采用一个命令来完成.

很明显,这种移动操作非常便利,它就像一次移动一千个或一万个刻度盘一样容易,如果一个人想移动一个刻度盘,那么所有的移动都能完美地完成. (我不知道在自然界中是否还存在着另一个原则,就像我所依据的这个易于操作的原则一样.)除了在操作中移动的便利,如果你想研究它,你可以将它与计数器的方法进行比较. 你现在操作的计算器(尤其缺乏实践)往往是被迫的. 因为害怕计算出问题,所以不得不重新运行不必要的扩展程序,随着时间的加倍,你却只看到这两个无用的程序. 这台机器完成了工作并可以消除所有不必要的特性. 最无知的人也能和最有经验的人一样得到许多正确答案. 这种机器弥补了人们的无知和不足的实践,操作者不费任何力气,只要记下数字,它就能自己得出结果. 以同样的方式在笔算中是必须保留必要的数字的,可能会产生一些错误,除非经过很长的检查,这会让你疲惫不堪. 这台机器把操作员从烦恼中解脱出来,只要操作员有判断力就够了;这台机器把操作员从总也记不住东西中解脱出来,不用他们记忆任何数据,只做他想做的,而不用考虑其他部分. 实践还会揭示出许多其他的优点,但这些优点的细节是令人讨厌的.

至于执行大量的操作,我们只要正常地输入,即按我们正常的写法从左到右即可.

最后,把计算机和笔算这两种方法相比较,计算机的速度明显快于笔算. 如果你还想对它迅速做出更详细的解释,那么我可以告诉你,它取决于操作者手的敏捷性! 这种速度不仅有无阻力运行的便捷,而且还有可移动、刻度盘微小等特点. 即键盘很小,但可以在很短的时间内完成计算. 因此,这台机器很小,很容易操作和携带.

至于计算机的耐用性和磨损性,制作它的金属材料可以忍受足够的温度. 我能够向其他人保证,使用了我所发明的计算器,大约有二百五十多个,它们没有任何损坏.

因此,亲爱的读者,我再次请求你不要认为这台机器由这么多部件组成就是不完美的,因为没有这些部件,它就不能具有上述功能,而且这是所有绝对必要的功能. 在这一点上,你可能注意到一种悖论,即为了使操作运行更简单,机器必须由更复杂的零件构成.

第二种可能引起怀疑的方面,也许是这台机器是不完全复制品,它是由某些匠人臆想出来的. 在这些情况下,希望读者仔细研究一下这台机器. 他们的技艺越高超,我们就越担心,虚荣心会迫使他们认为自己有能力承担和创造新的工具,而他们对这些工具的原理和规则一无所知,他们就会沉浸在这种虚假的观点中,漫无目的地四处摸索,既没有精确的衡量标准,也没有确切的结论,更没有命题. 其结果是,经过大量的时间和工作,他们要么不能生产出与他们所尝试相等价的东西,要么最多只能生产出一个只有主体,其他部分没有任何创新与价值的“小怪物”. 这些缺陷使它显得可笑,而且大多数人都不会询问原因,直接无缘无故地责备他们. 重要的是,公众要认识到他们的弱点,并向他们学习,而对于新的发明,这是必要的. 技术也应该得到理论的支持,直到使理论的法则变得普遍,以致最终把它们简化为技术,直到不断地实践使工匠们可以明确地遵循和操作这些规则. 它不在于我所做的贡献,所有的理论都依靠自己的力量去研究执行. 如果机械师不知道实践车床,部分机器零件的数据比例等,我可以提供给他. 同样对于新手工匠来说,他们可能精通于他们的技术. 就像一个复杂的操作,如果没有实际操作,仅通过理论,也会得到构成整体的所有零件的尺寸与比例.

亲爱的读者,我有充分的理由给大家最后的忠告,因为我亲眼目睹了我的错误想法的产生. 这是我几个月前做的第一个模型,但更重要的是,我想做出另一种类型的操作命令. 因为再没有其他人能够更熟练地处理这种机器,也没有掌握几何学和力学方面的知识(尽管他的技艺很熟练,在某些方面也很勤奋努力). 显然,他只做出了一个外表光鲜亮丽,实则很不完美的东西.

因为实质上它没有一点用处. 对于那些不会操作它的人来说,尽管有再多新奇的地方,也只会觉得它还不错,但实则是没有任何用处的. 在我所建立的模型中有许多“稀奇古怪”的东西. 它们的外表有许多小瑕疵,令我不是很满意,也使我的热情慢慢减弱. 我立刻全身心投入了工作,我不想因为恐惧阻挠了我前进的脚步,最终放弃了我的事业.

其他人也会有许多类似大胆的想法,他们的想法就是想消除这些问题. 他们研究的价值来源于对大家有一定的用处. 但是过段时间,我的导师检查了我的第一个模型,并指出了一些错误,命令我去完善修复它们. 同时,他也积极鼓励我,消除了我的恐惧心理,目的就是使我的名誉不受损害. 这是他给予我的一点仁慈. 至于其他,如果读者有其他的想法,在机器研究方面,我可以很容易地说服你. 在目前的情况下,我在这个问题上所做的尝试,并不是这个问题领域的第一次尝试,我的机器在材料和构造上都与众不同,虽然它让大家所欣赏,但我并不十分满意. 于是我逐渐改进,渐渐地研发了第二种机器. 为了找到更好的补救方法,我又研发了第三种机器,它是用弹簧制成的,是一种非常简单的材料. 就像我刚才说的,在许多人的要求下,我也做了好多次,在不断完善它的同时,我也找到了改善它的理论依据. 最后在所有的原因中,无论是运算的复杂性,还是运行的烦琐程度,各种问题都值得反复推敲. 由于各种原因,我已经制作了五十多种完全不同型号的机器. 有些是木材制作的,有些是象牙制成的,还有的是用乌木制成的,甚至还有一些用铜制成的. 正如你所看到的,虽然它由许多小零件组成,但它非常稳定,非常坚固. 根据我的经验,我可以保证,无论它受到多么强烈的外界干扰,它都会正常运行.

最后,亲爱的读者,现在我认为它可以面向大众,为了你可以更好地操作它,如果大家有更好的改进办法,我希望大家可以找到一个第三种能够执行所有运算操作的方法. 为了达到使您愉快和帮助您的目的,我相信您将会感激我,因为我使用了上述方法,得到所有运算操作命令的过程都是痛苦的、复杂的、漫长的、不确定的. 希望在今后将变得更容易、简单、迅速、可靠.

§21　莱布尼茨关于算术计算机的研究

(本文由纽约市的马克·科尔梅斯(Mark Kormes)教授译自拉丁文)

帕斯卡(Pascal)计算机,在前面的文章中提及过,旨在利用机械进行求和运算. 第一台可进行乘法运算的机器是在 1671 年由哥特弗里德·威廉(Gottfried Wilhelm)和哥特弗利德·威廉·莱布尼茨(Freiherr von Leibniz,1646—1716)制成. 这些机器藏于汉诺威卡斯特纳博物馆(Kastner Museum in Hannover)中,汉诺威也是莱布尼茨晚年生活的城市. 在 1897 年,若丹(Jordan)在《测量杂志》(*Die Zeitscbrijt für Vermessungswesen*)上首次公布了这篇手稿. 这篇文章也是在这座城市的皇家图书馆中. 这份手稿(Machina arithmetica in qua non additio tantum et subtractio sed et multiplicatio nullo, divisio vero psene nullo animi labore peragantur)是在发明机器的几年后撰写于 1685 年的. 图 1 为算术计算机的模型.

图 1

几年前,我第一次看到这样一台计算器,当携带它时,它就能自动记录携带者行走的步数. 当时我觉得全部的算术运算都可以在类似机械上实现,这个机械不仅能计数,而且四则运算都能通过适当的机械装置迅速而容易地完成,并得到正确的结果.

当时我还不知道帕斯卡的计算机,我相信当时它还未被大多数人知道. 当我在他死后才发表的一本书的前言中看到"计算机"的字眼时,我立即写信询问了一个巴黎朋友. 确实存在一台这样的机器,我便致函著名的卡尔卡维(Carcavius),请他解释这台计算机能进行什么样的计算. 他回答说加减法都能直接完成,但是其他的运算要用间接的方法,即需通过重复使用加减法. 我回信说,我敢担保更多的运算如乘法,能像加法那样在机器上自动运行,且有极高的速度和精度.

他回答说他很期待,并鼓励我将我的计划提交当地著名的皇家科学院. 首先要弄清楚的是该机器分为两部分,一部分设计用于加减法,另一部分设计用于乘除法,且这两部分是有机结合的.

加减法装置和帕斯卡计算机完全一致,如图 2 所示. 但为了实现乘法,一些装置必须加进来,以便许多或全部的加法轮能够互不干扰地转动,而当中的任何一个都能向上一高位轮进位,进位方式是当某轮转足一整圈后,通过转动的传送带使高位轮增加一. 即使帕斯卡加法器不能实现这样的进位,改进它也很容易.

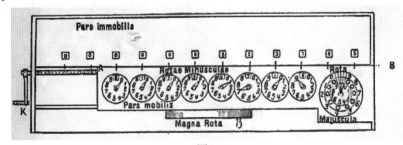

图 2

乘法器包括两排轮子,如图 3 所示.一排大小一样,另一排则不一.因而整个机器有三类轮子,加法轮、被乘数轮、乘数轮.加法轮(或称十进位轮)在帕斯卡的加法箱就可见,每个轮按从左到右的顺序依次代表百位、十位、个位等从大到小的顺序.每一个加法轮都有 10 个齿.

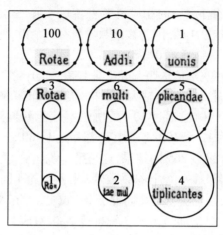

图 3

被乘数轮都一样大小,和加法轮一般大,只是其所有的(10 个)齿都可以卸下,以便有时可以剩下 5 个齿、有时剩下 6 个齿等.其中,5 个齿代表被乘数是 5,其余依此类推.例如,被乘数是 365,由三个数字 3,6,5 组成,于是对应地,轮子从左到右也要用相同的齿数与之对应.这些被乘数轮的取值方式是:右边的轮留 5 个齿,中间留 6 个齿,左边留 3 个齿.

为了可以快速地完成乘法运算,需要一些特殊装置,以下将详细介绍.这些被乘数轮要紧挨着加法器,方法是个位轮对个位轮,十位轮对十位轮,如 5 对 1,6 对 10,3 对 100,同时在加法器的小孔里显示所置初值 0,即 0,0,0.如果用 1 乘以 365,此时 3,6,5 的每个轮必完整地转一圈,因为三个轮大小相同,并被传送带裹在一起,故一轮转必带动其他轮,接下来的过程这一点就更清楚了.这样,齿数依次为 3,6,5 的被乘数轮将带动加法轮转过相同齿数,100 位轮转过 3 齿,10 位轮转过 6 齿,个位轮转过 5 齿,结果 365 就会被送入加法器.

设数 365 被任意数(如 124)乘,则又需要第三种轮,即乘数轮.共有 9 个这样的轮.同时被乘数轮的齿可以卸下,以便同一个被乘数轮有时可以代表 1,有时可以代表 9,这取决于留下的齿数,相反,每个乘数轮只能代表一个数,代表 1 用相适应的轮,代表 9 则用大小不同的另一种轮,等等.

这将按下列方式进行:任何一个乘法轮都被传送带裹在一个小滑轮上,该滑轮固定在相应的被乘数轮轴上.乘数轮的直径是小滑轮的几倍,它代表的数就是几,乘数轮中的小滑轮转几圈,它代表的数也就是几.因此,直径是小滑轮直径的 4 倍,乘数轮代表的数就是 4.

于是乘数轮转一圈,相应地,直径为它四分之一的滑轮也就转4圈,而与小滑轮固定在一起的被乘数轮也转了4圈.同时,当被乘数轮转了四圈之后,其齿将接触相应的加法轮4次,因而,加法轮将加上被乘数轮所代表的数的4倍.

最好是举例子来说明一下:365乘以124.首先365必须先乘以4.将乘数轮4转一圈,半径为其四分之一的相应滑轮将转过4圈,固定在该滑轮上的被乘数轮5,相应地也就转过4圈.因为被乘数轮5有5个齿,那么它转动4圈,带过的加法轮的齿数将是:$4 \times 5 = 20$(齿).

被乘数轮6用另一条传送带与轮5联结在一起,轮3,也和轮6结系在一起.因为,轮3、轮6、轮5这些轮轴大小一样,当轮5转4圈时,同时轮6也转4圈,并转而得到24个10(这通过10位的加法轮表示),同时被乘数3通过加法轮100的传递而得到12个100.于是其全部和是1 460.

用这种方法得4乘以365的结果,这是第一步运算.为了我们能再以2(即20)乘,需要把加法器平移一位,让被乘数轮5与乘数轮4同置于10位上,而刚才4乘时是同置于个位上.于是6与2同置于100位上,3与1同对应于1 000位上.此后让乘数轮2转一圈,同时5,6和3轮将转2圈,对应5,加法轮加上2个5倍对应10位,对应6,加法轮得到12个100,对应3,加法轮得到6个1 000,第二步总共给加法器增加了7 300,这一数目在转动时自动加上上一步的和1 460.

为了进行第3次以1(即100)乘的乘法运算,让加法器再平移一位(当然被乘数轮与乘数轮一起移动,而加法器停留在原处).使轮5与乘数轮4被置于100位之上,6和2被置于1 000位之上,3和1被置于10 000位之上.如果轮1转一次,同时轮3,6,5将各被转动一次,于是在加法器里加上该步的总和36 500,再加上前面的结果得到:

$$\begin{array}{r} 1\ 460 \\ 7\ 300 \\ 36\ 500 \\ \hline 45\ 260 \end{array}$$

注意,为了方便,滑轮将固定在被乘数轮上,使滑轮转动时必能带动被乘数轮,但被乘数轮转动时滑轮可以不动.相反地,当任何一个乘数轮转动时,所有的被乘数轮都要动,而所有其他的乘数轮则不必动,从而增加了困难.

也要注意,乘数轮1,2,3等,次序不同是无差别的,但最好使它们按数值次序1,2,3,4,5排序,你可以随便先转哪个乘数轮都可以.

为了避免某个乘数轮(例如代表9的乘数轮,它的直径是相应滑轮直径的9倍)太大,我们把相应的滑轮做小一些,只要保证乘数轮与滑轮的直径比相同即可.

为了不使传送带的伸缩和滑轮打滑造成机器不正常运行,我们将采用铁链条来代替传送带,同时和链条的每个咬合的铜齿将在数轮、滑轮的边沿上出现,即所有轮要做成齿轮.

如果我们需要造出一个更有吸引力的机器,可以这样来设计,人们不必手工地转动数盘,也不必做每一步乘法时,将乘法器平移:一切事情都能在开始时安排好,一切都能由机器自动执行. 但是这样,将使机器更昂贵、更复杂,并且可能在实用中一点也不比原来的好.

接下来的是机器的除法运算. 除法,特别是大数的除法,我想还没有人能让机器自动执行.

机器除法不像笔算除法那样复杂易错. 让数 45 260 除以 124,像笔算除法一样,先找商数的位,即 452 所含的 124 的倍数. 懂算术的一眼就能正确地估计商的位数,得到 3,用它乘 124,只需要转一圈乘轮. 得 372 再减去 452,余数是80,合起来 45 260 的尾数得到 8 060. (但在机器设计中使被除数在每一步乘法中能自动减去该步得到的积,那么这过程便是自动的.)

再找 806 含 124 的倍数,一看就知道是 6,把它乘 124,代表 6 的乘数轮,得第二次积为 744,用 806 减去 744,余数是 62. 尾数 0 结合起来,得 620. 把第三次得到的余数 620 除以 124 得商 5. 将 124 乘以 5 得 620,余数 620 减积 620 余 0. 所以商是 365.

除了准确性以外,这种机器除法优于笔算除法之处在于:我们的除法中乘法极少,但试商的次数有很多次. 在笔算除法中,比要乘的次数大得多,也就是要乘的次数是它的位数与除数的位数的积. 前面的例子中我们的除法只要乘 3次,124 和 365 的每个数字都乘一次. 而笔算除法中,每个除数的数字都要和商数的任何一个数字相乘,在同一例中要作 9 次乘法.

我们的方法不管每次乘的数目(即除数)有多大,做起来都一样快,而笔算除法则不然;类似地我们可以说笔算除法当除数很大时几乎没法操作,而机器方法则是无论大小,每次乘都是乘法轮一转就得出结果,且无分厘之差错. 而笔算乘法越大,则做起来越易出错越难. 正因为如此,代数老师教除法时总选一些小一点的除数,并且每次只试一位商. 补充一句,要做的大量工作都是细枝末节,即置被乘数的初值,也即根据情况改变被乘数轮上可动的齿数. 除法中被乘数(即除数)总是同一个,仅仅乘数改变,没有让机器运算的必要. 最后要说的是,我们的方法不需借助任何减法,因为相乘时机器自动作减法. 从上面看很明显,除数越大,用机器就显得越优.

很清楚的是,因为区别于人工计算,以及其计算绝无错误,所以这个机器的用途很大,特别对政府和科学极有帮助. 众所周知,奈皮尔曾被公众欣然接受,但它作除法时并不比手算快捷可靠,而其乘法则需要反反复复地作加法运算. 于是,奈皮尔不久就不再使用了. 而我们的机器在乘法时什么也不用做,在除法时只做极少的一点就够了.

帕斯卡计算机是天才之作,但因为它只简化了并不是很难的加减法,把乘除法归结于前两种运算,只能作为一种满足好奇心的做法,而不是因为它在人们事务中得到充分的应用.

现在我们还能称赞这台机器,它将为所有工作时要计算的人服务,如金融业的经理、财产代理人、商人、测量员、地质学家、天文学家,以及其他一切从事与数学有关工作的人.

在科学范围内的应用:古老的几何和天文学的图表将被修正,新的图表将被建立,利用它我们就能测量各种类型的曲线和图形,无论是简单曲线、复杂曲线还是未命名的曲线. 像在直线测量情形一样,我们可以做的如同雷格蒙塔努斯(Regiomontanus)关于角圆的著作和卢多尔夫(Rudolphus of Cologne)关于圆的著作一样清楚. 如果这能对最重要的和最常用的曲线和圆有帮助的话,那么建立的几何图形不仅包含直线和多边形,而且包含二次曲线和其他重要的图形,不管它是以轨迹描述的还是以点描述的,我们都能说几何在实用中还将会被完善,尽管光学显示和天文观察或者运动的合成会给我们带来新图形,但是对任何一个人来说研究它们是很不容易的,从事扩充毕达哥拉斯表格的工作是值得的. 平方、立方、其他次方的表和根表,排列组合表,差分表和各种级数和,都一样能简化工作,天文学家也不具有这种计算能力,就是这个妨碍他们去计算、校正表格,去研究假说,去和同行进行关于观测的讨论. 杰出人物如果在计算方面像个奴隶一样浪费时间是不值得的,有了计算机,这些计算交给任何人都可以操作.

关于该机器的建造和应用,将来一定会更加完善,我相信对于将来能见到它的人会更加明了.

§22　纳皮尔关于纳皮尔尺的研究

(本文由纽约耶什华大学的金斯伯格教授译自拉丁文)

约翰·纳皮尔,出生于爱丁堡附近的小镇梅奇斯顿. 在他当时的年代,他的计算尺和他发明的对数都广泛地流传着. 虽然这些计算尺在当时几乎是未知的,但是它们的出现是机械计算中的一个明显进步. 众所周知,他们只不过是把阿拉伯人长期以来使用的一种作乘法的方法应用到尺上,然后再把尺用于其他的操作. 以下的翻译来自于 *Rabdologia*, *sev nvmerationis per virgulas libri duo* (1617 年,逝世后出版)的一个重要的部分. rabdologia 这个词是来自希腊语,译为"尺"和"收集"(rabdos 意为筹,而后缀 – logia 意为计算). 因此, Rabdologia 就是"用筹计算法". 当利伯恩出版了他的英文译本(*The Art of Numbering By Speaking-Rods*: *Vulgarly termed Nepeir's Bones*,于伦敦,1667 年)时,他使用了一个错误的词源,而不用纳皮尔的语言.

纳皮尔给出尺上的数字. 十根尺足以计算小于 11111 的数;二十根尺用于计算小于 111111111 的数;三十根尺用于计算小于 1111111111111 的十三位数字.

每根尺按下面的方式纵向十等分:中间有九个部分,剩下一部分的一半在最上方,另一半在最下方. 连接分点的水平线将尺分为九个正方形和两个正方形的一半. 然后在每个正方形中画出它们的对角线,如图 1 所示.

标记尺的表面:表面转向眼睛的在标记时称为"第一";观察者右侧的一面称为"第二";观察者左侧的一面称为"第四".

每个面上的九个小区域用于填入九位数中的一位数乘以 1、2、3、4、5、6、7、8、9. 如果乘积可用一位数表示,则填到正方形的下半部分;如果可用两位数表示,那么在十位上的数应该放在小正方形的上半部分区域,个位上的数应该放在下半部分区域.

前四个尺标记如下:在每个尺第一个面的正方形中(也就是说,朝向观察者眼睛的那一面)我们填入零. 这占了 16 个可用位置中的 4 个位置.

然后,将每个尺纵向旋转,使第三个面朝向眼睛,并将尺颠倒过来,我们在九个正方形中分别写出 9 乘以 1,2,3,4,5,6,7,8,9 的结果,也就是 9,18,27,36,45,54,63,72,81,如图 2 所示.

图 1

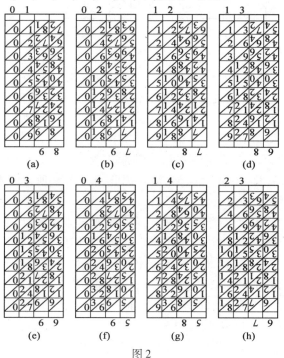

图 2

下面处理 16 个可用位的另外 4 个位置,剩下 8 个位置用于剩余的 8 位数字. 这些位将按以下方式填充:第一个尺的第二个位置将用 1 乘以前 9 位数字(即 1,2,3,4,5,6,7,8,9)的倍数来表示,它相反的位置填入 8 的倍数(即 8,16,24,32,40,48,56,64,72).

类似地,尺 2 的第二和第四位置分别由 2 和 7 乘以前九个数的倍数来标记.

在第三个尺的第二和第四位置上,将分别写上数字 3 和 6 的倍数,而第四尺的相同面上分别将记为数字 4 和 5 的倍数,如图 3 所示.

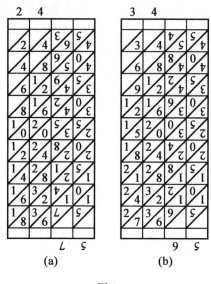

图 3

因此,前四个尺包含了前九个数的所有倍数,还有四列含有 0 的,三列含有 9 的. 其余六个尺的二十四个位置必须包含其他列的数字,每列数字重复三次.

在以下三个尺(即第五、第六和第七个尺)中,在每一尺的第一个位置上,我们输入数字 1,2,3,4,5,6,7,8,9,在每个列的相对位置上,与 1 作和等于 9 的数是 8(数字 8,16,24,32,40,48,56,64,72). 因此,0,1,8,9 所在列中的每一列都重复了四次.

在剩下的位置中,我们在每个尺的第二个位置上分别填入以 2,3,4 开头的列,在第四个位置上填入以 7,6,5 结尾的列. 因此,我们用到了第七个尺,输入 0,1,8,9……所在列各四次,列 2,3,4,5,6 各两次. 我们还有三个计算尺(八、九、十). 在第八和第九尺的第一个位置上,我们输入以 2 为首项的列,在第三个位置上输入以 7 为首项的列,即与 2 的和等于 9 的数. 剩下的两个位置赋值为 3 和 4,相对位置是它们的补数 6 和 5.

如果现在进行总结,我们仍然会发现 0,1,2,7,8,9 所在的每一列只出现了四次,而3,4,5,6所在的列,每列只出现了三次,并且我们还有一个没用到的计算尺.

因此,我们输入以3,4,5,6为首项的列,现在每个列仅出现了四次.

纳皮尔用尺作乘法运算法则的解释如下.

根据这个计算尺选取一个乘数(最好是较大的).把另一个数字写在纸上并在它下面画一条线,然后在每个数下写上那个倍数.它右边的第一个数与其没有区别.每一个数跟上方的数在同样的顺序下所表示的数,也许是左边的第一个数字.这样选取的倍数就是所要求的乘法的乘积.

因此,必须让1615年乘以365天.

第一个数由这个计算尺构成,第二个数如图4所示写在纸上.表中数字的三倍、六倍和五倍,与写在纸上的数字(3,6,5)相对应,得到最后结果.

365	365
4845	8075
9690	9690
8075	4845
589475	589475

图 4

因此,数1 615的三倍通过计算尺转换出来是4 584.161 5的六倍是9 690,五倍是8 075.以这种方式排列的乘积进行算术相加,从而获得所需的数字589 475,这是用该乘法所得的最后结果.

§23 伽利略关于比例或扇形圆规的研究

(本文由纽约哥伦比亚大学师范学院的大卫·尤金·史密斯教授译自拉丁文)

伽利略·伽利雷(Galileo Galilei,1564—1642),是意大利当时最伟大的物理学家、天文学家、数学家,是当时世界伟人之一.他感兴趣的并不仅有他所选择的学科,还有技术性逐渐成熟的或对数,他发明了简单而巧妙的比例罗盘.也就是如他所说的几何与军事罗盘(指南针).他们首次被提及是在 *Le Operazioni del Compasso Geometrico et Militare*(帕多瓦,1606 年).从这篇文章中摘取的内容说明了这个仪器的一般用途.

1.几何和军事圆规的操作之算术线与分割线(第一次操作)

在对新的几何和军用罗盘的使用方法进行特殊说明之前,我们首先考虑通过划分和编号显示这四条线. 对于这些线, 我们应想到最核心的内容. 因为它们是按算术比例划分的, 所以被称为算术线. 也就是说, 它们以相同的增量增加到 250. 我们将找到几种使用这些线的方法. 首先, 我们借助它们, 展示如何用我们提到的几种方法中的一种, 即把一条直线分割成我们所期望那样的相等的部分. 当得到的线是中等长度, 且不超过仪器的度量范围时, 我们使用一个普通的圆规, 将这条线的长度转换成这些算术线上的任意数字. 注意这条线中包含的数字要比构造的整条线中包含的数字少. 例如, 要把一个线段分成五个相等的部分, 任取两个数, 使得其中一个数是另一个数的 5 倍, 比如 100 和 20. 现在打开仪器, 根据圆规测量使给定的线段长度从 100(一端)到 100(另一端).

现在, 我们不必移动仪器测量标记为 20 的两点之间的距离, 一个是另一个的 5 倍, 比如 100 和 20. 这显然是算术线的第五部分. 同样地, 我们可以找到其他所有的分割方法, 注意不要使用超过 250 的数.

用另一种方法解决问题也会得到相同的结果. 就像这样: 如果我们要将线段 AB 分成 11 个部分, 取一个数, 使得另一个数是它的 11 倍, 比如 110 和 10. 然后将包含线段 AB 的指针达到 110. 因为每一点都是由螺母控制的, 所以在这个图形中不可能得到点 10 到点 10 之间的距离. 相反, 我们取 100 到 100 之间的距离, 移动圆规, 使一端落在点 B, 另一端落在点 C. 然后 AC 的距离是 AB 的 1/11. 同样, 我们可以把一端落在点 A, 另一端落在点 E 上, 使 EB 等于 CA. 然后把圆规合拢, 取 90 到 90 之间的距离, 把它从 B 换到 D, 然后从 A 换到 F, 在那之后, CD 和 EF 都在这条线上. 同样的, 取距离从 80 到 80, 70 到 70 等方法相同.

然而, 如果我们将一条较短线段分成许多部分, 如 AB 分为了十三个部分, 我们采用的另一个方法如下: 在线段 AB 上任取点 C, 像你所希望得到的那样分割. 如果 AB 要分成 13 等份, 那么 AC 将包含数字 91(长度相同), 这是显而易见的. 因此, 我们将 90 和 90 之间的距离从 C 向 A 沿直线 CA 移动, 从而使 CA 的第九十一部分, 或 AB 的第十三部分指向 A. 如我们所愿, 我们现在可以逐点测量 89, 88, 87, 等等.

最后, 如果要分割的线段很长, 大大超过仪表的最大测量限度, 我们要把它至少七等份. 首先, 取两个数字, 其中一个数是另一个数的七倍, 如 140 和 20. 现在打开仪器, 用圆规划分从 140 到 110 的距离. 那么这个距离也就是已知线段长度的倍数, 那么从 20 到 20 将会是它的第七部分.

2. 如何从规定的部分分离出指定的一条线(第二次操作)

这次的操作相比于第一次更加实用、更有必要, 如果没有这个工具, 就会变得很难解决, 但有了工具立刻就可以找到解决方法. 例如, 假设我们要从给定的第 113 行中截取 197 个部分. 我们打开圆规, 直到已知线段可以通过圆规的转动,使它从 197 到 197. 如果不移动它,113 到 113 的距离就是给定线段的 $\frac{133}{197}$.

3. 如何增加或减少相同线段的选取
来完成两个或无穷多个比例的选取(第三次操作)

如果我们希望减少绘图的刻度,但这显然是至少需要用两个刻度,一个用于给定的图,另一个用于新的图. 这样的刻度是由仪器给出. 一个是已经平均划分的部分,并将用于给定的图形. 另一个将用于新的图,这是可调整的. 也就是说,它必须被构造,我们可以根据新的图较大或较小地进行延长或缩短,这种可调刻度是我们从同一方式通过调整仪器得到的. 为了让大家可以更清楚地理解这个过程,考虑如下例子:假设我们有图 ABCDE 并希望画出与侧边 AB,FG 相类似的图. 显然我们必须要使用两个刻度,一个衡量图 ABCDE 的边,另一个衡量那些新的图,和 FG,AB 比较这些边的长短. 因此把 AB 长度的圆规一端放在顶点处,注意另一端放在这些边中的任意一条上,记为 60. 用圆规以 FG 长转动,使得一点落在 60 上,另一点落在相应的 60 上. 如果现在固定仪器,那么给定图形中的所有线段都可以在直线刻度上测量,新图形的相应直线也可以测量. 例如我们希望 CH 的长度与给定 BC 的长度相等,只需将 BC 放在顶点处(比如说 66),然后对另一端(测量的支架)进行调整,直到圆规的指针落在仪器另一个指针上. 这样 BC 就等于 FG: AB.

如果你想要大幅度地放大图形,你需要以相反的方式使用这两个比例(按上述所示). 也就是说,你必须使用直尺来绘制所需图形,而用横向测量(从一端到另一端)来测量给定的图形. 例如,假设我们希望放大图 ABCDEF,使 GH 对应 AB. 让我们测量 GH,假设它是 60 个点. 然后打开仪器,使从 60 到 60 的距离为 AB. 把圆规固定好,然后我们通过观察 BC 终点的两个相关点,比如 46 和 46. 然后计算从顶点到 46 的长度.

4. 三法则. 用圆规解决相同的算术线问题(第四次操作)

这条直线(由比例圆规画出)不是用来求解几何线性问题,而是用来解决某些算术规则,我们将这些中的其中一个对应于一个欧几里德问题,即给出三个数字,要找出第四个. 这仅仅是一条黄金法则,专家称之为"三法则",即找到与提出的数与第四个数成比例. 为了大家更清楚地理解,举例说明一下,如果 80 对应 120,那么 100 对应多少? 我们现在有三个按这个顺序排列的数字:80,120,100. 为了找到第四个数字,我们要求如下:在圆规的一端找到 120;并与另一端的 80 连接起来;找到 100(与 80 在同一端),并过此画一条与 120 和 80 之间连线相平行的直线,"你会发现 150 是所寻找的第四个数". 同样需要注意的是,如果你取得不是第二个数字(120),而是第三个数字(100),而相反你得到的不是第三个数字而是第二个数字……

5. 三法则的逆法则. 以同样的方式解决问题(第五次操作)

我们用同样的方法可以解决三法则的逆法则问题,如下面的例子:如果有足够的食物够 100 人吃 60 天,那么多少人够吃 75 天? 这些数字可以排列为 60,100,75. 在圆规的一端上找到 60. 把它和第三个数字 75(在另一端上)连接起来. 如果不移动它,在 60 的同一端上取 100,然后画一条平行线,你会发现 80 是你想要的数字……

6. 法则的改变(第六次操作)

通过这些相同的算术线,我们可以等值兑换货币. 这样做是非常容易和快速的. 例如,要找到和一件物品具有相等价值的钱进行交换进而调整仪器,把它和我们希望交换的另一件物品的价值相联系. 但为了使你能更清楚地理解这一点,我们举例说明它. 假设我们想把斯库多币换成威尼斯币,斯库多金币的价值为 8 里拉,威尼斯金币价值是 6 里拉 4 索尔迪. 由于杜卡特没有精确测量里拉,还有 4 索尔迪要考虑,这是减少两个索尔迪最好的办法,1 斯库多价值 160 索尔迪,124 杜卡特价值 1 索尔迪. 将索尔迪转换成杜卡特的转换即为斯库多的值,即 160,然后打开仪器将 160 连接到 124,即杜卡特的值. 固定仪器不动. 然后任何斯库多都可以通过将斯库多的编号放在杜卡特的一端上,并绘制出一个从 160 到 124 的平行线来转换成杜卡特. 例如,186 斯库多将等于 240 杜卡特.

代数领域

第

二

章

§1 卡尔达诺对虚根的处理

（由俄亥俄克利夫兰西储大学的 Vera Sanford 教授译自拉丁文.）

尽管卡尔达诺（Cardano,1501—1576）认为一个方程有复根是"不可能"的,但他却是第一个在计算中使用复数的人,在他的《大术》（Ars Magna,1545）中他甚至用了一整页的篇幅来展示这个问题的解决办法. 接下来的译文来自《大术》第一版, ff. 65v 和 66r.

虚数第二类假设①使用了负数的根,我给出一个示例:如果有人对你说,将 10 分成两部分,使其中一部分乘以另一部分等于 30 或 40,很明显这种情况（或问题）无解. 但我继续根据这个提法来研究它:我们把 10 分成相等的两部分 5 和 5,对它们作乘法有 $5 \times 5 = 25$,若 25 减去所要求的乘积,也就是减去 40,那么像我在本书第 6 卷②关于运算一章所教的那样,其余数为 -15. 将它的根加上 5,然后再从 5 中减去它的根,这样得到的两项其乘积为 40. 因此,10 分成的两部分应是 $5 + \sqrt{-15}$ 和 $5 - \sqrt{-15}$. ③

---

① 《大术》中这章的前一节主要讨论 $x^2 = 4x + 32$ 这类方程的根,卡尔达诺将此记为

$$\overline{qdratu} \quad aeqtur \quad 4 \quad rebus \quad p\!:\!32$$

② 《大术》始于第 10 卷,前 9 卷的内容是卡尔达诺算术,见 Practica aritbmetice,1539 年,米兰.

③ 尽管符号"+"" -"最早出现在 1489 年的魏德曼算术（Widman's arithmetic）中,但在那段时间这个符号没有得到推广,意大利人一直使用字母 p 和 m 代表" + , - "号,直到 17 世纪初.

应该强调的是,卡尔达诺同时使用字母 R 来表示未知数（res）和根（radix）.

125

证明　这个法则的实际意义是显然的,取一条长度为 10 的线段 AB ,将它分成两部分,把它们作为面积是 40 的矩形的邻边.因为 40 是 10 的四倍,即为 AB 长的 4 倍.因此,在 AB 的一半 AC 上作正方形 AD(图 1).使 AD 的面积减去 4 倍的 AB 长,如果存在余数,将余数的根加到 AC 上,或是从 AC 中减去,这就给出了 AB 被分成的两个部分.即使这个余数为负数,仍把根 $\sqrt{-15}$ 看作是 AD 面积和 4 倍 AB 长的差,为了得到解,只需要把 AC 加上或减去 $\sqrt{-15}$.

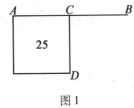

图 1

也就是 $5 + \sqrt{25-40}$ 和 $5 - \sqrt{25-40}$ 或 $5 + \sqrt{-15}$ 和 $5 - \sqrt{-15}$.用 $5 + \sqrt{-15}$ 乘 $5 - \sqrt{-15}$,虚数部分就消去了,得到 $25 - (-15)$,也就是 $25 + 15$.因此乘积为 40.然而,因为一个平面不同于一个数或一条线,所以 AD 的性质和 40 或 AB 的性质是不同的.但它最接近于这个量,这是让人费解的,因为对复数的运算不能像对纯负数以及其他数字的运算那样来执行.将数的一半的平方加上要求的乘积,再用得到的和的根加上或减去数的一半,通过这种方式我们不能得到结果.例如,将 10 平分,使其乘积为 40 的情形,5 的平方是 25,25 加 40 等于 65.65 的根减去 5 或加上 5,得到 $\sqrt{65} + 5$ 和 $\sqrt{65} - 5$,但这些数的差为 10,而不是和为 10.算术就是这样的精巧奇妙,它最根本的特点,正如我所说过的,精妙却无用.

§2　卡尔达诺解三次方程

(由爱荷华州格林内尔学院 R. B. McClenon 教授译自拉丁文)

在卡尔达诺的《大术》(纽伦堡,1545)中,卡尔达诺声称:1515 年费罗(Ferro)发现了形如 $x^3 + px = q$ 的方程的解法,塔尔塔利亚(Nicolo Tartaglia,拉丁文 Tartalea)赞成这个观点,他发现了形如 $x^3 + px^2 = q$ 的方程也有类似解法,同时费罗对此问题也有了独立的发现.卡尔达诺从塔尔塔利亚那里得到了解决办法,并发表在上面所提到的著作中.可以在任何数学史料中找到这些发现的价值.

本节摘自《大术》的第十一章,第一版.考虑方程 $x^3 + px = q$,特殊地,取 $p = 6, q = 20$,得到方程 $x^3 + 6x = 20$. 1570 年的版本和本文有很大的出入.这两页的副本源于史密斯《数学史》第二卷,462 页,463 页.

考虑前面所述的现代符号可以更容易地进行翻译.

已知

$$x^3 + 6x = 20$$

设

$$u^3 - v^3 = 20$$

$$u^3 v^3 = (\frac{1}{3} \times 6)^3 = 8$$

则

$$(u-v)^3 + 6(u-v) = u^3 - v^3$$

由于

$$u^3 - 3u^2 v + 3uv^2 - v^3 + 6u - 6v = u^3 - v^3$$

因此

$$3uv(v-u) = 6(v-u)$$

和

$$uv = 2$$

故

$$x = u - v$$

但是

$$u^3 = 20 + v^3 = 20 + \frac{8}{u^3}$$

于是

$$u^6 = 20u^3 + 8$$

这是以 u^3 为变量的二次方程,可以解出 u^3,再求出 v^3,进而解出 $u - v$.

§3　关于立方数和"未知量"等于一个数

大约三十年前,波伦亚的费罗创造了本章提出的方法,并传授给了威尼斯的安东尼奥·玛丽亚·弗洛里多(Antonio Maria Florido),当弗洛里多与布雷西亚的尼科洛·塔尔塔利亚在公开竞赛时,塔尔塔利亚也发现了这种方法;在我的恳求下,尼科洛将这种方法告诉了我,但保留了证明,有了他的方法,我克服了很大的困难找到了证明,下面将以我们的方式给出该证明.

证明 例如,如图 1 所示,设 $GH^3 + 6GH = 20$,①取差为 20 的两个立方体 AE 和 CL,使得边 $AC \times CK = 2$,也就是"未知量"②的系数的三分之一,取 $CB = CK$,则可以说 $AB = GH$,因此 AB 也等于"未知量"的值,因为 GH 等于未知量的值(即 x),所以得到了立方体 DA, DC, DE, DF,并满足下列关系式,$DC = BC^3$,$DF = AB^3$,$DA = 3CB \times AB^2$,$DE = 3AB \times BC^2$.③由于 $AC \times CK = 2$,所以 $3AC \times CK = 6$,也就是"未知量"的系数的值.

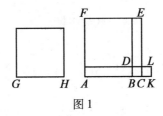

图 1

由于 $AB \times 3AC \times CK$ 等于 6 倍的"未知量",或者说 6 倍的 AB,所以

$$3AB \times BC \times AC = 6AB$$

但 $AC^3 - CK^3 = 20$④,由于假设 $BC = CK$,从而

$$AC^3 - BC^3 = 20$$

所以

$$DA \text{ 的体积} + DE \text{ 的体积} + DF \text{ 的体积} = 20⑤$$

取 BC 为负,则

$$AB^3 = AC^3 + 3AC \cdot CB^2 - BC^3 - 3BC \cdot AC^2⑥$$

通过证明可知

$$3CB \times AC^2 - 3AC \times BC^2 = 3AB \times BC \times AC⑦$$

于是,因为
$$3AB \times BC \times AC = 6AB$$

则

$$6AB + 3AC \times BC^2 = 3AC^2 \times BC⑧$$

将上式进行移项得

---

① 即 $x^3 + 6x = 20$.

② 其中,$AC = u, CK = v, uv = 2 = x$ 的系数的三分之一.

③ 现代形式为 $DC = v^3$,$DF = (u-v)^3 = x^3$,$DA = 3(u-v)^2 v$,$DE = 3(u-v)v^2$.

④ 即为 $u^3 - v^3 = 20$.

⑤ 即为 $(u-v)^3 + 3(u-v)^2 v + 3(u-v)v^2 = 20$.

⑥ 即为 $(u-v)^3 = u^3 + 3uv^2 - v^3 - 3vu^2$.

⑦ 即为 $3vu^2 - 3uv^2 = 3(u-v)uv$.

⑧ 即为 $6(u-v) + 3uv^2 = 3u^2 v$.

$$-3CB \times AC^2 + 3AC \times CB^2 + 6AB = 0 ^①$$

因此可知

$$AC^3 - BC^3 = AC^3 + 3AC \times CB^2 - 3CB \times AC^2 - BC^3 + 6AB ^②$$

又由于

$$AC^3 - CB^3 = 20 ^③$$

则

$$AC^3 + 3AC \times CB^2 - 3CB \times AC^2 - BC^3 + 6AB = 20$$

并且取 BC 的符号为负，则

$$AB^3 = AC^3 + 3AC \times BC^2 - BC^3 - 3BC \times AC^2 ^④$$

所以

$$AB^3 + 6AB = AC^3 + 3AC \times CB^2 - 3CB \times AC^2 - BC^3 + 6AB = 20 ^⑤$$

即 $AB^3 + 6AB = 20$，则 $GH^3 + 6GH = 20$. 由 GH 等于 AB，则 $GH = AC - CB$. 但是 AC 和 CB，或者说 AC 和 CK 是构成矩形的数或线段，其面积等于未知量的系数的三分之一，且二者的立方之差等于方程中的常数.

因此我们有了下面的法则.

法则 取未知量系数的三分之一的立方加上方程中的常数的一半的平方⑥，并取和的根，这就是你将要用到的那个平方根，一种情况是加上常数的二分之一⑦，另一种情况是减去该数，将分别得到一个和的二项式及一个差的二项式；然后，将和的二项式的立方根减去差的二项式的立方根，余数就是未知量的值⑧. 在这个例子中，未知量的立方加上 6 倍的未知量等于 20⑨；取 2 的立方，即 6 的三分之一的立方，得 8；常数的二分之一，即 10，将其平方得 100，100 加上 8 等于 108，取其根是 $\sqrt{108}$，利用此数，在第一种情况中加上常数的二分之一，即 10，在第二种情况中减去常数的二分之一，得到和的二项式 $\sqrt{108} + 10$ 以

---

① 即为 $-3vu^2 + 3uv^2 + 6(u - v) = 0$.

② 即为 $u^3 - v^3 = u^3 + 3uv^2 - 3vu^2 - v^3 + 6(u - v)$.

③ 即为 $u^3 - v^3 = 20$.

④ 即为 $(u - v)^3 = u^3 + 3uv^2 - v^3 - 3vu^2$.

⑤ 即为 $x^3 + 6x = u^3 + 3uv^2 - 3vu^2 - v^3 + 6(u - v) = 20$.

⑥ 即为，如果方程是 $x^3 + px = q$，取 $\left(\frac{1}{3}p\right)^3 + \left(\frac{1}{2}q\right)^2$.

⑦ 即为，加 $\frac{1}{2}q$.

⑧ 即为 $\sqrt[3]{\sqrt{\left(\frac{1}{3}p\right)^3 + \left(\frac{1}{2}q\right)^2} + \frac{1}{2}q} - \sqrt[3]{\sqrt{\left(\frac{1}{3}p\right)^3 + \left(\frac{1}{2}q\right)^2} - \frac{1}{2}q}$.

⑨ $x^3 + 6x = 20$.

及差的二项式 $\sqrt{108} - 10$；取它们的立方根并作差，得到"未知量"的值 $\sqrt[3]{\sqrt{108}+10} - \sqrt[3]{\sqrt{108}-10}$.

§4　费拉里－卡尔达诺关于四次方程的解法

（由格林内尔学院 R. B. McClenon 教授译自拉丁文，纽约叶史瓦大学 Jekuthiel Ginsburg 教授做注解）

路易吉・费拉里（Ludovico Ferrari, 1522 —1565）出身贫寒，在 15 岁的时候被带到卡尔达诺家，成为卡尔达诺家的仆人．由于他表现出了不同寻常的数学才能，所以成为卡尔达诺的秘书．在履行三年的服务义务后，费拉里离开了卡尔达诺家，并开始从事教学工作，成为了博洛尼亚的数学教授，但不幸的是他在博洛尼亚任教的第一年就去世了．在此期间布雷西亚的一位老师——Zuannz de Tonini da Coi 提出了一个问题，该问题涉及求解方程

$$x^4 + 6x^2 + 36 = 60x$$

卡尔达诺没有解出此方程，他便将这个问题交给了费拉里，后来费拉里成功地找到了求解方法，也就是卡尔达诺在他的著作《大术》中所提到的方法．关于用现代符号对此方法的概述，请参阅史密斯《数学史》（波士顿，马萨诸塞州，1925 年），第二卷，468 页．

法则 2　另一个法则要归功于费拉里，他是在我的请求下把它传授给我的．通过这个法则，我们可以解包含四次幂、三次幂、平方和常项数①的所有方程．

———————————

① 卡尔达诺用"双二次"表示四次方．
现在，他开始陈述所有类型的四次方程式，从下面的等价形式开始．
（1）$x^4 = ax^2 + bx + c$；
（2）$x^4 = ax^2 + bx^3 + c$；
（3）$x^4 = ax^3 + b$.
他列举的方程有 20 种类型．如译文所示，他只考虑了其中一种类型．

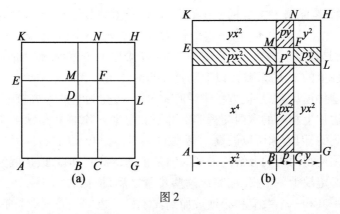

图 2

证明 如图 2 所示,将正方形 AF 分成两个正方形 AD 和 DF,以及两个增补部分 DC 和 DE;为了得到整个正方形 AH,需在 AF 的周围加上磬折形 KFG,这个磬折形的面积等于 $2GC \times CA + GC^2$,由《几何原本》①第二卷开始部分给出的定义可知,$FG = GC \times CF$,且由正方形的定义知 $CF = CA$,根据《几何原本》第一卷命题 44 可知:$KF = FG$,因此,$GF + FK = GC \times 2CA$,根据《几何原本》②第二卷命题 4 可知,$GC^2 = FH$,因此命题是明确的③(这里 FG,KF,FH 等都指以其为对角线的矩形的面积).

如果 $AD = x^4$,$CD = DE = 3x^2$,$DF = 9$④,则 $BA = x^2$,且 $BC = 3$. 因为我们希望在 DC 和 DE 上增加更多的"平方"⑤,它们将是[矩形]CL 和 KM.⑥ 为了得到整个正方形,图形 LNM 是必须的. 如前面所证,面 LNM 由 GC^2 加 $2GC \times BC$ 组成

---

① 参见希斯的《几何原本》,第一卷,370 页. 从图中可以更好地理解整体证明方向,它应该与文中给出的卡尔达诺的图形相对比. 他和费拉里的目的是将 $(x^2 + p + y)^2$ 几何化.

有了这张图,读者就能更清楚地理解这个证明. 它证明了
$$(x^2 + p + y)^2 = x^4 + p^2 + y^2 + 2x^2p + 2x^2y + 2py$$

② 参见希斯的《几何原本》,第一卷,380 页

③ $(AC + CG)^2 = AC^2 + 2AC \cdot CG + CG^2.$

④ 他假设这个正方形的边本身就是一个平方数,即 x^2,那么 $BC = 3$. 所以正方形 AD 的面积是 x^4,矩形 DE 的面积是 $3x^2$,DC 和 DE 的面积相等,也为 $3x^2$,DF 的面积为 9.

⑤ $AB = x^2$,$BC = 3$,$CG = y$. 每个 CL 和 KM 等于 x^2y.

⑥ 这样的添加会将原图形 AF 变成下面图形.

131

的,其中 BC 是原来平方数的一半,因为 $CL = GC \times AB$,又因为我们假设 $AB = x^2$,$AD = x^4$. 据《几何原本》第一卷命题 42 知,$FL = MN = GC \times CB$,所以 LMN 的面积(也就是被加上的数)等于 $GC \times 2CB$(即乘以 x^2 的系数 6)加上 GC^2(也就是乘以被加上的 x^2 的系数). 以上就是我们的证明.

实行这种运算,总是把方程中带有 x^4 的一边化为它的平方根——也就是,通过在两边加上相同的东西使得四次幂项加上平方项加上常数项有根.[1]这是很容易做到的,因为你可以假设 x^2 系数的一半作为常数的根;同时进行这一运算的方式须使得两边的分解的最高次项是正的,否则三项式或扩展为三项式的二项式将必定缺少一个根. 在完成这些步骤之后,根据法则 3[2],在式子一边加上的那些平方和一个数应和必须被加到式子另一边(带有一次幂的一边)的一样,这样通过假设可知得到的三项式有平方根;然后将两边开平方,一边是 x^2 加上或减去一个数,另一边是一个或多个 x 加上或减去一个数,或者是一个数减去这些 x. 然后由本书的第五章将会导出解.

问题5 将 10 分成三个数,此三个数成连比例,前两个数的积是 6,求这三个数. 这个问题由 Johannes Colla 提出,他认为该问题不可解. 尽管卡尔达诺认为它可解,但一直没有找到解法,直到费拉里发现了这一方法. 设中项为 x,那么第一项是 $\dfrac{6}{x}$,则第三项是 $\dfrac{1}{6}x^3$,它们之和等于 10,用 $6x$ 乘以所有的项,得

$$60x = x^4 + 6x^2 + 36$$

根据法则 5,方程两边加上 $6x^2$,得到

$$x^4 + 12x^2 + 36 = 6x^2 + 60x$$

因为等量加等量其和仍相等. 此外 $x^4 + 12x^2 + 36$ 有一个平方根 $x^2 + 6$. 如果 $6x^2 + 60x$ 也有一个平方根,我们将得到解. 但它没有. 因此,必须在方程两边加上相同的足够多的平方与一个数使得一边是一个有根的三项式且另一边同样有根.

---

[1] 已知方程 $x^4 + px^2 + qx + r = 0$,这可以记作

$$x^4 + px^2 = -(qx + r).$$

方程两边加上 $px^2 + p^2$,有

$$x^4 + 2px^2 + p^2 = p^2 + px^2 - qx - r,$$

或

$$(x^2 + p)^2 = p^2 + px^2 - qx - r.$$

[2] 参见《大术》.

设未知量是平方数 y[①],正如在法则 3 画的图中已经看到的那样

$$CL + MK = 2GC \times AB$$

则 $GC = y$,[②]所以,我总是取 $2y$——也就是 $2GC$——为增加的平方项 x^2 的系数. 因为加到 36 上的数是 LMN,或 $GC^2 + 2GC \times CB$(或 $GC^2 + GC \times 2CB$),$2CB$ 为原方程中 x^2 的系数 12. 所以,增加的平方项 x^2 系数的一半 y 乘以原方程中 x^2 的系数 12 加上自身的平方,得 $y^2 + 12y$ 为加到另一边上的数,(同样取)$2y$ 为增加的平方项 x^2 的系数.[③]因此,有

$$x^4 + (2y + 12)x^2 + (y^2 + 12y) + 36 = (2y + 6)x^2 + 60x + (y^2 + 12y)$$

于是,首先根据法则 3,再根据假设第二个未知量为 y,方程两边都存在一个平方根. 因此三项式的第一部分乘以第三部分等于第二部分一半的平方. 由于第二部分一半的平方是 $900x^2$,[④]且第一和第三部分的乘积是 $(2y^3 + 30y^2 + 72y)x^2$,两边除以 x^2,因为等量除以等量,商相等,得到 $2y^3 + 30y^2 + 72y = 900$,即

$$y^3 + 15y^2 + 36y = 450$$

由此归纳出原方程可改写为用 y^3 加上 x^3 系数的 $1\frac{1}{4}$ 倍的 y^2 再加上常数项倍的 y. 这样,如果我们有

––––––––––––––––––

① 将等式化简成

$$(x^2 + p)^2 = p^2 + px^2 - qx - r$$

用另一个未知数的目的是将等式左边转换成 $(x^2 + p + y)^2$ 形式只要两边分别加上 $2y(x^2 + p) + y^2$,等式就变成

$$(x^2 + p + y)^2 = p^2 + px^2 - qx - r + 2y(x^2 + p) + y^2$$

其形式为

$$x^2 + a = bx + c$$

现在的问题是如何求出 y 的值使等式的右边变成平方数.

② 记为 $GC = y$,y 是被加部分 x^2 系数的一半.

③ 这个问题已经简化为

$$x^4 + 12x^2 + 36 = 6x^2 + 60x$$

或是

$$(x^2 + 6)^2 = 6x^2 + 60x$$

为了将方程左边转变成 $(x^2 + 6 + y)^2$,方程的两边需要同时加上 $2y(x^2 + 6) + y^2$,将方程转变成

$$(x^2 + 6 + y)^2 = 6x^2 + 60x + y^2 + 12y + 2yx^2$$

④ 为了求 y 值,使等式右边变成完全平方,卡尔达诺考虑三项式 $ax^2 + 2bx + c$,当 $b^2 = ac$,即 $b^2 - ac = 0$ 时,这是一个平方数. 在本题中 $b = 30$,所以 b^2(第二项系数的一半的平方)等于 900,$a = 2y + 6$(第一项的系数),$c = y^2 + 12y$. 于是"第一部分的系数乘以第三部分的系数"的结果为 ac,或者 $(2y + 6)(y^2 + 12y) = 2y^3 + 30y^2 + 72y$.

$$x^4 + 12x^2 + 36 = 6x^2 + 60x$$

则可写为

$$y^3 + 15y^2 + 36y = 450$$

常数项为 x 系数一半的平方的一半. 另外, 如果我们有

$$x^4 + 16x^2 + 64 = 80x$$

则我们有

$$y^3 + 20y^2 + 64y = 800$$

如果我们有

$$x^4 + 20x^2 + 100 = 80x$$

则我们有

$$y^3 + 25y^2 + 100y = 800$$

这是容易理解的, 所以在前面的示例中, 我们有 $y^3 + 15y^2 + 36y = 450$;

根据第 17 章, 解得

$$y = \sqrt[3]{287\frac{1}{2} + \sqrt{+80\,449\frac{1}{4}}} + \sqrt[3]{287\frac{1}{2} + \sqrt{+80\,449\frac{1}{4}-5}}$$

等式 $x^4 + 12x^2 + 36 = 6x^2 + 60x$ 左端化为 $2yx^2 + 12y + y^2$, 其中 $2y$ 就是我们要必须加到等式两边的平方项的系数(因为我们认为 $2y$ 是被加的平方数), 根据证明, 加到等式两边的数为 $y^2 + 12y$, 其中 12 为原方程中 x^2 的系数.

§5　费马对方程 $x^n + y^n = z^n$ 的批注

(由俄亥俄州克利夫兰西储大学的 Vera Sanford 教授译自法语.)

皮埃尔・德・费马(Pierre de Fermat, 1601—1665)是图卢兹省议会的一名成员, 通过研究巴歇(Bachet)校订的丢番图《算术》的译本, 对数论产生了极大兴趣. 费马在这个领域的许多发现都体现在他写给其他数学家的信中或他读过的书的注解中. 下面所给出的定理出现在丢番图的书卷二命题八——"把一个平方数变成另外两个平方数的和."的页边批注[①]:

把一个数的立方分成另两个立方数的和, 把一个数的四次方分成两个四次方数的和, 或一般地, 把一个数的高于 2 的任意次方分成两个同次方的和是不

----

① *Précis des Oeuvres Mathématiques de P. Fermat et de l'Aritbmétique de Diopbante*, E. Brassinne, 巴黎, 1853 年, 53~54 页. 值得强调的是, 在 1994 年, 英国数学家怀尔斯证明了费马大定理.

可能的,我确信已找到了一个极佳的证明,但书的空白太窄,写不下.

§6　费马论佩尔方程

（由纽约市立学院 Edward E. Whitford 教授译自拉丁文）

皮埃尔·德·费马是第一个指出方程 $x^2 - Ay^2 = 1$ 有无穷多整数解的数学家,这里 A 是任意非平方整数. 这个方程可能是他在研究丢番图的一些方程组时提出来的;他在一份批注中说:"如果你要解这个方程组

$$2m + 5 = 平方$$

$$6m + 3 = 平方$$

第一个平方数必然是 16,第二个平方数是 36;你会发现这个方程有无穷解,因此很难为这类方程提供一般解法.

费马是一个学识渊博的学者,他有超强的学习能力和数学能力,在数学的各个分支领域都做出了相应贡献,给后人留下了数学天才的印象.

费马首先提出了佩尔方程的一般问题,作为对英国数学家布朗克尔勋爵(Lord Brouncker)和约翰·沃利斯(John Wallis)的挑战,这是用拉丁文写成的书信. 在这种竞赛中英国人不使用法语,而法国人不使用英语,信件通过中间人传递. 佩尔方程这个名字源于莱昂哈德·欧拉的一个错误注释:约翰·佩尔是解决这个问题的人. 但实际上这个问题是布朗克尔勋爵解决的. 欧拉在粗略阅读沃利斯的代数时,一定程度上混淆了佩尔和布朗克尔的贡献,认为是佩尔解决了这个问题,尽管如此,佩尔似乎并不是没有可能解这个方程,因为我们发现他在 Rahn 的代数[①]中讨论过形如

$$x = 12yy - 33$$

的方程. 这表明佩尔对一般方程有一些了解,所以欧拉把这个贡献归功于佩尔也不算太离谱. 佩尔是 Rahn 代数的广泛贡献者.

佩尔方程给狄利克雷提供了一个最简单的例子,即在任何代数域中单位存在性的一般定理,该定理在二元二次型的理论中具有重要意义. 求解最一般的二元二次方程的所有有理解的问题,很容易归结为 $x^2 - Ay^2 = B$ 的问题,这些解取决于 $x^2 - Ay^2 = 1$ 的解,欧拉是第一个认识到佩尔方程对求解二次不定方程的通解的深刻重要性的. 拉格朗日给出了方程 $x^2 - Ay^2 = 1$ 可解性的第一个可

---

① J. H. Rahn,代数导论,从荷兰文翻译成英文,作者 Thomas Brancker,M. A. 佩尔对此进行了大量修改和补充,伦敦,1668 年,第 143 页.

行的证明.

欧拉（Euler），勒让德（Legendre），德根（Degen），特纳（Terner），柯尼格（Koenig），阿恩特（Arndt），凯莱（Cayley），斯特恩（Stern），塞林（Seeling），罗伯茨（Roberts），比克（Bickmore），坎宁安（Cunningham）和惠特福德（Whitford）给出了有用的解法表.

费马写于 1657 年 2 月的信是他对数学家们下的第二个挑战：

几乎没有纯粹的算术问题. 但是几乎没有人能够理解这种观点.

因为算术问题一直以来都是用几何方法来处理的,古代和现代数学家的许多著作,包括丢番图的著作,都充分说明了这一点. 尽管他在几何学方面的研究不如其他领域的多,这使他的分析仅限于有理数,然而,在韦达的研究过程中,丢番图的方法被扩展到连续量上,从而扩展到几何学领域,这充分证明了这个分支没有完全脱离几何学.

因此,个数的理论应归为算术领域,算术学者应该努力去推动它并且完善它,这是欧几里得《几何原本》中的缺陷,而且那些追随他的人也没有改善此类问题,也许它隐藏在丢番图的那些书里,但那些书却因为时间的流逝而不再完整.

对于这些问题,为了给它们指明可能的方向,我提出了下面的定理或问题,以此来证明或解决这个问题. 如果他们发现了这个定理,就会承认这类问题并不比几何学问题低微.

已知任意一个非平方数,按照下面的步骤就能得到无数个平方数,即任意取一个平方数乘以已知数,再将结果与 1 相加,最终结果为平方数.

举个例子,我们取数字 3,用 3 乘一个平方数 1 得到的结果再加 1 等于 4,4 是一个平方数.

此外,还取 3,用 3 乘另一个平方数 16 再加 1 得到 49,49 也是平方数.

除了 1 和 16,可能还存在其他的数,按照这种规则运算能够得到多个平方数. 但普遍的规律是要求对任何非平方数都成立.

例如,如果我们能找到一个平方数,使其与 109,149,433 等等相乘,将得到的结果再加上 1 就可以变成一个平方数.

在同一个月（1657 年 2 月）,费马给德贝西（Frenicle de Bessy）的信中提出了相同的问题,并且明确陈述了上述问题的重要条件是,结论在整数中成立,每一个非平方数都有一个这样的性质,乘一个平方数再加单位 1 得到的结果就是平方数.

例如,3 是非平方数,乘平方数 1 得到 3 加 1 得到平方数 4;3 乘平方数 16 加 1 得到平方数 49.

有无穷多个平方数乘以 3 加上 1 得到新的平方数.

我要的是一般结论,给出一个非平方数,找到平方数与它相乘,结果加 1 变成平方数.

那么乘以 61 再加 1 得到新平方数的最小平方数是多少呢？

此外乘以 109 再加 1 得到新平方数的最小平方数是多少呢？

如果无法给出通解，可以给出这两个问题的特解，以降低题目难度.

在我收到你的回复之后，我会提出另一个问题. 显然，我的问题就是找到满足这个问题的整数解，因为在分数的情况下，最低级的算术学家也能找到解.

§7 沃利斯论一般指数

（由俄亥俄州克利夫兰西储大学女子学院 Eva M. Sanford 教授译自拉丁文）

约翰·沃·利斯（John Wallis, 1616—1703），牛津大学萨维里几何讲座教授（1649—1703），和牛顿是同一时期的人，他是第一个完整给出负数的和分数指数幂意义的人. 在这个方向取得进展还有 Nicole Oresme（1360 年），Chuquet（1484 年），Stifel（1544 年）以及 Girard（1629 年）. 直到沃利斯（1655 年）和牛顿（1669 年）推广了有理数指数. 以下的摘录源于沃利斯的《无穷小算术》，发表在 Opera Mathematica，牛津，1695 年，第一卷，410~411 页. 1655 年无穷小算术第一次出现，一般指数的使用与级数的研究有关，下面来看命题 CVI.

如果倒数的级数乘以或除以另一个级数（级数或倒数的级数），或者级数乘以或除以另一个级数，其结果仍然是级数，则应遵守与原始级数相同的法则.（见命题 73 和 81）

例：平方数倒数的级数（$\frac{1}{1}, \frac{1}{4}, \frac{1}{9}, \cdots$），它的指数是 -2，对应项乘以立方数倒数的级数（$\frac{1}{1}, \frac{1}{8}, \frac{1}{27}, \cdots$），指数是 -3，结果是五次幂倒数的级数（$\frac{1}{1}, \frac{1}{32}, \frac{1}{243}, \cdots$），显然指数是 $-5 = -2 - 3$.

此外，如果立方数倒数的级数（$\frac{1}{1}, \frac{1}{8}, \frac{1}{27}, \cdots$），它的指数是 -3，逐项乘以平方数的级数（$1, 4, 9, \cdots$），它的指数是 2，结果是级数 $\frac{1}{1}, \frac{4}{8}, \frac{9}{27}, \cdots$，即自然数倒数的级数 $1, \frac{1}{2}, \frac{1}{3}, \cdots$，其指数 $-1 = -3 + 2$.

同样地，如果平方根的倒数的级数是 $\frac{1}{\sqrt{1}}, \frac{1}{\sqrt{2}}, \frac{1}{\sqrt{3}}, \cdots$，它的指数是 $-1/2$，对应项乘以平方数的级数（$1, 4, 9, \cdots$），它的指数是 2，乘积是级数

137

$$\frac{1}{\sqrt{1}}, \frac{4}{\sqrt{2}}, \frac{9}{\sqrt{3}}, \cdots,$$

或

$$\frac{1}{1}\sqrt{1}, \frac{4}{2}\sqrt{2}, \frac{9}{3}\sqrt{3}, \cdots,$$

或

$$\sqrt{1}, \sqrt{8}, \sqrt{27}, \cdots.$$

即立方数平方根的级数,它的指数为 $\frac{3}{2} = -\frac{1}{2} + 2$.

此外,如果平方数倒数的级数 $\left(\frac{1}{1}, \frac{1}{4}, \frac{1}{9}, \cdots\right)$,它的指数是 -2,除以整数倒数的级数 $\left(\frac{1}{1}, \frac{1}{2}, \frac{1}{3}, \cdots\right)$,它的指数是 -1,乘积将会是一次幂的级数 $(1, 2, 3, \cdots)$,它的指数是 $1 = -1 + 2$,或 $1 = -1 - (-2)$.

同理,如果整数倒数的级数 $\left(\frac{1}{1}, \frac{1}{2}, \frac{1}{3}, \cdots\right)$,它的指数是 -1,除以平方数倒数的级数 $\left(\frac{1}{1}, \frac{1}{4}, \frac{1}{9}, \cdots\right)$,它的指数是 -2,乘积是一次幂倒数的级数 $\left(\frac{1}{1}, \frac{1}{2}, \frac{1}{3}, \cdots\right)$,它的指数是 $-1 = -2 + 1$,也就是 $-1 = -2 - (-1)$.

同理,如果一次幂倒数的级数 $\left(\frac{1}{1}, \frac{1}{2}, \frac{1}{3}, \cdots\right)$,它的指数是 -1,除平方数的级数 $1, 4, 9, \cdots$,它的指数是 2,乘积将会是三次幂的级数 $1, 8, 27, \cdots$,它的指数是 $3 = 2 + 1$,也就是 $2 - (-1)$.

同理,如果一次幂倒数的级数 $\left(\frac{1}{1}, \frac{1}{2}, \frac{1}{3}, \cdots\right)$,它的指数是 -1,除以平方的级数 $(1, 4, 9, \cdots)$,其指数是 2,乘积将会是三次幂倒数的级数 $\left(\frac{1}{1}, \frac{1}{8}, \frac{1}{27}, \cdots\right)$,它的指数是 $-3 = -1 - 2$.

在其他类似的例子中同样成立,所以此命题得证.

§8 沃利斯和牛顿论分数和负指数幂的二项式定理

(由纽约哥伦比亚大学师范学院 David Eugene Smith 教授选自英文版本)

在约翰·沃利斯(John Wallis, 1616—1703)的著作《代数学——历史与实践》中,牛顿的几项研究对其提供了很大的帮助,而这些研究中包括牛顿对分数和负指数幂的二项式定理的推广. 这个定理最初以拉丁文发表,后来沃利斯将其翻译成英文. 以下摘录来自此译文. 在这本书中,沃利斯将功劳归于牛顿,并阐述了他尚未发表的研究结果,这些结果如下文之所述.

1. 牛顿先生进一步完善了无穷级数的法则

现在回到我们刚才所讲的地方,前面所提到的(对于圆、椭圆、双曲线)近似值已经引起了人们的注意,使其对这一问题做了进一步的探究;并寻找在其他情况下的类似近似值. 我们用无穷级数、收敛级数或其他类似的名称来命名它.(因此我们可以归纳出对于某些特定数量的名称,可以通过有规律的级数不断逼近它;如果可以无限逼近,就一定等于它.)这是其中本质的一小方面,但尚未被公开发表.

在无穷级数这方面,我还没有别的更好的见解,也没有发现比艾萨克·牛顿更成功的人. 牛顿是剑桥大学的数学教授,在 1664 年或 1665 年,他做出一个伟大又睿智的推测(他后来中断了对这一问题的研究很多年,把精力转到其他的研究中),我曾见过他写给 Oldenburg 先生关于这一主题的两封信(日期为 1676 年 6 月 13 日和 10 月 24 日),其中充满非常独特的发现,很值得公开. 在第二封信中他讲到,由于 1665 年瘟疫的爆发,他被赶出了剑桥,并终止这一研究多年. 当他在 1671 年重新开始时,他的目的就是将他的猜测公之于众(以及他关于光线折射的发现),然而却被其他的事耽搁了.

他不仅提供给我们许多适合特殊情形的近似解,而且制定了一般规则和方法,由此可以很灵活地演绎无穷级数,对于同一特殊情况,这些规则和方法也有很大的变化. 下面举例来说明如何运用这些无穷级数去求曲线的长度(几何或力学的)、曲线图形的面积;比如通过所给出的弦长、正弦、正矢,求出弧的长度,通过各种方法找到数的对数或给定一个数的对数求这个数;以及很多其他令人困惑的数学难题.

迄今为止,他不仅用在除法中(如我们之前所描述的)而且在根式计算(二次根、三次根、其他次根等)方程等方面都有巨大贡献.

之前我们已经说过他是利用插值法,基于由二项式根得到的幂的系数为 *Vnciae* 和数值这一发现(他称 m 为幂的指数),得到下列连续乘法,即

$$1 \times \frac{m-0}{1} \times \frac{m-1}{2} \times \frac{m-2}{3} \times \frac{m-3}{4} \times \frac{m-4}{5} \times \cdots$$

这个过程中,如果 m 是整数(在确定数位之后,如每个自然指数),将会再次在 1 处终止,就像它开始的那样;但如果 m 是分数,将会无限地进行下去,直至负数.

根据这一概念，我们定义了幂，通常用 $\sqrt{q}$ 表示，它的指数是 $\frac{1}{2}=m$，比如

$$1, \frac{1}{2}, -\frac{1}{8}, +\frac{1}{16}, -\frac{5}{128}, +\frac{7}{256}, \cdots$$

例如，他把这个应用于我的运算（如前面所示的四分之一圆或者一个象限）（$\sqrt{RR-cc}$ 或令 $R=1$ 可得

$$\sqrt{1-cc}=1-\frac{1}{2}cc-\frac{1}{8}c^4-\frac{1}{16}c^6-\cdots$$

将其平方得 $1-cc$），其过程如下：

$$\sqrt{1-cc}\left(1-\frac{1}{2}cc-\frac{1}{8}c^4-\frac{1}{16}c^6-\cdots\right)=\left(1-\frac{1}{2}cc-\frac{1}{8}c^4-\frac{1}{16}c^6-\cdots\right)$$
$$\left(1-\frac{1}{2}cc-\frac{1}{8}c^4-\frac{1}{16}c^6-\cdots\right)$$
$$=\left(1-\frac{1}{2}cc-\frac{1}{8}c^4-\frac{1}{16}c^6-\cdots\right)+$$
$$\left(-\frac{1}{2}cc+\frac{1}{4}c^4+\frac{1}{16}c^6+\cdots\right)+$$
$$\left(-\frac{1}{8}c^4+\frac{1}{16}c^6+\frac{1}{64}c^8+\cdots\right)+$$
$$\left(-\frac{1}{16}c^6+\frac{1}{32}c^8+\cdots\right)$$
$$=1-cc$$

由此（类似的性质）他得出这样的定理

$$(P+PQ)^{\frac{m}{n}}=P^{\frac{m}{n}}+\frac{m}{n}AQ+\frac{m-n}{2n}BQ+\frac{m-2n}{3n}CQ+\frac{m-3n}{4n}DQ+cc$$

其中 $P+PQ$ 表示一个量，求它的根或任何次幂，或者任何次方根. P 是这个量的第一项，Q 是被第一项除过的诸项之余项，$\frac{m}{n}$ 是 $P+PQ$ 的根的幂指数，也就是说，在目前情况下（对于二次根）$\frac{m}{n}$ 是 $\frac{1}{2}$.

（注意：为了防止发生误解，通常在字母的右上角用一个小数字来表示幂的指数，如 a^3 表示 aaa；同样的，当这样的指数不是整数时，可用分数表示，如 $a^{\frac{3}{2}}$ 表示 $\sqrt{aaa}$；用分数也是很容易理解的，把整个分数都放在字母的右上角，表示幂的指数.）

根据这个方法，如果有这样的一个量，我们去求它的平方、立方，或更高次幂，且它的指数是一个整数，这是我们要研究的有穷级数，由许多自然数指数幂组成（2 的一次方、3 的平方、4 的立方等），但是如果我们要找根或者中间次幂，

它的指数是一个分数,或者一个带有分数的整数(如 $\frac{1}{2}$, $1\frac{1}{2}$, $2\frac{1}{2}$, $\cdots$, 也就是

$\frac{1}{2}$, $\frac{3}{2}$, $\frac{5}{2}$, $\cdots$; 或者 $\frac{1}{3}$, $\frac{2}{3}$, $1\frac{1}{3}$, $1\frac{2}{3}$, $\cdots$, 也就是 $\frac{1}{3}$, $\frac{2}{3}$, $\frac{4}{3}$, $\frac{5}{3}$, $\cdots$), 我们可以
(根据它的值)得到一个有穷或无穷级数;而且如果继续上述的过程,它所代表的数会更精确.

在这之前,由于他列举的许多例子还没有纸质版,所以我认为应该在这里列举一下.

例1

$$\sqrt{cc+xx} \text{ 或 } (cc+xx)^{\frac{1}{2}} = c + \frac{xx}{2c} - \frac{x^4}{8c^3} + \frac{x^6}{16c^6} - \frac{5x^8}{128c^7} + \frac{7x^{10}}{256c^9} - \cdots$$

此时 $P = cc$, $Q = \frac{xx}{cc}$. $m = 1$, $n = 2$.

$$A = P^{\frac{m}{n}} = (cc)^{\frac{1}{2}} = c, B = \frac{m}{n}AQ = \frac{xx}{2c}, C = \frac{m-n}{2n}BQ = \frac{-x^4}{8c}, \cdots$$

例2

$$\sqrt[5]{c^5+c^4x-x^5} = c + \frac{c^4x-x^5}{5c^4} \cdot \frac{-2c^5xx+4c^4x^6-2x^{10}}{25c^5} + \cdots$$

作代换

$$1 = m; 5 = n; c^5 = P; Q = \frac{c^4x-x^5}{c^5}$$

或者我们也可以用同样的方式替换

$$-x^5 = P; Q = \frac{c^4x+c^5}{-x^5}$$

那么

$$\sqrt[5]{c^5+c^4x-x^5} = -x + \frac{c^4x+c^5}{5x^4} + \frac{2c^8xx+4c^9+c^{10}}{25x^9} + \cdots$$

如果 x 很小,前一种方法最合适;如果 x 非常大,则应选择后一种方法.

例3

$$\sqrt[3]{y^3-aay} = \frac{1}{y} + \frac{aa}{3y^3} + \frac{a^4}{9y^5} + \frac{7a^6}{81y^7} + \cdots$$

此时

$$P = y^3, Q = \frac{-aa}{yy}, m = -1$$

$$n = 3, A = P^{\frac{m}{n}} = y^3 \times \left(-\frac{1}{3} \right) = y^{-1}$$

$$B = \frac{m}{n}AQ = -\frac{1}{3} \times \frac{1}{y} \times \frac{-aa}{yy} = \frac{aa}{3y^3}, \cdots$$

例4 $d+e$ 的四次方的立方根;即 $(d+e)^{\frac{4}{3}}$, 其等于

$$d^{\frac{4}{3}} + \frac{4ed^{\frac{4}{3}}}{3} + \frac{2cc}{9d^{\frac{4}{3}}} - \frac{c^3}{9d^{\frac{4}{3}}} + \cdots$$

此时，$P = d, Q = \dfrac{e}{d}, m = 4, n = 3, A = P^{\frac{m}{n}} = d^{\frac{4}{3}}, \cdots$

例 5　用同样的方式可以得到奇数次幂；比如 $d + e$ 的五次幂：即 $(d + e)^5$. 那么

$$P = d, Q = \frac{e}{d}, m = 5, n = 1, A = P^{\frac{m}{n}} = d^5$$

$$B = \frac{m}{n} AQ = 5d^4 e, C = 10d^3 ee, D = 10dde^3$$

$$E = 5dc^4, F = e^5, G = \frac{m - 5n}{6n} FQ = 0$$

即　　　　$(d + e)^5 = d^5 + 5d^4 e + 10d^3 ee + 10dde^3 + 5de^4 + e^5$

例 6　即使是纯分数，也可以用同样的法则来计算. 比如 $\dfrac{1}{d + e}$，即 $(d + e)^{-1}$. 那么

$$P = d, Q = \frac{e}{d}, m = -1, n = 1, A = P^{\frac{m}{n}} = d^{-1}$$

$$B = \frac{m}{n} AQ = -1 \times \frac{1}{d} \times \frac{e}{d} = \frac{-e}{dd}$$

类似的，$C = \dfrac{ee}{d^3}, D = \dfrac{-e^3}{d^4}, \cdots$，即

$$\frac{1}{d + e} = \frac{1}{d} - \frac{e}{dd} + \frac{ee}{d^3} - \frac{e^3}{d^4} + \cdots$$

例 7　同理 $(d + e)^{-3}$，即连除以三次 $d + e$，或者除以 $d + e$ 的立方，即

$$\frac{1}{d^3} - \frac{3e}{d^4} + \frac{6ee}{d^5} - \frac{10e^3}{d^6} + \cdots$$

例 8　$(d + e)^{-\frac{1}{3}}$，得

$$\frac{1}{d^{\frac{1}{3}}} - \frac{e}{3d^{\frac{4}{3}}} + \frac{2ee}{9d^{\frac{7}{3}}} - \frac{14e^3}{81d^{\frac{10}{3}}} + \cdots$$

例 9　$(d + e)^{-\frac{3}{5}}$，有

$$\frac{1}{d^{\frac{3}{5}}} - \frac{3e}{5d^{\frac{8}{5}}} + \frac{12ee}{25d^{\frac{13}{5}}} - \frac{52e^3}{125d^{\frac{18}{5}}} + \cdots$$

按照同样的法则，我们可以对数（以及其他式子等）按幂展开，其借助于除以幂，或除以幂根式，以获得更高次幂的开方，等等.

§9 牛顿论分数与负指数幂的二项式定理

（本文由俄亥俄州克利夫兰西储大学女子学院的 Eva M. Sanford 教授译自拉丁文）

艾萨克·牛顿是第一个提出了负指数和分数指数的二项式定理的人. 这个定理出现在 1676 年 6 月 13 日写给奥尔登堡的信中, 奥尔登堡是英国皇家学会的秘书. 莱布尼茨曾问过牛顿无穷级数的研究, 在收到回信之后, 莱布尼兹邀请牛顿进一步讨论相关细节, 同年 10 月 24 日牛顿回信给莱布尼茨. 这两封信都被印在 *Commercium Epistolium* 上（1712 年）, 其他关于牛顿与莱布尼茨的争论也被印在 *Commercium Epistolium* 上.

1. 1676 年 6 月 13 日的信件[①]

在最近您转寄给我的莱布尼茨先生一封信的摘录中, 他出于谦虚, 将目前引起讨论的无穷级数理论归功于我们的同胞,[②]我毫不怀疑, 正如莱布尼茨本人声明的那样, 他不仅找到了任何量化这类级数的方法, 而且创造了各种简明公式, 与我们的研究很相似, 如果不是更好的话.

不过, 因为他很想知道英国人在这方面的发现（几年前我自己也曾钻研过这一理论）, 所以我将自己得到的一点结果寄给您, 以满足（至少是部分地满足）他的要求.

用除法可以把分数化成无穷级数, 用开方法可以把不尽根化成无穷级数. 这些符号运算的进行, 就像通常十进制数情形一样.[③]这是无穷级数方法的基础.

通过定理

$$(P + PQ)^{\frac{m}{n}} = P^{\frac{m}{n}} + \frac{m}{n}AQ + \frac{m-n}{2n}BQ + \frac{m-2n}{4n}CQ + \frac{m-3n}{4n}DQ + \cdots$$

大大简化了开方的运算, 其中 $P + PQ$ 表示这样一个量, 它的根或任何次幂, 即任何次方根, 乃是我们所求的, P 是这个量的第一项, Q 是被第一项除过的诸项

---

① *Commercium Epistolium*（1712, 1725 年版, 131 ~ 132 页）.

② 也许早在 1666 年, 牛顿就告诉过巴罗和其他人, 他在无穷级数中如何研究曲线围成的面积, 但是直到 1704 年, 这个研究才作为附录在牛顿的《光学》上发表.

③ 即"代数的数". 牛顿在《普遍算术》（1707, 1728 年版）中曾说"计算要么像普通算术那样进行, 要么像代数那样进行".

之余项，$\frac{m}{n}$ 是 $P+PQ$ 的幂指数．它可以是整数或者分数；正数或者负数．正如分析学家习惯把 aa 和 aaa 写成 a^2 和 a^3 一样，我把 $\sqrt{a}$，$\sqrt{a^3}$，$\sqrt{a^5}$，… 写成 $a^{\frac{1}{2}}$，$a^{\frac{3}{2}}$，$a^{\frac{5}{2}}$，…，把 $\frac{1}{a}$，$\frac{1}{aa}$，$\frac{1}{aaa}$，… 写成 a^{-1}，a^{-2}，a^{-3}，…，把 $\dfrac{aa}{\sqrt[3]{a^3+bbx}}$ 写成 $aa \times (a^3+bbx)^{-\frac{1}{3}}$，把 $\dfrac{aab}{\sqrt[3]{(a^3+bbx)^2}}$ 可以写成 $aab \times (a^3+bbx)^{-\frac{2}{3}}$，在最后一个例子中，用 $(a^3+bbx)^{-\frac{2}{3}}$ 代替公式中的 $P+PQ$，将会得到 $P=a^3$，$Q=bbx/a^3$，$m=-2$，$n=3$，在计算过程中要求的各商项用 A，B，C，D 等来表示，因此 A 表示第一项 $p^{\frac{m}{n}}$，B 表示第二项 $\frac{m}{n}AQ$，依此类推．我们将通过例子说明上述法则的使用．[1]

……

2. 1676 年 10 月 24 日的信件[2]

这是我之前描述推导无穷级数的方法，现在我来给出另一种方法，在我知道现在我所用的除法和开方法之前，就发现了这些级数．对这个方法的解释将会是我在前一封信中所给定理的根据，这也是莱布尼茨博士对我的期望．

大约在我的数学生涯初期，那时我们杰出的同胞沃利斯[3]博士的著作刚刚被我拿到，他考虑到级数，用级数插入法求出了圆和双曲线的面积．换句话说，在以 x 为横坐标、纵坐标分别为

$$(1-x^2)^0，(1-x^2)^{\frac{1}{2}}，(1-x^2)^1，(1-x^2)^{\frac{3}{2}}，(1-x^2)^2，(1-x)^{\frac{5}{2}}$$

的曲线所组成的序列中，如果能插入每隔一条曲线的面积，即插入

$$x，x-\frac{1}{3}x^3，x-\frac{2}{3}x^3+\frac{1}{5}x^5，x-\frac{3}{3}x^3+\frac{3}{5}x^5-\frac{1}{7}x^7，\cdots$$

那我们就会得到中间那些曲线的面积，其中第一条曲线就是圆 $(1-x^2)^{\frac{1}{2}}$，为了对这些级数作插值，我注意到每个级数中第一个项是 x，第二项是 $\frac{0}{3}x^3$，$\frac{1}{3}x^3$，$\frac{2}{3}x^3$，$\frac{3}{3}x^3$，…，则形成算术级数，因此在这些级数前两项的插值应为

---

[1] 例子说明了该公式在指数是 $1/2,1/5,-1/3,4/3,5,-1,-3/5$ 的情况下的应用．

[2] 见《通报》（*Commercium Epistolium*）（1712,1725 年版,142～145 页），这封信的开头引用了莱布尼茨对级数的研究．

[3] 牛津大学约翰·沃利斯（1616—1703）教授，他的《无穷小算术》于 1655 年出版．后来，牛顿为沃利斯的《代数学》写了一篇附录．

$$x - \frac{1}{3}\left(\frac{1}{2}x^3\right), \, x - \frac{1}{3}\left(\frac{3}{2}x^3\right), \, x - \frac{1}{3}\left(\frac{5}{2}x^3\right), \cdots$$

为了计算其他项的插值,我考虑到其分母 $1,3,5,7,9,\cdots$ 形成算术级数,从而只需要研究这些项的分子的数值系数即可. 此外在给定的级数中,这些分子的系数构成 11 的乘幂,即 11^0 或 $1,11^2$ 或 $121,11^3$ 或 $1\,331,11^4$ 或 $14\,641,11^5$ 或 $161\,051,\cdots$,我进一步考虑这样的问题:若已知这些级数的前两个数,如何推算其他的数,我发现若设第二个数为 m,其余各项的分子可以通过这个级数的各项依次连乘得到

$$\frac{m-0}{1} \times \frac{m-1}{2} \times \frac{m-2}{3} \times \frac{m-3}{4} \times \frac{m-4}{5} \times \cdots$$

例如,设(第二项)$m=4$,则第三项是 $4 \times \frac{1}{2}(m-1)$,就是 6,第四项是 $6 \times \frac{m-2}{3}$,就是 4,第五项是 $4 \times \frac{m-3}{4}$,就是 1,第六项是 $1 \times \frac{m-4}{5}$,就是 0,在该例中级数到此终止.

因此,我用这个法则来求插入级数. 又因为对于圆来说,已知第二项是 $\frac{1}{3}\left(\frac{1}{2}x^3\right)$,所以我就设 $m = \frac{1}{2}$,这样就得到第三项的分子系数是 $\frac{1}{2} \times \dfrac{\frac{1}{2}-1}{2}$,即 $-\frac{1}{8}$,第四项的分子系数是 $-\frac{1}{8} \times \dfrac{\frac{1}{2}-2}{3}$,即 $+\frac{1}{16}$,第五项的分子系数是 $\frac{1}{16} \times \dfrac{\frac{1}{2}-3}{4}$,即 $-\frac{5}{128}$,依此类推以至无穷. 通过这些我知道要求的圆面积的四分之一是

$$x - \frac{\frac{1}{2}x^3}{3} - \frac{\frac{1}{8}x^5}{5} - \frac{\frac{1}{16}x^7}{7} - \frac{\frac{5}{128}x^9}{9} - \cdots$$

用同样的推理,求要插入的其余曲线面积,例如抛物线以及纵坐标由

$$(1-x^2)^0, \, (1-x^2)^{\frac{1}{2}}, \, (1-x^2)^1, \, (1-x^2)^{\frac{3}{2}}, \cdots$$

表示的诸曲线的面积.

同样的插值理论还可以用于其他插入级数,以及同时空隔两位或更多位的情形.

这就是我在这方面的最新研究;如果我几周前没有重新查阅过去的笔记,那么它肯定会从我的记忆中溜走的.

但是当我认识到上述事实后,我很快就想到

$$(1-x^2)^0, (1-x^2)^1, (1-x^2)^2, (1-x^2)^3$$

也就是

$$1, 1-x^2, 1-2x^2+x^4, 1-3x^2+3x^4-x^6, \cdots$$

其也可像它们产生的面积那样进行插值,为此只需将表示面积的项中出现的分母 $1,3,5,7,\cdots$ 略去即可. 这意味着插入量 $(1-x^2)^{\frac{1}{2}}$ 或 $(1-x^2)^{\frac{3}{2}}$,或者更一般的 $(1-x^2)^m$ 等的系数,可以由这个级数的各项连乘得到

$$m \times \frac{m-1}{2} \times \frac{m-2}{3} \times \frac{m-3}{2} \times \cdots$$

因此,(例如)

$$(1-x^2)^{\frac{1}{2}} \text{是} 1 - \frac{1}{2}x^2 - \frac{1}{8}x^4 - \frac{1}{16}x^6 - \cdots \text{之值}$$

$$(1-x^2)^{\frac{3}{2}} \text{是} 1 - \frac{1}{2}x^2 + \frac{1}{8}x^4 + \frac{1}{16}x^6 - \cdots \text{之值}$$

$$(1-x^2)^{\frac{1}{3}} \text{是} 1 - \frac{1}{3}x^2 - \frac{1}{9}x^4 - \frac{1}{81}x^6 - \cdots \text{之值}$$

于是就得到了我在上一封信开头所提到的将根式展为无穷级数的一般法则,并且是在我知道开方法之前.

然而一旦知道了这一法则,其他一切就昭然若揭了. 为了验证这些运算,我将 $1 - \frac{1}{2}x^2 - \frac{1}{8}x^4 - \frac{1}{16}x^6 - \cdots$ 进行平方运算,得到 $1-x^2$,其他项随着级数无限展开而消去. 类似地,将 $1 - \frac{1}{3}x^2 - \frac{1}{9}x^4 - \frac{5}{81}x^6 - \cdots$ 进行立方运算,结果还是 $1-x^2$,这不仅证明了上述结论,还促使我去做相反的尝试,即这些已被确认为量 $1-x^2$ 的根的级数,是否能通过算术途径开方得到呢? 以上尝试很顺利.

弄清这点后,就完全不考虑级数的插值法了,只是把上述运算作为更自然的基础,关于用除法展开级数,也没有任何秘密,这无论如何是更简单的事情.

§10 莱布尼茨和伯努利论多项式定理

（本文由纽约市叶史瓦大学 Jekuthiel Ginsburg 教授译自拉丁文）

1695 年 5 月 16 日莱布尼茨写给约翰·伯努利（John Bernoulli）的信中,提到他发现了确定任意次幂多项式系数的法则. 这导致了他们之间的一些通信出现在 Commercium Philosophicum et Mathematicum（洛桑和日内瓦,1745 年）. 这封信的摘录在译文中给出,脚注解释了它们的出处. 雅各布·伯努利在他的

《猜度术》中讨论了这个问题(于他去世后的 1713 年在巴塞尔出版),他的方法在莱布尼茨与他弟弟约翰的通信摘录后给出.

雅各布·伯努利在他去世后出版的论文集(第 2 卷,日内瓦,1744 年,995 ~ 996 页)上的一篇论文中再次提到了同样的问题. 它是将多项式定理应用于按 x 的升幂排列的无穷级数相关的但更复杂的问题的一种尝试. 这一尝试的灵感来源于棣莫弗于 1697 年和 1698 年发表在《哲学汇刊》中关于"无限"的两篇文章中的一篇. 很显然,伯努利的做法是应用先前发现的定理,首先是应用于无穷多项的情况,然后应用于按 x 的升幂排列的无穷级数. 然而这个做法并没有突破一些理论性的束缚,几乎不具有实际的适用性.

这个寻找无穷幂级数的特殊问题一直是许多论文的主题,其中第一个是棣莫弗的论文.

1. 莱布尼茨写给约翰·伯努利的信,1695 年 5 月 16 日

我已经想到了一个关于求幂级数系数的奇妙法则,不仅适用二项式 $x + y$,还适用于三项式 $x + y + z$,事实上任何多项式都符合这个法则;因此,当给定指数比如十次幂时,它包含的项,如 $x^5 y^3 z^2$,应该可以给出其系数,它一定是……

2. 约翰·伯努利写给莱布尼茨的信,1695 年 6 月 8 日

我们取任意多项式 $s + x + y + z + \cdots$,令其指数为 r,按要求找到项 $s^a x^b y^c z^e \cdots$ 的系数,我断言系数将是

$$\frac{r \cdot (r-1) \cdot (r-2) \cdot (r-3) \cdot (r-4) \cdots (a+1)}{1 \cdot 2 \cdot 3 \cdots b \cdot 1 \cdot 2 \cdot 3 \cdots c \cdot 1 \cdot 2 \cdot 3 \cdots e \cdots}$$

也就是说,所求的系数将由算术级数的所有项的乘积给出,从多项式的幂数开始,并减小 1,直到达到比第一个项的幂大 1 的数字为止,将这些数相乘,得到的乘积除以除第一项以外的所有算术级数的所有项的乘积,即从 1 分别增加到所有字母的幂数的乘积,第一个字母除外. 注意在运算之前,冗长的除法和相当大的乘法部分可能会消去,因为各项分子和分母有公因式. 我们接受你的建议并给出下面这个例子,如果要求三项式 $s + x + y$ 的 10 次幂中项 $s^5 x^3 y^2$ 的系数,则有 $r = 10$,$b = 3$,$c = 2$,代入到一般公式中. 将会得到要求的系数为
$\frac{10 \cdot 9 \cdot 8 \cdot 7 \cdot 6}{1 \cdot 2 \cdot 3 \cdot 1 \cdot 2} = 10 \cdot 9 \cdot 4 \cdot 7 = 2\,520$,如果在四项式 $s + x + y + z$ 的 20 次幂中求 $s^8 x^6 y^4 z^2$ 的系数,将会得到

$$\frac{20 \cdot 19 \cdot 18 \cdot 17 \cdot 16 \cdot 15 \cdot 14 \cdot 13 \cdot 12 \cdot 11 \cdot 10 \cdot 9}{1 \cdot 2 \cdot 3 \cdot 4 \cdot 5 \cdot 6 \cdot 1 \cdot 2 \cdot 3 \cdot 4 \times 1 \cdot 2}$$

$= 19 \cdot 17 \cdot 5 \cdot 7 \cdot 13 \cdot 12 \cdot 11 \cdot 10 \cdot 9 = 1\,745\,944\,200$

很高兴看到你的法则,我们将会检验这些法则的正确性,因为你的方法可

能更简单.

3. 雅各布·伯努利——《猜度术》

这里要注意在多项式组合和幂之间的字母的特殊位置,在本章的开头已经表明为了找到所有字母 a,b,c,d 的"二次项",每一个字母都必须放在其他每个字母(包括字母本身)的前面;为了得到"三次项",每一个"二次项"都必须放在每一个字母的前面. 而求 $a+b+c+d$ 的二次幂、三次幂或者更高次幂时,遵循同样的方法. 由此得出,当同一符号被视为任意多项式的一部分时,"二次"将代表所有平方项,"三次"则代表立方项,"四次"代表四次幂项. 幂的项将由各个字母的组合结合幂指数所指示的顺序来表示.

然而,由于所有包含相同字母的项以不同的方式排列,但表示同一个量,为了简洁起见,应将它们组合成一项. 在组合之前,应该预先确定这类同类项的数目,将这个数称为这一项的系数. 很明显任何一项的系数都等于它的组合数. 项的总数等于可以由基元构成的幂指数的组合数. 可在第五章中求解这个数.

这一发现的巨大价值可以从这样一个事实中看出:通过这种方式,可以迅速地确定一个多项式的项数和任一项的系数. 因此,例如三项式 $(a+b+c)$ 的十次幂,由第五章法则可知,它有 $\dfrac{11 \cdot 12}{1 \cdot 2} = 66$(项),由第一章法则二可知,$a^5 b^3 cc^1$ 的系数是

$$\frac{1 \cdot 2 \cdot 3 \cdot 4 \cdot 5 \cdot 6 \cdot 7 \cdot 8 \cdot 9 \cdot 10}{1 \cdot 2 \cdot 3 \cdot 4 \cdot 5 \cdot 1 \cdot 2 \cdot 3 \cdot 1 \cdot 2} = 2\ 520$$

类似地,四项式 $a+b+c+d$ 的三次幂有 $\dfrac{4 \cdot 5 \cdot 6}{1 \cdot 2 \cdot 3} = 20$(项),$aab$ 和 abc 的系数分别是 3 和 6.

§11　霍纳法

（本文由纽约市哥伦比亚大学教师学院 Margaret McGuire 选编）

威廉·乔治·霍纳(1786—1837)在布里斯托尔附近的金斯沃学校接受教育,但没有接受过大学教育,他也不是著名的数学家. 1809 年,他在巴斯建立了一所学校,他一直在那里工作直到去世. 在那里他发现了求解高次方程的近似根方法,这是他唯一的成就. 他的方法与中国人在 13 世纪发展起来的方法非常相

似,在公元 1250 年左右,被秦九韶完善.①这与 1804 年保罗·鲁菲尼(1756—1822)得到的求解近似根方法非常相似.②然而,霍纳和鲁菲尼可能都不知道对方的工作,也不知道中国古代人的方法.显然霍纳对以前的事情知之甚少,因为他在文章中并没有提到过韦达、哈里奥特、奥特雷德或沃利斯的贡献.

这篇论文转载自霍纳于 1819 年 7 月 1 日在皇家学会宣读的第一篇关于近似值的文章,发表在英国皇家学会《哲学汇刊》上,1819 年,308 ~ 335 页.现代数学学生在将其与现代课本中简单、基本的解释进行比较时,会立即注意到霍纳的处理方式的长度和难度.谈到在汇刊上发表文章时,T. S. Davies 说:"这个课题的基本特征是被提出异议;他对这一问题的深奥处理方式就是异议的通行证."这篇论文被转载在 1838 年的 Ladies' Diary 上,并出版了两次修订本,第一次在莱伯恩的 Repository(1830)出版,第二次(去世后)发表在《数学家》的第一卷(1845 年).霍纳在其最初的文章中利用泰勒定理,用微积分的方法得到了他的变换,但在他的修正中,他使用了普通代数,并对这一过程给出了更简单的解释.

W. G. 霍纳与戴维·吉尔伯特交谈,连续逼近法解所有次代数方程的新方法③.

(1)本文所要建立的过程,只不过是在一个新的方向下提出的导数计算中的主导定理,可以看作是一种普遍的计算工具,可以推广到各种函数的组合和分析,并且在方程的数值解中有很强的应用.

(2)阿博加斯特(Arbogast,1759—1803)对 $\varphi(\alpha + \beta x + \gamma x^2 + \delta x^3 + \varepsilon x^4 + \cdots)$ 的研究(见他的《微分计算》§ 33),假设括号内的所有系数在 φ 作用之前都是已知的,求解 $\gamma,\delta,\cdots$ 取决于部分函数 $\varphi(\alpha + \beta x)$,$\varphi(\alpha + \beta x + \gamma x^2)$,$\cdots$,这是完全不适用的.在确保把函数符号单独附加在 α 的前提下,应该存在一个满足这一缺陷的定理,但这似乎并没有引起数学家们的注意,在某种程度上,它的受重视程度与研究的效用成正比.这正是我想要的,我所追求的一系列考虑都非常简单;由于他们受到特殊算术条件的约束,并且已经得到了最大限度的贯彻,结果似乎拥有了所期望所有的和谐性和简单性;并且具有连续性和完美的精确性,

① 史密斯,《数学史》(纽约,1925 年)第二卷,第 381 页.

② 卡乔里"鲁菲尼考虑过霍纳近似方法",美国数学学会通讯,XVII(1911 年),409 ~ 414页.

③ 作者在向伦敦皇家学会申请接受和认可这篇论文的唯一目的是,以保障他的有用的发现不受争议.虽然这是一种纯粹数学推测的产物,但他当然可以称之为"有用的";在所有关于纯粹数学的研究中,近似这一课题是最直接的,也是最常与计算的实际需要相联系的.

从结果来看,他很幸运,他思考的这个问题是满足计算要求的,算术和代数过程都得到一定程度的改进,并得到了更紧密的结合.这样就使计算的过渡变为平缓而一致的过程.

甚至比最常用的方法都要有某种程度的便利.

下面是方法研究.

（3）对于一般方程

$$\varphi x = 0$$

假设 $x = R + r + r' + r'' + \cdots$，保证二项式和运算的连续性，先后令

$$x = R + z = R + r + z'$$
$$= R' + z' = R' + r' + z'$$
$$= R'' + z'' = \cdots$$

其中，R^n 表示 x 的全部部分，并且被 φ 作用，不考虑 $z_x = r^x + z^{x'}$ 的情形；但其中一部分 r^x 马上就要用到，从 z 到 R，即由 φR^x 得到 $\varphi R^{x'}$，且不需再去纠正过程.

（4）根据泰勒定理，将阿博加斯特法则更简洁地记为

$$\varphi x = \varphi(R + z) = \varphi R + D\varphi R \cdot z + D^2 \varphi R \cdot z^2 + D^3 \varphi R \cdot z^3 + \cdots$$

其中，$D^n \varphi R$ 可理解为 $\dfrac{d^n \varphi R}{1 \cdot 2 \cdot \cdots \cdot n \cdot dR^n}$，即 R 的 n 阶导数；阿博加斯特称其为"除式导数"，并且通过一个下标 c 来区分. 由于没有必要引用任何其他形式的导数函数，为了方便起见，我删除了这个独特的符号. 有时，这些导数将用 $a, b, c, \cdots$ 表示.

（5）假设 φR 和它的导数已知，则 $\varphi R'$ 或 $\varphi(R + r)$ 值的形式是显然的. 所以在准备研究拉格朗日的函数理论时，我们只需讨论拉格朗日法

$$\varphi R' = \varphi R + Ar$$
$$A = D\varphi R + Br$$
$$B = D^2 \varphi R + Cr$$
$$C = D^3 \varphi R + Dr$$
$$\cdots\cdots$$
$$V = D^{n-2} \varphi R + Ur$$
$$U = D^{n-1} \varphi R + r$$

再进行逆向运算，即可快速地得到 $\varphi(R + r)$ 或 $\varphi R'$ 的值. 此条即被称为定理 I.

（6）应用相似原则去求解 $\varphi(R + r + r') = \varphi(R' + r') = \varphi R''$ 的值，这里我们有

$$\varphi R'' = \varphi R' + A'r'$$
$$A' = D\varphi R' + B'r'$$
$$B' = D^2 \varphi R' + C'r'$$
$$C' = D^3 \varphi R' + D'r'$$
$$\cdots\cdots$$
$$V' = D^{n-2} \varphi R' + U'r'$$

$$U' = D^{n-1}\varphi R' + r'$$

但是前面的运算仅能够确定 $\varphi R'$ 的值,无法确定其他导函数的值. 因此,我们在第一个过程中如此迅速地求出已知量的大小,在后面的过程中便有可能失败.

(7)我们仍然可以将这些公式化为已知项,对此通常我们有 $D^r D^s \varphi \alpha = \dfrac{r+1}{1}$ ·

$\dfrac{r+2}{2} \cdot \cdots \cdot \dfrac{r+s}{s} D^{r+s} \varphi \alpha$;对 $D^m \varphi R' = D^m \varphi(R+r)$ 逐项应用类似的化简,我们得到①

$$D^m \varphi R = D^m \varphi R + \frac{m+1}{1} D^{m+1}\varphi R . r + \frac{m+1}{1} \cdot \frac{m+2}{2} D^{m+2}\varphi R \cdot r^2 +$$

$$\frac{m+1}{1} \cdot \cdots \cdot \frac{m+3}{1} D^{m+3}\varphi R \cdot r^3 + \cdots$$

显然,通过引入字母 $A, B, C, \cdots$ 替换函数表达式,可将这个表达式简化,且也满足我们逐次求导的原则.

(8)作为一般的例子,设

$$M = D^m \varphi R + Nr$$
$$N = D^{m+1}\varphi R + Pr$$
$$P = D^{m+2}\varphi R + Qr$$
$$\cdots\cdots$$

表示第(5)条表达式中的任意后续步骤,则有

$$D^m \varphi R = M - Nr$$
$$D^{m+1}\varphi R = N - Pr$$
$$D^{m+2}\varphi R = P - Qr$$
$$\cdots\cdots$$

通过代换这些等式,得到

$$D^m \varphi R' = M + mNr + \frac{m}{1} \cdot \frac{m+1}{2} Pr^2 + \frac{m}{1} \cdot \frac{m+1}{2} \cdot \frac{m+2}{3} Qr^3 + \cdots$$

(9)现在我们重新回到第6条的过程,利用已得到的关系式它就变成

$$\varphi R'' = \varphi R' + A'r'$$
$$A' = (A + Br + Cr^2 + Dr^3 + Er^4 + \cdots) + B'r'$$
$$B' = (B + 2Cr + 3Dr^2 + 4Er^3 + \cdots) + C'r'$$
$$C' = (C + 3Dr + 6Er^2 + \cdots) + D'r'$$

---

① 4是7的特例($m = 0$),在一定限制条件下经常使用,以帮助方程的转换. 哈雷的分析,牛顿的极限方程,辛普森代数的公式都是类似的例子. 在一种更受限制的形式中($r = 1$;$R = 0,1,2,\cdots$),它构成了布达新法;当然拉格朗日的描述最具有简单性和简洁性. 之后的篇幅中将会强调,因为这个方法应用得非常好;但它被认为是一种近似工具,其冗长的运算步骤与缓慢的计算速度使其应用范围受限. 正如勒让德评价的那样,这些方法缺乏创造性.

$$\cdots\cdots$$

$$V' = \left(V + \frac{n-2}{1}Ur + \frac{n-2 \cdot n-1}{1 \cdot 2}r^2\right) + U'r'$$

$$U' = \left(U + \frac{n-1}{1}r\right) + r'\cdots$$

在这之前是进行逆向运算,通过确定 $U', V', \cdots, C', B', A'$,从而求出 $\varphi R''$ 的值.此条即被称为定理 II.

(10)在这个定理中,已经发现了逐次求导原理的所有性质;在这些公式中,很明显下一个函数 $U'', V'', \cdots, C'', B'', A'', \varphi R'''$,通过将 $A, B, C, \cdots, V, U, \varphi R', r, r'$ 替换为 $A', B', C', \cdots, V', U', \varphi R'', r', r''$ 得到;下一步再替换 $U'', V'', \cdots$;依此类推,得到我们想要的结果.从代数的角度考虑,第 9 条中的计算步骤完美地回答了第(2)条中最后提出的问题.

(11)我们还认识到,在算术技巧方面已经取得了一些进步;这里所使用的系数都比在变换 n 次方程时自然出现的系数低一阶,但我们更希望,这些系数可以完全消失.如果系数发生变化,那么除了根的连续修正外,不会有乘数存在,因此,在简单的情况下,除法运算将与平方根从属于同一类别.

(12)研究下面三条内容的性质即相当于研究 m 次级数第 n 次的性质;

I. $m+1$ 次级数的第 n 项与第 $n-1$ 项之差.

II. $m-1$ 次级数的前 n 项和.

III. $m-1$ 次级数的前 n 项和,m 次级数的前 $n-1$ 项和.

(13)为此,我们将第 9 条的结果表示如下

$$\varphi R'' = \varphi R' + A'r'$$
$$A' = A_1 + B'r'$$
$$B' = B_2 + C'r'$$
$$C' = C_3 + D'r'$$
$$\cdots\cdots$$
$$V' = V_{n-2} + U'r'$$
$$U' = U_{n-1} + r'$$

自首项开始幂指数与定理公式中的表示级数系数的字母相关联.

(14)虽然这一陈述似乎只回到了第(6)条的条件,以及它们的种种不足,但是其将

$$A_1 \text{ 替换 } D\varphi R' \text{ 或 } a'$$
$$B_2 \text{ 替换 } D^2\varphi R' \text{ 或 } b'$$
$$C_3 \text{ 替换 } D^3\varphi R' \text{ 或 } C'$$
$$\cdots\cdots$$

根据刚才提到的性质，$A, B, C, \cdots$ 已经消去，需要被再次设出来，为了继续研究第 (8) 条中得到的 $D^m \varphi R'$，需要进行以下分析

$$M + mNr + \frac{m \cdot \overline{m+1}}{1 \cdot 2} Pr^2 + \frac{m \cdot \overline{m+1} \cdot \overline{m+2}}{1 \cdot 2 \cdot 3} Qr^3 + \cdots$$

$$= M + Nr + Pr^2 + Qr^3 + \cdots +$$

$$Nr + 2Pr^2 + 3Qr^3 + \cdots + Nr + 3Pr^2 + 6Q^3 + \cdots +$$

$$Nr + mPr^3 + \frac{m \cdot \overline{m+1}}{1 \cdot 2} Qr^3 + \cdots$$

将字母替换后，可等价地表示为：$M_n = M + N_1 r + N_2 r + N_3 r + \cdots + N_m r$，回到我们的定理，现在我们有

$$\varphi R'' = \varphi R' + A'r'$$

$$A = (A + B_1 r) + B'r'$$

$$B' = (B + C_1 r + C_2 r) + C'r'$$

$$C' = (C + D_1 r + D_2 r + D_3 r) + D'r'$$

$$\cdots\cdots$$

$$V' = (V + U_1 r + U_2 r + U_3 r + \cdots + U_{n-1} r) + U'r'$$

$$U' = (U + \overline{n-1} \cdot r) + r'$$

此条即定理 III.

（15）这个定理使用了与定理 II 完全相同的系数原理，但经过重要的改进，我们很容易证明新引入的函数无误. 如果我们在等价于 M_m 的一般公式中展开任意一个加数 $N_k r$，并利用级数的性质 III 进行分析，我们会发现

$$M_k r = N_{k-1} r + P_k rr$$

由于我们在定理的范围内以逆序或升序来计算，但这个公式仅告诉我们乘以加数 r，并将这个乘积与另一个已知的加数相加；如果我们在降幂下观察，从最高次幂直到一次幂的运算，我们会观察到，当加到最后一个导数项时，r 运算了 $n-1$ 次.

（16）因为 $N_0 = N$，为了统一起见，括号外的加数可以写成 $N_0' r'$. 整体的协调性将会更加全面地展现出来. 为了使它更简洁，我们可以把它看作是因子 $r, r', \cdots$. 但与刚才所述的不同，即在下述的推导过程中它们是多余的，并且容易造成歧义. 因此假设 $_k N = N_k r$，我们有

$$\varphi R'' = \varphi R' + {}_0 A'$$

$$A' = (A + {}_1 B) + {}_0 B'$$

$$B' = (B + {}_1 C + {}_2 C) + {}_0 C'$$

$$C' = (C + {}_1 D + {}_2 D + {}_3 D) + {}_0 D'$$

$$\cdots\cdots$$

$$V' = (V +_1 U +_2 U +_3 U + \cdots +_{n-2} U) +_0 U'$$
$$U' = (U + (n-1)r) + r' \cdots$$

从而得到推导过程.

(17)迄今为止,只有在已知 $x = R + r + r' + \cdots$ 的情况下,这个定理才给出 φx 的复合. 为了推导逆过程或分析过程,我们只需要从 φx 值中减去第一个方程的两边,则假设 $\varphi x - \varphi R^x = \Delta^x$,则有

如定理 I 所示

$$\Delta' = \Delta -_0 A$$
$$A = a +_0 B$$

如定理 II 或定理 III 所示

$$\Delta'' = \Delta' -_0 A'$$
$$A' = (A +_1 B) +_0 B'$$

$R, r, r', \cdots$ 的计算将在后继计算中详细解释. 同时,我们注意到,这些结果同样适用于常用公式 $\varphi x = $ 常数,或者 $\varphi x = 0$.

(18)至此为止,前面的研究就告一段落. 之后,计算者便可以忽略加法的代数复合. 他可以仅仅根据对应的符号来看他们所代表的数字.

阐　释

(19)下面将被提出的评析均是基于定理的解析部分给出的. 只有当一阶导数计算不复杂的情况下,复合才有所不同. 这个函数与求根没有任何关系,它的系数像其他函数一样由加法得到,而不是减法.

从所用符号的无限制性质来看,显然,在我们的构思中没有哪一类方程被排除在外,无论是有限的、无理的还是超越的. 事实上在这方面,新方法与常用的近似法一致,许多代数学家在使用这些方法时,以及将它们与具有较高准确性的过程进行比较时都忽略了这一点. 把他们的方法和我们的方法区别开来的根本特征是:他们只对一阶导与二阶导进行运算,忽视了所有其他阶导数带来的影响. 而我们对所有阶导数均进行计算.

(20)关于这些导数,几乎没有说的必要,因为它们的性质是众所周知的. 我们可以把它们看成微分系数,即牛顿极限方程或变换 $R + z$ 方程的数值系数. 根据最后得到的方法及结论足以确定它们,在大多数情况下,常用解法是足够的,即在有限的方程中,R 是 x 的一个极限值,很容易被求得. 当由于一些根是虚数或是小数[①]时而产生困惑的时候,必须调用第二种表示法. 一般来说,当 φx

---

① 霍纳没有说明如何分离两个几乎相等的根. 他在《利伯恩全集》上发表的第二篇论文进行了详细的讨论,第 V 卷,第二部分,伦敦,1830,21 ~ 75 页.

是无理的或是超越的时,用第一种表示法.

(21)事实上,我们的定理包含了极限和证明虚根存在的必要条件,这表明它对实根的发展有着重大意义,而不依赖于 R. 出于这个目的,我们假设 $R=o$;$r,r,\cdots=1$ 或 $.1\cdots$. 并采用定理 II 中的算法,即可找到 R^x,x 的一个明确极限值. 因为这些初始研究似乎更依赖简单导数 $a,b,\cdots$,而不是 $A,B,\cdots$. 事实上,只要 r 是假设的或者独立于 R 的,我们的求导过程就没有特殊的优势;所以我更喜欢用通常的方式应用极限公式,然而,从一列传递到另一列的结果,首先采用了第 7 条的注释中所建议的简洁算法,然后再采用拉格朗日当列数超过方程的维数时使用差方法.(见附录)

如果在此过程中根据德古阿的观点,无论何时 φx 的所有根都是实的,当 $D^m\varphi x=0$ 时,$D^{m-1}\varphi x$ 和 $D^{m+1}\varphi x$ 的符号相反,所以我们没有必要对虚根进行更深入的研究. 在每一列中,o 的出现在与结果的符号相关,将得到一对截然不同的虚根;即使这一对根的符号变化是同时发生的,也会引发一定质疑. 通常情况下,根据已知条件,推翻或证实.

(22)我认为,这个方法使问题更加清楚,使问题的解决更加严谨;其原因在于它与我们应用的规则密切相关,更多的是因为它使极限的实际研究变得极其简单. 这里举一个或两个熟悉的例子来说明.

例 1 方程 $x^4-4x^3+8x^2-16x+20=0$,有实根吗?

$x=$	0	1	2
	20	9	4
	−16	−8	0
	8	2	8
	−4	0	4
	1	1	1

这里第一列是取已知系数的逆序得到的. 在第二列,9 等于第一列的和,$-8=-16+2(8)+3(-4)+4(1),2=8+3(-4)+6(1),\cdots$. 第三列是由第二列通过同样的过程得到的. 我们不多做陈述. 根据第二列的 2,0,1,第三列的 4,0,8,可证明方程有两对虚根,所以方程没有实根.

例 2 确定 $x^3-7x+7=0$ 的正根的极限.

类似于前一个例子的计算,我们有

$x=$	0	1	2
	7	1	1
	−7	−4	5
	0	3	6
	1	1	1

因为所有的符号都是正的,2 比其他正实根都大. 且显然在 −4 和 5 之间,对应函数的一阶导数为 0,二阶导数值也是有效的. 但是由于主要结果是收敛的,但是在这个间隔内子序列发散,所以我们不能立即得出与该符号相关的结论. 我们将继续完成这些转换

$x=$	1.0	1.1	1.2	1.3	1.4	1.5	1.6	1.7
	1 000	631	328	97	−56	−125	−104	13
	−400	−337	−268					
	30	33	36					
	1	1	1					

在这里,第一列是在 $x=1$ 的基础上,根据其对应函数的维数来在其后填上相同维数个 0;第二列和第三列和 97 均是由前一个例子得到的;余下的数通过差分,扩充级数 1000,631,328,97. 我们不需要继续进行研究,因为主结果中的符号变化表明,问题中根的第一个数字是 1.3 和 1.6. 但是如果我们继续对所有的行做差分,那么这些数字下的列将给出 $\varphi(1.3+z)$ 和 $\varphi(1.6+z)$ 的系数.

(23)假设已经确定 R,在这个方程中用 $R+z$ 替换 x,从而方程变换为 $\Delta = az+bz^2+cz^3+dz^4+\cdots$,对于后一个方程,我们对定理的分析部分更容易被采纳. 由简单映射表明,无论它们是二项或是广义的,只要完成 R 的变换,那么我们的方法对于所有同阶的方程就都是完全相同的. 因此下面描述一个熟悉的算术过程,表达我们对广义微积分的一般想法,并避免任何必要的正规概念.

在研究过程中,第一步是独一无二的,如果不借助记忆,则只能是试探性的探索. 整个后续过程可以定义成除以一个变量除数的过程. 为了证实这个想法,在算术学者的实践中我们可以发现,除了平方根以外,我们不能对任何根开方;对于这一点,直到最近才有所突破. 其中,从一个除数到另一个除数时,引入了两个加法的修正;第一个修正取决于根的最后修正,第二个取决于实际做出的修正. 而根的这种新的系数修正,由于必须在验证除数之前,通过不完全除数的方法来找到;或者只取一位数,这是最常见的,或者取一些数字,这些数字等于完全除数和不完全除数所共有的数. 此外,由于这些除数在一开始甚至在一位数中也不能精确地一致,因此在运算的阶段,必须对结果有一定程度的预估,以便对新除数的大小有一个足够正确的认识.

(24)这是对以一阶导数为首的列向分析学过渡关系的精确表述. 其余的列作为辅助工具,就像它们之间的附属关系一样;从最高阶或 $n-1$ 阶导数开始,并通过取决于最后商修正的预备加数和新补数的结束加数的规则传递到第一个加数. 通过公开和记录的方式进行整个计算,使我们能够从预期的除数修正中获得重要的优势. 不仅在第一步,如果能贯穿整个过程,只需进行极短的计

算便能够得到结果.

（25）我们通过方程的升序来追踪这个定理的运算.

①在简单方程中,将方程化为 $\Delta = az$,即 $z = \dfrac{\Delta}{a}$,现在这个定理引导我们继续推导:这是精确除法的算术过程.

$$a \qquad\qquad \Delta(r + r' + \cdots$$
$$- ar$$
$$\Delta'$$
$$\dfrac{- ar'}{\Delta''}$$
$$\dfrac{- ar'}{\Delta'''}$$
$$\cdots$$

②在二次方程式中,我们有 $\Delta = az + z^2$,用下面的方式计算：

$$1 \qquad\qquad a \qquad\qquad \Delta(r + r' + \cdots$$
$$\dfrac{r}{A} \qquad\qquad \dfrac{- Ar}{\Delta'}$$
$$r \qquad\qquad\qquad \dfrac{- A'r'}{\Delta''}$$
$$\dfrac{r'}{A'} \qquad\qquad\qquad \cdots$$
$$\cdots$$

这是求平方根的已知算术过程.

③在三次方程中,传统的计算已经不适用了,我们的定理对此依然有效,我们有 $\Delta = az + bz^2 + cz^3$,因此,必须这样计算

$$1 \qquad\quad b \qquad\qquad a \qquad\qquad \Delta(r + r + \cdots$$
$$\dfrac{r}{B} \qquad\quad Br = \dfrac{{}_0B}{A} \qquad\qquad \dfrac{- Ar}{\Delta'}$$
$$2r \qquad\quad {}_0B + r^2 = {}_1B \qquad\qquad \dfrac{- A'r'}{\Delta''}$$
$$\dfrac{r'}{B'} \qquad\quad \dfrac{B'r'}{A'} \qquad\qquad \cdots$$
$$\cdots \qquad\qquad \cdots$$

这应该是立方根的算术运算,作为一个示例将被证明.

例3 求 48 228 544 的立方根.

通常把数字分为三位数,我们会发现第一个根是 $3 = R$,因此,第一个减数是 $R^3 = 27$,一阶导数是 $3R^2 = 27$,二阶导数是 $3R = 9$,三阶导数是 1,因此可得

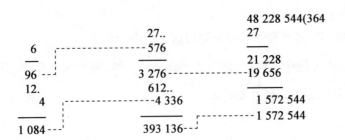

在这个例子中,读者会发现没有隐藏补充运算. 他前面的工作已经完成,而且已经得到验证."我不再需要精密的推导,因为这比之前的过程更简洁. "

1,2,…是结束加数在预备加数之前分别占据的数字位置,是将连续根的数字关系与连续导数的潜在关系相结合的一个明显的结果. 实际上,就像通常的算术一样,默认地把最后的根看作单位,把新的根看作小数,接着按照十进制加法和乘法的计算规则将加数进行垂直排列.

(26) 对于任意次的方程解来说,与通常的心理预计是一样的,只要根的连续修正是单位数:在这种情况下,求导是已知数乘以一个数,并将连续数的乘积加到另一个已知数的相应数上;所有这些都可以很容易地完成,而无需编写这些给定数字和组合结果的中间数字. 出于这个原因,单位数的计算过程一般更容易.

尽管如此,为了帮助读者形成自己的观点,同时与在其自己领域内已知的方法进行比较,我举一个例子来说明第 24 条中所述的除数的预期修正所产生的优点,目的是以尽可能少的近似来保证高度收敛. 下面就是牛顿阐明他观点的例子,我的前提就像牛顿举例中的前提一样,是一个极其容易的问题.

例 4 求方程 $x^3 - 2x = 5$ 的根 x[①].

显然,方程的根比 2 大. 令 $x = 2 + z$,方程变成

$$1 = 10z + 6z^2 + z^3$$

因此,计算导数

$$6. \qquad\qquad 10.. \qquad\qquad \overset{\cdot\qquad\cdot}{1.000}$$
$$6$$

很显然第一个数字近似于 1,通过预测它对除数的影响,我们可以确定这很接近 106. 因此

$$10.6)1.000(.094 \text{ 第一次修正}$$

平方是 $94^2 = 8\,836$.

因此我们有

---

① 方程 $x^3 - 2x - 5 = 0$ 是牛顿的经典例子,鲁菲尼也曾应用过.

```
6...                10......          1.000 000 000(.094
 094        ┌------ 572 836  ┌------  993 846 584
6 094×94=--┘      10 572 836 ---┘       6 153 416
188                581 672
                    3
```

显然下一次修正的第一个数是 5,正如我们之前所预期的那样,其影响达到了一位数. 因此,除数将是 11158,最后一个数字是正确的. 因此

11158)6153416(55148,第二次修正

平方是 30413,依此类推,直到 10 个数.

因此

```
6 094                10 572 836
 18 855 148           581 672
628 255 148×5&c.=---------34 647 014 901 904    6153416
110 296.         111 579 727 014 901 204 --- 615 339 878 541 781 019
                  34 650 056                 1 721 458 218 981
                     1
```

所以

1116143772)1721458218979(1542326590,22

第三次修正是在除数以外的两个地方进行的,目的是为了严格地确定现在达到的准确度. 为了这个目的,我们进行:628…×154…=968…. 这是对最后一个除数的正确修正. 我们预期的修正是 1000. 如果我们用 968…代替,那么我们的除数应该是 1678…,而不是 2,误差是 322…,它导致(111…154…,322…)最终误差为 44….

因此,我们的第三次修正应该是…1543236590,66,…确定了 10 个数字的值,根为

$$x = 2.094551481542326590,\cdots$$

在第三次近似的第 18 位小数处修正.

因此,只有在非常有利的数据下,才会有如此快速的进展. 然而,这个例子显然是对新方法的一种修正,这种新方法很大胆,并且具有独特的确定性;从公开的研究方式中获得优势,从而有了自己的证明.

本例在结束的部分使用了缩写符号,其缩写的描述是显然的;但是为了完善我们在高次方程上的算法,以及在简单的数字上进行计算,必须注意尽可能简单运算原则.

(27)从这些原则出发,我们得出以下结论,在原过程上进行改进并示范:

Ⅰ. 无论这个方程的维数(n)是多少,它的根仅由某一确定的数决定,即这

个数的第 $\frac{1}{n}$ 部分(从最后一个加数的最高位开始向第一个导数的右边开始的小数点算起)需要通过方程的各阶数所特有的计算过程来找到;其中 $\frac{1}{n \cdot (n+1)}$ 将会通过 $n-1$ 次的计算得到,进一步 $\frac{1}{(n-1) \cdot (n-2)}$ 通过 $n-2$ 次运算得到.

Ⅱ. 通常这些简单的计算可以被省略,但当在计算高阶时,这种优势就不再存在,或这种优势没有出现,那么它确定的位置就越少. 而且在每一种情况下,根的后半部分都是由除法计算而得的. 与此同时,通过连续的开方计算,我们发现数字的位数是迅速减少的,而不是增加.

Ⅲ. 在开始的过程中,不必对根的位数要求过高;可以通过引入近似的方法,降低到我们想要的更低的位数.

例5 让例4中的方程的根精确到小数点后十位

和以前的推导一样,我们计算[①]:

---

① 霍纳与鲁菲尼的排列方式不同之处在于,变换后方程的系数在对角线上,而鲁菲尼将它们排列在最右边的一列上,书写形式如下

```
1    0    -2    -5   |2
    +2    +4    +4
1   +2    +2   |-1
    +2    +8    |
1   +4   |+10
    +2   |
1   +6        +10        -1           |.09
   + .09    + .5 481   + .949 329
1   +6.09  +10.5 481  - .050 671
   + .09   + .5 562
1   +6.18  |+11.1 043
   + .09   |
1   +6.27
```

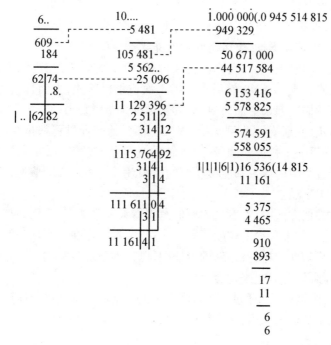

在所允许的范围内对根进行修正,就像将其与已经找到的更大的值进行比较时所显示的那样.因此,根是2.0945514815,这项工作只用了几分钟,而且可以通过仔细计算来验证,因为除了出现的数字之外,无需写出任何其他数字.通过类似的运算,在不到半小时内,我便可以验证了例4中的根.[①]

例8 如果提出高次方程或非有理数方程或超越方程的精确解的例子,那么就可以采用类似下面的方法.例如,方程

$$x^z = 100 \text{ 或 } x\log x = 2$$

的根需要修正到60位小数.通过一个简单的尝试,我们发现 $x = 3.6$ 很接近;然后通过三次计算,$x = 3.597\ 285$ 更准确.

现在,$3\ 597\ 286 = 98 \times 71 \times 47 \times 11$,在夏普表中发现了它的对数有61位小数,对数值为 $R\log R = 2.000\ 000\ 966\ 58$,$\cdots$,对7个数字进行修正;随后的函数只需要取55个数字,它们是

$$a = Mod + \log R = .9902694449408, \cdots$$
$$b = Mod \div 2R = \cdots\cdots 0^7 60364 \cdots$$
$$c = -b \div 3R = \cdots\cdots - .0^{14}55, \cdots\cdots$$

---

① 例6和例7在此省略,其内容是求解方程 $-7x = -7$ 和 $x^5 + 2x^4 + 3x^3 + 4x^2 - 5x = 321$ 的根.

在第 8 次求导以后,重要的部分被消去;因此,这个过程最初进行八次.如果根是单个数字,那么第一个数字将会进行七次计算;再把它降到六次运算;再化简降到五次运算,依此类推.仅运用除法就能找到最后 27 个数字.

根据例 2 的原则,第一次修正为 8 位数,第二次修正为 16 位数,则我们立即从第 8 次修正到第 4 次,然后再到第 1 次或仅仅除法,得到其余的 29 位数.这种模式虽然描述起来更加简单,但其实际操作是极费力的.

不难看出,在所有这些例子中,很大一部分的推导过程都是在计算根的小数部分.在最后一个相似的例子中,求解的过程是非常辛苦的,但是结果可观;因为在这个过程中的导数都能接受数的极限.因此,为了消除偏见,我必须提醒读者注意以下事项:

在所有其他方法中,难度随着根的范围增大而增加,几乎贯穿整个过程;在我们看来,它在很大程度上超越了第一步:大多数方法在计算烦琐的过程时,第一种情况会周期性地进行;在新的方法中,已知的条件只影响一阶导数,而剩下的计算是直接的,并且越来越容易.

实际应用问题可以通过一个简单的规则来确定;通过比较计算的次数,哈雷博士提供了类似的数据,来支持他自己最喜欢的近似方法.(见 1694 年,自然科学学报.)

附录 I(参阅第 21 条)注释 在这个例子里,通过定理

$$\Delta^{t+1} D^m \varphi R' = \frac{m+1}{1} \Delta^t D^{m+1} \varphi R \cdot r + \frac{m+1}{1} \cdot \frac{m+2}{2} \Delta^t D^{m+2} \varphi R \cdot r + \cdots$$

可以求得它们之间的差.假设 r 是常数,显然这是代数重建法第 7 条定理的推论.结果可以通过加法的第一列推导出来.因此,对于例 4 中后一个变换,第 22 条的准备工作将是

1	2	3	4
1 000	-369	66	6
-400	63	6	
30	3		
1			

然后,通过将这些差以同样的方式加到各自的第一项中,就可以得到后续的项.

附录 II 我很高兴为皇家百科全书(算术)提供改进求立方根的方法,如果我知道它的存在,那么在第一时间就会指出;但在完成这篇文章后,布里斯托尔的埃克斯利先生第一次向我提出了这个问题.一般情况下,它与第(25)条中推导出的方法一致,并且举了一个例子,说明该原理与最完善的通用算法之间的密切关系.

§12 罗尔定理

（由加州大学伯克利分校 Florian Cajor 教授译自法语）

本世纪早期的数学史学家们不知道在米歇尔·罗尔的著作中能找到以他名字命名的定理,定理表明以 $f(x)=0$ 的两根为端点的区间内,至少存在一个实数使得 $f'(x)=0$. 一位历史学家指出罗尔的这个定理是错误的. 最后,在 1910 年,这个定理在罗尔的一本鲜为人知的论文中被发现,书名为《任意次方程的解法的一个证明》. 这本书的副本在"国家图书馆""阿森纳图书馆"和巴黎的"法国图书馆"里均有记录. 这篇论文中所讨论的定理是罗尔在求解数值方程的近似根中使用"级联法"时偶然发现的.

无论是在他的证明书《任意次方程的一个解法的证明》中还是一年前(1690 年)在巴黎出版的广为人知的一本书《代数学》中 ,都没有给出"级联"的正式定义. 但在罗尔的陈述中暗含了这一点,如果方程 $f(x)=0$,将 $f(x)$"乘以一个级数",对得到的式子进行化简并令该式等于零,那么结果是一个"级联". 他更喜欢应用级数 $0,1,2,3,\cdots$,接着,将方程的每一项乘以对应的级数项后,把得到的表达式除以 x,令得到的商等于零. 即将 $a+bz+cz^2+\cdots$ 对应地乘以 $0,1,2,3,\cdots$,得到 $bz+2cz^2+\cdots$,把这个结果除以 z,然后令商等于 0,他计算出了第一个或者近似的"级联" $b+2cz+\cdots=0$. 我们可以看到,这个结果是原方程的一阶导数等于零.

罗尔的"级联法"是在他的《代数学》一书中给出的,但没有给出充分的证明. 为了弥补这一缺陷,罗尔写了《任意次方程的一个解法的证明》一文. 在这两本著作中,罗尔都使用了一些我们必须解释的专业术语. 方程的复根,以及多重根（除一个根外）,都称为"失败的根"（racines défaillantes）,我们把这个短语翻译成"虚根和重根". 我们把"not défaillantes"称为"有效的根";我们把它翻译成"实的、互异的根". 罗尔使用的另一个术语是根的"假设"或"极限". 如果以 z 为变量的函数 $f(z)$,分别在 a 和 b 处取值,函数值 $f(a)$ 和 $f(b)$ 符号相反,则在 a 和 b 之间必有 $f(z)=0$ 的一个根,其中 a 和 b 叫作根的极限(假设).

在下面给出的摘录中,可以看出,当方程的根都是正数时,在《任意次方程的解法的证明》第 9 页中有相关证明,当根是任何实数或复数时,在《任意次方

程的解法的证明》给出了证明.①

在对已知方程应用"级联法"之前,罗尔对方程进行了变形,使得最高次幂未知数的系数化为 1 并且所有的实根都是正的. 当做完这些后,他称方程是"准备好的". 在下面的推理中,假设这些方程都是"准备好的".

在引用罗尔的证明之前,我们给出"级联法"的例子. 求实根的上限,罗尔采用最大的负系数 $-g$,用 g 除以最高次幂未知量的系数,然后将得到的系数加上 1,得到一个正整数;这个结果就是实根的上限. 已知方程 $f(v) \equiv 6v^2 - 72v + 198 = 0$ 的极限为 $0, 6, 13$,罗尔断言方程的根在 6 和 13 之间: 6 和 13 的平均值是 $9\frac{1}{2}$,考察函数值 $f(9)$ 与 $f(6)$,所得函数值的符号相反. 因此,6 和 9 是更符合条件的极限. 重复这个过程会得到极限 6 和 8,最后是 7 和 8,取 7 为近似根.

下面引用的"级联法"来自罗尔的《代数学》(1690 年,133 页):

取方程 $\theta \propto v^4 - 24v^3 + 198vv - 648v + 473$,②由第一个法则(发现级联的法则)有

$$\theta \propto 4v - 24$$
$$\theta \propto 6vv - 72v + 198$$
$$\theta \propto 4v^3 - 72vv + 396v - 648$$
$$\theta \propto v^4 - 24v^3 + 198vv - 648v + 473$$

在第一个级联中求得 $6 \propto v$;对于第二个级联极限是 $\theta, 6, 13$;通过极限的平均值,可在第二个级联中找到近似根 4 和 7. 如果把这些近似的根当作真正的根,它们可以看作是下一个级联的中间极限值. 因此,第三个级联的极限根是 $\theta, 4, 7, 163$,通过这个求得 $3, 6, 9$ 是第三个级联的三个根. 因此,第四个级联的极限是 $\theta, 3, 6, 9, 649$. 在这些前提下,我们发现 1 是该方程的精确根,$6, 8, 10$ 是近似根.

《任意次方程的一个解法的证明》中前五篇文章的描述的基本问题这里将不再赘述,我们直接从第六篇开始.

第 6 篇:取任意数量的按大小排列的根,这些根都是正的,并且互异,比如 $3, 7, 12, 20$,并构造以它们为根的方程,如③:

---

① "罗尔定理"一词首次出现在意大利数学家尤斯托·伯拉维提斯的文章中. 他在 1846 年《科学回忆录》的第三版 46 页及 1860 年第 9 版,14 节,187 页中均提到了"罗尔定理".

② 罗尔用希腊字母 θ 表示零,见《数学符号史》(1928),第一卷,§82. 罗尔使用笛卡儿的 $\propto$ 符号表示等号,见《数学符号史》§191.

③ 在 17 世纪和 18 世纪的书籍中,省略括号(如在罗尔书籍中)并不少见. 罗尔的表示与 $(z-3)(z-7)(z-12)(z-20)\cdots$ 等价. 见《数学符号史》卷 1,§354.

$$z-3,z-7,z-12,z-20\cdots\cdots$$

显然,这是按顺序排列的. 很显然,如果用 θ 代替 z,或者用一个比第一个根小的数代替 z,结果(所有因子)都是负数;如果用一个比第一个根大而比其他根小的数代替 z,结果除了第一个式子其余都是负数;如果用一个比前两个根大而比其他根小的数代替 z,结果除了前两个式子其余都是负数;依此类推. 但是如果人为地限制根的数量,如果用一个超过最大根的数代替 z,结果就会都是正数. 由此可见,如果将每一个数代入后得到的所有结果相乘,使相应的乘积与对应的数字一样多,则这些乘积将交替地为正为负,或者全是负的或全是正的.

推论1 在进行替换后,得出了一个有规则的符号序列,从而达到根的极限.

推论2 除了第一个和最后一个极限,所有的极限都不是单独存在于根之间的,可以说,打破了这些符号序列的规则.

推论3 在这个例子中,根(所有正的、互异的)是这些极限之间的单个数字,因此,如果根被替换成方程的极限根,这个替换会使结果发生正负交替或都为负,都为正. 我们可以在这个例子中看到这一点,若

$$y-6. \ y-21. \ y-30$$

为方程的根

$$y-\theta. \ y-12. \ y-26$$

为级联的根.

在级联中,用6替换 y,得到乘积是正的因子;用21替换 y,得到乘积是负的因子,而用30替换 y,给出乘积是正的因子;因此,在级联中,用根 6 ,21, 30 替换 y,依次正负交替,因此,根是它们自身极限的极限(可以视为根)[1].

推论4 如果我们能够证明这种方法能给出所有根(正的、互异的)的极限,那么当它没有极限时,其根即为虚根或重根. 但为了确定这一事实,其他原则是必要的.

第7篇:如果能用 y 和 v 表示任何数,那么所有算术级数只包含下面的三项

$$y,y+v,y+2v$$

这是毫无疑问的.

如果我们有任意的算术级数,并且我们可以从中取几个连续级数项,很明显这些项仍是算术级数. 例如,如果我们有级数 $\theta,1,2,3,4,5,\cdots$,并且可以取 $\theta,1,2$ 或 $1,2,3$ 或 $2,3,4$,等等,那么显然每一部分都是算术级数.

当方程与级数项相乘时,必须令方程的第一项乘以级数的第一项;方程的

---

① 这是我们所提到的"罗尔定理"的首次引用,它仅是根都为正数的极限.

第二项乘以级数的第二项,依此类推,当这些乘积之和为 0 时,则称此方程是由级数产生的.

第 8 篇:当 $z-a, z-b$ 的乘积,乘以 $y+2v, y+v, y$,并在级数乘积中用 b 代替未知量. 代换后的结果用 $b-a$(即因子)来衡量. 下面证明:

$$z-a \text{ 与 } z-b \text{ 的乘积} \begin{cases} ab-az+zz \\ -bz \end{cases}$$

与 $\qquad\qquad y. y+v. y+2v \qquad$ 级数

相乘得到

$$\left.\begin{array}{l} aby - ayz + yzz \\ \quad - byz + 2vzz \\ \quad - avz \\ \quad - bvz \end{array}\right\} \text{级数给出的乘积}$$

在最后的乘积中用 b 代替 z,得到 $bbv - abv$,其因子为 $b-a$,即得证.

第 9 篇:上面给出的数,

$$ab - az + zz$$
$$- bz$$

如果将其乘以 $f + gz + bzz + rz^3 + nz^4 + \cdots$,使未知数 z 达到任意给定次数,其部分乘积就可以用下面的过程进行表述:

$$\left.\begin{array}{l} A\cdots abf - afz + fzz \\ \qquad\quad - bfz \end{array}\right\} \text{第一个乘积}$$

$$\left.\begin{array}{l} B\cdots \quad + gabz - agzz + gz^2 \\ \qquad\qquad\quad - bgzz \end{array}\right\} \text{第二个乘积}$$

$$\left.\begin{array}{l} C\cdots \qquad\quad + babzz - baz^3 + bz^4 \\ \qquad\qquad\qquad\quad - bbz^3 \end{array}\right\} \text{第三个乘积}$$

其中级数为 $\theta, 1, 2, 3, 4, \cdots$

无限地进行下去,我们可以看到,每一部分乘积可以记为 $A, B, C, \cdots$,总可以由已知量来衡量(即有一个因子),因为已知量是生成元之一.

推论 1 如果部分乘积的和乘以算术级数 $\theta, 1, 2, 3, 4, 5, \cdots$,那么乘积 A,$B, C, \cdots$ 的每一项也乘以对应的级数项:也就是说,乘积 A 乘以 $\theta, 1, 2$,乘积 B 乘以 $1, 2, 3$,依此类推.

为了理解接下来的内容,设 D 为乘积 A 乘以级数得到的新乘积;因此,B 的新乘积记为 E;类似地,C 的新乘积记为 F,依此类推.

推论 2 根据第一个推论以及第 7 篇和第 8 篇,我们可以得出这样的结论:在每一个乘积 $D,E,F,\cdots$ 中,用 b 代替 z,得到的每一个结果都能被 $b-a$ 整除.并且在每一式子中,用 b 代替 z 等于在总乘积中做替换.由此可见,在做替换之后,总结果可由 $b-a$ 来衡量.

推论3 如果替换量 $f+gz+bzz+rz^3+\cdots$,取 $z-c,z-d,z-e,\cdots$ 的乘积,我们可以得到已经有的所有结论;也就是说,在乘以级数得到的总乘积中,用 b 替换 z 后,所得到的结果能被 $b-a$ 整除.这是显而易见的,因为正如我们所看到的,$f,g,b,r,\cdots$ 代表任意已知量.

推论4 显然,从总乘积的形式可知所有字母 $a,b,c,d,\cdots$ 在同一基底上,并且所有关于 a 的字母都是为 b 而建立的,从而可推出关于其他字母的其余字母.由此可以看出,在级数的总乘积中单独替换,并分别用 $a,b,c,d,e,\cdots$ 代替未知量 z,其结果都能被替换为我们希望的其他任何字母的字母整除.所以 a 的替换结果可以被 $a-b,a-c,a-d,\cdots$ 整除.

同样地,用 c 代替 z 得到的结果一定可以被 c 减去其他单根整除,其他情况类似.

推论5 如果假设根 a 大于根 b,b 大于 c,c 大于 $d,\cdots$,从第五篇[①]和前一个推论可知,得到的近似级联的根的乘积是正负交替的,或都是负的,或都是正的.

推论6 如果方程是第一条中的方程形式(所有的根都是正的且互异),它的根是近似级联根的极限,因为这个级联是通过乘以级数 $\theta,1,2,\cdots$ 得到的,如第9篇所述.此外,由前面的推论5知,这些根有强加于他们的极限.因此由推论5和第6篇的推论3知,方程的根是它级联根的极限.[②]

推论7 因为方程的根是其级联根的极限,所以由推论6,近似级联的根是方程根的极限.

由第9篇中的级数得到一个可被未知量 z 整除的级联,因此,根据我们的假设,我们可以看到 θ 是级联的根之一.由此可以明显看出,θ 是给定方程的根的下限.

如果将一个方程的根除以 z 之前,把它的根(方程的根)替换掉,则结果可以被替换的字母整除.但是,由于这个字母仅代表一些正数,根据假设,它不会导致符号序列发生任何变化.

推论8 如果根是无理数,那么这些极限的符号将是规则的,前提是根满足第一条规定的条件(即根是正的且互异).

推论9 根是正的且互异,根的数量等于方程的次数.

---

① 在证明的第 5 篇中,我们省略了一个知识点:如果正根 $a,b,c,d,\cdots$ 满足 $a>b>c>d>\cdots$,则乘积 $(b-a)(b-c)(b-d)\cdots$ 和 $(c-a)(c-b)(c-d)\cdots$ 符号相反.

② 这是另一个包含"罗尔定理"的文章,见推论8.

第 10 篇：设方程的所有交替符号作为方程"准备好的"的结果，我们得到实根和互异根都是正根的结论；证明如下：

设未知数 x 的所有幂指数按从小到大顺序排列，它们的符号按照负正的顺序依次交替变化，可以得到 $-x + xx - x^3 + x^4$ 等．很明显，如果在一个方程中替换一个负未知数，替换的项在符号上是交替的，例如 $+q - pz + nzz - pz^3 + \cdots$，则方程的符号都是正的．如果替换的式子是 $-q + pz - nzz + rz^3 + \cdots$，在替换后，会产生同样的效果．反过来，如果一个方程所有的符号都是正的，当一个负的未知量代替方程中的未知量，经过替换后方程的符号是正负交替变化的．很明显，一个所有项都为正的方程不可能有正根，因为当这个根在方程中被替换时，它的正项之和就会对负项之和造成影响，正如我们假设的，所有的项都应该用相同的字母替换，而这是不可能的．

第 11 篇：如果一些根是实数，并且互异，其他的根是虚数，那么这些虚根并不影响对实根和互异根赋予适当的符号．因为方程总是可以被认为是由两个简单方程的乘积得到的，一个方程有所有互异的实根，另一个方程有所有的虚数根，第九篇提到的级联的极限与已知方程的实根和互异根一致．我们可以看到，虚根并没有产生在实根和互异根中的符号序列．

第 12 篇：在一个方程中，至少有和它近似级联一样多的虚根．因为如果与虚根相对应的方程的根是实数，那么通过在级联中替换这些虚根就会得到第 9 篇推论 5 中提到的规则序列，而根据虚根的定义，当替换总是正时才能得到虚根．这与假设矛盾．

如果我们不把零作为级数的项，并且 θ 没有被放在方程的最后一项或者第一项，那么近似级联就会和方程有相同的次数．因此这个方法将指出问题所在．①取零为级数的首项，用一般项来标记这个级数，在这个一般表达式中的字母在级联的每一项中都是一阶，并在约分中消去．由此可以看出，这个级数对极限没有产生比 $\theta, 1, 2$ 更多的影响．由于上述原因，当 θ 放在最后一项时也会发生相同的情况．

§13　阿贝尔论五次方程

（本文由耶鲁大学的 Oystein Ore 教授译自法语）

尼尔斯·亨利克·阿贝尔（Niels Henrik Abel, 1802—1829），挪威数学家，

---

① 也就是说，级联方程的解与原方程的解存在相同的问题.

很早就表现出了不寻常的数学天赋,事实上,在他短暂的一生中不断与贫穷和疾病抗争.他写了一系列的科学论文,奠定了其在数学界的地位.在他的论文《一元五次方程无代数一般解》中(克里斯蒂安尼亚(奥斯陆),第 I 卷,28～33页),阿贝尔证明了高于四次的一般代数方程没有一般形式的代数解,即用根式法无法解决五次或者更高次的方程.1824 年,这篇论文以一个小册子的形式由阿贝尔自费出版于奥斯陆.为了降低印刷成本,他不得不把这篇论文以非常简短的摘要形式呈现出来,因而有一些地方的表示并不完全.

在卡尔达诺和费拉里发现三次和四次方程的求解公式后,五次方程的求解问题一直是 17 和 18 世纪许多数学家们的攻克目标,但都没有成功.阿贝尔的论文清楚地说明了这些尝试失败的原因,并为现代方程理论开辟了道路,包括用群论和超越函数求方程的解.

阿贝尔提出了所谓的所有可解方程的根式解问题,并利用交换群成功地解决了这类方程,现在称作阿贝尔方程.在阿贝尔的众多成就中,他还发现了椭圆函数及其基本性质,以及著名的代数函数积分定理、幂级数定理.

1. 论代数方程,证明一般五次方程的不可解性

数学家们非常专注地寻找代数方程的一般解,其中几个数学家尝试证明这是不可能的.然而如果我没有弄错的话,他们没有成功.因此我斗胆希望数学家们能以善意的方式接受这篇论文,因为此文的目的是填补代数方程论的空白.

设 $y^5 - ay^4 + by^3 - cy^2 + dy - e = 0$ 是一般的五次方程,假设它可以代数求解,即 y 可以表示成由根式组成的量 a, b, c, d, e 的函数.此时,很显然 y 可以写成下面形式

$$y = p + p_1 R^{\frac{1}{m}} + p_2 R^{\frac{2}{m}} + \cdots + p_{m-1} R^{\frac{m-1}{m}}$$

m 是一个质数,$R, p, p_1, p_2, \cdots$ 是与 y 的形式相同的函数.我们按这种方法继续下去,直到得到关于 a, b, c, d, e 的有理函数.我们假设 $R^{\frac{1}{m}}$ 不能表示为 $a, b, \cdots, p, p_1, p_2, \cdots$ 的一个有理函数,用 $\dfrac{R}{p_1^m}$ 代替 R,很明显,我们可以使 $p_1 = 1$.则

$$y = p + R^{\frac{1}{m}} + p_2 R^{\frac{2}{m}} + \cdots + p_m R^{\frac{m-1}{m}}$$

把此 y 值代入到原方程,化简得

$$P = q + q_1 R^{\frac{1}{m}} + q_2 R^{\frac{2}{m}} + \cdots + q_{m-1} R^{\frac{m-1}{m}} = 0$$

$q, q_1, q_2, \cdots$ 是关于 $a, b, c, d, e, p, p_2, \cdots$ 和 R 的整有理函数.

因为这个方程成立,必然有 $q = 0, q_1 = 0, q_2 = 0, \cdots, q_{m-1} = 0$,实际上,令 $z = R^{\frac{1}{m}}$,我们有两个方程

$$z^m - R = 0 \text{ 和 } q + q_1 z + \cdots + q_{m-1} z^{m-1} = 0$$

现在如果 $q, q_1, \cdots$ 不等于 0,则这两个方程一定有一个或者更多的公共根. 如果共有 k 个公共根,我们知道可以找到一个 k 次方程,使这个方程的根即为这 k 个根,其系数为 R, q, q_1, q_{m-1} 的有理函数. 令这个方程为

$$r + r_1 z + r_2 z^2 + \cdots + r_k z^k = 0$$

这个方程与方程 $z^m - R = 0$ 同解,这个方程的所有根形如 $\alpha_\mu z, \alpha_\mu$ 是方程 $\alpha_\mu^m - 1 = 0$ 的一个根,通过代换,我们得到下列方程

$$r + r_1 z + r_2 z^2 + \cdots + r_k z^k = 0$$

$$r + \alpha r_1 z + \alpha^2 r_2 z^2 + \cdots + \alpha^k r_k z^k = 0$$

$$\cdots \cdots$$

$$r + \alpha_{k-2} r_1 z + \alpha_{k-2}^2 r_2 z^2 + \cdots + \alpha_{k-2}^k r_k z^k = 0$$

通过这 k 个方程,我们可以求得 z 的值,表示为量 $r, r_1, \cdots, r_k$ 的有理函数. 由于这些量本身是 $a, b, c, d, e, R, p, p_2, \cdots$ 的有理函数,可以推出,z 也是后面这些量的有理函数,但这与假设矛盾,所以必有

$$q = 0, q_1 = 0, q_2 = 0, \cdots, q_{m-1} = 0$$

如果现在满足这些方程,很明显,当给 $R^{\frac{1}{m}}$ 赋值

$$R^{\frac{1}{m}}, \alpha R^{\frac{1}{m}}, \alpha^2 R^{\frac{1}{m}}, \cdots \alpha^{m-1} R^{\frac{1}{m}}$$

时,y 形成的所有的值都满足原方程;其中 α 是这个方程

$$\alpha^{m-1} + \alpha^{m-2} + \cdots + \alpha + 1 = 0$$

的根.

同时,我们注意到 y 的所有值是不同的,否则我们应该有一个形如 $P = 0$ 的方程. 我们刚刚看到这样一个方程导致了矛盾的结果. 数 m 不可能超过 5,令 y_1, y_2, y_3, y_4 和 y_5 是原方程的根,我们有

$$y_1 = p + R^{\frac{1}{m}} + p_2 R^{\frac{2}{m}} + \cdots + p_{m-1} R^{\frac{m-1}{m}}$$

$$y_2 = p + \alpha R^{\frac{1}{m}} + \alpha^2 p_2 R^{\frac{2}{m}} + \cdots + \alpha^{m-1} p_{m-1} R^{\frac{m-1}{m}}$$

$$\cdots \cdots$$

$$y_m = p + \alpha^{m-1} R^{\frac{1}{m}} + \alpha^{m-2} p_2 R^{\frac{2}{m}} + \cdots + \alpha p_{m-1} R^{\frac{m-1}{m}}$$

由此,易得

$$p = \frac{1}{m}(y_1 + y_2 + \cdots + y_m)$$

$$R^{\frac{1}{m}} = \frac{1}{m}(y_1 + \alpha^{m-1} y_2 + \cdots + \alpha y_m)$$

$$p_2 R^{\frac{2}{m}} = \frac{1}{m}(y_1 + \alpha^{m-2} y_2 + \cdots + \alpha^2 y_m)$$

$$\cdots \cdots$$

$$p_{m-1} R^{\frac{1}{m}} = \frac{1}{m}(y_1 + \alpha y_2 + \cdots + \alpha^{m-1} y_m)$$

因此 $p, p_2, \cdots, p_{m-1}, R$ 和 $R^{\frac{1}{m}}$ 是原方程根的有理函数.

现在我们考虑这些量中的任意一个,比如 R. 令

$$R = S + v^{\frac{1}{n}} + S_2 v^{\frac{2}{n}} + \cdots + S_{n-1} v^{\frac{n-1}{n}}$$

像刚才讨论 y 一样讨论这个量,我们将会获得相似的结果,即量 $S, S_2, \cdots,$ $S_{n-1}, v, v^{\frac{1}{n}}$ 是 R 的不同值的有理函数;由于 R 的不同值是 $y_1, y_2, \cdots$ 的有理函数,所以函数 $v^{\frac{1}{n}}, v, S, S_2, \cdots$ 有相同的性质. 以这种方式推理,我们得出结论,y 的表达式中包含的所有无理函数都是原方程的根的有理函数.

一旦建立起这种关系,证明就不难完成了. 首先我们考虑形如 $R^{\frac{1}{m}}$ 的无理函数,R 是 a, b, c, d, e 的有理函数. 令 $R^{\frac{1}{m}} = r$,则 r 是 y_1, y_2, y_3, y_4, y_5 的有理函数,注意 R 是一个对称函数,$R^{\frac{1}{m}}$ 通过这种交换可取到 m 个不同的值. 因此当函数 r 所包含的五个变量完成所有可能形式的交换时,它一定具有取 m 个值的性质. 由于 m 是一个素数,因而 $m = 5$ 或 $m = 2$(见柯西发表在《巴黎综合理工学院学报》17 卷上的文章). [1]

假设 $m = 5$,则函数 r 有五个不同的值,因此可以写成 $R^{\frac{1}{5}} = r = p + p_1 y_1 + p_2 y_1^2 + p_3 y_1^3 + p_4 y_1^4$ 的形式,$p, p_1, p_2, \cdots$ 是 $y_1, y_2, \cdots$ 的对称函数,通过互换 y_1 和 y_2,方程给出

$$p + p_1 y_1 + p_2 y_1^2 + p_3 y_1^3 + p_4 y_1^4 = \alpha p + \alpha p_1 y_2 + \alpha p_2 y_2^2 + \alpha p_3 y_2^3 + \alpha p_4 y_2^4$$

其中 $\alpha^4 + \alpha^3 + \alpha^2 + \alpha + 1 = 0$. 但是这个方程式(不可能成立)[2],所以 m 必须等于 2,于是 $R^{\frac{1}{2}} = r$. 所以 r 必然有两个符号相反的不同的值. 接着我们有(参见柯西的文章)

$$R^{1/2} = r = v(y_1 - y_2)(y_1 - y_3) \cdots (y_2 - y_3) \cdots (y_4 - y_5) = vS^{1/2}$$

---

① 令 p 是除尽 n 的最大素数,柯西证明了 $(p, 9)$ 是 n 个变量的函数,若取小于 p 的值,或者是对称的,或者只取两个值. 在后一种情况下,函数可以写成 $A + B\Delta$ 的形式,其中 A 和 B 是对称的,Δ 是特殊的双值函数 $\Delta = (y_1 - y_2)(y_1 - y_3) \cdots (y_{n-1} - y_n)$.

② 在后来的一篇论文("纯粹与数学应用杂志"第一卷,1826 年)中,阿贝尔基于同样的原理给出这个主要定理更详细的证明. 在相应的地方,他给出了下面更详细的证明. 通过将 y_1 作为已知方程与定义 R 的关系式的公共根,y_1 可以表示为以下形式 $y_1 = s_0 + s_1 R^{1/5} + s_2 R^{2/5} + s_3 R^{3/5} + s_4 R^{4/5}$,用 $\alpha^t R^{1/5}$ 代替 R,得到方程的其他根,并解出相应的 5 个线性方程构成的方程组,得到

$$s_1 R^{1/5} = 1/5(y_1 + \alpha^4 y_2 + \alpha^3 y_3 + \alpha^2 y_4 + \alpha y_5)$$

然而,这个恒等式是不成立的,因为右边有 120 个值,左边只有 5 个值.

其中 v 是一个对称函数.

现在我们考虑形如

$$(p + p_1 R^{\frac{1}{v}} + p_2 R_1^{\frac{1}{\mu}} + \cdots)^{\frac{1}{m}}$$

的无理函数, $p, p_1, p_2, \cdots, R, R_1, \cdots$ 是 a, b, c, d 和 e 的有理函数,因此也是 $y_1, y_2,$ y_3, y_4 和 y_5 的对称函数. 我们已经知道一定有 $v = \mu = \cdots = 2, R = v^2 S, R_1 = v_1^2 S,$ 于是上述函数可以写成

$$(p + p_1 S^{\frac{1}{2}})^{\frac{1}{m}}$$

的形式,令

$$r = (p + p_1 S^{\frac{1}{2}})^{\frac{1}{m}}$$
$$r_1 = (p - p_1 S^{\frac{1}{2}})^{\frac{1}{m}}$$

两式相乘,得

$$rr_1 = (p^2 - p_1^2 S)^{\frac{1}{m}}$$

如果 rr_1 不是对称函数, m 必须等于 2. 但这样 r 有四个不同的值,这是不可能的. 因此 rr_1 必然是对称函数,令 v 是这个函数,则

$$r + r_1 = (p + p_1 S^{\frac{1}{2}})^{\frac{1}{m}} + v(p + p_1 S^{\frac{1}{2}})^{-\frac{1}{m}} = z$$

这个函数有 m 个不同的值,又 m 是一个素数, m 一定等于 5. 因此我们得到

$$z = q + q_1 y + q_2 y^2 + q_3 y^3 + q_4 y^4 = (p + p_1 S^{1/2})^{1/5} + v(p + p_1 S^{1/2})^{-1/5}$$

$q_1, q_2, q_3, \cdots$ 是 $y_1, y_2, y_3, \cdots$ 的对称函数,因此是 a, b, c, d 和 e 的有理函数,结合该方程与原方程,我们发现 y 可以表示为 z, a, b, c, d, e 的有理函数. 现在函数可以简化成

$$y = P + R^{1/5} + P_2 R^{2/5} + P_3 R^{3/5} + P_4 R^{4/5}$$

其中 P, R, P_2, P_3, P_4 是 $p + p_1 S^{1/2}$ 的函数,其中 p, p_1, S 是 a, b, c, d, e 的有理函数,从 y 的这个值,我们得到

$$R^{\frac{1}{5}} = \frac{1}{5}(y_1 + \alpha^4 y_2 + \alpha^3 y_3 + \alpha^2 y_4 + \alpha y_5) = (p + p_1 S^{\frac{1}{2}})^{\frac{1}{5}}$$

其中

$$\alpha^4 + \alpha^3 + \alpha^2 + \alpha + 1 = 0$$

上述等式中间部分有 120 个不同的值,而最右端只有 10 个不同的值. 因此 y 不具有我们已得到的那种形式. 但是我们已证明:如果原方程可解, y 必然具有这种形式,因此总结为:

不可能用根式法解一般的五次方程.

通过这个定理可以立即推出,也不可能用根式法解高于 5 次的一般方程.

§14   莱布尼茨论行列式

（本文由哈佛大学的 Thomas Freeman Cope 博士译自法语和拉丁文）

戈特弗里德·威廉·莱布尼茨（Gottfried Wilhelm Leibniz），他是著名的哲学家、数学家、政治家，但他在行列式方面的知名度远不及微积分. 事实上，直到 1850 年，莱布尼茨与洛必达侯爵的书信出版，他在代数这一领域的贡献才被发现. 在莱布尼茨与洛必达侯爵的书信中，莱布尼茨详细地阐述了行列式的基本思想以及解决办法，而这些比行列式理论奠基人克莱默早了 50 年. 然而，他的这一工作并没有影响到后继的学者.

通过以下对莱布尼茨作品摘录的研究表明，在这一阶段，他对代数的贡献至少包括以下两点：（1）给出了新的符号，使数字产生了新的性质和形式；（2）给出了解线性方程组的规则.

第一篇文章摘录自莱布尼茨给洛必达的信，1693 年 4 月 28 日，首次于 1850 年在柏林出版. 第二篇文章是手稿节选，最先出版于 1863 年. 原稿没有日期，但可能是在 1693 年之前写的，甚至可以追溯到 1678 年. 这两篇文章都于 1906 年发表在缪尔（Muir）的著作《行列式理论》（第二版）中. 为了更好地描述莱布尼茨的生活和工作，读者可以参考《大英百科全书》第十二版，想要了解他对行列式理论的贡献，可以参考上面提到的缪尔的著作.

1. 第一篇文章

你说你不相信用数字代替字母具有一般性和简洁性，一定是我解释得不够好. 如果把 2，3 当成 a,b 来理解，而不是真正的数，那这件事是毫无疑问的. 也就是说 2×3 不是 6，而是 ab. 至于简洁性，这点是值得注意的，我自己经常用这种方法①，尤其是在很长并且容易出错的式子中. 除了方便检错外，我发现在分析学中用这种方法也有极大的便利. 这是一个惊人的发现，我从没和任何人说过，但这的确是事实. 当有人看信的时候，难道就没有人相信这信是真的吗？它们所表示的数量之间的关系，我都可以用数字来表达. 例如，考虑 3 个二元一次方程，一般方法就是消去两个未知数.

$$10 + 11x + 12y = 0 \tag{1}$$

$$20 + 21x + 22y = 0 \tag{2}$$

---

① 用数字代替字母.

$$30 + 31x + 32y = 0 \qquad (3)$$

我认为在这个二元方程组中,首先告诉我的是等式成立,其次,这个字母是所求. 于是,在计算过程中,无论怎样检查都是错的,甚至我们怀疑法则或定理. 举个例子,我们可以利用第一个和第二个等式消去 y 会得到

$$\begin{aligned}10 \cdot 22 + 11 \cdot 22x \\ -12 \cdot 20 - 12 \cdot 21 \cdots\end{aligned} = 0 \qquad (4)[1]$$

由第一个等式和第三个等式得

$$\begin{aligned}10 \cdot 32 + 11 \cdot 32x \\ -12 \cdot 30 - 12 \cdot 31 \cdots\end{aligned} = 0 \qquad (5)$$

很容易看出这两个方程并不相同,因为把数字 2 改成了 3. 此外,在相似的方程中,前面的数字是相同的,后面的数字具有相同的和. 现在,我们把 (4)(5) 中 x 消去,我们就会得到[2]

$$\begin{aligned}
1_0 \quad 2_1 \quad 3_2 \quad & 1_0 \quad 2_2 \quad 3_1 \\
1_1 \quad 2_2 \quad 3_0 = & 1_1 \quad 2_0 \quad 3_2 \\
1_2 \quad 2_0 \quad 3_1 \quad & 1_2 \quad 2_1 \quad 3_0
\end{aligned}$$

这就是我们消去两个未知数得到的最终等式,这也说明了这件事自始至终都是和谐的,我们也应该可以发现:使用字母 a, b, c 是非常麻烦的,尤其是方程或者字母特别多的时候. 在分析中使用符号是秘密之一,在于特征,而不是技巧. 现在请看,这个小例子所论述的事是笛卡儿和韦达都不知道的. 继续用这种方式计算,我们将得到一个关于任意数和字母的简单方程的一般定理. 这是我在其他情况下发现的:

给定一些方程,使得次数大于 1 的未知量可以被消去. 首先,每个方程取一个系数构成所有可能的组合系数;其次,这些组合被放置在最后的方程的同一侧,如果未知量个数等于方程个数,符号是不同的,如果方程个数少于未知数的个数,符号相同.

2. 第二篇文章

我已经找到了一个消除任何一次方程中未知数的规则,它适用于任意的方程的个数超过未知数的个数的方程组. 如下:

做出字母系数的所有可能组合,使相同未知数和相同方程的多个系数不会

---

[1] 这是一个缩写形式,正如缪尔指出的,例如 $\begin{cases} +10 \cdot 22 + 11 \cdot 22x = 0 \\ -12 \cdot 20 - 12 \cdot 21x = 0 \end{cases}$.

[2] 这里的符号略有变化. 正如缪尔指出的,$10 \cdot 21 \cdot 32 + 11 \cdot 22 \cdot 30 + 12 \cdot 20 \cdot 31 = 10 \cdot 22 \cdot 31 + 11 \cdot 20 \cdot 32 + 12 \cdot 21 \cdot 30$.

同时出现. 这些组合, 按照下文陈述的法则赋予符号, 被放在一起, 解集等于零, 这就会得到一个没有所有未知数的等式①.

对于一个组合、一个符号将被任意赋值, 其他组合可以不相同, 是二, 四, 六等. 也可以被赋予相反符号: 那些三、五、七等系数不同的自然数也有自己的符号. 例如, 令

$$10 + 11x + 12y = 0, 20 + 21x + 22y = 0, 30 + 31x + 32y = 0$$

就会得到

$$\begin{matrix} + 10.\ 21.\ 32 - 10.\ 22.\ 31 - 11.\ 20.\ 32 \\ + 11.\ 22.\ 30 + 12.\ 20.\ 31 - 12.\ 21.\ 30 \end{matrix} = 0$$

我也把那些不属于未知数的字符看作系数, 比如 10, 20, 30.

§15　雅各布·伯努利论无穷级数

(由纽约市哥伦比亚大学教育学院的 Helen M. Walker 教授译自拉丁文)

雅各布·伯努利(Jakob Bernoulli, 1654—1705), 是土生土长的巴塞尔人, 也是伯努利家族第一位数学天才, 最早书写了有关概率方面的著作. 不过这本著作是在 1713 年, 伯努利去世后才出版的. 其中, 关于无穷级数的论文, 来自《猜度术》的最后一卷. 因为这是有关无穷级数的极限方面最早的论述之一, 所以它们应该被放在这次学术报告会中. 为了简便, 有关它们的翻译可以插入一些拉丁文.

当在有限的空间中发现无穷级数时, 求解无穷项函数的极限方法也就随之出现了. 这说明对于不易求出极限的函数, 可以利用无穷级数来求其极限. 因此对于无穷级数的发现是一件多么快乐而又有趣的事情! 由无穷级数的广阔寻求极限的渺小是多么神圣啊!

§16　雅各布·伯努利论组合论

(本文由匹兹堡佩恩的匹兹堡大学的 Mary M. Taylor, M. A. 译自拉丁文)

下面译自雅各布·伯努利的《猜度术》的第二部分. 虽然伯努利也对其他

---

① 这就是说, 以相同的组合方式.

科学的分支感兴趣并且积极学习和参与,但是他在数学方面的成就最为显著.《猜度术》是在伯努利逝世 8 年后出版的,其中除了包含组合论之外,也包含了无穷级数论. 这本书的第一部分被认为是惠更斯写的,但第二部分是伯努利的创作. 这部分内容在第五章的一部分也即第一版书中的 112 ~ 118 页.

虽然这不是这个学科上最早发表的材料,但是它是最早的具有科学系统并且有权威的材料,它应该在这种类型的书中占有一席之地. 此处选定的题材呈现出了高等数学中各种问题的情况,解决方法将在下文中阐述.

1. 第五章第二部分

为了找到组合数,当要组合的每个对象(无论它们是什么)与其他对象不同时,可以在每个组合中多次使用.

在前面各章的组合中,我们假定一个对象不能与自身组合,甚至不能在同一组合中重复出现;但是现在我们要添加这样一个条件:每个对象都可以与自身组合,并且可以在同一个组合中重复出现.

因此,令要组合的字母为 $a,b,c,d,\cdots$,则由这些字母可有多种排列,并且让每个字母,就像许多单位一样,占据每一列的第一个位置,就像第二章所做的那样.

在寻找两个字母组合或每一列的二元项时,该序列的首字母不仅要与前面的每一个字母组合,而且还要与它本身组合. 因此,在第一列有一个二元项 aa,在第二列有两个二元项 ab,bb,在第三列有三个二元项 ac,bc,cc,在第四列有四个二元项 ad,bd,cd,dd,依此类推.

于是也可以形成三元项,每个字母必须出现,且不仅与前面对应序列的二元项组合,还要与自身序列组合. 这样我们就得到第一列有一个三元项 aaa;第二列有三个三元项 aab,abb,bbb;第三列有六个三元项 aac,abc,bbc,acc,bcc,ccc;依此类推.

其他次数的组合按照同样的方法. 很明显,给定字母,它的表示方法是唯一的. 表达形式如下:

$a.\ aa.\ aaa$

$b.\ ab.\ bb.\ aab.\ abb.\ bbb$

$c.\ ac.\ bc.\ cc.\ aac.\ abc.\ bbc.\ acc.\ bcc.\ ccc$

$d.\ ad.\ bd.\ cd.\ dd.\ aad.\ abd.\ bbd.\ acd.\ bcd.\ ccd.\ add.\ bdd.\ cdd.\ ddd$

由此,我们不难推断出所有级数的单项构成 1 的集合,所有二元项的个数构成正整数(自然数)序列,所有三元项的个数构成三角形数$(1,3,6,10\cdots)$序列,其他的高阶组合构成了其他高阶数字的序列,就像对前几章的组合所做的那样,让这个序列从 0 开始,在这里,它们直接从 0 开始. 因此,如果该序列被

整理成表格,则有表1形式:

表1

	I	II	III	IV	V	VI	VII	VIII	IX	X	XI	XII
1	1	1	1	1	1	1	1	1	1	1	1	1
2	1	2	3	4	5	6	7	8	9	10	11	12
3	1	3	6	10	15	21	28	36	45	55	66	78
4	1	4	10	20	35	56	84	120	165	220	286	364
5	1	5	15	35	70	126	210	330	495	715	1 001	1 365
6	1	6	21	56	126	252	462	792	1 287	2 002	3 003	4 368
7	1	7	28	84	210	462	924	1 716	3 003	5 005	8 008	12 376
8	1	8	36	120	330	792	1 716	3 432	6 435	11 440	19 448	31 824
9	1	9	45	165	495	1 287	3 003	6 435	12 870	24 310	43 758	75 582
10	1	10	55	220	715	2 002	5 005	11 440	24 310	48 620	92 378	167 960

另外值得注意的两个性质:①行和列是一致的,第一行和第一列相同,第二行和第二列相同,依此类推.②如果选择两个相邻的列,无论是垂直的还是水平的,取相同数目的项,则第一列的各项之和等于第二列的最后一项.

从这些性质中,很容易找到任何序列的各项之和,从而根据其次数来确定组合数.因为如果把要组合的对象的项的数目记作 n,那么这些项的和,或者说第一列的和,也就是第二列的最后一个项,也就是 n.

我们可以假设第二列前面有一个零,那这列数就有 $n+1$ 项,用 n 乘 $n+1$ 的一半,乘积为 $\dfrac{n \cdot (n+1)}{1 \cdot 2}$,是第二列各项之和①,也是第三列的最后一项.

我们假设第三列前面有两个 0,那这列数就有 $n+2$ 项,如果第二列的结果已知是 $\dfrac{n \cdot (n+1)}{1 \cdot 2}$,那么再乘第 $n+2$ 的三分之一,结果就变成了 $\dfrac{n \cdot (n+1) \cdot (n+2)}{1 \cdot 2 \cdot 3}$,这就是第三列的和.同时,根据性质 2,可以求出第四列的最后一项.

---

① 以适当的数开头的任何垂直列中任意数目的项之和与最后一项相等的项之和的比率与该级数的个数的比率相同. 也就是说,以一元项开头的任意数的自然数之和,与该级数的个数之和的比率相同,每一个等于其中最大的或最后一个等于 $\dfrac{1}{2}$,以二元项开头的三阶数项等于 $\dfrac{1}{3}$,等等.任何以一元项开头的数列的项之和与最后一个数列之后的项之和的比率也是如此.

相同的方法,得到第四列各项的和为$\dfrac{n\cdot(n+1)\cdot(n+2)\cdot(n+3)}{1\cdot2\cdot3\cdot4}$,第五

列各项之和为$\dfrac{n\cdot(n+1)\cdot(n+2)\cdot(n+3)\cdot(n+4)}{1\cdot2\cdot3\cdot4\cdot5}$,一般地对于第$c$列,可

以求出这一列的各项之和是

$$\frac{n\cdot(n+1)\cdot(n+2)\cdot(n+3)\cdot(n+4)\cdot\cdots\cdot(n+c-1)}{1\cdot2\cdot3\cdot4\cdot5\cdot\cdots\cdot c}$$

这里应该注意到,如果$c>n$,将上述分数的分子分母同时除以$n\cdot(n+1)\cdot\cdots\cdot$

c,我们就会得到$\dfrac{(c+1)(c+2)(c+3)\cdots(c+n-1)}{1\cdot2\cdot3\cdot4\cdot\cdots\cdot(n-1)}$.这个公式,可以同时表示在

$n-1$列中$c+1$项的和,c列中n项的和总是等于$n-1$列中$c+1$项的和. 这是
本表的另一个不可忽略的性质,由此产生以下结果.

法则1 当同一个对象多次出现在同一组合时,可以根据给定的序列次数
(指字母的次数)求组合数.

设有两个递增的算术级数,第一个级数从要组合的对象数量开始,另一个
级数从数1开始,两者的共同区别是开头不同,让每个级数的项的个数都与组
合的次数相等. 然后把第一个级数的各项乘积除以第二个级数的各项乘积,那
么商就是根据给定次数求得的组合数. 有了这个理解,十个不同对象中,四个
对象组合的组合数是

$$\frac{10\cdot11\cdot12\cdot13}{1\cdot2\cdot3\cdot4}=\frac{17\ 160}{24}=715$$

注意:如果组合的次数大于对象的数量,(在目前的假设下显然是可能的)
那么第一个级数的开始项为次数加1,并使每个级数中的项的个数比要组合对
象的数量少1. 于是次数为10的四个对象的组合数是

$$\frac{11\cdot12\cdot13}{1\cdot2\cdot3}=\frac{1\ 716}{6}=286$$

此外,不难发现,组合数是从次数为1依次增加到指定次数的项的个数的
和. 例如前4个垂直列的前10项的和与前10个横列的前4项的和相同. 此外,
这些项的总和等于第一个垂直列十一项的和减1(当然,这些总和与这些项是
一一对应的,这从表的第二个性质可以看出). 显然,前四个垂直列的前10项,
也就是从十个对象中选出的所有的一个对象组合,两个对象组合,三个对象组
合,四个对象组合的个数的总和,比第四列的前十一项和少1,即比从十一个对
象形成的四元项的数量少1.同样的事实也可以用这种方式表现出来:显然,第
十一个对象要么不在一个特定的组合中,该组合是由给定的十一个对象中的四
个对象构成,要么就在一元项、两元项、三元项或四元项的组合中;但是很明显,
第十一个对象没有出现在那些四元项中,或是由余下的十个对象之间形成的四

元项. 同样明显的是, 第十一项只在组合中出现一次的数量应等于其余十项形成的三元项的个数; 所以第十一项在组合中出现两次的数量应该等于二元项的个数, 在组合中出现三次的数量等于单项的个数, 因为第十一项在组合中出现一次与三元项相关, 出现两次与二元项相关, 出现三次与单位 1 相关, 所以它形成了四元项; 此外, 已知有一个四元项是由第十一个对象在组合中出现四次构成的.

由此, 我们得出以下结论: 十一个对象中包含的四个对象组合的组合数, 即比已知的对象数目多一个, 比已知的十个对象中的一个、两个、三个和四个对象的所有组合数多 1, 除非我们希望在后一个对象中加上 0, 再组合, 在这种情况下, 两者的组合数是相等的.

所以, 既然给定对象的数量是 n, 且最大次数是 c, 那么根据第四章的法则, $n+1$ 个对象中 c 次的组合数是

$$\frac{(n+1)(n+2)(n+3)(n+4)\cdots(n+c)}{1\cdot2\cdot3\cdot4\cdot\cdots\cdot c}$$

从 1 到 c 的所有次数的 n 个对象的组合数为 (因为它比这个少 1)

$$\frac{(n+1)(n+2)(n+3)(n+4)\cdots(n+c)}{1\cdot2\cdot3\cdot4\cdot\cdots\cdot c}-1$$

但是, 如果 $c>n$, 即如果最大的次数高于对象的个数, 这个分数可将分子分母同时除以 $(n+1)(n+2)(n+3)\cdots c$, 结果可以更简洁地表示为

$$\frac{(c+1)(c+2)(c+3)\cdots(c+n)}{1\cdot2\cdot3\cdot4\cdot\cdots\cdot n}-1$$

根据这个结果可得:

法则 2 求次数从 1 依次递增到指定次数的组合数.

设有两个递增的算术级数, 第一个级数从组合对象的数量多 1 的数开始, 另一个级数从数 1 开始, 其共同的区别是开头不同, 并让每个级数的项的个数与组合最高次数相等. (但如果最大的次数大于对象的数量, 那么在第一个级数中从最大次数加 1 开始, 并使每个级数的项的个数与给定对象的数量一样多.) 然后把第一个级数的各项乘积除以第二个级数的各项乘积; 当然, 如果我们希望将 0 包括在组合内, 那么得到的商就是所求的组合数; 但如果不包括在内, 则将得到的商减去 1 即为要求的组合数. 因此, 10 个对象中的一元项, 二元项, 三元项, 四元项以及零组合成的组合数是 $\frac{11\cdot12\cdot13\cdot14}{1\cdot2\cdot3\cdot4}=\frac{24\ 024}{24}=1\ 001$, 其中只有三个对象的组合数是 $\frac{5\cdot6\cdot7}{1\cdot2\cdot3}=\frac{210}{6}=35$, 但是如果排除零, 第一个组合中的组合数为 1 000, 第二个组合数为 34.

§17　伽罗瓦论群、方程和阿贝尔积分

（本文由纽约市亨特学院 Louis Weisner 博士译自法文）

埃瓦里斯特·伽罗瓦（Evariste Galois, 1811—1832）生于巴黎，在路易皇家中学和高等师范学院中受过教育，曾因政治观点两次入狱，还不到 21 岁就在一场愚蠢的、孩子气的决斗中丧生. 他最重要的论文《论方程根式可解的条件》直到 1846 年才由刘维尔发表在他的《数学杂志》上.

在伽罗瓦被杀的决斗前夜，他给他的朋友 Auguste Chevalier 写了一封信，在信中他简要地阐述了他发现的群论和用根式解方程之间的联系. 在这封信中，他显然认为决斗的结果对他自己来说是致命的，他请求他的朋友在《百科评论》上发表这个发现，这个愿望在当年便实现了（1832 年，第 568 页）. 1897年，他的著作在法国数学协会的赞助下再出版，由 E. Picard 作序. 伽罗瓦的其他著作由 J. Tannery 在《数学科学公报》中出版，并在第二年以书籍形式重印. 上面提到的论文是不可能包括这类源书的，这封给 M. Chevalier 的信是在这里翻译的.

我亲爱的朋友，我在分析领域有了一些新发现.

一些是关于方程理论的，一些则是关于整函数的.

在方程理论中，我一直在寻找方程根式可解的条件，这让我有机会研究这个理论并描述一个方程的所有可能的变换，即使它不能由根式法解出.

关于我的所有发现可写成三篇论文.

第一篇论文已经完成，不管泊松对它怎么评价，我始终保存着这篇论文，并做了修改.

第二篇论文包含了方程论的某些有趣的应用. 以下是其最重要的内容的概括：

①从第一篇论文的命题 Ⅱ 和命题 Ⅲ，我们看到，是将辅助方程的一个根还是将所有根添加到方程上，二者有重大差别.

在这两种情形中，方程的群都通过添加而被分解成一些集合，使可以借助同样的代换从其中一个集合过渡到另一个集合，但只有在第二种情形，这些集合具有同样代换的条件才一定成立. 这就是所谓真分解.①

换句话说，当一个群 G 包含另一个群 H 时，群 G 可以被分解成一些集合，

---

①　在现代术语中，真分解是将一个置换群分解为相对于一个不变子群的陪集.

其中每个集合都是通过同一代换与 H 的置换相乘而得到的;使

$$G = H + HS = HS' + \cdots$$

也可以将 G 分解为包含同一代换的集合,使

$$G = H + TH + T'H + \cdots$$

这两种分解通常是不同的. 当它们相等时,分解就是"真"的.

容易看出,如果一个方程的群不能进行任何真分解,而当方程被变换时,那么变换后方程的群将保持相同的置换个数.

另一方面,当一个方程的群可以进行真分解,并且被分解成 M 个群. 每个群都由 N 个置换组成,那么我们可以通过两个方程来解原来的方程,其中一个方程的群由 M 个置换组成,另一个方程的群则由 N 个置换组成.

因此,当我们在一个方程的群中用尽了所有可能的真分解时,我们就会得到这样的一些群,它们虽然可以被变换,但其置换个数却始终保持不变.

如果每一个这样的群的置换个数皆为素数,那么方程将是根式可解的;否则就不能根式求解.

一个不可分解群所具有的最小置换个数如果不是素数,就将是 $5 \cdot 4 \cdot 3$.

②最简单的分解是在高斯先生的方法中出现的那些分解.

这些分解是很明显的,尤其是对具体形式的方程的群更为明显,因此花时间在这个问题上也是无用的.

在一个不能用高斯方法化简的方程中,哪些分解是实际可行的?

我把这些不能用高斯方法化简的方程称为"本原方程";并不是说这些方程真的不可分解,因为它们甚至可以根式求解.

作为根式可解本原方程理论的一条引理,我于 1830 年 6 月在《费吕萨克通报》上做了数论中的虚数分析,同时①可以发现下列定理的证明:

①一个可用根式求解的本原方程,其次数必然是 P^v,p 是素数.

②这类方程的所有置换形式都是

$$x_{k,l,m}\cdots x_{ak+bl+cm+\cdots h,a'k+b'k+c'm+\cdots h',a''k+\cdots}$$

其中 $k,l,m,\cdots$ 是 v 个指标,每个都取 p 个值,它们表示所有的根. 这些指标是关于模 p 而取的,就是说,如果将这些指标之一加上 p 的倍数,所得的根将是相同的.

通过应用所有这些线性代换而获得的群总共含有 $p^v(p^v-1)(p^v-p)\cdots(p^v-p^{v-1})$ 个置换.

---

① 伽罗瓦在费吕萨克科学《数学通报》(1830 年),第 271 页上指出. 当 p 值大于 5 时,$p+1$ 次椭圆模方程不能化为 p 次方程;但是 $p=7,p=11$ 是例外情形,正如伽罗瓦在他的信的下一页所写的那样.

一般来说,它们所属的方程是不能通过根式求解的.

我在《费吕萨克通报》上陈述的方程根式可解的条件过于严格;只有很少的例外,但这种例外确实存在.

这种方程论的最后一个应用是关于椭圆函数的模方程.

我们知道以周期的 p^3-1 个除数的椭圆[1]正弦为其根的方程的群是

$$x_{k,l}, x_{ak+bl, ck+dl}$$

因此,有对应的模方程的群是

$$x_{\frac{k}{l}} x_{\frac{ak+bl}{ck+dl}}$$

其中 $\dfrac{k}{l}$ 可能有 $p+1$ 个值,下一段 $\infty, 0, 1, 2, \cdots, p-1$.

如果规定 k 可能取无限值,则我们可以简写成

$$x_k, x_{\frac{ak+b}{ck+d}}$$

通过给 a, b, c, d 取所有的值,得到 $(p-1)p(p+1)$ 个 p 置换.

现在将群真分解成两个集合,它的代换是

$$x_k x_{\frac{ak+b}{ck+d}}$$

$ad-bc$ 是 p 的二次剩余.

这样化简后的群有 $\dfrac{(p-1)p(p+1)}{2}$ 个置换.

但很容易看出,它不能进一步真分解,除非 $p=2$ 或 $p=3$.

因此,无论我们如何变换这个方程,它的群总是有相同数量的代换.

但是清楚方程的次数是否可以降低是很有意义的.

首先,方程次数不能小于 p,因为一个小于 p 次的方程不能将 p 作为其群的置换个数的因数.

其次让我们来看看能否将一个 $p+1$ 次的方程降低到 p 次,以 x_k 表示方程的根,k 遍取它所有的值,包括无限,方程的代换群为

$$x_k, x_{\frac{ak+b}{ck+d}}$$

$ad-bc$ 是平方数.

这仅当方程的群被分解(当然不是真分解)为 p 个各由 $\dfrac{(p-1)(p+1)}{2}$ 个置换组成的集合时才可能发生.

设 0 和 ∞ 是这些群中的一个群的两个相关联的数字,使 0 和 ∞ 保持不变的代换具有形式

$$x_k, x_{m^2 k}$$

----

① 意指椭圆函数.

因此,如果 M 是和 1 相关联的字,那么与 m^2 相关联的字将是 m^2M,当 M 是平方数时,我们将有 $M^2=1$,但这种简化只适用于 $p=m$ 这种情况.

对于 $p=7$,我们可以找到一个有 $\dfrac{(p-1)(p+1)}{2}$ 个置换的群,其中 $\infty,1,2,4$ 分别与 $0,3,6,5$ 相关联.

该群的代换形式是

$$x_k,\ x_{a\frac{k-b}{k-c}}$$

b 是与 c 相关联的字母,a 是与 c 同时剩余或非剩余的字母.

当 $p=11$ 时,将出现记号相同的同样代换,而 $\infty,1,3,4,5,9$ 分别与 $0,2,6,8,10,7$ 相关联.

因此对于 $p=5,7,11$ 的情况,模方程可以简化为 p 次方程.

严格地说,这样的化简对于更高次的情形是不可能的.

第三篇论文是关于积分的.

我们知道,若干项相同的椭圆函数[①]的和总可以化为单项椭圆函数,再加上代数的或对数的量.

其他函数都不具备这个性质.

然而所有代数函数的积分却表现出完全类似的性质.

我们同时处理每个积分,其微分是一个变元和该变元的同样的无理函数的函数,不论这种无理性是否是根式,或是否可用根式来表示.

我们发现与已知无理性有关的最一般的积分其不同周期的个数总是偶数.

如果 $2n$ 是这个数,则遵循以下定理:

任何项积分的和总可以化为 n 项积分之和,再加上代数的和对数的量.

第一类函数是那些代数和对数部分为零的函数.

共有 n 种不同的第一类函数.

第二类函数是那些余项为纯代数的函数.

共有 n 种不同的第二类函数[②].

我们假设,其他函数的微分除了在 $x=a$ 处外都不是无限大,而且它们的余项可以化为单项对数量 $\log P,P$ 是一个代数量.用 $\pi(x,a)$ 表示这些函数,我们有如下定理

$$\pi(x,a)-\pi(a,x)=\sum \varphi a \cdot \Psi x$$

$\varphi(a)$ 和 $\psi(x)$ 分别为第一类和第二类函数.

---

① 这里伽罗瓦所说的意思是相同类型的椭圆积分之和.

② 皮卡德评论道:"因此我们确信伽罗瓦掌握了关于阿贝尔积分的最重要的结果,而黎曼则是在 25 年后才得到的."

称 $\pi(a)$ 和 ψ 为 $\pi(x,a)$ 和 ψx 的关于 x 的相同循环的周期. 我们可推得

$$\pi(a) = \sum \psi \times \varphi a$$

这样第三类函数的周期总可以通过第一类和第二类函数来表示.

我们还可以推导出类似于勒让德定理的定理[①]

$$FE' + EF' - FF' = \frac{\pi}{2}$$

将第三种函数化简为定积分,这是雅可比先生最漂亮的发现,但在除了椭圆函数的情形外并不适用.

我们总可以将积分函数与一整数相乘,就像加法一样,只需要借助一个 n 次方程,将其根的值代入到积分中即可获得被化简的项[②].

将周期分为 p 个相等部分的方程是 $p^{2n} - 1$ 次方程,它的群共包含 $(p^{2n} - 1) \cdot (p^{2n} - p) \cdots (p^{2n} - p^{2n-1})$ 个置换.

将 n 项积分的和分成 p 个相等部分的方程为 p^{2n} 次方程,它是根式可解的.

关于变换:首先,运用类似于阿贝尔在他最后一篇论文中所指出的方法,我们可以证明,如果在已知的积分关系中,有两个函数

$$\int \Phi(x,X)\,\mathrm{d}x, \int \Psi(y,Y)\,\mathrm{d}y$$

其中后一积分有 $2n$ 个周期,那么可以假定 y 和 Y 能用关于 x 和 X 的函数的 n 次方程来表示.

然后我们可以假设这些变换通常只对两个积分进行,因为显然,取关于 y 和 Y 的任意有理函数

$$\sum \int f(y,Y)\,\mathrm{d}y = \int F(x,X)\,\mathrm{d}x + \text{一个代数量和对数量}$$

在有两个积分周期个数不同的情况下,方程显然可以进行简化.

因此我们只需要比较那些周期个数相同的积分.

我们将证明,两个同类积分的最小无理次数必然相等.

随后我们将证明,总可以将一个已知积分变换成另一个积分,在变换过程中第一个积分的一个周期被一素数 p 除尽,其余 $2n - 1$ 个周期则保持不变.

因此,接下来只需要比较周期相同的积分,这样一来,使得其中的 n 项可以仅借助一个 n 次方程表示出来,反之亦然. 这方面,我们还什么都不知道.

---

① 根据 Tannery 的说法,他把伽罗瓦的手稿和刘维尔发表的伽罗瓦的著作进行了比对,伽罗瓦所写的勒让德定理形式如下:$E'F'' - E''F' = \frac{\pi}{2}\sqrt{-1}$,刘维尔对其做了一点小修改.

② 模糊的.

我亲爱的奥古斯特,您知道,这些并不是我所探索过的所有的课题. 一段时间以来,我的思维主要是考虑这种模糊的理论在超越分析①上的应用. 这就要求事先了解在量和超越函数之间的关系中,我们可以做什么样的变换? 可以用什么样的量来替换已知量而能保持这种关系成立? 这使我们能够立即认识到,我们想要寻求的许多表达式的不可能性. 但是我没有时间了,我的思维还没有在这个领域发展起来,而这是一个庞大的领域.

请将这封信在《百科评论》上刊出.

在我的一生中,我常常大胆地提出一些我拿不准的命题;但是我在这里所写的一切,在我的脑子里反复思考了近一年之久,我不得不承认,在我有兴趣的领域里,我已宣布但尚未证明,从而使人怀疑的定理确实太多了.

请求雅可比和高斯不是就这些定理的正确性而是就它们的重要性公开发表他们的意见.

我相信,最终会有人有所发现,解开这一团乱麻对他们将是有益的.

真诚地拥抱您.

E. 伽罗瓦

1832 年 5 月 29 日

§18 阿贝尔论由幂级数定义函数的连续性

(本文由普罗维登斯布朗大学的 Albert A. Bennett 教授译自德文)

这篇文章是以法语撰写的题为"级数研究 $1 + \frac{m}{1}x + \frac{m}{1}\frac{(m-1)}{2}x^2 + \frac{m}{1}\frac{(m-1)}{2}\frac{(m-2)}{3}x^3 + \cdots$" 的论文的序的一部分:

这篇论文第一次出现在德文译本中,是在《纯数学和应用数学杂志》上,柏林,1826 年,311 ~ 339 页,下面的译文摘自 312 ~ 315 页. 这篇文章被转载于奥斯特瓦尔德的《精确古典科学》71 期,莱比锡,1895 年,并附有修改和注解. 法语原文发表在 *Euvres complètes* 第一卷,阿贝尔,1881 年,克里斯蒂安尼亚,219 ~ 250 页.

尼尔斯·亨利克·阿贝尔(1802—1829)出生在挪威. 年轻时,他的数学成就就非常惊人. 在挪威政府的资助下阿贝尔在德国和法国进修了 18 个月,并和

---

① 皮尔德评论到:"我们可以猜测到他的意思,正如他所说的,这是一个庞大的领域,直至今日仍需进一步的发现."

克雷尔合作创立了克雷尔杂志. 1827 年,他回到挪威首都奥斯陆,26 岁时突然去世. 在许多不同的领域都曾出现的经典术语"阿贝尔群"和"阿贝尔函数"表明了他发现的独创性、深刻性,且影响力仍在不断增强.

这个定理(解析函数理论中的基本定理)可以用现代符号表述如下:如果实幂级数收敛于某一正定值,则一致收敛域至少扩展到并包括这一点,且和函数的连续性至少扩展到并包括这一点. 在无穷几何级数的特殊情况下,用柯西以前使用过的方法(下文所述)很容易地将定理推广到复数的情况,见《分析教程》,巴黎,1821 年,275 ~ 278 页.

这个定理特别有趣,因为它被包括在上面提到的柯西的研究范围之内. 柯西正确地陈述了几何级数一般情形的定理并给出了实质性证明. 接着柯西立刻指出并宣称证明了一个更一般的定理,几何级数的一般情形将作为其特例. 然而柯西更一般的定理是错误的. 阿贝尔恰好在这篇论文中的脚注部分做了注解. 第316 页:

在柯西先生的上述著作(第 131 页)中,人们发现下面定理:

"如果级数

$$u_0 + u_1 + u_2 + u_3 + \cdots$$

的不同项是同一变量的函数,实际上是在级数收敛的某一特定值的邻域内关于这个变量的连续函数,那么级数的和 s 也是在这个特定值的邻域内关于 x 的连续函数."

在我看来,这个定理有例外,例如级数

$$\sin \varphi - \frac{1}{2}\sin 2\varphi + \frac{1}{3}\sin 3\varphi - \cdots$$

当 φ 取 $(2m+1)\pi$ 时函数是不连续的,其中,m 是一个整数. 众所周知,有许多类似性质的级数.

阿贝尔是第一个注意到柯西定理在一般意义上不成立,并证明了一般幂级数的正确定理的人.

本文的出现正值无穷级数理论发展的一个关键时刻. 在阿基米德的著作,《抛物线求积法》,T. L. Heath,1897 年,命题 22,23,249 ~ 251 页中阿基米得运用了无穷级数 $1 + \frac{1}{4} + \left(\frac{1}{4}\right)^2 \cdots$. 1668 年,N. Mercator 和 Brouncker 同时引入了无限对数级数. 艾萨克・牛顿爵士(《运用无穷多项方程的分析学》,写成于 1669 年,但迟至 1711 年才出版)系统地使用了无穷级数. 1673 年莱布尼茨评注了调和级数的发散与调和三角形的关系《莱布尼茨的早期数学手稿》(J. M. Child,芝加哥,1920 年,第 50 页),1689 年,雅克和吉恩·伯努利都考虑过同样的问题. 1768 年,拉格朗日也致力于这样的事实:收敛级数的连续项趋于零,显然,拉格朗日在他的《解析函数论》中使用级数时,假定了逆定理是成立的.(巴黎,第 5 年,1797 年,第 50 页;*Oeuvres*,第 9 卷,巴黎,1881 年,第 85 页.)

在本文之前关于级数收敛性的一般性讨论中比较突出地出现在奥古斯丁·路易斯·柯西的《皇家理工学院综合分析教程》(巴黎,1821 年,第一部分是《分析代数》).第 6 章(123 ~ 172 页)讨论了实级数的收敛性;第 9 章(274 ~ 328 页)讨论了带有复数项的级数收敛性.高斯《时事评论》,哥廷根,数学,1812 年,第 1 期;*Werke Göttingen*,第 3 卷,1876,139 ~ 143 页)严格地考虑了一个特殊级数(超几何级数),但是并没有像这里的摘录中所给出的一般收敛定理.柯西关于全纯函数泰勒级数展开收敛圆的完备定理直到 1832 年,也就是阿贝尔死后三年才出版.

阿贝尔的序言指出了阿贝尔时代无限级数理论的发展.引用第 312 页:

代数分析中最著名的几个级数如下:

$$1 + \frac{m}{1}x + \frac{m(m-1)}{1 \cdot 2}x^2 + \frac{m(m-1)(m-2)}{1 \cdot 2 \cdot 3}x^3 + \cdots +$$

$$\frac{m(m-1)\cdots[m-(n-1)]}{1 \cdot 2 \cdots \cdot n}x^n + \cdots$$

众所周知,当 m 是一个正整数时,级数的和是有限的,且由 $(1+x)^n$ 表示,当 m 不是整数时,该级数趋于无穷,收敛或发散取决于 m 和 x 的取值.在这种情况下,我们写出等式

$$(1+x)^m = 1 + \frac{m}{1}x + \frac{m(m-1)}{1 \cdot 2}x^2 + \cdots$$

但是这个等式只说明了两个表达式

$$(1+x)^m, 1 + \frac{m}{1}x + \frac{m(m-1)}{1 \cdot 2}x^2 + \cdots$$

有共同性质,对于 m 和 x 的确切值,取决于表达式的数值等式.已假定当级数收敛时数值等式恒成立,但这还没有得到证实.到目前为止,还没有对该级数收敛的所有情况进行检验.即使假设上述等式存在,但仍需要知道 $(1+x)^n$ 的值,因为这个表达式通常有无穷多个不同的值,但级数 $1 + mx + \cdots$ 只有一个.

以下是上述摘录的解释.

首先建立级数的一些必要定理.应该让每一个热爱数学研究的人都读下柯西的伟大著作《多项式分析教程》,这将有助于引导我们学习.

定义 1 一个任意级数

$$v_0 + v_1 + v_2 + \cdots + v_m + \cdots$$

称为收敛的,如果随着 m 值的连续增加,和 $v_0 + v_1 + v_2 + \cdots + v_m$ 接近一个确切的极限,将这个极限称为级数的和.反之将级数称为发散的,也就是不存在和.从这个定义来看,如果一个级数是收敛的,随着 m 的连续增加,会使 $v_m + v_{m+1} + v_{m+2} + \cdots + v_{m+n}$ 任意趋于 0,无论 n 取何值.

因此,在任意收敛级数中,一般项 v_m 任意趋于零[①].

定理 1　将正项级数记作 $\rho_0,\rho_1,\rho_2,\cdots$,如果随着 m 值的连续增加,比值 ρ_{m+1}/ρ_m 趋于一个极限 α,且 $\alpha>1$,那么级数

$$\varepsilon_0 p_0 + \varepsilon_1 p_1 + \varepsilon_2 p_2 + \cdots + \varepsilon_m p_m + \cdots$$

必然发散,其中 ε_m 是随着 m 值的连续增加而不任意趋于 0 的一个量.

定理 2　对于一个正项级数,例如 $\rho_0 + \rho_1 + \rho_2 + \cdots + \rho_m + \cdots$,如果随着 m 值的连续增加,比值 ρ_{m+1}/ρ_m 趋于一个极限[②],且该极限小于 1,[③]那么级数

$$\varepsilon_0 p_0 + \varepsilon_1 p_1 + \varepsilon_2 p_2 + \cdots + \varepsilon_m p_m + \cdots$$

必然收敛,其中,$\varepsilon_1,\varepsilon_2,\varepsilon_3,\cdots$ 都是小于 1 的量.

事实上,假设 m 取足够大的值,使得

$$\rho_{m+1}<\alpha\rho_m,\rho_{m+2}<\alpha\rho_{m+1},\cdots,\rho_{m+n}<\alpha\rho_{m+n-1}$$

成立,因此 $\rho_{m+k}<\alpha^k\rho$,则有

$$\rho_m + \rho_{m+1} + \cdots + \rho_{m+n} < \rho_m\left(1 + \alpha + \cdots + \alpha^n\right) < \frac{\rho_m}{1-\alpha}$$

和

$$\varepsilon_m\rho_m + \varepsilon_{m+1}\rho_{m+1} + \cdots + \varepsilon_{m+n}\rho_{m+n} < \frac{\rho_m}{1-\alpha}$$

因为 $\rho_{m+k}<\alpha^k\rho$ 且 $\alpha<1$,则 ρ_m 以及 $\varepsilon_m\rho_m + \varepsilon_{m+1}\rho_{m+1} + \cdots + \varepsilon_{m+n}\rho_{m+n}$ 都以 0 为极限[④].

因此上述级数是收敛的.

定理 3　如果已知任意级数 $t_0,t_1,t_2,\cdots,t_m,\cdots$,并且如果 $p_m = t_0 + t_1 + t_2 + \cdots + t_m$ 小于一个给定的数 δ,则有

$$r = \varepsilon_0 t_0 + \varepsilon_1 t_1 + \varepsilon_2 t_2 + \cdots + \varepsilon_m t_m < \delta\varepsilon_0$$

其中 $\varepsilon_0,\varepsilon_1,\varepsilon_2,\cdots$ 单调递减,且都为正数.

事实上,令

$$t_0 = p_0, t_1 = p_1 - p_0, t_2 = p_2 - p_1,\cdots$$

则有

$$r = \varepsilon_0 p_0 + \varepsilon_1\left(p_1 - p_0\right) + \varepsilon_2\left(p_2 - p_1\right) + \cdots + \varepsilon_m\left(p_m - p_{m-1}\right)$$

或者

---

① 为了简洁,在这篇文章中,用 ω 表示小于任何已知量的量,无论已知量多么小.

② 这段文字的意思是:"趋于极限 α"考虑到 α 的用法,这有点不准确.

③ 因此小于某个本身小于 1 的常数 α.

④ 从上下文可以看出,这个有点含糊不清的说法是需要从某种意义上来理解的,即
$$\lim_{m\to\infty}\left[\lim_{n\to\infty}\left(\varepsilon_m\rho_m + \varepsilon_{m+1}\rho_{m+1} + \cdots + \varepsilon_{m+n}\rho_{m+n}\right)\right] = 0$$

$$r = p_0(\varepsilon_0 - \varepsilon_1) + p_1(\varepsilon_1 - \varepsilon_2) + \cdots + p_{m-1}(\varepsilon_{m-1} - \varepsilon_m) + p_m \varepsilon_m$$

因为 $\varepsilon_0 - \varepsilon_1, \varepsilon_1 - \varepsilon_2 \cdots$ 都是正数,显然 $r < \delta \varepsilon_0$.

定义 2 如果对于在极限 a, b 之间的任意 x,随着 β 值的连续递减,$f(x - \beta)$ 任意趋于极限 $f(x)$,则函数 $f(x)$ 称为在 $x = a$ 和 $x = b$ 之间的关于 x 的连续函数.

定理 4 如果级数 $f(\alpha) = v_0 + v_1\alpha + v_2\alpha^2 + \cdots + v_m\alpha^m + \cdots$ 收敛于 $\delta(\alpha)$ 的一个确切值,则它将收敛于每一个小于 α 的值,这样的话,随着 β 值的连续递减,$f(\alpha - \beta)$ 任意趋于极限 $f(\alpha)$,可以理解为 α 等于或小于 δ. 令

$$v_0 + v_1\alpha + \cdots + v_{m-1}\alpha^{m-1} = \Phi(\alpha)$$

$$v_m\alpha^m + v_{m+1}\alpha^{m+1} + \cdots = \psi(\alpha)$$

则有

$$\psi(\alpha) = \left(\frac{\alpha}{\delta}\right)^m \cdot v_m\delta^m + \left(\frac{\alpha}{\delta}\right)^{m+1} \cdot v_{m+1}\delta^{m+1} + \cdots$$

因此,根据定理 3,若 p 表示

$$v_m\delta^m, v_m\delta^m + v_{m+1}\delta^{m+1}, v_m\delta^m + v_{m+1}\delta^{m+1} + v_{m+2}\delta^{m+2}, \cdots$$

中的最大值,则

$$\psi(\alpha) < (\alpha/\delta)^m p$$

对于每一个等于或小于 δ 的 α,将 m 取足够大的值,使得 $\psi(\alpha) = \omega$.

现在设 $f(\alpha) = \Phi(\alpha) + \psi(\alpha)$,因此

$$f(\alpha) - f(\alpha - \beta) = \Phi(\alpha) - \Phi(\alpha - \beta) + \omega$$

因为 $\Phi(\alpha)$ 是一个完整函数,取 β 任意小,使得 $\Phi(\alpha) - \Phi(\alpha - \beta) = \omega$ 成立,因此 $f(\alpha) - f(\alpha - \beta) = \omega$,定理得证.

本文定理 5 继续对变量系数幂级数进行了不完善的讨论,在定理 6 中讨论了两个收敛级数的乘积,构成本文主要内容的第三和第四部分,严格讨论了二项式级数.

§19　高斯论代数基本定理的第二个证法

（由普罗维登斯布朗大学 C. Raymond Adams 教授译自拉丁文）

卡尔·弗里德里希·高斯在 1777 年 4 月 30 日生于德国布伦瑞克市. 高斯早年就表现出了极高的数学天赋,这使他获得了布伦瑞克公爵的赏识与资助,因此受到了良好的教育. 在 1795 至 1798 年间,当他还是哥廷根大学的一个学生时,在数学的许多领域中已有许多重要的发现. 1807 年到 1855 年间他担任

哥廷根大学天文学教授兼天文台台长,这使他能够把所有的时间都投入到科学研究中去. 他主要研究的领域不仅包含纯数学领域,在天文学、测地学、电磁学等方面都有着重大贡献. 可以说 19 世纪没有其他数学家比高斯对科学发展产生的影响更加深远.

高斯给出了代数基本定理的四个证明[1],代数基本定理:每个 m 次代数方程都有 m 个根[2].

他的第一次证明在数学发展过程中的重要意义,用他自己在第四次证明的前言中的话来说:"第一次证明⋯有两个目的,一是证明以前所有关于代数方程组理论中最重要的定理的证明都不能令人满意,二是给出一个新构造的严格证明."

在前三种证明(不是第四种)中,限制了方程中的系数是实数. 然而,这并不是一个严重的缺陷,因为很容易可以证明,系数为复数的情形可以化为系数是实数这一情形. 虽然第一个证明部分是基于几何考虑,但第二个证明完全是代数的,被描述[3]为"四个方法中概念最巧妙的,方法上最意义深远的". 因此,在这里给出第二个证明是恰当的.

由于篇幅的限制,我们将不叙述整篇论文,省略了序言,即第 1 部分,并简

---

[1] 第一个证明是在 1797 年秋天发现的,并写在了他的博士论文中,于 1799 年在赫尔姆斯泰特出版,标题是《每个单变量有理整函数均可分解为一次或二次实因式的乘积的新证明》,*Werke*,第 3 卷(1876 年),3~30 页. 第二个和第三个证明,"关于新理论的证明⋯⋯"和"关于新解法的证明⋯⋯"于 1816 年发表在《哥廷根科学社会评论》第 3 卷(类别,数学)分别在 107~134 页和 135~142 页;*Werke*,第 3 卷(1876 年),33~56 页,59~64 页. 第四个证明发表于 1850 年,名为"代数方程理论的补充"(第一点),刊登在 *Abbandlungen der Könilgiden Gesellsbaft der Wissenschaften zu Cöttingen.* 第 4 卷(类别,数学)3~15 页;Werke,第 3 卷(1876 年),73~85 页.

[2] 首先说明不确定是谁第一个提出了这个定理. *Peter Rothe* 赞同 m 次代数方程可能有 m 个根(《算术哲学》,纽伦堡,1608 年). 阿尔伯特·吉拉德("Invention Nouvclle Algebre",阿姆斯特丹,1629 年)宣称,"每一个代数方程的解的个数与最高次项的指数相同,但他还增加了一个限定条件"除非方程是不完整的"(即不包含从 m 到 0 的所有 x 的幂的项)但他指出,如果一个方程的根的个数小于方程的次数,那么引入尽可能多的不可能解(即复解)是有用的,因为它将使根的个数和复解的个数的和等于方程的次数. 高斯对定理的明确陈述似乎是由于欧拉在 1742 年 12 月 15 日的一封信中给出(数学与哲学的通信,*Fuss* 编辑,1845 年,圣彼得堡,第 1 卷,第 171 页). 在高斯几次尝试证明这个定理之前,达朗贝尔(1746 年)已经给出了证明,他的证明被广泛接受,以至于这个定理被称为达朗贝尔定理,至少在法国是这样;1749 年欧拉给出证明;1759 年 Foncenex 给出证明;1772 年拉格朗日给出证明;后来拉普拉斯给出证明(1795 年在理工学院上的讲座,但 1812 年才在其期刊上发表). 但代数基本定理这个术语是由高斯引入的.

[3] 内托.《高斯的四种证明》⋯,莱比锡,1913,81 页.

单介绍一下 2~6 部分,其中包含了关于有理积分函数的素数性和对称函数的某些定理的证明. 从这一点开始,除第一节外,将提供全部译文.

在第 2 部分中,已证明如果 Y 和 Y' 是 x 的任意两个积分函数[1],一个充分必要条件是,它们除了常数之外没有其他共同的因数,即存在着 x 的两个其他积分函数,Z 和 Z',满足这个恒等式

$$ZY + Z'Y' \equiv 1$$

第 3 部分指出,如果 $a,b,c,\cdots$ 是 m 个常数的任意集合,并且如果我们定义

$$v \equiv (x-a)(x-b)(x-c)\cdots \equiv x^m - \lambda' x^{m-1} + \lambda'' x^{m-2} - \cdots$$

每一个 λ,或者任意的 $\lambda's$ 的函数都是关于 $a,b,c,\cdots$ 的对称函数.

第 4 部分致力于证明任何一个关于 $a,b,c,\cdots$ 的积分对称函数都是 $\lambda's$ 的积分对称函数;$\lambda's$ 的函数唯一性是在第 5 部分中证明的.

在第 6 部分中,引入下面的这个乘积

$$\pi = (a-b)(a-c)(a-d)\cdots \cdot (b-a)(b-c)(b-d)\cdots \cdot$$
$$(c-a)(c-b)(c-d)\cdots \cdot \cdots$$

根据第 4、5 部分,这个乘积是 $\lambda',\lambda'',\cdots$ 的一个确定的积分函数,令 p 表示与 l',$l'',\cdots$ 同样形式的积分函数并将其定义为函数

$$y = x^m - l' x^{m-1} + l'' x^{m-2} - \cdots$$

的判别式[2]. 可以把它看作是首项系数为 1 的关于 x 的 m 次积分函数,并且不考虑可分解性的问题,将 $l's$ 看作是变量. 另一方面函数

$$Y = x^m - L' x^{m-1} + L'' x^{m-2} - \cdots$$

可以看作是一个特例,尽管任意的同一类型的对系数没有限制的函数,系数也可以看作是任意常数.

对于 $l' = L', l'' = L'', p$ 的值用 P 表示. 本文考虑 Y 的可分解性. 假设 Y 可以分解为线性因子,$Y = (x-A)(x-B)(x-C)\cdots$,下列定理得证.

定理 1　如果 Y 的判别式 $P = 0$,那么 Y 和 $Y' = \dfrac{\mathrm{d}Y}{\mathrm{d}x}$ 有一个公因数.

定理 2　如果 Y 的判别式 $P \neq 0$,Y 和 Y' 没有公因数.

第 7 部分:

然而,很容易观察到,这个非常简单的证明的全部过程都建立在这样的假设上,即函数 Y 可以被简化为线性因子;但是,至少在目前的关系中,我们对这种可约性的一般证明的关注,不亚于假定将要证明什么. 然而,并不是所有那些试图对我们的主要定理进行分析证明的人都对这种推论保持警惕. 这种明显的

---

[1]　在整篇论文中,高斯使用的术语"积分函数"的意思是"有理积分函数".

[2]　行列式是高斯与当时其他数学家共同使用的术语.

错误的根源可以从他们的研究题目中察觉出来,因为所有人都只研究方程的根的形式,而这些根的存在性本应是证明的对象,却被轻率地认为是理所当然的.但是关于这种完全不严格和不清晰的过程,上面提到的文章已经说得够多了.①因此,我们现在将在一个更确定的基础上建立第 6 部分的定理,其中至少有一部分是我们所必需的;我们从更简单的第二个证明开始.

第 8 部分:

我们用 ρ 表示函数

$$\frac{\pi(x-b)(x-c)(x-d)\cdots}{(a-b)^2(a-c)^2(a-d)^2\cdots} + \frac{\pi(x-a)(x-c)(x-d)\cdots}{(b-a)^2(b-c)^2(b-d)^2\cdots} +$$

$$\frac{\pi(x-a)(x-b)(x-d)\cdots}{(c-a)^2(c-b)^2(c-d)^2\cdots} + \cdots$$

因为 π 可以被各个分母整除,所以 ρ 是未知数 $x,a,b,c,\cdots$ 的积分函数. 我们设 $dv/dx = v'$,得到

$$v' = (x-b)(x-c)(x-d)\cdots + (x-a)(x-c)(x-d)\cdots +$$
$$(x-a)(x-b)(x-d)\cdots + \cdots$$

当 $x=a$ 时,显然有 $\rho v' = \pi$. 由此我们可以得出函数 $\pi - \rho v'$ 完全可以被 $x-a$ 整除②,同样可以被 $x-b, x-c, \cdots$ 整除. 因此,也可被乘积 v 整除. 若我们设 $\frac{\pi - \rho v'}{v} = \sigma$,$\sigma$ 是未知数 $x,a,b,c,\cdots$ 的积分函数,实际上,类似地 ρ 是未知数 $a,b,c,\cdots$ 的对称函数. 因此,可以找到未知数 $x,l',l'',\cdots$ 的两个积分函数 r 和 s,通过替换 $l' = \lambda', l'' = \lambda''$,$r$ 和 s 分别变成 ρ 和 σ. 如果我们类比地表示这个函数

$$mx^{m-1} - (m-1)l'x^{m-2} + (m-2)l''x^{m-3} - \cdots$$

即导数 dy/dx,记为 y',使得 y' 通过这些替换变成 v',则显然通过同样的替换 $p - sy - ry'$ 变成 $\pi - \sigma v - \rho v'$,即变为零. 从而有恒等式

$$p = sy + ry'$$

如果我们假定通过替换 $l' = L', l'' = L'', \cdots, r$ 和 s 为分别变为 R 和 S,得到等式

$$P = SY + RY'$$

因为 S 和 R 是 x 的积分函数,P 是一个已知量或数,如果 $P \neq 0$,则 Y 和 P' 没有公因数. 这正是第 6 部分的定理 2.

第 9 部分:

第一个定理的证明是,如果 Y 和 Y' 没有公因数,P 肯定不为零. 为此,我们用 §2 的方法确定未知数 x 的两个积分函数,即 $f(x)$ 和 $\varphi(x)$,使恒等式 $f(x)\cdot$

---

① 高斯的第一个证明,在序言中提到过.

② 如果第一个积分函数除以第二个积分函数的商是这些变量的第三个积分函数,则积分函数完全可以被同一变量的第二个积分函数整除.

$Y + \varphi(x) \cdot Y' = 1$ 成立;也可以写成

$$f(x) \cdot v + \varphi(x) \cdot v' = 1 + f(x) \cdot (v - Y) + \varphi(x) \cdot \frac{\mathrm{d}(v - Y)}{\mathrm{d}x}$$

或者,因为我们有

$$v' = (x - b)(x - c)(x - d)\cdots + (x - a)\frac{\mathrm{d}[(x - b)(x - c)(x - d)\cdots]}{\mathrm{d}x}$$

在形式上

$$\varphi(x) \cdot (x - b)(x - c)(x - d)\cdots +$$
$$\varphi(x) \cdot (x - a)\frac{\mathrm{d}[(x - b)(x - c)(x - d)\cdots]}{\mathrm{d}(x)} +$$
$$f(x) \cdot (x - a)(x - b)(x - c)\cdots$$
$$= 1 + f(x) \cdot (v - Y) + \varphi(x) \cdot \frac{\mathrm{d}(v - Y)}{\mathrm{d}x}$$

为了简洁,我们将未知数 $x, l', l'', \cdots$ 的积分函数表达式

$$f(x) \cdot (y - Y) + \varphi(x) \cdot \frac{\mathrm{d}(y - Y)}{\mathrm{d}x}$$

记为

$$F(x, l', l'', \cdots)$$

因此我们有等式

$$1 + f(x) \cdot (v - Y) + \varphi(x)\frac{\mathrm{d}(v - Y)}{\mathrm{d}x} = 1 + F(x, \lambda', \lambda'', \cdots)$$

因此恒等式

$$\varphi(a) \cdot (a - b)(a - c)(a - d)\cdots = 1 + F(a, \lambda', \lambda'', \cdots) \qquad (1)$$
$$\varphi(b) \cdot (b - a)(b - c)(b - d)\cdots = 1 + F(b, \lambda', \lambda'', \cdots)$$

如果我们假设所有函数的乘积

$$1 + F(a, l', l'', \cdots), 1 + F(b, l', l'', \cdots), \cdots$$

是未知数 $a, b, c, \cdots, l', l'', \cdots$ 的积分函数,实际上是关于 $a, b, c, \cdots$ 的对称函数,表示为

$$\psi(\lambda', \lambda'', \cdots, l', l'', \cdots)$$

由所有方程(1)的乘法得到新的恒等式

$$\pi\varphi a \cdot \varphi b \cdot \varphi c \cdots = \psi(\lambda', \lambda'', \cdots, \lambda', \lambda'', \cdots) \qquad (2)$$

更明显的是,由于乘积 $\varphi a \cdot \varphi b \cdot \varphi c \cdots$ 对称地包含未知数 $a, b, c, \cdots$,可以通过替换 $l' = \lambda', l'' = \lambda'', \cdots$ 将未知数 $l', l'', \cdots$ 的一个积分函数变成 $\varphi a \cdot \varphi b \cdot \varphi c \cdots$. 如果 t 是这个函数,我们有

$$pt = \psi(l', l'', \cdots l', l'', \cdots) \qquad (3)$$

因为通过替换 $l' = \lambda', l'' = \lambda'', \cdots$,这个方程变成了恒等式(2).

从函数 F 的定义,以及恒等式 $F(x,L',L'',\cdots)=0$,因此我们依次有以下几个恒等式

$$1+F(a,L',L'',\cdots)=1$$
$$1+F(b,L',L'',\cdots)=1$$
$$\psi(\lambda',\lambda'',\cdots,l',l'',\cdots)=1$$

以及
$$\psi(l',l'',\cdots,L',L'',\cdots)=1 \tag{4}$$

将方程(3)和(4)联合,如果设 $l'=L',l''=L'',\cdots$,遵循关系式

$$PT=1 \tag{5}$$

其中 T 表示对应于这些替换的函数 t 的值. 因为这个值一定是有限的,所以 P 肯定不为零.

第 10 部分:

由此可见,未知数 x 的每一个积分函数 Y,如果其判别式为零,都可以分解成判别式不为 0 的因子. 事实上,如果我们找到函数 Y 和 $\dfrac{\mathrm{d}Y}{\mathrm{d}x}$ 的最大公约数,就可以将 Y 分解成两个因子. 如果这些因子①中的一个,其判别式为零,它可能会以同样的方式分解成两个因子,所以我们将继续该过程,直到 Y 最终分解为没有判别式为零的因子.

此外,人们很容易发现,在 Y 分解的因子中,至少有一个因子具有这样的性质:在其次数指数的因子中,因子 2 的出现频率并不比 m(Y 的次数)的因子中出现的频率高;如果我们设 $m=k\cdot 2^{\mu}$,其中 k 为奇数,则在 Y 的因子中至少有一个因子的次数为 $k'\cdot 2^{v}$,k' 为奇数且 $v=\mu$ 或 $v<\mu$. 这个说法的正确性直接来源于这样一个事实,即 m 是表示 Y 的各个因子的次数的数字之和.

第 11 部分:

在进一步讨论之前,我们将解释一个表达式,它的引入在所有对称函数的研究中都是最有用的,而且也便于我们达到目的. 我们假设 M 是一些未知数 a,b,c,$\cdots$ 的函数. 设 μ 是表达式 M 中未知数的个数,而不考虑可能存在于 M 中的其他未知数. 如果这些 μ 个未知数以各种可能的方式排列,不仅在它们之间,还在集合 a,b,c,$\cdots$ 剩余的 $m-\mu$ 个未知数中,产生了类似于 M 的其他表达式,所以我们一共有 $m(m-1)(m-2)\cdots(m-\mu+1)$ 个表达式,包括 M 本身;这些集合我们简单地称为所有 M 的集合,由此可知什么是所有 M 的和,所有 M 的乘积,$\cdots$ 例如,可将 π 称为所有 $a-b$ 的乘积,v 称为所有 $x-a$ 的乘积,v' 是所

---

① 事实上,只有最大公约数的判别式才为 0. 但这个陈述的证明会使我们误入歧途;此外,该证明在这里无关紧要,因为我们应该能够以同样的方式分解其他因子,避免其判别式为 0,并将其化为判别式不为 0 的因子.

有 $\dfrac{v}{x-a}$ 的和, 等等.

如果 M 恰好是包含的 μ 个未知数的对称函数, 这些未知数之间的置换不会改变函数 M; 因此, 如果 ν 表示对称函数 M 的未知数的个数, 在所有 M 的集合中每一项都是倍数, 事实上是 $1, 2, \cdots, v$ 倍. 但如果 M 不仅对 ν 个未知数是对称的, 而且对 ν' 个未知数也是对称的, 并且在 ν'' 个未知数中仍有不同的未知数, 等等. 如果前 ν 个未知数中的任何两个间进行置换, 或者前 ν' 个未知数中的任何两个之间进行置换, 或者下一个 ν'' 中的任意两个之间进行置换, 等等 M 都是不变的, 所以同一项总是对应于

$$1 \cdot 2 \cdots \cdot \nu \cdot 1 \cdot 2 \cdots \cdot \nu' \cdot 1 \cdot 2 \cdots \cdot \nu'' \cdots$$

个置换. 如果在这些相同的项中我们只保留其中一个, 我们一共有

$$\frac{m(m-1)(m-2)\cdots(m-\mu+1)}{1 \cdot 2 \cdots \cdot \nu \cdot 1 \cdot 2 \cdots \cdot \nu' \cdot 1 \cdot 2 \cdots \cdot \nu''} \cdots$$ 个项, 我们称之为无重复的所有 M 集合的集合, 以区别于具有重复的所有 M 集合. 除非另有规定, 否则我们将永远承认重复.

我们更容易地看到所有 M 的和, 或所有 M 的乘积, 或者更一般地说, 所有 M 的任意对称函数总是未知数 $a, b, c, \cdots$ 的对称函数, 无论重复是否存在.

第 12 部分:

现在我们考虑所有 $u-(a+b)x+ab$ 的乘积, 每一项都不重复, 其中 u 和 x 表示未知数, 用 ξ 表示相同的数, 那么 ξ 将是以下 $\dfrac{1}{2}m(m-1)$ 个因子的乘积

$$u-(a+b)x+ab, u-(a+c)x+ac, u-(a+d)x+ad, \cdots$$
$$u-(b+c)x+bc, u-(b+d)x+bd, \cdots$$
$$u-(c+d)x+cd, \cdots$$
$$\cdots$$

因为这个函数对称地包含未知数 $a, b, c, \cdots$, 确定了用 z 表示未知数 u, x, $l', l'', \cdots$ 的积分函数, 它具有如下性质: 如果用 $\lambda', \lambda'', \cdots$ 替换未知数 $l', l'', \cdots, z$ 就会变成 ξ. 最后, 如果我们将特定的值 $L', L'', \cdots$ 赋给未知数 $l', l'', \cdots$, 则我们用 Z 来表示 z 化简后的未知数 u 和 x 的函数.

这三个函数 ξ, z, Z 可以看作是不带有待定系数的未知数 u 的 $\dfrac{1}{2}m(m-1)$ 次积分函数; 这些系数是:

对于 ξ, 未知数 $x, a, b, c, \cdots$ 的函数;

对于 z, 未知数 $x, l', l'', \cdots$ 的函数;

对于 Z, 单个未知数 x 的函数.

z 的各个系数将通过替换 $l' = \lambda', l'' = \lambda'', \cdots$ 变成 ξ 的系数, 同样, 通过替换

$l' = L', l'' = L'', \cdots$，可变成 Z 的系数. 这里对于系数的表述同样适用于函数 ξ, z，Z 的判别式. 为了得到定理的证明方法，我们将更仔细地研究这些问题.

定理 3　当 P 不为零时，函数 Z 的判别式不能完全消去.

第 14 部分[①]：

函数 ξ 的判别式是 $(a+b)x-ab$ 数量对之间的所有差的乘积，它们的总数是 $\dfrac{1}{2}m(m-1)\left[\dfrac{1}{2}m(m-1)-1\right] = \dfrac{1}{4}(m+1)m(m-1)(m-2)$. 这个数也是函数 ξ 的判别式中 x 的次数. 函数 z 的判别式中 x 的次数与 ξ 的判别式中 x 的次数相同，如果 x 的最高次幂的系数为 0，函数 Z 的判别式可以有较低的次数. 我们的问题是证明在函数 Z 的判别式中，并不是所有的系数都可以为零.

如果我们进一步研究乘积的差值是函数 ξ 的判别式，我们注意到它们中的一部分（即具有共同元素的两个量 $(a+b)x-ab$ 之间的差）提供了所有 $(a-b)$ $(x-c)$ 的乘积；从其他部分（即没有共同元素的两个量 $(a+b)x-ab$ 之间的差）中产生了没有重复的所有 $(a+b-c-d)x-ab+cd$ 的乘积. 显然第一个乘积包含每个因子 $a-b$ 的 $m-2$ 倍，然而包含每个因子 $x-c$ 的 $(m-1)(m-2)$ 倍. 从这里很容易看出它们的乘积为 $\pi^{m-2}\nu^{(m-1)(m-2)}$. 如果用 ρ 表示第二个乘积，则函数 ξ 的判别式就等于

$$\pi^{m-2}\nu^{(m-1)(m-2)}\rho$$

如果进一步用 r 表示未知数 $x, l', l'', \cdots$ 的函数，通过替换 $l' = \lambda', l'' = \lambda'', \cdots$ 变成 ρ，用 R 表示 x 的函数，通过替换 $l' = L', l'' = L'', \cdots$，$r$ 变成 R，显然，函数 z 的判别式等于

$$p^{m-2}y^{(m-1)(m-2)}r$$

而函数 Z 的判别式是

$$p^{m-2}Y^{(m-1)(m-2)}R$$

由于假设 P 不为零，现在还需要证明 R 不会消失.

第 15 部分：

为此，我们引入另一个未知数 ω，并将考虑没有重复的所有 $(a+b-c-d)\omega+(a-c)(a-d)$ 的乘积；由于这对称地包含 $a, b, c, \cdots$，它可以表示为未知数 $\omega, \lambda', \lambda'', \cdots$ 的积分函数. 我们记这个函数为 $f(\omega, \lambda', \lambda'', \cdots)$. 因子 $(a+b-c-d)\omega+(a-c)(a-d)$ 的个数为 $\dfrac{1}{2}m(m-1)(m-2)(m-3)$，从这一点出发，得到以下方程

---

①　我们省略了第 13 部分，其中包含了上述定理的证明，证明了 Y 可化为线性因子的限制条件，这对本文下面的探讨并不重要.

$$f(0,\lambda',\lambda'',\cdots) = \pi^{(m-2)(m-3)}$$
$$f(0,l',l'',\cdots) = p^{(m-2)(m-3)}$$
以及 $\quad f(0,L',L'',\cdots) = P^{(m-2)(m-3)}$

函数 $f(\omega,L',L'',\cdots)$ 通常必然是 $\frac{1}{2}m(m-1)(m-2)(m-3)$ 次;如果 ω 的最高次幂的某些系数消失,只有在特定的情况下,它才能很好地降至较低的次数;然而,它不可能等于零,因为正如上面的方程所示,至少函数的最后一项不会消失. 我们假设函数 $f(\omega,L',L'',\cdots)$ 的最高次幂项的非零系数是 $N\omega^\nu$. 如果我们做替换 $\omega = x-a,$,显然,$f(x-a,L',L'',\cdots)$ 是关于未知数 x 和 a 的积分函数,或者可以理解为是关于 x 的积分函数,其系数取决于未知数 a;它的最高项是 Nx^ν,因此它有一个系数与 a 无关,且不为 0. 同样 $f(x-b,L',L'',\cdots)$,$f(x-c,L',L'',\cdots)$,$\cdots$ 是未知数 x 的积分函数,每个函数都以 Nx^ν 为最高次幂项,而其余项的系数取决于 $a,b,c,\cdots$. 因此 m 个因子 $f(x-a,L',L'',\cdots)$,$f(x-b,L',L'',\cdots)$,$f(x-c,L',L'',\cdots)$,$\cdots$ 的乘积,将是 x 的积分函数,它的最高项是 $N^m x^{m\nu}$,而其余项的系数依赖于 $a,b,c,\cdots$.

现在我们考虑 m 个因子

$$f(x-a,l',l'',\cdots),f(x-b,l',l'',\cdots),f(x-c,l',l'',\cdots),\cdots$$

的乘积,它是未知数 $x,a,b,c,\cdots,l',l'',\cdots,$ 的函数,在 $a,b,c,\cdots,$ 是对称的,可以用未知数 $x,\lambda',\lambda'',\cdots,l',l'',\cdots$ 表示,记为

$$\varphi(x,\lambda',\lambda'',\cdots,l',l'',\cdots)$$

从而

$$\varphi(x,\lambda',\lambda'',\cdots,\lambda',\lambda'',\cdots)$$

为因子 $f(x-a,\lambda',\lambda'',\cdots)$,$f(x-b,\lambda',\lambda'',\cdots)$,$f(x-c,\lambda',\lambda'',\cdots)$,$\cdots$ 的乘积,并且可以被 ρ 整除,因为很容易看出 ρ 的每个因子都包含在其中一个因子中.

因此,我们设

$$\varphi(x,\lambda',\lambda'',\cdots,\lambda',\lambda'',\cdots) = \rho\psi(x,\lambda',\lambda'',\cdots)$$

ψ 表示积分函数. 由此得出恒等式

$$\varphi(x,L',L'',\cdots,L',L'',\cdots) = R\psi(x,L',L'',\cdots)$$

然而,我们在上面已经证明了,因子

$$f(x-a,L',L'',\cdots),f(x-b,L',L'',\cdots),f(x-c,L',L'',\cdots),\cdots$$

的乘积 $\varphi(X,\lambda',\lambda'',\cdots,L',L'',\cdots)$ 的最高项是 $N^m x^{m\nu}$;因此函数 $\varphi(x,L',L'',\cdots,L',L'',\cdots)$ 将有相同的最高项,且不为零. 因此,函数 R 以及函数 Z 的判别式,不等于零. 证毕.

第 16 部分:

197

定理 4 如果[①] $\varphi(u,x)$ 表示任意数量的因子的乘积,这些因子中含有 u 与 x 的线性组合,因此形式为

$$\alpha + \beta u + \gamma x, \alpha' + \beta' u + \gamma' x, \alpha'' + \beta'' u + \gamma'' x, \cdots$$

如果 ω 是另一个未知数,则函数[②] $\left(u + \omega \dfrac{\mathrm{d}\varphi(u,x)}{\mathrm{d}x}, x - \omega \dfrac{\mathrm{d}\varphi(u,x)}{\mathrm{d}u}\right) = \Omega$ 能被 $\varphi(u,x)$ 整除.

证明 若我们设

$$\varphi(u,x) = (\alpha + \beta u + \gamma x)Q = (\alpha' + \beta' u + \gamma' x)Q' = \cdots$$

则 $Q, Q', \cdots$ 是未知数 $s, u, x, \alpha, \beta, \gamma, \alpha', \beta', \gamma', \cdots$ 的积分函数.

我们有

$$\frac{\mathrm{d}\varphi(u,x)}{\mathrm{d}x} = \gamma Q + (\alpha + \beta u + \gamma x)\frac{\mathrm{d}Q}{\mathrm{d}x} = \gamma' Q' + (\alpha' + \beta' u + \gamma' x)\frac{\mathrm{d}Q'}{\mathrm{d}x} = \cdots$$

$$\frac{\mathrm{d}\varphi(u,x)}{\mathrm{d}u} = \beta Q + (\alpha + \beta u + \gamma x)\frac{\mathrm{d}Q}{\mathrm{d}u} = \beta' Q' + (\alpha' + \beta' u + \gamma x)\frac{\mathrm{d}Q'}{\mathrm{d}u} = \cdots$$

如果我们把这些值代入乘积 Ω 的因子,也就是代入到

$$\alpha + \beta u + \gamma x + \beta \omega \frac{\mathrm{d}\varphi(u,x)}{\mathrm{d}x} - \gamma \omega \frac{\mathrm{d}\varphi(u,x)}{\mathrm{d}u}$$

$$\alpha' + \beta' u + \gamma' x + \beta' \omega \frac{\mathrm{d}\varphi(u,x)}{\mathrm{d}x} - \gamma' \omega \frac{\mathrm{d}\varphi(u,x)}{\mathrm{d}u}$$

$$\cdots\cdots$$

得到表达式

$$(\alpha + \beta u + \gamma x)\left(1 + \beta \omega \frac{\mathrm{d}Q}{\mathrm{d}u} - \gamma \omega \frac{\mathrm{d}Q}{\mathrm{d}u}\right)$$

$$(\alpha' + \beta' u + \gamma' x)\left(1 + \beta' \omega \frac{\mathrm{d}Q'}{\mathrm{d}x} - \gamma' \omega \frac{\mathrm{d}Q'}{\mathrm{d}u}\right)$$

$$\cdots\cdots$$

使 Ω 变为 $\varphi(u,x)$ 和因子 $1 + \beta \omega \dfrac{\mathrm{d}Q}{\mathrm{d}x} - \gamma \omega \dfrac{\mathrm{d}Q}{\mathrm{d}u}, 1 + \beta' \omega \dfrac{\mathrm{d}Q'}{\mathrm{d}x} - \gamma' \omega \dfrac{\mathrm{d}Q'}{\mathrm{d}u}, \cdots,$ 的乘积,即 $\varphi(u,x)$ 和未知数 $u, x, \omega, \alpha, \beta, \gamma, \alpha', \beta', \gamma', \cdots$ 的积分函数的乘积. 证毕.

第 17 部分:

前面的定理显然适用于函数 ξ,从现在开始我们用 $f(u, x, \lambda', \lambda'', \cdots)$ 表示 ξ,使 $f\left(u + \omega \dfrac{\mathrm{d}\xi}{\mathrm{d}x}, x - \omega \dfrac{\mathrm{d}\xi}{\mathrm{d}u}, \lambda', \lambda'', \cdots\right)$ 能被 ξ 整除;商是未知数 $u, x, w, a, b, c, \cdots$

---

① 这几乎没有必要陈述,前一部分中介绍的符号仅限于前一部分,特别是 φ 和 ω 在本部分的含义不能与前者混淆.

② 这里一般用的是全导数符号,第 19 部分用的是偏导数符号.

的积分函数,并对 $a,b,c,\cdots$ 来说对称,我们将用 $\psi(u,x,\omega,\lambda',\lambda'',\cdots)$ 来表示这个商.

由此有下列恒等式

$$f\left(u+\omega\frac{\mathrm{d}z}{\mathrm{d}x},x-\omega\frac{\mathrm{d}z}{\mathrm{d}z},l',l''\cdots\right)=z\psi(u,x,\omega,l',l'',\cdots)$$

$$f\left(u+\omega\frac{\mathrm{d}Z}{\mathrm{d}x},x-\omega\frac{\mathrm{d}Z}{\mathrm{d}u},L',L'',\cdots\right)=Z\psi(u,x,\omega,L',L'',\cdots)$$

若我们用 $F(u,x)$ 表示函数 Z,即令

$$f(u,x,L',L'',\cdots)=F(u,x)$$

我们有恒等式

$$F\left(u+\omega\frac{\mathrm{d}Z}{\mathrm{d}x},x-\omega\frac{\mathrm{d}Z}{\mathrm{d}u}\right)=Z\psi(u,x,\omega,L',L'',\cdots)$$

第 18 部分:

假设 u 和 x 有特定值,即 $u=U$ 和 $x=X$,有

$$\frac{\mathrm{d}Z}{\mathrm{d}x}=X',\frac{\mathrm{d}Z}{\mathrm{d}u}=U'$$

我们有恒等式

$$F(U+\omega X',X-\omega U')=F(U,X)\psi(U,\omega,L',L'',\cdots)$$

只要 U' 不为 0,我们就可以设

$$\omega=\frac{X-x}{U'}$$

得到

$$F\left(U+\frac{XX'}{U'}-\frac{X'x}{U'},x\right)=F(U,X)\psi\left(U,X\frac{X-x}{U'},L,L'',\cdots\right)$$

若我们设 $u=U+\dfrac{XX'}{U'}-\dfrac{X'x}{U'}$,从而函数 Z 变为

$$F(U,X)\psi\left(U,X,\frac{X-x}{U'},L',L'',\cdots\right)$$

第 19 部分;

由于在 P 不为零的情况下,函数 Z 的判别式是未知数 x 的函数,且不等于零,因此使这个判别式为 0 的特殊值 x 的个数是有限的;因此,可以给未知数 x 赋无穷多个值,使得判别式不为零. 令 X 是 x 的一个值(不妨设为实数),使得其判别式不为 0. 根据 §6,定理 11,则函数 $F(u,X)$ 的判别式不为零, 函数 $F(u,X)$ 和 $\dfrac{\mathrm{d}F(u,X)}{\mathrm{d}u}$ 没有公约数. 我们将进一步假设存在一个 u 的特殊值 U,它可以是实值,也可以是虚值,即形如 $g+b\sqrt{-1}$,使 $F(u,X)=0$,从而使 $F(U,$

$X) = 0$,则 $u - U$ 将是函数 $F(u, X)$ 的一个待定因子,因此函数 $\dfrac{\mathrm{d}F(u, X)}{\mathrm{d}u}$ 肯定不

能被 $u - U$ 整除. 之后我们假设这个函数 $\dfrac{\mathrm{d}F(u, X)}{\mathrm{d}u}$,当 $u = U$ 时,取值 U',当然 U'

不能为零. 然而,显然,在 $u = U, x = X$ 时,U' 是偏导数 $\dfrac{\mathrm{d}Z}{\mathrm{d}u}$ 的值;如果 $u = U, x = X$,

则我们用 X' 表示偏导数 $\dfrac{\mathrm{d}Z}{\mathrm{d}x}$ 的值;显然从前一节的证明中可知,通过替换 $u =$

$U + \dfrac{XX'}{U'} - \dfrac{X'x}{U'}$,函数 Z 等于零,所以可以被因子 $u + \dfrac{X'}{U'}x - (U + \dfrac{XX'}{U'})$ 整除.

若我们设 $u = x^2$,显然 $F(x^2, x)$ 能被 $x^2 + \dfrac{X'}{U'}x - (U + \dfrac{XX'}{U'})$ 整除. 如果取 x 为

方程 $x^2 + \dfrac{X'}{U'}x - (U + \dfrac{XX'}{U'}) = 0$ 的一个根,因此 $F(x^2, x)$ 取值为 0,即

$$x = \frac{-X' \pm \sqrt{(4UU'U' + 4XX'U' + X'X')}}{2U'}$$

显然这些值要么是实的,要么是形如 $g + b\sqrt{-1}$ 的.

现在很容易证明若 x 取上述相同值,则函数 Y 也为零. 显然,$f(xx, x, \lambda', \lambda'', \cdots)$ 是没有重复的所有 $(x - a)(x - b)$ 的乘积,因此等于 v^{m-1}. 由此有

$$f(xx, x, l', l'', \cdots) = y^{m-1}$$
$$f(xx, x, L', L'', \cdots) = Y^{m-1}$$

或 $F(xx, x) = Y^{m-1}$;因此,这个函数 F 的一个特殊值不能为零,除非 Y 的值同时为零.

第 20 部分;

通过以上研究方程 $Y = 0$ 的解,即确定满足方程的 x 的一个特殊值,这个值要么是实数,要么是形如 $g + b\sqrt{-1}$ 的虚数,它取决于方程 $F(u, X) = 0$ 的解,条件是函数 Y 的判别式不为 0. 可以这样说,如果 Y 中的所有系数,即数字 L',$L'', \cdots$ 是实数,并且如果可以,我们取 X 的一个实值,则 $F(u, X)$ 中的所有系数也是实数. 辅助方程 $F(u, X) = 0$ 的次数为 $\dfrac{1}{2}m(m-1)$;如果 m 是形如 $2^u k$ 的一个偶数,k 表示奇数,则第二个方程的次数是 $2^{u-1}k$.

如果函数 Y 的判别式为 0,根据第 10 部分可找到另一个函数 D,它是 Y 的一个除数且其判别式不为零,次数是 $2^v k$ 且 $r < u$. 方程 $D = 0$ 的每个解都满足方程 $Y = 0$;方程 $D = 0$ 的解也取决于另一个 $2^{v-1}k$ 次方程的解.

由此我们可以得出结论,一般情况下,每一个形如 $2^u k$ 的偶数次方程的解取决于另一个 $2^{u'}k$ 次方程的解,且 $u' < u$. 即如果 u' 不为零,数 $2^{u'}k$ 也是偶数,

则可以再次应用这个方法,继续这个过程,直到我们得到一个奇数次的方程;如果原方程中的所有系数都是实数,那么得到的这个新方程的系数也都是实数. 然而,我们知道奇数次的方程肯定是有解的,而且必有一个实数根. 因此,前面的每一个方程都是有解的,有实根或形如 $g+b\sqrt{-1}$ 的根.

由此证明形如 $x^m - L'x^{m-1} + L''x^{m-2} - \cdots$ 的每个函数 Y,其中 $L', L'', \cdots$ 是特殊实数,有一个因子 $x-A$,其中 A 是实数或者形如 $g+b\sqrt{-1}$. 在第二种情况下,很容易看出,当 $x = g - b\sqrt{-1}$ 时, $Y = 0$,因此可以被 $x - (g - b\sqrt{-1})$ 整除,进而也可以被乘积 $xx - 2gx + gg + bb$ 整除. 所以,每个函数 Y 都有一个一次的或二次的实因子. 显然, Y 可以化为一次或二次的实因子. 证明这一事实是本文的目的所在.

几何

第 三 章

§1　笛沙格的透视三角形

（本文由纽约亨特学院的 Lao G. Simons 教授译自法语）

　　杰拉德·笛沙格（Girard Desargues）1591 年生于里昂,逝世于 1661 年. 人们对他的生活知之甚少. 曾有一段时间,他是一名工程师,但后来他致力于几何及其在艺术、建筑和透视方面的应用研究. 他的能力得到了笛卡儿（Descartes）和帕斯卡（Pascal）的认可,他们和笛沙格之间也有着深厚的友谊. 作为一名几何学家,笛沙格生活在一个因发展解析方法而忽视纯几何学的时代. 而今他被人熟知的著作是 1639 年在巴黎发表的《试论圆锥与平面相交的结果》,这篇文章奠定了射影几何学的基础.

　　沙勒（M. Chasles,1793—1880）评论道:"可以把笛沙格定理置于任何数学进步贡献列表之中. "他说:实际上,三角形的性质已成为基础,其应用在近代几何中具有无可估量的价值,这应该归功于笛沙格,而且彭赛列把它当作其优美的对偶图形理论的基础,两个三角形是对偶的,它们的对应顶点的连线交于一点,那么其对应边或其延长线的交点共线. 该定理是当今射影几何理论的基本定理之一.

　　本篇选自于 M. Poudra 编著的《笛沙格文集》第一卷中第 413 ~ 415 页,1864 年出版于巴黎. 此书的第 399 页,Poudra 给出了这个特殊命题的原始来源:"注意:Bosse 于 1648 年给出的射影观点,来自于笛沙格在 1636 年提出的观点. "并且,在笛沙格的学生和追随者所写的作品结尾处,发现了两个重要的事实,其中之一是笛沙格定理的逆定理.

1. 几何命题

如图1,当不同平面或同一平面内的直线 $HDa, HEb, cED, lga, lfb, HlK,$ DgK, EfK [1]以任意顺序或方向相交于点 c, f, g [2] 时,这三点共线于直线 cfg. 无论这个图形的形状如何,在所有可能的情况下,直线 abc, lga, lfb 都在一个平面内; DEc, DgK, KfE 在另一个平面内;点 c, f, g 同属于这两个平面;

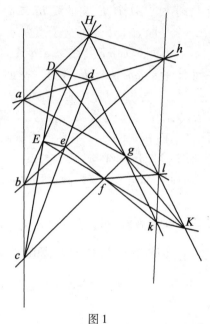

图1

因此它们在一条直线 cfg 上. 这些直线在同一平面内时

$$\left| gD-gK\begin{Bmatrix} aD-aH \\ lH-lK \end{Bmatrix}\begin{Bmatrix} cD-cE \\ bE-bH \end{Bmatrix} \quad cD-cE\begin{Bmatrix} gD-gK \\ fK-fE \end{Bmatrix} \right.$$
$$\left. fK-fE\begin{Bmatrix} lK-lH \\ bH-bE \end{Bmatrix}bH-bE \right|$$

因此, c, f, g 共线.

相反,如果直线 $abc, HDa, HEb, DEc, HK, DgK, KfE$ [3]在不同平面或相同平

---

① 笛沙格忽略了对于确定 c 极有必要的线 abc. 在 Poudra 给出的图形中, a 取作 o,但为清晰起见,相应图形中字母的标记与笛沙格给出的证明一致.

② Da, Eb, lK,交于 H.

③ 笛沙格再次忽略了已知的共线点集 agl, bfl 及 cfg,他在结论中提到了 agl 和 bfl,在下面的说明中暗指了 cfg.

面内,以任何方向或形式相交,直线 agb[①]、bfl 趋向交于 HK 上同一点 l. 当这些直线不在同一个平面上,$HKgDag$ 是一个平面,$HKfEbf$ 是另一个平面,$cbagf$ 仍然是另一个平面,HlK、bfl、agl 是这三个平面的交线;因此它们必须交于同一点 l. 如果这些线在同一平面内,将已知直线 agl 由 a 延长至与线 HK 相交,然后作直线 lb,可以证明它与 EK 相交于一点,如点 f,其与点 c 和点 g 在同一直线上,也就是说,直线 lb 过点 f,因此两条直线 ag、bf 交于直线 HK 上的点 l. 在不同的平面上再取相同的线,如果过点 H,D,E,K 的线 Hh,Dd,Ee,Kk 趋向无穷远点,或彼此平行,并与其中一个平面 $cbagfl$ 分别交于点 h,d,e,k,则 h,l,k 共线,h,d,a 共线,h,e,b 共线,k,g,d 共线,k,f,e 共线,c,e,d 共线,因为通过作图,直线 Hh,Kk,HlK 在同一平面上,直线 abc,bfl,klh 在另一平面上,而点 h,l,k 同时在这两个平面上;因此它们在一条直线上,其他三组同理:在同一平面 $cbagfl$ 上的所有直线都被过点 H,D,E,K 的平行线所分,与几个平面的图形中其对应线所用的方法相同. 因此在平面 $hdabcedgfkl$ 中平行线所确定的图形与不同平面 $abcEHlkgf$ 中平行线所确定的图形的线与线、点与点、证明与证明都对应,这些图形的性质可以从其中一种引伸至另一种,故运用这种方式,可以在同一平面上进行图形变换.

以下注释来自于 Poudra 编著的《笛沙格文选》第一卷,第 $430 \sim 433$ 页.

2. 笛沙格第一个几何命题的分析

注:图形中的小写字母 a,b,c 表示在平面上的点,而大写字母 E,D,H,K 表示可能在平面外的点.

命题包含三个不同的部分:

(1)若联结空间中或同一平面上的两个三角形 abl,DEK 对应顶点,三条直线 aD、bE、lK 交于点 H,那么可以推出这两个三角形的边交于位于一条直线上的三个点 c,f,g.

(2)反之,如果两个三角形对应边的交点 c,f,g 共线,那么不仅可以推出联结对应顶点的三条直线 aD、bE、lK 交于点 H,而且可推得 ag,bf,HK 三条直线交于点 l,因为 c 可视为过三角形 bfE,agD 顶点的棱锥的顶点.

类似地,将 f 视为过两个三角形 bcE,lgK 的顶点的另一个锥体的顶点,可以证明由对应边得到共线点 A(原文如此,应为 a),D,H.

同样,取 g 作为锥体的顶点,三角形 acD,lfK 的对应边的交点 b,E,H 共线.

(3)如果过三角形 DEK 的三个顶点 D,E,K 及顶点 H 分别作垂线 Dd,Ee,Kk,Hh,这些直线与平面相交于点 d,e,k,h,使得直线 hd 过直线 HD 上的点 a,

---

[①] 此处应如后面的讨论中所表示的那样为 agl.

同样,直线 hk 过点 l,de 过点 c,he 过点 b,dk 过点 g. 那么就在平面上确定了一个与不同平面上的图形点与点、线与线、证明与证明相对应的图形,这样这两个图形的性质就可由一个延伸至另一个,用这种方法可以只在一个平面内用一个图形进行代换.

这是一个重要的结论,它揭示了笛沙格在这个命题中的观点.

§2 笛沙格论四点对合

（本文由位于俄亥俄州克利夫的兰凯斯西储大学的维拉·桑福德（Vera Sanford）教授译自法语）

由笛沙格于 1639 年写的《试论圆锥与平面相交的结果》,首次提出并研究了"完全四点形"和"四点偶",此书在前一节中已经提过. 此书的标题还可以翻译为《对一个圆锥和一个平面相交的结果进行研究的手稿》.

该著作综合了各方面知识,提出了与现今一般形式不同的对合定义. 当从给定的一对点上分割出的线段的乘积等于其他两对的对应乘积时,一条直线上的 6 个点被认为是对合的. 称这些点所在的直线为树. 这些线的公共交点称为结,每条相交的线都是一个大树枝,但在此翻译中,我们将使用术语"点"和"射线"分别表示"结"和"树",使表达更为清晰. 在对合的定义中,将由任意两点确定的段均称为树. 笛沙格在文中使用了许多含义不明的术语,当你读他的书时就需要时常考究这些术语. 就像在翻译中出现的一样,他的证明没有使用代数符号,因此看起来冗长而复杂.

四点对合——我们可以把四点对合看作是表达同一种情形的两种情况,因为这两种情况会产生下列结果:第一种情况,一条线上的四个点都在有限距离处,形成三条连续的线段,其中任意一条末线段比上中间线段等于三条线段之和比上另一条末线段;第二种,一条线上的三个点在有限距离处,第四个点位于无穷远处,在这种情形中,这些点同样形成三条线段,其中一条末线段比上中间线段等于三条线段之和比上另一条末线段. 表面上看,这好像是不可理解的,但却似乎暗示了在这一情形中由于点和射线在无穷远处接合,有限距离处的三个点就由中点形成了两条彼此相等的线段.

因而我们应该特别注意:一条被平分的线段延长到无穷远处是四点对合的一种情形.

......

如图 1,相互对应的射线——除一条线上的四点 B,D,G,F 对合外,有四条

205

从点 K 发出的射线 BK,DK,GK,FK 成一线束过这四点,在这种情形中,过对应点 D,F 或 B,G 的射线与 DK,FK 或 GK,BK 称为对应的射线.

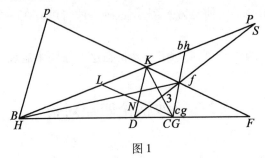

图 1

在这种情形中,当两条对应射线 BK,GK 互相垂直时,它们平分另两条对应射线 DK,FK 间的每一个角.

由于直线 Df 平行于两射线中的任一条射线 BK,且垂直于其对应射线 GK,则直线 Df 也垂直于射线 GK.

此外,由于 BK 平行 Df,故射线 GK 平分 Df 于点 3.

因此,两个三角形 $K3D$ 与 $K3f$ 在点 3 处各有一个直角,边 $3K,3D$,与边 $3K,3f$ 对应相等,角 $K3D$ 等于角 $K3f$.

由于三角形 $K3D,K3f$ 全等,射线 GK 平分由射线 DK,FK 构成的角 DKF,显然射线 BK 平分由射线 DK,FK 构成的另一个角.

当任意一条射线 GK 平分另两条对应的射线 DK,FK 构成角 DKF 时,射线 GK 垂直于与它对应的射线 BK,BK 也平分了对应的射线 DK,FK 构成的另一个角.

作直线 Df 垂直于任意射线 GK,两个三角形 $K3D$ 和 $K3f$ 都在顶点 3 处有一个直角且都在点 K 处有一个相等的角及一条公共边 $K3$,因而它们全等,并且射线 GK 在点 3 处平分 Df.

因此,射线 BK 平行于直线 Df,垂直于对应射线 GK.

在一个平面上,过顶点 K 作四条射线 BK,DK,GK,FK 组成线束,当这些射线中的两条如 BK,GK 互相垂直且平分另两条射线 FK,DK 构成的每一个角时,射线 BK,GK,FK,DK 与直线 $BDGF$ 的交点 B,D,G,F 是四点对合的.

若平面上的直线 FK 平分三角形 BGb 的一边 Gb 于点 f,且过在另外两条边中的一边 Bb 上确定的点 K 作另一条直线 KD 平行于平分的边 Gb,由此可得在

三角形的第三边 BG 上所确定的 B,D,G,F 四点对合①.

当从与平分的边 Gb 相对的角 B 作另一条直线平行于平分的边 Gb 的直线 Bp 时,由三角形 BGb 的三边 BG,Gb,Bb 及直线 Bp 在线 FK 上确定的 F,f,K,p 四点对合.

在第二种情形中,通过作与直线 Gb 相似于直线 Bf,在有限距离处的 G,f,b 三点及无穷远处的点(点 a)是对合的,以 B 为顶点作一个四支的线束,因此在线 FK 上就确定了对合的四点 F,f,K,p.

然后,由于直线 FGB 在直线 bf 上截得一条线段,如与三角形 bfK 的边 bf 相等的线段 Gf,这就等于说,FGB 是三角形 bfK 的边 bf 的两倍.

若在平面内,直线 FGB 是三角形 bfK 的一边 bf 的两倍,在三角形 bfK 的另两条边中的任意一条直线 bK 上确定一点 B,过点 B 作一条平行于两倍边 bf 的直线 Bp 时,则在三角形 bfK 的第三边 Kf 上产生四个对合的点 F,f,K,p.

作直线 BF 后,这是显然的.

当从边 bf 所对的角 K 作一条平行于边 bf 的直线 KD 时,在线 FB 上得到四个对合的点 F,B,D,G,当作出 KG 后,同样是显然的.

当四个甚至三个点在一条线上对合时,这个理论可进行类似推广,但已有的这些方法足以开启下面的宝库.

§3 彭赛列论射影几何

(本文由位于俄亥俄州克利夫兰的法国凯斯西储大学的维拉·桑福德(Vera Sanford)教授译自洁语)

彭赛列(1788—1867)在几何学领域的贡献是他的射影理论.关于射影的概念已经被笛沙格、帕斯卡、牛顿、兰伯特(Lambert)使用过,但是彭赛列对一系

---

① 这里给出了调和线束第四条射线的作图.

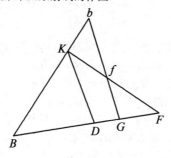

图 2

列原理的猜想大大增加了该方法的实用性.这本著作的编著条件是极其恶劣的,因为彭赛列本人在他的《论图形的射影性质》(*Traite des proprieth projectives des figures*)的序言中写道:这本书是我自 1813 年的春天起在俄国监狱研究的成果.除了所有的书籍和各种慰藉物都被剥夺外,我为我的国家及我个人的遭遇而感到无比悲伤,因此我无法将这些研究做到尽善尽美.然而,我发现了许多基本定理,即图形的中心射影的一般原理、圆锥曲线的特殊原理、曲线的割线和公切线的性质以及内接或外切于曲线的多边形的性质等等①.

引论②

对任一个图形而言,无论其在一般情况下或是在不违反图形法则、性质及其关系的情况下,假设在条件给定后,发现一条或多条度量的和描述性的关系及性质,这属于图形的显式推理.换句话说,在特定情况下,这样的步骤是纯粹严格的.为了保持相同的已知性质,我们着手细微地改变图形,或者使这个图形的某些部分服从任何一种连续运动,这不是很明显吗?就如当某个条件量化为零或者改变方向或符号时,只要我们始终注意可能发生的特殊变化,这些变化是在一定法则下进行的,那么对第一个系统所发现的性质和关系,对于这一系统的下一阶段仍然适用,这不同样也很明显吗?

这至少是人们在没有隐含推理麻烦的情况下得出的结论,而且在我们这个时代,它通常被认为是一种公理,其真理是显然的、无可争辩的、不需要证明的.看看卡诺(M. Carnot)先生在他的《位置几何》中为建立符号法则所假设的图形的对射原理.同样,看一下伟大的几何学家为建立几何学和力学的基础所用的函数原理吧.最后,请目睹一下无穷小微积分、极限理论、方程的一般理论以及这个时代的所有著作,这些概念上都有一定的普遍性.

我们可以将这个被最博学的几何学家视为公理的原则称为数学关系的连续原理或连续法则,这些数学关系中包含抽象的和图示的量.

第一章　中心射影的预备概念

(1)在接下来的论述中,我们使用的射影和透视,二词的意思一样,几乎没

---

① 这一段为《论图形的射影性质》第一版(1822)的前言,在第二版(Paris, 1865)中被引述.在第二版分作两卷,作者称除了结尾插入的注释外,第二版的第一卷与第一版是相同的;第二卷主要由以前未出版的材料组成.英译本是根据第二版译出的.

② 引论的开始是阐述蒙日在几何上的工作,作者写道"蒙日及其学生们的同样的工作,⋯⋯证明了画法几何——'艺术家和天才的语言'本身就是充分的,并且完全达到了代数分析中的概念的高度."然而,他认为尽管通过有理几何的原理得到了许多关于线和二次曲面性质的发现,仍然存在需要填补的空白.接着他转入对于他的连续概念的说明.

有例外. 因此,射影将是圆锥式的或中心的.

在这类射影中,已知图形的投影面可以是任何曲面,而且图形本身可以位于空间中任意位置,但是这种概括对于接下来研究的特殊情况不适用. 一般地,我们假定已知图形和射影面都是平面. 无论何时,我们都必须在更广泛的意义下使用射影这个词,而另一方面,当它的含义仍然受到更多限制时,我们必须提前加以说明,不然就使用更为合适的且更为精确定义的术语.

现在我们设想从射影中心的一个已知点出发,向位于平面上的一个图形的所有点投射一束直线. 如果用位于空间中的任意一个平面去截这束直线,这个平面上就会出现一个新的图形,它就是第一个图形的射影.

(2)显然,这个射影并没有改变原图形中直线间的相互关系,也不会改变原始图形的线条的程度和顺序,也不会改变图形中仅涉及未确定的部分之间的任何类型的图形的相关性. 它只能改变线的形式或特殊的类型,以及一般而言,所有涉及诸如角的度数、常数、参数等绝对量和确定量的相关性. 例如,如果在原图形中一条直线垂直于另一条直线,我们不能断定在新平面上的图形的射影中也是如此.

(3)中心射影的所有性质都仅运用几何方法由原始概念得出,并且不需要运用代数分析发现和证明它们. 于是,要证明一条次数为 m 的直线在它的射影中保持相同的次数,只要注意到第一条线不能被在平面中所作的任一条直线所截超过 m 个点就足够了. 在另一个平面上必然同样如此,因为一条直线的射影总是一条直线,它必然通过原来线上点的所有对应点.

(4)根据几何中普遍被接受的阿波罗尼奥斯(Apollonius)的定义,圆锥截线或简称圆锥曲线是任意平面与底是圆的任一锥体相交所形成的线. 因而圆锥曲线只不过是圆的射影,而且根据前面所述,由于圆周不能被平面上所作的任意一条直线所截超过两个点,所以它是二次曲线.

(5)一个以上述方式相依的图形,也就是说,一个其相依性并不因射影而改变的图形,在下面的论述中被称为射影图形. 在已知图形及其射影中,这些关系本身以及一般地,所有同时保持的关系或性质被称为射影关系或射影性质.

(6)在我们介绍了图形位置的射影性质或它的图示性质之后,通过简单的说明或对图形的观察,通常很容易辨别这些性质是否属于这种射影性质. 这一点直接源自射影性质的特殊性,不论这个射影是怎样的图形,都可以对这些性质加以证明,因为它们一般适用于该图形本身及其所有可能的投影.

(7)可以肯定的是,对于与我们称之为度量的大小关系有关的投射性质,以及它们是否会在它们所属的图形的所有投影中保持不变,没有任何东西可以预先表示出来. 例如,只涉及不定量的圆的割线段间的已知关系并不是一个射影关系,因为我们清楚地知道,对于任何圆锥曲线,即这个圆的射影,它并非保持不变.

另一方面,在这种情况下,给定的图形包括某一特定类型的线,例如一个圆的周长,因为如果这些关系不依赖于任何确定的且不变的量,那么就不能推断出它之前的射影关系是否存在.而且如果它们都属于一种类型,显然就会产生相反的结果.

于是,如果一个特殊类型的图形具有某种度量性质,我们不能阐明先验的原理,也不能不经过初步的检验就说明这些性质在原图形的各种射影中保持还是改变.然而我们不断认识到预先分辨出这种关系在性质上是否为射影的重要性,因为在证明了一个特殊图形的这种关系后,我们随之就能立刻将其扩展到这个图形的所有可能的射影中.

(8)看来建立一个简单的适用于各种情形的法则并非易事.三角函数法和坐标分析只会导致因计算冗长而产生令人生畏的结果.然而,鉴于其重要性,这个问题值得引起几何学家们的注意.在等待他们以一种方便的方式解决投射关系的同时,让我们致力于一种不太广泛的特殊类型的关系的研究,其特点以简明性著称,这种关系的特点是简单,便于检验和辨别它所处理的关系[①].

第三章 关于一个平面图形到另一个平面图形射影的原理

(99)由(5)中所定义的射影性质的本性可知,当我们希望建立关于一个已知图形的某个性质时,只要证明这个性质存在于它的任何一种投影的情形中即可.在一个图形所有可能的射影中,可能存在一个可化成最简条件的射影,通过我们提供的论据或调查可以轻而易举地实现.也许只要简单地看一看或最多只需要几何中某些基础知识就可以理解它.举一个特殊的例子:假设一个图形中包含一条圆锥曲线,可将其视为另一个图形的射影,在这个图形中,用圆周代替圆锥曲线,这表明可以将关于圆锥曲线的最一般的问题转化成其他基本的问题.

(100)由此,我们认识到射影理论在整个几何研究中的重要性,而且我们也看到了这一理论所展示的思考方式很大程度上简化和促进了这些研究.

正如人们所看到的,对于任何给定的图形,都是为了发现那个最基本的也是最适合的投影,因为它们的简单性揭示了我们想要发现的特殊关系.射影理论已经提供了实现这一点的几个方法[②],但是还有更多其他的方法,我们的真

---

① 接着彭赛列转入对线的调和分割、调和线束的性质、圆锥曲线的相似以及平面图形面积的射影关系的讨论.他在第二章讨论圆锥曲线的割线、理想弦以及它们的性质,包括极点和极线的概念.理想弦是一条线,它与曲线的交点是虚的.

② 这里彭赛列可能指以前的一些人的工作,他们在某种程度上使用了射影方法,这些人中有笛沙格、帕斯卡和牛顿.

正目标是发现这些另外的方法,并在前面研究所建立起来的思想的基础上,使它们以一种纯几何的方式为人所知.

(101)首先我们来回忆一些众所周知的定理,它们的证明极为简单.

由具有公共点的直线或曲线系统组成的任意平面图形都可视为同一种类或同一阶的另一种投影,在这种投影中,交点经过无穷远点,相应的直线平行.

显然,为了实现这一点,使投影平面平行于连接第一个系统的交点与任意选取的射影中心的直线即可.

(102)相反,包含一组平行或相交于无穷远点的直线或曲线的平面图形,一般在任一平面上有一个同阶的射影图形,其中对应线交于无穷远点,这个点是第一个图形中点的射影.

当射影平面平行于交点与射影中心的连线时,显然它平行或相交于无穷远点,此外,如果我们假设它平行于第一个图形所在的平面,射影就与这个图形相似且是相似地放置的①.

(103)这些定理给出了这个概念的几何解释,通常采用平行线在无穷远处的单点相交的观点. 我们将看到,在投影中,无限远距离和有限距离处的交点可以互换.

(104)如果我们正在考虑的交点同时是原图形中某些线的切点,根据中心射影的性质,这个点同样是平行线的切点. 因此,当这个点趋于无穷时,问题中的线在无穷远处成为切线,而不仅仅是与它们相应的分支平行,我们通常说它们是渐近的.

此外,如果原曲线的切线是一次、二次的等等,它们就是一次、二次……的渐近线.

因此,渐近线和在某个区域内具有平行渐近线的曲线具有相同的性质,这些线相交或相切于一个已知点,它们与前面涉及的线的不同之处仅仅在于它们的交点或切点位于无穷远处.

(105)任一包含一条已知直线的图形可以视为另一个图形的射影,在这个图形中对应线变到无穷远处. 因此原图形中交于第一条线上一点的直线或曲线在此系统下的射影中变成一组平行线或交于无穷远的线.

显然,可能发生这样的情况,即投影平面平行于包围原始图形的直线和投影中心的平面,否则该投影中心是任意的.

(106)相反,在平面中任意的直线或曲线系统,要么平行要么渐近,也就是

---

① 彭赛列在这里参考了第二章中的一条,其中他证明了当一个圆锥曲面被两个平面所截时,截得的曲线一般有两个公共点来确实它们的公共割线,并且得到某些度量关系. 当平面互相平行,从而相似时,公共弦变成一条"理想弦",同样的关系依然成立.

说,一般来说,对于它在任何平面上的投影,在另一个平面上,第一个无穷远处的相交点在同一条线上,这条线是有限的.

相反,任何包含任意数量的直线或曲线系统的平面,分别是平行或渐近的,也就是说,在每个系统中相交于无穷远处的曲线,在任何平面上的投影具有一般性,在另一个图中,第一个无穷远处的点在给定的有限距离处的同一条线上.

(107)这些完全从中心投射的基本原理推出的后来的想法,对于我们已经提到的抽象体系的概念给出了一个解释,可以理想地将一个平面上位于无穷的所有点视为分布于一条直线上,这条线本身位于这个平面的无穷远处.

通过前面的论述,我们看到所有这些点在射影中由一条直线上的点表示,这条直线一般位于一个已知的有限距离处.

当这个矛盾的概念用于平面上的一个已知图形,且我们假设该图形投影在其他任一平面上有射影时,自概念起就拥有了明确而自然的含义. 在无穷远直线缺乏方向性并且与已知图形所在的平面平行时,这条直线的投影直线所在的平面也缺乏确定性.

但是我们也看到,除了因为我们的坚持在心理上给出当平面平行时,其公共交线真实存在之外,这种确定性并没有地位. 而且,当这条线在有穷远处并在不同的方向上不再以一种绝对的、几何的方式存在时,除了在给出这条线的法则或原作图中外,并不真的缺乏确定性.

(108)在前面的所有定理中并没有确定空间中射影中心的位置. 这完全是任意的,对于任意一个已知点,总可以满足一个或另一个所规定的条件. 但这不是下述定理中的情况. 除了射影中心的一系列特殊位置外,不会发生上述情况,而且由于证明很困难,并且它还不为几何学家们所知,现在我们适时地暂停对它的研究.

(109)任何包含一条已知线和一条圆锥曲线的平面图形都可以一般地视为另一个图形的射影,在这个图形中这条线整个移到无穷处,圆锥曲线变成圆周.

为了用一种不带丝毫几何观点的方法证明这一原理,让我们假设需要解决下列问题:

(110)已知一条圆锥曲线 (C) 和一条直线 MN 位于任一个平面上,求一个射影中心及一个射影平面,使得已知线 MN 在这个平面上投射到无穷远处,同时圆锥曲线将变成圆周.

设 S 是这个未知的射影中心. 根据问题的条件,过这一点及直线 MN 的平面应当平行于射影平面,而且后面这条线应截以 (C) 为底,S 为顶点的圆锥曲面于一个圆. 首先,由此可得直线 MN 完全在圆锥曲线 (C) 的外部,也就是说,它是曲线的理想割线.

其次,如果确定了对应于这条线和圆锥曲线(C)的理想弦 MN,当我们联结它的中点 O 和射影中心 S 得线 SO 时,这条线应等于理想弦的一半 OM,并且与它构成一个直角 MOS. 也就是说:

射影中心应位于一个圆周上,这个圆以对应于已知线的理想弦的中点为圆心,半径等于这条弦的一半①,且在一个垂直于它的平面上.

由于不必满足其他条件,我们可以断定存在无穷多个满足问题条件的射影中心和射影平面. 但要使这一点成立,必须有 MN 与曲线不相交,否则距离 OS 或 OM 就变成虚的了.

……②

(140)看来进一步发展这些思想已无必要,因为这项工作的目的是将前面的概念应用于圆锥曲线射影性质的研究之中,并对已有的那些模糊的或难以理解的概念加以说明和解释. 此外,人们还会看到简明性,通过它对这些概念的理解诱导了许多已为人们所知的性质以及许多普通几何似乎不易触及的其他性质. 要做到这一点不用任何辅助作图,只用最简单的定理,即那些只涉及基本图形中线的方向和长度的定理,对于其中的大部分只要瞥一眼就会看到并辨别出它们. 同时,我常常因为可以引用这些定理而不必被迫证明它们而感到满足,因为它们是自明的或是已知定理的最简单的推论.

§4　波塞利耶连杆

(本文由纽约市叶史瓦学院的耶谷提耳·金斯伯格(Jekuthiel Ginsburg)教授译自法文)

因为有圆规,所以我们不需要借助另一个圆形工具就可以画出一个圆. 然而,直到现在为止,如果没有使用一条直线(直尺或直边),就不可能画出理论上的直线. 然而,被称为波塞利耶(Peaucellier)连杆的仪器可以通过下文的说明绘制这样的直线. 它最初是在 1867 年巴黎皇家科学普及协会的通信中被描述的. 后来被俄国数学家利普金③(Lipkin)用他的仪器证明出来,并在 1871 年出版的 *Fortscbritte der Pbysik* 中第 40 页给出了证明方法.

---

① 用代数的方法描述为,半径的平方等于由对应线在圆锥曲线内截得的弦的一半的平方,但取相反的符号,因此这条半径可以是实的或虚的.

② 这里给出了许多定理,证明怎样将各种类型的图形看作一些图形的射影.

③ 利普曼·利普金(Lippman Lipkin),于 1846 出生于俄罗斯,于 1876 年 2 月 21 日在圣彼得堡(列宁格勒)去世. 译自英语和德语.

波塞利耶连杆的成熟性描述发表在 1873 年的物理学杂志第 Ⅱ 卷上,翻译如下:

众所周知,在实际力学中,通常需要将圆周运动转化为连续直线运动. 瓦特(Watt)完美地意识到这一点. 他发明的连杆具有许多优点,他可以使连杆在连续运动时不会产生较大的冲击或摩擦. 然而,在某些情况下,瓦特的发明存在严重缺陷.

……

我们所想到的解决方案就是,设想瓦特解决问题并创造瓦特连杆时的几何原理. 这一原理将会为这个问题提供标准的解决方案. 此方案是在 1867 年被传达给巴黎自然科学协会的. 后来由俄罗斯数学家利普金独立发现. 以下是问题的解决方案:

想象一个由六个可移动的绕旋转中心 O 固定的连杆组成,连杆满足 $AC = CB = BD = AD$, $OC = OD$ 的平衡器(图 1). 过端点 C 和端点 A 作一个半径为 OO' 的圆(可以通过连接杆 OA 轻易得到)——过端点 B 作一条与半径 OO' 所在直线垂直的直线.

可以看到,$BC = BD$, $BC' = BD'$,如果连杆 CB, DB 上存在点 C', D' 与点 B' 相连,且满足 $BC' : B'C' = BC : OC$,则过点 B' 与 B 将确定一组相互平行的直线.

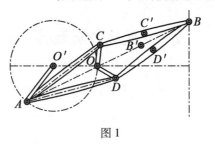

图 1

§5　帕斯卡的《圆锥曲线论》

(本文由宾夕法尼亚布林莫尔学院的弗朗西丝·玛格丽特·卡克(FrancesMarguerite Qarke)博士译自法文)

当帕斯卡只有 16 岁的时候,他写了一篇简短的论文,毫无疑问,这是他未来迈向深入研究圆锥曲线的第一步. 第二年,《圆锥曲线论》在报纸上出版. 这篇单页论文目前只有两份副本,一份在汉诺威,收录于莱布尼茨的文章中,另一份在巴黎的国家图书馆里. 这里给出的是原文的前面部分. 第三个引理实质上是帕斯卡的"神秘六边形".这篇译文最早出现在"Isis,X,33"中,那里有原文的整个副本,此处做了编辑加工.

1.圆锥曲线论

定义 1　当几条直线交于同一点或彼此平行时,称所有这些线有相同的次序或相同的排列,这些直线的集合称为线束.

定义 2　圆锥曲线指圆、椭圆、双曲线、抛物线或角.因为当平行于圆锥的底,或过其顶点,或在分别形成椭圆、双曲线和抛物线的其余三个方向上截割圆锥时,在圆锥表面上或者形成圆周,或者形成角,或者形成椭圆、双曲线或抛物线.

定义 3　当单独使用"droite"(直的)这个词时,我们指"ligne droite"(直线)①.

引理 1　如图 1,在平面上的点 M,S,Q 中,若从点 M 作两条直线 MK,MV,从点 S 作两条直线 SK,SV;令 K 是直线 MK,SK 的交点,V 是直线 MV,SV 的交点,A 是直线 MA,SA 的交点,μ 是直线 MV,SK 的交点,如果过点 A,K,μ,V 中四点中的两点不能与点 M,S 作成的直线共线,且过点 K,V 的圆与直线 MV,MP,SV,SK 交于点 O,P,Q,N,那么我认为直线 MS,NO,PQ 有相同的次序.

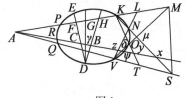

图 1

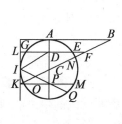

图 2

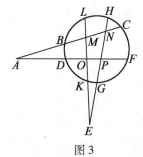

图 3

引理 2　若几个平面过同一直线,并被另一平面所截,那么这些平面的交线与这些平面所通过的线有相同的次序.

基于这两个引理及它们的几个简单推论,我们可以证明,如果像第一个引理那样假定条件,也就是过点 K,V,无论什么样的圆锥曲线被直线 MK,MV,SK,SV 所截

---

①　"直线"这个词有时指一条直线段.

于点 P,O,N,Q,直线 MS,NO,PQ 都有相同的次序.这形成了第三个引理①.

通过这三个引理及某些推论,我们打算推出圆锥曲线的一个完全的有序系列,也就是说,直径和其他直线、切线等的所有性质,实质上源自这些数据的圆锥的作图,通过点对圆锥曲线的描绘等.

完成这项工作后,我们用通常更一般的方法阐明随后的性质.下面举例说明:如图2,在平面 MSQ 上的圆锥曲线 PKV 上作直线 AK,AV 交圆锥曲线于点 P,K,Q,V;若从这四个点中不与点 A 在一条直线上的两点——如点 K,V,并过圆锥曲线上的两点 N,O,作四条延长线 KN,KO,VN,VO 交直线 AV,AP 于点 S,T,L,M——那么直线 PM 比直线 MA 及直线 AS 比直线 SQ 所成比例等于直线 PL 比直线 LA 及直线 AT 比直线 TQ 所成比例.

我们同样可以证明,如果有三条直线 DE,DG,DH 被直线 AP,AR 截于点 F,G,H,C,γ,B,且 E 是直线 DC 上的固定点,那么长方形 $EF\cdot FG$ 与长方形 $EC\cdot C\gamma$ 之比及直线 $A\gamma$ 与直线 AG 之比组成的比例等于长方形 $EF\cdot FH$ 与长方形 $EC\cdot CB$ 之比及直线 AB 与直线 AH 之比组成的比例.对于长方形 $FE\cdot FD$ 与长方形 $CE\cdot CD$ 的比也同样成立.因此,如果一条圆锥曲线过点 E,D,截直线 AH,AB 于点 P,K,R,ψ,那么直线 EF,FC 组成的长方形与直线 $EC,C\gamma$ 组成的长方形之比及直线 γA 与直线 AG 之比组成的比例将等于直线 FK,FP 组成的长方形与直线 $CR,C\psi$ 组成的长方形之比及直线 $AR,A\psi$ 组成的长方形与直线 AK,AP 组成的长方形之比形成的比例.

我们也可以证明若四条直线 AC,AF,EH,EL 交于点 N,P,M,O(图3),且一个圆锥曲线与这些直线交于点 C,B,F,D,H,G,L,K,则长方形 $MC\cdot MB$ 比长方形 $PF\cdot PD$ 及长方形 $AD\cdot AF$ 比长方形 $AB\cdot AC$ 所成比例等于长方形 $ML\cdot MK$ 比长方形 $PH\cdot PG$ 及长方形 $EH\cdot EG$ 比长方形 $EK\cdot EL$ 所成比例.

我们还可以证明下述归功于笛沙格的一个性质,笛沙格是这个时代的一位伟大的天才,精通数学,尤其是圆锥曲线论,他关于这方面的著述虽然数量不多,却足以为此研究领域的人提供足够的理论依据.我不得不承认我在这个科目中发现的一些内容是因为受到他的著作的启发,我曾试图尽可能地模仿他的方法,他处理这一论题的方法中没有用到通过轴的三角形.

一般地讨论圆锥曲线,以下是讨论中的一个值得注意的性质:设平面 MSQ 内有一圆锥曲线 PQN,在上面取四个点 K,N,O,V,过这四点分别作直线 KN,KO,VN,VO,用这种方法只能有两条直线过这四点,如果另外一条直线交圆锥

---

① 这个引理包含所谓的"神秘的六线形",是布里昂雄定理的对偶定理.帕斯卡没有以教科书中通常所见的形式陈述六线形定理,布里昂雄最先以现代的表达形式重述了帕斯卡定理,并通过另外的证明给出其对偶定理.

曲线于点 R,ψ，并交直线 KN, KO, VN, VO 于点 X, Y, Z, δ，那么长方形 $ZR \cdot Z\psi$ 比长方形 $\gamma R \cdot \gamma\psi$ 与长方形 $\delta R \cdot \delta\psi$ 比长方形 $XR \cdot X\psi$ 相等.

同样我们可以证明，在双曲线、椭圆，或圆心为 C 的圆 AGE 所在的平面上作直线 AB 切曲线于 A，如果直径已经作出，我们取直线 AB 使之平方等于图形的平方①，若 CB 也作出，则任意直线，如 DE 平行于直线 AB 并交曲线于 E，交直线 AC, CB 于点 D, F，那么若曲线 AGE 是一个椭圆或圆，则直线 DE, DF 的平方之和将等于直线 AB 的平方；而在双曲线中，直线 DE, DF 的平方之差等于直线 AB 的平方.

由此我们还可以推出几个问题，例如：从一已知点出发作一给定圆锥曲线的切线.

作出相交成一个给定角的两条直径.

作出截于一个给定角且具有给定比的两条直径.

从上述内容中还可以得到许多其他问题、定理以及推论，但由于我的经验和能力有限，在有才智的人不辞麻烦地对这个题目进行检验之前，我的疑虑不允许我对其做进一步的研究. 以后如果有人认为这个题目值得继续探讨，我将在我的力量范围之内不遗余力地拓广它.

§6　布里昂雄定理

（本文由位于诺曼的俄克拉荷马大学的内森·阿特希勒（Nathun Altshillev - Court）教授译自法文）

查尔斯·朱利安·布里昂雄（Charles Julien Brianchon）1785 年出生于塞夫勒（法国城市）. 1804 年进入综合理工学院在加斯帕尔·蒙日（Gaspard Monge）的指导下学习. 1808 年，他被任命为炮兵中尉，并参加了对西班牙和葡萄牙的战争. 后来成为皇家卫队炮兵学院应用科学教授. 1864 年，他逝世于凡尔赛.

他关于二次曲面的论文发表在《综合理工学院学报》杂志上，1806 年第 13 卷，在这里翻译的只是第一部分第 297～302 页.

本文包含著名的以作者的名字命名的定理，它与帕斯卡定理是圆锥曲线射

---

①　线段 AB 等于 $DE + DF$，为使其平方等于内接长方形的 $1/4$，圆锥曲线必为一个圆. 若曲线是一个椭圆，就要取 AB 等于垂直于 CA 的轴.

笛沙格在其《初稿》中讨论了类似的问题，见笛沙格文集，I. p. 202, p. 284.

应当引起注意的是，笛沙格和帕斯卡的阐述都立即导致了圆锥曲线的方程.

影理论的基础. 这个定理是对偶原则的最早和最著名的例子之一,它在这一影响深远的原则的建立中发挥了重要作用. 本文也是最早利用极点和极线理论获得新的几何结果的论文之一. 值得注意的是,作者的名字对每一个学习几何的人来说都是熟悉的,这篇文章是作者在 21 岁时写的,当时他还在上大学.

引理 已知线段 AA'. 如果在这条线段上或在其所在直线上任取一点 O,把线段分为 OA, OA',那么在这条线段上或在其所在直线上,总是能确定一个点 P,其形成的两条新的线段 PA, PA' 与前两条线段成比例. 很明显,这两点 O 和 P,一个在线段 AA' 上,另一个在这条线段外.

(1)(图 1)空间中的三条线段 AA', BB', CC'(或其延长线)在点 P 处相交①.

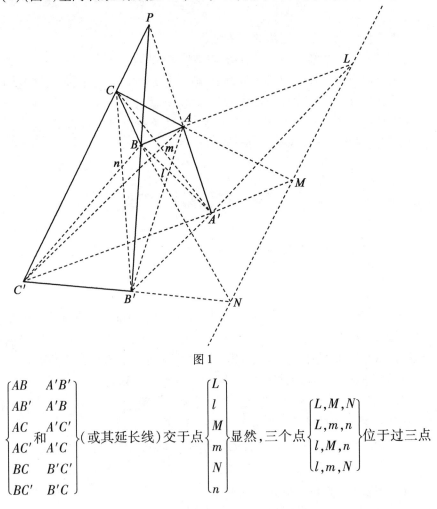

图 1

$$\begin{cases} AB & A'B' \\ AB' & A'B \\ AC & A'C' \\ AC' & A'C \\ BC & B'C' \\ BC' & B'C \end{cases} 和 (或其延长线)交于点 \begin{cases} L \\ l \\ M \\ m \\ N \\ n \end{cases} 显然,三个点 \begin{cases} L,M,N \\ L,m,n \\ l,M,n \\ l,m,N \end{cases} 位于过三点$$

---

① 例如可截三角形金字塔的三条侧棱分别为 AA', BB' 和 CC'.

$\begin{bmatrix} A,B,C \\ A,B,C' \\ A,B',C \\ A',B,C \end{bmatrix}$ 的平面与过三点 $\begin{bmatrix} A',B',C' \\ A',B',C \\ A',B,C' \\ A,B',C' \end{bmatrix}$ 的平面的交线上.

现在可以看到,这四条交线中的任意两条都相交. 因此,它们每一条都与剩下的三条相交,故它们都位于同一平面内,记为平面 XY.

(2)位于平面 XY 上的六个点 L,M,N,l,m,n,其中的每一个分三条线段 AA', BB',CC'(或其延长线)所成的两个部分,与点 P 分这些线形成的两部分成比例.

这个性质基于如下的命题,取自《位置几何学》第 282 页①.

"完全四边形中有三条对角线,每一条对角线被另两条所截的线段成比例②".

(图 2)举个例子,考虑直线 AA',BB' 所在的平面. 该平面沿着直线 Ll,与平面 XY 相交,B,B' 是四边形 $ALA'l$ 对边的交点;所以这个完全四边形的三条对角线分别是 BB',Ll,AA'.

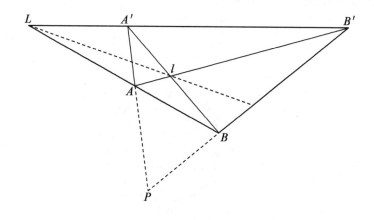

图 2

因此,根据前面的定理,这三条对角线中的任何一个,比如 AA',被另外两条 Ll 和 BB' 所截线段 OA,OA',PA,PA' 成比例;也就是说,这四条线段满足关系

$$OA:OA' = PA:PA'$$

---

① 《位置几何学》是拉扎尔·尼古拉·玛格丽特·卡诺(L. M. N. Carnot)于 1803 年在巴黎出版的著作,值得注意的是,布里昂雄三年后写此文章时,考虑到该书如此知名,引用时认为没必要指出作者的名字.

② 完全四边形中有四条相交直线,其中两条线的交点与另两条线的交点的连线叫作对角线.

让我们设想一下,在任何平面上,用三条线 AA', BB', CC' 来构造线,让我们用倒立的字母来表示这个点的投影,根据这个规定,T 表示点 L 的投影,其他类似.

这是显然的,6 个点 L, M, N, l, m, n,在同一条直线上,它们的投影也在一条直线上,以至于 $T'W'N'l'^{m'}u$ 将被安排在四条直线上,以同样的方式排列,在空间中,它们是投影的点.

(3) 从上面可以看出,当三条线 AA', BB', CC' 在同一平面内时,这 6 个点 L, M, N, l, m, n 在这个平面上,如果按照(1)中指示的顺序取 3 个点,这三个点都属于同一直线.

(4) 这六个点 $T'W'N'l'^{m'}u$ 中三个会怎样呢?(比如 $l'^{m'}u$)一般来说,它们不会在一条直线上,否则投影平面垂直于 XY 平面,就会得出结论,所有这 6 点都在同一条直线上,由(2)后面这条线截 AA', BB', CC' 所得的线段与点 P 截该直线所成线段成比例.

(5) 在上述考虑的帮助下,可以证明属于二次曲线的几个重要的性质. 为了成功,让我们回忆一下下面的命题:(图 3)圆锥曲线的内接六边形 $ABCDEF$,在其对边的三个交点 H, I, K 总是在一条直线上.

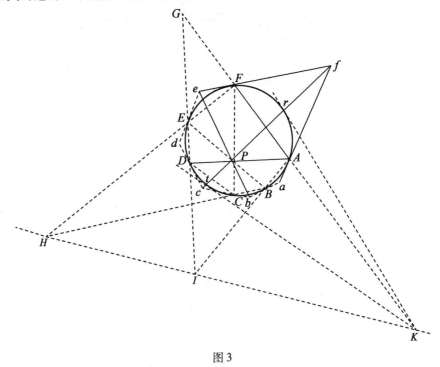

图 3

或更一般地,如果任取圆锥曲线上的 6 点 A, B, C, D, E, F,联结 AB, AF. 如果有必要的话,直到它们分别与 DE, DC 相交在 I, K 这两点,那么 IK, BC, FE 这三条直线相交于同一点.(《位置几何学》第 452 页)

(6)（图4和图5）同样有三条直线 AD,BE,CF 内接于二次曲线,相交于点 P,如果我们按图中所示的结构,会看到根据上一个定理,点 H,I,K 位于一条直线上;这三条直线 AD,BE,CF 只能相交于同一点 P,它们没有其他关系. 因此六点 H,I,K 都位于同一条线上,且分弦 AD,BE,CF 所成的两个部分,与点 P 分同一条弦所成的两部分成比例.

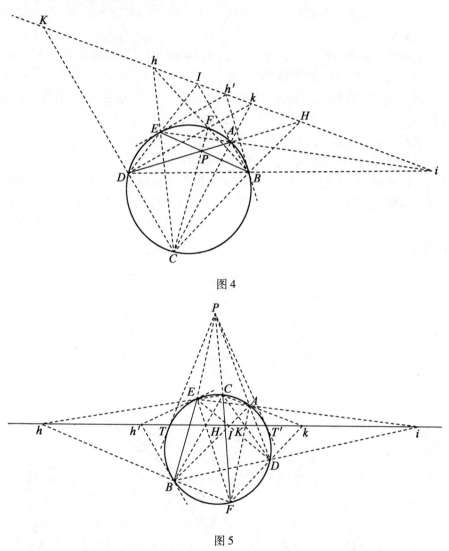

图4

图5

(7)假设三条弦中的一个,例如 CF,改变长度,但是以这样的方式使点 P 保持在它的方向上;点 I,i 仍保持不变,剩下的四个点 H,h,K,k 仍位于不定直线 Ii 上. 因此,当这个变量弦 CF 与一个保持固定一致时,比如 BE,直线 BF,CE 会与曲线相切,并且会有相交点 b' 位于 Ii 上.

(8)当点 P 不在圆锥曲线之外时,可以移动弦的两个端点重合在一点 T,其位于曲线上,也在直线 Ii 上.

(9)(图3)令 $ahcde$ 是圆锥曲线的任意外切六边形,B,C,D,E,F,A 分别是边 ab,bc,cd,ef,fa 的切点:

①内接六边形 $ABCDEF$ 对边的交点 H,I,K 位于同一直线上(5).

②作一条对角线与曲线交于 t,t' 两点,KT,Kt' 分别切于 t,t'(8),同样适用于其他对角线.

③如果从直线 HIK 上的任意点 K 出发在圆锥曲线得到两条切线 KT,Kt',则过切点的弦 tt' 过同一点 P(8).

因此这三条对角线 fc,be,ad 相交于同一点 P,也就是说:圆锥曲线的任何外切六边形的三条对角线相交于同一点.

最后这个定理能推出神奇的结果,这是一个例子.

(10)(图6)假设这 6 个切点中的两个点 A,B 重合于一点 B,顶点 a 也与 B 重合,这个图形变成了外切五边形 $bcdef$,然后把前面的定理应用到这个特殊的例子中,我们看到这三条直线 fc,be,db 相交于同一个点 P,那就是说,任意一个外切二次曲线的五边形($abdef$),作不同角出发的对角线(be,cf),交点(P)所在的直线(dB)是另五个角(d)与对边切点(B)的连线.

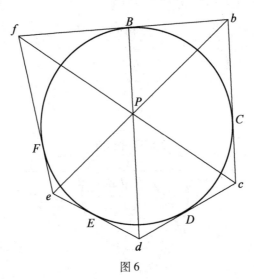

图6

这个命题立即给出了下列问题的解决方法:已知二次曲线上的五条切线确定曲线上的五个点. 这些点一经发现,我们就可以通过一个非常简单的构造来获得曲线的所有其他点,这就要求,只像最初那样,除了尺子外不用其他工具(6).

在已构造的圆锥曲面上,我们可以通过在曲线外或曲线上的点来画一条切线. 解释是成立的,和前面的两个一样,没有圆规的介入,而且,除了曲线轨迹没有必要知道任何东西(7,8).

§7 布里昂雄和彭赛列论九点圆定理

（本文由位于马萨诸塞州剑桥市哈佛大学的莫里斯·米勒·斯洛特尼克（Morris Miller Slotnick）博士翻译）

布里昂雄和彭赛列发现了九点圆,他们的合作论文发表在 Georgonne's Annales de Matbematiques 杂志上(第Ⅱ卷,1820—1821年,第205~220页),证明了九点共圆. 这个定理的翻译在下面,在许多定理的陈述中,它以定理九(第215页)的形式出现,并且仅仅作为引理使用.

这一定理被称为费尔巴哈定理,虽然后者在1822年尼恩伯格的理论中发表了他的 Eigenscbajten einiger merkwiirdigen Punkte des geradlinigen Dreiecks. 然而,费尔巴哈证明了九点圆与内切圆及三个旁切圆相切. 这本小册子在1908年被重新印刷(柏林,梅耶和米耶勒),有关定理见第38~46页. 费尔巴哈的证明都是定量的,因为它们是基于与三角形相关的各个圆之间以及这些圆与中心之间的距离的数量关系.

在任意三角形中,三边的中点、三个垂足、三垂心与各顶点连线的中点,这九个点共圆.

证明 令 P,Q,R 为三角形 ABC 的垂足,K,I,L 为三边的中点(图1). 直角三角形 CBQ 和三角形 ABR 是相似的,$BC:BQ = AB:BR$,因为 K 和 L 是 BC 和 AB 的中点,$BK \cdot BR = BL \cdot BQ$,也就是说,$K,R,L,Q$ 在圆上,同样地,也可以证明四个点 K, R, I, P 在一个圆上,还有四个点 P,I,Q,L 在一个圆上.

这就完成了证明,如果这三个圆不是同一个,其公共弦会经过同一个点,这些弦正是三角形 ABC 的边,其不可能过一个公共点;等价于不能假设这三个圆是不同的;因此,这些点必须同时在同一个圆上.

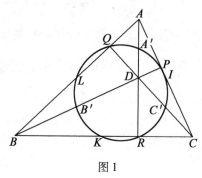

图1

现在,令 C',A',B'是线段 DC,DA,DB 的中点,D 是三角形 ABC 三条高线的交点,因为直角三角形 CDR 与三角形 CBQ 相似,有

$$CD:CR = CB:CQ$$

由于 C' 和 K 是线段 CD 和 CB 的中点,则

$$CC' \cdot CQ = CR \cdot CK$$

也就是说,通过 K,R,Q 的圆也通过 C'.

同理,该圆也通过另两个点 A',B',因此 P,Q,R,I,K,L,A',B',C' 共圆.

§8 费尔巴哈定理

(本文由纽约亨特学院的 Roger A. Johnson 教授译自德文)

卡尔·威廉·费尔巴哈(Karl Wilhelm Feuerbach,1800—1834)是德国埃朗根大学预科学校的数学教授,他因以他的名字命名的定理而闻名,这个定理在这篇文章中被重述.上一篇论文吸引世人开始关注九点圆定理和有关这个课题的早期工作.目前的翻译是源自费尔巴哈在 1822 年出版(1908 年再版)的《直线三角形一些特殊点的性质》.其中有专门介绍定理的篇章,但是它忽略了在证明中没有使用的部分定理.这篇论文和前文一样,提供了现代三角形几何学的早期工作.

第一章 与三边相切圆的圆心

§1 众所周知,与三角形 ABC 三边相切的圆有四个:一个内切圆,三个旁切圆.它们的圆心 S,S',S'',S''' 是三角形角平分线的交点.

§2 我们分别把以 S,S',S'',S''' 为圆心的圆,所对应的半径记作 r,r',r'',r'''.并且我们知道它们的值为

$$r = \frac{2\Delta}{a+b+c}, r' = \frac{2\Delta}{-a+b+c}, r'' = \frac{2\Delta}{a-b+c}, r''' = \frac{2\Delta}{a+b-c}$$

通常,用 a,b,c 表示边 BC,AC,AB.Δ 表示三角形 ABC 的面积.

第二章 三角形中由顶点向对边所作垂线的交点

§19 众所周知,如果从三角形 ABC 的三个顶点向对边作垂线 AM,BN,CP,这三条垂线会交于一点 O,这些垂线的垂足会构成一个三角形 MNP(图 1).值得注意的是它是三角形 ABC 的周长最短的内接三角形.

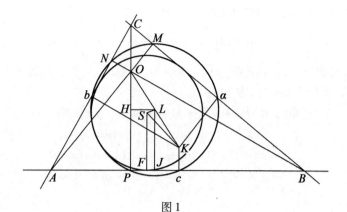

图1

将三角形的三个角 $\angle A$, $\angle B$, $\angle C$ 分别记作 α, β, γ.

我们知道 $AP = b\cos\alpha$, $AN = c\cos\alpha$, 由此可得

$$NP^2 = (b^2 + c^2 - 2abc\cos\alpha)\cos^2\alpha$$

又因为

$$b^2 + c^2 - 2bc\cos\alpha = a^2$$

据此

$$\overline{NP}^2 = \alpha^2\cos^2\alpha$$

即

$$\overline{NP} = a\cos\alpha$$

同理可得

$$MP = b\cos\beta, MN = c\cos\gamma$$

用边长表示余弦值, 可得 $MN = \dfrac{c(a^2 + b^2 - c^2)}{2ab}$ (MP, NP 同理). 将这三个值相

加, 又因为

$$a^2(-a^2 + b^2 + c^2) + b^2(a^2 - b^2 + c^2) + c^2(a^2 + b^2 - c^2) = 16\Delta^2①$$

$$MN + MP + NP = \frac{8\Delta^2}{abc}$$

并且因为 $\dfrac{abc}{4\Delta} = R②$, 其中 R 表示三角形 ABC 的外接圆半径, 可得

$$MN + MP + NP = \frac{2\Delta}{R}$$

如果是一个钝角三角形, 比如 $\angle A$ 是钝角, 那么相应的项 NP 会在这个式子

中加上负号

$$MN + MP - NP = \frac{2\Delta}{R}$$

---

① 这个公式的修正形式就是我们熟悉的 $\Delta^2 = (a + b + c)(-a + b + c)(a - b + c)(a + b - c)$.

② 由 $ab\sin\gamma = 2\Delta$, $2R\sin\gamma = C$.

同样,接下来的论证中也相应变负号.

§23 因为 $AN = c\cos \alpha, AP = b\cos \alpha$,并且 $\dfrac{1}{2}bc\sin \alpha = \Delta.$

可以得出三角形 ANP 的面积 $= \Delta\cos^2\alpha$,三角形 BMP 的面积 $= \Delta\cos^2\beta$,三角形 CMN 的面积 $= \Delta\cos^2\gamma$,因此

$$三角形\ MNP\ 的面积 = \Delta(1 - \cos^2\alpha - \cos^2\beta - \cos^2\gamma)$$

又因为
$$\cos^2\gamma = (\cos \alpha\cos \beta - \sin \alpha\sin \beta)^2$$
$$\sin^2\alpha\sin^2\beta = 1 - \cos^2\alpha - \cos^2\beta + \cos^2\alpha\cos^2\beta$$

所以
$$\cos^2\alpha + \cos^2\beta + \cos^2\gamma = 1 - 2\cos \alpha\cos \beta\cos \gamma$$

因此

$$三角形\ MNP\ 的面积 = 2\Delta\cos \alpha\cos \beta\cos \gamma = \frac{(-a^2 + b^2 + c^2)(a^2 - b^2 + c^2)(a^2 + b^2 - c^2)}{4a^2b^2c^2}\Delta$$

§24 如果用 ρ 来表示三角形 MNP 内切圆的半径,$\rho^{(1)},\rho^{(2)},\rho^{(3)}$ 表示旁切圆半径,那么,由 §2 和 §23 可知,对于锐角三角形 ABC:

$$\rho = \frac{4\Delta\cos \alpha\cos \beta\cos \gamma}{a\cos \alpha + b\cos \beta + c\cos \gamma}$$

$$\rho^{(1)} = \frac{4\Delta\cos \alpha\cos \beta\cos \gamma}{-a\cos \alpha + b\cos \beta + c\cos \gamma}$$

(如果 α 是钝角,则这些方程中的 $\cos \alpha$ 项变号)

由 §19

$$a\cos \alpha + b\cos \beta + c\cos \gamma = \frac{2\Delta}{R}$$

对于锐角三角形 ABC
$$\rho = 2R\cos \alpha\cos \beta\cos \gamma$$

另一方面,如果 $\angle A$ 是钝角
$$\rho^{(1)} = -R\cos \alpha\cos \beta\cos \gamma$$

§26 三角形 MNP 外接圆半径即为
$$\frac{MN \cdot MP \cdot NP}{4 \times 三角形\ MNP\ 的面积} = \frac{abc\cos \alpha\cos \beta\cos \gamma}{8\Delta\cos \alpha\cos \beta\cos \gamma} = \frac{1}{2}R$$

也就是三角形 ABC 外接圆半径的一半.

§32 由于 $\angle AOP$ 和 $\angle ABC$,$AO = \dfrac{AP}{\sin \beta}$,$AP = b\cos \alpha$,$\sin \beta = \dfrac{b}{2R}$,因此 $AO = 2R\cos \alpha$;同理 $BO = 2R\cos \beta$,$CO = 2R\cos \gamma$;可得

$$AO + BO + CO = 2R(\cos \alpha + \cos \beta + \cos \gamma)$$

(通过余弦公式的代换和约分,我们发现对于任意锐角三角形)

$$\cos \alpha + \cos \beta + \cos \gamma = \frac{r + R}{R}, \quad AO + BO + CO = 2(r + R)$$

（如果三角形有一个钝角，例如 $\angle C$，那么）

$$AO + BO - CO = 2(r + R)$$

§35　我们已知 $OM = BO\cos\gamma$，并由 §32 中的 $BO = 2R\cos\beta$，因此

$$OM = 2R\cos\beta\cos\gamma$$

同样地　　　　　　$ON = 2R\cos\alpha\cos\gamma, OP = 2R\cos\alpha\cos\beta$

如果将这些表达式分别乘以 AO, BO, CO，又因为 $\cos\alpha\cos\beta\cos\gamma = \dfrac{\rho}{2R}$（§24）

$$AO \cdot OM = BO \cdot ON = CO \cdot OP = 2\rho R$$

三角形 ABC 的垂心分别将每条垂线分成两部分，这两部分的乘积等于三角形 MNP 内切圆的半径与三角形 ABC 外接圆半径的乘积的二倍.

第三章　三角形外接圆圆心

如果 K 是三角形 ABC 外接圆圆心，从这点向边 BC, CA, AB 作垂线，垂足记为 a, b, c；如果我们联结 AK，有 $Kc = AK\cos\angle AKc$；又因为 $AK = R$ $\angle AKc = \angle ACB$，因此

$$Kc = R\cos\gamma$$

同理 $Kb = R\cos\beta, Ka = R\cos\alpha$. 如果我们把这些表达式和 §32 中的 AO, BO, CO 相比较，立刻得到

$$AO = 2Ka, \quad BO = 2Kb, \quad CO = 2Kc$$

在任意三角形中，外心到任意边的距离等于垂心到该边所对的顶点的距离的一半.

第四章　确定前文所讨论点的相关位置

§49　如果 K 和 S 分别是三角形 ABC 外接圆和内切圆的圆心，向边 AB 作垂线 Kc 和 SF，那么

$$\overline{KS}^2 = (Ac - AF)^2 + (SF - Kc)^2$$

现在，我们有 $Ac = \dfrac{1}{2}c, AF = \dfrac{1}{2}(-a+b+c)$，因此

$$Ac - AF = \frac{1}{2}(a - b)$$

另外，由 §2，§45，有

$$SF = \frac{2\Delta}{a+b+c}, Kc = \frac{c(a^2+b^2-c^2)}{8\Delta}$$

因此

$$SF - Kc = \frac{(-a+b+c)(a-b+c)(a+b-c) - c(a^2+b^2-c^2)}{8\Delta}$$

现在我们在上面的表达式中替换$\overline{KS}^2$，再进行必要的化简，可以得到

$$\overline{KS}^2 = \frac{a^2 b^2 c^2 - abc(-a+b+c)(a-b+c)(a+b-c)}{16\Delta^2}$$

利用已知的半径 r 和 R 的值，我们得出结果

$$\overline{KS}^2 = R^2 - 2rR$$

在任何三角形中，内切圆和外接圆圆心之间的距离的平方等于外接圆半径的平方减去这个半径与内切圆半径之积的二倍.

（同样的方法，我们发现如果 S' 是旁切圆圆心，r' 是旁切圆半径 $\overline{KS'}^2 = R^2 + 2rR$）[1]

§51，§53　（用几乎同样的方法，我们得到等式）

$$\overline{OS}^2 = 2r^2 - 2\rho R$$

$$\overline{KO}^2 = R^2 - 4\rho R$$

§54　如果 L 是三角形 MNP 外接圆圆心，则它的半径为 $\frac{1}{2}R$（§26）. 联结 OL，因为 O 是三角形 MNP 内切圆圆心，那么 $\overline{OL}^2 = \frac{1}{4}R^2 - \rho R$（§49），因为我们刚得知 $\overline{KO}^2 = R^2 - 4\rho R$，就会得到 $\overline{KO}^2 = 4\,\overline{OL}^2$，也就是 $KO = 2OL$（如果三角形 MNP 是钝角三角形，只需对证明过程作轻微改动就可以得到相同的结果）.

在任意三角形中，垂心到外心的距离是垂心与过三个垂足的圆的圆心距离的二倍.

§55　如果从点 L 向 AB，CP 作垂线 LJ，LH，$LJ = PH$，因为 $\angle H$ 是直角，所以在三角形 OPL 中，$PH = \dfrac{-\overline{OL}^2 + \overline{OP}^2 + \overline{LP}^2}{2OP}$. 由 $LP = \frac{1}{2}R$，$\overline{OL}^2 = \frac{1}{4}R^2 - \rho R$（§54），$OP \cdot Kc = \rho R$（§35，§45），因此 $\overline{LP}^2 - \overline{OL}^2 = OP \cdot Kc$，代入 $PH = LJ$ 得

$$LJ = \frac{1}{2}(OP + Kc)$$

从这个式子立刻看出点 O，L，K 共线，给出定理：

任意三角形的外心、垂心以及过三个垂足的圆的圆心，三点共线，其外心和重心连线的中点就是过其垂足的圆的圆心.

§56　因为点 L 是 KO 的中点，因此 J 也是 Pc 的中点，可得 $Lc = LP = \frac{1}{2}R$，

---

[1]　历史的注记，这个定理源于欧拉，Mackay 详细研究了该定理的历史，见 Proceeding of the Edinburgb Matb. Society，V. 1886－7，p. 62.

对于 AC,BC 边同理,因此我们得到定理:在任意三角形中,过三个垂足的圆也过三边的中点.

§57 如果联结 LS,我们知道在三角形 KOS 中,因为 L 是 KO 的中点,则

$$2\,\overline{SL}^2 + 2\,\overline{OL}^2 = \overline{KS}^2 + \overline{OS}^2$$

用 §54,§49,§51 中的值替换公式中的 OL,KS,OS,就会得到

$$\overline{LS}^2 = \frac{1}{4}R^2 - rR + r^2 = \left(\frac{1}{2}R - r\right)^2$$

即

$$LS = \frac{1}{2}R - r$$

同理,a,b,c 依次变号可得

$$LS' = \frac{1}{2}R + r',\ LS'' = \frac{1}{2}R + r'',\ LS''' = \frac{1}{2}R + r'''$$

由 §26,三角形 MNP 的外接圆半径等于 $\frac{1}{2}R$,我们从著名的九点圆定理推导出与关于三角形相切的圆的定理:

过三角形的三个垂足的圆与这个三角形的内切圆相切,旁切圆相外切,即三角形 MNP 的外接圆与三角形 ABC 的内切圆相内切,与三角形 ABC 的三个旁切圆相外切.

§9 威廉·琼斯第一个使用 π 表示圆周率

（大卫·尤金·史密斯从最初的作品中挑选出来的作品）

威廉·琼斯(1675—1749)很大程度上是一位自学成才的数学家.他相当有天赋,写过关于航海和普及数学的文章.他编辑了牛顿的一些短文.下面给出的两段话摘自他的《新数学引论》伦敦,1706 年.这是一个非常巧妙的数学概要,就像我们所知道的那样.π 这个符号首先出现在 243 页,又出现在第 263页.1882 年,林德曼证明了 π 的超越性.对于 e 的超越,早在 1873 年就被证明了,见第 99 页.

取 a 为 $30°$的弧,t 为其正切,他陈述说(第 243 页)

$$6a \text{ 或 } 6 \times t - \frac{1}{3}t^2 + \frac{1}{5}t^5 - \cdots = \frac{1}{2}\pi$$

令

$$\alpha = 2\sqrt{3},\beta = \frac{1}{3}\alpha,\gamma = \frac{1}{3}\beta,\delta = \frac{1}{3}\gamma$$

那么
$$\alpha - \frac{1}{3}\beta + \frac{1}{5}\gamma - \frac{1}{7}\delta + \frac{1}{9}\varepsilon = \frac{1}{2}\pi$$

或者
$$\alpha - \frac{1}{3}\frac{3\alpha}{9} + \frac{1}{5}\frac{\alpha}{9} - \frac{1}{7}\frac{3\alpha}{9^2} + \frac{1}{9}\frac{\alpha}{9^2} - \frac{1}{11}\frac{3\alpha}{9^3} + \frac{1}{13}\frac{\alpha}{9^3}\cdots$$

此时,直径就是 π,得 100 位精度的值为 3. 141592653. 5897932384. 6264338327. 9502884197. 1693993751. 0582097494. 4592307816. 4062862089. 9862803482. 5342117067. 正如由真正有独创性的 John Machin 先生精确地用笔计算出来的一样.

在第 263 页,他提到:

有很多其他的方法可以计算特定曲线或平面区域的长度或面积,这可能是非常复杂的.

例如,直径为 1 的圆的周长为
$$\frac{16}{3} - \frac{4}{239} - \frac{1}{3}\frac{16}{5^3} - \frac{4}{239^3} + \frac{1}{5}\frac{16}{5^5} - \frac{4}{239^5} - \cdots = 3.14159\cdots = \pi$$

在这个圆中,α, c, d 中的任何一个被给出,另两个是,

$$d = c \div \pi = \overline{\alpha \div \frac{1}{4}\pi}\bigg]^{1/2\,①}$$
$$c = d \times \pi \bigg|$$
$$= \overline{\alpha \times 4\pi}\bigg]^{1/2}$$
$$\alpha = \frac{1}{4}\pi d^2 = c^2 \div 4\pi$$

§10 高斯论圆的 n 等分问题

(本文由位于爱荷华州埃姆斯的爱荷华大学的 J. S. 特纳(J. S. Turner)教授译自拉丁语)

卡尔·弗里德里希·高斯(Carl Friedrich Gauss, 1777—1855)1795 年到 1798 年就读于哥廷根大学. 期间,他提出了最小二乘法的概念,并开始了对数论的研究(1801 年,《算术研究》于莱比锡问世). 在《算术研究》中,高斯提出了圆可以被 n 等分的命题. 在此之前,众多数学家认为圆的 n 等分是不能够实现的. 这个命题出现在《算术研究》的 662 ~ 665 页. 下面摘录的部分出自第 365 和 366 目.

对高斯及其研究的深入了解,请参阅第 107 页和第 292 页.

译者注,"ㄱ"表示根号.

（365）通过上述讨论,我们发现,圆的 n 等分问题可以被简化成求解若干个方程. 如果 n 是质数,方程的次数与 $n-1$ 的因数的个数相等,方程的次数由因数决定. 在一般情况下, n 取 $3,5,17,257,65\ 537$ 时, $n-1$ 可以写成 2 的指数幂的形式. 因此圆的等分问题就被简化为求解若干个二次方程,方程中含角 $\dfrac{P}{n}$, $\dfrac{2P}{n}, \cdots$ 的三角函数,可以用适当形式的二次根式进行表示（根据 n 的大小）. 在上述情况下,显然可以通过几何法来实现将圆和正多边形等分. 以 $n=17$ 为例,由 354 与 361 目,易于得到角 $P/17$ 的余弦表达式[1]

$$-\frac{1}{16}+\frac{1}{16}\sqrt{17}+\frac{1}{16}\sqrt{34-2\sqrt{17}}-\frac{1}{8}\sqrt{17+3\sqrt{17}-\sqrt{34-2\sqrt{17}}-2\sqrt{34+2\sqrt{17}}}$$

这个角的倍数的余弦有与上述表达式相似的形式,但其正弦形式较余弦形式多一重根号. 事实上,人们惊奇地发现:尽管在欧几里得时代就已经提出了圆的三等分与五等分,但在此后 2000 年的时间里,这个发现没有任何进展. 所有几何学对下面的说法都持肯定的态度,除了已经提出的这些情况以及 n 取 15、$3,2^{\mu}$、$5,2^{\mu}$、$15,2^{\mu}$ 的情况,其他情况均不能用几何法实现. 此外,不难证明,如果质数 n 等于 $2^{m}+1$,且指数 m 不能包含除 2 以外的其他质因子,那么 $m=1,2$ 或 2 的指数幂. 因为若 m 能被任何大于 1 的奇数 ξ 整除, $m=\xi\eta$,从 $2^{m}+1$ 能被 $2^{\eta}+1$ 整除,其必为合数. 从而,只产生二次方程的所有 n 的值,均可以表示成 $2^{2^{v}}+1$ 的形式;$3,5,17,257,65\ 537$ 是令 $v=0,1,2,3,4,5$ 或 $m=1,2,4$,$6,8,10$ 得到的. 然而,并不是用这种形式表达的数,都能将圆进行该次数的几何等分,只对这种形式的质数才能实现. 基于归纳法,费马认为所有能够用上述形式表示的数都是质数. 但欧拉却发现了这个规则的错误,如当 $\gamma=5$ 或 $m=32$ 时,$2^{32}+1=4\ 294\ 967\ 297,641$ 为其因子.

但当数 $n-1$ 涉及除 2 外的其他质因子时,方程便具有更高的次数;即在数 $n-1$ 的因子中,3 出现一次或多次时,就会出现一个或多个三次方程;当 $n-1$ 能被 5 整除时,就出现五次方程;等等. 无论用何种方法,我们都不能避免这些高次方程,也不能将其降次. 虽然在理论上我们可以给出严格的证明,但限于书籍的篇幅我们在这里不给出详细的证明. 但我们必须给那些仍想用几何法将圆等分的人一点建议,在我们已提出的理论以外,不要期待用几何作图去等分圆,例如将圆 $7,11,13,19$ 等分就是在白白浪费时间.

（366）如果将圆 a^{α} 等分,其中 a 为质数. 当 $a=2$ 时,无论 α 为何值,都显然

---

[1] 高斯这种方法的详细证明过程请参照约翰·凯西（John Casey）的《平面三角学》（*Plane Trigonometry*）都柏林,1888 的第 220 页,但方程（550）,（551）,（552）的末项应该分别为 c_1,c_2,b_2.

可以用几何法将其等分,但当 $a \neq 2$ 时,只要 $\alpha > 1$,几何法等分就不成立. 因为除了求解 a 等分的方程外,还需要求解 $\alpha - 1$ 个 a 次方程,且这些方程都无法避免或降次. 因此,方程的次数一般都是数 $(a-1)a^{\alpha-1}$ 的质数因子. ($\alpha = 1$ 时也如此)

最后,将圆 $N = a^{\alpha}b^{\beta}c^{\lambda}\cdots$ 等分,$a, b, c, \cdots$ 是互不相等的质数,相当于将圆依次 $a^{\alpha}, b^{\beta}, c^{\gamma}, \cdots$ 等分(详见于第 336 目). 因此,为了确定此时所需方程的次数,我们需要求出数 $(a-1)a^{\alpha-1}, (b-1)b^{\beta-1}, (c-1)c^{\gamma-1}, \cdots$ 的质数因子,以及这些数的乘积的质数因子. 可以观察到,这些数的乘积表示与 N 互质且小于 N 的数的个数(详见于第 38 目). 因此,只有当这个数是 2 的指数幂时,才能利用几何法将圆等分. 事实上,当它涉及除 2 以外的质数因子时,例如 $p, p', \cdots$,那么相应的 $p, p', \cdots$ 次的方程是不可避免的. 因此,一般地,要将圆 N 等分,N 必须为 2 或 2 的更高次幂,或可用 $2^m + 1$ 表示的质数,或若干个这样的质数的乘积,或一个或多个这样的质数的 2 倍或 2 的更高次幂倍. 简单地说,N 不应该包含任何不属于 $2^m + 1$ 形式的质数因子,甚至不包含任何形如 $2^m + 1$ 的质数因子的高次幂. 下面是在 300 以内的 38 个符合条件的 N 值:2,3,4,5,6,8,10,12,15,16,17,20,24,30,32,34,40,48,51,60,64,68,80,85,96,102,120,128,136,160,170,192,204,240,255,256,257,272.

§11 萨凯里非欧几何

(本文由位于罗德岛州普罗维登斯市布朗大学的亨利 P. 曼宁教授译自拉丁文)

杰罗尼莫·萨凯里(1667—1733)是一个耶稣会信徒,在意大利的两到三所耶稣会学院任教. 他的主要著作,发表在他逝世之际,是试图证明欧几里得的平行公设是一个定理,证明方法是假设公设不真导出矛盾. 他的"矛盾"之路由一系列命题组成,这些命题实际上构成了非欧氏几何学的基本组成部分.

非欧氏几何学的最终发现并不是基于萨凯里的工作. 罗巴切夫斯基和波尔约似乎都没有听说过他. 但萨凯里是这一发现的最重要的人物,他与这一发现的关系在 1889 年被指出之后,他的工作在非欧几何这一领域占据了一席之地.

欧氏几何第五公设 如果一直线和两直线相交,且所构成的两个同侧内角之和小于两直角,那么,把这两条直线延长它们一定在那两内角的一侧相交.

命题 1 如图 1,如果两条相等的线段 $AC = BD$,在直线 AB 的一侧形成两个相等的角,那么连接线 CD 也会有两个相等的角. (即在四边形 $ABDC$ 中,如果 $\angle A$,$\angle B$ 是直角,且 $AC = BD$,那么 $\angle C$ 等于 $\angle D$.)

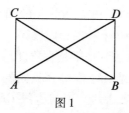

图 1

证明 联结 A,D 两点和 B,C 两点,已知 $\angle CAB = \angle DBA$,由《几何原本》第 I 卷中命题 4,可以得出三角形 CAD 和 DBA 全等,由此得出结论 $CB = AD$,然后考虑三角形 ACD 和 BDC 全等,再由《几何原本》第 I 卷命题 8,可得 $\angle ACD = \angle BDC$.

命题 2 如图 2,在上述四边形 $ABDC$ 中,取 AB 中点 M 和 CD 中点 H,那么联结 MH,会形成直角.

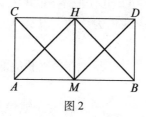

图 2

证明 联结 AH, BH, CM, DM,因为在这个四边形中 $\angle A, \angle B, \angle C, \angle D$ 是相等的,由《几何原本》第 I 卷命题 4 可以得出(因为各边相等为已知)在三角形 CAM 和 DBM 中,底边 CM 等于 DM,同样在三角形 ACH 和 BDH 中,AH 等于 BH. 因此,比较三角形 CHM 和 DHM,和三角形 AMH 和 BMH,由《几何原本》第 I 卷命题 8,可得以 M 和 H 为顶点的角都是相等的,所以都是直角.

命题 3 如图 3,如果 AC 等于 BD 且都垂直于 AB,那么联结 CD,它与 AC 所成的角是直角、钝角或锐角,相应的有 CD 等于,小于或大于 AB.

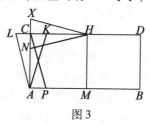

图 3

证明 首先,对 $\angle C$ 和 $\angle D$ 都为直角,不妨假设 CD 大于 AB. 在 DC 上截取 DK 使其等于 BA,联结 AK,因此,在 BD 上作两条垂线有 BA 和 DK,那么 $\angle BAK = \angle DKA$,但是这并不成立,因为 $\angle BAK$ 小于直角 $\angle BAC$,$\angle DKA$ 是一个构造的外角,大于(其内对角)直角 $\angle DCA$,由《几何原本》第 I 卷命题 16 可知. 因此,如果与直线 CD 的夹角为直角,那么给定的 DC 和 BA,都不大于彼此,所以 $DC = AB$.

第二部分的证明,但是如果 AC 和 BD 与 CD 的夹角都是钝角,取 AB,CD 中点 M,H. 联结 MH. 因此,在 MH 上有两条垂线 AM 和 CH,$\angle CHM$ 和 $\angle AMH$ 是直角,因为 CH 不等于 AM,所以 $\angle ACH$ 不是直角,但它也不会更大,否则,取 CH 的一部分 KH 等于 AM,我们联结 AK,将得到相同的角,因为 $\angle MAK$ 小于一个直角,而 $\angle HKA$ 大于钝角 $\angle HCA$,因此,当与直线 CD 的夹角为钝角时,CH 小于 AM,因此 CH 的两倍 CD 小于 AM 的两倍 AB.

第三部分的证明,但是,最后,如果联结 CD 形成的夹角是锐角,像之前一样作 MH 的垂线,我们继续这样做,因为 MH 垂直于 AM 和 CH,联结 AC,得到一个以 A 为顶点的直角,CH 不等于 AM,因为缺少一个直角 $\angle C$,但都不会比这小,否则,如果在 HC 上作 HL 等于 AM,角就与联结 AL 形成的相等,但这是荒谬的,对于我们构造的 $\angle MAL$ 是大于直角 $\angle MAC$ 的,而 $\angle HLA$ 所设的角是内对角,因此小于外角 $\angle HCA$(参见《几何原本》第 I 卷命题 16),假设 $\angle HCA$ 为锐角. 因此,CH 与联结 CD 所成的角为锐角,CH 是大于 AM 的,所以,CH 的两倍 CD 大于 AM 的两倍 AB.

因此,联结 CD. CD 等于、小于或大于 AB,相应的 AC 与 CD 的夹角为直角、锐角或钝角.

推论 1 在每个含有三个直角和一个钝角或锐角的四边形中,钝角所对的边大于邻边,锐角所对的边小于邻边.

上文已通过对 CH 与 AM 大小关系的证明证得此推论. 这里,我们采用类似的方法,证明 AC 小于 MH,由于 AC 与 MH 均垂直于 AM,且二者与 CH 的夹角不等,因此 AC 与 MN 不相等,但 AC 的某一部分也不能等于 MH(假设 $\angle C$ 为钝角)且 MH 一定大于 AC,否则二者与 HN 形成的夹角将相等,与上文矛盾. 再者(假设 $\angle C$ 为锐角),如果将 AC 延长至 X,使得 $AX = MH$,显然 AC 小于 AX,否则二者与 HX 所形成的夹角也应相等. 与上文矛盾. 因此当 $\angle C$ 为钝角时,AC 小于其对应边 MH,$\angle C$ 为锐角时则相反.

推论 2 CH 远大于 AM 中的任意一部分,比如 PM,联结 CP,在点 H 同侧与 PM 形成锐角,在点 M 同侧与 PM 形成钝角.

推论 3 再一次说明这些所有的陈述都是正确的,如果垂线 AC 和 BD 长度是确定的,或者应该是无穷小的. 这确实应该在接下来的命题中被注意到.

命题 4 但反过来(在前面的命题中),当 CD 等于、小于或大于对边 AB 时,AC 与 CD 的夹角将是直角、钝角或锐角.

证明 因为如果 CD 等于对边 AB,而且 AC 与 BD 的夹角为钝角或锐角,那么就即可证明它不等于而是大于或小于对边 AB,这显然是不成立的,与假设相反,其他情况也是如此. 因此,当 CD 等于、小于或大于 AB 时,与 CD 的夹角为直角、钝角或锐角.

（从开始）一条直线连接着与同一直线垂直相等直线的两端使其形成的夹角相等,因此根据角的不同类别,提出三条假设.第一个假设为直角,第二个假设为钝角,第三个假设为锐角.

命题5　直角的假设,如果在一种情况下为真,那么在任何情况下都是唯一正确的.

证明　如图4,联结 AB,CD 使其与任意两条相等的直线成直角,那么 CD 等于 AB,取 CR 和 DX 分别与 AC 和 BD 相等,并且联结 RX,很容易得出 RX 等于 AB,RX 与 CR,DX 所成的角为直角,直接可以确定的是四边形 $ABDC$ 和四边形 $CDXR$ 是可以重合的,公共边为 CD,联结 AD 和 RD,由《几何原本》第Ⅱ卷命题4,三角形 ACD 和三角形 RCD 是全等的,所以 AD 和 RD 相等,$\angle CDA$ 等于 $\angle CDR$,AB 等于 RX,因此,联结 RX 所成的角为直角,并且因此我们将坚持同样的直角假设.

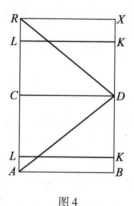

图4

由于垂线的长度也可以增加到无穷大,在直角的假设总是成立的情况下,必须证明相同的假设在同样的垂线长度减小到无穷小的情况下仍然存在.

如图4,在 AR 和 BX 上取相同长度得到线段 AL 和 BK,并且联结 LK,即使与连接线所成的角不是直角,但它们是相等的.因此,一边是钝角,比如 $\angle RLK$,那么另一边比如 $\angle XKL$ 为锐角,因此,LK 大于 RX,小于 AB.

但这是不成立的,因为 AB 等于 RX,因此直角的假设为真.

因此,在给定 AB 为底的情况下,无论垂线长度如何减小,其为直角的假设都不发生变化.

同时,当底边长度增大或减小时,其直角的假设依旧不变.很明显,BK 或 BX 可被视为底边.那么,反之,AB 和其对边 KL 或 XR 可以被看作与 BK 或 BX 垂直的线段.由此我们知道,在直角假设下,如果一种情况为真,那么任何情况下都是唯一正确的.

命题6　钝角的假设如果在一种情况下成立,那么在任一情况下,它都是唯一成立的假设.

证明 如图 5,联结 CD 与任意两条垂直于直线 AB 的相等直线 AC,BD 所成角为钝角. CD 长度将会比 AB 小. 延长 AC 和 BD 得到两部分 CR 和 DX,二者相等,联结 R,X. 现在观察与所联结直线 RX 所成角,它们将是相等的. 如果它们都是钝角,那么命题得证,但是这种假设是不正确的,因为我们之后将会有关于直角的假设,这种假设将能推出直角假设是不正确的. 但他们中也不会有一个为锐角. 因为若有一个为锐角,RX 则会比 AB 大,因此也会比 CD 大. 但下面我们将证明这种情况是不存在的. 如果已知矩形 $CDXR$ 中的边 CR 与 DX 被一条直线切割,并且形成的两部分分别相等,这意味着从小于 AB 的直线 CD 到大于 AB 的直线 RX,或从与 AB 相等的 ST 开始也有同样的结果. 但是从我们目前的假设来看这是错误的,因为有一种为直角的假设,会使这种钝角的假设不成立(如上所述)因此与所联结直线 RX 所成的角为钝角.

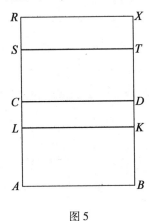

图 5

之后,将 AC 和 BD 延长相同的部分,得到 AL,BK,用同样的方法,可以知道与 AB 的对边 LK 所成角度不能为锐角,因为若为锐角,那么 LK 将比 AB 长,因此也比 CD 长. 但从这里应当可以找到一条介于 CD 与 LK 间的线,比 AB 大或者小,又或是等于 AB. 由以上证明可以知道,钝角假设是不正确的. 最后,同理可得,联结 LK 与其所成角也不能为直角,故它们将为钝角. 因此在以 AB 为基线的前提下,任意增大或减小垂线的长度,钝角假设均成立.

但在任意基线的假设下,这个结论将需要进一步的论证. 如图 6 所示,令上文所提到的垂线 BX 为基线,在 M 和 H 点处平分 AB 与 RX,联结 M,H. MH 将垂直于 AB 和 RX. 但由假设知,角 B 应为直角,如上文所证,角 X 应该为钝角. 因此,在 MH 的一侧作直角 BXP,XP 将与 MH 交于点 M,H 间的一点 P,所以,一方面角 BXH 是钝角,另一方面,角 BXM 是锐角(参见《几何原本》第 I 卷命题 17). 由于矩形 $XBMP$ 有三个直角和一个已知的钝角 P,因为它是三角形 PHX

在 H 处的内对角的外角(参见《几何原本》第 I 卷命题 16),边 XP 则会比对边 BM 小. 因此,取 BM 的一部分 BF 与 XP 等长,与 PF 所成角将会相等,由于 FMP 的内对角 BFP 是钝角,因此,即使所成角为钝角,仍然相等(参见《几何原本》第 I 卷命题 16). 因此以任一直线 BX 为基线时,钝角假设均成立.

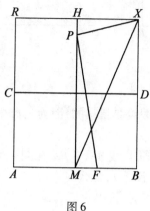

图 6

进一步来说,以 BX 为基线时,无论两条相等的垂线长度增大还是减小,以上假设均成立. 所以我们得到,当钝角假设在一种情况下成立时,它将在所有情况下成立.

以下命题,这里将不予证明,它们也是萨凯里成果中的一部分.

命题 11 如图 7,令直线 AP(任意长)与两条直线 PL 和 AD 相交,则形成了一个直角 P 与一个以 PL 为对边的锐角 A,那么,直线 AD 和 PL(在直角前提下)会最终交于一点,如果它们与 AP 的成角小于两个直角之和,则它们之间的距离将是有限的.

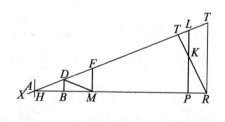

图 7

......

命题 12 再次说明,在这部分中,直线 AD 将与 PL 交于某处(距离是有限的或有尽头的),即使在钝角的前提下仍成立.

命题 13 如图 8,如果直线 XA(定长)与 AD 和 XL 相交,在同一侧形成的两个角,XAD 与 AXL,它们的和比两个直角小,那么这两条直线(尽管这里两个角中没有一个为直角)总会在所成角的同一侧相交. 如果在直角或钝角的前提下都成立, 那么它们相交所经过的距离是有限的或有尽头的.①

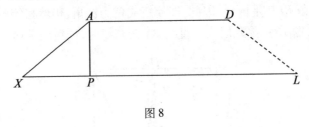

图 8

......

命题 14 关于钝角的假设是错误的, 因为它自相矛盾.

......

命题 23 如图 9, 如果两直线 AX 与 BX 在同一平面内, 他们要么有一条公共的垂线(即使在锐角的假设下), 要么向一边或另一边延伸, 除非其中一条线与另一条线在有限距离内相交, 否则它们总是会越来越接近彼此.

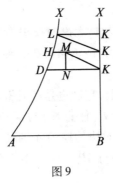

图 9

......

命题 32 锐角的假设是完全错误的, 因为它与直线的性质相违背②.

---

① 命题 12 和命题 13 促成了欧几里得的假设, 也推进了直角假设甚至是钝角假设.

② 到目前为止, 他的证明是清晰且合乎逻辑的, 但在之后, 他并未找出自己证明中的矛盾之处, 从而导致了之后推理的模糊. 在命题 33 的证明中, 他认为: "我们将会得到两条线, 它们最终会交于一条线, 在无限远的一点上他们会有一条公共的垂线." 他表明他将会非常仔细地研究基本原理以防止遗漏任何细节, 最终, 在第二部分里他给出了命题 38, 锐角假设是完全错误的, 因为它自相矛盾.

在开头的总结中, 他说, 在钝角假设被证明是错误的之后, 他"开始了与锐角假设的长期斗争", 锐角假设本身就否定了这一公理的真实性.

§12 罗巴切夫斯基

1. 非欧几何

（本文由美国罗德岛州普罗维登斯市布朗大学的 Henry P. Manning 教授译自法文）

尼古拉斯·伊万诺维奇·罗巴切夫斯基（Nikolas Ivanovich Lobachevsky, 1792—1856）从喀山大学的数学教授到最后成为校长，他的一生几乎都奉献给了喀山大学. 在他写的多部关于平行理论的回忆录和著作中，其中最主要的三部是：

（1）《具有完善的平行线理论的新几何学原理》，其俄语版于 1835—1838 年首次出版. Engel 和 Stackcl Urkunden 把 67 ~ 236 页译成德文，1897 年被 Halsted 译成英文，1901 年被译成法文.

（2）《平行线的几何研究》，其德语版于 1840 年在柏林出版. 1866 年被 Höuel 译成法文，1891 年被 Halsted（芝加哥，1914 年）译成英文.

（3）《泛几何学》，其俄文和法文版于 1855 年同时出版，1858 年和 1902 年先后被译成德文，1867 年被译成意大利语. 和几何学研究相比，《泛几何学》更简明扼要，许多证明都被省略了. 由于《泛几何学》是在罗巴切夫斯基辞世前不久写成的，因此可以认为是他的巅峰之作. 写这篇文章的时候，他已经双目失明，不得不口述，让学生代笔.

1886 年卡桑搜集了罗巴切夫斯基的几何作品，见第二卷 617 ~ 680 页. 此翻译已与布朗大学的 D. H. Lehmer 的俄文版进行了比较，有一些差异. 在俄语中，一些多余的词被省略. 然而，在法语中，一些模糊的段落被解释得更加全面、更加清晰. 显然，俄语版本首先出版，法语版则略有修改. 其中一些差异将在下面指出.

2.《泛几何学》
或者是建立在平行线理论基础上的几何学的总结[①]

---

① 他似乎是指其他地方的工作，也或者是指他的教学. 这些想法在本书中没有进一步探讨.

俄罗斯人补充说：相交侧即为平行侧.

《几何调查》是 Halsted 所译. 下次提及此部分时，请参考本节.

依据初等几何学的概念,不足以从中推导出直线三角形三个角的点恒等于二直角. 同时,到目前为止还没有人质疑过定理的正确性,因为从它出发,我们所推导出来的结果还未与事实不符,而且在最严苛的测量误差范围内,对于直线三角形角的直接测量结果与这个定理是一致的.

证明这一定理时,基本概念的不足迫使几何学家们采用显式或隐式的辅助假设,可无论这些假设看起来多么简单,它们始终都只是假设,难以被认可. 例如,当一个圆的半径无穷大时则变成了一条直线;一个半径无穷大的球会变成一个平面;一个直角三角形的角度大小只取决于两边之比,而非其本身. 又或者,正如通常在初等几何学中给出的,过平面内一定点,只能作一条直线与已知直线平行,若过该点在同一平面内的其他直线足够长,则其必定会切断给定直线. 我们用"与给定直线平行的直线"这个术语来理解这条直线,无论它在两个方向上如何延伸,它永远不会割断与它平行的直线.

这个定义本身是不充分的,因为它不能充分地描述一条直线. 通常情况下,多数基于几何原理给出的定义是一样的. 因为这些定义不仅不表明它们所定义的量的种类,而且甚至不表明这些量可以存在. 因此,我们通过它们的一个性质来定义直线和平面. 我们说两点确定一条直线,当直线与平面有两个公共点时,该直线在平面上. 与其像我们通常那样从平面和直线入手开始研究几何,我更倾向从球体和圆着手. 因为球体和圆包含了它们所定义量的一般概念,所以它们的定义是完整的.

然后,我将平面定义为以两个不动点为中心的球交点的几何轨迹. 最后,我将直线定义为以位于同一平面的两个不动点为中心的等圆交点的几何轨迹. 如果这些平面和直线的定义都成立了,那么垂直平面和直线的理论可以以简单明了的方式加以解释和论证. 给定一个平面上的一条直线和一个点,我定义了在同一平面内过定点与定直线相交的直线,过同一点所画的线与该点到给定线的垂线的一侧的线之间的界限线,在垂线一侧延长,过定点与给定直线一部分相交,一部分不交. 1840 年,我在柏林芬克出版社出版了一篇题为《平行线的几何研究》的有关完整的平行线理论的文章. 在这篇文章中,首次阐述了如何不借助平行理论证明所有的定理. 在这些定理中,给出球面三角形面积与其整个球体面积之比的定理尤为明显(参阅《平行线的几何研究》第 27 节). 如果 A, B 和 C 是一个球面三角形的角度,π 代表两个直角之和,三角形的面积与它所属范围的面积的比率是 $\frac{1}{2}(A + B + C - \pi)$.

然后我证明了一个直线三角形的三个角的和永远不超过两个直角(参见《平行线的几何研究》第 15 节),并且,如果这个和等于两直角之和,那么在任意三角形中均如此. 因此,只有两种假设:要么一个直角三角形的三个角之和恒等于二直角,即已给出的几何学假设,要么每个直线三角形三个角之和小于二直角,此假设为另一类几何学的基础,对此给出了虚几何学的叫法,但称其为泛几何学显然更加合适. 因为这个名字表示一般的几何理论. 其中将普通几何体作为特例. 根据《泛几何学》中的原则,过其中一条平行线上的垂足 P,作一条直线与第一条直线形成两个锐角,将这样的角叫作平行角. 过第一条直线所作的直线适用于平行线上所有的点. 我用 $\Pi(p)$ 表示这个角,因为它取决于垂线的长度.

显然他会说它等于普通几何的平行线. 因此,一个限制圆可能在两侧分别平行于另一个圆.

在一般的几何中,对于 p 的每一个长度,我们总是有 $\Pi(p)=90$. 在《泛几何学》中,$\Pi(p)$ 从 0 开始取遍所有的值,相当于 p 从 $p=n$ 到 $p=90$ 到 $p=0$. 为了给函数 $\Pi(p)$ 一个更一般的解析值,我假设这个函数对于 p 的值,在最初的定义中没有包括负值的情况下,由方程 $\Pi(p)+\Pi(-p)=\pi$ 确定.

因此,对于每个角 $A>0$ 或 <0 我们可以找到一条直线 p,使 $\Pi(p)=A$,其中当 $A<\dfrac{\pi}{2}$ 时,直线 p 为正. 相反地,对于每一个 p,都有一个角 A 使得 $A=\Pi(p)$. 我称极限圆为半径无穷大的圆. 它可以近似通过任意多点的轨迹进行构造,在无限长的直线上取一点,称之为顶点,且与极限圆的轴线在极限圆的顶点处与极限圆的另一边构成的角为 A,使 $0<A<\dfrac{\pi}{2}$.

令 a 为直线,且 $\Pi(a)=A$. 过顶点作一条有一定交角,且长度为 $2a$ 的直线. 这个长度的极限在极限圆上. 为了在轴的另一边继续追踪极限圆,有必要在该侧重复这个构造. 由此可见,所有与极限圆轴线平行的直线都可以作为坐标轴. 极限圆绕其中一个轴的旋转产生了一个曲面,我把这个曲面叫作极限球面,这个曲面就是当半径无限增大时,球面趋近的极限. 我们称这个轴为旋转轴,因此所有与旋转轴平行的直线为极限球的轴,我们称其为包含一个或多个极限球的轴平面. 我们称之为直径平面. 极限球与直径平面的交点是极限圆. 由三个极限圆弧包围的极限球面称为极限球面三角形. 极限圆的弧称为边,这些弧所在的平面的二面角称为极限球面三角形的角.

3. 数学起源

平行于第三条直线的两条直线互相平行(参见《平行线的几何研究》第25节),由此可以得出极限圆和极限球的所有轴都是平行的. 如果 3 个平面两两相交于 3 条平行线,且如果我们将每个平面限制在这些平行线之间的部分,这些平面形成的 3 个二面角的和等于两个直角的和(参见《平行线的几何研究》第28节). 根据这个定理,极限球面三角形的角度总和总是等于两个直角之和,因此,只要我们替换平行于直线三角形两边所在的直线,在极限球面三角形的泛几何学中,所有直线三角形边的比例关系均可用同样的方法在极限球面三角形的泛几何学中被证明. 所证明的,都可以用同样的方法证明. 只需将平行于直角三角形的边的直线替换为过极限球面三角形边之一的点所作的极限圆弧且所有圆弧均与此面成角相等. 因此,例如,假设 p,q,r 是极限球面直角三角形的两边,$p,q,\dfrac{\pi}{2}$ 是这些边相对的角度,那么有必要假设,至于初等几何学中的直角三角形 $p = r\sin P = r\cos Q, q = r\cos P = r\sin Q, P + Q = \pi$. 在普通几何中,我们证明了两条平行线之间的距离是恒定的. 与之相反,在《泛几何学》中,一条直线的一点到平行线的距离 p 在平行度的一侧减小,也就是说,在平行度角度为 $\Pi(p)$ 的一侧减小.

如图 1,现在让 $s,s',s'',\cdots$ 是一系列极限圆弧,并且位于两条平行线之间,作为所有这些极限圆的轴,并假设两条连续弧之间的这些平行线的各部分都相等,相互之间等于 x. 用 E 表示 s 与 s' 的比率 $\dfrac{s}{s'} = E$①,其中"E"是一个大于 1 的数字②.

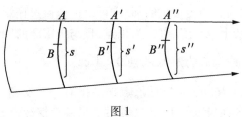

图 1

首先假设③ $E = \dfrac{n}{m}$,m 和 n 是两个整数,并将弧 s 分成 m 个相等的部分. 通过划分点绘制线平行于极限圆的轴. 这些平行线将每个弧 s',s'' 等分成两两相等的 m 个部分④. 令 AB 为 s 的第一部分,$A'B'$ 为 s' 的第一部分,$A''B''$ 为 s'' 第一部分等,$A,A',A'',\cdots$ 位于给定平行线之一上的点,并将 $A'B'$ 放在 AB 上,使 A 和 A' 重合,$A'B'$ 沿着 AB 重复. 重复这个叠加 n 次. 由于假设 $\dfrac{s}{s'} = \dfrac{n}{m}$,$nA'B' = mAB$ 必

---

① 俄语版中补充:当 $x = 1$ 时,$\dfrac{s}{s'} = E$ 成立.

② 俄语版中指出:E 为大于 1 的正数.

③ 在此译版的原书中没有《泛几何学》的图形解释. 此处的图形摘自德语译本

④ 与乘除段落不同的是,俄语版中指出:将 s' 与 s'' 间的面积叠加到 s 与 s' 之间,则弧 s' 落在 s 上,s'' 落到 s' 上,弧 s 叠加了 n 次. 由于平行,使得 $\dfrac{s''}{m}$ 在 s' 上叠加了 n 次.

然成立,因此 $A'B'$ 的第二个末端将在 n 次叠加后重合于第二个叠加 s 的极端,将被分成 n 个相等的部分. $s',s'',\cdots$ 也将被平行于两个给定平行线的线分成 m 个相等的部分. 但是如果我们考虑进行上述叠加时, $A'B'$ 携带平面的一部分由于这个弧和通过其末端绘制的两个平行线的限制,很明显,同时 n 倍的 $A'B'$ 覆盖所有弧 s, $nA''B''$ 将覆盖所有弧 s',所以在这种情况下,所有平行线均重合,因此

$$nA'B' = mAB$$

同样的

$$\frac{s'}{s''} = \frac{n}{m} = E$$

$$\frac{s'}{s''} = E, \text{etc}$$

为了在 E 是不可通约数字的情况下证明相同的事情,我们可以使用普通几何中用于类似情况的方法之一. 为简洁起见,我将省略这些细节. 从而

$$\frac{s}{s'} = \frac{s'}{s''} = \frac{s''}{s'''} = \cdots = E$$

在此之后不难得出结论

$$s' = sE^{-x}$$

其中 E 是 s 的 $\frac{s}{s'}$ 的值,弧 s 和 s' 之间的距离等于 1.

需要注意的是,该比率 E 不依赖于弧 s 的长度,并且当两条给定的平行线彼此远离或彼此接近时保持不变. 数量 E 必然大于 1,它仅取决于单值长度单位,即两个连续弧之间的距离,它完全是任意的. 我们刚刚证明的弧 s,s',s'' 展示的属性存在于区域 P,P',P''. 由两个连续的弧和两个平行线限制. 那我们得

$$P' = PE^{-x}$$

如果我们联合 n 个这样的区域 $P,P',P'',\cdots,P^{n-1}$ 的总和将是

$$\frac{P(1 - E^{-nx})}{1 - E^{-x}}$$

对于 $n = \infty$,该表达式给出了两条平行线之间的平面弧的部分,一侧受到弧线 s 的限制,并且在另一侧受到平行线的限制,并且这个值将是

$$\frac{P}{1 - E^{-x}}$$

如果我们选择面积 p 的单位,它对应于一个弧 s 也是一个单位,并且对于 $x = 1$,我们一般对弧都有

$$\frac{Es}{E - 1}$$

在普通几何中，E 表示的比值是常数，等于单位. 由此可见，在普通几何中，两条平行线处处等距，平面上位于两条平行线之间，只被一条垂直线所限制的部分的面积是无限的.

现在考虑一个直角三角形，其边 a,b 和 c，三边所对的角是 A,B 和 $\dfrac{\pi}{2}$. 对于平行于角 $\Pi(\alpha)$ 和 $\Pi(\beta)$ 的 A 和 B 对应长度 α 和 β. 让我们约定用带重音的字母来表示直线，其长度对应于平行角度，而平行角度对应于平行角度的直角，而平行角度对应于该行，其长度用不带重音的同一个字母来表示，所以我们总是有

$$\Pi(\alpha) + \Pi(\alpha') = \frac{\pi}{2}$$

$$\Pi(b) + \Pi(b') = \frac{\pi}{2}$$

用 $f(a)$ 表示与极限圆的轴线平行的部分，该轴线通过极限圆的顶点与极限圆本身垂直于该轴线之间截断的部分. 如果这条平行线经过垂直的一点，该点到顶点的距离为 a，设 $L(a)$ 为从顶点到这条平行直线的弧长.

如图 2，在普通的几何中对于每个长度 a，我们有 $f(a) = 0, L(a) = a$.

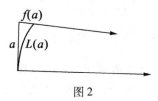

图 2

向直角三角形所在平面作垂线 AA'，将直角三角形的边分别用 a, b, c 表示，AA' 垂直于角度为 $\Pi(\alpha)$ 的角 A，且过 b 的垂直平面称为第一个平面. 过 c 的垂直平面称为第二个平面. 在第二个平面上取 BB' 平行于 AA'，且令其过角度为 $\Pi(\beta)$ 的角 B. 第三个平面过 BB' 与三角形的边 a. 第三个平面与第一个平面相交于 CC' 且 CC' 平行于 AA'[①].

假设现在有一个以 B 为球心，半径小于 a 的球，与三角形的边 a,c 以及直线 BB' 相交于三点，分别记为 n,m,k. 这个球体的大圆弧与 B 的三个平面相交，将点 n,m 和 k 联结在一起，将形成一个直角为 m 的球形三角形，其边将为 $mn = \Pi(\beta), km = \Pi(c), kn = \Pi(\alpha)$. 球角等于 $\Pi(b)$ 是一个直角. 这三条线是平行的，平面上的 $AA'BB'$，$AA'CC'$ 和 $BB'CC'$ 之间的三个二面角之和等于两个直角. 由此得出球面三角形的第三个角是 $mkn = \Pi(a')$，已经看到那每一个直角

---

① 俄语版中指出：AA', BB', CC' 相互平行，其形成的二面角之和等于 π.

的直线三角形的边是 a,b 和 c, 对角 $\Pi(\alpha),\Pi(\beta)$ 和 $\frac{\pi}{2}$ 对应一个直角球面三角

形的边是 $\Pi(\beta),\Pi(c)$ 和 $\Pi(a)$, 和对角 $\Pi(\alpha'),\Pi(b')$ 和 $\frac{\pi}{2}$. 构造另一个直角

三角形, 如图 3, 其边彼此垂直为 α' 和 a, 其斜边是 g, 其中 $\Pi(\lambda)$ 是与 a 边相对

的角度, $\Pi(\mu)$ 是与 α' 相对的角度. 通过这个三角形的球面三角形对应于球面

三角形 kmn, 对应于三角形 ABC. 这个球面三角形的边是 $\Pi(\mu),\Pi(g),\Pi(a)$,

对顶角 $\Pi(\lambda'),\Pi(\alpha')$, 它的部分等于球面三角形 kmn 的相应部分, 因为后者

的边是 $\Pi(c),\Pi(b),\Pi(a)$, 对顶角 $\Pi(b),\Pi(\alpha'),\frac{\pi}{2}$. [①]

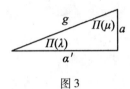

图 3

这表明这些球面三角形的斜边 a,α',β' 和邻角相同. 由此可见, 这样就有了

直角直线三角形的存在对顶角 $\Pi(a),\Pi(\beta)$, 假设存在一个与边成直角直线三

角形对顶角 $\Pi(b),\Pi(c),\frac{\pi}{2}$. 我们可以用 a,b,c,α,β 来表示如果 a,α',β,b',c

是直角直线三角形的部分, 将是另一个直角直线三角形的部分. 如果我们构造

的限制范围垂直 AA 的给定的直角的平面直角三角形是一条边和一个顶点, 我

们将有一个由三角形产生的限制范围, 以及一个位于极限球上的三角形, 并通

过其与给定三角形的三个边绘制的平面的交叉点产生. 用 p,q 和 r 表示这个球

三角形的三边, p 表示通过 a 的平面的极限球的交点, q 是通过 b 的平面交点, r

是通过 c 的平面交点. 对角使 $\Pi(a)$ 和 p 相反, $\Pi(d)$ 和 q 相反, r 和一个直角相

反. 由上面的约定采用 $q = L(b)$ 和 $r = L(c)$. 极限球面会在与 C 的距离为

$f(b)$ 的点切割直线 CC'.

同样地, 我们将 $f(c)$ 表示极限球面与线 BB' 相交点到点 B 的距离.

很明显, 我们将会有

---

① 两个直线三角形之间似乎没有简单的几何关系, 也没有比直线三角形的球形三角
形部分的经验定律更多的东西. 有两种方式, 两个直角三角形的部分可以对应.

$$f(b) + f(a) = f(c)①$$

如图 4,在边长为圆弧 p,q 和 r 的三角形中,我们应该有

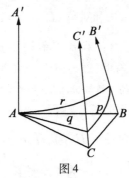

图 4

$$p = r\sin\Pi(\alpha), q = r\cos\Pi(\alpha)$$

将这两个方程中的第一个乘以 $E^{f(b)}$ 得到

$$pE^{f(b)} = r\sin\Pi(\alpha)E^{f(b)}$$

但是

$$pE^{f(b)} = L(a)$$

因此

$$L(a) = r\sin\Pi(\alpha)E^{f(b)}$$

同理

$$L(b) = r\sin\Pi(\beta)E^{f(a)}$$

同时 $q = r\cos\Pi(a)$,或者,同样的,$L(b) = r\cos\Pi(a)$. $L(b)$ 的两个值的比较给出了等式

$$\cos\pi(\alpha) = \sin\Pi(\beta)E^{f(a)}$$

---

① 由于从相应的三角形导出的两个球形三角形的对应关系,这里的一些混淆不是这些部分等于另一个的相应部分的对应关系. 如果将第一个直线三角形的部分表示为

$$a,b,c,\alpha,\beta$$

通过书写形成球形三角形的相应部分应表示为

$$\beta,c,a,\alpha',b$$

我们可以将第二个直线三角形记作

$$a,\alpha',g,\lambda,\mu$$

或者替换 g,λ,μ 值为

$$a,\alpha',\beta,b',c$$

然后是第二个球形三角形

$$c,\beta,a,b,\alpha'$$

并且我们发现两个球形三角形的部分没有根据它们相等的方式排列. 他调整了第一个球形三角形的部分以便比较两个,这两个都是这样排列的.

用 b' 代替 a 和 c 代替 β 而不改变 a,这是我们已经证明的,我们将有

$$\cos\Pi(b') = \sin\Pi(c)E^{f(a)}$$

或者,因为

$$\Pi(b) + \Pi(b') = \frac{\pi}{2}$$

$$\sin\Pi(b) = \sin\Pi(c)E^{f(a)}$$

同理,我们会得到

$$\sin\Pi(a) = \sin\Pi(c)E^{f(b)}$$

将最后的等式乘以 $E^{f(a)}$,并用 $f(c)$ 代替 $f(a) + f(b)$.这会给

$$\sin\Pi(a)E^{f(a)} = \sin\Pi(c)E^{f(c)}$$

但是在直角三角形中,垂直边可以变化,而斜边保持不变,我们可以在不改变 c 的情况下输入这个等式 $a = 0$. 这将给出,因为 $f(0) = 0$ 和 $\Pi(0) = \frac{\pi}{2}$

$$1 = \sin\Pi(c)E^{f(c)}$$

$$E^{f(c)} = \frac{1}{\sin\Pi(c)}$$

由方程

$$\cos\Pi(\alpha) = \sin\Pi(\beta)E^{f(a)}$$

其中 $E^{f(a)}$ 用 $\dfrac{1}{\sin\Pi(a)}$,可得到如下形式

$$\cos\Pi(\alpha)\sin\Pi(a) = \sin\Pi(\beta) \tag{1}$$

将 α 和 β 更改为 b' 和 c 而使 a 不变我们发现

$$\sin\Pi(b')\sin\Pi(a) = \sin\Pi(c)$$

将方程(2)的字母进行替换

$$\cos\Pi(\beta)\sin\Pi(b) = \sin\Pi(\alpha) \tag{2}$$

如果将此方程中的 β, b 和 α 替换为 c, α' 和 b',可得到

$$\cos\Pi(c)\cos\Pi(\alpha') = \cos\Pi(b') \tag{3}$$

同理会得到

$$\cos\Pi(c)\cos\Pi(\beta) = \cos\Pi(a) \tag{4}$$

①在球形三角学保持不变的前提下,我们是否采用直线三角形的三个角的总和总是等于两个直角的假设,或采用这个和总是小于两个直角的假设.这是非常显然,并不适用于直线三角法.在给出泛几何学中直线三角形边角关系的方程前,我们需要将每条用 x 表示的线,用 $\Pi(x)$ 表示.

为此目的,考虑直角直线三角形,其边长为 a, b, c,并且相对的角度为

---

① 在省略的部分中,球面三角形的一般方程是由前面方程推导得来的.

$\Pi(\alpha),\Pi(\beta),\pi/2$. 如图5,延长 c 超出角度 $\Pi(\beta)$ 的顶点并使延长部分等于 β. 在该线的末端和与角度 $\Pi(\beta)$ 相反的一侧竖立的垂直于 β 将平行于 a 并且其延伸超出 $\Pi(\beta)$ 的顶点[①].

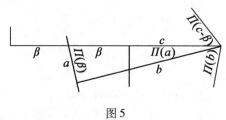

图5

如图6,同时通过顶点 $\Pi(\alpha)$ 作一条平行于直线的延长线 a,这条线与 c 所成角为 $\Pi(c,\beta)$,与 b 所成角为 $\Pi(b)$.

我们得到方程

$$\Pi(b)=\Pi(c+\beta)+\Pi(\alpha)$$

如果在 c 上,在角 $\Pi(a)$ 的顶点处取长度 β. 在角 $\Pi(\beta)$ 的极限处作 β 的垂线,那么这条线在超过直角的顶点处与延长线 a 平行. 过 $\Pi(\alpha)$ 作一条与上述垂线平行的直线,则其也与 a 的第二条延长线平行. 这条平行线与 c 所成角应为 $\Pi(c-\beta)$,且将 b 用 $\Pi(b)$ 表示,因此

$$\Pi(b)=\Pi(c-\beta)-\Pi(\alpha)$$

很容易看出,这个方程不仅在 $c>\beta$ 时成立,在 $c=\beta$ 或 $c<\beta$ 时仍成立. 事实上,如果 $c=\beta$,那么,$\Pi(c-\beta)=\Pi(0)=\pi/2$,另一方面与 c 的垂线通过顶点的角度;$-\Pi(a)\Pi(a)$ 平行于 a,这就意味着 $\Pi(b)$ 符合我们的方程.

如图6,如果 $c<\beta$ 线的尽头 β 会超出角的顶点 $\Pi(a)$ 的距离等于 $\beta-c$. 垂直于这个直线 β 将平行的线

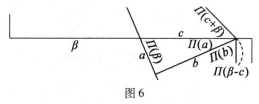

图6

$$\Pi(b)=\frac{\pi}{2}-\Pi(\alpha)$$

通过角的顶点 a 平行,那之后这个平行的两个相邻角度与 c 所成锐角将等于 $\Pi(\beta-c)$,钝角等于 $\Pi(a)+\Pi(b)$.

但是两个邻角的和总是等于两个直角. 因此

---

① 我们对李伯曼给出的图形做了一些合并修改.

$$\Pi(\beta - c) + \Pi(\alpha) + \Pi(b) = \pi$$

$$\Pi(b) = \pi - \Pi(\beta - c) - \Pi(\alpha)$$

但从函数的定义

$$\pi - \Pi(\beta - c) = \Pi(c - \beta)$$

这给了

$$\Pi(b) = \Pi(c - \beta) - \Pi(\alpha)$$

也就是说,上面的方程,在所有情况下都成立.

两个方程(Π)和(Π')可以被下面两个方程替换

$$\Pi(b) = \frac{1}{2}\Pi(c + \beta) + \frac{1}{2}\Pi(c - \beta)$$

$$\Pi(\alpha) = \frac{1}{2}\Pi(c - \beta) - \frac{1}{2}\Pi(c + \beta)$$

但方程(3)给出了

$$\cos\Pi(c) = \frac{\cos\Pi(b)}{\cos\Pi(\alpha)}$$

代入这个方程可以得到它们的值

$$\cos\Pi(c) = \frac{\cos\left[\frac{1}{2}\Pi(c + \beta) + \frac{1}{2}\Pi(c - \beta)\right]}{\cos\left[\frac{1}{2}\Pi(c - \beta) - \frac{1}{2}\Pi(c + \beta)\right]}$$

从这个方程我们推断出

$$\tan^2\frac{1}{2}\Pi(c) = \tan\frac{1}{2}\Pi(c - \beta)\tan\frac{1}{2}\Pi(c + \beta)$$

直线 c 和 β 可在含有一个直角的直线三角形中独立变化,我们可以在最后一个方程中依次令 $c = \beta, c = 2\beta, \cdots, c = n\beta$,我们从方程从而推导得出每条直线 c 及每一个正整数 n

$$\tan^n\frac{1}{2}\Pi(c) = \tan\frac{1}{2}\Pi(nc)$$

很容易证明这个等式对于 n 个负数或小数是正确的,在选择长度单位时,我们可以得到 $\tan\frac{1}{2}\Pi(1) = e^{-x}$,其中 e 是自然对数的底,对于每一行 x 我们都有

$$\tan\frac{1}{2}\Pi(x) = e^{-x}$$

这个表达式给出了 $\Pi(x) = \frac{\pi}{2}(x = 0), \Pi(x) = 0(x = \infty), \Pi(x) = \pi(x = -\infty)$符合我们在上面所采用和演示的内容.

4. 波尔约:论非欧几何

J. 波尔约(1802—1860)是数学家高斯在哥廷根大学同学 F. 波尔约的儿子.1816 年,F. 波尔约向高斯致信,提到他 14 岁的儿子已经掌握了微积分在力学中的应用.J. 波尔约在 16 岁时进入维也纳工程学院,并于 21 岁参军入伍.1825—1826 年左右,J. 波尔约对平行公设展开了理论研究,于 1832 年在其父于 1829 年出版著作《向好学青年介绍纯粹数学原理的尝试》的附录 1 中发表,首版是拉丁文,后被译为法语、意大利语、德语、英语.下面是附录中第一部分的译文.

5. 附录

此部分中展示了一种完全真实的空间科学,与欧几里得第五公设相互独立[①][②].

符号的阐释

$\overline{AB}^2$ 表示包含点 A,B 的一条线上的所有点的复合形.

$A\overline{B}$[③]表示包含点 A 的线 AB 截于 A 而包含点 B 的一半.

$\overline{ABC}$表示同一平面包含不同直线上三点 A,B,C 上所有点的复合形.

$AB\overline{C}$表示 ABC 平面被 AB 所截,包含点 C 的一半.

ABC 表示$\overline{ABC}$被 $B\overline{A}$ 和 $B\overline{C}$分割的较小部分,或以 $B\overline{A}$ 和 $B\overline{C}$ 为边的角.

$ABCD$[④] 表示 ABC 的由 $B\overline{A}$, $B\overline{C}$ 和 $C\overline{D}$ 包围的部分(如果 D 在 ABC 中,并且 $B\overline{A}$ 和 $C\overline{D}$ 互不相交).但是 $BACD$ 是指平面 ABC 在$\overline{AB}$和 CD 之间的部分.

---

① 即欧几里得平行公里,亦称"第五公设".

② 注意这里"空间的绝对真实的科学"(absolutely true science of space 与后来的提法"空间的绝对科学"(absolute science of space)或"绝对几何"(absolute geomety)不同,虽然 J. 波尔约本人可能有时用过后两个术语,但它们在《附录》中并未出现.

③ 两个或两个以上字母上面不加任何标记表示有界图形.当一个图形是无界时,则在表示无界部分的字母上加注一个标记. AB 表示从 A 到 B 的有界线段,线$\overline{AB}$表示从 A 到 B 的无界段线段.因此在下面的 $ABCD$ 定义中,BC 表示一个线段,但要注意 ABC 表示一个角而非一个三角形,当作者要命名一个三角形时,他说"三角形 ABC"或插入符号 △(例如见第 13 节),我们也要注意他的一个角是一个平面的一部分.两个有一条公共边但在不同平面内的角形成一个二面角.

④ 波尔约称它们为腿(Legs).

R 表示直角. ①

$AB = CD$② 表示 $CAB = ACD$.

≡ 表示全等. ③

$x \to a$④ 表示 x 趋于 a 的极限.

○r 表示半径为 r 的圆的周长.

⊙r 表示半径为 r 的圆的面积.

第一节

如图 7,给定 $\overline{AM}$,如果同平面内的 $\overline{BN}$ 与它不相交,而 ABN⑤ 内的每一条半线 BP 都与它相交,则表示为 $BN \parallel AM$⑥.

存在这样一条 $\overline{BN}$ 是显然的. 事实上 $\overline{AM}$ 外任意一点 B 仅有这样一条 $\overline{BN}$,并且 $BAM + ABN$ 不大于 $2R$;当 BC⑦ 绕 B 转动至 $BAM + ABC = 2R$ 时,在某一点 $\overline{BC}$ 第一次不与 $\overline{AM}$ 相交,此时 $BC \parallel AM$,又显然 $BN \parallel EM$,无论何种情形 E 可在 $\overline{AM}$ 上(假设所有情形中 $AM > AE$⑧).

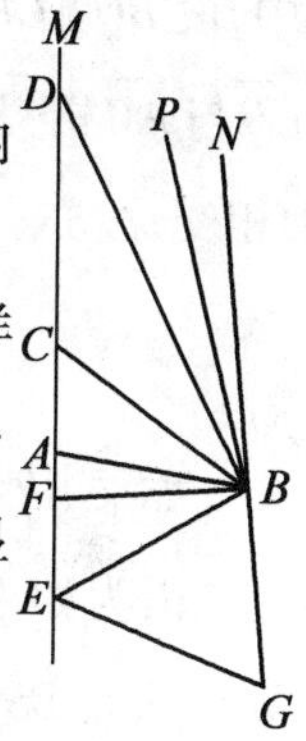

如果点 C 在 $\overline{AM}$ 上趋于无穷,我们总有 $CD = CB$,也总有 $CDB = CBD < NBC$. 当 $NBC \to 0$ 时,$ADB \to 0$

图 7

---

① 如果一个平面内的两条线被第三条线所截,我们说这第三条线一边的半线位于两已知线的 一个方向,另一边的半线位于另一个方向. 此处给出的两个定义的第一个我们理解 为在两条线上所取的两组点对是在相反的方向,而第二个定义中我们理解它们是在同一方向,在第二节开始我们有第一个定义 MACN 的一个图示,在第七节的开始有第二个定义 BNCP 的一个图示——原注.

② 在由这种符号可阐述的关系式中,AB 和 CD 是在一个平面内的两条线,它被第三条线相交于 A 与 C,并且点 A 与 B 在一条线上,点 C 与 D 在同一方向的另一条线上. 这种符号常用于 AB 与 CD 相交时,也用于它们不相交时,例如见第五节,在那里 $EC = BC$.

③ 在几何中至高无上的高斯用这符号表示同余数,由于不必担心结果的意义不明确,它也可表示几何的全等. ——原注

④ 波尔约使用了符号" − −".

⑤ 指角 ABN,"在 ABN 内"最初用括号括住.

⑥ 这是两条半线的关系,但作者常省略第二个字母上的标记号.

⑦ 这里作者说的是线段 BC. 因为他设想点 C 沿 AC.

⑧ 这里似乎意味着 E 不在 AM 上 M 那边,或者 M 已被置于我们要选取的 E 以外的这条线上足够远的地方.

第二节

如果 $BN \parallel AM$，则也有 $CN \parallel AM$①.

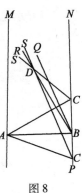

如图 8，设 D 是 $MACN$ 中的某一点，如果 C 在 $\overline{BN}$ 上，由于 $BN \parallel AM$，则 $\overline{BD}$ 将与 $\overline{AM}$ 相交，$\overline{CD}$ 也将与 $\overline{AM}$ 相交；但如果 C 在 $\overline{BP}$ 中，设 $\overline{BQ} \parallel \overline{CD}$，则 $\overline{BQ}$ 落在 ABN 中（第一节）②且与 $\overline{AM}$ 相交，从而 $\overline{CD}$ 与 $\overline{AM}$ 相交，因此 $\overline{CD}$ 与 $\overline{AM}$ 在两种情形中都相交，但 $\overline{CN}$ 不与 $\overline{AM}$ 相交，故亦有 $CN \parallel AM$.

图 8

第三节

如果 $BR \parallel AM$，$CS \parallel AM$，且 C 不在 $\overline{BR}$ 中，则 $\overline{BR}$ 与 $\overline{CS}$ 互不相交.

因为如果 $\overline{BR}$ 与 $\overline{CS}$ 有一个公共点 D，则将同时有 $\overline{DR} \parallel AM$，$\overline{DS} \parallel AM$（第二节），从而 $\overline{DS}$ 将落在 $\overline{DR}$ 上（第一节）且 C 落在 $\overline{BR}$ 上，与假设矛盾.

第四节

如图 9，如果 $MAN > MAB$，则对 $\overline{AB}$ 内的任意点 B 存在 $\overline{AM}$ 中特定的一点 C 使 $BCM = NAM$.

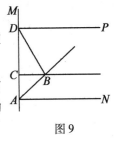

因为有一给定的 $BDM > NAM$（第一节）③，也有 $MDP = MAN$，且 B 落在 $NADP$ 中，所以如果沿 AM 移动 NAM 抵达 $\overline{DP}$，某一时刻，$\overline{AN}$ 会经过 B，即有 $BCM = NAM$.

图 9

---

① 如图 9 所示，C 是 BN 的一个点，在有图示时作者常省略这种说明.

② BN 不与 CD 相交，CD 也不与 BN 相交，甚至即使它旋转趋于 BA 时，只要这两条线相交于 B 点之下，都是如此.

③ 若设 D 在 AM 上离去，角 ADB 将趋于零，因此在某一时刻变为小于 NAM 的补角. 此时如果 M 远于 D 的位置，将有 ADB 的补角 BDM 大于 NAM.

第五节

如果 $BN \parallel AM$（见第一节中的图），则 $\overline{AM}$ 中有一点 F 使 $FM = BN$.

因为有 $BCM > CBN$（第一节），如果 $CE = CB$. 同样有 $EC = BC$，显然 $BEM < EBN$. 设 P 经过 EC，角 BPM 称为 u，角 PBN 称为 v[①]，显然 u 起初小于 v（同位角）值，而后来大于它，由于不会没有一个角大于 BEM，小于 BCM 且与 u 在某一时刻相等（第四节），所以 u 从 BEM 到 BCM 连续增大，同理 v 从 EBN 到 CBN 连续减小，因此 EC 上有确定的一点 F 使 $BFM = FBN$.

第六节

如果 $BN \parallel AM$，E 是 $\overline{AM}$ 中的任一点，G 是 $\overline{BN}$ 中的任意一点，则有 $GN \parallel EM$ 且 $EM \parallel GN$.

因为 $BN \parallel EM$（第一节），由此得 $GN \parallel EM$（第二节），如果再有 $FM \parallel BN$（第五节），则 $MFBN \equiv NBFM$. 这样由于 $BN \parallel FM$，也有 $FM \parallel BN$，如前所述 $EM \parallel GN$.

第七节

如果 BN 与 CP 都 $\parallel AM$，且 C 不在 $\overline{BN}$ 内，则有 $BN \parallel CP$.

因为 $\overline{BN}$ 与 $\overline{CP}$ 互不相交（第三节）. 进一步 AM，BN 与 CP 或者在一个平面内，或者不在. 在第一种情形中又分两种情况：AM 落在 $BNCP$ 内[②]，或不在其内.

如图 10，如果 AM，BN 和 CP 在同一平面内且 AM 落在 $BNCP$ 中，因为 $BN \parallel AM$，则 NBC 中的任意 $\overline{BQ}$ 与 $\overline{AM}$ 相交于一点 D，又由于 $DM \parallel CP$（第六节），显然有 $\overline{DQ}$ 与 $\overline{CP}$ 相交，所以 $BN \parallel CP$，但是，如果 BN 与 CP 落在 AM 的同一侧，则它们中的例如 CP 将在其他二者之间，即 $\overline{BN}$ 与 $\overline{AM}$ 之间，从而 NBA 中任意 $\overline{BQ}$ 将与 $\overline{AM}$ 相交，也与 $\overline{CP}$ 相交，所以 $BN \parallel CP$.

---

① 如第一节图所示，点 P 应置于点 A 处.

② 注意点 B 与 N 取自一条直线上，且点 C 与 P 取自同一方向的另一条直线上，此处"在 $BNCP$ 内"指在 BN 与 CP 的全部域内，并非单指带域的 BC 以上的部分. 在此段中我们应置 CP 于第七节中图右边并考虑整个图形位于一个平面内，在第三段中我们又置 CP 于右边，但此时这三条直线不在一个平面内.

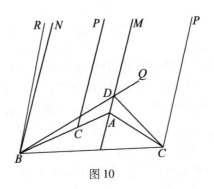

图 10

如果 MAB 与 MAC 形成一个角①，则 CBN 与 ABN 的公共部分只有 $\overline{BN}$. 但 $\overline{AM}$ 与 $\overline{BN}$ 在 ABN 中，因此 NBC 与 $\overline{AM}$ 没有公共部分. 因为 $\overline{BD}$ 与 $\overline{AM}$ 相交，而 $BN \parallel AM$，所以通过 NBC 中任意 $\overline{BD}$ 划出的 BCD 将与 $\overline{AM}$ 相交，因此如果 BCD 绕 BC 移动②直至它首次离开 $\overline{AM}$，最终 BCD 将落在 BCN 中，同理它也落在 BCP 中，因此 BN 落在 $BC\overline{P}$ 中. 此时如果有 $BR \parallel CP$，BR 也将在 BCP 中，因此 $\overline{BR}$ 是 MAB 与 PCB 的公共部分即 $B\overline{N}$ 本身③. 所以 $BN \parallel CP$.

如果有 $CP \parallel AM$ 且点 B 在 $\overline{CAM}$ 之外，则 BAM 与 BCP 的交线 $\overline{BN}$ 同时 $\parallel AM$ 与 CP④.

第八节

如图 11，如果 $BN \parallel CP$，且 $BN = CP$（或简记为 $BN \parallel = CP$），AM 在 $NBCP$ 中垂直平分 BC，则 $BN \parallel AM$.

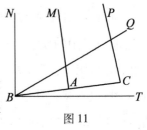

图 11

因为如果 $\overline{BN}$ 与 $\overline{AM}$ 相交，由于 $MABN \equiv MACP$，$\overline{CP}$ 也将与 $\overline{AM}$ 相交于同一点. 尽管 $BN \parallel CP$，这一点却 $B\overline{N}$ 与 $\overline{CP}$ 的公共点，但是如果 CBN 中的 $\overline{BQ}$ 与 $\overline{CP}$ 相交，则它也与 $\overline{AM}$ 相交，因此 $BN \parallel AM$.

---

① 一个二面角.

② 点 D 在 AM 上无限地移动，这使得 BD 与 BN 重合，CD 与 CP 重合.

③ 理由是 $\parallel AM$ 的 BN 位于 BCP 中，也在 BAM 中，因此是它们的交线. 但以同一种方式我们能说 $\parallel CP$ 的 BR 位于 BAM 中，也在 BCP 中，也是它们的交线.

④ 如果这第三种情形已在最初发生，其他两种情形可在第十节中更简洁优雅地解决. ——原注

第九节①

如图 12,如果 $BN\parallel AM$,$MAP\perp MAB$,且 NBD 与 NBA 在 MAP 所在的 $MABN$ 一边构成的角小于 R,则 MAP 与 NBD 互交.

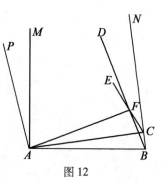

图 12

因为设 $BAM=R$,$AC\perp BN$(不论 B 是否落在点 C),在 NBD 中设 $CE\perp BN$,由假设 ACE 将小于 R,且 $AF\perp CE$ 时,AF 将落在 ACE 中. 设 $\overline{AP}$ 是 $\overline{ABF}$ 与 $\overline{AMP}$ 的交线(A 是 $\overline{ABF}$ 与 $\overline{AMP}$ 的公共点),则

$BAP=BAM=R$(因为 $BAM\perp MAP$). 最后,如果 ABF 被置于 ABM 之上,A 与 B 保持相对固定②. $\overline{AP}$ 将落在 $\overline{AM}$ 上. 由于 $AC\perp BN$,$AF<AC$,显然 AF 将终止于 $\overline{BN}$ 的这一边,并且 BF 将落在 ABN 中,但是因为 $BN\parallel AM$. $B\overline{F}$ 将在这个位置与 $A\overline{P}$ 相交,而且也是在它们的第一种位置 $\overline{AP}$ 与 $\overline{BF}$ 将互交,交点是 $MA\overline{P}$ 与 $NB\overline{D}$ 的一个公共点,所以 $MA\overline{P}$ 与 $NB\overline{D}$ 互交.

继而容易推出 $MA\overline{P}$ 与 $NB\overline{D}$ 彼此互交,如果它们与 $MABN$ 构成的内角之和小于 $2R$③.

第十节

如图 13,如果 $BN\parallel =AM$,$CP\parallel =AM$,则也有 $BN\parallel =CP$④. MAB 与 MAC 或者构成一个角,或在一个平面内.

---

① 对此节中的字母使用要特别注意,作者有时用一字母命名一条线或一个平面,后来对此字母有更特殊定义,例如在开始 BN 与 AM 是任意给定的,$BN\parallel AM$,但 A 与 B 在这些线上都不是任意给定的,因为稍后取 $AB\perp AM$. 作者称 $MA\overline{P}$ 为半平面,后来又使 $\overline{AP}$ 为此半平面与另一个 $\overline{ABF}$ 的交线,在他使 $AF\perp CE$ 前两次提到 NBD,于是显而易见,当划过 F 时确定 $\overline{BD}$.

② 应该说,$\overline{ABF}$ 绕 AB 旋转以便落在 $AB\overline{M}$ 上.

③ 如果作者的意思包括了两个平面都不垂直于 $MABN$,则至少可以说他没有证明它.

④ 第七节中已证明了第一个符号 $\parallel$ 表示的定理,此处仅证符号 $=$ 表示的角的等量关系.

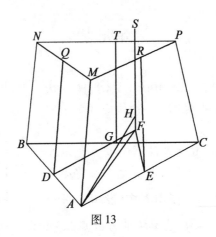

图 13

如果是前者,设$\overline{QDF}$垂直平分线段AB,DQ将垂直于AB,且有$DQ\parallel AM$(第八节).类似地,且如果$\overline{ERS}$垂直平分AC,则$ER\parallel AM$,因此$DQ\parallel ER$(第七节)由此易证(第九节)①$\overline{QDF}$与$\overline{ERS}$彼此互交①,交线$\overline{FS}\parallel DQ$(第七节),且由于$BN\parallel DQ$,也有$FS\parallel BN$.此时由于$\overline{FS}$上的每一点都有$FB=FA=FC$②,$FS$落在垂直平分线段$BC$的平面$TGF$中.但是(第七节),由于$FS\parallel BN$,也有$GT\parallel BN$,同理可证$GT\parallel CP$,继而$GT$垂直平分线段$BC$,且有$TGBN=TGCP$(第一节)③与$BN\parallel=CP$.

如果BN,AM与CP在一个平面内,设FS落在此平面外,$FS\parallel=AM$,则(通过前述)$FS\parallel=BN$,$FS\parallel=CP$,因而$BN\parallel=CP$.

第十一节

设点A与所有这样的点B的复合形为F,其中任一个B满足:若$BN\parallel AM$,则$BN=AM$;令F的由任意包含线AM的平面所截的线称为L.

在任意$\parallel AM$的线中,F有且仅有一个点,显然L被分为两个全等的部分.设$\overline{AM}$称为L的轴,也显然任意包含AM的平面有一个以$\overline{AM}$为轴的L在所考虑的平面中,任意这样的L叫作以$\overline{AM}$为轴的L.如果L绕AM旋转,显然F将被画出,任意这样的$\overline{AM}$称为轴,反之F归于轴$\overline{AM}$.

---

① 第九节的定理似乎不能直接用于这里的证明,因为这两个平面都不垂直于DQ与ER的平面,但易于给出一个类似于第九节中的证明.

② FS的每一点与A,B和C等距离.

③ 如果$TCCP$置于$TGBN$之上(绕TG旋转),GC落在GB上.CP与BN由同一点画出,它们都$\parallel GT$,由第一节,两者必重合.

第十二节

如果 B 是 $\overline{AM}$ 的 L 中的任意点，$BN\parallel=AM$（第十一节），则 $\overline{AM}$ 的 L 与 $\overline{BN}$ 的 L 重合.

为了区别，设 $\overline{BN}$ 的 L 称为 l. C 是 l 中的任一点. $CP\parallel=BN$（第十一节）. 由于也有 $BN\parallel=AM$，则有 $CP\parallel=AM$（第十节），所以 C 也将落在 L 中，如果 C 无论在 L 中的哪里都有 $CP\parallel=AM$. 则 $CP\parallel=BN$（第十节），C 也将落在 l 中（第十一节）. 因此 L 与 l 相同，任意的 $\overline{BN}$ 也是 l 的轴，且与 L 的所有轴有相等关系.

同样的情形，显然 F 也是相同的.

第十三节

如图15，如果 $BN\parallel AM$. $CP\parallel DQ$，且 $BAM+ABN=2R$，则有 $DCP+CDQ=2R$.

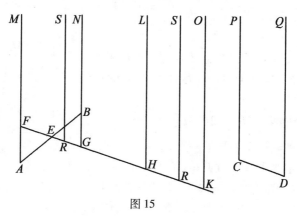

图 15

设 $EA=EB$，$EFM=DCP$（第四节）. 由于 $BAM+ABN=2R=ABN+ABG$，则将有 $EBG=EAF$；如果也有 $BG=AF$，则 $\triangle EBG$ 全等于 $\triangle EAF$，$BEG=AEF$ 且 G 落在 $\overline{FE}$ 中，于是 $GFM+FGN=2R$（因为 $EGB=EFA$）. 又由于 $GN\parallel FM$（第六节），所以如果 $MFRS=PCDQ$，则 $RS\parallel GN$（第七节），R 落在 FG 内或者落在 FG 外（如果 CD 不等于 FG，事情是显然的）.

Ⅰ. 第一种情形，因为 $RS\parallel FM$，所以 FRS 不大于 $2R-RFM=FGN$，但是由于 $RS\parallel GN$，也有 FRS 不小于 FGN，因此 $PRS=FGN$ 且 $GFM+FGN=2R$，所以 $DCP+CDQ=2R$.

Ⅱ. 如果 R 落在 FG 之外，则 $NGR=MFR$，可设 $MFGN=NCHL=LHKO$. 继续下去直至 FK 第一次等于或大于 FR. 这时 $KO\parallel HL\parallel FM$（第七节）. 如果 K 落在 R 上则 KO 落在 RS 上（第一节），且 $RFM+FRS=KFM+FKO=KFM+FGN=$

$2R$;但如果 R 落在 HK 中,则(由第一种情形)$RHL + HRS = 2R = RFM + FRS = DCP + CDQ.$

第十四节

如果 $BN \parallel AM, CP \parallel DQ, BAM + ABN$ 小于 $2R$,则也有 $DCP + CDQ$ 小于 $2R$.

因为如果 $DCP + CDQ$ 不小于 $2R$,则由(第一节)$= 2R$,因而(由第十三节)也有 $BAM + ABN = 2R$,与假设矛盾.

第十五节

慎重仔细地考虑了第十三、十四节的结论,设依赖于欧几里得公理Ⅺ的真实性假设的几何体系为 Σ,而另一个构筑于相反假设的几何体系为 S,所有未明确声明是在 Σ 中或 S 中的命题应理解为绝对地宣布:无论 Σ 还是 S 为真,它们都是成立的.

第十六节

如图 16,如果 AM 是任意 L 的轴,则 L 在 Σ 中是一条垂直于 AM 的直线. 因为 B 是 L 上的任意点,设轴是 BN. 在 Σ 中

$$BAM + ABN = 2BAM = 2R$$

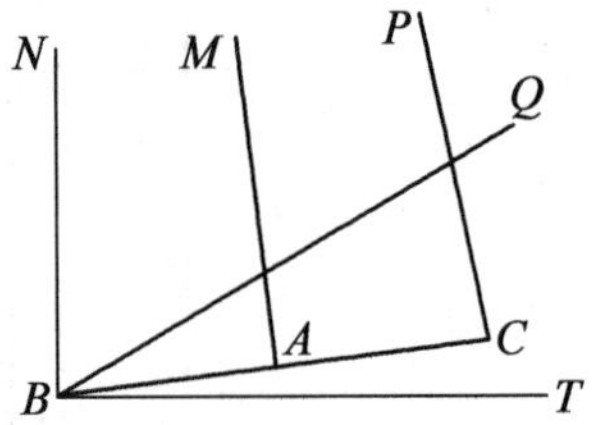

因此 $BAM = R$,又如果 C 是 $\overline{AB}$ 中的任意点,且 $CP \parallel AM$. 则(由第十三节)$CP = AM$,而且 C 在 L 中(第十一节).

图 16

但是在 S 中不存在 L 或 F 中的三个点 A, B, C 在一条直线中.

因为轴 AM, BN 或 CP 中的一个(例如 AM)落在其他两个中间,则(第十四节)BAM 与 CAM 都小于 R.

第十七节

L 在 S 中也是一条线而 F 也是一个面.

因为(由第十一节)任意一个垂直于轴 $\overline{AM}$ 的平面通过 F 的任一点将与 F 交于一个圆的圆周中. 此圆的平面不垂直于任何其他轴 $\overline{BN}$(第十四节). 设 F 绕 BN 旋转,F 上的每一点都在 F 上保持不变(第十二节),并且 F 的由一个不垂直于 $\overline{BN}$ 的平面所截得的线将画出一个面,无论怎样点 A 与 B 都在 F 中(第十二节),F 是一个始终一致的面.

因此显然(第十一节与第十二节)L 是一个始终一致的线①.

第十八节

见第十节中的图,在 S 中任意一个经过 F 的一个点 A 且不垂直于轴 AM 的平面与 F 的截线是一个圆的圆周.

设 A,B,C 是这种截线上的三个点,BN 与 CP 是轴. AMBN 和 AMCP 将构成一个角,否则由 A,B,C 确定的平面(第十六节)将包含 AM,与假设矛盾. 因此垂直平分 AB 与 AC 的两个平面将互交(第十节)于 F 的一个轴 FS 中,且 FB = FA = FC. 设 AH 垂直 FS,绕 FS 旋转 FAH,A 将画出半径为 HA 并经过 B 与 C 的一个圆,它同时位于 F 与 ABC 中,并且 F 与 $\overline{ABC}$ 除了 OHA 外无任何公共部分.

线 l 的 FA 部分(类似一个半径)的末端在 F 中绕 F 旋转②作出 OHA 也是显然的.

第十九节

与 L 的轴 BN 垂直的直线落在 L 平面上,并与 L 相切于 S 点(见第十六节中的图).

因为 L 除 B 以外在 $\overline{BT}$ 中无其他点(第十四节)但如果 BQ 落在 TBN 中,则过 BQ 且垂直于 TBN 的平面与 $\overline{BN}$ 的 F(形成的)平面截线的中心明显地位于 $\overline{BQ}$ 中③,如果 BQ 是直径,显然 $\overline{BQ}$ 与 L 中的 $\overline{BN}$ 相交于点 Q.

第二十节

通过 F 的任意两点,一条线 L 被确定(第十一节与第十八节),并且,因为从第十六节与第十九节来看,L 垂直于其所有的轴,所以在 F 中任意 L 角等于通过它自身的垂直于 F 的边形成的平面角.

第二十一节

若两条在同一 F 中的 L 线 $\overline{AP}$ 和 $\overline{BD}$ 与第三条 L 线 AB 构成的内角和小于 2R,则这两条线彼此互交.(在 F 内 $\overline{AP}$ 是指 L 画过 A 与 P,而 $\overline{AP}$ 是指其一半开

---

① 局限于对 s 的证明不是必要的,可容易地做出这种陈述,使之绝对地(对 Σ)成立. ——原注

② 在曲面 F 中关于点 F 最初的版本中没有这种混乱的叙述,因为点由小写德文字母表示,此处的点 F 位于 FS 上且使 AM = FS.

③ 显然是因为全部图形关于平面 TBN 是对称的,因此截线关于线 BQ 是对称的.

始于 A 且 P 落在其中,见第九节中的图.)

因为如果 AM 与 BN 是 F 的轴,则 $A\overline{MP}$ 与 $B\overline{ND}$ 彼此相交(第九节)[1],F 截于它们的相交处(第七节与第十一节),所以 $\overline{AP}$ 与 $\overline{BD}$ 彼此相交.

由此看来,以 L 线取代直线的位置,公理Ⅺ及所有在平面几何与三角学中断言的事情在 F 上是绝对成立的. 所以三角函数在 Σ 中同样适用. 在 F 中半径是 L 线,即等于 r 的圆的圆周 $=2\pi r$,同样地在 F 中 $\odot r=\pi r^2$(在 F 中 π 是 $\frac{1}{2}\odot 1$ 或 $3.141\,592\,6\cdots$).

第二十二节

如图 17,如果 $\overline{AB}$ 是 $\overline{AM}$ 的 L,C 在 $\overline{AM}$ 内,由直线 $\overline{AB}$ 构成的角 CAB 先沿 $\overline{AB}$ 后沿 BA 移向无穷,则 C 的轨迹 $\overline{CD}$ 是 $\overline{CM}$ 的 L.

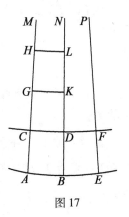

图 17

设 D 是 $\overline{CD}$ 中的任一点,$DN\parallel CM$,L 的点 B 落在 $\overline{DN}$ 中,$BN\parallel\!=AM$,$AC=BD$,故也有 $DN=CM$,所以 D 将在 l 中,但如果 D 是在 l 中[2]且 $DN\parallel CM$,B 是 L 与 $\overline{BN}$ 的公共点,则 $AM=BN$ 且 $CM=DN$,由此 $BD=AC$ 是明确的,而且 D 落在点 C 的轨迹中,l 与 $\overline{CD}$ 是相同的,我们通过 $l\parallel L$ 指定这样一个 l.

第二十三节

如果线 L,CDF 平行于 ABE(第二十二节). $AB=BE$,AM,$\overline{BN}$ 与 $\overline{EP}$ 是轴,则显而易见 $CD=DF$;又如果任意三个点 A,B 和 E 属于 AB. 且 $AB=n\cdot CD$. 则有 $AE=n\cdot CF$,所以(对不可通约的 AB,AE 和 CD 也易见),$AB:CD=AE:CF$.

并且 $AB:CD$ 独立于 AB 而直接由 AC 确定,设这一量由大写字母(如 X)标记,而用同名的小写字母(如 x)标记 AC.

---

① 在第九节中仅证明了当其中一个角是直角的情形.

② 这是一个新 D,起初它取 C 的轨迹上的任意点,证明了它在 l 上,后来又取 l 上的任意点,并证明它是 C 的轨迹上的一个点,此处 $\overline{CD}$ 不必是直线.

第二十四节

对任何 x 与 y，有 $Y = X^{\frac{Y}{x}}$（第二十三节）.

因为两个字母 x 与 y 中之一将是另一个的倍数（例如 y 是 x 的倍数）或不是.

如果 $y = nx$，设 $x = AC = CG = GH$ 等等，直至使 $AH = y$，设 $CD//GK//HL$，则（第二十三节）$X = AB\colon CD = CD\colon GK = GK\colon HL$，继而 $AB/HL = (AB/CN)^n$，或

$$Y = X^n = X^{\frac{Y}{x}}$$

如果 x 与 y 是 i 的倍数，设 $x = mi, y = ni$，则由前述 $X = I^m, Y = I^n$. 所以 $Y = X^{\frac{m}{n}} = X^{\frac{Y}{x}}$，同理，容易扩展到 x 与 y 是不可通约的情形，但如果 $q = y - x$，则显然有 $Q = Y\colon X$.

至此，在 Σ 中对任意 x 有 $X = 1$ 是明显的；但在 S 中，$x > 1$ 并且对任意 AB 与 ABE，存在一个 $CDF//ABE$，使得 $CDF = AB$，由此 $AMBN \equiv AMEP$[①]，虽然后者是前者的一个倍数. 这确实奇异，但显然不能证明 S 的荒谬性.

§13 费马论解析几何

（本文由艾尔弗雷德学院的约瑟夫·塞德林教授译自法语）

下面内容摘自费马的《平面与立体轨迹引论》(*Introduction aux Lieux Plans et Solides*). 这篇文章出现于 1679 年费马之子撰写的《费马数学文集》(*The Varia Opera Matbematica*)中，也出现于 1896 年由 Tannery 和 Henry 在巴黎编辑出版的《费马文集》(*Euvres de Fermat*)中. 它充分体现了费马对于代数学与几何学关系的理解. 也记录了费马在历史观念下对"平面和立体轨迹"(plane and solid loci)一词的使用. 而且对照来看，它与现在的使用方式有着些许不同.

法文原文在文集"Euvres, vol Ⅲ, pp. 85～96"中能够被找到.

1. 对于平面和立体轨迹的介绍

人们都承认古人已经记述了轨迹. 我们从帕普斯(Pappus)的著作中可以了解到这一事实，在第七卷[②]的开端，肯定了阿波罗尼(Apollonius)已经记述的平

---

① $AMBN$ 指位于两条完整线 AM 与 BN 之间的平面部分，$AMEP$ 指位于完整线 AM 与 EP 之间的部分.

② 指《数学汇编》.

面轨迹,以及阿里斯泰俄斯(Aristaeus)①记述的立体轨迹. 然而,如果我们没有误解的话,轨迹的处理对他们而言并非易事. 我们可以根据实际推断:他们尽管论述了大量轨迹,但几乎没有明确表达过一种通则,这在以后将会看到. 因此,我们将这个理论视为一个独到的见解,它为轨迹的研究开辟了新的土壤.

每当在一个最后的方程中出现了两个未知量,我们就得到一个轨迹,其中一个未知量的端点描绘的曲线是一条直线或曲线. 直线简单且唯一;曲线的种类却有很多——圆(circle),抛物线(parabola),双曲线(hyperbola),椭圆(ellipse),等等.

当描绘轨迹的未知量的端点是一条直线或一个圆时,称这个轨迹就是平面;当端点描绘出一条抛物线、双曲线或者椭圆时,称这个轨迹就是立体……

为了有助于建立起方程的概念,令两个未知量形成一个角较为方便,通常我们设其为直角,在这种情况下,其中一个未知量的端点是确定的. 如果两个未知量中均未大于 2 次,这个轨迹就是平面或立体的,从下述证明中可以清楚地了解:

如图 1,设 NZM 是在已知情况下,过已知点 N 的一条直线. 设 NZ 为未知量 a,ZI 为另一个未知量 e.

如果 $da = be$,点 I 将描绘出一条位置固定的线. 事实上,我们有 $b/d = a/e$,因此比 $a:e$ 给定,Z 处的角也同样给定. 所以,三角形 NIZ 和角 INZ 都是确定的. 而点 N 和直线 NZ 的位置是已知的,因此 NI 的位置是确定的.

对于这个方程,我们可以化简这些由已知量或未知量 a 和 e 结合成的项,未知量 a,e 可以单独出现或以乘以给定的量的形式出现.

$$z^{II} - da = be$$

假设 $z^{II} = dr$,则有

$$\frac{b}{d} = \frac{r-a}{a}$$

如果设 $MN = r$,点 M 将可以确定,并有 $MZ = r - a$.

比 $\dfrac{MZ}{ZI}$ 可以因此确定. 由在 Z 处的已知角,可以确定三角形 IZM 和直线 MI. 因此,点 I 将在定直线上. 对于任意含有 a 或 e 项的方程,都容易得到这样的结论.

———————————

① Aristaeus,约公元前 350 年,希腊数学家,著《立体轨迹论五卷》《圆锥曲线原理五卷》等.

这是关于轨迹的第一个最简的方程,根据它可以得到所有直线的轨迹;例如,由于阿波罗尼的第一章,"平面轨迹",命题7中阐明了更一般的表述以及作图方式. 这个方程产生了下面有趣的命题:如果有任意条位置已知的直线,过一已知点作直线构造已知角,若作得直线与已知直线的乘积之和等于一给定面积,那么已知点的轨迹将为一条确定的线.

我们省略了大量其他的命题,它们是阿波罗尼命题的一些推论.

它的第二种方程的形式是 $ae = z^{II}$,此时点 I 的轨迹是双曲线. 如图2,作 NR 平行于 ZI,作矩形 NMO,使其面积等于 z^{II}. 在渐近线(asymptotes)NR,NM 之间,过点 O 作双曲线;它的位置是确定的,并且通过点 I,有这样的猜想,矩形 NZI 等于矩形 NMO. 对于部分项为常数或部分项含 a,e 的方程式,可将其化简.

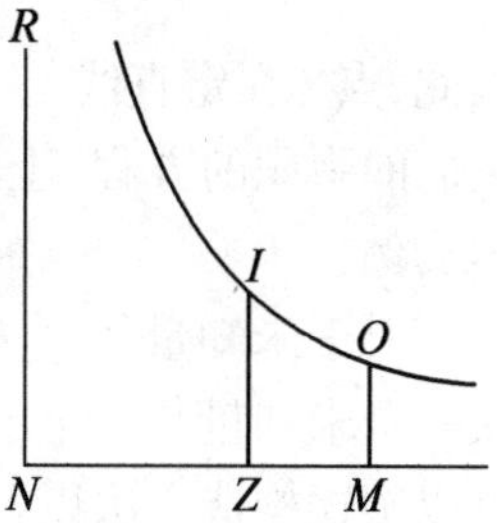

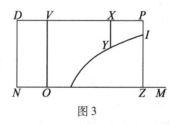

图 2

如果设

$$d^{II} + ae = ra + se$$

可由基本法则得到

$$ra + se - ae = d^{II}$$

构造一个大小为 d^{II} 的矩形,使它包含 $ra + se - ae$ 项. 两边长分别为 $a - s$ 和 $r - e$,它们构成的矩形面积为 $ra + se - ae - rs$.

如果从 d^{II} 中减去 rs,则

$$(a - s)(r - e) = d^{II} - rs$$

如图3,作 $NO = s$,并且 $ND /\!/ ZI$,$ND = r$. 过点 D 作 $DP /\!/ NM$;过点 O 作 $OV /\!/ ND$;延长 ZI 到点 P.

图 3

由于 $NO = s$,$NZ = a$,我们有 $a - s = OZ = VP$. 类似地,因为 $ND = ZP = r$,$ZI = e$,令 $r - e = PI$,矩形 $PV \times PI$ 等于给定面积 $d^{II} - rs$;因此,点 I 在以 PV,VO 为渐近线的双曲线上.

任意一点 XY 作平行线 XY,构建矩形 $VXY = d^{II} - rs$,并过点 Y 构造以 PV,VO 为渐近线的双曲线,它将经过点 I. 在每一种情况下的分析和构造都是很容易的.

下列轨迹方程在这种情况下将会出现,如果有 $a^2 = e^2$,或者 a^2 与 e^2 满足给

定的关系,或者 $a^2 + ae$ 与 e^2 满足给定关系. 最后,这种类型包含所有二次项 a^2, e^2 或 ae 的方程. 在全部这些情况下,点 I 的轨迹是一条直线,这很容易证明.

如果给定比值 $\dfrac{NZ^2 + NZ \cdot ZI}{ZI^2}$,作任意平行线 OR(图

4),那么很容易得出,$\dfrac{NO^2 + NO \cdot OR}{OR^2}$ 与给定的比值相等.

因此,点 I 在定直线上. 同样的,对于含未知数的平方项或它们的乘积的方程,上述结论也成立. 无需列举更多的具体实例.

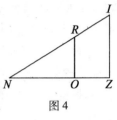

图 4

对于未知量的平方,它含有或不含未知量的乘积,如果它是附加的常数项或一个未知量与一个已知量的乘积,那么构造将更加困难. 在一些情况下,我们可以阐述构造方法以及给出证明.

如果 $a^2 = de$,点 I 在抛物线上.

如图 5,令 NP 平行于 ZI,以 NP 为直径,以已知直线 d 为参量,纵坐标作平行于 NZ 的抛物线. 则点 I 在已知的抛物线上. 事实上,由图可知它满足矩形 $d \times NP = PI^2$,即 $d \times IZ = NZ^2$,结果 $de = a^2$.

对于这个问题,我们可以用 a^2 化简所有含已知量和 e 的乘积项,或者用 e^2 化简已知量与 a 的乘积. 包含常数项的方程也同理.

然而,如果 $e^2 = da$,那么,在前面的图形中,以 N 为顶点,以 NZ 为直径,作参量为 d 的抛物线,它的纵坐标平行于直线 NP. 显然满足附加条件.

如果令 $b^2 - a^2 = de$,则有 $b^2 - de = a^2$. 用 d 除 b^2;令 $b^2 = dr$,则有 $dr - de = a^2$ 或 $d(r - e) = a^2$.

我们已经用 e 代替 $r - e$,把这个方程化简为前者(即 $a^2 = de$).

假设 $MN /\!\!/ ZI$,并且 $MN = r$;过点 M 作 $MO /\!\!/ NZ$. 现在点 M 和直线 MO 的位置是给定的. 由图可得,它满足 $OI = r - e$. 因此,$d \times OI = NZ^2 = MO^2$.

以点 M 为顶点作抛物线,MN 为直径,d 为参量,纵坐标平行于 NZ,由构建清楚地展现了它满足的条件(图 6).

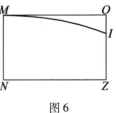

图 6

如果 $b^2 + a^2 = de$,则有 $de - b^2 = a^2$ 等,如上. 类似地,那么我们可以得到所有含 a^2 和 e 的方程.

而 a^2 总是以 e^2 为基础,并含有绝对项. 令 $b^2 - a^2 = e^2$.

如果角 NZI 是直角,那么点 I 将在确定位置的圆上.

如图 7，假设 $MN = b$，以 N 为圆心，以 NM 为半径的圆满足条件. 这就是说，这无关于点 I 在圆周上的位置，很明显，$ZI^2 = NM^2 - NZ^2$（或 $e^2 = b^2 - a^2$）.

对于这个等式，或许能化简所有包含 a^2, e^2 以及 a 或 e 与已知量的乘积项. 倘若角 NZI 是直角，此外，a^2 的系数等于 e^2 的系数.

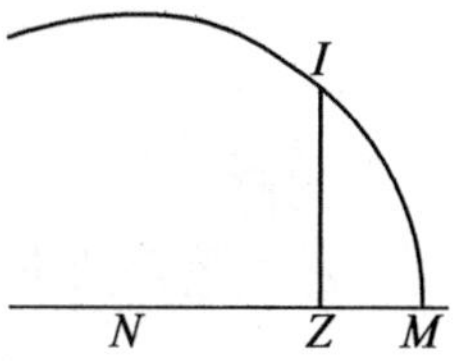

图 7

令

$$b^2 - 2da - a^2 = e^2 + 2re$$

两端同时加 r^2，$e + r$ 代替 e，有

$$r^2 + b^2 - 2da - a^2 = e^2 + r^2 + 2re$$

将 d^2 加到 $r^2 + b^2$ 上，用 $d + a$ 代替 a. 用 p^2 表示这个平方和 $r^2 + b^2 + d^2$，可得

$$p^2 - d^2 - 2da - a^2 = r^2 + b^2 - 2da - a^2$$

可得

$$p^2 - d^2 = r^2 + b^2$$

现在，如果用 a 代换 $a + d$，用 e 代换 $e + r$，可以得到

$$p^2 - a^2 = e^2$$

这个等式是由前面的等式化简得到的.

同样的道理，我们能化简所有类似的等式. 基于这个理论，我们已经建立阿波罗尼的第二章"在平面轨迹上"的所有命题，并且我们已经证得，在六种情况下，任意点都有轨迹，这是十分引人注目的，并且对于阿波罗尼来说可能是未知的.

当 $\dfrac{b^2 - a^2}{e^2}$ 是给定的比时，点 I 在椭圆上. 令 $MN = b$，以 M 为顶点，NM 为直径，N 为中心作一个椭圆，它的纵坐标平行于 ZI，使得纵坐标的平方与半轴的乘积之比等于已知比. 点 I 将在椭圆上. 即 $NM^2 - NZ^2$ 等于直径部分的乘积.

对于这个等式，可以在等式两边同时约掉 a^2，以及符号相反的 e^2 和一个与等号另一侧不同的系数. 如果这个系数是相同的，并且角是直角，轨迹将会是一个圆. 如果系数相同，但这个角并不是直角，轨迹将会是一个椭圆.

此外，对于这个等式，它含有 a 或 e 与已知量的乘积项，然而化简结果由这个理论支持，故我们已经使用了这个理论.

如果 $(a^2 + b^2) : e^2$ 是给定的比，点 I 将在双曲线上.

如图 8，作 NO 平行于 ZI；设已知比等于 $b^2 : NR^2$，那么点 R 将可以确定. 以 R 为顶点，RO 为直径，N 为中心作双曲线，它的纵坐标平行于 NZ，使得直径（MR）和 RO 与 RO^2 的乘积等于 OI^2，也等于 $NR^2 : b$. 令 $MN = NR$，可得

$$(MO \cdot OR + NR^2) : (OI^2 + b^2)$$

等于 $NR^2 : b^2$，即已知比.

而

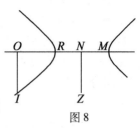

$$MO \cdot OR + NR^2 = NO^2 = ZI^2 = e^2$$

并且

$$OI^2 + b^2 = NZ^2(\text{或 } a^2) + b^2$$

因此，$e^2 : (b^2 + a^2) = NR^2 : b^2$，并且反向的 $(b^2 + a^2) : c^2$ 是给定的比. 因此点 I 在位置确定的双曲线上.

图 8

至此我们已经证得，我们可以对这个等式进行化简，它的给定的项（个别的）中含有与 a 或 e 相乘的表达式，其中包括 a^2 和 e^2，a^2 和 e^2 符号相同，并且在等式两侧. 如果符号不同，轨迹就是圆或椭圆.

最困难的一类方程是含有 a^2，e^2 以及 ae 项的方程，其余项是订制，等等.

令

$$b^2 - 2a^2 = 2ae + e^2$$

两边同时加 a^2，因此有 $a + e$ 为其中端的因数. 那么

$$b^2 - a^2 = a^2 + 2ae + e^2$$

用 e 代替 $a + e$，那么，通过前面的证明，圆 MI 满足这个方程；也就是说

$$MN^2(= b^2) - NZ^2(= a^2) = ZI^2(= [a + e]^2)$$

令 $VI = NZ = a$，我们有 $ZV = e$.

然而，在这个问题中，我们要寻找点 V 或者直线 e 的端点. 因此，找到点 V 所在的直线是必要的. 令 MR 平行于 ZI 且与 MN 相等. 如图 9，作 NR 与 IZ 相交，并将其延长到点 O. 因为 $MN = MR$，$NZ = ZO$. 而 $NZ = VI$；由此可知，$VO = ZI$. 因此，$MN^2 - NZ^2 = VO^2$. 而三角形 NMR 是已知的；因此比 $NM^2 : NR^2$ 是给定的，亦如 $NZ^2 : NO^2$ 和 $(MN^2 - NZ^2) : (NR^2 - NO^2)$. 而我们已经证得 $OV^2 = MN^2 - NZ^2$. 因此比 $(NR^2 - NO^2) : OV^2$ 是已知的. 而 N 和 R，以及角 NOZ 是给定的. 故综上可得，点 V 在椭圆上.

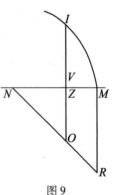

图 9

通过类似的步骤，所有其他的情况都可以归为前面的情况，如它包含 ae 和 a^2 或 e^2 的项还有已知量与 a 和 e 的乘积构成的项. 这些不同情况的讨论很容易，这个问题也可以由结构已知的三角形解决.

因此，我们用简明清晰的阐述分析出古人留下的有关平面和立体轨迹的所有未解决的问题. 因而，我们能清晰地得知，在阿波罗尼"平面轨迹"第一卷的最后命题中形成轨迹的所有情况，而且不难发现关于它的一般问题.

在这篇论述的结尾，我们可以通过观察添加一个有趣的命题：

"给定任意直线的位置，如果一些定点和直线与给定直线形成给定角，并且

所有部分的平方和等于给定面积,这样的点将形成一个位置确定的立体轨迹."

一个简单的例子足以说明构建的一般理论. 给定两点 N 和 M,要求点的轨迹使得 IN, IM 的平方和与三角形 INM 成已知比.

令 $NM = b$. 令与 NM 成直角的 ZI 为 e,令 NZ 长为 a. 与基本法则一致,$(2a^2 + b^2 - 2ba + 2e^2)$∶$be$ 是已知比. 按以前规律解释,我们有合理的解释.

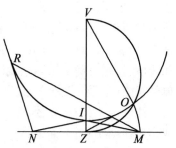

图 10

如图 10,Z 是 NM 中点,在 Z 处作垂线 ZV;使比 $4ZV$∶NM 等于已知比. 以 VZ 为直径作半圆 VOZ,记 $ZO = ZM$,作 VO. 以 V 为圆心,VO 为半径作圆 OIR. 如果从圆上的任意点 R 作 RN, RM,就有 $RN^2 + RM^2$ 与三角形 RNM 成已知比.

如果此发现早于已经论述的平面轨迹的两部分,那么轨迹定理的构建会更加漂亮. 然而,尽管这项工作可能有不足或缺陷,但我们并未感到遗憾. 事实上,这就是科学的魅力所在,不向子孙后代传承完善的工作,而是让他们通过简单、繁复的工作获得知识与力量,从而创造新的发明. 最重要的是,学者们既能看到科学的内在发展,又能看到科学隐蔽的进步.

§14　笛卡儿论解析几何

（本文由纽约市哥伦比亚大学的大卫·尤金·史密斯教授和纽约亨特学院的 Marcia L. Latham 译自法语）

勒内·笛卡尔（1596—1650）是哲学家、数学家、物理学家、军人、文学家,他出版的第一本书是一部叫作《几何学》的专著. 且这部作品于 1637 年在莱顿以他的著作《方法论》的附录三出版. 由皮埃尔·德·费马（Pierre de Fermat）（1601—1665）于 1636 年 9 月 22 日写给罗伯瓦尔（Roberval）的信就可以知道:早在 1629 年费马就已经有了这一想法,但他却从未发表过.

1. 几何学
只需要构建直线和圆的问题

在几何学中,任何问题都可以简化为这样的问题,只要已知线段长度,就可

267

以构造相应长度的线段. 就像算术包含四到五种运算, 即加、减、乘、除和开方法, 后者也可被视为一种除法, 所以在几何学中, 仅仅是通过加上或减去其他直线得到所需直线; 或者, 取一条线段, 使其为单位长度(能够与所有数表示起来, 从而表示任意长度的线)单位长度的选择通常是任意的. 当再给定两条已知线段时, 则可确定第四条线段, 使其与一已知线段的比等于另一已知线段比单位长度(与乘法类似), 或者使第四条线段与已知线段之比等于单位线段与另一线段的比(与除法类似); 最后, 可在单位线段与另一线段间求一个、两个或多个比例中项. 下面, 将算术的概念引入几何.

例如, 令 AB 为单位线段, 要求 BD 和 BC 的乘积, 仅需联结点 A 和 C, 作 DE 平行于 CA; 则 BE 是 BD 和 BC 的乘积.

如果需要用 BD 除 BE, 只需连接 E 和 D, 作 AC 平行于 ED, 则 BC 就是所得的商(图1).

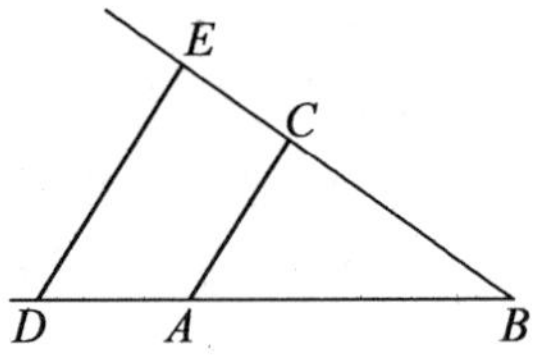

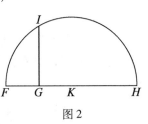

图1

如果要求 GH 的平方根, 如图2, 沿直线 GH 作 FG, 使 FG 为单位线段; 那么, 取 FH 的中点 K, 以 K 为圆心作圆 FIH, 过点 G 作垂线与圆周交于点 I, GI 即平方根. 这里没有介绍平方根或其他的根, 后面会给出说明.

图2

通常情况下, 并不需要将这些线在纸上画出, 把它们定义为单个的符号就已经足够. 将 BD 和 GH 相加, 把它们分别称为 a 和 b, 就可以写作 $a+b$. 那么 $a-b$ 就表示将 b 从 a 中减掉; ab 表示 a 用 b 乘; $\dfrac{a}{b}$ 表示 a 被 b 除; aa 或 a^2 表示 a 与自身相乘; a^3 表示上述结果与 a 相乘, 等等. 又, 如果我要表示 a^2+b^2 的平方根, 就写作 $\sqrt{a^2+b^2}$, 若求 $a^3-b^3+ab^2$ 的立方根, 则写作 $\sqrt{a^3-b^3+ab^2}$. 其他的根也类似. 通常情况下, a^2, b^3 等类似的根表示为线段, 称其为平方、立方等. 故就可使用一些代数术语进行相关表示.

也应注意, 当单位未确定时, 每条线段的所有部分应用相同的维数表示. 这样, a^3 与 ab^2 或 b^3 次数相同, 其均为 $\sqrt[3]{a^3-b^3+ab^2}$ 的组成部分. 然而, 当单位确定时, 这并不是相同的, 因为单位总是能被理解, 即使在维度极高或极低时. 这样, 如果需要表示 a^2b^2-b 的平方根, 我们必须考虑 a^2b^2 被单位除得的量, 并且, b 被单位元素乘了两次.

最后, 为便于确定线段, 在改变或指定名称时, 需单独列出. 例如, 可以写, $AB=1$, 即 AB 等于 1, $GH=a$, $BD=b$ 等.

那么, 如果我们希望解决某一问题, 首先要假设问题已经得到解决, 给所有按所需构造的直线命名——对那些未知的和对那些已知的一样. 那么,已知直线和未知直线之间没有区别,利用线段及直线的关系,化难为易. 直到我们发现用两种方式表达同一个问题从而得到相同的结论. 这将会建立一个等式,因为在两种方式下的表达式都等于同一个量.

我们必须找到与假定为未知线段数目一样多的方程;若在考虑所有条件下仍得不到相应数目的方程,则该问题是不确定的. 在这种情况下,可以为缺少方程的对应线段任意确定一长度.

在得到若干方程后,需充分利用每个方程,单独分析且加以比较,得到每一未知线段的值,所以,必须将这些方程放在一起,直至剩下一条等于已知线段的未知线段或未知线段的平方、立方、四次方、五次方、六次方等,等于两个或多个之和或之差,其中一个量已知,其他由单位与平方、立方、四次方得到的比例中项乘以其他线段组成,表示如下 :

$$z = b$$

或

$$z^2 = -az + b^2$$

或

$$z^3 = az^2 + b^2 z - c^3$$

或

$$z^4 = az^2 - c^3 z + d^4$$

等等.

也就是未知量 z 等于 b;或者,z 的平方等于 b 的平方减 a 与 z 的乘积;或者,z 的立方等于 a 乘 z 的平方加 z 乘 b 的平方减 c 的立方;其他情形类似.

这样,所有未知的方程都可以用一个单独的量表示,无论这个问题是涉及圆或直线或是圆锥截线,抑或是一些三次或四次曲线.

但是在更多细节方面,我不进行解释,因为我想要激起你主动研究它的兴趣,也通过解决这个问题训练你的思维,在我的观点中,这是从这项科学探索中获得的首要益处. 此外,对于任何一个精通初等几何和代数的人,只要认真思考此书中的问题,应该不会遇到任何困难.

如果它可以由初等几何学解决,也就是,在平面上直线和圆的轨迹,当最后一个方程可以完全解决时,将会至多只有一个未知量的平方,等于它的根与一些未知量的乘积,加或减去一些其他的已知量. 那么这个根或未知直线很容易被找到. 例如,如果有 $z^2 = az + b^2$,作直角三角形 NLM 边 LM

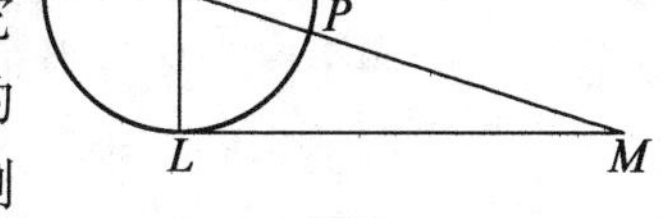

图 3

等于 b,即已知量 b^2 的平方根,另一边 LN 等于 $\frac{1}{2}a$,即另一已知量的一半(图 3),它是由 z 与假设未知直线相乘所得的. 再延长这个直角三角形的斜边 MN 到点 O,则 $NO = NL$,线段 OM 即所求线段 z. 可由下列式子表示

$$z = \frac{1}{2}a + \sqrt{\frac{1}{2}a^2 + b^2}$$

而如果有 $y^2 = -ay + b^2$,这里 y 是所要求得的量. 作相同的直角三角形 NLM,在 MN 上取 $NP = NL$,则 PM 即为所求 y. 这样就有

$$y = -\frac{1}{2}a + \sqrt{\frac{1}{4}a^2 + b^2}$$

同样的方法,如果有

$$x^4 = -ax^2 + b^2$$

PM 就是 x^2,就有

$$x = \sqrt{-\frac{1}{2}a + \sqrt{\frac{1}{4}a^2 + b^2}}$$

其他情况也是如此.

最后,如果 $z^2 = az - b^2$,则令 $NL = \frac{1}{2}a$,$LM = b$,和前面一样;那么,不联结 M 和 N,而是作 MQR 平行于 LN,以 N 为圆心作经过点 L 的圆与 MQR 相交于 Q 和 R(图 4);那么所求线段 z 为 MQ 或 MR,在这种情况下,它可以表示成如下两种形式,即

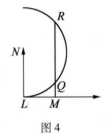

图 4

$$z = \frac{1}{2}a + \sqrt{\frac{1}{4}a^2 - b^2}$$

以及

$$z = \frac{1}{2}a - \sqrt{\frac{1}{4}a^2 - b^2}$$

如果以 N 为圆心且经过点 L 的圆与 MQR 既不相交也不相切,则方程没有根,因此可以说,这个问题的建立是不可能的.

这些相同的根可以由很多其他的定理得到. 已经给出一些简单的例子去说明,在已经解释的四个图形中,我已经给出了一些十分简单的例子进行说明,仅通过上述四个图形中涉及的分析方式,就可解决初等几何学中的全部问题. 我确信古代数学家们并未考虑过这一问题,否则他们不会花费大量精力去写如此多的书. 由书中的命题可知,他们并未找到解决所有问题的确切方法,仅仅是将一些命题偶然放在一起罢了.

2. 波尔克定理①

卡尔·波尔克(1810—1876)出生于柏林,他在多所工程学院教书,结束了在夏洛腾堡的工艺美术学院的工作,他在《画法几何学》(柏林1859年,1876年第四版,第109页)发现了"轴向测量"定理,现在被称为波尔克定理,它是这篇翻译的一篇重要的来源材料,但是没有证明.

§15 黎曼曲面和拓扑学

(本文由普林斯顿大学的詹姆斯·辛格(James Singer)博士译自德语)

乔治·弗里德里希·本哈德·黎曼(Georg Friedrich Bernhard Riemann 1826—1866)生于汉诺威的布雷斯伦茨,在第三次去意大利休养的途中因肺结核在塞拉斯卡(Selasca)去世. 最初,他在哥廷根大学学习神学,同时也选修了一些数学课程. 不久,他放弃神学,转而学习数学并师从高斯(Gauss)和斯特恩(Stern). 1847年,他深受狄利克雷、雅可比、斯坦纳和艾森斯坦的影响,远赴柏林大学深造. 1850年,他回到哥廷根大学,拜物理学家韦伯为师,并在第二年取得了博士学位. 1854年,他成为哥廷根大学的助教. 1857年他被升职为编外教授并于1859年接替狄利克雷成为正式教授. 他对物理中微分方程的研究成果,由哈多夫编辑成系列讲稿,后由韦伯编辑,至今仍是这个领域教材的范本,黎曼在质数方面也开创了一个新领域. 本文前一部分是对黎曼《关于几何基础中的假设》的部分翻译,这一论文于1857年发表于克莱尔的杂志《纯数学与应用数学》第103~104页. 本文后一部分是对他的另一部分论文的翻译. 发行于同期的第105~110页. 这些论文也可以在韦伯收录的《黎曼全集》第一版的83~89页;第二版的90~96页中找到.

黎曼在这两个方面做出的贡献对数学的发展起了极大的作用. 黎曼曲面的提出,使一元解析函数理论可以推广到多值函数. 黎曼曲面在一定程度上奠定了代数函数的研究基础. 在黎曼的研究中我们也发现了现代拓扑学的开端. 但拓扑学的进一步发展应归功于庞加莱在1895年的发现.

对于许多研究,特别是在代数和阿贝尔函数的研究中,用下列方法有利于

---

① 在平面上以任意角度过点 a 作三段任意长度的线段 a_1x_1, a_1y_1, a_1z_1,构成三个等长线段 ax, ay, az 从原点到空间直角坐标系的平行投影;然而,只有一条线段 $a_1x_1, \cdots$,或者其中之一消失不见.

用几何形式表示多值函数的分支模式:假设有一个覆盖(x, y)平面的面,与平面重合(或一个无限小的物体在平面上伸展),那么它能够在函数定义的范围内进行延伸.通过这个函数的延续,这个曲面也会进一步延伸.

在有两个或多个函数延续的部分平面内,相对应的曲线将是两条或多条,每一条曲线都代表函数的一个分支.在函数的一个分支点周围,表面上的分支点会继续向另一个延伸,所以在这样一个点的附近的曲面就是一个螺旋面,其轴垂直于(x, y)平面,倾角趋于无穷小.我们假设表面最上面的部分通过剩余的部分延伸到了最下部,多值函数对于表示其分支模式的曲面的每个点只有一个确定的值.如果函数绕着一个支点转了几圈后仍然与原值相等(例如$(z - a)^{\frac{m}{n}}$,其中m和n是相对质数,z绕着a转了n圈),那么这个函数则是该曲面中这个位置的一个完全确定的函数.

在研究由全微分积分而产生的函数时,有几个属于分析范畴的定理是不容忽视的.积分一词由莱布尼茨首次使用,虽然可能不能够完全说明其意义,但很好地指明了连续实函数的部分理论,他认为点之间不独立存在度量,但其彼此间存在制约关系,相反,则完全无视测量关系,研究它们的局部性质.而我打算提出的正是一种完全不考虑度量的处理方法,但在这里我将以几何形式只介绍两个关于全微分积分所必需的定理.

如果在曲面F上有两条曲线a和b,那么所有其他的与a相连的,构成部分F的完整边界的曲线系统也与b共同构成了曲面部分的完整边界,且此完整边界是由与a相连的两部分曲面构成(因为这两部分位于a的同侧或对侧,故可通过加减法实现).只要满足这个要求,两曲线对于F的另一部分完整边界同样适用.

如果在曲面F上可以画出n条曲线$a_1, a_2, \cdots, a_n$,这些曲线既不构成整个曲面也不完全构成曲面F的一个区间的一部分,但在此条件下,每一条闭合曲线都构成了曲面F的一个区域的完整边界,则这个表面被称为$(n + 1)$–折叠连通面.

曲面的这个性质与曲线$a_1, a_2, \cdots, a_n$的选择无关,因为任意n条闭合曲线$b_1, b_2, \cdots, b_n$都不足以完全相交结合成这个曲面的一个区域,同样地,当与其他任意闭合曲线相交结合时,要完全结合成曲面F的区域.

事实上,b_1与曲线a结合时完全构成了部分曲面F的边界,其中一条曲线a可以被b_2和剩下$n - 1$条的曲线a所替换.因此,任何其他的曲线,包括b_2, b_1和剩下的$n - 1$条曲线a均充分满足F区域的完全边界条件,因此这些$n - 1$条曲线中的一条a可以被b_1, b_2和其余的$n - 2$条曲线a所替代.如果,像假设的那样,曲线b不能满足F的一个区域的完全边界条件,那么这个过程显然可以继续进行下去,直到所有的a都被b所取代.

通过一条在表面内部的一条线的横切,从一个边界点到另一个边界点,一个$(n+1)$-折叠连通曲面 F 可以变成一个 n-折叠连通曲面 F'. 切割产生的边界部分在进一步切割的过程中也起到了边界的作用,这样一个横切就可以不超过一个点,但可以在它之前的一个点上结束.

因为线 $a_1, a_2, \cdots, a_n$ 不完全是 F 一部分区域的完全边界,如果想象 F 被这些线分割,那么,在 a_n 的右边和左边的曲面必须包含线 a_n 以外的边界元素,因此它属于 F 的边界. 因此,我们可以在表面上的这个地方和剩下的部分上作一条不把曲线 a 从 a_n 点切割到 F 边界的线. 这两条直线 q' 和 q'' 合在一起构成了满足要求的曲面 F 的横切面 q.

实际上,在 F' 的表面上,在 F 的横切面中生成的曲线是 $a_1, a_2, \cdots, a_n$ 在 F' 内部的闭合曲线,它并不足以约束 F 的一部分,因此它也不是 F 的一部分. 然而,每一个闭合曲线 l 都在 F' 的内部构成了 F' 的一部分的完整边界. 直线 l 与线 $a_1, a_2, \cdots, a_n$ 的结合体形成了 F 的一部分完整边界. 但可以看得出,a_n 不存在于 f 的边界上,因为 q' 或 q'' 会根据 f 在 a_n 的左侧或是右侧从 f 的内部运动到 f 的边界点,所以在 f 的外侧,假设 l 与直线 a 相反,除了 a_n 和 q 的交点,总是在 F' 的内部,l 会割断 f 的边界.

因此,F 被 q 横切的曲面 F' 按需要被 n 次连接.

现在可以看出,曲面 F 通过不被 p 割断的横切面变成了一个 n 次折叠连接的曲面 F'. 如果与横切面 p 的两边相邻的曲面是连通的,直线 b 可以从 p 的一侧穿过 F' 的内部回到起始点指向另一侧. 这条线 b 在 F 的内部形成了一条线,这条线又回到了它自己的位置,因为从两边出发的横切面都到同一个边界点,b 不能构成两个表面中任何一个的完整边界,它将 F 分割成两部分. 其中的曲线 a,我们可以用曲线 b 和剩下的 $n-1$ 条曲线 a 替换,如果必要的话,我们可以用同样的方法推导出 F' 是 n 次连通的.

因此,一个 $(n+1)$-折叠连通的曲面将通过任何不将其分割的横切面变成一个 n-折叠连通的曲面.

由横切得到的曲面可以再用一个新的横切来分割,经过 n 次的重复操作后,通过 n 个连续的横切,一个 $(n+1)$ 折叠连通曲面将变成一个单连通曲面. 为了把这些考虑应用到一个没有边界的曲面,我们必须通过将任意点特殊化把它变成一个有界的曲面;所以第一次分割是把这个点和一个横切作为开始和结束,因此是闭合曲线. 例如,锚环的表面由 3 次折叠连接而成,是用闭合曲线和横切线连接的曲面.

(1)单连通曲面.

它将被一个横切面分解成若干部分,其中的所有闭合曲线构成了曲面某一部分的完整边界(图 1).

273

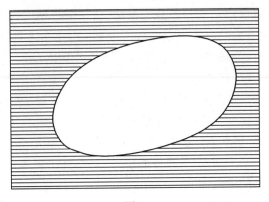

图1

(2)双连通曲面.

它将被一个不截断的横切面 q 简化为一个简单连接. 其中的任何闭合曲线都可以在借助 a 下构成部分曲面的完整边界(图2).

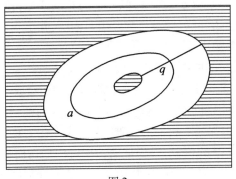

(3)三连通曲面.

图2

在这个曲面上,任何闭合曲线都可以借助曲线 a_1 和 a_2 构成部分曲面的完整边界. 它被一个不截断的横切面分解成一个双连通曲面,并被两个横切面 q_1,q_2 分解成单连通曲面. (图3)

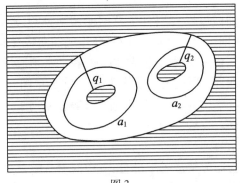

图3

这个平面的面积是平面 $\alpha, \beta, \gamma, \delta$ 的两倍,包含 a_1 的曲面被看作位于另一个面下,因此用虚线表示.(图 4)

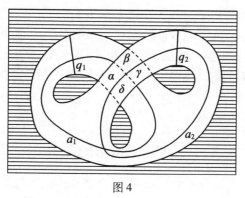

图 4

§16　黎曼关于几何基础的假设

（本文由西瓦萨学院的亨利·怀特教授译自德语）

下文是对黎曼《关于几何学基础中的假设》论文的译文.其非凡的广度和独创性,为当今的超空间理论和相对论奠定了坚实的基础.1854 年 6 月 10 日,为了探究"黎曼在哥廷根的哲学学院的论文"这一课题,我对《关于几何学基础中的假设》进行了深入阅读.下面的摘录主要对其形式进行了阐明,其部分分析与调查过程详见于在论文附录的"关于巴黎学术研究的评论"(刊登于哥廷根皇家科学学会的第十三卷).

众所周知,几何中预先假设了空间的概念,而且还假定了在空间中进行构造的最基本的概念.但它只给出了它们名称上的定义,而从本质上规定它们的方法却是以公理的形式出现的.这些预先给出的假设之间有什么联系却不甚明了,我们既不清楚这些关系在多大程度上是否必要,也不清楚它们是否早已存在.

从欧几里得到勒让德——这位当代最为声名显赫的几何著作家,这种不甚明了的状态始终没被在几何方面研究的数学家和哲学家搞清楚.这或许是包括普通空间大小的观念在内的多重广义尺度的一般概念完全没有被仔细考察的缘故.因此,我首先想做的是,从数量的一般概念出发来构造一个多重广义尺度的概念.由此可以得出这样的结论:一个多重广义尺度应该包含各种度量关系,而一般空间上仅是三维广义尺度的一个特殊情况.从而它的必然的结论是,几何学的命题不是从数量的一般概念推导出来的,但那些通常空间与一般空间区

275

别在于由三重广义尺度所能得到的性质只能从经验中获得. 由此便引出了下一个问题,即寻求能规定空间度量关系的一些最简单的事实,这个问题在本质上并不十分明确,因为可以举出若干个由简单事实组成的系统,它们都可以用来确定空间的度量关系. 对于当前所要阐述的问题而言,正如其他一些系统一样,欧式的这个体系同样不是必然的,而仅仅具有由经验上得到的确定性;它们只是一些假设;因而人们可以问及它们的可靠性:哪一个在研究范围内最真实;然后确定将它们推广到观察范围之外时的可接受性,不仅有大到无法测量的情形,也有小到无法测量的情形.

1. n 度广义流形的概念

在试图解决其中的第一个问题,即建立多重广义尺度的概念前,我认为我自己更需要一个正确的判断. 因为解决这个问题的困难主要是在概念上而不是在结构上,而我对于哲学方面思考得很少;况且除了高斯在他发表的关于第二次剩余的第二篇论文及在他写的纪念小册子中的非常简短的提示以及赫尔巴特的一些哲学研究之外,我不能参考任何以前的研究.

(1)只有具有了一个包含不同的界定方式的一般性概念之后才有可能谈及数量的概念. 这些界定方式构成连续的或离散的流形,取决于各个方式间的变化是否连续,构成连续流形的每个方式称为点,构成离散流形的称作元素. 由元素构成的离散流形的概念有很多,以至于对于任意给定的事物,都可以找到一个相应的概念,至少在更加高度概括的语言中是这样的,因为它包含了所有这些概念(有的数学家在离散数量的研究中已经从这样的假设出发,即给出的事物被认为是同一种类型的);另一方面,在日常生活中,能给出连续流形概念的机会很小,以至于物体的位置和颜色可能是产生连续流形仅有的简单的例子,连续流形的产生和发展频繁出现在高等数学中.

由一个标记或一条边界确定的流形中的特殊部分称为量子. 这些量子在离散情形对于数量上的比较是通过计数给出的,在连续情形则由测量给出. 测量要求参与比较的量能够叠加,这就需要有一种能将一个作为标准的量值进行比较的方法,从而可以测量它的量. 否则人们只能比较当一个量是另一个量的一部分时的两个量,并且只有"多"和"少"的概念,而没有多多少的概念. 在连续情形,所做的研究构成了数量科学的一个广泛分支,这个分支独立于测量学. 在这个分支中,大小的概念就是指流形的区域,而不是那种独立于位置而存在的量,也不是由一个固定单位表示出的量. 这样的研究对于数学中的一些分支很有必要,例如在处理多值解析函数时,而且大概正是这样的研究产生了著名的阿贝尔定理和拉格朗日定理,这就是蒲丰及雅可比对一般微分方程理论的贡献还迟迟没有得到有意义的发展的主要原因之一. 从广义尺度的学说出发,由于所需要的东西均含在概念自身中,而无需作进一步的假设,就可以直接得到下面两个推论:第一,它使高维广义流形这一概念变得明白易懂;第二,可根据定量的方法来确定所给流形中的位置并得到 n 维扩张量的本质特点.

(2)在一个由某种界定方式构成了连续流形的概念中,如果我们从一种界定方式通过一种确定的方式运动到另一种界定方式,则我们所经过的点构成一个简单的广义流形. 这个简单流形的本质特点是从其上任何一点出发的连续运动只有两个可能的方向,即向前或向后. 如果我们想象一个简单流形也通过一种确定的方式运动到另一个完全不同的简单流形,所谓确定的方式是指每个点变到另一个流形所确定的点,那么由此规定的所有方式构成了一个广义二维流形. 类似地,假设一个二维流形通过一种确定的方式运动到另一个完全不同的二维流形时,就会得到一个三维流形,并且可以把这样的过程进行下去. 在上述过程中,如果我们认为考虑的对象是变化的,而不把概念看成是固定的,则上述的构造过程可以刻画为从具有 n 个自由度的变量和具有一个自由度的变量构成一个具有 $n+1$ 个自由度的变量的过程.

(3)现在我将从相反的一面来说明我们将如何把一个给定区域上的变量分为具有一个自由度的变量和一个自由度较小的变量. 我们考虑一个一维流形的可变的一段,从一个固定的起点或原点起,从而可以比较在不同点的值,换句话说,我们在一个给定的流形上给出了同一个位置有关的连续函数,沿着变动的每一段不取常值. 具有相同函数值的点的集合构成具有比给定流形较低维的流形. 这些具有较低维数的流形随着函数值的改变而从一个流形连续地运动到另一个. 我们可以进一步假设这些流形都是由其中固定的一个生成的. 简化地讲是这样生成的:从这个固定流形中的每一个点都可以运动到其他流形上的一个确定的点,当然也有例外,并且对于这种特殊情况的研究也是很重要的,但现在我们不必考虑. 如此确定流形中点的位置就简化成确定一个数量和具有较低维数的流形中点的位置. 现在容易看出,如果给定的流形是 n 维的,则那个具有较低维数的流形是 $n-1$ 维的. 重复 n 次这样的过程,一个 n 维流形中点的位置就由 n 个来确定,从而在一个给定流形中确定点的位置可简化成由有限个数量来确定. 但是也有一些流形,要确定点的位置所需要的不是有限个数量,而是一个无限序列或是具有流形上点那么多数来确定的量. 例如,一个给定域上的所有可能函数,一个立体所有可能具有的形状构成的流形等等.

2. n 维流形上可容许的度量关系

——假设曲线具有与其所在位置无关的度量,即每条曲线均能被其他曲线所度量

现在 n 维流形的概念已经建立了,并且知道它的本质特点是其上点的位置

可以用 n 个数值来确定. 接着, 就是上面提到的第二个问题, 我们要讨论一个流形能容许的度量关系和确定度量关系的充分条件. 这些度量关系只能通过一些抽象的观念尺度来讨论, 并且只能用公式表现出来. 在某些假设下, 我们还可以把它们分解成一些具有各自几何意义的关系, 从而使计算的结果也有几何意义. 如果要得到一个坚实的基础, 用公式来进行抽象的讨论是不可避免的, 但是得的结果可以用几何的形式表达. 关于这个问题的两个方面的基础包含在高斯关于曲面的著名论文中.

(1)测量要求的尺度不依赖于位置, 即物体的状态, 而它却有多种表现形式. 这个要求证实了我提出的假设, 即每条曲线有一个不依赖于其状态的长度, 而曲面可以相互测量. 如果位置的确定要归结为用数值来确定, 那么一个给定的 n 维流形中点的位置可以由 n 个变量 $X_1, X_2, X_3, \cdots, X_n$ 表出. 确定一条曲线就化成把这些变量 x 表示成某个单个变量的函数. 接下来的问题是, 要建立曲线长度的数学表达式, 为此, 必须把变量 x 看成是用单位表示的. 首先我只注意那些具有增量 $\mathrm{d}x$ 的曲线增量即数量 x 的相应变化是连续变化的. 我们认为曲线分成了一些小线段, 每一小线段的增量 $\mathrm{d}x$ 看作常量. 然后问题就化成了给出小线段长度在每一点的一般表达式, 这个表达式包含了变量 x 和 $\mathrm{d}x$. 第二点, 假定一个小线段上的所有点都经过同样的无穷小变化时, 小线段的长度在不计其二阶量下保持不变, 这表明, 如果所有的 $\mathrm{d}x$ 以相同的比例增加, 则小线段的长度也以同样的比例变化. 基于这样的假设, 小线段长度可能是量 $\mathrm{d}x$ 的某一阶齐次函数, 而且, 当所有的 $\mathrm{d}x$ 改变符号时, 齐次函数保持不变, 其中系数是 x 的连续函数. 为了寻找小线段长度的最简单的表达式, 我首先去寻找与离小线段起点有相同距离的点构成的 $(n-1)$ 维流形的表达式, 或者说我要找一个有关位置的连续函数, 它能区分不同的位置. 这函数在距离原点的各个方向上必须是减函数或者增函数; 我假定它在所有方向上均是增函数从而在原点上具有最小值. 如果这个函数在原点的一阶导数和二阶导数是有限值, 那么一阶微分一定为零, 而二阶导数是非负的; 假设二阶导数在原点附近是正的, 这个函数在原点的展开式中的二阶项当 $\mathrm{d}s$ 不变时也保持不变, 并且当 $\mathrm{d}x$ 同时也是 $\mathrm{d}s$, 以相同比例变化时, 它以平方的形式增大. 即它等于一个常数乘以 $\mathrm{d}s^2$, 相应地 $\mathrm{d}s$ 等于一个恒为正的 $\mathrm{d}x$ 的二次齐次函数的平方根, 并且系数是 x 的连续函数. 在空间中, 如果我们用一个直角坐标系表示一个点的位置时, 则有 $\mathrm{d}s = \sqrt{\sum(\mathrm{d}x)^2}$, 这是空间的度量关系中最简单的情形. 其次, 简单的情形可能是 $\mathrm{d}s$ 可以用四次微分形式的四次方根表达的流形. 对这个较一般的情形的研究, 实际上并不要求本质上的不同, 但是这样的研究会浪费大量的时间, 并且对空间没有增加新的认识, 而且研究结果无法用几何形式表达出来. 因此, 我把自己的研究限制在那些使 $\mathrm{d}s$ 能用二次微分形式的平方根表出的流形中. 当用 n

个新的变量来代替原来的 n 个变量,我们可以把 ds 的表达式换成类似表达式. 然而,通过这种方式我们不能把每个 ds 的表达式都转换为其他变量下的每一种形式,因为 ds 的表达式包含 $\frac{n(n+1)}{2}$ 个系数,它们是这些独立变量的任意函数;通过引入 n 个新的变量,我们只能使它满足 n 个条件,从而只能使其中的 n 个系数等于给定的量. 余下的 $\frac{n(n-1)}{2}$ 个系数由这个流形度量性质完全决定,从而要求 $\frac{n(n-1)}{2}$ 个与位置有关的函数来决定它的度量关系,其中 ds 可以表示成 $\sqrt{\sum(dx)^2}$ 的形式,仅构成了我们在这里讨论的流形的特殊情况它们应该有一个特定的名字,因此我将这些流形称为平坦流形,其中线段微元的平方可以简化为点微分的平方和. 为了要得到具有这种表示形式的流形与其他流形间的本质上的区别,必须摆脱那些由于表达方式而出现的差异. 因此我们可以通过确定的原理来重新选择新变量的表达方式来做到这一点.

(2)为此,假设已经构造了一个从给定点发出的最短曲线的体系. 任何点的位置可能由它所在的最短的初始方向和沿该最短线从给定点到该点的距离决定,从而可以用增量 $dx°$ 表出,即在原点的 dx 和曲线的长度 s 比的极限代替 $dx°$,我们可以引入 $dx°$ 的线性组合 da 使得在原点的 $ds=\sqrt{\sum(dx)^2}$,所以独立的变量是 s 和增量 da. 最后,我们再选择和 da 成比例的变量 $x_1,x_2,\cdots,x_a$ 代替 da 使得 $s^2=\sum(x)^2$. 如果我们选择这样的变量,那么对于 x 的无穷小的值,$ds^2=\sum dx^2$,但是 ds^2 在原点的展开式中下一个阶的量是 $\frac{n(n-1)}{2}$ 个量 $(x_1dx_2-x_2dx_1),(x_1dx_3-x_3dx_1),\cdots,(x_{n-1}dx_n-x_ndx_{n-1})$ 的二次齐次式. 从而是一个四阶的无穷小量. 所以我们用三个顶点的坐标分别是 $(0,0,\cdots,0),(x_1,x_2,\cdots,x_a),(dx_1,dx_2,\cdots,dx_a)$ 的无穷小三角形的面积平方去除上面提到的四阶无穷小量,我们就得到一个有限值. 当 x 和 dx 线性组合,或者从原点分别到 x 和 dx 的两条最短线在同一个曲面中,这个有限值保持不变,从而我们得到的数值仅与曲面所处的位置和方向有关. 如果流形是平坦流形,即 $ds^2=\sum(dx)^2$,这个数值就等于0,从而在一般流形上,这个数值可以用作衡量曲面在这一点偏离平坦的程度. 当这个数值乘以 $-\frac{3}{4}$ 时得到的值就是高斯所谓的曲面的曲率.

为了确定一个以上述形式表示的 n 维流形的度量关系,找出前面提及的 $\frac{n(n-1)}{2}$ 个与位置有关的函数是必要的,所以当在每一点的 $\frac{n(n-1)}{2}$ 个曲面方向的曲率给定,并且在这些曲率间不存在等式的关系(确定在一般情形下这样的事情不会发生),那么这个流形的度量关系就确定了.因此,这些流形的度量关系可以完全不依赖于变量的选择.这些流形的线元可由二阶微分表达式中的平方根表示.对于线元较复杂的,比如四次微分式的四次方根表出的那些流形,可用类似的方法得到相同的结果.在这种情况下,ds 一般不能简化成二次微分式的平方根,从而衡量偏离平坦的程度在前一种情形下是一个二维的无穷小量,在后一种情形是一个四维的无穷小量.前一种情形的这种特殊现象可以被称为在最小部分上的平坦性.目前而言,我们已经仔细讨论过的流形最特殊的地方是:二维流形的度量关系可以用几何中的曲面表示,高维流形的度量关系可以简化到它们在曲面的情形,为此还需要一个简明的讨论.

(3)关于曲面,只与它上面的路径长度有关的内在度量常常和曲面在外围空间中点的位置联系在一起.但是,我们可以通过考虑保持曲面上曲线的长度不变的曲面形变来脱离外围空间的束缚,即考虑曲面的没有伸缩而可以弯曲的任意变形,并且认为这样获得的曲面彼此等价.例如,任意的圆柱面或圆锥面与平面等价,因而它们可以由平面通过保持度量不变的形变获得.从而与平面有关的所有定理,即所有的平面几何在柱面和锥面上也有效.另一方面,它们与球体本质上是不同的,球面不通过有伸缩的形变是不能变成平面的.根据前面的讨论,在广义二维流形上的线元上,ds 可以用二阶微分式的平方根表出,每一点的度量关系可以由这一点的曲率来刻画.对于曲面来说,在一点的曲率可以形象地解释成曲面在这一点的两个主曲率的乘积,或由下面的事实可得到形象的解释:曲率值和在这点邻近的由最短线构成的无穷小三角形面积的乘积等于这个无穷小三角形的内角和超过两个直角的部分的一半(这时用弧度作为度量单位).前一种解释值含有曲面的两个主曲率半径的乘积在曲面不伸缩的形变时是不改变这个定理的,后一种解释蕴含着在每一点的无穷小三角形的内角和超过两个直角部分与它们的面积成比例.为了给出 n 维流形在某点的一个曲面方向的曲率的形象解释,我们必须以这样一个原则出发,即从一个点发出的最短线被初始方向完全确定.从而我们将位于同一个曲面从一个点发出的所有初始方向延长得到所有的最短线段,这就给出了一个确定的曲面,这个曲面在原点具有确定的曲率度量,这个曲率就等于这个 n 维流形在这一点的沿着这个曲面方向的曲率.

(4)在把以上的讨论应用到空间之前,需要对平坦流形,即 ds^2 可以表成整体微分形式的平方和的流形做一些一般性的考察.

在一个 n 维平坦流形中,每个点沿每个曲面方向的曲率都是 0;但是通过前面的讨论,为了确定它们之间的度量关系,只需知道在 $\dfrac{n(n-1)}{2}$ 个独立的曲面方向上曲率是 0 就可以了.曲率处处为 0 的流形可以看作是曲率处处为常数的流形的一个特例. 曲率处处为常数的流形的共同特征为: 其上的图形可以在不拉伸的情况下在流形上移动. 当流形的曲率在任一点和任一方向不都是一样时, 图形不能自由地移动和旋转. 另一方面, 度量性质完全由曲率确定. 从而常曲率流形的度量性质在每点和每一个方向上都是一样的, 图形的构造从哪一点开始都是一样的; 所以在一个常曲率的流形中, 图形可以被放在任意的位置上. 这些流形的度量关系仅与曲率的值有关, 我们可以指出当考虑线元 ds 的解析表达式时, 如果设曲率等于 α, 那么 ds 可取下面的形式

$$\frac{1}{\left[1 + \left(\frac{\alpha}{4}\right) \sum x^2 i\right] \cdot \sqrt{\sum (dxi)^2}}$$

(5) 我们对常曲率曲面的思考值得给出这些曲面的一个几何描述. 容易看出, 正常曲率的曲面可以铺在半径是曲率的平方根的球面上; 但是为了考虑常曲率曲面的多样性, 我们让其中的一个具有球面的形状, 其余的曲面具有旋转曲面的形状并且和这个球面在赤道内圆上接触, 如果曲面的曲率比这个球面的曲率大, 则它将在这个球面内侧和球面接触, 而且具有如环形表面上离轴较远的那部分曲面的形状; 它们可以铺在一个半径较小的球面上, 但要覆盖的次数不止一次. 具有较小正常曲率的曲面可以由较大半径的球面上切除由两个大半圆界定的区域, 然后粘合边界得到. 零曲率曲面是和赤道相切的柱面, 具有负常曲率曲面和这个柱表面从外侧接触, 而且具有如环面上离轴较近的那部分曲面的形状.

如果我们把这些常曲率曲面想象成在它们上移动的曲面的轨迹, 就像空间是物体移动的轨迹那样, 则这些曲面在这些常曲率曲面上可以不伸缩地移动. 具有正曲率曲面可以由它上面的曲面以既不伸缩也不弯曲的移动构成, 像球形曲面, 然而对于负曲率曲面就不是这样了. 对于曲率为零的曲面, 除了曲面的形状不随位置而改变这个性质以外, 方向也不随位置而改变, 对于其他的曲率曲面, 这个性质是不成立的.

3. 对空间的应用

(1) 在关于 n 重广义尺中确定度量关系的方法讨论之后, 就可以叙述在一般空间中规定度量关系的充分必要条件了, 这时预先假定了曲线与位置无关, 线元可以用二次微分表达式的平方根表示, 也就是说, 假设了最小部分的平坦性, 那么就给出了确定空间度量关系的充分必要条件.

首先, 这些充分必要条件可以表述为: 在任何一个点的三个曲面方向的曲率都等于零, 从而度量关系是三角形的内角和等于两个直角.

其次, 如果我们像欧几里得那样假设曲线和曲面的存在均与其状态无关, 那么空间中任一点的曲率都是一样的, 而且任一个三角形的内角和都是一样的.

最后,假定曲线的长度与位置和方向无关,我们甚至可以是假设直线的长度和方向与位置无关. 相对于这个假设,位置上的变化和差异,可以由三个独立的单位数组给出.

(2)在前面的讨论过程中,首先把大小观念的各种推广扩充(或各种范围)的关系与度量关系区别开,并发现对同一种推广可以有不同的度量关系. 然后,去寻找规定度量的一般体系,这个系统完全确定了空间的度量关系,而有这个度量关系的所有定理是这个体系必然得到的推论. 现在还要考虑的问题是,凭经验来源,以何种程度以及在什么范围内能保证这些假设是成立的. 在这一点上,这些扩充关系与度量关系之间存在着本质的区别,在前者中,所有可能的情形构成离散流形且由经验得到的论断从来不十分可信,但它们并不缺乏准确性;而在后者中,所有可能的情形构成连续流形,每个基于经验的规定总是不准确的,然而从总体上看却几乎是完全正确的. 当这些经验性的界定推广到观测的界限之外,到了不可测的大或不可测的小的地步时,这种相反的情形是重要的,在超出了观察范围的限度后,第二种关系显然会变得越加不准确,但第一种关系就不一样了.

当空间中的构造被扩大到不可度量的程度时,无界性与无限大这两个概念必须区分开,前者属于推广和扩充关系,而后者属于度量关系. 空间是一个无界的广义三维流形,其论述是应用于外部的每个构思中的一个假设,补充真实的认知范围,它构筑着所要探索对象的可能位置. 并在这些应用中,假设不断地被验证. 空间的无界性,从实践上说,远比任何外在的经验都更可靠. 但是由此绝对推不出无限大性质,反之,如果假定物体与所处的位置无关,从而使空间是常曲率的,并且假设不管曲率多么小,它总取正值,则空间必定是有限的. 如果把曲面中每个方向拓展为最短曲线(测地线)就会得到一个无界的具有正常曲率的曲面,因此在三维广义流形中,它会有一个有界球形曲面.

(3)为了解释自然,涉及无限大面积的问题是无意义的. 然而,涉及无限小的问题则完全不同了,各种现象间因果关联的知识主要是建立在精确性基础上的,而正是以这种精确性我们一直将这些现象研究到无限小的程度. 最近几个世纪的关于自然力学知识的进步,几乎完全依靠无穷小分析的发明,这一发明的准确性依赖于阿基米德、伽利略以及牛顿奠定的简洁的基本概念,这些概念在现代物理中仍然有效地使用着. 然而,在自然科学中,仍然缺少关于综合法的简洁的基本概念. 为了寻找自然现象的细微联系,人们只能观察到显微镜允许的小空间内的现象,现在关于无穷小空间度量关系的问题并不是没有用处的.

如果我们假定物体的形状不随位置的改变而改变,那么在各点的曲率就是常数,并且从天文观测知道这个常数一定是零,至少这个常数与零相差的值在我们的望远镜的精确度范围内是可以忽略的. 但是,如果物体的形状与物体的位置有关系的话,那么我们就不能把属于无穷小范围的度量关系从大范围的性质中得出. 此时,在一点三个曲面方向的曲率可以是任意的,在我们能达到的精确度内只要这些曲率值满足在空间中的每一个可测部分上的全曲率是零,而且如果线元不像我们前面假定的那样可以表示成二次微分式的平方根,则会出现更复杂的情况. 此时,作为我们以前基础的空间度量关系的实践经验,刚体和光线的概念在无穷小范围内将失去作用,而且可以非常确定地相信,在无穷小范围的度量性质和几何中的公理并不一致,而且一旦在这种情况下,我们能找出解释自然现象的简单方法,我们就必须接受这种情况.

关于在无穷小范围几何公理空间的有效性问题和关于空间度量关系基础的问题有联系. 关于空间度量关系的问题,事实上也是空间研究的一部分,我们上面的讨论是适用的,即在一个离散流形中,度量关系的原则隐含在流形的概念中,而在连续流形中,度量关系的准则必须从其他方面去寻找. 所以,或者实际存在的空间就是一个离散流形,或者,度量关系的基础要从流形之外寻找,从作用在各种其他的因素的总体上去寻找.

要回答这些问题必须从迄今为止为实验所证实的自然现象的结构入手,关于这种结构,牛顿已经打下了基础,而且由于牛顿理论不能解释全部,人们正在逐步修正这个结构. 我们刚才进行的从一般概念出发的讨论,只是为了说明我们的工作不会被非常严格的概念所局限,我们对认识事物之间联系的进步也不应被传统偏见所阻碍.

这条路将会把我们引到另一门科学的领域,进入物理学的王国,进入到现在的科学事实还不允许我们进入的地方.

从逻辑上看,黎曼是爱因斯坦的前辈. 他提出了一个全新的观点,但这个观点的重要性在半个世纪后才被人们认识到. 他认为几何也应从无穷小开始,并依赖于用有限长度、面积或体积来描述积分,这特别需要用测地线代替直线,测地线的定义取决于无穷小的距离. 传统的观点是,虽然曲线的长度一般只能用积分表示,但两点间距离可定义为一个整体,而不是作为微元极限的和. 黎曼的观点是把直线与曲线同等看待. 此外,对物体的测量是一种物理操作,其结果取决于它们对物理定律的解释,这一观点已被严格证明,相对论扩展了它的范围.

§17 蒙日论画法几何学

(本文由伊利诺伊州乌尔班纳伊利诺伊大学的阿诺德·恩升教授译自法文)

加斯帕尔·蒙日(Gaspard Monge,1746—1818)出生于一个商人家庭. 22 岁时在梅济耶尔的一所军校当数学教授,后来在巴黎综合理工学院担任教授. 他因在画法几何方面的成就而闻名于世,画法几何这一理论早在 1738 年就被 Frezier 所提出. 1794—1795 年他就画法几何这一理论在巴黎做了报告,在 1798—1799 年他写的论文《画法几何》出版. 当他在梅济耶尔教学的时候就已经萌生了这一理论的雏形,1775 年 1 月 11 日,他在进入法国科学研究院之前写了一篇记录,这个记录中他就提到了三维图形在二维平面的投影问题. 他是高等师范学校和巴黎综合理工学院的创立和领导人物之一.

以下是他论文(第五版,巴黎,1927)的简要摘要,写此文是为了阐明他所持的观点. 由于其在防御工事上的价值,政府多年以来一直没有公开这篇论文.

画法几何中有两个理论:第一个理论是用平面图形来表示所有立体图形,当然这些立体图形都具有严格的定义. 在平面中,命名为长度与宽度,三维空间中,命名为长度、宽度与高度.

第二个理论是构建体系对立体图形进行准确性描述,再由其形状和位置推出所有有关定理.

§18　雷格蒙塔努斯论球面三角形的正弦定理

(本文由俄亥俄州克利夫兰凯斯西储大学女子学院的伊娃 M. 桑福德教授译自拉丁语)

约翰·缪勒(Johann Müller,1436—1476),又名雷格蒙塔努斯,是首位撰写三角学专著的人. 这部专著的手稿是大约于 1464 年以《论各种三角形》为标题问世的. 其中他对球面三角形正弦定理的推导将这部作品的完整性体现得淋漓尽致,且其中记录的推导方法极有可能是他自创的.

在每个直角三角形中,各边的正弦值与该边所对角的正弦值之比相等.①

已知三角形 abg,角 b 是直角. 可以得出

$$\frac{\sin ab}{\sin agb} = \frac{\sin bg}{\sin bag} = \frac{\sin ag}{\sin abg}$$

证明如下:显然,关于角 a 和角 g 的角度,有三种情况:(1) a 和 g 都是直角;(2)其中一个是直角;(3)都不是直角. 若两个角都是直角,那么根据题设,点 a 是弧 bg 的极点,点 b 是弧 ag 的极点,g 是弧 ab 的极点,因此,根据定义,每

---

① 1533 年出版的著作《论各种三角形》一书现藏于纽伦堡,在其第四卷十六章的 103 ~ 105 页中以逐段译文的形式明确给出了这一定理.

一个弧线都可用来估量①各自的角度. 因此,三边中任意一边的正弦都与该边所对角的正弦相等,故每边的正弦值与该边所对角的正弦值之比相等.

若角 a 与角 g 中其一是直角时,假设角 g 是直角,且由题设,角 b 也是直角. 可推出,a 是弧 bg 的极点. 且弧 ba 和 ag 都是一个大圆的四分之一. 因此,根据定义,弧 ab,bg 和 ga 分别确定对应角的大小,任何边的正弦值都和该边所对角的正弦值相同,那么显然,各边的正弦值与该边对应角正弦值的比值都是相等的.

若角 a 和角 g 都不是直角,那么三边都不会等于大圆的四分之一,我们可以从三个不同方面来看②. 如果角 a 和角 g 都是锐角(图1),那么弧 ab 和弧 bg 就都小于一个象限弧,因此弧线 ag 也就小于一个大圆的四分之一,然后让圆弧 ga 沿着点 a 方向伸长直到它变成象限弧 gd,以弦(大正方形③的边)为半径,以点 g 为中心,来描述一个大的圆在 e 点上切割产生的弧 gb. 最后,延长弧 ag 到点 z,由此得到四分之一圆周 az 的弦,在极点 a 处旋转产生一个圆,交弧 ab 的延伸部分于点 h.

当两个角都是钝角时(图2),弧线 ab 和 gb 将超过一个象限弧,而且弧线 ag 会小于一个象限弧. 因此,向两边分别延长弧线 ag 使 gd 与 az 均为四分之一圆周,以点 g 和点 a 为圆心作两个大圆,以 g 为圆心的圆,圆周必然切割圆弧 gb,且圆弧 gb 大于象限弧,使该圆周和圆弧交点为 e. 另一个以 a 为圆心的圆将在点 b 处切割圆弧 ab,这样就会产生另一个图形.

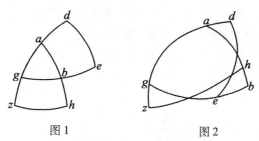

图1　　　　　图2

若角 a 和 g 中其一为钝角,另一个角是锐角时,不妨设 a 是钝角,g 是锐角(图3). 根据题意,弧线 bg 和 ga 都大于一个象限弧,而弧 ab 小于一个象限弧. 因此,这两个象限弧 gd 和 az 在弧 ag 上共用弧 dz. 如前面所述以极点 g 为圆心

---

① 通俗讲就是"将决定其大小".

② 意思是:三边均小于一个象限弧,或弧 ab 和弧 bg 大于一个象限弧而 ag 小于一个象限弧,或者弧 bg 和弧 ag 大于一个象限弧而 ab 小于一个象限弧. 注意:因使用习惯,在图形中雷格蒙塔努斯所使用的字母顺序来源于希腊字母表.

③ 意思是:显然,意为大圆的四分之一,即在球内以极点为中心所作的大圆中一象限弧的弦.

的圆周必会切割大于一个象限弧的弧 bg，交点设为 e. 此外，以 a 为圆心的圆周不会切割弧 ab，因为这个弧小于一个象限弧，但如果弧 ab 足够长，那么必会交于点 b. 因此，当角 a 和角 g 都不是直角时，即使我们使用了三相图，也会产生一个三段论.

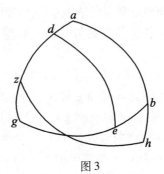

图 3

因为两弧 gd 和 ge 斜交①，点 a，点 d 标记在弧 gd 上，如图 3 所示，过 a，d 两点作 gd 的垂线 ab 和 de，然后根据前面的证明有

$$\frac{\sin ga}{\sin ab} = \frac{\sin gd}{\sin de}$$

变形后得到

$$\frac{\sin ga}{\sin gd} = \frac{\sin ab}{\sin de}$$

同理，两个弧 az 和 ab 斜交，g 和 z 两点被标记在弧 az，并由 g，z 两点作出两个垂直于弧 az 的弧 bg 和弧 zb. 由此，根据前面的证明有

$$\frac{\sin ag}{\sin gb} = \frac{\sin az}{\sin zh}$$

通过变换得到

$$\frac{\sin ag}{\sin az} = \frac{\sin gb}{\sin zh}$$

此外

$$\frac{\sin ag}{\sin az} = \frac{\sin ga}{\sin gd}$$

弧线 az 和 ga 是一个象限弧. 因此

$$\frac{\sin ab}{\sin de} = \frac{\sin gb}{\sin zh}$$

此外

$$\sin de = \sin agb$$

① 通俗地讲：向彼此倾斜.

用弧 de 来衡量角 agb 且 g 为弧 de 的极点.

同理 $\sin zb = \sin bag$.

此外,象限弧的正弦即为直角的正弦,所以

$$\frac{\sin ab}{\sin abg} = \frac{\sin bg}{\sin bag} = \frac{\sin ag}{\sin abg}$$

在任意三角形中(直角三角形除外),两边的正弦比与该边所对角的正弦比相等[①].

前面所证明的关于直角三角形的命题也可以用于非直角三角形中. 假设三角形 abg 中没有直角,则

$$\frac{\sin ab}{\sin g} = \frac{\sin bg}{\sin a} = \frac{\sin ag}{\sin b} = 1$$

如图 4,过点 a 作弧 bg 的垂线 ad. 若弧 ad 仍在三角形中,则作垂线 ad 切割弧 bg. 若弧 ad 在三角形外且不与弧 ag、弧 ab 重合,则作弧 ad 恰好交在弧 bg 的延长线上. 因为在此情况下,点 b 和点 g 其中一个角会被视为直角,但我们的假设是无直角,因此,让它先落在三角形中,在得到的两个三角形 abd 和三角形 agd 中. 根据前面的证明,经变形有

$$\frac{\sin ab}{\sin ad} = \frac{\sin adb}{\sin abd}$$

同理

$$\frac{\sin ad}{\sin ag} = \frac{\sin agd}{\sin adg}$$

因为

$$\sin adg = \sin adb$$

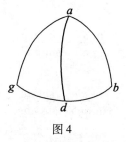

图 4

且它们均为直角,则有[②]

$$\frac{\sin ab}{\sin ag} = \frac{\sin agb}{\sin abg}$$

① 见《论各种三角形》第四卷,第十七章.
② 由上述比例关系

整理得
$$\frac{\sin ab}{\sin agb} = \frac{\sin ag}{\sin abg}$$

最后可以总结出：如果从顶点 b 或 g 作出一条垂直于它对边的弧，那么 $\frac{\sin bg}{\sin bag}$ 会有类似的结论.

如图 5，如果弧 ad 在三角形外，先将图形稍作改变，然后从头推导前面的证明可以给我们一些启发

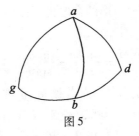

图 5

$$\frac{\sin ab}{\sin ad} = \frac{\sin adb}{\sin adb} \quad （角 abd 是直角）$$

同理

$$\frac{\sin ad}{\sin ag} = \frac{\sin agb}{\sin adg} \quad （角 adg 是直角）$$

所以

$$\frac{\sin ab}{\sin ag} = \frac{\sin agb}{\sin abd}$$

由公理

$$\sin abd = \sin abg$$

因此

$$\frac{\sin ab}{\sin ag} = \frac{\sin agb}{\sin abd}$$

整理得

$$\frac{\sin ab}{\sin agb} = \frac{\sin ag}{\sin abg}$$

根据我们以上所用的方法可知上式还等于 $\frac{\sin bg}{\sin bag}$. 因此，对于这些关于用直角三角形和非直角三角形的定理所证明的命题，我们现在都可以不假思索地说：对于所有的三角形，无论它是什么形状，我们都应一步一步地去研究，享受这给人以成就感和愉悦的成果.

§19　雷格蒙塔努斯论三角形各部分的关系

（本文由俄亥俄州西部储备大学女子学院的 Vera Sanford 教授译自拉丁语）

雷格蒙塔努斯是约翰·缪勒（1436—1476）的拉丁语名字，源于他的出生地法兰克尼亚的哥尼斯堡. 在由他编写的木版年鉴中，他的署名是约翰·昆斯佩克. 他在意大利研究数年，人们尊称他为约翰·蒙塔努斯. 1464 年，他写下研究三角学的专著《论各种三角形》，但直到 1533 年才得以出版. 以下摘录便出自于这本著作第二卷的第 98 页. 这一部分中，雷格蒙塔努斯向我们描述了三角形各部分的关系，以及简便地推导出三角形的面积公式 $\Delta = \dfrac{1}{2}bc\sin A$ 的方法.

定理 26　已知三角形面积和两边长度的乘积，则可得其夹角大小，同时可由所得夹角大小推出另两个角[1]的大小.

如果垂线 bk 与直线 ag 的交点落在三角形外，那么就可以求得 bk 与 ba 的比值，从而求出 $\angle bak$ 的大小，也就是说，由 $\angle bak$ 与 $\angle bag$ 之和为两直角求得 $\angle bag$ 的大小，进而推出三角形内其余两个角的大小. 如果垂线 bk 与直线 ag 的交点落在三角形内，如图 1 所示，就可以直接求出 $\angle bak$ 的大小. 如果垂线 bk 与 ab 重合，则 $\angle bak$ 一定是直角，也就是这个三角形的面积等于这两边围成的矩形的面积.

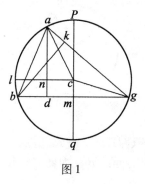

图 1

---

① 已知三角形面积和 bc 边长度，我们能求出 $\sin A$，然而，雷格蒙塔努斯似乎并没有转变成这个形式：已知角 A 和 bc 边求三角形面积. 不管是三角形内角还是外角，这个定理确定了一个锐角.

289

§20　皮提斯科斯论正弦定理和余弦定理

（本文由纽约市叶史瓦大学的耶谷提耳·金斯伯格教授译自拉丁文）

德国的一位牧师皮提斯科斯（1561—1613）写下了第一本令人满意的有关三角学的教科书,名为《三角学:解三角形的简明处理》.此书于1595年出版,并于1599年、1600年、1608年和1612年被再版,还在1630年被翻译成了英文版.本文译自1612年版的第95页和第105页,阐述了正弦定理和余弦定理的内容.译文中使用了现代符号.

第一部分

三角形的边之比等于边所对的角正弦之比.

正弦是对应弦的一半.三角形的边等于其对角的弦的比,所以两边的比等于对角的正弦的比,因为整体与整体的比值等于其一半与一半的比值,其中的依据是《几何原本》第二卷的命题19,它是事物本身的性质①.

平面三角形的边是对角的弦,或者是弧所对的弦.因此,如果圆ABC是三角形ABC的外接圆（图1）,那么边AB就是角ACB的弦;也就是弧AB的弦测度了角ACB.

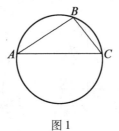

图1

边BC就是角BAC的弦;即弧BC的弦测度了角BAC.同样,边CA就是角ABC的弦,即弧AC的弦决定了角ABC.因此,边AB与边BC的比为角ACB的

---

①　为了证明这一点,皮提斯科斯使用了下述外接圆的方法.

根据特罗普克在《初等数学史》（第74页）一书中所述,有两种证明正弦定理的方法:一种是韦达（1540—1603）所用的方法,可以追溯到列维·本格森（1288—1344）,他是西方第一个提出这个定理的人;另一种是纳西尔·艾德丁（1201—1274）的方法,由雷格蒙塔努斯、皮提斯科斯等人使用,也就是这里所用的方法.等价于现代的方法,即把边 a,b,c 用 $2r\sin A$,$2r\sin B$,$2r\sin C$ 来表示.

弦与角 *BAC* 的弦的比.

第二部分

当给定一个斜三角形的三条边时,从最大角的顶点出发的高就已知了[①].

用两条边的平方和减去另一侧边的平方,再除以两倍的底,即最大角所对的边,你就会知道其上的高和另一侧边[②].

§21　皮提斯科斯论布尔基的弧三等分法

（本文由位于纽约市的 Yeshiva 学院的 Jekuthiel Ginsburg 教授译自拉丁文）

布尔基(1552—1632)有关圆弧三等分方程的解法出现在皮提斯卡斯的《三角学》一书中(1595 年出版,见 1612 版,50～54 页).至于这一方法是布尔基从阿拉伯材料中发现的还是独自发现的,这是一个有意思的问题,至今还没有准确的定论.

翻译后的"片段"中的材料很有趣,因为它对代数和三角问题都有影响.这部分解释由两个片段组成,其中一个片段是对另一个片段的介绍.

片段 1(38 页),问题 3.给定圆弧的弦长小于周长的一半,又已知 2 倍的这

---

① 在 $\triangle ABC$ 中,$AG \perp BC$,为了找到 CG,皮提斯科斯建立了一个半径为 AC 的圆,并且应用比例 $BC: BD = BE: BF$.设 $CG = x$,分别用 a, b, c 表示边 BC, AC, BA,那么 $BD = BA + AD = BA + AC = c + b$.同理

$$BE = BA - AE = c - AC = c - b, BF = BC - CF = a - 2x$$

即,$a: c + b = c - b: a - 2x$,或者 $c^2 - b^2 = a^2 - 2ax$,因此,$2ax = a^2 + b^2 - c^2$,有 $x = \dfrac{a^2 + b^2 - c^2}{2a}$.

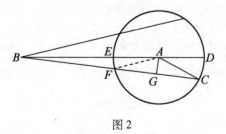

图 2

由此他得出了结论.

② 从这一点来看,得到二段形式的余弦定理只差一步.但皮提斯科斯并没有迈出这一步,也许他认为这是显而易见的.但是他用了上面给出的定理,和我们现在使用余弦定理完全一样;也就是说,从给定边求出角.

段弧的弦长,3倍的这段弧的弦长①.

解决方案——用2倍弧的弦长的平方减去这个弧的弦的平方,再除以这个弧的弦,其商就是三倍的弧的弦长②.

片段2(50页),问题6. 给定一个圆弧的弦,求这一弧的三分之一的弦长.

解决方案——得到给定弦的三分之一;在它基础上加一些条件,并假设结果就是要求的弦,用问题3的方法计算给定的弦. 这里要注意正负号的差别,并在另一个假设要求的弦长值上重复相同的操作,用正负号来标记新的差值. 这样你会发现那个定理是错误的.

例子——让给定的弧 AD 或 $30°$ 的弧被取为 5176381. 要求三分之一的弧的弦长,即 $10°$ 的弧.

已知弦长	= 5176381
它的三分之一	= 1725460
三分之一的增加值	= 1730000
或	= 1740000
或	= 1750000
第一个假设值	= 1730000
根据问题3的方法,	
$30°$弦的长度	= 5138223
但应该	= 5176381
因此这个差值	= 38158

---

① 用现代符号,意思就是已知 $2\sin a$ 和 $2\sin 2a$,求 $2\sin 3a$.

② 为了证明这一点,皮提斯科斯利用了这样一个事实,即三个圆弧的弦构成一个内接四边形的边和对角线. 如图1,如果弧 $AB=$ 弧 $BC=$ 弧 CD,则 $AB=BC=CD$,那么2倍弧的弦 $AC=BD$,AD 就是3倍弧的弦. 根据一个已知定理,$AC \cdot BD = AB \cdot CD + AD \cdot BC$(托勒密定理)或者 $\overline{AC}^2 = \overline{AB}^2 + AD \cdot AB$,因此 AD 或3倍弧的弦等于 $\dfrac{AC^2 - AB^2}{AB}$. 定理得证.

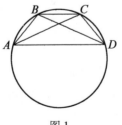

图1

第二个假设值	= 1740000
根据问题 3 的方法，	
30°弦的长度	= 5167320
但应该	= 5176381
因此差值	= 9161

现在根据上述错误的乘法规则,即由第二个假设产生的第一个差值和由第一个假设产生的第二个差值. 因此他们都是相减所得到的,这就得到了被除数.

第一个结果	= 66394920000
第二个结果	= 15675530000
被除数	= 50719390000

同样从一个负数减去另一个,你会得到除数

其中一个是 38158

另一个是 9061

除数是 29097

执行的除法将会给弦 AB 编号为 1743114. 在这个数字上执行一个类似于上述两个假设值执行的操作,虽然也会有差别,但是是非常小的. 取一个略大于 1743114 的数字,即 1743115,重复上面的操作,你会发现 AD 几乎等于给定值 5176381,但它会更大一些. 因此,弦 1743115 也会比 1743114 更接近真正的实值,因为它是在计算中出现的;因此,在给定的 AD 值和计算的 AD 值之间不会有明显的差异.

另一种代数方法. 解决方案——将给定的弦除以 $3x - x^3$①. 商将是给定圆弧的三分之一所对应的弦.

证明:任何弧所对应的弦都等于方程的三个根,根等于这个弧的三分之一所对应的弦②.

如图 2 所示:让 AD 为弧 $ABCD$ 的弦. 要求 AB、BC 和 CD,即每一个都是弧 $ABCD$ 的三分之一所对的弦. 令 x 为圆弧 $ABCD$ 的三分之一所对的弦,因此,弦 AC 和 BD 每一个都等于 $l4q - 1bq$③. 这已经在前一个问题的解答中得到了证明. 由于 $ABCD$ 是一个内切的四边形,所以对角线 AC 和 BD 的乘积等于对边乘积的和,这源自第一本《三角函数》中的第 54 个命题. 将对角线相乘,其平方等

---

① 皮提斯科斯用 l 代替 x,用 c 代替 x^3,较小圆弧的弦等于方程 $3x - x^3$ 的根. 在翻译中,我们使用了现代符号.

② 意思就是 $2\sin 3A = 3(2\sin A) - (2\sin A)^3$,这里有 $\sin 3A = 3\sin A - 4\sin^3 A$.

③ 皮提斯卡斯保留了系数 1,将 $1x$ 写成 $1l$,将 q 或者 x^2 写成 $1q$,等等. 在翻译中省略了这个系数.

于 $4x^2 - x^4$. [①]

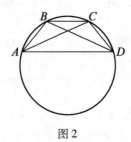

图 2

然后用 AB 乘以 BC, [②] 也就是 x 乘以 x, 便求出来了 x^2. 用 $4x^2 - x^4$ 减去 x^2, 得到的 $3x^2 - x^4$ 是以 BC 和 AD 为邻边的矩形的面积. 用 $3x^2 - x^4$ 除以 BC 的长（即 x）, 得出 AD 为 $3x - x^3$ [③].

因此, $3x - x^3$ 中, x 是三等分圆弧所对应的弦, 它等于已知弧的和弦.

综上, 如果给定弧的弦 $[k]$ 是 $3x - x^3$, 那么 $3x - x^3 = k$ 的根就是三等分弧所对的弦 [④].

§22　棣莫弗公式

（本文由布朗大学的雷蒙·克莱尔·阿奇博尔德教授译自拉丁语和法语）

棣莫弗的公式的表达形式为

$$(\cos x + i\sin x)^n = \cos nx + i\sin nx, n \in \mathbf{R}$$

欧拉给出了这个公式的等价形式（1748 年, 见下文 E 节）, 并证明了 n 取所有实数等式都成立（1749 年, 见下文 F 节）. 这一结果没有在棣莫弗的任何著作中明确表述过. 但是值得注意的是, 不止一处内容可以表明他对公式本身以及公式的应用都非常熟悉. 在 1722 年和 1730 年, 他建议取消某些段落, 在执行这些步骤时, 我们得到了与他的名字有关的公式. 这很清楚地体现在布劳恩米尔的历史典籍《数学集》中的第三章, 第二卷, 第 97 ~ 102 页, 以及他的《三角学历

---

① 皮提斯卡斯所表示的符号是 $\sqrt{4x^2 - x^4}$.

② 皮提斯卡斯在注释中添加了以下特别的注释: 一个数如果乘以其本身就除去了符号, 那么这个符号就称为根号.

③ $AC \cdot BD = AB \cdot CD + AD \cdot BC$, 但是 $AC = BD = \sqrt{4x^2 - x^4}$, 通过先前的论证, $x = AB = BC = CD$, 则 $AC \cdot BD = 4x^2 - x^4 = x^2 + x \cdot AD$, 所以 $AD = \frac{4x^2 - x^4 - x^2}{x} = 3x - x^3$.

④ 这是等价的, 用现代符号表示就是 $\sin 3A = 3\sin A - 4\sin^3 A$.

史》中的第二部分(1930 年),第 75～78 页. 虽然赫顿的翻译《哲学汇刊》(有删节,5,6,8 卷)是 A,B 和 D 翻译的基础,但他们并没有盲目地参照他的翻译,而是仔细地与原作做了比较. 他们保留了原始公式和符号,只有 $y \cdot y$ 被 y^2 取代.

1667 年,亚伯拉罕·棣莫弗在法国的香槟地区出生,住在巴黎,由奥扎拉姆指导其学习数学,后来在 1688 年搬到了伦敦,并在那里度过了他人生剩下的 66 年. 他是牛顿的亲友,他著名的数学著作不仅使他当选为皇家学会成员,也使他成为了柏林科学院的成员,同时也成为了巴黎科学院的外籍会员. 他的《年金论》有七个版本,其中包括五个英文版本(1725 年,1743 年,1750 年,1752 年,1756 年),和一个以盖塔和丰塔纳的笔记和帕维亚大学的讲座内容为基础的意大利(1776 年)版本,一个由楚伯教授翻译的德文(1906 年)版本. 在他的其他出版物中可以体现他具有强大的分析能力、技巧和创造力,比如《随机学说》(有三版,1718 年,1738 年,1856 年),《多元分析》——他在柏林学院的演讲,《哲学汇刊》和一本重要的 8 页小册子(1733 年版,近似求二项式的和,上两个版本的英文版《随机学说》),提出了概率积分的第一种处理方法,本质上是对正态曲线的处理. (关于这本小册子的原始版本的复写,以及棣莫弗的其他发现,参见伊西斯,第 8 卷,1926 年版,第 671～683 页). 1712 年他被英国皇家学会任命为委员,以仲裁牛顿和莱布尼茨对微积分的发明权.

克拉克小姐记录了棣莫弗曾说过的一句话,"与牛顿相比他更愿意成为莫里哀";他知道他的成果和拉伯雷的成果都是他们的呕心沥血之作. 在蒲柏写的《人性随笔》(第三卷,第一章,第 103～104 页)中有一句话:谁做了类似于蜘蛛般的设计? 那就是棣莫弗,毫无规则与线条.

"某些次数为奇数的高次方程的解法遵循的规则与卡丹的很相似. "

令 n 为任意数,y 是一个未知量或这个方程的根,a 是一个已知量或者叫常数项①,以下方程可以体现出它们之间的联系,即

$$ny + \frac{n^2-1}{2\times3}ny^3 + \frac{n^2-1}{2\times3}\times\frac{n^2-9}{4\times5}ny^5 + \frac{n^2-1}{2\times3}\times\frac{n^2-9}{4\times5}\times$$

$$\frac{n^2-25}{6\times7}ny^7 + \cdots = a$$

从这个级数的性质来看,如果 n 取任意奇数,无论是正奇数还是负奇数,以上的方程的等号左端的加数的个数都是有限的,方程也会变为上面所提的方程中的一个,根是下列值中的一个,即

———————

① 这个名字是由韦达 (1540—1603)给出的,即一个方程的常数项,把它放在方程的右边其他项都放在方程的左边).

$$y = \frac{1}{2}\sqrt[n]{\sqrt{1+a^2}+a} - \frac{\frac{1}{2}}{\sqrt[n]{\sqrt{1+a^2}+a}} \tag{1}$$

或
$$y = \frac{1}{2}\sqrt[n]{\sqrt{1+a^2}+a} - \frac{1}{2}\sqrt[n]{\sqrt{1+a^2}-a} \tag{2}$$

或
$$y = \frac{\frac{1}{2}}{\sqrt[n]{\sqrt{1+a^2}-a}} - \frac{1}{2}\sqrt[n]{\sqrt{1+a^2}-a} \tag{3}$$

或
$$y = \frac{\frac{1}{2}}{\sqrt[n]{\sqrt{1+2^2}-a}} - \frac{\frac{1}{2}}{\sqrt[n]{\sqrt{1+2^2}+2}} ① \tag{4}$$

举个例子,求如下这个五次方程根
$$5y + 20y^3 + 16y^5 = 4$$

在这个方程中 $n=5$,$a=4$,代入式(1)得到

$$y = \frac{1}{2}\sqrt[5]{\sqrt{17}+4} - \frac{\frac{1}{2}}{\sqrt[5]{\sqrt{17}+4}}$$

很容易求出它的数值. 首先 $\sqrt{17}+4 = 8.1231$,它的对数为 0.9097164,其 $\frac{1}{5}$ 等于 0.1819433,从而 $\sqrt[5]{\sqrt{17}+4} = 1.5203$,算术补为 $10 - 0.1819433 = 9.8180567$,从而 $\frac{1}{\sqrt[5]{\sqrt{17}+4}} = 0.6577$.

因此以上数的差的一半就是 $y = 0.4313$.

在这里,可以看到,n 取多大数时,都可以用 $y = \frac{1}{2}\sqrt[n]{2a} - \frac{\frac{1}{2}}{\sqrt[n]{2a}}$ 来代替一般根. 例如,方程 $5y + 20y^3 + 16y^5 = 682$,那么 $\log 2a = 3.1348143$,它的五分之一等于 0.6269628,相应的有 $\sqrt[5]{2a} = 4.236$,算术补 $10 - 0.6269628 = 9.3730372$,相应的有 $\frac{1}{\sqrt[5]{2a}} = 0.236$,它们的差的一半为 $y = 2$.

如果前面所提方程的项是正、负都有的,而上述级数为
$$ny + \frac{1-n^2}{2\times 3}ny^3 + \frac{1-n^2}{2\times 3}\times\frac{9-n^2}{4\times 5}ny^5 +$$

---

① 在原第二项的分母中,第二个符号是 - 而不是 +.

$$\frac{1-n^2}{2\times3}\times\frac{9-n^2}{4\times5}\times\frac{25-n^2}{6\times7}ny^7+\cdots=a$$

那么它的根会变为

$$y=\frac{1}{2}\sqrt[n]{a+\sqrt{a^2-1}}+\frac{\dfrac{1}{2}}{\sqrt[n]{a+\sqrt{a^2-1}}}\qquad(5)$$

$$y=\frac{1}{2}\sqrt[n]{a+\sqrt{a^2-1}}+\frac{1}{2}\sqrt[n]{a-\sqrt{a^2-1}}\qquad(6)$$

$$y=\frac{\dfrac{1}{2}}{\sqrt[n]{a-\sqrt{a^2-1}}}+\frac{1}{2}\sqrt{a-\sqrt{a^2-1}}\qquad(7)$$

$$y=\frac{\dfrac{1}{2}}{\sqrt[n]{a-\sqrt{a^2-1}}}+\frac{\dfrac{1}{2}}{\sqrt[n]{a+\sqrt{a^2-1}}}\qquad(8)$$

注意,如果 $\dfrac{n-1}{2}$ 是奇数,根中的符号会变化.

如果方程为 $5y-20y^3+16y^5=6$,那么 $n=5$,$a=6$,它的根为

$$\frac{1}{2}\sqrt[5]{6+\sqrt{35}}+\frac{\dfrac{1}{2}}{\sqrt[5]{6+\sqrt{35}}}$$

"关于角的部分."

在 1707 年初,我通过以下方程偶然发现了一个方法.

$$ny+\frac{n^2-1}{2\times3}Ay^3+\frac{n^2-9}{4\times5}By^5+\frac{y^5-25}{6\times7}Cy^7+\cdots=a$$

或者

$$ny+\frac{1-n^2}{2\times3}Ay^3+\frac{9-n^2}{4\times5}By^5+\frac{25-y^5}{6\times7}Cy^7+\cdots=a$$

($A,B,C\cdots$ 表示每一项的系数)

这些方程的根由以下式子决定:令第一个方程的根的形式中的 $a+\sqrt{a^2+1}=v$,第二个方程的根的形式中的 $a+\sqrt{a^2-1}=v$,我们得到第一个方程的根 $y=\frac{1}{2}\sqrt[n]{v}-\dfrac{\dfrac{2}{\sqrt[n]{v}}}{}$,第二个方程的根 $y=\frac{1}{2}\sqrt[n]{v}+\dfrac{\dfrac{2}{\sqrt[n]{v}}}{}$.

这些解法在那一年的 2 月 2 日被记录到《哲学汇刊》第 309 号. 这些公式以如下定理表示:

在单位圆中,让 x 表示一条弧的正矢,而 t 表示另一条弧的正矢;令前弧是

后弧的 $\frac{1}{n}$.

然后假设有两个方程是已知的①,即

$$1 - 2z^n + z^{2n} = -2z^n t, 1 - 2z + z^2 = -2zx$$

通过消除 z,会得到一个表示 x 与 t 的关系的方程.

推论 1 如果前一个弧取作半圆,方程变为

$$1 + z^n = 0, 1 - 2z + z^2 = -2zx$$

把 z 消掉就会得到一个关于正矢 x 的方程,其弧分别取半圆周的一倍、三倍、五倍,共 n 段.

推论 2 如果后一段弧取作圆周,方程变为

$$1 - z^n = 0, 1 - 2z + z^2 = -2zx$$

把 z 消掉就会得到一个关于正矢 x 的方程,其弧分别取圆周的一倍、三倍、五倍,共 n 段.

推论 3 如果后一段弧取 $60°$,方程变为

$$1 - z^n + z^{2n} = 0, 1 - 2z + z^2 = -2zx$$

把 z 消掉就会得到一个由具有这样特点的弧的正矢决定的方程,这类弧是 $60°$ 的弧的 $1,7,13,19,25,\cdots$ 倍或 $5,11,17,23,29,\cdots$ 倍,共有 n 段.

如果后一段弧取 $120°$,方程变为

$$1 + z^n + z^{2n} = 0, 1 - 2z + z^2 = -2zx$$

消去 z,得到的方程由正矢 x 所确定,其弧为 $120°$ 的 $1,4,7,10,13,\cdots$ 倍或 $2,5,8,11,14$ 倍,共 n 段.

引理 1 如果 l 和 x 分别为单位圆的两条弧 A 和 B 的余弦,且第一段弧是第二段弧的 n 倍,那么

$$x = \frac{1}{2} \sqrt[n]{l + \sqrt{l^2 - 1}} + \frac{1}{\sqrt[n]{l + \sqrt{l^2 - 1}}}$$

推论 1 令

$$\sqrt[n]{l + \sqrt{l^2 - 1}} = z$$

那么

$$z^n = l + \sqrt{l^2 - 1}$$

---

① 正矢 $x = \sin n\phi = 1 - \cos \phi$,正矢 $t = \sin n\phi = 1 - \cos n\phi$,那么有 $1 - 2\cos n\phi z^n + z^{2n} = 0, 1 - 2\cos \phi z + z^2 = 0$. 与 C 中推论 Ⅰ 相比较,消去 z 有 $\sqrt[n]{\cos n\phi \pm \sqrt{\cos^2 n\phi - 1}} = \sqrt[n]{\cos n\phi \pm \sqrt{-1} \sin n\phi} = \cos \phi + \sqrt{-1} \sin \phi$,或者 $(\cos \phi + \sqrt{-1} \sin \phi)^n = \cos n\phi + \sqrt{-1} \sin n\phi$,即 n 为奇数时的棣莫弗公式.

或者

$$z^n - l = \sqrt{l^2 - 1}$$

两边同时平方得到

$$z^{2n} - 2 \cdot lz^n + l^2 = l^2 - 1$$

化简得到

$$z^{2n} - 2 \cdot lz^n + 1 = 0$$

由于

$$z = \sqrt[n]{l + \sqrt{l^2 - 1}}$$

由引理,所以

$$x = \frac{1}{2}z + \frac{\frac{1}{2}}{z} \text{或} z^2 - 2xz + 1 = 0$$

推论2 联立方程 $z^{2n} - 2 \cdot lz^n + 1 = 0$ 和 $z^2 - 2xz + 1 = 0$,消掉 z 就会得到一个表示 l 和 x 的余弦关系的方程,其中弧 A 小于四分之一圆周.

推论3 如果弧 A 大于四分之一圆周,那么弧 A 的余弦表示为 $-l$,方程变为 $z^{2n} + 2 \cdot lz^n + 1 = 0$ 和 $z^2 - 2xz + 1 = 0$,消掉 z 就会得到一个关于 l 和 x 的余弦关系的方程.

推论4 联立方程 $z^{2n} + 2 \cdot lz^n + 1 = 0$ 和 $z^2 - 2xz + 1 = 0$,消掉 z 就会得到一个表示弧 A 的余弦和弧 $\frac{A}{n}, \frac{C-A}{n}, \frac{C+A}{n}, \frac{2C-A}{n}, \frac{2C+A}{n}, \frac{3C-A}{n}, \frac{3C+A}{n}, \cdots$ 的余弦关系的方程,其中弧 C 表示整个圆周①.

"根的化简,或二项式 $a + \sqrt{+b}$ 与 $a + \sqrt{-b}$ 的根的提取"(《哲学汇刊》1739,第40卷451期,463~478页).此文涉及整个4个问题的讨论,在此选自问题2~3(第472~474页).

问题2 提取一个不可能存在的二项式 $a + \sqrt{-b}$ 的立方根.

设这个根为 $x + \sqrt{-y}$,它的立方等于 $x^3 + 3x^2\sqrt{-y} - 3xy - y\sqrt{-y}$,令 $x^3 - 3xy = a, 3x^2\sqrt{-y} - y\sqrt{-y} = \sqrt{-b}$,将它们平方得到方程

$$x^6 - 6x^4y + 9x^2y^2 = a^2, \quad -9x^4y + 6x^2y^2 - y^3 = -b$$

将上面两个方程作差得到方程

---

① 即 $\sqrt[n]{\cos A \pm i\sin A} = \cos\frac{2k\pi \pm A}{n} + i\sin\frac{2k\pi \pm A}{n}, k = 0,1,2,3,\cdots$.

$$x^6 + 3x^4 y + 3x^2 y^2 + y^3 = a^2 + b^{①}$$

这个方程的立方根为 $x^2 + y = \sqrt[3]{a^2 + b} = m$，于是有 $x^2 + y = m$，或 $y = m - x^2$，代入方程 $x^3 - 3xy = a$ 得到方程 $x^3 - 3mx + 3x^3 = a$，即 $4x^2 - 3mx = a$，这个结果与方程 $2x = \sqrt[3]{a + \sqrt{-b}} + \sqrt[3]{a - \sqrt{-b}}$ 推出的结果相同. 虽然这与前一个方程的结果不同，但是在前一个方程中可以解出 x，x 是由虚部为 $\sqrt{-b}$ 的两部分构成.

因此从立方根中提取二项式 $81 + \sqrt{-2\,700}$，令 $a = 81, b = 2\,700$，则 $a^2 + b = 6\,561 + 2\,700 = 9\,261$，其立方根为 21，令它等于 m，于是 $3mx = 63x$，因此这个方程为 $4x^3 - 63x = 81$，与 $4x^3 - 3r^2 x = r^2 c$ 相比较，得 $r^2 = 21$，于是 $r = \sqrt{21}$，$c = \dfrac{a}{r^2} = \dfrac{21}{7}$.

为了找到半径为 $\sqrt{21}$，$c = \dfrac{21}{7}$ 所对的圆弧，令整个圆周等于 C，取弧 $\dfrac{A}{3}$，$\dfrac{C-A}{3}$，$\dfrac{C+A}{3}$，于是半径为 $\sqrt{21}$ 的弧的余弦就是方程的三个根，因为 $y = m - x^2$，所以 y 有多个不同的值.

E

《无穷小分析引证》，欧拉，洛桑. 1748，第 I 卷第八章，"来自圆的超越量"，97 ~ 98 页，§ 132 ~ 133 节.《欧拉全集》重印本，莱比锡，1922 年，第 1 系列，第 8 卷，140 ~ 141 页.

§ 132 把 $(\cos z)^2 + (\sin z)^2 = 1$ 进行因式分解可以得到

$$(\cos z + \sqrt{-1} \cdot \sin z)(\cos z - \sqrt{-1} \cdot \sin z) = 1$$

尽管这些因式是虚的，但有关弧的和与积的问题很有用，考虑

$$(\cos z + \sqrt{-1} \cdot \sin z)(\cos y - \sqrt{-1} \cdot \sin y) =$$
$$\cos y \cos z - \sin y \sin z + \sqrt{-1}\,(\cos y \sin z + \sin y \cos z)$$

又因为

$$\cos y \cos z - \sin y \sin z = \cos(y+z)$$
$$\cos y \sin z + \sin y \cos z = \sin(y+z)$$

---

① 这个方程可化为 $4\left(\dfrac{x}{r}\right)^3 - 3\left(\dfrac{x}{r}\right) = \dfrac{c}{r}$，其等价于三角公式 $4\cos^2 \dfrac{A}{3} - 3\cos \dfrac{A}{3} = \cos A$，其中 $\dfrac{c}{r} = \cos A$，$\dfrac{x}{r} = \cos \dfrac{A}{3}$. 棣莫弗把找立方根问题等同于三等分一个角.

因此有

$$(\cos y + \sqrt{-1} \cdot \sin z)(\cos z - \sqrt{-1} \cdot \sin z) = \cos(y+z) + \sqrt{-1} \cdot \sin(y+z)$$

$$(\cos y - \sqrt{-1} \cdot \sin z)(\cos z - \sqrt{-1} \cdot \sin z) = \cos(y+z) - \sqrt{-1} \cdot \sin(y+z)$$

同理

$$(\cos x \pm \sqrt{-1} \cdot \sin x)(\cos y \pm \sqrt{-1} \cdot \sin y)(\cos z \pm \sqrt{-1} \cdot \sin z) =$$
$$\cos(x+y+z) \pm \sqrt{-1} \cdot \sin(x+y+z)$$

§ 133 因此

$$(\cos z \pm \sqrt{-1} \sin z)^2 = \cos 2z \pm \sqrt{-1} \sin 2z$$

$$(\cos z \pm \sqrt{-1} \sin z)^3 = \cos 3z \pm \sqrt{-1} \sin 3z$$

一般地

$$(\cos z \pm \sqrt{-1} \sin z)^n = \cos nz \pm \sqrt{-1} \sin nz$$

通过以上双重符号,我们推断

$$\cos nz = \frac{(\cos z + \sqrt{-1} \sin z)^n + (\cos z - \sqrt{-1} \sin z)^n}{2}$$

$$\sin nz = \frac{(\cos z + \sqrt{-1} \sin z)^n - (\cos z - \sqrt{-1} \sin z)^n}{2}$$

将上面的二项式展开得到

$$\cos nz = (\cos z)^n - \frac{n(n-1)}{1 \cdot 2}(\cos z)^{n-2}(\sin z)^2 +$$
$$\frac{n(n-1)(n-2)(n-3)}{1 \cdot 2 \cdot 3 \cdot 4}(\cos z)^{n-4}(\sin z)^4 -$$
$$\frac{n(n-1)(n-2)(n-3)(n-4)(n-5)}{1 \cdot 2 \cdot 3 \cdot 4 \cdot 5 \cdot 6}(\cos z)^{n-6}(\sin z)^6 + \cdots$$

$$\sin nz = \frac{n}{1}(\cos z)^{n-1}\sin z - \frac{n(n-1)(n-2)}{1 \cdot 2 \cdot 3}(\cos z)^{n-3}(\sin z)^3 +$$
$$\frac{n(n-1)(n-2)(n-3)(n-4)}{1 \cdot 2 \cdot 3 \cdot 4 \cdot 5}(\cos z)^{n-5}(\sin z)^5 + \cdots ①$$

F

欧拉,"关于方程的虚根研究",皇家科学和信件历史,柏林,第 5 卷

———————————

① 本章稍后给出欧拉公式 $\cos v = \dfrac{e^{+v\sqrt{-1}} + e^{-v\sqrt{-1}}}{2}$, $\sin v = \dfrac{e^{+v\sqrt{-1}} - e^{-v\sqrt{-1}}}{2}$;并且 $e^{+v\sqrt{-1}} = \cos v + \sqrt{-1} \sin v$, $e^{-v\sqrt{-1}} = \cos v - \sqrt{-1} \sin v$. 罗杰·柯特斯(Roger Cotes)更早地给出了等价公式 $\log(\cos x + i\sin x) = ix$.

(1749),1751,222~288 页,下文选自 §79~85 节,265~268 页.

 §79 **问题** 1   一个虚数的任意实数次幂的形式由这个虚数本身决定.

 证明   假设 $a+b\sqrt{-1}$ 是这个虚数,m 是实指数,则确定 M 和 N,使得

$$(a+b\sqrt{-1})^m=M+N\sqrt{-1}$$

令 $\sqrt{a^2+b^2}=c$,则 c 永远是一个正实数. 找角 φ,使 $\sin\phi=\dfrac{b}{c}$,$\cos\varphi=\dfrac{a}{c}$,

这里不管 a,b 是正数还是负数都只考虑它们的数值. 可以确定的是无论 a,b 取

何实数我们都可以找到角 φ,使 $\sin\varphi=\dfrac{b}{c}$,$\cos\varphi=\dfrac{a}{c}$. 但在找到实数 φ 的同时

还会找到其他角使其正弦值为 $\dfrac{b}{c}$,余弦值为 $\dfrac{a}{c}$,在以弧度制为单位的情况下,这

样的角有 $2\pi+\varphi,4\pi+\varphi,6\pi+\varphi,8\pi+\varphi,\cdots$,还有 $-2\pi+\varphi,-4\pi+\varphi,-6\pi+$

$\varphi,-8\pi+\varphi,\cdots$.

 于是就有

$$a+b\sqrt{-1}=c(\cos\varphi+\sqrt{-1}\sin\varphi)$$

因此

$$(a+b\sqrt{-1})^m=c^m(\cos\varphi+\sqrt{-1}\sin\varphi)^m$$

这里 c^m 永远是一个正实数. 从而

$$(\cos\varphi+\sqrt{-1}\sin\varphi)^m=\cos m\varphi+\sqrt{-1}\sin m\varphi$$

这里 m 是一个实数,角 $m\varphi$ 也是实数,于是 $m\varphi$ 的正弦值和余弦值也是实数. 于
是有

$$(a+b\sqrt{-1})^m=c^m(\cos m\varphi+\sqrt{-1}\sin m\varphi)$$

或者 $(a+b\sqrt{-1})^m$ 也可以记为 $M+N\sqrt{-1}$,$M=c^m\cos m\varphi$,$N=c^m\sin m\varphi$,$c=$

$\sqrt{a^2+b^2}$,$\sin\varphi=\dfrac{b}{c}$,$\cos\varphi=\dfrac{a}{c}$.

 §80 **推论** 1   由

$$(\cos\varphi+\sqrt{-1}\cdot\sin\varphi)^m=\cos m\varphi+\sqrt{-1}\cdot\sin m\varphi$$

同理,可以得到

$$(\cos\varphi-\sqrt{-1}\cdot\sin\varphi)^m=\cos m\varphi-\sqrt{-1}\cdot\sin m\varphi$$

因此有

$$(a-b\sqrt{-1})^m=c^m(\cos m\varphi-\sqrt{-1}\sin m\varphi)$$

这里的 φ 与前面所提到的相同.

 §81 **推论** 2   如果指数 m 是负数,那么由

$$\sin(-m\varphi)=-\sin m\varphi,\cos(-m\varphi)=\cos m\varphi$$

有

$$(\cos \varphi \pm \sqrt{-1} \sin \varphi)^{-m} = \cos m\varphi \mp \sqrt{-1} \sin m\varphi$$

$$(a \pm b \sqrt{-1})^{-m} = c^{-m} (\cos m\varphi \mp \sqrt{-1} \sin m\varphi)$$

§82 推论3 如果 m 是正整数或负整数,那么公式 $(a + b\sqrt{-1})^m$ 只有唯一一个值,这是因为无论 φ 取 $\pm 2\pi + \varphi$, $\pm 4\pi + \varphi$, $\pm 6\pi + \varphi$, …中的哪一个, $\sin m\varphi$, $\cos m\varphi$ 的值都相等.

§83 推论4 如果指数 m 是有理数 $\dfrac{u}{v}$,那么公式 $(a + b\sqrt{-1})^{\frac{u}{v}}$ 的值的个数取决于 v 中所含单位 1 的个数. 这是因为取代角 φ 会有不同的 $\sin m\varphi$ 和 $\cos m\varphi$ 的值,其个数等于 v 中的单位数.

§84 推论5 如果 m 是无理数或不可公度时, $(a + b\sqrt{-1})^m$ 会有无穷多个不同的值. 这是因为任何一个角 φ, $\pm 2\pi + \varphi$, $\pm 4\pi + \varphi$, $\pm 6\pi + \varphi$, …都会使 $\sin m\varphi$, $\cos m\varphi$ 取得不同的值.

§85 注释1 这个问题的解决方案是以等式

$$(\cos \varphi + \sqrt{-1} \sin \varphi)^m = \cos m\varphi + \sqrt{-1} \sin m\varphi$$

为基础的,这个等式已经通过一个关于角的乘法的理论加以证明了. 给定两个角 φ 和 θ,则

$$(\cos \varphi + \sqrt{-1} \sin \varphi)(\cos \theta + \sqrt{-1} \sin \theta) = \cos(\varphi + \theta) + \sqrt{-1} \sin(\varphi + \theta)$$

这是显然的,左边乘开为 $\cos \varphi \cos \theta - \sin \varphi \sin \theta + (\cos \varphi \sin \theta + \sin \varphi \cos \theta) \cdot \sqrt{-1}$,但已知 $\cos \varphi \cos \theta - \sin \varphi \sin \theta = \cos(\varphi + \theta)$, $\cos \varphi \sin \theta + \sin \varphi \cos \theta = \sin(\varphi + \theta)$.

在此推出了

$$(\cos \varphi + \sqrt{-1} \sin \varphi)^m = \cos m\varphi + \sqrt{-1} \sin m\varphi$$

m 是整数. 所有人都在猜想这个等式是否对 m 取任意数都成立. 取对数再微分,发现等式成立. 这是因为,取对数有

$$m\ln(\cos \varphi + \sqrt{-1} \sin \varphi) = \ln(\cos m\varphi + \sqrt{-1} \sin m\varphi)$$

把角 φ 看成变量再微分我们有

$$\frac{(-md\varphi \sin \varphi + md\varphi \sqrt{-1} \cos \varphi)}{(\cos \varphi + \sqrt{-1} \sin \varphi)} = \frac{(-md\varphi \sin m\varphi + md\varphi \sqrt{-1} \cos m\varphi)}{(\cos m\varphi + \sqrt{-1} \sin m\varphi)}$$

等式的等号两端同时乘以 $-\sqrt{-1}$,我们有

$$\frac{md\varphi(\cos \varphi + \sqrt{-1} \sin \varphi)}{\cos \varphi + \sqrt{-1} \sin \varphi} = \frac{md\varphi(\cos m\varphi + \sqrt{-1} \sin m\varphi)}{\cos m\varphi + \sqrt{-1} \sin m\varphi} = md\varphi$$

这个等式显然成立[①].

---

① 这就证明了或者 $(\cos \varphi + \sqrt{-1} \sin \varphi)^m$ 与 $(\cos m\varphi + \sqrt{-1} \sin m\varphi)$ 相等,或者相差一个常数,又 $\varphi = 0$ 时,两者相等,从而完成了证明.

§23 克拉维乌斯和皮提斯卡斯论积化和差

（本文由纽约耶希瓦学院 Jekuthiel Ginsburg 教授译自拉丁文）

在发现"对数"之前的几年里，数学家使用了一种叫作积化和差的方法，用加法和减法来代替乘法和除法的运算. 该方法基于等价公式

$$\cos(A - B) - \cos(A + B) = 2\sin A \sin B$$

尼克劳斯、雷马洛斯、乌尔苏斯、迪斯马素将其应用于求解球面三角形，其中需要找到第四比例项使其与半径、$\sin A$ 和 $\sin B$ 成正比的方法. 克里斯托弗·克拉维乌斯（Christopher Clavius，1537—1612）将该方法推广到切线和割线的情形，实际上，他展示了如何用这种方法求出任意两个数的乘积，从而在某种程度上预见了对数理论.

在下面翻译的第一个片段中，克拉维乌斯展示了如何用积化和差的方法找到两个正弦的乘积. 这似乎是由 Raymarus Ursus 提出的方法的本源. 它只适用于这两个因子中的每一个都小于半径，因此可以被认为是某些弧的正弦.

在第二个片段中，克拉维乌斯展示了当其中一个数要乘以另一个大于半径的数的情况下如何继续进行.

这两个片段都来自他的《星盘》（罗马，1593 年），第一卷，引理 53.

片段一

例如，我们需要找出 $17°45'\pi$ 的斜度[①].

由于半径确实等于该点最大赤纬度的正弦值，等于给定黄道点距最近分点的距离的正弦值等于同一假体赤纬度的正弦值[②].

因此，通过积化和差，距春分 $77°45'$ 的距离最大为 $23°30'$，大于弧度 $12°15'$ 小于弧度 $23°30$ 的补体，补体和小弧相加为 $35°45'$，正弦是 3842497，补体和较

---

① 1 斜度是从天体上的一点到赤道的距离（当然，距离是在子午线的弧线上测量的）.

点 $17°45'\pi$ 是黄道十二宫的第三个标志点. 由于黄道十二宫的每一个标志点都是 $30°$，并且由于第一个标志点是从黄道与赤道的交叉处开始的，因此从该交点到 $17°45'\pi$ 的距离等于 $30° + 30° + 17°45' = 77°45'$.

② 由赤道和黄道形成的角度.

小弧的离散度为 $11°15'$，正弦为 1950903，正弦的总和 7793400，总和的一半 3896700 偏角为 $22°56'$①．

片段二

当半径与小于其本身的数之比等于大于半径数与所需数目②之比时，按以下方式进行：第三个数字大于半径，应除以半径．商数是在右边舍去七位数时得到的数字．这七个数字构成其余的数字．如果将较小数目的弧线和被视为正弦的残余物从表中取出来，则"半径对较小数目的比例与残余数与所需数目的比例"将适用于积化和差的使用．在第四个比例中，应用上述除法的商数③将较小数的乘积相加．

§24 皮提斯卡斯论积化和差④

问题 1 给出一个已知三个项的比例，在不使用乘法和除法的前提下⑤，求出以第一项为半径，第二项和第三项为正弦的比例．

求出与之相对应的弧的补数之和，你就会得到一个球面三角形，它适用于

---

① 根据克拉维乌斯在一百七十九页证明的一个定理

$$1 : \sin A = \sin B : \frac{1}{2} \left[\sin(90° - A + B) - \sin(90° - A - B) \right]$$

其中 $A = 77°45'$，$90° - A = 12°15'$，$B = 23°30'$，$90° - A + B = 23°30' + 12°15' = 35°45'$，$90° - A - B = 23°30' - 12°15' = 11°15'$．$\sin(90° - A + B)$ 和 $\sin(90° - A - B)$ 将根据 $90° - A$ 大于或小于 B 被加上或减去，因此所需的 $\sin 23°30' \times \sin 77°45' = \frac{1}{2}\sin 35°45' - \frac{1}{2}\sin 11°15'$．

② 换句话说 $10,000,000 : A = B : x$，当 $A < 10^7$ 且 $B > 10^7$．这里所以困难是因为 B 不能表示为正弦．

③ 作为一个例子，克拉维乌斯认为 3,912,247 乘以 11,917,537 的乘积或乘以比例 10^7 : 391,247 = 11,917,535 : x，其中第三项 11,917,535 大于 10^7；除以 10^7，商为 1，余数为 1,917,535．克拉维乌斯又考虑了后一种比例 10^7 : 391,247 = 1,917,535 : x．他从表格中发现，391,247 = $\sin 23°2'$，1,917,535 = $\sin 11°3'$．其比例变为 10^7 : $\sin 23°2' = \sin 11°3'$: x．

然后他按照上面的步骤进行 10^7 : $\sin 23°2' = \sin 11°3'$: $\frac{1}{2}\left[\sin(90° - 23°2' + 11°3') - \sin(90° - 23°2' - 11°3')\right]$，相当于 10^7 : $\sin 23°2' = \sin 11°3'$: $\frac{1}{2}(\sin 78°1' - \sin 55°55')$，得出 $x = 749,923$，此结果应由商 1 乘以第二项的乘积 391,247．

④ 《三角法》，1612 版，第 149 页．

⑤ 即 $1 : \sin A = \sin B : x$，求 x，不使用乘法或除法．

球面三角形的第四种情况,它仅用积化和差就可以解决.

例如,给定比例:"半径 AE 比 $\sin EF$,正如 $\sin AB$ 比 $\sin BC$."

对于在第二和第三位置处给定的弧 EF,AB,找到它们的剩余部分 ED,BE,你将有一个 E 为直角的直角三角形 BED,其中所需的数量 BC 是边 DB 的补充.在不作乘法或除法的条件下这就是球面三角形的第四条公理,令边 $AB=42°$,$EF=48°25'$,然后 $BE=48°$,$DE=41°35'$,从这里我们知道了

$$DE=41°35'=41°35'$$

$$BE\ =\ 48°0'\ \text{compl.}\ \ 42°0'$$

$89°35'$	$83°35'$	正弦	9937354
$0°25'$		正弦	72721
			10010075
它的一半是			5005037

这是所需的弧 BC 的正弦,或 $36°2'$.

§25　克拉维乌斯积化和差在三角学中的应用

(本文由纽约市耶希瓦学院的 Jekuthiel Ginsburg 教授译自拉丁文)

下面的片段来自克里斯托弗·克拉维乌斯的《星盘》(罗马,1593),179~180 页.它包含了公式的证明

$$\cos(A-B)-\cos(A+B)=2\sin A\sin B$$

克拉维乌斯考虑了三种情况:

(1)$A+B=90°$;

(2)$A+B<90°$;

(3)$A+B>90°$.

在第一种情况下,公式变成

$$\sin 2A=2\sin A\cos A$$

克拉维乌斯认为 Nicolaus Raymarus Ur. Dithmarsus 发现了这个定理,但是根据 A. Braunmiihl(Vorlesungen iiber Gescbicbte der Trigonometrie p. 173),后者只证明了其中的两种情况,即第二种和第三种情况.无论如何,克拉维乌斯是第一个以完整的形式发表定理和证明定理的人.

从他的开场白中可以看出,克拉维乌斯用这个定理作为对"积化和差"方法的介绍,在奈皮尔发现对数之前的几年里,数学家如尼克劳斯、雷马洛斯、乌尔苏斯、迪斯马素等都用加法和减法的运算代替了乘法和除法的运算.这一主题对数的理论(不是对数的发明)的影响是显而易见的.翻译如下:

引理 53　三四年前,尼克劳斯、雷马洛斯、乌尔苏斯、迪斯马素出版了一本小册子,其中他提出了一种巧妙的方法,他通过这种方法仅用积化和差①来解决许多球面三角形问题. 但是,由于只有当正弦按一定比例被固定时,并且当正弦出现在首位时,它才是可用的,我们将在这里尝试使这一学说更加普遍,这样它不仅适用于正弦,以及当正弦出现在首位时,也适用于正切、正割、正矢和其他数字. 无论正弦出现在开头还是中间,或者它根本没有出现. 这些发现都是全新的并且令人欣慰和满意的.

定理　半径等于任何弧形的正弦波,就像另一个任意弧形的正弦波是由这两个弧形所组成的数量,其方式是为了修复而需要的. 将较小的数加到较大的补数,并取之和得到正弦值②.

(1)如果小弧小于较大弧的剩余部分(即当两个弧的和等于四分之一圆时),则计算出的正弦的一半将是所需的第四项比例③.

(2)如果较小的弧小于较大弧的补数(当两个弧的和小于一个圆的四分之一时),则从较大的补数中减去较小的弧,这样我们现在就有了添加的相同面积之间的差异. 而这个差的正弦从以前形成的弧的正弦中减去,剩下的一半将是第四个所需的比例④.

(3)但是,如果较小的弧大于较大的弧的补数(当弧的和大于圆的象限时发生),则从较小的弧中减去较大的弧的补数,因此,我们得到了与此前同样的两个弧相加所不同的结果;这种差⑤的正弦将加到以前形成的弧的正弦上. 剩

---

① 在《星盘》178 页克拉维乌斯将积化和差描述为只能用加减法的一种方法.

② 如果弧是 A 与 B,则正弦值是 $\sin(90° - B + A)$.

③ 现代符号:

$$1 : \sin A = \sin B : \frac{1}{2}\sin(90° - B + A)$$

或者　　　　　$$1 : \sin(90° - B) = \sin B : \frac{1}{2}\sin(90° - B + 90° - B)$$

有　　　　　　　$$1 : \cos B = \sin B : \frac{1}{2}\sin 2B$$

或有　　　　　　　$$\sin 2B = 2\sin B \cos B$$

④ 比例将会变为以下形式

$$1\{1 : \sin A = \sin B : \frac{1}{2}[\sin(\overline{90° - A} + B) - \sin(\overline{90° - A} - B)]\}$$

等价于　　　　$$1 : \sin A = \sin B : [\frac{1}{2}\cos(A - B) - \cos(A + B)]$$

⑤ 也即:$\sin(90° - B - A)$.

下的一半将是第四个比例①.

上述是作者所规定的法则,将以下列方式加以证明:

在图1中,我们看到 EG 是半径. 此外,EG 等于 GK(CD 的正弦),以及 Ei(ID 或 HM 的正弦)是 iL 的正弦. 由于小弧 GD 等于[它本身],DG 是较大弧 ID 的补数(或者如果 GD 越大,ID 越小,$ID = DI$,是大圆弧 GD 的补数),则要求的第四个比例是 PQ,它等于 MD 所对应正弦 MP 的一半,较小的弧由 DG 和 GM 组成,是较大弧 HM 的补.

在图2和图3中,我们也有半径 EG 比 GK(GD 的正弦),而 Ei(弧 ID 或 HM 的正弦)是所需的 iL 的正弦. 由于在图2中,较小的弧 GD 小于 GN,所以大弧 IN 的补数(或者如果碰巧 GD 越大,则 IN 越小,则较小的将大于大弧 GD 的补数 ID),所需的正弦 PQ(它是第四个与 I,$\sin A$,$\sin B$ 成正比的)将以下列方式得到:正弦 RP 不同于 DN(即与其相等的 ME)是从 MP 中减去的,MP 是由小弧 DG 和大弧 HM 的补弧 GM 组成的 MD 的正弦. 然后,PQ 将是剩余 PE 的一半,就像 QR 将是总 PE 的一半一样.

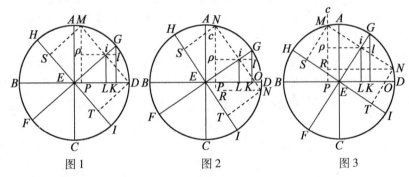

图1   图2   图3

如果 GD 是较大的弧,IN 是较小的,MP 仍将是 MB 的正弦,由较小的弧 MH 和大的弧 GD 的互补 HB 组成.

在图3中,由于较小的弧 IN 大于 ID,较大弧 GD 的互补(或者,如果 GD 是一个较小的弧且 IN 较大,则较小的 GD 将超过较大弧 IN 的互补 GN),通过添加差 ND 的正弦 RP,即将 $ME = RP$ 加到 MP,即由较小的弧(HM)和 HB 组成的弧 MB 的正弦,其补数越大. 线段 PQ 是线段 EP 的一半(因为 $QR = \frac{1}{2}MR$②,等

---

① 现代符号:若 $B > 90° - A$ 也就是 $A + B > 90°$,我们将减法换一种表示方式,用 $B - (90° - A)$ 代替 $(90° - A) - B$.

② 现代符号:

$MP = \sin MD = \sin(DC + GM) = \sin(DG + 90° - HM) = \cos(DC - HM)$. 此外,三角形 $QR = \frac{1}{2}MR$,因为在类似的三角形 MIQ 和 MRN 中,我们具有 $MI = \frac{1}{2}MN$.

于它所需要的直线 iL.

如果弧 GD 可能更小, IN 更大, 那么 MP 仍然是由小弧 GD 组成的弧 MD 的正弦, 而 GM 是大电弧 HM 的补充.

§26　高斯论共形表示

（本文由威斯康辛大学麦迪逊分校的赫伯特·P.埃文斯博士译自德文）

卡尔·弗里德里希·高斯于 1777 年 4 月 23 日出生在布劳恩施威格, 1855 年 2 月 23 日逝世于哥廷根. 1795 年到 1798 年就读于哥廷根大学, 随后的十年里, 他完成了纯数学和天文学方面的许多重大发现. 为了表彰他在天文学方面的工作, 1807 年他被任命为哥廷根天文台的台长, 直至去世. 几乎所有的纯数学和应用数学领域都被天才高斯所丰富, 他的研究是如此深入, 以至于他被认为是德国最伟大的数学家. 本文的灵感来源于哥本哈根皇家科学学会的一个有奖问题, 题为:问题的一般解决办法, 即将一个给定曲面的部分表示在另一个给定曲面上, 这种表示是相似的, 即其最短线表示后仍是最短线, 且连线成角保持不变. 本文写于 1822 年, 该年获得科学会的奖励. 见于 1873 年出版的《高斯作品集》第四卷, 192 至 216 页.

一种将一个曲面表示在另一个曲面上并保持角度不变的变换称为共形变换[1]. 最早的共形变换可以追溯到希腊人, 他们熟悉球面到平面上的立体投影. 拉格朗日[2]考虑了旋转曲面在平面上的共形表示, 但在本文中, 高斯解决了一个曲面对另一个曲面的共形表示的一般问题. 本文可以作为共形表示理论的基础, 也是更现代的单变量解析函数理论的基础.

1. 共形表示

讨论这个问题的一般解决办法, 即表示一个给定曲面的各部分表示在另一个给定曲面上, 使其表示是相似的, 其最短线表示后仍为最短线, 且连线的成角保持不变.

（1）曲面的性质是由一个坐标 x, y, z 与曲面上的每一个点相关联的方程来描述的. 作为这个方程的结果, 这三个变量中的每一个都可以看作是另外两个变量的函数. 引入两个新变量 t, u, 并将每一个变量 x, y, z 作为 t, u 的函数, 这是

---

[1]　共形一词由高斯在此文中引入.

[2]　收集工作, 635 ~ 692 页.

比较普遍的. 通过这种方法, t,u 的定值, 至少在一般情况下, 是与曲面的一个确定点相关联的, 反过来也是如此.

（2）设变量 X,Y,Z,T,U 对第二曲面的意义与 x,y,z,t,u 对第一曲面的意义相同.

（3）把第一曲面表示到第二曲面上, 要求第一曲面的每一个点对应于第二曲面的一个确定点. 这将通过 T 和 U 来确定变量 t 和 u 的函数来实现. 只要表示满足一定的条件, 这些函数就不能再被认为是任意的. 由于 X,Y,Z 也成为 t 和 u 的函数, 除了这两个曲面的性质所规定的条件外, 这些函数还必须满足表示中要满足的条件.

（4）皇家学会的问题规定, 表示是相似的. 首先, 必须要求表达式是解析的. 通过 t,u,x,y,z,X,Y,Z 的微分, 得到如下方程

$$dx = adt + a'du$$
$$dy = bdt + b'du$$
$$dz = cdt + c'du$$
$$dX = Adt + A'du$$
$$dY = Bdt + B'du$$
$$dZ = Cdt + C'du$$

证明的条件首先规定, 从第二曲面的某一点出发的曲面内的所有最短线的长度, 需与第一曲面的对应线的长度成正比; 第二, 在第一曲面上的这些相交线之间所产生的每一角度, 需等于第二曲面内相应线之间的角度. 第一曲面上的线性元可以写为

$$\sqrt{(a^2+b^2+c^2)dt^2 + 2(aa'+bb'+cc')dt \cdot du + (a'^2+b'^2+c'^2)du^2}$$

第二曲面对应的线性元是

$$\sqrt{(A^2+B^2+C^2)dt^2 + 2(AA'+BB'+CC')dt \cdot du + (A'^2+B'^2+C'^2)du^2}$$

为了使这两个长度在给定比率下不依赖于 dt 和 du, 这三个量

$$a^2+b^2+c^2, \quad aa'+bb'+cc', \quad a'^2+b'^2+c'^2$$

显然必须分别与如下三个量成比例

$$A^2+B^2+C^2, \quad AA'+BB'+CC', \quad A'^2+B'^2+C'^2$$

如果第一个曲面上的第二线性元的端点对应于

$$t,u \text{ 和 } t+\delta t, u+\delta u$$

那么, 这个元与第一个元所形成的角度的余弦是

$$\frac{(adt+a'du)(a\delta t+a'b\delta u) + (bdt+b'du)(b\delta t+b'\delta u) + (cdt+c'du)(c\delta t+c'\delta u)}{\sqrt{(adt+a'du)^2+(bdt+b'du)^2+(cdt+c'du)^2 \left[(a\delta t+a'\delta u)^2+(b\delta t+b'\delta u)^2+(c\delta t+c'\delta u)^2\right]}}$$

第二曲面上对应元素间夹角的余弦用类似的表达式给出, 只要用 a,b,c, a',b',c' 代替 A,B,C,A',B',C'. 如果上述比例条件存在, 那么这两个式子就相

等,因此第二个条件包含在第一个条件中.

相应地,我们问题的解析表达式是

$$\frac{A^2 + B^2 + C^2}{a^2 + b^2 + c^2} = \frac{AA' + BB' + CC'}{aa' + bb' + cc'} = \frac{A'^2 + B'^2 + C'^2}{a'^2 + b'^2 + c'^2}$$

保持不变. 这个比率是关于 t 和 u 的一个有限函数,我们用 m^2 来表示. 其中 m 是第一个曲面上线性维数表示在第二个曲面上的线性维数增加或减小的比率 (因此,m 大于或小于单位). 一般说来,这个比率在不同的点将是不同的;在特殊情况下,m 是一个常数,相应的有限部分也将是相似的,而且如果 $m = 1$,则它们完全相等,其中一个面在另一个面上是可展的.

(5) 为了简洁起见,我们写作

$$(a^2 + b^2 + c^2)\mathrm{d}t^2 + 2(aa' + bb' + cc')\mathrm{d}t \cdot \mathrm{d}u + (a'^2 + b'^2 + c'^2)\mathrm{d}u^2 = \omega$$

需要注意的是,微分方程 $\omega = 0$ 允许两次积分. 因为三项 ω 在 $\mathrm{d}t$ 和 $\mathrm{d}u$ 中可能被分解成两个线性因子,其中一个因素或另一个因素必须消失,从而导致两种不同的积分. 一个积分将对应于这个方程

$$0 = (a^2 + b^2 + c^2)\mathrm{d}t + [(a'^2 + b'^2 + c'^2) +$$
$$\mathrm{i}\sqrt{(a^2 + b^2 + c^2)(a'^2 + b'^2 + c'^2) - (aa' + bb' + cc')^2}]\mathrm{d}u$$

(其中 i 表示 $\sqrt{-1}$,因为很容易看出表达式的无理部分必须是虚的);另一个积分将对应一个与之非常相似的方程,它是通过交换 $-\mathrm{i}$ 和 i 得到的. 因此,如果第一个方程的积分是

$$p + \mathrm{i}q = 常数$$

其中 p 和 q 表示 t 和 u 的实函数;另一个积分是

$$p - \mathrm{i}q = 常数$$

因此,根据此性质,有

$$(\mathrm{d}p + \mathrm{i}\mathrm{d}q)(\mathrm{d}p - \mathrm{i}\mathrm{d}q)$$

或

$$\mathrm{d}p^2 + \mathrm{d}q^2$$

必为 ω 的一个因子,或者

$$\omega = n(\mathrm{d}p^2 + \mathrm{d}q^2)$$

其中 n 是 t 和 u 的有限函数.

现在我们通过 Ω 来给定三项式

$$\mathrm{d}X^2 + \mathrm{d}Y^2 + \mathrm{d}Z^2$$

对 $\mathrm{d}x, \mathrm{d}y, \mathrm{d}z$ 用 $T, U, \mathrm{d}t, \mathrm{d}u$ 来代替它们的值时所发生的变化,并且假设与前面一样,方程 $\Omega = 0$ 的两个积分是

$$P + \mathrm{i}Q = 常数$$
$$P - \mathrm{i}Q = 常数$$

和

$$\Omega = N(\mathrm{d}P^2 + \mathrm{d}Q^2)$$

其中 P, Q, N 是 T 和 U 的实函数. 这些积分(除了积分的一般困难外)显然可以在解决我们的主要问题之前进行.

如果现在用 t, u 的这类函数来代替 T, U,使我们的主问题满足条件,那么 Ω 可以用 $m^2\omega$ 代替,并且我们有

$$\frac{(\mathrm{d}P + \mathrm{i}\,\mathrm{d}Q)(\mathrm{d}P + \mathrm{i}\,\mathrm{d}Q)}{(\mathrm{d}p + \mathrm{i}\,\mathrm{d}q)(\mathrm{d}p - \mathrm{i}\,\mathrm{d}q)} = \frac{m^2 n}{N}$$

然而,很容易看出,这个方程左边的分子只有在以下两种情况下才能被分母整除

$$\mathrm{d}p + \mathrm{i}\,\mathrm{d}q \text{ 能整除 } \mathrm{d}P + \mathrm{i}\,\mathrm{d}Q$$

且

$$\mathrm{d}p - \mathrm{i}\,\mathrm{d}q \text{ 能整除 } \mathrm{d}P - \mathrm{i}\,\mathrm{d}Q$$

或

$$\mathrm{d}p - \mathrm{i}\,\mathrm{d}q \text{ 能整除 } \mathrm{d}P + \mathrm{i}\,\mathrm{d}Q$$

且

$$\mathrm{d}p + \mathrm{i}\,\mathrm{d}q \text{ 能整除 } \mathrm{d}P - \mathrm{i}\,\mathrm{d}Q$$

因此,在第一种情况下,如果 $\mathrm{d}p + \mathrm{i}\,\mathrm{d}q = 0$,则 $\mathrm{d}P + \mathrm{i}\,\mathrm{d}Q$ 将为 0;如果 $p + \mathrm{i}q$ 为常数,则 $P + \mathrm{i}Q$ 也为常数. $P + \mathrm{i}Q$ 只是 $p + \mathrm{i}q$ 的函数,同样 $P - \mathrm{i}Q$ 也是 $p - \mathrm{i}q$ 的函数;在另一种情况下,$P + \mathrm{i}Q$ 只是 $p - \mathrm{i}q$ 的函数,类似地,$p - \mathrm{i}q$ 只是 $p + \mathrm{i}q$ 的函数. 很容易理解,这些结论反之也成立. 即,如果 $P + \mathrm{i}Q, P - \mathrm{i}Q$ 被假定为 $p + \mathrm{i}q$ 和 $p - \mathrm{i}q$ 的函数(分别或相反),则 ω 对 Ω 的有限可除性按所要求比例存在.

此外,很容易看到,例如

$$P + \mathrm{i}Q = f(p + \mathrm{i}q)$$

和

$$P - \mathrm{i}Q = f'(p - \mathrm{i}q)$$

函数 f' 的性质取决于 f. 也就是说,如果后者涉及的常量都是实的,那么 f' 恒等于 f,P, Q 的实值对应于 p, q 的实值. 相反,假设函数 f' 可以从 f 通过仅仅用 $-\mathrm{i}$ 代替其中的 i 来得到. 因此,我们有

$$P = \frac{1}{2}f(p + \mathrm{i}q) + \frac{1}{2}f'(p - \mathrm{i}q)$$

$$\mathrm{i}Q = \frac{1}{2}f(p + \mathrm{i}q) - \frac{1}{2}f'(p - \mathrm{i}q)$$

或者,同样的情况,当函数 f 假定相对任意(包含常量虚元)时,P 等于实部,$\mathrm{i}Q$ 等于 $f(p + \mathrm{i}q)$ 的虚部,然后用 t 和 u 的函数表示 T, U. 这样,所给出的问题就得到了全部而一般的解决.

（6）如果 $p' + iq'$ 表示 $p + iq$ 的任意函数（其中 p',q' 是 p,q 的实函数），则很容易看出

$$p' + iq' = 常数, p' - iq' = 常数$$

表示微分方程 $\Omega = 0$ 的积分；实际上，这些方程分别是

$$p + iq = 常数, p - iq = 常数$$

的等价式. 同样地，积分

$$P' + iQ' = 常数, P' - iQ' = 常数$$

表示微分方程 $\omega = 0$ 的积分；实际上，这些方程分别等价于

$$P + iQ = 常数, P - iQ = 常数$$

其中 $P' + iQ'$ 表示 $P + iQ$ 的任意函数（P',Q' 是 P 和 Q 的实函数）. 由此可见，在前面给出的问题的通解中，p',q' 可以分别代替 p,q 且 P',Q' 代替 P,Q. 虽然该解决方案没有通过这种替换获得更大的通用性，但有时在应用中，一种形式可能比另一种更有用.

（7）如果任意函数 f,f' 的微分所产生的函数分别由 φ 和 φ' 代替，使

$$df(v) = \varphi(v)\,dv, df'(v) = \varphi'(v)\,dv$$

按照通常的解法，结果为

$$\frac{dP + idQ}{dp + idq} = \varphi(p + iq), \frac{dP - idQ}{dp - idq} = \varphi'(p - iq)$$

因此

$$\frac{m^2 n}{N} = \varphi(p + iq) \cdot \varphi'(p - iq)$$

则放大率公式为

$$m = \sqrt{\frac{dp^2 + dq^2}{\omega} \cdot \frac{\Omega}{dP^2 + dQ^2} \cdot \varphi(p + iq) \cdot \varphi'(p - iq)}$$

定义的.

（8）我们现在将通过几个示例说明我们的一般解，其中的应用类型以及几个细节的性质仍有待考虑，最好将其澄清.

首先考虑两个平的曲面，在这种情况下，我们可以写作

$$x = t, y = u, z = 0$$
$$X = T, Y = U, Z = 0$$

微分方程

$$\omega = dt^2 + du^2 = 0$$

给出两个积分

$$t + iu = 常数, t - iu = 常数$$

同样地，方程

$$\Omega = \mathrm{d}T^2 + \mathrm{d}Q^2 = 0$$

的两个积分如下

$$T + \mathrm{i}U = \text{常数}, T - \mathrm{i}U = \text{常数}$$

相应地,该问题的两个一般解是

$$T + \mathrm{i}U = f(t + \mathrm{i}u), T - \mathrm{i}U = f'(t - \mathrm{i}u)$$

与

$$T + \mathrm{i}U = f(t - \mathrm{i}u), T - \mathrm{i}U = f'(t + \mathrm{i}u)$$

这些结果也可以这样表达:如果 f 表示任意函数,$f(x + \mathrm{i}y)$ 的实部记为 X,忽略因子 i,虚部记为 Y 或 $-Y$.

如果在(7)的基础上使用 φ, φ',如果我们令

$$\varphi(x + \mathrm{i}y) = \xi + \mathrm{i}\eta, \varphi'(x - \mathrm{i}y) = \xi - \mathrm{i}\eta$$

其中 ξ 和 η 显然是 x 和 y 的实函数,那么在第一个解的情况下,我们有

$$\mathrm{d}X + \mathrm{i}\mathrm{d}Y = (\xi + \mathrm{i}\eta)(\mathrm{d}x + \mathrm{i}\mathrm{d}y)$$
$$\mathrm{d}X - \mathrm{i}\mathrm{d}Y = (\xi - \mathrm{i}\eta)(\mathrm{d}x - \mathrm{i}\mathrm{d}y)$$

因此

$$\mathrm{d}X = \xi\mathrm{d}x - \eta\mathrm{d}y$$
$$\mathrm{d}Y = \eta\mathrm{d}x + \xi\mathrm{d}y$$

现在取

$$\xi = \sigma\cos\gamma, \eta = \sigma\sin\gamma$$
$$\mathrm{d}x = \mathrm{d}s\cos g, \mathrm{d}y = \mathrm{d}s\sin g$$
$$\mathrm{d}X = \mathrm{d}S\cos G, \mathrm{d}Y = \mathrm{d}S\sin G$$

因此,定义 $\mathrm{d}s$ 为第一平面中的线性元,使其与 x 轴成角 g,并将 $\mathrm{d}S$ 定义为相应的线性元,在第二平面中与 X 轴成角 G. 从这些方程中得到了结果

$$\mathrm{d}S \cdot \cos G = \sigma\mathrm{d}s\cos(g + \gamma)$$
$$\mathrm{d}S \cdot \sin G = \sigma\mathrm{d}s\sin(g + \gamma)$$

如果 σ 被认为是正的(这是允许的),那么

$$\mathrm{d}S = \sigma\mathrm{d}s, G = g + \gamma$$

因此(与(7)一致),σ 表示元 $\mathrm{d}S$ 在表示 $\mathrm{d}s$ 中的放大率,并在必要时不依赖于 g;此外,由于 g 是不依赖于① γ,从而第一平面中从一点出发的所有线性元都能由第二平面中交于一个角的元表示,此意义下,反之亦如此.

如果 f 被认为是线性函数,使得 $f(v) = A + Bv$,其中常数系数为

$$A = a + b\mathrm{i}, B = c + e\mathrm{i}$$

那么

$$\varphi(v) = B = c + e\mathrm{i}$$

---

① γ 不依赖于 g 是因为 $\sigma, \varepsilon, \eta$ 都不依赖于 g.

因此①

$$\sigma = \sqrt{c^2 + e^2}, r = \arctan \frac{e}{c}$$

因此,放大率在所有点上都是相同的,并且表示与所表示的曲面完全相似②. 对于每一个其他函数 f(可以很容易证明),放大率的比例将不是常数,因此,相似性只会发生在最小的部分.

如果第二平面上的点与第一平面上一定数量的给定点相对应,则通过常用的插值方法,可以很容易地找到满足这个条件的最简单的代数函数. 如果 a, b, c 为给定点的 $x + iy$ 对应的值,及 A, B, C 为给定的 $X + iY$ 的对应值,则必须使

$$f(v) = \frac{(v-b)(v-c)\cdots}{(a-b)(a-c)\cdots} \cdot A + \frac{(v-a)(v-c)\cdots}{(b-a)(b-c)\cdots} \cdot B +$$

$$s\frac{(v-a)(v-b)+\cdots}{(c-a)(c-b)+\cdots} \cdot C + \cdots$$

这是 v 的一个代数函数,其次数比给定点③的个数小. 在只有两个点的情况下,函数变为线性函数,因此有完全相似之处.

如果第二个解是以同样的方式求得的,我们会发现结果是相反的,表示的所有元素都与原曲面中的相对应元素构成相同的夹角,但相反的是以前位于左侧,现在位于右侧. 然而,这种差异并不是必要的,如果我们把一个平面下侧看成上侧,那么这样就取消了这种差异.

⋯⋯

（14）它仍然需要更充分地考虑一般解决方案中出现的特殊情况. 我们在（5）中指出,总是有两种解决方案,因为 $P + iQ$ 必须是 $p + iq$ 的函数,$P - iQ$ 必须是 $p - iq$ 的函数;或者 $P + iQ$ 必须是 $p - iq$ 的函数,$P - iQ$ 是 $p + iq$ 的函数. 我们现在要证明,在一个解的情况下,表示式中的各部分总是与曲面上表示的情况类似;在另一种解中,相反地,它们位于反方向;同时,我们将具体说明可以预先解决这一问题的标准.

首先,我们观察到,对于完全相似或完全相反的问题,只有在两面的每一面上都有两个面是分开的,才能进行讨论,其中一个平面在上,另一个平面在下. 由于其本身就是任意的,这两种解在本质上根本没有区别,当一个曲面上的边作为下边时,反向相似就变得完整了. 在我们的解决方法中,这种区别本身是不存在的,因为曲面只由它们点的坐标来决定. 关于这一区别,曲面的性质必须首先以另一种方式加以说明,其中包括它本身. 为此,我们假定第一个曲面的性质由方程 $\psi = 0$ 定义,其中 ψ 是给定的关于 x, y, z 的单变量函数,因此,在曲面上

---

① 因为 $\xi = c, \eta = e, \sigma = \sqrt{\xi^2 + \eta^2}$.

② 如果两个曲面的有限部分都相似,则这个相似性被称为完备的.

③ 在原始文章中,提到了这一过程应用在大地测量学中.

的所有点中, ψ 的值都将为零, 而所有不在曲面上的点, 它的值都会"大于零". 一般来说, 通过曲面的过渡, ψ 由正变为负, 或相反的从负变为正. 在其中一边 ψ 的值是正的, 另一边是负的: 第一边是上侧的, 另一边是下侧的. 同样, 第二个曲面的性质类似地由方程"$\psi = 0$"给出, 其中 ψ 是给定的坐标 X, Y, Z 的单变量函数. 微分给出

$$\mathrm{d}\psi = e\mathrm{d}x + g\mathrm{d}y + b\mathrm{d}z$$
$$\mathrm{d}\psi = E\mathrm{d}x + G\mathrm{d}Y + H\mathrm{d}Z$$

其中 e, g, b 是 x, y, z 的函数, E, G, H 是 X, Y, Z 的函数.

由于我们要实现的目标, 虽然这并不困难, 但仍有一些特殊情况, 我们将尽力使这些考虑得到最大的澄清. 我们假设在平面上的 6 个中间变量插入到两个对应曲面, 这两个曲面是由 $\psi = 0$ 和 $\Psi = 0$ 所确定的. 以便考虑八种不同的表示, 即曲面:

① 初始面 $\psi = 0$ ·· x, y, z
② 平面表示 ··· $x, y, O.$
③ 平面表示 ·· $t, u, O.$
④ 平面表示 ·· $p, q, O.$
⑤ 平面表示 ·· $P, Q, O.$
⑥ 平面表示 ·· $T, U, O.$
⑦ 平面表示 ·· $X, Y, O.$
⑧ 曲面表示 $\Psi = 0$ ·· $X, Y, Z.$

我们现在将比较这些仅与其无限小线性元素的相对位置有关的不同表示, 完全不考虑它们长度的比率; 如果两个线性元素从一个点延伸到一个面的右侧且对应于另一个面的右侧, 则两个表示将被视为相似; 反之, 线性元素将被认为是反向的. 对于平面②~⑦, 第三个坐标所处的边总是被认为是上边; 而对于第一个和最后一个面, 上下边的区别仅仅取决于已经商定的 ψ 和 ψ_1 的正负值.

首先, 很明显, 在第一个曲面上的每一点上, 通过给 z 一个正增量, 在 x 和 y 不变的情况下, ②中的表示与①中的表示相似; 当 b 为正时, 显然成立; 当 b 为负时, 则相反, 在这种情况下, ②相对于①的表示是相反的.

同样, 表示⑦和⑧的位置也将类似或相反, 因为 H 是正的或负的.

为了比较②和③的表示形式, 设 $\mathrm{d}s$ 是前表面上一条无穷小线段的长度, 从坐标 x, y 延伸到另一个坐标为 $x + \mathrm{d}x, y + \mathrm{d}y$ 的点, 让 l 表示该元素与 x 正半轴之间的角度, 即在同一意义上从 x 轴到 y 轴的角度增加; 因此

$$\mathrm{d}x = \mathrm{d}s \cdot \cos l, \mathrm{d}y = \mathrm{d}s \cdot \sin l$$

在③的表示法中, $\mathrm{d}\sigma$ 是对应于 $\mathrm{d}s$ 的直线的长度, λ 在上面的意义是它与 t 轴所形成的角度, 所以

$$dt = d\sigma \cdot \cos \lambda, du = d\sigma \cdot \sin\lambda$$

因此,在第四节中

$$ds \cdot \cos l = d\sigma \cdot (a\cos \lambda + a'\sin \lambda)$$

$$ds \cdot \sin l = d\sigma \cdot (b\cos \lambda + b'\sin \lambda)$$

因此

$$\tan l = \frac{b\cos \lambda + b'\sin \lambda}{a\cos \lambda + a'\sin \lambda}$$

如果 x 和 y 现在被认为是固定的,l, λ 作为变量,那么通过微分,有

$$\frac{dl}{d\lambda} = \frac{ab' - ba'}{(a\cos \lambda + a'\sin \lambda)^2 + (b\cos \lambda + b'\sin \lambda)^2} = (ab' - ba')\left(\frac{d\sigma}{ds}\right)^2$$

因此,当 $ab' - ba'$ 为正或负时,l 和 λ 将同时增加或减少,因此在第一种情况下,表示②和③的相似,而在第二种情况下,则相反.

从这些结果和上述结果的结合来看,表示①和③是类似的或相反的,取决于 $\frac{(ab' - ba')}{b}$ 是正的或负的.

因为方程

$$edx + gdy + bdz = 0$$

并且

$$(ea + gb + bc)dt + (ea' + gb' + bc')du = 0$$

必须保持在表面 $\psi = 0$ 成立,无论 dt 和 du 的比率是如何选择的,我们都有相同的结果

$$ea + gb + bc = 0, ea' + gb' + bc' = 0$$

由此可以看出,e, g, h 必须分别与 $bc' - cb', ca' - ac', ab' - ba'$ 成正比,因此

$$\frac{bc' - cb'}{e} = \frac{ca' - ac'}{g} = \frac{ab' - ba'}{h}$$

我们可以应用这三个表达式中的任何一个,或者乘上正数 $e^2 + g^2 + h^2$,得到对称表达式

$$ebc' + gca' + hab' - ecb' - gac' - hba'$$

作为表示①和③中各部分相似的标准.

同样,⑥和⑧中部分的相似取决于如下量的正或负

$$\frac{BC' - CB'}{E} = \frac{CA' - AC'}{G} = \frac{AB' - BA'}{H}$$

或者,取决于如下对称量的符号

$$EBC' + GCA' + HAB' - ECB' - GAC' - HBA'$$

③和④之间的比较是基于②和③之间相似的比较,各部分的相似或相反情况取决于数量的正负号

317

$$\frac{\partial p}{\partial t} \cdot \frac{\partial q}{\partial u} - \frac{\partial p}{\partial u} \cdot \frac{\partial q}{\partial t}$$

同样,$\dfrac{\partial P}{\partial T} \cdot \dfrac{\partial Q}{\partial u} - \dfrac{\partial P}{\partial U} \cdot \dfrac{\partial Q}{\partial T}$的正负号决定了⑤和⑥中各部分的相似或相反的情况.

最后,为了比较④和⑤,可以使用(8)的分析,在它们最小部分的情况下,它们显然是相似或相反的,因此选择了第一个或第二个解,即无论是

$$P + \mathrm{i}Q = f(p + \mathrm{i}q) \text{ 和 } P - \mathrm{i}Q = f'(p - \mathrm{i}q)$$

还是

$$P + \mathrm{i}Q = f(p - \mathrm{i}q) \text{ 和 } P - \mathrm{i}Q = f'(p + \mathrm{i}q)$$

由此我们得出结论,如果曲面中的表示法 $\Psi = 0$ 不仅在其最小部分与其在曲面的图像 $\psi = 0$ 相似,而且在位置上也是相似的,则必须注意四个量

$$\frac{ab' - ba'}{b}, \frac{\partial p}{\partial t} \cdot \frac{\partial q}{\partial u} - \frac{\partial p}{\partial u} \cdot \frac{\partial q}{\partial t}, \frac{\partial P}{\partial T} \cdot \frac{\partial Q}{\partial U} - \frac{\partial P}{\partial U} \frac{\partial Q}{\partial T}, \frac{AB' - BA'}{H}$$

中负号的个数.如果没有或有偶数个负号时,则必须选择第一个解;如果有一个或有三个负号时,则必须选择第二个解.对于任何其他选择,相似性总是相反的.

此外,如果这四个量分别由 r, s, S, R 给出,则方程

$$\frac{r \sqrt{e^2 + g^2 + b^2}}{s} = \pm n, \frac{R \sqrt{E^2 + G^2 + H^2}}{S} = \pm N$$

总是成立的,其中 n 和 N 具有与(5)中相同的意义;我们省略了这个定理的证明,其很容易找到,但是,为了我们在此的目的,这是不必要的.

§27 施泰纳论两个空间之间的生成变换

(本文由伊利诺伊大学的阿诺德·埃姆奇教授译自德文)

雅各布·施泰纳(1796—1863)生活在困苦的环境中,在十四岁之前没有学过写字.17 岁时,裴斯泰洛齐(Pestalozzi,1746—1827)把他带到瑞士伊弗顿的学校,激发了他对数学的热爱.他于 1818 年进入海德堡大学,1834 年成为柏林大学的教授.他是一位多产的几何学作家.在他的经典文章《几何图形相互依赖性的系统发展》中(柏林,1832)建立并讨论了所谓的倾斜投影及其应用(251 ~270 页).这个投影是基于两个固定的平面(x)和(x'),和空间中两个固定的轴 l 和 y.在(x)中的每一点 x 中,通常都有一个横贯 l 和 y,它将(x')切成一个点 x'.因此,(x)中的每个点对应于(x')中的一个点,反之也如此.直线对

应圆锥曲线,等等. 通过这种构造,建立了两个平面之间的一般二次变换,在两个平面上都有不同的实际基本点和线. 在 295 页,施泰纳指出了两个空间之间的二次变换,并在脚注中做了下面引用的重要陈述,从而清楚地实现了高阶变换的可能性,包括超越二次变换的克雷莫纳(Cremona)变换. 关于进一步的讨论,见《代数几何专题选编》,全国研究委员会公报(华盛顿,1928 年,第一章).

以这种方式建立其他更复杂的这类系统是容易的. 也就是说,在每一种情况下,例如,两点之间的关系是这样的,当其中一个点描述一条直线(或一条曲线),另一个点描述一条确定的曲线时,就会出现这样一个系统.

§28　克雷莫纳论平面图形的几何变换

（本文由厄巴纳伊利诺斯大学的 E. Amelotti 译自意大利语）

路易吉克雷莫纳于 1830 年 12 月 7 日出生在帕维亚,1903 年 6 月 10 日逝世于罗马. 1860 年他在博洛尼亚成为了一名高等几何学教授,1866 年他在米兰成为了几何和图形统计学教授,1873 年,他在罗马成为了高等数学教授和工程学院院长.

他研究综合几何并取得了很大的成功. 1866 年出版的一本关于立方体表面的论文获得了柏林施泰纳奖. 他研究了关于平面曲线、曲面、平面和空间的双有理变换. 克雷莫纳变换相当于马格努斯型的一系列二次变换. 克雷莫纳的曲线变换理论被他推广到了三维空间. 更多有关克雷莫纳的生平和作品的信息,请读者参阅《第二数学文化期刊》,第一章,第 5～6 卷,1890—1891 年;《补充》,1901—1902 年,第 113～114 页;由弗洛里安·卡约里于纽约所编写的 1926 年版本的《数学史》.

现代代数几何中,在(a)射影变换、(b)克雷莫纳变换和(c)双有理变换下研究这些数字的性质. 本文首次对平面上的克雷莫纳变换进行了透彻的研究. 在本文和后来克雷莫纳的研究报告中,建立了这种变换在平面和空间中的基本性质.

本文译自巴塔利尼的《数学学报》,第一卷,1863 年,第 305～311 页.

马格努斯和斯基亚帕雷利,一个是在《纯粹与应用数学杂志》的第八册发现的,另一个是在都灵科学学院的研究报告的最近一卷中发现的,寻求平面图形几何变换的解析表达式,条件是平面图形中的任何一点在另一个平面图形中只对应一点,相反地,另一个平面图形的每一点在一阶变换下都只对应原平面图形中的一点. 从上述引用的来看,人们似乎应该得出结论,在最一般的情况下是一个平面图形中直线在另一种变换下对应一些圆锥曲线,它绕一个固定的三角形(实三角形或虚三角形)旋转一周. 一阶最一般的变换就是斯基亚帕雷利所说的仿射变换.

但是很明显,通过对一个图形应用一系列的仿射变换,这个做法将会产生一个仍然是一阶的变换,即使它包含这种情况,已知图形上的直线不是对应于平面上的圆锥曲线,而是高阶曲线.

有关平面图形的变换过程,我将考虑两个图形,一个位于平面 P 上,另一个位于平面 P' 上,并且假设第二个图形是通过多个变换法则从第一个平面推导出来的,尽管这样做的方式使得第一个图形的每一点都只对应第二个图形中的一个点,反之同理.

受上述条件约束的几何变换是我将在本文中研究的唯一的几何变换,称之为"一阶变换[①]",以区别于由其他不同条件决定的变换.

假设所提出的两种图形之间的变换是最一般的一阶变换,那么我就会提出这样的问题:一个图形的什么曲线对应于另一个图形中的直线?

设 n 是平面 P'(或 P)中对应平面 P(或 P')的任意一条直线的曲线的阶. 因为平面 P 上的直线由两点 a,b 决定,那么在平面上的两个对应点 a',b' 就足以确定对应于给定直线的曲线. 因此,一个图形中对应于另一个图形的直线的曲线形成了一个系统;也就是说,这些曲线形构成了一个 n 阶几何网.

n 次曲线由 $\frac{1}{2}n(n+3)$ 所决定;因此,在 $\frac{1}{2}n(n+3)-2=\frac{1}{2}(n-1)(n+4)$ 的总条件下,这个图形中的曲线对应于另一个图形中的直线.

一个图形中的两条相交直线只有一个共同点 a,这个点由这两条直线确定. 点 a 的对应点 a' 将是这两条直线所对的 n 次曲线的交点. 而且由于这两条曲线必须确定点 a',剩余的 n^2-1 个交点一定是上面所提到的几何网中所有曲线上的点.

设 x_r 为这些曲线所共有的 r 对(多个 r 阶)点的个数;由于两条曲线上的一组公共 r 对点等于 r^2 个相同的交点,那么我们显然会有

$$x_1+4x_2+9x_3+\cdots+(n-1)^2x_{n-1}=n^2-1 \tag{1}$$

几何网中的曲线 $x_1+x_2+x_3+\cdots+x_{n-1}$ 共有的点构成了决定它的 $\frac{1}{2}(n-1)(n+4)$ 个条件. 如果一条曲线必须通过给定的点 r 次,即等价于 $\frac{1}{2}r(r+1)$ 个条件

---

① 斯基亚帕雷利说:"关于图形的几何变换,特别是双曲变换."(都灵科学院的研究报告,第21章,都灵,1862年)

$$x_1 + 3x_2 + 6x_3 + \cdots + \frac{1}{2}n(n-1)x_{n-1} = \frac{1}{2}(n-1)(n+4) \tag{2}$$

显然,方程(1)和(2)是仅有的两个条件,其中所有正数 $x_1, x_2, \cdots, x_{n-1}$ 一定都满足所对应在平面 P 上的任何曲线. 因为平面 P 的一条线由两点 a, b 决定,那么平面 P' 的两个对应点 a', b' 就足以确定对应于给定直线的曲线. 因此,一个图形与另一个图形中相对应的曲线形成了一个系统,通过任意给定的两个点,只有一条线穿过它们;也就是说,这些曲线形成了一个 n^2 阶的几何网[1][2].

一个 n 阶曲线由 $\frac{1}{2}n(n+3)$ 个条件决定;因此,一个图形中对应于另一个图形上的直线的曲线满足

$$\frac{1}{2}n(n+3) - 2 = \frac{1}{2}(n-1)(n+4)$$

这个共有的条件.

一个图形中的两条相交直线只有一个共同点 a,这个点由这两条直线确定. 点 a 的对应点 a' 将是这两条直线所对的 n 次曲线的交点. 而且由于这两条曲线必须确定点 a',剩余的 $n^2 - 1$ 个交点一定是上面所提到的几何网中所有曲线上的点.

设 x_r 为这些曲线所共有的 r 对(多个 r 阶)点的个数;由于两条曲线上的一组公共 r 对点等于 r^2 个相同的交点,那么我们显然会有

$$x_1 + 4x_2 + 9x_3 + \cdots + (n-1)^2 x_{n-1} = n^2 - 1$$

几何网中的曲线 $x_1 + x_2 + x_3 + \cdots + x_{n-1}$ 共有的点构成了决定它的 $\frac{1}{2}(n-1)(n+4)$ 个条件. 如果一条曲线必须通过给定的点 r 次,即等价于 $\frac{1}{2}r(r+1)$ 个条件.

例如,对于 $n=2$,方程(1)和(2)都会得到单个方程 $x_1 = 3$;即一个图形上的曲线会与绕固定的三角形旋转一周的二次曲线对应.

这就是施泰纳、马格努斯和斯基亚帕雷利所考虑的"仿射变换". 当 $n=3$,由方程(1)和(2)得, $x_1 = 4, x_2 = 1$;即在其中一个图形中的直线对应于另一个图形上的三次曲线,它们都有两个或四个简单的点.

当 $n=4$,由方程(1)和(2)得

$$x_1 + 4x_2 + 9x_3 = 15$$

---

[1]　克雷莫纳插入一个脚注,解释了当考虑平面 P' 上的曲线与给定的平面 P 上的 μ 阶曲线相对应时,为什么不会得到新的方程.

[2]　参见克雷莫纳的《平面几何理论导论》,第 71 页".

$$x_1 + 3x_2 + 6x_3 = 12$$

其中可得到两组解:第一组:$x_1 = 3, x_2 = 3, x_3 = 0$;第二组:$x_1 = 6, x_2 = 0, x_3 = 1$;等等.

从方程(1)和(2)中消去 x_1,可以得到如下结果

$$x_2 + 3x_3 + \cdots + \frac{(n-1)(n-2)}{2}x_{n-1} = \frac{(n-1)(n-2)}{2} \quad (3)$$

从中可以看出 x_{n-1} 不能为这两个值中的一个:$x_{n-1} = 1, x_{n-1} = 0$.

而在 $x_{n-1} = 1$ 的情况下,必然有

$$x_2 = 0, x_3 = 0, \cdots, x_{n-2} = 0$$

由方程(1)得 $x_1 = 2(n-1)$.

我提议证明在某一变化下的对应于 $x_1, x_2, \cdots, x_{n-1}$ 的值,在几何上是可能有 n 个任意值的.

假设有这两个图形位于两个不同的平面 P, P' 上,用这种方式,在第一个平面中的每一点对应着第二个平面的一个特殊点,反之亦然. 假设经过空间中任意一点的两条准线将只可能用一条曲线表示,我将把这条线与平面 P 和 P' 的交点作为一对对应点.

设 p 和 q 是两个准线的阶数,r 是它们的公共点的个数. 假设空间的任意点 O 是两个锥的顶点,其准线是上面给定的曲线的方向,这两个锥的次数分别是 p, q,因此它们将有 $p \cdot q$ 个共同的生成元. 其中包括与两个准线有公共的点 O 和 r 个点的曲线. 因此,两个锥共有的其余 $(pq - r)$ 个生成元将可以画出经过点 O 的直线可以与一条准线和一条曲线相交. 但是,我们只希望把具有这种性质的曲线减为一条;因此,必须有

$$pq - r = 1 \quad (4)$$

再加上位于平面 P 和平面 P' 之一的任何一条曲线 R,对应于另一条 n 阶曲线,即一个恒与曲线 R 相交的变化曲线与两个次数分别为 p 和 q 的准线一定可以形成 n 次扭曲曲面. 因此,求一条由变化的曲线生成的曲面,这条变曲线分成三条准线,其中一条是曲线 R,而另外两条曲线的阶为 p 和 q,且有 r 个公共点. 与三条已知曲线相交的曲线的个数和一条 p 阶曲线都是 $2p$,这是 p 阶曲线与以三条给定直线为准线的双曲面的公共点的个数. 这等于说 $2p$ 是以两条曲线和一条 p 阶曲线为准线的曲面的阶数. 这个曲面经过 q 阶曲线的 $2pq - r$ 个点而不经过 p 阶曲线.

因此由一条准线和两条阶数分别为 p, q 的曲线的生成的曲面的阶数,与其三条曲线有 r 个公共点,即

$$2pq - r = n \quad (5)$$

从方程(4)和(5)得到

$$pq = n - 1, r = n - 2 \qquad (6)$$

假设曲线 R 在平面 P 中,考虑平面 P' 中对应的 n 阶曲线,即平面与上面提到的 $2pq - r$ 阶曲面的交线. 对此曲线处理后将有:

p 个 q 阶点;它们是平面 P' 与 p 阶曲线的交点(事实上从这个曲线的每一点可以画出 q 条曲线与其他的曲线相交和曲线 R,换句话说,p 阶准线在曲面上是 q 的倍数);

q 个 p 阶点;它们是平面 P' 与 q 阶曲线的交点(因此类似的这个曲线是在曲面上的 p 的倍数);

公共直线与平面 P' 和 P 相交产生 pq 个点,从 p 阶准线与平面 P 的相交出发的直线到另一个准线与同一平面的交点.

这 $p + q + pq$ 个点没有变化,因为 R 变化,它们是平面 P' 上所有 n 阶曲线的公共点,对应于平面 P 上的曲线,因此我们将有

$$x_1 = p \cdot q, x_p = q, x_q = p \qquad (7)$$

另一个 $x's$ 将等于零;因此方程(1)和(2)给出,考虑到(6)中的第一个

$$p + q = n$$

而这一个与第(6)中的第一个结合得到的结果是 $p = n - 1, q = 1$.

这意味着在两个准线中,一个是 $n - 1$ 阶曲线,另一个是具有 $n - 2$ 个共同点的曲线. 这个条件可以用一条曲线和一条 $n - 1$ 阶平面曲线(不在同一平面)来验证,前提是后者的阶数比 $n - 2$ 大,准线经过这些点.

还有,$n - 1$ 阶的准线可以是扭曲的曲线;因为,比如说,在双曲面上,存在一条 $n - 1$ 阶的扭曲曲线 K[①],在 $n - 2$ 个点中,同一系统的每个生成元都将满足这个曲线 K(因此,另一个系统的每个生成元只满足一个点). 因此,我们可以假设这样的扭曲曲线和第一个系统的生成元 D 作为变换的准线.

在这个变换中,对于平面 P 的任意一点 a,都只对应平面 P' 上的一个点 a',反之,点 a' 就决定平面 P 上的点. 经过点 a 和曲线 D 的与曲线 K 交于曲线 D 外一点. 这个点与 a 连接并与平面 P' 交于所求的点 a'.

如果 R 是平面 P 中的任一曲线,则以 K, D, R 为准线所生成的扭曲曲面(n-阶),这个 n 阶扭曲曲面与平面相交的曲线对应于直线 R. 所有类似的对应曲线都有一个 $n - 1$ 阶点和 $2(n - 1)$ 个单个点. 首先,这个点是 D 与平面 P 相交的点;第二,准线 K 与平面 P' 相交于 $n - 1$ 个点;第三,平面 P' 与直线相交的 $n - 1$ 个点由直线 D 与平面 P 的公共点与直线 K 与同一平面 P 的公共点的直线相交.

换句话说,扭曲曲面类似于一个准线由 K, D, R 生成的曲面,它们都有共同

---

① 《法国学术论文集》,1861 年 6 月 24 日.

之处:首先,准线 $D(n-1$ 阶数的倍数,从而相当于 $(n-1)^2$ 条公共线$)$;第二,简单曲准线 K;第三,$n-1$ 个生成元(简单)位于平面 P. 所有这些曲线加在一起相当于一个 $(n+1)^2+2(n-1)$ 阶曲线. 因此在平面 P 中由两条曲线 R,S 确定的两个 n 阶曲面,也将有一条共同的曲线;它显然将 R,S 的交点 a 与相应的点 a' 结合起来,在平面 P' 上的共同的两条曲线,对应于曲线 R,S.

如果曲线 R 经过点 d,点 D 与平面 P 相交,那么很明显,直纹曲面分解为一个顶点在 d 的锥面,准线 K 所在的平面对应包含曲线 D 与 R 的平面.

包含 k 点和 D 线的平面,并进入 $n-2$ 阶的扭曲曲面,具有直接的 K,D,R.

如果曲线经过公共点 k,且存在于平面 P 上,曲线 k 在直纹曲面中分解成包含点 k 与曲线 D 的两个平面,并对应成一个 $n-2$ 阶的扭曲曲面,其中包括准线 K,D,R.

如果曲线 R 经过两个点 k,直纹曲面会分解成两个平面,变成一个 $n-2$ 阶的扭曲曲面.

并且也很容易看出,在平面 P 上的任何一条 μ 阶曲线 C,都可以生成 μn 阶扭曲曲面,其中 D 的阶数是 $\mu(n-1)$ 的倍数,K 的阶数是 μ 的倍数. 因此,曲线 C 将对应于平面 P' 上的一条 μn 阶曲线,有:首先,$\mu(n-1)$ 阶的一个点在 D 上;第二,$n-1$ 个 μ 阶的点在 K 上;第三,$n-1$ 个 μ 阶的点在平面 P 与平面 P' 的交线上.

应用上述二元性法则,我们可以得到两种图形:一个经过点 O 的曲线与平面;另一个是经过点 O' 的曲线与平面. 这两种图形具有如下关系:每一个平面只对应唯一的平面,反之亦然,图形中的任何一条曲线都将对应其他 n 类圆锥曲面,它们将会有共同的 $x_1,x_2,\cdots,x_{n-1}$ 的简单与多重的切平面,这些数字 $x_1,x_2,\cdots,x_{n-1}$ 与方程(1)和(2)有联系.

特别是,为了从其他图形中推导出某个图形,我们可以假设为一个固定的准线 D 和一个 $n-1$ 类的可展开曲面 K,经过 D,它有 $n-2$ 个切平面. 然后,给定经过点 O 的平面 π 与 D 相交有一个交点 a;这个点(除了 D 的那个 $n-2$ 个平面),只经过一个切平面,这个切平面会与平面 π 相交于一个确定的直线,平面 π' 由这条直线确定,并且点 O' 是平面 π 上所有对应的点.

然后分别用两个平面的 P 和 P' 分割这两个图形,我们将在这两个图形中得到,其中一个图形中的每一条直线将会对应于另一个图形中的单个直线,反之亦然;但是两平面之一的其中一点,将对应于另一个平面上的 n 类曲线,这条 n 类曲线上有一定数量的固定的、单个和多个切线.

§29 李的一类几何变换

（本文由圣奥拉夫学院的 Martin A. Nordgaard 教授译自挪威文）

马里乌斯·索菲斯·李（1842—1899），是他那个时代最杰出的斯堪的纳维亚数学家. 他曾在法国生活过一段时间，在他 30 岁时，成为了克里斯蒂亚尼亚（奥斯陆）的数学教授，从 1886 年到 1898 年，他在莱比锡担任过类似的职位. 对于他的话语风格，克莱因这样说：

为了充分了解索菲斯·李这个数学天才，我们不能只看最近由他和 Engel 博士合作出版的书，而是该看在他学术生涯前几年写的早期论文，在那里李展示了他所理解的真正的几何，然而在后来的著作中，发现他不是像其他数学家一样采用直观分析，他采用了一种非常一般的分析形式处理问题，但并不容易被理解①.

克莱因说当李的思想还处于萌芽阶段时，李在其最早的作品中就有了一个生动、直接的阐述，而这些和他以后的论述相比并不引人注目.

1869—1870 年，那时他还只是一个年轻人，就有了一个非凡的发现，球面和直线存在一一对应，1870 年 7 月和 10 月，他把他的发现结果提交给克里斯蒂亚尼亚科学院，论文标题为"一类几何变换". 这本论文出版于 1871 年的《社会学报》第 67～109 页，本部分是对该文的翻译. 因为对德文版本的一般印象是缺少原创力，所以决定通过直接翻译挪威版本的原文，而不是依赖于后来在柏林出版的德文本.

引言②

本世纪几何的快速发展很大程度上是由于笛卡儿几何本质的发现，普吕克的早期作品已经提出了三维欧氏空间中其最一般的形式.

那些信奉普吕克精神的人，并没有发现空间的任何涉及三个参数曲线的几何这一方面有什么新东西. 据我所知，没有人把这一理论付诸实践，原因很可能是不会有什么好的结果.

---

① 见菲利克斯·克莱因，关于数学的演讲，埃文斯座谈会，1893 年，麦克米兰出版公司，纽约.

② 这篇论文中最重要的观点在 1870 年 7 月和 10 月传达给了克里斯蒂亚尼亚科学院，可比较克莱因先生和我在 1870 年 12 月 16 日参加的柏林科学院蒙特卡布里克学术论坛的笔记.

我发现曲线的主切线理论可以归结到曲率理论中,这引发我对这一理论进行一般性研究.

按照普吕克的方法,我将讨论方程组

$$F_1(x,y,z,X,Y,Z) = 0, F_2(x,y,z,X,Y,Z) = 0$$

从某种意义上说,它将定义两个空间之间的一般相互关系. 如果,在一个特殊的情况下,两个方程和其每个变量是线性关系,我们得到的一个空间的点能表示其相应的普吕克线. 这种方式的变换中最简单的一种是众所周知的安培变换,安培变换是应用这种方法的新形式. 我现在正对这种表示方法做专题研究;基于此,我建立了普吕克直线几何和以球面为元素的空间几何之间的基本关系,在我看来,是一个非常重要的关系.

在写本文的过程中,我不断和普吕克的学生菲利克斯·克莱因博士探讨. 我很感激他提出的许多想法,这之中有一些想法,我甚至无法给出参考.

我在这里也要提一下,本文的几个观点是基于我对平面几何的想法写的. 我在这次讨论中没有提到它们的原因,一方面是这种关系在某种程度上是偶然的,另一方面是我不想偏离数学[①]的习惯语言.

第一部分　新的空间之间的对偶关系

1. 两个平面或两个空间之间的对偶关系

1)彭塞 – 热尔岗(Poncelet – Gergonne)的对偶原理是可以通过以下方程推导出来的

$$X(a_1x + b_1y + c_1) + Y(a_2x + b_2y + c_2) + (a_3x + b_3y + c_3) = 0 \qquad (1)$$

或者等价方程

$$x(a_1X + a_2Y + a_3) + y(b_1X + b_2Y + b_3) + (c_1X + c_2Y + c_3) = 0$$

其中(x, y)和(X, Y)为两个平面的笛卡儿坐标.

如果我们将共轭表达式应用于两个点(x, y)和(X, Y),其坐标值满足方程(1)我们可以说点(X, Y)共轭于给定的点(x, y),与给定点共轭的点形成与其对应的一条直线. 因为给定直线上的所有点都在另一个平面上有一个共同的共轭点,它们对应的直线通过这个共同点.

---

① 我在这篇论文中提出的理论已经引起了克莱因先生的注意,在一张刚刚被公开的便条中(哥廷根,1870 年 3 月 4 日),他写到其使普吕克的思想前进了一步,因为他已经证明了普吕克线几何学对应于四个变量的度量几何(在我的表示中,对应于球面几何).

因此,两平面以方程(1)的方式互为映象,一个平面上的点对应另一个平面的直线. 给定直线 λ 上的点对应通过 λ 的像点的直线.

但这正是彭塞列 – 热尔岗对偶原理的本质所在.

现在一个平面上考虑一个顶点是, $p_1,p_2,\cdots,p_n$ 的多边形,在另一个平面上,对应于这些点的多边形的边是 $s_1,s_2,\cdots,s_n$,由此也可以看出,后一多边形的顶点 $s_1s_2,s_2s_3,\cdots,s_{n-1}s_n$ 给定多边形的边 $p_1p_2,p_2p_3,\cdots,p_{n-1}p_n$ 的像点,因此这两个多边形是相互对偶的.

通过极限的处理,我们可以考虑两条曲线 c 和 C,它们的对应方式是将其中一个的切线像为另一个上的点. 就方程(1)而言,两条这样的曲线是对偶的.

2)普吕克已经把这一理论推广到对一般方程的解释

$$F(x,y,X,Y)=0 \tag{2}$$

点 (X,Y)(或 (x,y))共轭到给定点 (x,y)(或 (X,Y))现在能形成用方程(2)表示的曲线 C(或 c),条件是 (x,y)(或 (X,Y))作为参数,而 (X,Y)(或 (x,y))作为当前坐标.

因此,用方程(2)对这两个平面互反映像,使两个点在一一对应的某曲线网上的曲线.

和以前一样,我们看到了给定曲线上点 c(或 C)对应于通过给定曲线的像点的曲线.

曲线 $c(c_1,c_2,\cdots,c_n)$ 的多边形对应 n 个点,$P_1,P_2,\cdots,P_n$,它们成对在曲线 $C(P_1P_2,P_2P_3,\cdots,P_{n-1}P_n)$ 上,其像点是给定曲线多边形的顶点. 在这里,我们也详细地讨论了在这两个平面上的曲线 σ 和 Σ,这两个平面的关系如此密切,以至于一个平面的点对应于另一个平面的曲线 c(或 C). 然而,这种相互关系通常并不完整,因为通常情况下,伴随的其他形式也会出现.

3)普吕克把两个空间之间的一般对偶关系用一般方程来解释

$$F(x,y,z,X,Y,Z)=0$$

如果 F 对每个变量是线性的,则得到两个空间之间的彭塞列 – 热尔岗对偶关系. 在这篇论文中,特别是在第一部分,我的目的是用普吕克坐标法研究一种新空间的对偶,其由以下方程定义

$$F_1(x,y,z,X,Y,Z)=0$$
$$F_2(x,y,z,X,Y,Z)=0$$

其中 (x,y,z) 和 (X,Y,Z) 分别为两个空间 r 和 R 中的点的坐标.

2. 选择包含三个参数的空间曲线作为空间的几何元素

4)如热尔岗和普吕克所强调的,基于彭塞列 – 热尔岗或普吕克理论的几何变换命题能从更高的角度被研究. 这个观点将在这里描述,因为它也适用于

我们的新对偶关系.

笛卡儿解析几何变换使任何几何问题都能转化为代数问题,并且使平面几何成为两个变量的代数的物理表示.同样的,空间几何可由三个变量的代数表示.

普吕克强调,笛卡儿解析几何是由一个双重的任意性来保障.

笛卡儿用变量 x 和 y 表示平面中的点;他选择点作为平面几何学的元素,等效的,我们可以选择任何由两个参数决定的直线或曲线作为元素.相对于平面而言,我们可以加以改造,在彭塞列－热尔岗对偶下把点对应的线作为元,引入两个参数的曲线作为平面几何元素.

此外,笛卡儿提出一个数量系统 (x,y),它由所有与给定轴的距离等于 x 和 y 的平面上的点组成;从无限多的坐标系中,他选择了一个特定的坐标系.

19 世纪几何的巨大进步,很大程度上是因为笛卡儿解析几何中的重要性已经被明确地认识到了,下一步应该是进一步利用这些真理.

5)以下几页提出的新理论都基于这样一个事实,即包含任意三个参数的空间曲线都可以被选为空间几何元素.例如,我们回顾一下,空间内一条直线的方程包含四个基本常数,我们就可以很容易地看到满足给定条件的直线可以用作空间的几何元素,这个空间就像我们的传统几何学一样,给出三个变量的代数表示.

然而,这只适用于直角坐标系下的某些线,一条普吕克线丛却不适用,显然由于这个原因,这类的表示方法有局限性.然而,如果这是一个关于空间的研究,相对于一个给定的线丛,很容易选择正确的线丛作为空间元素.在度量几何中,存在无限远的假想圆,与它相交的线单独处理,因此,假设在处理某些度量问题时,将这些线作为元素引入是有利的.

应该注意的是,当我们举例说明时,选择直线作为空间元素是可行的,如果你看到普吕克后期工作的基础思想,你会发现这是不同寻常的,更特别的在普吕克早期的研究中,他已经发现代数的表示是可能的,包括任意数量的变量,根据所需的参数个数引入一个图形元素.他特别强调,由于空间线有四个坐标,其可以用来作为空间元素,获得四维空间的几何学.

3. 曲线线丛　一阶偏微分方程的新几何解释　线丛的主切线曲线

6)普吕克采用线丛表达满足一个给定条件的直线集,因此其依赖三个待定参数.同样我要定义曲线线丛来表示任何空间曲线 c 的系统,方程如下

$$f_1(x,y,z,a,b,c)=0, f_2(x,y,z,a,b,c)=0 \tag{3}$$

其中包含三个基本常量.

通过对系统(3)中的 x,y,z 微分,在新方程和原方程之间消去 a,b,c,我们

得到如下形式的结果

$$f(x,y,z,dx,dy,dz)=0 \tag{4}$$

如果我们把 x,y,z 作为参数,把 dx,dy,dz 作为方向余弦,由方程(4)确定的空间的每一点都对应一个圆锥,即通过某个定点的与曲线 c 族相切的线集. 我称这些圆锥线丛为基本锥. 我也将用基本线丛方向表明属于复曲线 c 的任何线元 (dx,dy,dz). 与一个点对应的基本线丛方向构成与这个点对应的基本线丛锥. 对于给定的系统(3),或者,如果我们选择的话,对于给定的复杂曲线族,则对应一个定方程 $f=0$;但另一方面,方程 $f=0$ 可从无穷多个系统(3)导出.

如果我们选择这种形式的任意关系

$$\psi(x,y,z,dx,dy,dz,\alpha)=0$$

其中 α 表示常数,通过

$$\varphi_1(x,y,z,\alpha,\beta,\gamma)=0, \varphi_2(X,Y,Z,\alpha,\beta,\gamma)=0$$

表示

$$f=0, \psi=0$$

的积分.

然后很清楚,如果我们对 x,y,z 微分 $\varphi_1=0, \varphi_2=0$,并消去 α,β,γ,我们得到的结果是 $f=0$.

这个新组合

$$\varphi_1=0, \varphi_2=0$$

的每一条曲线被曲线 c 包络,它的元素就是线丛方向.

7)根据蒙日(Monge)的理论,关于 x,y,z 的一阶偏微分方程,相当于以下问题:找到最一般的曲面,它的每一个点对应一个锥,在平面坐标下,这个锥的一般方程由给定的偏微分方程表示. 拉格朗日和蒙日将其归结为确定某一曲线丛,即所谓特征曲线,就是如果我们拿出一段特征曲线,那么整个曲线就会形成.

注意这个由上述特征曲线所决定的方程

$$f(x,y,z,dx,dy,dz)=0 \tag{5}$$

与偏微分方程本身是等价的,因为这两个方程都是相同三元无穷锥的解析定义.

8)一个关于 x,y,z 的一阶偏微分方程更一般的几何解释如下,找到最一般的面,其每个点都有一个与给定曲线丛的曲线三点切触的问题,就是找到一阶偏微分方程的解析表达式;所讨论的曲线不完全位于曲面上. 此外,如果 $f(x,y,z,dx,dy,dz)=0$ 是由特征曲线确定的方程,那么每一个满足 $f=0$ 的曲线丛解释了给定的几何关系与给定的偏微分方程.

考虑到我们已经给出了满足方程 $f=0$ 的曲线 c 的线丛表达式,并分析了

曲面 $z = F(x,y)$ 在每一点上与曲线 c 有三点切触的要求. 这使我们能够确定 z 的二阶偏微分方程 $\delta_2 = 0$. 但由 c 的无穷大生成的每个曲面都满足方程 $\delta_2 = 0$[①],因此它的一般积分包含两个任意函数. 通过分析,其本质上都是非常简单的,虽然形式有些复杂,我想证明一阶微分方程 $\delta_1 = 0$,其对应于 $f = 0$,满足 $\delta_2 = 0$. 显然 $\delta_1 = 0$ 在一般情况下并不包含在上述的一般积分中;因此 $\delta_1 = 0$ 是 $\delta_2 = 0$ 的奇异积分.

对方程 $f(x,y,z,\mathrm{d}x,\mathrm{d}y,\mathrm{d}z) = 0$ 微分,得

$$f'_x \mathrm{d}x + f'_y \mathrm{d}y + f'_z \mathrm{d}z + f'_{\mathrm{d}x} \mathrm{d}^2 x + f'_{\mathrm{d}y} \mathrm{d}^2 y + f'_{\mathrm{d}z} \mathrm{d}^2 z = 0 \tag{6}$$

其中 $\mathrm{d}x, \mathrm{d}y, \mathrm{d}z, \mathrm{d}^2 x, \mathrm{d}^2 y, \mathrm{d}^2 z$ 被认为是满足 $f = 0$ 的任何曲线. 方程(6)成立,特别是,对于 $\delta_1 = 0$ 的特征曲线,如果我们用下标来区分它们,就可以得到

$$f'_{x_1} \mathrm{d}x_1 + \cdots + f'_{\mathrm{d}x_1} \mathrm{d}^2 x_1 + \cdots = 0$$

在这里我强调,每一条切触任何一个满足 $\delta_1 = 0$ 的积分曲面 $U = 0$ 的曲线,都满足等式

$$\frac{\mathrm{d}U}{\mathrm{d}x}\mathrm{d}x + \frac{\mathrm{d}U}{\mathrm{d}y}\mathrm{d}y + \frac{\mathrm{d}U}{\mathrm{d}z} = 0 \tag{7}$$

此外,每一条与 $U = 0$ 具有三点切触点的曲线也满足关系

$$\frac{\mathrm{d}^2 U}{\mathrm{d}x^2}(\mathrm{d}x^2) + \cdots + \left(\frac{\mathrm{d}U}{\mathrm{d}x}\right)\mathrm{d}^2 x + \cdots = 0 \tag{8}$$

由此可以看出,位于 $U = 0$ 上的每一特征曲线都满足方程(7)和(8).

但 $U = 0$ 在其每一点上都与 $f = 0$ 的锥相切触,因此下面的方程成立

$$f'_{\mathrm{d}x} = \rho\frac{\mathrm{d}U}{\mathrm{d}x}, f'_{\mathrm{d}y} = \rho\frac{\mathrm{d}U}{\mathrm{d}y}, f'_{\mathrm{d}z} = \rho\frac{\mathrm{d}U}{\mathrm{d}z}$$

其中 ρ 表示未知比例因子. 因此,下标的方程(8)转化为

$$\rho\left(\frac{\mathrm{d}^2 U}{\mathrm{d}x_1^2}(\mathrm{d}x_1)^2 + \cdots\right) + (f'_{\mathrm{d}x_1}\mathrm{d}^2 x_1 + \cdots) = 0$$

现在,我们知道

$$f'_{x_1}\mathrm{d}x_1 + \cdots + f'_{\mathrm{d}x}\mathrm{d}^2 x_1 + \cdots = 0$$

因此

$$\rho\left(\frac{\mathrm{d}^2 U}{\mathrm{d}x_1^2} + \cdots\right) = f'_{x_1}(\mathrm{d}x_1 + \cdots)$$

或者,现在省略不必要的角标

$$\rho\left(\frac{\mathrm{d}^2 U}{\mathrm{d}x^2}\mathrm{d}x + \cdots\right) = f'_x \mathrm{d}x + \cdots$$

因为

---

① $\delta_2 = 0$ 的形式为 $A(rt - s^2) + Br + Cs + Dt + E = 0$.

数学之源

$$\rho\left(\frac{\mathrm{d}U}{\mathrm{d}x}\mathrm{d}^2x + \frac{\mathrm{d}U}{\mathrm{d}y}\mathrm{d}^2y + \frac{\mathrm{d}U}{\mathrm{d}z}\mathrm{d}^2z\right) = (f'_{\mathrm{d}z}\mathrm{d}^2x + \cdots)$$

下面等式成立

$$\rho\left(\frac{\mathrm{d}U}{\mathrm{d}x}\mathrm{d}^2x + \frac{\mathrm{d}U}{\mathrm{d}y}\mathrm{d}^2y + \frac{\mathrm{d}U}{\mathrm{d}z}\mathrm{d}^2z + \frac{\mathrm{d}^2U}{\mathrm{d}x^2}(\mathrm{d}x)^2 + \cdots\right) =$$

$$f'_x\mathrm{d}x + f'_y\mathrm{d}y + f'_z\mathrm{d}z + f'_{\mathrm{d}x}\mathrm{d}^2x + f'_{\mathrm{d}y}\mathrm{d}^2y + f'_{\mathrm{d}z}\mathrm{d}^2z$$

我们的式子表明,每一条满足 $f = 0$,并且切触位于 $U = 0$ 的特征曲线的曲线,与这个曲面有三点相切触,因此 $\delta_1 = 0$ 是 $\delta_2 = 0$ 的奇异积分.

现在我们将证明 $\delta_2 = 0$ 没有其他奇异积分.

因为, $\delta_2 = 0$ 的积分曲面 I 上的每一个点都有一个方向,即三点切触的对应曲线 c 的切线. 假设 I 不是由曲线族 c 生成的,那么,在 I 上的每一点都有两个重合曲线 c 相切,其在这点都与曲面相切. 但 I 在每一点上都与相应的基本线丛锥相切; I 满足方程 $\delta_1 = 0$.

9)推论:在它的每一点上都有一个主切线的最一般面的判定不属于一个给定的线复形,这取决于一个一阶偏微分方程的解,其特征曲线被复线所包围. 在这种情况下,这些曲线是整体曲面上的主切线曲线.

对于这个推论,我们将给出一个独立的几何证明.

据蒙日的理论,在特征曲线是由一个给定线丛包络的偏微分方程是以下问题的解析表示:寻找最一般的曲面,在它的每一点上都切触与该点相对应的线丛锥. 但如果一条曲线属于线丛,则该线丛的切平面与相应复线锥的切平面相同. 因此我们的特征曲线的密切平面就是包含这些曲线的所有积分曲面的切平面. 这可能需要一些额外的解释,但这主要是重复以前说过的话.

因此,每一个线丛决定了一个曲线丛,其被线丛包络,并且它具有这样的性质:它们是由这些曲线生成的曲面上的主切曲线,与前面的曲线相交. 我们称这些曲线丛为直线丛的主切线曲线.

我感谢克莱因先生发现的直线,普吕克称其为相应线丛的奇异线. 如果给定的线丛是由曲面的切线(或由一条曲线的割线)构成,那么其对应奇异线,因此为主切线曲线.

4. 方程 $F_1(x,y,z,X,Y,Z) = 0, F_2(x,y,z,X,Y,Z) = 0$
确定两个空间之间的对偶

10)我们现在开始研究. 由方程

$$F_1(x,y,z,X,Y,Z) = 0$$

$$F_2(x,y,z,X,Y,Z) = 0 \tag{9}$$

确定的空间的对偶. 其中在两个空间 r 和 R 中的点的坐标分别为 (x,y,z) 和

(X, Y, Z).

如果我们使用两点的共轭表达式,使其坐标(x, y, z)和(X, Y, Z)满足关系(9),我们可以说,与给定的点(x, y, z)共轭的点(X, Y, Z)形成由(9)表示的曲线$C. x, y, z$被解释为参数,X, Y, Z作为当前坐标.

因此,在空间R中的点——对应r中某条曲线C,在R中也类似地有曲线C对应于r中的点.因此,通过方程(9),两个空间被映像,一个映在另一个空间中,以这样的方式,一个空间中的每一个点——对应另一个空间某个线丛中的曲线.当一个点描述一条线丛曲线时,该点就是所描述的线丛曲线的像点.

11)我们现在可以证明,方程(9)决定了两个空间中的图形之间的一般对偶,特别是线丛曲线c和C所包络的曲线之间.

当一个线丛的两条曲线有一个共同点(这显然不是一般情况)时,它们的像点位于一条线丛曲线上.具体地说,两个无限相交的线丛曲线映成两个点,其无穷小的连络线是一个基本线丛方向.

考虑r中的曲线σ,它被曲线c所包络,与σ中点相对应的曲线族为C.根据我们上面的分析,C中两条相邻曲线将相交,因此它们聚合成确定的包络曲线Σ.同样明显的是,当一个点沿Σ移动时,相应的c将包络一条曲线σ^*,并且可以证明σ^*是原给定曲线σ.

一方面,考虑由线丛曲线$c_1, c_2, c_3, \cdots, c_n$,其顶点为$C_1 C_2, C_2 C_3, \cdots, C_{n-1} C_n$,另一方面,曲线族$c$的像点$P_1, P_2, P_3, \cdots, P_n$.很明显,这些对$P_1 P_2, P_2 P_3, \cdots$,$P_{n-1} P_n$位于线丛曲线族$C$上,即对应于这些曲线多边形的顶点对应的曲线.因此,给定的多边形彼此之间具有完全的对偶关系.

通过考虑极限状态,我们有两条空间曲线被线丛曲线c和C所包络,相互之间是对偶的,其一上的点对应包络另一条的线丛曲线.

因此,将由线丛曲线包络的曲线映为曲线包络的类似曲线.我们说后者对偶于方程组(9)给定的曲线.还请注意,基本线丛方向(dx, dy, dz),(dX, dY, dZ)成对对偶,从而使两条曲线彼此之间相切,且被线丛曲线所包络,映像在另一空间,其曲线间有着相同的关系.

12)还有其他的空间形式,其与方程(9)有确定的对偶关系,但通常不是完全对偶.

因此,在R中,给定曲面f的点映为双重.曲线C,也就是说,线汇的焦点曲面[①]是F.类似地,对应于F_1的点的曲线汇c,它的焦面,我们稍后会看到,包含

---

① 用直线同余的术语来说,我将把这种曲线汇的焦点曲面表示为无限接近曲线C的交点的几何轨迹.如果我们考虑由线性偏微分方程定义曲线汇,那么它的焦面就是我们通常所说的微分方程的奇异积分.

f 作为一个可约部分. 顶点位于曲面 f 上的初等复锥面与曲面在 n 条直线上的相应切平面相交(n 表示复锥面的次数), 并且在 f 的每一点上确定 n 个初等复方向, 这些方向的连续序列形成了覆盖在 f 上的一族 n 层曲线, 这些曲线都被复曲线 c 覆盖. 这类曲线的互反曲线的几何轨迹, 或者说, 如果我们选择曲线层的假想点的集合与 f 相切, 就会生成曲面 F 的焦点.

为了证明这一点, 我们想到无限接近的两条直线 C 可以看作无穷小初等复形连线的两个点. 从曲面 f 上的点 p_0 到 n 个复方向. 因此 p_0 的假想曲线 C_0 是属于与上述曲线一致的相邻相交的 n 个点. n 个交点对应于 n 个在 p_0 点处与曲面 f 相交的 n 个复曲线 c. 因此 F 上的点是 c 的与 f 相交的假想点.

因为曲面 f 的位置和空间维数 r 是一般的, 与曲面 f 相交的曲线 c 也是一般的, 并且不会有任何其他的点在曲面上. 但这些曲线 c 形成了一个每一个 c 都有全等的 N 个焦点的焦点系统, 其中 N 表示在 R 内初等复锥面的次数. 因此, 基于上述陈述, 全等的焦点系统被曲面 f 和曲面 ψ 破坏, 这使得每一条曲线 c 有 $(n-1)$ 个切点.

因此, 为了使由式(9)确定的 R 和 r 中的曲面之间是一个完整的对应, n 和 N 都等于整体是充分必要的. 这种互相对应的关系一般是不完整的, 因为一方面类似的操作是把 f 带入到 F 中, 另一方面是把 F 带入到 f 与 ψ 的和中.

如果 f 和 F 都是曲面上的元素, 上述结果也成立; 如果 f 在某一个方向是无穷小的, F 也是如此.

最后, 考虑到一条未被复曲线 c 覆盖的曲线 k, 和曲面 F 构成了所有 C 上的 k 所对应的点. C 上的点变到了通过 C 的假象点的曲线 c. 因此, 曲面 F 上的点对应于曲线 c 的交点 k. 因此在 k 和 F 之间将会有两层关系.

等式(9)使两个空间相互交融, 从而将给定的空间形式转化为新的空间形式. 这些空间形式与给定的形式具有互反的关系, 因此可以解决关于几何的定理和问题. 我们稍后将把这个原理应用到一个等式(9)的特殊形式.

5. 偏微分方程的变换

13)勒让德是第一个给出一般变换方法的人, 用现代几何的语言来说, 把点坐标 x, y, z 的偏微分方程变换成平面坐标 t, u, v 的微分方程, 或者我们也可以说, 把点坐标 t, u, v 的空间对偶到给定空间.

以类似的方式, 如果我们将曲线 c 作为空间 r 的元素, 则可以将关于 x, y, z 的偏微分方程变换为新空间元素的坐标为 X, Y, Z 的微分方程. 在这里, 我们可以将 X, Y, Z 解释为空间 R 的点坐标, 这种解释在我们的论述中将十分突出.

设有 x, y, z 的任何一阶偏微分方程, 以及所有表示其所谓的"积分完备集"的曲面 ψ, 即每个其他的积分曲线 f 都可以表示为 ψ 的单无限集包络.

另外,考虑空间 R 中曲面 ψ 和 f 对应的与所有曲面 Ψ 和 Φ. 我们将证明每个 F 是 Ψ 的单无穷集包络面,其中曲面 F 满足一阶偏微分方程,其所有的 Ψ 形成一个"积分完备集".

因为,如果在 r 中给定两个具有共同曲面元素的曲面,它们将在 R 中成像为相互切触的曲面;并且具有无限多个共同曲面元素的曲面度到沿着给定曲面中的曲线相切的曲面.

在此假设下,我们考虑一个积分曲面 f_0 以及沿着特征曲线与 f_0 相切的 Ψ_0 的唯一单无穷集,最后考虑相应的曲面 F_0 和 Ψ. 很明显,F_0 沿曲线与每个 Ψ 相连,因此 F_0 是所有 Ψ 的包络面.

14)特别令人感兴趣的是这样的情况,即所变换的偏微分方程是由线丛曲线 c 精确地确定的. 在这种情况下,可以表明,X,Y,Z 的相应微分方程被分解成两个方程,其中一个方程精确地对应于线丛曲线 C.

设给定的 x,y,z 的微分方程积分曲面为 f,以及所有与 f 中点对应的基本线丛锥. 根据第四节,这些锥在 f 中的每个点处确定了 n 个线丛方向,在这种情况下,有两个方向是重合的;因此,由线丛曲线 c 包络并位于曲面 f 上的曲线族被分解成 f 的特征曲线和一个 $(n-2)$ 覆盖 f 的曲线系.

因此,在 R 中对应于 f 中点的线汇有一个焦面系,它被分成两个面,其中一个面,我们称之为 Φ,在两个重合点处与每个 c 相切,而另一个面有 $(n-2)$ 个切线触点. 因此,根据第三节中的定理曲面 Φ 满足偏微分方程,其由线丛曲线 C 确定.

注意到 Φ 是 f 的特征曲线的对偶曲线的几何轨迹,我们看到沿着特征曲线 k 彼此相切的两个积分曲面 f_1 和 f_2 被变换成沿着 k 的对偶曲线彼此相切的两个曲面 Φ_1 和 Φ_2,k 由线丛曲线 c 包络.

由线丛曲线 c 和 C 确定的两个偏微分方程的特性曲线是相对于方程组 (9)的对偶曲线.

15)刚才提出的命题给出了变换一阶偏微分方程的以下一般方法.

用常用方法确定方程
$$f(x,y,z,\mathrm{d}x,\mathrm{d}y,\mathrm{d}z)=0$$
其给定的偏微分方程的特征曲线满足这个方程. 然后选择 $\Psi(x,y,z,\mathrm{d}x,\mathrm{d}y,\mathrm{d}z,X)=0$ 形式的关系,其中 X 表示常数. 同时,$f=0$ 和 $\Psi=0$ 的积分形式为 $F_1(x,y,z,X,Y,Z)=0$ 和 $F_2(x,y,z,X,Y,Z)=0$,其中 Y 和 Z 是积分常数. 通过微分和消元,我们得到了形式 $F_3(X,Y,Z,\mathrm{d}x,\mathrm{d}y,\mathrm{d}z)=0$,我们把它解释为偏微分方程 $F_4(X,Y,Z,\dfrac{\mathrm{d}Z}{\mathrm{d}X},\dfrac{\mathrm{d}Z}{\mathrm{d}Y})=0$ 的特征曲线方程.

我们以前的讨论表明,由 $F_3=0$ 通过通常的过程导出 $F_4=0$,并且给出的偏微分方程是相互依赖的,即一个是可积的,那么另一个也是可积的.

由此,我们可以得出关于由给定次数的曲线丛定义的一阶偏微分方程降次的一般结论. 例如,由直线丛定义的每个一阶偏微分方程可以变换成二次偏微分方程. 同样地,我们也可以将由线丛锥所定义的每个偏微分方程转换成 30 次的微分方程.

6. 关于把相切曲面变为相切曲面的最一般变换

16)在偏微分方程的研究中,$X = F_1(x,y,z,p,q)$,$Y = F_2(x,y,z,p,q)$,$Z = F_3(x,y,z,p,q)$形式的变换起着重要作用.

通常,p 和 q 表示偏导数 $\dfrac{\mathrm{d}z}{\mathrm{d}x}$,$\dfrac{\mathrm{d}z}{\mathrm{d}y}$;$P$ 和 Q 类似地代表 $\dfrac{\mathrm{d}Z}{\mathrm{d}X}$ 和 $\dfrac{\mathrm{d}Z}{\mathrm{d}Y}$

下面我们将考虑函数 F_1,F_2 和 F_3 被选择为使得 P 和 Q 仅依赖于 x,y,z,p,q 的情况. 因此

$$P = F_4(x,y,z,p,q),Q = F_5(x,y,z,p,q)$$

假设 X,Y,Z,P,Q 之间不能从上述五个方程式中导出任何关系,我们将证明每个量 x,y,z,p,q 也可以表示为 X,Y,Z,P,Q 的函数.

如果我们把 x,y,z 和 X,Y,Z 看作 r 和 R 的点坐标,我们可以说,通过这种变换,在两个空间的曲面元素之间定义了一种对应关系,实际上,是最一般的对应关系. 我们将证明这些变换分为两个不同的坐标类,一个对应于普吕克对偶,而另一个对应于在本节中建立的对偶.

消去下面五个方程中的 p,q,P 和 Q,

$$X = F_1,Y = F_2,Z = F_3,P = F_4,Q = F_5$$

两种截然不同的结果会出现. 我们将获得关于 x,y,z 的一个方程,或将有这些量之间的两个关系.(三个相互独立的方程涉及的两个空假定问题是一个点的变换)

但我们知道,方程 $F_1(x,y,z,X,Y,Z) = 0$ 总是定义了两个空间曲面元素之间的相互对应关系. 我同样在前面的论述中显示了方程

$$F_1(x,y,z,X,y,z) = 0,F_2(x,y,Z,X,y,z) = 0$$

总是确定一个变换,它将相切的曲面变成相切的曲面.

因此,我的结论被证实了.

现在让我提醒大家注意,这些变换的一个显著特性:它们把形如

$$A(rt - s^2) + Br + Cs + Dt + E = 0$$

的任何微分方程,其中 A,B,C,D 仅依赖于 x,y,z,p,q,变为相同形式的方程. 因此如果给定的方程具有一般的一次积分,则所得方程也如此.(参见 Boole 在《克雷尔杂志》上的论文,第 61 卷)

第二部分　普吕克线几何可以转化为球面几何学

7.两个曲线丛是直线丛

17)让我们假设,这些方程,这两个空间彼此映像,在每个变量系统中都是线性的

$$\begin{cases} 0 = X(a_1x + b_1y + c_1z + d_1) + Y(a_2x + b_2y + c_2z + d_2) + \\ \quad Z(a_3x + b_3y + d_3) + (a_4 + \cdots) \\ 0 = X(\alpha_1x + \beta_1y + \gamma_1z + \delta_1) + Y(\alpha_2x + \beta_2y + \gamma_2z + \delta_2) + \\ \quad Z(\alpha_3x + \beta_3y + \gamma_3z + \delta_3) + (\alpha_4x + \beta_4y + \gamma_4z + \delta_4) \end{cases} \tag{10}$$

显然,与给定点共轭的另一个空间的点将形成一条直线. 这两个曲线复合体是普吕克线复合体. 因此,方程(10)定义了 r 和 R 之间的对应关系,该对应关系具有以下特征性质:

关于线复合体理论,我假设读者读过这几部作品:《普拉杰》和《新几何》等(1868—1869).

a. 在每个空间中的点都一一对应于一条复合线.

关于线复合体理论,我猜想读者对这两部作品比较熟悉:《普拉格》《新几何》等(1868—1869);克莱因,《复合理论》第二卷.

b. 当点描述线丛时,空间中的对应线围绕所描述线的像点旋转.

c. 由两个成对排列的线丛所包络的曲线互反,使得每个复线的切线与另一个复线的点相对应.

d. 在空间 r 中的平面 f,有两重意思,另一种是表示一个 R 中的平面 F. 一方面 F 是与以 f 为像的直线同余的直线所在的焦平面;另一方面,F 的点对应于 f 的切线,这些切线属于 r 中的线丛.

e. 在 f 和 F 上,所有曲线都以共轭对的形式排列,在 f(或 F)上,曲线的点对应于在另一空间中包含共轭曲线的线表面,并且沿着这条曲线与 F 或 f 相切.

f. 对于由线丛中的线所包络的 f 上的曲线,在 F 上共轭地对应于也由复线丛所包络的曲线,并且这些曲线在(c)中定义的意义下是互反的.

方程(10)中的每一个方程确定两个空间中的点和平面之间的非调和对应. 因此,我们的每个线丛可以被定义为平面相交线在非调和下的集合,或者定义为点在非调和关系下的连接线. 但是,根据雷耶斯由此定义的二度线丛与比奈所讨论的某一直线系统是相同的. 比奈是第一个把这个系统看成是线丛物质

实体的旋转所围绕的静止轴的集合. 它已经被几个数学家研究过了, 特别是沙勒和雷耶斯.

如果我们在等式(10)中描述常数, 我们要么给这两个线丛一个特殊的位置, 要么我们把线丛本身具体化. 关于特殊位置线丛, 例如, 它们可能重合; 而雷耶斯先生在他的 Geometrie der Lage(1868)的第二部分中讨论了这个情况, 他也给出了 a 和 b 中所陈述的命题. 关于具体命题, 我不会详细叙述所有可能的特殊情况, 而是强调两个最重要的变式[①]:

(a)两类线丛都可以是特殊的和线性的. 这种情况给我们提供了著名的安培变换. 因此, 我们可以认为这种变换是基于我们引入与给定线相交的直线而不是点的集合作为空间元素.

(b)一个线丛可退化为与给定二次曲线相交的直线的集合. 在这种情况下, 另一个线丛将是一般的直线丛. 我可以在这里提到诺特尔先生, 有时给出点空间中线性直线丛的重新表述, 该点空间与所讨论的点空间相同. 但是, 在诺特尔先生的简短介绍中, 没有提到每个空间都包含一个线丛, 并且其中每一条线在另一个空间中的像都是一个点, 这是对于我们的目的至关重要的概念. 这是我们将在下面的文章中研究的退化. 我们假定基本二次曲线是无穷远的假想圆.

18)我们已经看到, 如果方程的表达式在每个变量系统中都是线性的, 那么这两个曲线丛就是直线丛. 因此我们需要研究这个充分条件是否是必要的.

如果一个线丛是一般直线丛, 则相应的曲线丛的初等复数锥必须分解成二阶锥. 证明第 4 节, 12 的事实是, 同余线与焦曲面交于两点. 如果一个线丛是特殊直线丛, 那么另一个空间中相应曲线丛的初等复锥将分解为平面束.

因此, 如果两个线丛都是直线丛, 那么两个空间的初等复锥必须分解成二阶锥和一阶锥. 但是如果直线丛的锥体可以被连续地分解, 则线丛本身是可还原的[②]. 因此, 我们证明了, 如果如前文所述, 两个线丛彼此成像, 则得出以下结论: 要么两者都是二阶的, 要么一个是二阶的特殊线丛, 另一个是线性的, 要么它们都是特殊的线丛. 三种情况都由等式(10)表示, 我们将指出如何知道等式(10)定义了两个线丛互相表出最一般的表达形式.

如果这两个复合体都是二阶的, 则可以证明奇点的表面不能是曲面.

因为通过这个表面的每个点有两个平面束, 它们的线在另一个空间中成像

---

① Lie, "Represen tation der Imaginaeren", 在 1869 年 2 月和 8 月的《基督教科学院学报》上 §17 和 27 ~ 29 页的讨论表示方法与这里论述的相同. 在 §25 中, 我特别强调这里讨论的两个变式中的第一个种.

② 我知道我无法证明这个断言, 但我被告知这是可靠的.

然而, 基于它所得到的结论对于以下内容并不重要.

为一条直线上的点. 由此可知,一个平面束的所有线对应于另一个空间中的同一点.

但是,没有独立像的线的集合不能形成一个线丛;它们充其量只能形成同余或若干同余. 然而,由于从曲面的所有点出发的平面束上的线束的集合形成一个线丛,我们关于奇异曲面不能是曲面的断言就被证明了.

如果两个二阶的线丛相互映射,在这种情况下,它们都不可能是一个特殊的线丛,那么每个奇点的表面都由平面组成,因此两个线系都是由比奈首先研究的那种.

如果一个二阶线丛和一个线性复合体相互映射,人们可能预先设想两种可能:

(a)二阶线丛可以由所有与圆锥相交的线形成,并且根据上述讨论,这样的情况确实存在;

(b)二阶线丛可以由所有二阶曲面的切线构成. 考虑到我将在第12节中用到与此相同的结论的一些东西,我已经证明这种情况不存在. 如果是这样,我可能会从线性线丛可以通过线性的三重无穷大、互置换变换转变成其自身的事实中推断出,对于二阶曲面也是如此. 然而,并非如此.

8. 线性线丛与交于无穷远假想圆的直线集的对偶

19)在下文中,我们将更深入地研究方程组

$$\begin{cases} -\dfrac{\lambda}{2B}Zz = x - \dfrac{1}{2A}(X+iY) \\ \dfrac{1}{2B}(X-iY)z = y - \dfrac{1}{2\lambda A}Z \end{cases},\text{其中 } i = \sqrt{-1} \qquad (11)$$

方程组的两个方程对于两个变量都是线性的,因此根据第7节,它确定了两个线丛之间的对应关系. 我们首先在普吕克线坐标系下导出这些线丛的方程.

普吕克以如下形式给出直线方程

$$rz = x - \rho, sz = y - \sigma$$

在这里,五个量 $r, \rho, s, \sigma, (r\sigma - s\rho)$ 被认为是线坐标. 因此,如果我们把 X, Y, Z 看作参数,方程(11)表示其坐标满足如下关系的直线系

$$r = -\frac{\lambda}{2B}Z, \rho = \frac{1}{2A}(X+iY)$$

$$s = \frac{1}{2B}(X-iY), \sigma = \frac{1}{2\lambda A}Z$$

对上述方程消去 X, Y, Z,得到我们的线丛方程

$$\lambda^2 A\sigma + Br = 0 \qquad (12)$$

因此,空间 r 中的线丛是一个线性线丛. 此外,正如我们所注意到的,广义线性

线丛包含了 $xy-$ 平面的无穷远直线.

为了确定 R 中的线丛, 我们用如下等价方程组代替方程组 (11)

$$\left(\frac{\lambda A}{2B}Z - \frac{B}{2\lambda Az}\right)Z = X - \left(Ax + B\frac{y}{z}\right)$$

$$\frac{1}{i}\left(\frac{\lambda A}{2B}Z + \frac{B}{2\lambda Az}\right)Z = Y - \frac{1}{i}\left(Ax - B\frac{y}{z}\right)$$

将这些与 R 中的直线方程

$$RZ = X - P, SZ = Y - \Sigma \tag{13}$$

相比较, 我们得到

$$R = \frac{\lambda A}{2B}z - \frac{B}{2\lambda Az}, P = Ax + B\frac{y}{z}$$

$$S = \frac{1}{i}\left(\frac{\lambda A}{2B}z + \frac{B}{2\lambda Az}\right), \Sigma = \frac{1}{i}\left(Ax - B\frac{y}{z}\right)$$

然后, 发现 R 中的线丛的方程是

$$R^2 + S^2 + 1 = 0 \tag{14}$$

但是由 (13),

$$R = \frac{dX}{dZ}, S = \frac{dY}{dZ}$$

因此在形式上我们可以把式 (14) 写为

$$dX^2 + dY^2 + dZ^2 = 0 \tag{15}$$

由此可见, R 中的线丛是由长度等于零的虚直线构成的, 或者说与无限远虚圆相交的直线.

通过等式 (11) 对这两个空间进行成像, 其中一个空间是以这样的方式成像的, 即对于 r 中的点, 在 R 中对应于长度为零的虚直线, 而 R 的点被成像为式 (2) 确定的线性线丛线.

应当注意, 当点沿着这个线性线丛中的线移动时, R 中相应的描绘一个无限小的球面———一个点的球面.

20) 根据第 4 节中发展起来的对偶曲线的一般理论, 如果我们知道一条曲线的切线属于我们的线丛, 那么通过简单的操作就可以找到另一个线丛所包络的像曲线. 拉格朗日研究了长度等于零的空间曲线的一般判定, 其切线具有相同的性质. 也找到了这些曲线的一般方程. 因此, 根据以上的分析也可以建立其切线是线性线丛的曲线的一般公式.

为了不偏离我们的目标, 我们将不详细讨论两个空间的对偶曲线之间存在的简单几何关系[①].

现在我们必须稍微修改我们先前关于两个空间中曲面之间对应关系的观察,因为所有与无限远圆相交的直线汇都有一条公共的焦线.即这个圆本身,因为线汇中的直线只在两个点切触焦面.

假设在 R 中有一个曲面 F,f 是 r 中点的几何轨迹,其上的点对应于 F_1 的长度为 0 的切线.那么,反过来说,F 也是与 f 相切的式(12)确定的线丛中的直线的像点的完整几何轨迹.

另一方面,如果我们在 r 中的一般位置给出了一张曲面 φ,类似于普通情况;切触 φ 的式(12)确定线丛中的直线也包络另一个曲面 ψ,即所谓的 φ 相对于式(12)的配极.

这个线系在 R 中被成像为一个曲面 φ,它显然是两个线汇的焦面,一个是对应于 φ 的点的长度为零的线集,另一个是对应于 ψ 有相同的关系的线集.

因此,长度为零的切线被分解成两个线系;或者,我们可以说,Φ 的长度为零的测地线形成两个不同的族.

因此,φ 中长为 0 的切线被分解为两个系统;或者,我们可以说,φ 的长度为 0 的测量曲线形成了两个不同的族.

顺便说一下,根据我们的一般理论,由属于线性线丛的同余的直线所包络的曲线的确定可以简化为在像平面 F 上找到长度为零的测量曲线.因为这些曲线相对于系统(11)是互为倒数的(17,f).

21)以下的两个命题我们将在后文用到一到两次:

a. n 阶曲面 F,包括作为 p 折线的无限远虚圆,是一个同余的像,它的阶为 $(n-p)$[②].

因为,在有限空间中,一条零长度的虚线与 F 相交于 $(n-p)$ 个点,因此同余中总是有 $(n-p)$ 条线通过给定点,或者位于空间 r 的给定平面中.

b. 将 n 阶曲线 C 中无限远圆相交于 p 个点,它们的像在 r 中为 $(2n-p)$ 阶直线.

因为,线性线丛(12)的线中与该线表面相交于许多点,在数值上,因为在曲线 C 和无限小球面之间存在公共点(不是无限远).

---

① 如果给定的长度为零的曲线有尖点,则在线性线丛中的相应曲线具有平稳切线.一般来说,如果把曲线看成是由线构成的,也就是说,作为线性线丛中给定线丛中线的包络,那么平稳切线就表现为寻常奇点.

② 让我在这陈述一个命题,这是每一位从事线几何工作的数学家都熟知的,但是据我所知,它在任何地方都没有被明确表述过:对于属于线性线丛的同余,它的阶在数值上总是等于它的类.

9. 普吕克线几何可以转化为球面几何

22)在本节中,我们将给出在普吕克线性几何和其元素是球面的几何之间存在的基本关系的基础.

对于等式(11),将空间 r 的直线转换成空间 r 的球面,并且拥有两层含义.

一方面,根据(21,b)中的命题,把与给定线 l_1 相交的线丛(12)的直线,以及它的配极 l_2 都被映为对面上的直线丛;另一方面,把 l_1 和 l_2 的点变为这个球面的直线族.

通过下面的解析观测,我们得到了 l_1 和 l_2 的线坐标与中心 X', Y', Z' 的坐标以及像球面半径 H' 之间的关系.

设线 l_1(或 l_2)的方程

$$rz = x - \rho, sz = y - \sigma$$

还记得线性线丛(12)式中的直线可以由如下方程表示

$$-\frac{\lambda}{2B}Zz = x - \frac{1}{2A}(X + iY), \frac{1}{2B}(X - iY)z = y - \frac{1}{2\lambda A}Z$$

显然,如果在这四个方程中消去 x, y, z,我们就有表示与直线 l_1 相交的条件. 通过这样做,我们得到这些线的参数 X, Y, Z 之间的以下关系,或者说像点的坐标之间的关系

$$\left[Z - \left(A\sigma\lambda - \frac{Br}{\lambda} \right) \right]^2 + \left[X - (A\rho + Bs) \right]^2 + \left[Y - i(Bs - A\rho) \right]^2 = \left(A\lambda\sigma + \frac{B}{\lambda}r \right)^2 \tag{16}$$

这个方程的直接解释证实了以上的陈述,并给出了下面的公式

$$X' = A\rho + Bs$$

$$iY' = A\rho - Bs, Z' = \lambda A\sigma - \frac{B}{\lambda}r, \pm H' = \lambda A\sigma + \frac{B}{\lambda}r \tag{17}$$

或等价公式

$$\rho = \frac{1}{2A}(X' + iY'), s = \frac{1}{2B}(X' - iY'), \sigma = \frac{1}{2\lambda A}(Z' \pm H')$$

$$r = -\frac{\lambda}{2B}(Z' \pm H') \tag{18}$$

(在球面坐标 X', Y', Z', H' 上,我们可以毫无损失地省略撇,因为在我们的概念中,空间 R 中的点是半径为零的球面.)

公式(17)和(18)表明,r 中的直线在 R 中被成像为唯一定义的球面,而给定球面与 r 中的两条线相对应

$$(X, Y, Z, +H) \text{ 和 } (X, Y, Z, -H)$$

这是线性线丛

$$H = 0 = \lambda A\sigma + \frac{B}{\lambda}r$$

的配极. 如果 H 等于零, 则公式 (17) 和 (18) 清楚地表示 (12) 式中的线丛和空间 R 中的点球面是一一对应的.

一个平面, 即具有无限大半径的球面, 被成像为两条直线 (l_1 和 l_2), 它们与 xy – 平面的无限远直线相交. 由此可见, l_1 和 l_2 上的点就是给定平面中穿过其无限远圆的虚直线的像点.

作为一个特殊情况, 我们注意到, 对于切触无限远虚圆的平面, 其对应于平行于 xy – 平面的线丛 $H = 0$ 中的线.

23) 两个相交的直线 l_1 和 λ_1, 被成像为在某点相切的球面.

对于 l_1 的极点, λ_1 相对于 $H = 0$ 的极点也是相交的, 因此球面有两个共同的母线. 但是二阶曲面, 它的相交曲线由圆锥曲线和两条右线组成, 在三个点, 即截面曲线的双点处相互接触. 因此, l_1 和 λ_1 的图像球有三个接触点, 其中两个, 假想点和无限远距离, 一般来说, 我们不考虑这种情况.

我们的定理的解析证明如下.

两条直线
$$r_1 z = x - \rho_1, \, r_2 z = x - \rho_2, \, s_1 z = y - \sigma_1, \, s_2 z = y - \sigma_2$$
相交, 可被表示成如下方程
$$(r_1 - r_2)(\sigma_1 - \sigma_2) - (\rho_1 - \rho_2)(s_1 - s_2) = 0$$
由式 (18), 可以得出
$$(X_1 - X_2)^2 + (Y_1 - Y_2)^2 + (Z_1 - Z_2)^2 + (iH_1 - iH_2)^2 = 0$$
这就证明了我们的命题.

我们的定理表明, 与给定直线相交的直线的集被映为所有切触于给定球面的球面. 从而知道了特殊线性线丛的映像.

相反的, 对于相切的两个球面, 对应着两对线, 每对线都与另一对线相交.

24) 一般线性线丛的表示. 一般线性线丛可由方程
$$(\gamma\sigma - \rho s) + mr + n\sigma + p\rho + qs + t = 0 \tag{19}$$
来表示.

由方程 (18) 和 (19) 可知, 相应的 "球面线性线丛" 的方程为
$$(X^2 + Y^2 + Z^2 - H^2) + MX + NY + PZ + QH + T = 0^①$$
在这个方程中 M, N, P, Q, T 是依赖于 m, n, p, q, t 的常数, 而 X, Y, Z, H 被理解

---

① 这个方程可写为 $(X - X_0)^2 + (Y - Y_0)^2 + (Z - Z_0)^2 + (iH - iH_0)^2 = C^2$, 其中 $X_0, Y_0,$ Z_0, H_0, C_0 是线性线丛的非齐次坐标, 克莱因告诉我们注意, 球面 (X_0, Y_0, Z_0, H_0) 是这个线性线丛轴的像.

为(非齐次)球面坐标.

很容易看出,最后一个方程决定了所有交于一个常数的球面,线性同余的像域与线丛(19)和 $H=0$ 类似.

如果这些线丛的相同的不变量等于零,或者,如果用克莱因的表达式,若这两个线丛对合,则定角为直角.

对于与一个给定球面交于一个定角的球面,在 r 中对应于两个线性线丛中关于 $H=0$ 的配极.

我们特别注意到,对于与给定球面正交的球面,它的像为线性线丛中的直线.

现在我们给出一个线丛,其方程形式如下

$$ar + bs + c\rho + d\sigma + e = 0 \tag{20}$$

X,Y,Z,H 之间相应的关系也是线性的,因此,线性复球面是由与给定平面以给定的常数角相交的所有球面形成的.

这也可能是从这样一个事实推导出来的,那就是,线丛(20)包含了无限远的 $xy-$ 平面的直线,其中 $H=0$ 中包含与其相交的直线.

如果线丛(20)和 $H=0$ 是对合的,则将(20)的直线的像是与给定平面正交的球面的整体,或者类似于中心位于给定平面的球面.

这四个线丛

$$y = 0 = A\rho + Bs, z = 0 = \lambda A\sigma - \frac{B}{\lambda}r$$

$$iY = 0 = A\rho - Bs, H = 0 = \lambda A\sigma + \frac{B}{\lambda}r$$

显然是成对对合的. 它们也包含了无限远的 $xy-$ 平面线作为公共线.

这样,特殊的线性线丛,由所有与 $xy-$ 平面平行的直线组成,和四个一般的线性线丛,$X=0,Y=0,Z=0,H=0$ 连接,形成了一个系统,我们可以把它看作是克莱因先生的六个基本线丛的退化. 类似于我们使用 X,Y,Z,H 作为四维空间中几何体的非齐次坐标,以上述的球面为元素,我们也可以使用这些量作为非齐次线坐标.

非常有趣的是,我们注意到线性线丛的方程是

$$H = \lambda A\sigma + \frac{B}{\lambda}r = 常数$$

根据这个方程的形式,它是相切于另一条特殊的直线同余,它的准线连同 $xy-$ 平面上的无限远直线被映成一族球面线丛,其特征是他们所有的球面都有相等的半径.

25)不同的表示方法. 一个曲面 F 和它在给定点的所有切线都映射到一个曲面 F 并且所有的球面都在给定点与其相切.

一条 f 上的线的像是沿曲线与 F 相切的球面.

如果 f 是一个线表面,那么 F 就是一个球面包络,一个管状的曲面.

如果,特别是 f 是一个二阶曲面,因此包含了两个直线系统,那么我们可以用两种方式将 F 解释为一个球面包络. 很明显,以这种方式,我们得到了拥有这种性质的最一般的球面.(四次圆的曲面)

一个可展开的曲面变化成一个两个连续的球相切的球面族的包络面,也就是说,穿过一个生成线与无限远的虚圆相交的假想直线表面. 这些线面,我们知道,这正是由 Monge 所描述的只有一个曲率的曲线系统.

26)普吕克的概念的一个直接结论是,如果 $l_1=0$ 和 $l_2=0$ 是两个线性线丛的方程,那么方程 $l_1+ul_2=0$,u 是一个参数,表示包含一个常见的线性同余的线性线丛. 我们采用的代表原则将这个定理转化为如下:

在给定的角度 v_1 与 v_2 上,与给定的球面 S_1 和 S_2 相交的球面 K 与无限多个球面具有相同的关系对应线同余的两个准线是两个球面,所有球 K 都与它相切.

可变线丛 $L_1+uL_2=0$ 与线丛 $H=0$ 相交成直线同余,其准线描述的是一个二阶曲面,即三个线丛的部分 $l_1=0$,$l_2=0$,$H=0$. 因此,球面 S 包住一个四次圆纹曲面. 在这个例子中,当与不同的球面 S 相交时,四次圆纹曲面退化为一个圆.

我们希望注意这样一个事实,即我们的球面表示使我们能够从相交的不连续的直线组推导出相应的球面组,并且反之亦成立. 举个例子,我们可以用众所周知的关于三阶球面上的二十七条直线的理论来证明二十七个球面的群的存在,其中每一个与其他的十个相切.

相反地,成堆的球面呈现出以特殊方式排列的线丛中的不连续线组.

10.转换原理引起的线条问题　将有关领域的问题转化为线问题

27)在这一节中,我们通过考虑由转换原理得到的有原直线问题的理论来解决一些有关球面的简单而熟悉的问题.

问题1　有多少个球面与四个给定的球相切? 四个球面转化成四对线(l_1,λ_1),(l_2,λ_2),(l_3,λ_3),(l_4,λ_4). 因此,相应的线的问题是找到从 8 条线中选择与四条线相交的线,使每对都提供一条线. 直线 l 和 λ 可以排列成 16 个不同的则 4 条为一组的组别,通过这种方法每个组只包含每对中的一条;因此

$$l_1l_2l_3l_4, \lambda_1\lambda_2\lambda_3\lambda_4, L_1L_2L_3\lambda_4\lambda_1\lambda_2\lambda_3L_4,\cdots$$

但这十六组也是作为 $H=0$ 的配极成对出现的. 因此,两个相关群的截线 (t_1,t_2),(T_1,T_2) 也是彼此对应于 $H=0$ 的配极. 最后提到的四条线因此被成映成两个球面,因此存在着十六个球面被排列成八对,它们与四个给定的球面相

切.

问题 2 有多少个球在四个给定的角度上相交四个给定的球？

在一个固定角度上与一个给定球面相交的球被成映为两个线性线丛上的直线，它们关于 $H=0$ 上互为配极. 因此我们必须观察四对线丛，(l_1, λ_1)，(l_2, λ_2)，(l_3, λ_3)，(l_4, λ_4)，现在的问题是，要找到那些属于这个线丛的四条线并且选择的方式是从每一对中选取一条.

四个线性线丛有两条共同的直线. 因此，如果我们与上文的步骤一样，我们将得到八对十六个球面作为解.

如果给定的一个或多个角度是直角，我们的问题就简化了；因为这样，正交于给定球面的球面就被成像为一个线丛的直线，它与 $H=0$ 对合. 如果所有的角度都是直角，那么问题是，在 $H=0$ 对合的直线中有多少直线与四个线性线丛是公共的.

两条这样的线对于 $H=0$ 是互为配极，因此只有一个球面与四个给定的球面正交.

问题 3 构造与五个给定球面相交于一个固定角度的球面.

我们的转化原则将这个问题转化为以下几个方面：寻找含有五对给定的每对中的一条线的线丛 (l_1, λ_1)，$\cdots$，(l_5, λ_5).

这十条直线可以分成三十二组，每组五条，每一组各有每对中的一条，因此

$$(l_1 l_2 l_3 l_4 l_5), (\lambda, \lambda_2 \lambda_3 \lambda_4 \lambda_5)$$

注意，这些线束是相对 $H=0$ 互为配极. 每个群给出一个线丛，我们总共得到三十二个线性线丛成对共轭出现. 它们的像为 16 个线性球面线丛. 这 16 个球面以恒定的角度分别相交，这就是我们问题的解决之道.

两组线组 $(l_1, l_2, \lambda_3, \lambda_4, l_5)$ 和 $(\lambda_1, l_2, \lambda_3, \lambda_4, l_5)$ 包含了四条公共直线. 由此可知，两个对应的线丛相交于一个线性同余中，其准线 d_1 和 d_2 是这四条直线的横切. 但线丛 $H=0$ 与这个同余沿着二阶曲面相交，这是一个圆的像，即其中两个球体的截面圆，以及 d_1 和 d_2 的像球. 后者可以通过说它们与 5 个给定球中的 4 个相切来定义；因此，借助刚才所描述的结构，我们可以在所需的任何一个球面上确定一些圆.

只要我们能构造出与四个给定球面相切的球面，16 个球面中任意一个与五个给定球面以某确定角度相交的球面上，我们都能构造出五个圆.

11. 曲率圆理论与切线曲线理论的关系

28）前几节所讨论的转换因以下原因而具有特殊的意义，这是一个我认为非常重要的理论：空间 R 中给定曲面 F 上曲线的曲率对应于空间 r 的线表面，它沿着这切线与像曲面相交.

曲面 f 的切线转化为与 F 相交的球面,李认为靠近 F 的主切线,对应于 f 的主球面. 事实证明确实是如此.

因为 f 在三个重合点上与一个主切线相切,像曲面的三个连续的母线的主切线与 F 相交. 但是这样一个球面沿着一条曲线与 F 相切,这条曲线在两者的接触点上有一个尖点,这正是主球面的一个特点.

此外,注意这个尖点的方向与曲率曲线相切. 然后我们可以看到,f 上的正切曲线的两个连续点的像为两条线,在同一曲率曲线的连续点上与 F 相交. 因此,对于 f 的主切线曲线,被认为是由点形成的沿着曲率曲线有一些与 F 相切的虚曲面.

但是 F 和 f 上的曲线以这样的方式排列成共轭曲线对一个点形成了在共轭曲线的点上接触到另一个曲面的线的图像. 这证明了我们的理论.

以下两个例子可视为对这一命题的证实.

R 中的球面是线性同余的像,其中两个准线被认为是焦面. 我们知道球面上的每条曲线都是曲率曲线. 并且,在属于线性同余的每个线面上,准线呈现为主切曲线. 空间 r 中的双曲面 f 在 R 表示为一个曲面,它在两个方面可以被看作是一个球面的包络. 但在线丛 $H=0$ 中的线沿其主切线曲线触及 F,那就是沿着它的直母线,本身就是二阶的曲面. 因此环 F 的曲率曲线是圆. 由我们的定理产生的一个有趣的推论如下:

库默尔(Kummer,1810—1893)的阶和四阶曲面有 16 阶的代数主切线,它们形成了该曲面与 8 阶直线面的完整接触部分.

对于库默尔的曲面是序和类二的一般线同余的焦面(只要它属于 $h=0$)作为包含无限远圆两次的第四度曲面.

现在,达布和穆塔德[①]已经证明了最后提到的曲面的曲率线是 8 阶的曲线,将无限远的虚圆切成八个点. 因此,这些线的像是第 8 阶的线面.

如果我们记得这些线面的母线是库默尔曲面的双切线,我们将感知到这个命题的正确性[②].

很明显库默尔曲面的退化,例如,波纹面,Plucker 平面丛,三阶和四阶的 Steiner 面,三阶线面,和代数主切线曲线[③].

29)让·加斯东·达布(Darboux,1842—1917)先生已经证明了我们一般可以在任何曲面上确定有限空间中的曲率曲线,与假想的可展开的曲线相联系,同时围绕给定的曲面和无限远的假想圆.

---

① 压边线(1864 年).

② 克莱因和李,1870 年 12 月 15 日.

③ 克莱布什证实了斯坦纳曲面上的主切线曲面.

在这样的结果中,我们一般可以指出线性线丛同余的焦平面上的一条主切线,这条曲线是点的几何轨迹,对于它,切线平面也是与线丛相关联的平面.

对于与 F 相切的无限小的球面,由 F 的点和上面所描述的假想可展开的点组成.结果线丛 $H = 0$ 中与像曲面相切的直线分开了两个系统,一个是双切线的系统,另一个是在某曲线的点上与 F 相切的直线的集合,但是这条曲线是想象中的曲线沿曲率曲线接触 F 的曲面,是 F 的主切线之一.这种对正切曲线的确定变成了假想,然而,如果这个焦平面,或者更准确的,它可以还原的一部分,而不是同余,是任意给定的.

因为在一个曲面上通常只有有限的点,在这些点上切平面也是相关的平面,在该点通过给定的线性线丛.

最值得注意的是,一个线面的母线属于线性线丛,它包含了一组无限的点集合,其中每个点的切平面也是相关的平面,穿过此点线性线丛,这些点的集合形成一个主切线曲线,可以通过简单的运算来确定:化分和消除.

现在,克莱布什先生已经证明,如果一个主切线曲线是已知的在线面上,其他的就可以通过正交找到.

确定属于线性线丛的线面上的主切线曲线只依赖于正交.

将我们的变换原理应用到上文引用的克莱布什的陈述及其推论命题中,我们得到了以下定理:

如果在管状曲面(球包络)已知非圆形的曲率曲线,其他的可以通过正交法找到.

在一个恒定的角度上与一个给定的球面相交的一组无限的球面的集合包络了一个管状球面,在其中可以给出一条曲率曲线和其他曲线可以通过正交得到.

从管状曲面以恒定的角度与 s 相交的事实来看,在管状曲面上也可以发现曲率曲线.根据某个众所周知的命题,这个交曲线必须是管状曲面的曲率曲线之一.这个命题陈述如下:如果两个曲面以恒定的角度相交,而交曲线是一个曲面上的一条曲率曲线,它也是另一个曲面上的曲率曲线.但是在一个球面上,每条曲线都是一条曲率曲线.

12. 两个空间的变换之间的对应关系

30)如前文的 16)所述,我们可以用两组 (x, y, z, p, q),(X, Y, Z, P, Q) 中的 5 个方程来表达我们的变换,确定任意一个量作为另一个量的函数.如果两个空间中的一个,例如 r,在一个变换下,相切的曲面变换成相似的曲面,其他空间的相应变换具有相同的性质.因为,r 的变换可以用 5 个方程表示为两组 x_1,y_1, z_1, p_1, q_1 和 x_2, y_2, z_2, p_2, q_2 下标 1 和 2 指的是 r 的两种表示法.这些关系通

过 x,y,z,p,q 和 X,Y,Z,P,Q 的方程表达,进而变换为 X_1,Y_1,Z_1,P_1,Q_1 与 X_2, Y_2,Z_2,P_2,Q_2 的关系. 这就证明了我们的断言.

如果我们把我们自己限制在 r 的线性变换中,我们在 R 的相应的变换中发现如下结论:所有变换(平移、旋转和螺旋形),相似度的变换,倒半径变换,平行变换①从一个曲面变到一个平行曲面,邦内特(Bonnet)先生②研究的一个倒数变换. 所有这些,由于它们对应于 r 中的线性变换,它们拥有将曲率曲线变为曲率曲线的性质. 现在我们将证明,对于 r 的一般线性变换,在曲率线是协变曲线的情况下与 R 的最一般变换是对应的.

31)首先,考虑 r 的线性点变换,它对应于 R 的线性点变换. 很清楚这里在无限远的假想圆保持不变的前提下,我们只遇到 R 的这些变换,但我们确实得到了这些.

对于这样一个 R 上的线性点变换,一方面,直线与圆相交成相似的直线,另一方面,与球面相交形成相似的球面. 因此,r 上对应的变换既是点变换又是线变换——也就是线性点变换. 这是需要证明的.

不取代无限远圆的 R 的一般线性变换包括 7 个常数;并且它可以通过平移和旋转与相似变换建立起联系. 相应 r 上也包含 7 个常数的变换,其特征是它含有一个线性线丛 $H=0$ 和它的某一条直线(xy 平面的无限远线). 我们也可以用含有自身的线性同余来描述它.

可以用解析的方法确定 r 的线性点变换对应于 R 的平移. 平移可以用这些方程来表示:$X_1 = X_2 + A; Y_1 = Y_2 + B; Z_1 = z_2 + C; H_1 = H_2$.

这些方程和公式(17)给出如下关系

$$r_1 = r_2 + a; s_1 = s_2 + b; \rho_1 = \rho_2 + c; \sigma_1 = \sigma_2 + d$$

用直线方程中代替这些表达式

$$r_1 z_1 = x_1 - \rho_1, s_1 z_1 = y_1 - \sigma_1$$

我们得出,作为 r 的定义,如下

$$z_1 = z_2; x_1 = x_2 + az_2 + c; y_1 = y_2 + bz_2 + d$$

同样,用解析方法确定变换 r 所对应的相似变换 R 也是一件容易的事情. 因此,通过应用(17),方程

$$X_1 = mX_2; Y_1 = mY_2; Z_1 = MZ_2; H_1 = mH_2$$

给出如下关系

$$r_1 = mr_2, \rho_1 = m\rho_2, s_1 = ms_2; \sigma_1 = m\sigma_2$$

这些关系定义了 r 的一个线性变换,也可以用方程来表示

---

① 邦内特的"膨胀".

② Comptes rendus,18 世纪 50 年代.

$$z_1 = z_2 \; ; \; x_1 = m\,x_2 \; ; \; y_1 = my_2$$

但这些最后的方程定义了一个线性点变换,可以说,在它的两个直线的点保持不动.

通过几何考虑,我们将表明 R 的旋转也可以转化为刚才所描述的那种变换. 设 A 为转轴,M 和 N 是不被旋转改变的虚圆的两点,很明显,所有与 A 相交并通过 M 和 N 的虚线在旋转过程中保持它们的位置. 这些直线的像点也是如此,它们形成了两条平行于 xy 平面的直线.

32)空间 R 上的倒半径变换使点变为点,球面变为球面,最后将长度为零的直线带入相似的直线. 相应的变换 r 是一个线性点变换,它将线丛 $H = 0$ 变为自身. 如果我们进一步注意到,在通过倒半径变换中,某个球面的点和直线的母线保持它们的位置,很明显,相应的倒数点变换不会取代两个直线上的点.

克莱因[1]先生提醒大家注意这样一个事实,即刚才提到的变换可能被认为是由与两个退化的线性线丛相关的变换构成的,在这种情况下,$H = 0$ 是一个线丛;另一个线丛是与给定的倒数半径变换的基本球面正交的球面的集合.

从中可以清楚地看出,对于平面 F,它是由一个倒数半径变换变为自身的,在空间 r 中对应着一个属于 $H = 0$ 的同余,这是它自己相对于一个退化的线性线丛 $H = 0$ 的配极. 因此,有关同余的焦面(j)相对于这两个 $H = 0$ 退化的线性线丛是它自配极. 因此,f 的双切线的总和一般被分解成三个同余,其中两个同余属于 $H = 0$,另一个属于 $H = 0$ 退化的线丛.

33)现在考虑,一方面,K 的所有直线变换,通过这些变换,相交的直线会变成相似的直线[2],另一方面,相应的变换,它具有将球面体变为球面或与类似球面相切的球面的性质.

这种线变换将曲面 f_1 的切线的集合变为另一个曲面 f_2 的切线的合体. 特别是,f_1 的主切线变成了 f_2 的主切线,这与考虑的线变换是点变换还是点平面变化无关.

通过 R 的相应变换,接触曲面 F 的三重无穷球面变为与 F_2 有类似关系的球面体. 由此可知,在 F_1 和 F_2 的曲率线之间存在着一个对应的关系,从这个意义上说,如果在一个关系 $\Phi(X_1, Y_1, Z_1, P_1, Q_1) = 0$ 中沿着 F_1 的一条曲率线,我们用 X_2, Y_2, Z_2, P_2, Q_2 代替 X_1, Y_1, Z_1, P_1, Q_1,我们得到了一个方程,它对应 F_2 中的曲率

我现在要证明这个形式的 R 的每一个变换是

---

[1]　"Zur 定理",Math. Annalen,第二卷.

[2]　我们必须在这里考虑两个本质上不同的情况,因为共点的线可以变为相似放置的直线或者更改为共面的线.

$$X_1 = F_1\left(X_2, Y_2, Z_2, \frac{\mathrm{d}Z_2}{\mathrm{d}X_2}, \frac{\mathrm{d}Z_2}{\mathrm{d}Y_2}, \frac{\mathrm{d}^2 Z_2}{\mathrm{d}X_2}, \cdots, \frac{\mathrm{d}^{m+n} Z_2}{\mathrm{d}X_2^m \mathrm{d}Y_2^n}\right)$$

$$Y_1 = F_2\left(X_2, Y_2, Z_2, \cdots, \frac{\mathrm{d}^{m+n} Z_2}{\mathrm{d}X_2^m \mathrm{d}Y_2^n}\right)$$

$$Z_1 = F_3\left(X_2, Y_2, Z_2, \cdots, \frac{\mathrm{d}^{m+n} Z_2}{\mathrm{d}X_2^m \mathrm{d}Y_2^n}\right)$$

它将任何给定曲面的曲率线变为新曲面的曲率线,通过我的表示,它对应于 r 的线性变换.

这方面的证明立即简化为表明,如果一个 r 的变换将任何曲面的主切线变成了变换曲面的主切线,那么相交的直线就会以相同的变换改变成相似的确定的直线.

首先,所讨论的这种变换必须将直线变为直线,因为这条直线是每个平面所共有的主切线.

此外,对于在同一相对位置相交的直线,可以从可展开曲面是唯一一构成的直线曲面,因此通过它的每一点只有一条主切线这一事实推导出. 因此,我们的变换将可展开的平面转变为可展开的平面.

由此,我们的陈述被证明.

可以说,对应于两种本质上不同的线性变换,存在两类截然不同的变换,其中曲率曲线是协变曲线.

如果在前述的 R 的变换中我们选择那些是点变换的,我们得到了最一般的 R 的点变换,其中曲率线是协变曲线,这个问题首先由刘维尔解决. 这种一致性即使在最小的部分也能保持,这是由于无穷小的球面带入无穷小的球面.

已知平行变换将曲率线变为曲率线,并且很容易验证 r 的对应变换是线性点变换.

对于下面方程

$$X_1 = X_2; Y_1 = Y_2; Z_1 = Z_2; H_1 = H_2 + A$$

被转化(与我们在(31)中所研究的平移对比)成以下的形式

$$z_1 = z_2; x_1 = x_2 + az_2 + b; y_1 = y_2 + cz_2 + d$$

34)邦内特先生已经频繁地讨论了他所定义方程的转化

$$Z_2 = \mathrm{i}Z_2 \sqrt{1 + p^2 + q_2^2}; x_1 = x_2 + p_2 z_2; y_1 = y_2 + q_2 z_2$$

其中两个下标指给定的和变换的曲面.

他证明了这个变换是一个倒数的变换,从这个意义上说,如果变换两次,它就会回到给定的曲面;它把曲率线转换成曲率线;最后,如果 H_1 和 H_2 在对应点表示曲率半径,并且如果 f_1 和 f_2 是对应曲率中心点的纵坐标,这些关系就产生了

$$f_1 = iH_2, H_1 = -if_2 \qquad (\alpha)$$

邦内特的变换是相对于线丛 $Z + iH = 0$ 的变换 r 的像. 这点我们将证明. 如果我们回忆起 $X = 0, Y = 0, Z = 0, H = 0$. 我们将发现两条直线间的坐标是彼此对 $z + iH = 0$ 的配极, 满足以下方程

$$X_1 = X_2, Y_1 = Y_2, Z_1 = iH_2, H_1 = -iZ_2 \qquad (\beta)$$

但是如果 X, Y, Z, H 被解释成球面坐标, 这些公式决定了空间所有球面之间的成对关系, 与邦内特先生的变换完全相同.

因为一个曲面 F_1 的主球面被改变为曲面 F_2 的主球面, 在这里我们知道了邦内特的公式 (α). 此外, 如果我们认为 F_1 是由点球面产生, 方程 (β) 定义 F_2 作为一个球面的包络, 其中心线位于平面 $Z = 0$ 上; 因为 $Z_2 = 0$, 所以 $H_1 = 0$. 这正好引出由邦内特先生给定的几何结构.

§30 莫比乌斯、凯莱、柯西、西尔维斯特和克利福德关于四维或更高维的几何学

（本文由位于美国罗得岛普罗维登斯布朗大学的亨利·曼宁（Henry P. Manning）教授整理和翻译）

在 1827 年以前, 所有对三维以上的几何学的讨论都指出在一些过程中, 我们不能增加维数, 因为没有超过三维的空间, 或者指出如果有这样一个空间, 那么一些结论就会是真的. 在接下来的五六十年里, 这个主题得到了更积极的对待, 但仍然是停留在浅层次, 某些方面得到了发展, 进而应用在一些不同主题的论文中. 以下选自这些论文中一些比较令人关注的部分, 由于作者在数学界的地位, 显然对这门学科的进一步发展产生了重要影响. 第一篇文章是来自莫比乌斯的《重心计算》（*Der barycentrische Calcul*）（莱比锡, 1827）, 第五章中也选了莫比乌斯的另一篇文章, 那里对其做了简短的介绍.

1. 莫比乌斯论高维空间[①]

181 页, 139 小节. 如果, 给出两个图形, 第一个图形上的每一点在另一个图形上都有对应点, 那么第一个图形上任意两点间的距离都与另一图形上对应两点间的距离相等, 那么称这样的两个图形等距.

182～183 页, 140 小节. 问题: 构造一个由 n 个点组成的系统, 它与一个给

① 选自《重心计算》, 莱比锡, 1827 年, 第一章, 第二部分.

定的含有 n 个点的系统等距.

解 令 $A, B, C, D, \cdots$ 为已知点, $A', B', C', D', \cdots$ 是要构造的对应点. 我们需要区分三种情况, 即已知点在一条线上、一个平面内、一个空间内这三种情况, 并加以讨论.

最后, 如果给定空间中的系统, 那么 A' 是完全任意的, B' 是以 A' 为球心, AB 为半径的球面上的任一点. C' 是以 A' 为球心 AC 为半径的球和以 B' 为中心 BC 为半径的球面相交圆上的任意点. D' 是三个球面相交所成的两点之一, 这三个球面分别以 A' 为中心 AD 为半径, 以 B' 为中心 BC 为半径, 以 C' 为中心 CD 为半径. 同理, D' 也可能是其余点中的某一个, 例如, E' 是以 A', B', C' 为球心, AE, BE, CE 为半径的球相交所成的点, 这一点与 D' 取自平面 $A'B'C'$ 的同一侧还是相反的一侧, 这要取决于哪一个是给定系统中的对应点.

由于确定 A' 不需要限制, 确定 B' 需要一个限制, C' 需要两个, 剩下的 $n-3$ 个点都需要三个限制条件. 因此一共需要

$$1 + 2 + 3(n-3) = 3n - 6$$

个距离的限制条件.

注意 只有点 D' 可以在与平面 $A'B'C'$ 相反的一侧的三个球面所成的两个交点中任意选择, 其余点则不可. 这两个交点是按照如下的方式区分开的, 从其中的一个点来看, 点 A', B', C' 按照从右到左的顺序排列, 但从另一点来看则按照从左到右的顺序排列, 或者我们可以这样表述, 前一点在平面 $A'B'C'$ 的左侧, 后一点在平面 $A'B'C'$ 的右侧. 现在基于我们选择 D' 为两点中的一点, 所以形成的顺序也会按照 A, B, C, D 的形式或者与其相反. 在以上两种情况下, 由 $A, B,$ $C, D, \cdots$ 所形成的系统和由 $A', B', C', D', \cdots$ 所形成的系统是等距的, 但只有在第一种情况下, 他们才被认为是一致的.

值得注意的是, 立体图形可以具有全等和相似性而不具有一致性, 相反, 在平面图形或是有一条线上的点组成的系统中, 全等和相似与一致性总是紧密相连. 这或许是因为除了三维空间中的立体图形外不存在其他的, 四维空间中没有这样的立体图形. 所有的空间关系都包含在一个平面内, 那么将两个相等且相似的三角形的顶点按相反的顺序排列的可能性就更小了. 只有这样我们才能做到这一点, 也就是说, 让一个三角形绕着它的一条边或者平面上的另一条线旋转半圈, 直到它再次回到这个平面. 因此三角形对应顶点的顺序应当是一致的而且不需要立体空间的辅助它就可以与另一个三角形重合.

上述事实在两组位于同一直线上的点 $A, B, C, D, \cdots$ 和 $A', B', C', D', \cdots$ 中同样成立. 如果 AB 与 $A'B'$ 的方向相反, 如果一个系统沿着一条直线运动, 那么对应点将不可能重合.

为了使两个相等且相似的系统 $A, B, C, D, \cdots$ 和 $A', B', C', D', \cdots$ 在三维空

间内重合,点 $D, E, \cdots$ 和 $D', E', \cdots$ 在平面 ABC 和平面 $A'B'C'$ 的对边上,最重要的是,我们必须通过分析来下结论,我们可以让一个系统在一个空间内旋转半周进而得到四维空间. 但由于这样的空间是难以想象的,所以在这种情况下重合依然是不可能的.

2. 凯莱高维空间

凯莱(Cayley, 1821—1895)是剑桥大学的萨德勒数学教授. 他发表了几乎涉及所有数学分支的论文,特别是创造了不变量理论. 本文摘自他的法语论文"关于位置几何的定理",《克雷尔杂志》,1846 年,第 31 卷,第 213 至 227 页;《数学论文》,第一卷,第 50 期,第 317 至 328 页.

对任意给定的点线系,我们可以画出给定点对确定的新线,或者找到新的点,即给定线对的交点. 通过这种方法,我们得到了一个新的点线系,它具有几个点位于同一直线上或几条线穿过同一点的性质,从而产生了关于位置几何的一些理论. 我们已经研究了其中几个系的理论;例如,四个点,六个点以两两一组的形式位于相交在一点的三条直线上,六个点三个一组位于两条直线上,或者更一般地说是六个点位于一条圆锥曲线上(最后一个例子是帕斯卡神秘六边形,我们将在下面继续讲解它),还有一些空间中的点线体系. 然而,现有的体系比那些已经被研究过的体系更为普遍,它们的性质可以用一种几乎直观的方式来感知,并且我认为它们是新的.

从最简单的例子开始. 假设有以任何方式存在于空间中的 n 个点,记为 1, $2, 3, \cdots, n$,过其中任意两点作直线,任意三点作平面. 然后用任何一个平面来截这些直线和平面,再用点表示直线,用线表示平面,即设 α, β 是一个点,其对应于通过 α 和 β 点的直线,β, γ 是一个点,其对应于通过 β 和 γ 点的直线. 进一步,设 $\alpha\beta\gamma$ 是一条直线,其对应于通过 α, β 和 γ 点的平面. 很明显,$\alpha\beta, \alpha\gamma$ 和 $\beta\gamma$ 三个点将位于 $\alpha\beta\gamma$ 这条线上. 然后,设对 n 个点取 2 个一组,3 个一组,$\cdots\cdots$ 的点组为 $N_2, N_3, \cdots$,我们有以下的定理.

定理 1 我们可以构造一个 N_2 中点在 N_3 线上的体系,即用 12,13,23 等表示点,用 123 等表示线,点 12、点 13、点 23 将位于直线 123 上,依此类推.

对于 $n = 3$ 和 $n = 4$,这都是非常简单的,我们在一条线上有三个点,或者有六个点使三个点一组在四条直线上. 这里还没有涉及几何性质. 对于 $n = 5$,我们有 10 个点在 10 条线上,即点

$$12 \quad 13 \quad 14 \quad 15 \quad 23 \quad 24 \quad 25 \quad 34 \quad 35 \quad 45$$

和线

$$123 \quad 124 \quad 125 \quad 134 \quad 135 \quad 145 \quad 234 \quad 235 \quad 245 \quad 345$$

点 12、点 13、点 14、点 23、点 24、点 34 是任意空间四边形的角[1],点 15 是完全任意的,点 25 是通过点 12 和点 15 的线上的任意点. 接下来我们将确定点 35 和点 45 位置,点 35 作为过点 13 与点 15 所在直线和点 23 与点 25 所在直线的交点,即直线 135 和直线 235 的交点;点 45 作为直线 145 和直线 245 的交点. 点 35 和点 45 具有点 34 所在直线上的几何性质,换句话说这三个点在同一直线 345 上.

……

定理 1 的一般推广可以用分析性的语言进行表达,即三维空间的理论在四维空间应该同样成立. 事实上,就四维空间的可能性而言,关于空间中点的几何解释,我们可以不依赖于那些形而上学的观念,理由如下(所有这一切都可以用纯粹的分析性语言):假设空间中有 4 个维度,考虑由两点确定的直线、由三点所决定的半平面和由 4 个点所决定的平面(两个平面交一个半平面;等等). 空间可以看作是一个平面,其截平面形成一个普通平面,截一个半平面形成普通直线,截直线为普通点. 若所有假设成立,让我们考虑空间中的 n 个点,将其任意 2 个点决定的直线,任意 3 个点确定的半平面以及 4 个点所确定平面[2],把空间看作一个平面截这个图形. 得到了以下三维的几何定理:

定理 7 我们可以形成 N_2 中点位于 N_3 中直线上,其本身位于 4 个点确定的 4 维的平面 N_4 上的线系. 以 12,13 等表示点,点 12,13,23 位于同一条线上,记为 123,与前面一样,直线 123,直线 124,直线 134,直线 234 位于同一平面上,即平面 1234.

在用平面截这个图形时,我们得到下面的平面几何定理:

定理 8 我们可以形成 N_3 中点位于 N_4 中线的体系. 以 123 等来表示点,1234 等表示直线. 那么点 123、点 124、点 134、点 234 在的同一直线 1234 上.

……

3. 柯西论高维空间

当路易菲利普继位时,柯西不愿意按照政府的要求宣誓,曾一度流亡瑞士和意大利,但在 1838 年回到巴黎,最终成为巴黎理工学院的教授. 本文翻译自他的《解析轨迹》,发表于法国,《科学院通报》,第二十四卷,第 885 页(1847 年 5 月 24 日);也见《柯西全集》第一辑,巴黎,1897 年,第 292 页. 这是关于根式

---

[1] 注意空间四边形与四面体的区别是必要的. 每个四边形有 4 条边和 6 个角;每个四面体有 4 个角和 6 条边.

[2] 文中的平面我们称之为超平面,半平面是普通平面,所以我们必须区分超平面和普通平面.

多项式的论文,一个根式多项式就是

$$\alpha + \beta\rho + \gamma\rho^2 + \cdots + \eta\rho^{n-1}$$

其中 ρ 为如下方程的原根

$$x^n = 1$$

考虑几个变量, $x, y, z, \cdots$,以及这些变量的各种显函数 u, v, w.

对于变量 $x, y, z, \cdots$ 的每一组值,通常对应于函数 $u, v, w, \cdots$ 的确定值. 此外,如果变量的个数只有两个或三个,则可以认为它们表示位于平面或空间中的点的直角坐标,因此也可以认为变量的每组值对应于一个确定的点. 最后,如果变量 x, y 或 $x, y, z, \cdots$ 满足一个确定的不等式所表示的条件,则满足条件的 x, $y, z, \cdots$ 值对应于某轨迹上的不同点,在平面上或在空间中限制这些轨迹的直线或平面将由方程表示,当我们用符号"〈或〉"替换符号" = "时,给定的不等式将会被转换为这些方程.

假设变量 $x, y, z, \cdots$ 的个数大于三个,那么它们的每个值都决定一个解析点的坐标,同样每一个解析点的坐标对应于 $x, y, z, \cdots$ 的一个函数值. 进一步,如果变量受不等式所表示的条件约束,则满足这些条件的 $x, y, z, \cdots$ 的值将对应于解析点,这些解析点则会形成我们所说的解析轨迹. 此外,这个轨迹将受到解析包络线的限制,这些包络线的方程将是当其中的符号"〈或〉"被符号" = "替换时,给定不等式所简化的方程.

我们也称解析直线为一组解析点构成的系统,它们的坐标由其中一个点的给定线性函数表示. 最后,两个解析点的距离是其相应坐标之差的平方和的平方根.

对解析点和其轨迹的考察提供了解决许多微妙问题的方法,特别是对于那些涉及根式多项式理论的问题.

······

4. 西尔维斯特论高维空间

詹姆斯·约瑟夫·西尔维斯特(1814—1892)由于犹太人的身份在英国被禁止获得某些荣誉. 他是伦敦大学学院的教授,同时也是伍尔维奇的皇家军事学院的一名教授. 他还曾有一小段时间在弗吉尼亚州任教. 当约翰·霍普金斯大学成立时,他到那里领导高等数学的发展. 1883 年他回到了英国成为了牛津大学的萨维廉几何教授. 文章选自"截断三角锥的重心和论重心透视的原理"发表于《哲学杂志》,第 26 期,1863 年,167 ~ 183 页;《数学论文集》,第二卷,剑桥,1908 年,342 ~ 357 页.

求平面四边形的重心有一个众所周知的几何方法,可以描述如下:

令两条对角线的交点(记为 Q)为交点中心,平分对边的线的交点(记作 O)为中点中心(可以证明的是,这四个角的重心是等重量的),重心就在连接这两个中心并通过后者(中心中点)的直线上,并且到后者的距离等于两个中心之间距离的三分之一. 简言之,如果 G 是四边形的重心,QOG 将会在一条直线上,并且 $OG = \frac{1}{3}QO.$

角锥体的截锥体在空间上与平面上的四边形最接近,因为四边形可以看作三角形的截锥体. 类似的,但并不完全的,就四边形而言,它可以被看作两个三角形中任意一个的截锥体,但给定截锥体所属的角锥体是确定的,因此,对于将平面四边形重心的几何方法推广到锥体和锥台的可能性,人们可能有一种先验的合理的怀疑. 通过补充研究可以消除这种怀疑,并且在某种预料之外的情形下,通过这种类比的方法将会得到完美的结果.

令 abc 和 $\alpha\beta\gamma$ 为两个三角形面,$a\alpha,b\beta,c\gamma$ 为角锥体的截锥体的四边形面的边. 然后这个截锥体可以用六种不同的方法在三个不同的角锥体中被解决,如下所示为双三元组方案

$$
\begin{array}{ccccccccccc}
a & b & c & \alpha & \quad & b & c & a & \beta & \quad & c & a & b & \gamma \\
b & c & \alpha & \beta & & c & a & \beta & \gamma & & a & b & \gamma & \alpha \\
c & \alpha & \beta & \gamma & & a & \beta & \gamma & \alpha & & b & \gamma & \alpha & \beta
\end{array}
$$

$$
\begin{array}{ccccccccccc}
b & a & c & \beta & \quad & a & c & b & \beta & \quad & c & b & a & \gamma \\
a & c & \beta & \alpha & & a & c & \beta & \alpha & & b & a & \gamma & \beta \\
c & \beta & \alpha & \gamma & & c & \beta & \alpha & \gamma & & a & \gamma & \beta & \alpha
\end{array}
$$

之后,以上述的任何一种为例,我们通过每三个角锥体的中心①画一个平面,这样画出的六个平面会交于一点,这一点则为截椎体的中心②.

令 $a\alpha,b\beta,c\gamma$ 相交所成的点为原点,$bc\beta\gamma,ca\gamma\alpha,ab\alpha\beta$ 为 x,y,z 平面,并且令 $4a,0,0;0,4b,0;0,0,4c$ 分别为 a,b,c 的坐标,$4\alpha,0,0;0,4\beta,0;0,0,4\gamma$ 为 α,β,γ 对应的坐标,考虑到以上第一种方案的写法.

$$a+\alpha,b,c \quad 是 \ abc\alpha \ 的中心坐标$$
$$\alpha,b+\beta,c \quad 是 \ bc\alpha\beta \ 的中心坐标$$
$$\alpha,\beta,c+\gamma \quad 是 \ c\alpha\beta\gamma \ 的中心坐标$$

因为,众所周知三角形角锥体的中心与被认为与质量相等角的中心是相同的. 如果我们定义中部中心为六个质量相同的截锥体的角的中心,它的坐标将为

$$\frac{2a+2\alpha}{3},\frac{2b+2\beta}{3},\frac{2c+2\gamma}{3}$$

如果我们把最后提到的这三个中心,分别替换成直线上的点,中部的中心,中心的另一边离中心的距离是这些中心的两倍,这些被讨论的中心将会有它们对应

---

① 为了更简洁,我将在以后的整个过程中,用"中心"这个词来表示"重心".

② 我将在后面指出,这六个平面都接触同一个圆锥,同样也接触它的配极,我已经成功地解决了这个问题.

的坐标

$$0 \quad 2\beta \quad 2\gamma$$
$$2a \quad 0 \quad 2\gamma$$
$$2a \quad 2b \quad 0$$

因此,这些点分别是直线 $\beta\gamma, \gamma a, ab$ 的中点.

六组中的每一组都会得到这样的结论. 因此,通常用 (p,q) 表示直线 pq 的中点,取如此意义下的三个点来表示通过它们的一个平面,很明显:

(1)那六个平面

$$(\beta,\gamma)(\gamma,\alpha)(a,b) \quad (\gamma,\alpha)(\alpha,b)(b,c) \quad (\alpha,\beta)(\beta,c)(c,a)$$
$$(\gamma,\beta)(\beta,\alpha)(a,c) \quad (\alpha,\gamma)(\gamma,b)(b,a) \quad (\beta,\alpha)(\alpha,c)(c,b)$$

将会交于一个点,称为交叉中心,这可以类比为一个四边形在平面上两个对角线的交点.

(2)如果我们将这个交叉中心(记为 Q)与中部中心 O 相连,延长 QO 到 G,使得 $OG = \dfrac{1}{2}QO$,G 将是截锥体 $abc\alpha\beta\gamma$ 的中心[①].

为了使读者感到满意,可以对以上问题进行直接证明.

令

$$A = \frac{a^2 bc - \alpha^2\beta\gamma}{abc - \alpha\beta\gamma}, B = \frac{ab^2 c - \alpha\beta^2\gamma}{abc - \alpha\beta\gamma}, C = \frac{abc^2 - \alpha\beta\gamma^2}{abc - \alpha\beta\gamma}$$

稍假思索就能知道 A, B, C 是截锥体中心的坐标[②].

此外,最后提到的六个平面的前三个平面都有对应它们的方程

$$\beta\gamma x + \gamma a y + abz = 2a\gamma(b + \beta)$$
$$bcx + \gamma\alpha y + \alpha bz = 2b\alpha(c + \gamma)$$
$$\beta cx + cay + \alpha\beta z = 2c\beta(a + \alpha)$$

行列式

$$\begin{vmatrix} \beta\gamma & \gamma a & ab \\ bc & \gamma\alpha & \alpha b \\ \beta c & ca & \alpha\beta \end{vmatrix} = (abc - \alpha\beta\gamma)^2$$

行列式

$$\begin{vmatrix} \gamma a & ab & 2a\gamma(b + \beta) \\ \gamma\alpha & \alpha b & 2b\alpha(c + \gamma) \\ ca & \alpha\beta & 2c\beta(a + \alpha) \end{vmatrix} =$$

---

① 三个四面体的三个中心在一个平面上,通过中心 G. 通过这三个点和 G 作一条到中部点 O 的直线,通过点 O 延长至任意原来给定的倍数,我们可以在直线得到三个对应于给定点的点,并且可以得到第四个点 Q 对应于点 G,它们都在一个平面内,这个平面平行于第一个平面.

② 这些表述可以被证明,比如,将截锥体看作两个以原点为公共顶点的不同角锥体.

$$2\alpha a(bc - \beta\gamma)(abc - \alpha\beta\gamma) = 2\left[(\alpha^2\beta\gamma - a^2bc - \alpha\beta\gamma) + (a + \alpha)(abc - \alpha\beta\gamma)^2\right]$$

因此,如果 x, y, z 是上文所提到的三个平面的交点

$$x = -2A + 2(a + \alpha)$$
$$y = -2B + 2(b + \beta)$$
$$z = -2C + 2(c + \gamma)$$

很明显对于其他的平面三元系也是成立的,所以这六个平面相交于一点 Q,以上求出的 x, y, z 是它的坐标. O 点的坐标为

$$\frac{2a + 2\alpha}{3}, \frac{2b + 2\beta}{3}, \frac{2c + 2\gamma}{3}$$

G 可以用 A, B, C 表出,很明显 QOG 是一条直线,并且 $OG = \frac{1}{2}QO$,就如上文所表示的那样.

与四边形的类比还不止于此,有一个比上文所引用的更为简单的一种构造四边形中心的方法①,它可以通过一个简单的定义用一般的术语来表述. 可以将有限直线上的点 L 与 M 为对立点理解为 L 和 M 与 AB 的中心距离相等,但位于中心的两侧. 于是我们可以证实四边形的中心就是以两个对角线的交点(即交叉中心)和分别位于这两条对角线上且与交点对立的点为顶点的三角形的中心,于是,如果我们将对立点理解为有限三角形中过中心的直线上与中心距离相等但位于中心两侧的两点,并且记住一个角锥体的截锥体的交叉中心是任意两个完全不同的三角形三元系统的交点,这两个系统被称为两个交叉三角形系统②,我们可以断言一个角锥体的截锥体的中心是一个顶点为交叉中心的角锥体的中心,而它的对立点集中在它的三个组成部分中任意一个系统的交叉平面上. 如果我们选择两个系统中的第一个,很容易知道,它们各自的中心将会是

$$\frac{4}{3}a, \frac{2b + 2\beta}{3}, \frac{4}{3}\gamma; \frac{4\alpha}{3}, \frac{4b}{3}, \frac{2c + 2\gamma}{3}; \frac{2a + 2\alpha}{3}, \frac{4\beta}{3}, \frac{4c}{3}$$

因此坐标为 $-2A + 2(a + \alpha), -2B + 2(b + \beta), -2C + 2(c + \gamma)$ 的交叉中心的三

---

① 这是一种描述的模式(只是它没有明确地包含对立点的重要概念),它是我在一张写着关于几何注释的证明的纸上偶然发现的(作者不详)并打算在即将出版的《数学季刊》中做进一步的介绍,这引出了本文所体现的长串思考,要不是这偶然的一瞥,可能永远都不会有所突破. 另一个与此方法原理相同但缺少了些许启发性的形式,在《数学家》(一个现已消失的期刊,由皇家陆军军官学校的卢瑟福博士和芬威克先生主笔),1847 年,第二卷,292 页中给出,芬威克先生曾说过:"正如他所想的那样,第一种方法首先出现在《力学杂志》上,而后来的则在 1830 年出现在《女性日记》中."

② 从之前的描述中可以知道,截锥体的一个交叉三角形的顶点在任意四边形表面的任一对角线的中心和与此四边形不在同一面的两条边的交点上.

个对立点的坐标的横坐标[①]为

$$\frac{2}{3}a - 2\alpha + 2A; \; -2a + \frac{2\alpha}{3} + 2A; \; -\frac{2\alpha}{3} - \frac{2}{3}\alpha + 2A$$

纵坐标为

$$\frac{2b}{3} - 2\beta + 2B; \; -2b + \frac{2\beta}{3} + 2B; \; -\frac{2b}{3} - \frac{2\beta}{3} + 2B$$

竖坐标为

$$\frac{2c}{3} - 2\gamma + 2C; \; -2c + \frac{2\gamma}{3} + 2C; \; -\frac{2c}{3} - \frac{2\gamma}{3} + 2C$$

于是,顶点为交叉中心且三个对立点为 A,B,C 的角锥体的中心,依上所述,将会是截锥体的重心[②].

很明显这些结果可以推广到更高维的空间中. 因此在由四边形超平面[③] $abcd$ 和 $\alpha\beta\gamma\delta$ 所围成的四维空间中对应的图形,将会以 24 种不同的方式分为四个超角锥体,每个超角锥体都是如下形式

$$
\begin{array}{cccccc}
a & b & c & d & \alpha \\
b & c & d & \alpha & \beta \\
c & d & \alpha & \beta & \gamma \\
d & \alpha & \beta & \gamma & \delta
\end{array}
$$

---

① 这并不是为了让一点的三个坐标在同一列中而特意安排的. 在第二和第三行有一定的周期性变化,如果我们把这个排列中的九个坐标看成是一个行列式,我们通过取三个负对角线分别得到这三个对立点的坐标.

② 我曾一度认为 $a,b,c,\alpha,\beta,\gamma$ 构成了两个对角面系统,因此有两个交叉中点,并且幻想着角锥体的截锥体的重心的结构也与此类似,这个想法被附带着(这只是一种推测)发表在《数学季刊》中,但事物的本质并不如同人们所想象的那样,我们无法完全参透这其中的奥秘. 谁能预先想到,为了达到这个理论的目的,图形的对角线不是作为它们自己,而是作为它们自己的重心呢. 我的一些读者可能还记得我在代数研究中遇到的一个类似的自变质的例子,我可以类比四次的形式构造一个六次的二元齐次多项式的标准型,考虑到一个已知形式的函数的平方是由两个因素构成,一个是这个函数本身,另一个是一个形式上的函数,但是这个特殊的情况和函数是一致的. 由于 4 和 6 这两个数字在每一个相似的系统中都是有联系的,因此这种并行性显得更加的引人注目. 这些数字在一种理论中指的是次数,在另一种理论中指的是角点. 它们很有可能存在共同的原理,按照这种方式,我们可以将平行性推广到任意的 $2n$ 次的多元齐次式,相应的有 $2n$ 个顶点的图形的重心理论(其中 n 个点在超平面上,n 个点在其他平面上),也即一个 n 维空间中的超角锥体问题. 由于重心理论的存在,以上的想法成立的可能性被大大地提高,正如下文所表示的那样,这是一种描述性的概括和描述性的性质,它与不变量理论的联系十分紧密. 为确定更高次的偶数次齐次多项式的规范型还有很多工作要做,如果这种联系是具有现实基础的,那么在后文中,他们关于这部分的理论或许可以从前文提到的超几何中得到启发.

③ 这个单词应当为四面体.

将 24 个超平面分解成六组,每组四个①,任意四个超平面相交会形成一个交叉中心,其中的一组在下方补充给出,通常 pqr 表示 (p,q,r) 的中心点,四个点的集合表示一个通过它们的超平面,即,

$$
\begin{array}{cccc}
\beta\gamma\delta & \gamma\delta a & \delta ab & abc ② \\
\gamma\delta\alpha & \delta\alpha b & \alpha bc & bca \\
\delta\alpha\beta & \alpha\beta c & \beta cd & cdb \\
\alpha\beta\gamma & \beta\gamma d & \gamma da & dac
\end{array}
$$

中部中心就是指等质量的八个角 $a,b,c,d,\alpha,\beta,\gamma,\delta$ 的中心,为了确定超角锥体的截锥体的中心,我们可以画一条连接交叉中心和中部中心的直线,并且穿过中部中心,延长至两点间距离的五分之三(对于之前的情况我们可以按照类似的方法延长至距离的四分之二和三分之一)或者我们可以在超平面四边体上的六个系统中的任意一个上找到交叉中心的四个对立点,并由此找到这样形成的超角锥体的中心. 任意一种方法所确定的点都是正在讨论的超角锥体的截锥体的中心. 对任意维数的空间也有此结论. 显而易见的是,这个结论中包含着一个关于行列式的一般定理③,在 n 维空间中会有 $n!$ 个相似平面交于同一点,连

---

① 一组的第二个、第三个、第四个是从第一个开始按照罗马字母和希腊字母的排列顺序循环得到的.

② 这六条直线的最后字母应该是 c,d,a,b.

③ 我们可以间接地知道如何在 i 阶行列式的形式下表示,在某些方面,通常表示为

$$(l_1 l_2 \cdots l_i - \lambda_1 \lambda_2 \cdots \lambda_i)^{i-1}$$

和

$$l_1 \lambda_1 (l_2 l_3 \cdots l_i - \lambda_2 \lambda_3 \cdots \lambda_i)(l_1 l_2 \cdots l_i - \lambda_1 \lambda_2 \cdots \lambda_i)^{i-2}$$

通过超重心理论可以意外地得到一个奇怪的结论! 因此,以 $i=4$ 为例,我们可以得到

$$
\begin{array}{cccc}
bcd & cd\alpha & d\alpha\beta & \alpha\beta\gamma \\
\beta\gamma\delta & cda & da\beta & \alpha\beta\gamma \\
b\gamma\delta & \gamma\delta a & dab & ab\gamma \\
bc\delta & c\delta\alpha & \delta\alpha\beta & abc
\end{array} = (abcd - \alpha\beta\gamma\delta)^3
$$

还能得到

$$
\begin{vmatrix}
\alpha d(bc + c\beta + \beta\gamma) & cd\alpha & d\alpha\beta & \alpha\beta\gamma \\
\beta a(cd + d\gamma + \gamma\delta) & cda & da\beta & \alpha\beta\gamma \\
\gamma b(da + a\delta + \delta\alpha) & \gamma\delta a & dab & ab\gamma \\
\delta c(ab + b\alpha + \alpha\beta) & c\delta\alpha & \delta\alpha\beta & abc
\end{vmatrix} = a\alpha(bcd - \beta\gamma\delta)(abcd - \alpha\beta\gamma\delta)^3
$$

这种表示方法的数量将不会是 24 个,而是 $4!$ 个,也就是 12 个,另外,很容易知道,由于 $abcd,\alpha\beta\gamma\delta$ 的循环会出现相同的行列式,只记录不同的行列式,比如 $bcda,\beta\gamma\delta a$. 我认为规律是,不同的表示方法有 $i!$ 或 $\frac{1}{2}i!$ 个,这取决于 i 的奇偶性. $ab - \alpha\beta$ 的这种表示方法让人想起了行列式的概念. 我们现在看到了一个属性相同的行列的表示方法,或者说是一种系统的表示方法,$(abc - \alpha\beta\gamma)^2$,$(abcd - \alpha\beta\gamma\delta)^3$,等等.

接这一点(交叉中点)和中部中点的直线和这一点与重心的直线也会交于同一点,在一般情况下,确定这些点的坐标是很容易的.

······

5.克利福德论高维空间

威廉·金顿·克利福德(William Kingdon Clifford,1848—1879),1871年至逝世一直在伦敦大学担任数学和力学教授.下面的文章是他在1866年1月的《教育时报》上提出的第1878号问题,"概率问题"的解决方案.一条长度为a的线段被随机分解成若干段;证明:①它们不能组成n条边的多边形的可能性是$n2^{1-n}$;②以上边长的平方和不超过$\dfrac{a^2}{n-1}$的概率是

$$\left(\frac{\pi}{n^2-n}\right)^{\frac{1}{2}(n-1)} \frac{\Gamma(n)}{\Gamma\left(\frac{1}{2}(n+1)\right)} \cdot \frac{1}{\frac{1}{2}}$$

克利福德的解答载于1866年11月的《教育时报》,收录于《数学问题解答》,伦敦,1866年,第6卷,第83~87页;也载于《学论文》,伦敦,1882年,第601~607页.

1)我们做如下定义.在一条直线(有限的或无限的)上随机地取一个点,这个点落在直线的有限部分的概率随该部分的长度的变化而变化.当分点被随机选取时,该直线就被随机地分成若干段.

现在,n段直线总能形成一个多边形,除非其中一段的长度大于其他所有段长度的和,即大于其和的一半.因此,问题的第一部分可以这样说:在一条有限直线上随机选取$n-1$个点,求其中某一段的长度大于该直线长度一半的概率

······

4)第三种解——为了使解法三更为清晰,我将首先说明在$n=3$和$n=4$的情况.当这条线被分成三部分时,称其为x,y和z,并取它们的长度来表示点P在三维空间中的坐标.然后,因为

$$x+y+z=a \tag{1}$$

并且x,y,z都是正的,点P肯定在由平面(1)的坐标平面所确定的等边三角形中的某个位置.现在考虑三角形上$x>\frac{1}{2}a$的点.它们是被平面$x=\frac{1}{2}a$分隔开的,从三角形的一个角截掉边为原三角形一半的相似三角形,所截掉的三角形面积为原来的四分之一.现在,有三个角被截掉,因此其面积是原三角形面积的四分之三,因此所求的概率是$\frac{3}{4}$.

当这条线被分成四部分时,取前三段作为空间中点的坐标. 我们有 $x+y+z<a$,且 x,y,z 均为正. 因此,这一点肯定位于四面体内,四面体以平面 $x+y+z=a$ 和坐标平面为边界. 如果 $x+y+z<\frac{1}{2}a$,则第四段肯定大于 $\frac{1}{2}a$. 这种情况下的点被平面 $x+y+z=\frac{1}{2}a$ 分割开,如所述,很容易看到这个平面从四面体的一个角切下一个相似的四面体,其边为原先的一半,因此体积是原体积的八分之一. 所以,平面 $x=\frac{1}{2}a$ 从另一个角上也切出一个相似的四面体,这个四面体的边是原来的一半. 当四个角被切下时,它们的体积和是原四面体体积的八分之四或二分之一,因此所求的概率为 $\frac{1}{2}$.

5) 现在考虑 n 维几何中的类似情况. 对应一个封闭的区域和一个封闭的体积,我们有时称之为限制. 与三角形和四面体对应的是有 $n+1$ 个角或顶点的限制,我称之为素限制①,它是最简单的限制形式. 素限制也有 $n+1$ 个面,每个面不是平面,而是 $n-1$ 维的素限制. 任何两个顶点都可以由一条直线连接,这条直线称为限制的边. 通过每个顶点连接 n 条边. 当任何三个顶点构成等边三角形时,素限制是称为正则的;当通过每个顶点的边都是相等且彼此成直角时,则称其为矩形的.

为了解决一般的 n 值问题,我们可以采用 $n=3$ 和 $n=4$ 两种情况下给出的几何解方法. 首先,取 n 条线段的长度,作为 n 维几何空间中点的坐标. 由于它们的和是 a,并且它们都是正的,所以这个点必然位于 $n-1$ 维的某个正则的素限制内. 假设某一线段长度大于 $\frac{1}{2}a$,截取限制的一个角,相似于原限制,且边为原边的一半,因此其体积为原体积的 2^{1-n} 倍. 由于有 n 个角,它们的体积和是原限制的 $n2^{1-n}$. 因此所求的概率是 $n2^{1-n}$. 或者把前 $n-1$ 条线段的长度作为 $n-1$ 维几何中点的坐标. 那么,这个点将位于一个 $n-1$ 维的矩形限制内,依此类推,以同样的方式切割 n 个角.

6) 可以看出,第三种解法所涉及的几何形式中的假设,在第一种解法中给出了某种证明. 让我们对基本定义做扩展:在 n 维的(有限的或无限的)空间中随机取点. 这个点位于空间的有限部分的概率随着那部分的体积而变化,假设是一条线被分割的各部分的长度被看作一个点的坐标,那么这条线被随机地分开,点也就被随机地取出,反之亦然. 这一假设的证明可能涉及一个几何命题,

---

① 现在常用的术语是单纯形. 在四维空间中,这是一个五边形.

相当于微积分中的分部积分①.

根据这个假设，我们可以用第一部分的第三种解法来解决问题的第二部分. 我将首先说明当 $n=3$ 的情况. 在这种情况下，问题是：如果一条长度为 a 的直线被随机分成三段，求出各段的平方和小于 $\frac{1}{2}a^2$ 的概率. 取这三段的长度为三维空间中点 P 的坐标 x,y,z. 如前所述，该点必然位于平面 $x+y+z=a$ 与坐标平面确定的等边三角形中. 但如果各部分的平方之和小于某个 m^2，则点 P 肯定位于平面 $x+y+z=a$ 截球面 $x^2+y^2+z^2=m^2$ 所确定的圆内. 现在，在 $m^2=\frac{1}{2}a^2$ 的情况下，这个圆是等边三角形的内切圆，因此这个问题可以归结为：求等边三角形的内切圆的面积.

现在让我们更进一步，考虑 $n=4$ 的情况. 首先，我们必须在四维空间中取一点 P. 该点一定位于由超平面 $x+y+z=a$ 与坐标超平面确定的正四面体上的某个位置. 如果各部分体积的平方之和小于 m^2，则点 P 必须位于由超平面 $x+y+z=a$ 和准球面 $x^2+y^2+w^2=m^2$ 确定的某个球面内. 在特殊情况下，m 是作为底的矩形四面体上的高，其边长都为 a，或 $m^2=\frac{1}{3}a^2$，这个球面是正四面体②的内切球面. 因此，将这个问题归结为：求正四面体的内接球面的体积.

现在，在一般情况下，类似的约简也是成立的；也就是说，问题可以归结为：

求 $n-1$ 维的正则素限制的内切准球面的体积.

这是我接下来要解决的问题.

7) 令 $n-1=p$. 在 p 维空间中，正则素限制上任意顶点到相对面上的高等于 $\left(\frac{p+1}{2p}\right)^{\frac{1}{2}}$ 乘以边长.

令 O 为所讨论的顶点，$OA,OB,\cdots$ 是 P 条穿过点 O 的边. 通过每一个顶点 A 作一个平行于 A 的相对面的 $p-1$ 维空间. 这 p 个空间交于点 P，使得 OP 是类似于一个平行四边形和平行六面体的某一个面的对角线. 则 OP 是从点 O 到

---

① "第一种解给出了某种证明"的假设是，从线的一端算出的第 r 段的长度应该大于 $\frac{1}{2}a$ 的概率等于第 $(r+1)$ 段的长度大于 $\frac{1}{2}a$ 的概率. 在第二个解决方案中，证明了第 r 段大于 $\frac{1}{2}a$ 的概率等于积分

$$\frac{(n-1)!}{(n-r)!\,(r-2)!}\int_0^{\frac{1}{2}a}\left[\left(\frac{x}{a}\right)^{r-2}\left(\frac{1}{2}-\frac{x}{a}\right)^{n-r+1}\right]\frac{\mathrm{d}x}{a}$$

② 正四面体的每个面都是矩形四面体的底，由其顶点和原点构成. 这个面上从原点出发的高就是切于这个面的超球面的半径，因此超平面与四面体相交于内切球面.

正则限制的相对面的高的 p 倍. 因为高是一条边在某一角度上的投影,而 OP 是由 p 条边[①]在同一角度上的投影.

我们有[②]

$$OP^2 = OA^2 + OB^2 + OC^2 + \cdots + 2OA \cdot OB\cos\angle AOB + \cdots =$$

$$\sum OA^2 + \sum OA \cdot OB \ (\text{因为} \cos\angle AOB = \frac{1}{2}, \cdots) =$$

$$\left[p + \frac{1}{2}p(p-1) \right] \cdot OA^2 =$$

$$\frac{1}{2}p(p+1) \cdot OA^2$$

因此

$$(\text{高})^2 = \frac{OP^2}{p^2} = \frac{p+1}{2p} \cdot (\text{边})^2$$

如果这个限制是矩形的,或者点 O 处的所有角都是直角,我们应该有 $\cos\angle AOB = 0$,等等,所以

$$(\text{高})^2 = \frac{1}{p}(\text{边})^2 = \frac{a^2}{n-1}$$

这就证明,这个问题就会归结到目前正在讨论的问题.

p 维空间中边为 a 的正则素限制的体积为[③]

$$\frac{a^p}{p!}\left(\frac{p+1}{2^p}\right)^{1/2}$$

假设这个公式对于 $p-1$ 维是正确的,也就是说,令

$$V_{p-1} = \frac{a^{p-1}}{(p-1)!}\left(\frac{p}{2^{p-1}}\right)^{1/2}$$

故

$$\text{体积 } V_p = \frac{1}{p} \times \text{高} \times \text{面的体积}$$

或

$$V_p = \frac{a}{p}\left(\frac{p+1}{2p}\right)^{1/2} \cdot V_{p-1} = \frac{a^p}{p!}\left(\frac{p+1}{2^p}\right)^{1/2}$$

因此,如果对于 p 的一个值成立,则 $p+1$ 也成立. 在 $p=1$ 的情况下,可以立即得到验证. 因此,这对一般情况都成立.

---

① 垂线长度的 p 倍就得到 OP,事实上,如果我们用一条斜线穿过该点,若 P 的坐标都是相等的,那么直线 OP 肯定与轴成等角.

② 参阅萨蒙的《三维空间几何》,第四版,都柏林,1882 年,第 11 页.

③ 在我们的例子中的边是 $a\sqrt{2}$,但是内接准球面之比不依赖于边的长度.

内切准球的半径为

$$\rho = \frac{a}{[\,2p(p+1)\,]^{1/2}}$$

我们可以将正则限制划分为 $p+1$ 个相等的限制,每一个都以内切准球面的中心作为顶点,其中每一个体积等于 $\frac{\rho}{p}$ 乘以面的体积. 但它们总和等于整个限制的体积. 因此

$$(p+1)p = 限制的高 = a\left(\frac{p+1}{2p}\right)^{1/2} \quad 或 \quad \rho = \frac{a}{[\,2p(p+1)\,]^{1/2}}$$

准球面的体积为

$$\rho^p \frac{\left[\,\Gamma\left(\dfrac{1}{2}\right)\,\right]^p}{\Gamma\left(\dfrac{1}{2}p+1\right)}$$

对于 $\iiint \cdots \mathrm{d}x\mathrm{d}y\mathrm{d}z \cdots$ 的值,取所有符合条件 $x^2 + y^2 + z^2 + \cdots$ 的值不大于 ρ^2 的积分变量(见托德亨特,微积分). 令 C_p 表示这个体积,则

$$C_p = \rho^p \frac{\left[\,\Gamma\left(\dfrac{1}{2}\right)\,\right]^p}{\Gamma\left(\dfrac{1}{2}p+1\right)} = \frac{a^p}{(2p^2+2p)^{\frac{1}{2}p}} \cdot \frac{\left[\,\Gamma\left(\dfrac{1}{2}\right)\,\right]^p}{\Gamma\left(\dfrac{1}{2}p+1\right)}$$

所以

$$\frac{C_p}{V_p} = \left(\frac{\pi}{p^2+p}\right)^{\frac{1}{2}p} \cdot \frac{\Gamma(p+1)}{\Gamma\left(\dfrac{1}{2}p+1\right)} \cdot \frac{1}{(p+1)^{\frac{1}{2}}}$$

把 p 改成 $n-1$,我们得到问题的答案,即

$$\left(\frac{\pi}{n^2-n}\right)^{\frac{1}{2}(n-1)} \cdot \frac{\Gamma(n)}{\Gamma\left[\dfrac{1}{2}(n+1)\right]} \cdot \frac{1}{n^{\frac{1}{2}}}$$

8)下面是相同方法的应用.

如果一条线被随机分成 n 个部分,那么从一点出发的两条线段之和大于这条线的一半的概率是 $n2^{1-n}$.

如果从 n 条相等直线中的每一条上随机各取一段,那么这 n 段不能构成多边形的概率是 $\dfrac{1}{(n-1)!}$.

概率

费马和帕斯卡对概率的理解和贡献

（本文由俄亥俄州克利夫兰西储大学的维拉·桑福德教授译自法文）

15～16 世纪意大利著名学者,特别是帕乔利(1494)、塔尔塔利亚(1556)和卡丹(1545),他们讨论了两名博弈者提前结束比赛,金币分配的问题. 大约在 1654 年,德·梅雷爵士向费马和帕斯卡提出了这个问题. 据说梅雷有着"对数学有独到见解"的非同寻常的能力. 费马和帕斯卡之间的通信往来奠定了现代概率论的基础,遗憾的是由帕斯卡发起的写给费马的第一封信现今已经不存在了. 下面被翻译的这封信写于 1654 年,出现在《德·费马文集》中（由塔内黑和亨利编著,第二卷,第288～314 页,巴黎,1894 年）,展现了问题的本质. 关于费马的传记,请看第 213 页. 帕斯卡的传记请看第 67 页. 还可参见第165 页、213 页、214 页和 326 页.

先生:

如果规定用一个骰子投掷 8 次掷一个确定的点数,我与对方商定在下金币之后,我放弃第一投,根据我的理论我获得全部金币的 $\frac{1}{6}$ 是公平的.

如果在第一次投掷没中的情况下,我放弃第二投,那我应该获得剩余金币的 $\frac{1}{6}$ 也就是总体的 $\frac{5}{36}$.

在第二次投掷没中的情况下,我放弃第三投,应获得剩余金币的 $\frac{1}{6}$ 也就是总体的 $\frac{25}{216}$ 作为补偿.

在第三次投掷没中的情况下,我放弃第四投,我应该获得剩余金币的 $\frac{1}{6}$ 也就是总体的 $\frac{125}{1\,296}$. 我认同这是在假定投掷了前 3 次以后第四次投的价值.

第

四

章

但是在信中你提议的最后一个例子(我引用你的条件):如果我想要在 8 次投掷中掷出点数 6,我已经投了三次仍没有得到这个点数,并且我的对手提议我不应该再投第四次了,同时他希望我受到公平的对待,那么他认为我拿到金币的 $\frac{125}{1\ 296}$ 是合理的.

然而,根据我的理论这是不正确的. 因为在这种情况下,对于掷骰子的人来说前三次什么也没得到,金币总数保持不变,如果他放弃第四投,那么应该获取金币总额的 $\frac{1}{6}$ 作为他的补偿.

如果他已经投掷四次,仍没有出现想要的点数 6,并且双方同意他不再进行第五次投掷,那么尽管如此他还会得到总金额的 $\frac{1}{6}$. 由于金币总额保持不变,不管从理论上还是常识上讲,每一次投掷都应具有相等的价值.

因此,我盼望你写信给我,因而我将知道在理论上我们对这个问题的见解是否一致,我相信我们的见解是一致的,或者只是在它的应用上有不同的见解.

真诚期待你的回信.

费马

帕斯卡回信给费马

1654 – 07 – 29 星期三

先生:

1)我同你一样很急切,虽然我还生病躺在床上,但抑制不住地要告诉你,我昨天晚上从卡尔卡维的手中收到了关于你信中提及的点数问题①,我欣赏这个问题的程度难以向你描述. 我没有时间来详述,但是,用一句话来说,你已经发现了对于点数和骰子问题使两人之间金币完美公平的分配方法. 我感到非常满意,当看到你令人信服的论述时,我不用再怀疑我是错误的.

我钦佩你对点数问题的方法甚至超过了骰子问题,我已经见过几个人关于骰子问题的解答. 例如向我提出问题的 M. le chevalier de Mere 和 M. Roberval,他一直没有找到点数问题的正确意义,也没能找到推导它的方法,所以我发现我是唯一知道这个比例的人.

2)在这些研究中,你的方法很合理,并且它是第一个出现在我脑海中的方法. 但是因为这些组合太繁杂,我发现了另一种更简短的,我用几句话就能阐述

---

① 这些信件的编辑者们注意到"parti"一词指的是在游戏结束前被中止的情况下两名玩家之间的金币分配问题. Parti des dés 是指投掷的玩家同意在被给的投掷次数内掷出某一点数. 为了清楚起见,在这个翻译中,称第一种情况为点数问题,这一术语在数学史上已经在一定程度上被接受了,然而第二种情况可以类比为骰子问题.

清楚的方法. 如果可以的话,我愿意向你敞开心扉,如果我们对问题有一致看法,我将感到前所未有的高兴. 在图卢兹和巴黎的时候,我清楚地认识到真理都是唯一的.

以下就是我解决两个玩家之间金币分配问题的方法. 例如,在以先得 3 分为赢家的投掷中,每个人都投入 32 枚金币:

假设第一个人已经得了 2 分另一个人得了 1 分. 现在他们进行下一次投掷,如果第一个人赢了,他将赢得全部的 64 枚金币. 如果另一人赢了这局比赛,他们的比赛结果是 2:2,如果他们想分配金币,那么允许每个人拿回他们自己的 32 枚金币.

综上所述,如果第一个人获胜,64 枚金币将全部属于他,如果他失败了,他将会得到 32 枚金币,接下来如果他们不希望进行下一局比赛就直接分配金币,那么第一个人会说:"32 枚金币一定是属于我的,对于剩下的 32 枚金币,也许是我得到它们,也许是你得到它们,机会均等. 所以,在给我属于我的 32 枚金币后,我们把剩下的 32 枚金币平分." 于是第一个人将会得到 48 枚金币,第二个人会得到 16 枚金币.

现在假设第一个人已经得了两分,第二个人没有得分,接下来开始下一次投掷,如果第一个人赢了,他将会赢得全部的 64 枚金币,如果第二个人赢了,他们将回到前面的情况,即第一个人有 2 分,第二个人有 1 分的情况.

我们已经研究过在两人比分为 2:1 的情况下,48 枚金币是属于赢得 2 分的那个人的. 如果他不想继续下一局,他应该说:"如果下一局我赢了,我将会得到全部的 64 枚金币. 如果我失败了,48 枚金币也会属于我. 因此,先给我一定属于我的 48 枚金币,然后我们平分剩下的 16 枚金币,因为你我赢得的机会是相等的." 因此他将会得到 48 枚金币和 8 枚金币,即他将会得到 56 枚金币.

现在假设第一个人已经得了 1 分,第二个人没有得分,进行下一投,如果第一个人赢了比分变成了 2:0,根据之前的分析,56 枚金币将会属于他,如果他失败了,比分变成 1:1 平,他将会得到 32 枚金币,因此他会说:"如果你不希望进行接下来的投掷,那么给我一定属于我的 32 枚金币,从 56 枚金币中取出 32 枚金币后,把剩下的 24 枚金币平分,我们各自得到 12 枚金币,最终我得到了 44 枚金币."

通过这些方式,你可以看到,通过简单的减法,如果他赢了第一投,他将会从另一人那里得到 12 枚金币;如果继续赢得第二投,他还会从对方得到 12 枚金币;赢得第三投,则获得 8 枚金币.

正如你所希望问题是公开的那样,我们不要把问题弄得太神秘了. 就像我没有其他的标准,来评判我正确与否. 两次投掷中最后一次的价值(指的是从对方玩家所得的金币数)是三次投掷中最后一次价值的 2 倍,是四次投掷中最后一次的价值的 4 倍,是五次投掷中最后一次的价值的 8 倍,等等.

3)但前几投的比例不是那么简单就能找到的. 因此,这就是我希望的没有遗漏,考虑多种情况下问题的解决方法,甚至我很高兴告诉你:不管他希望投多少次,都可以找到第一次的价值.

例如,给定投掷次数为 8,取前 8 个偶数和前 8 个奇数,也就是

$$2,4,6,8,10,12,14,16$$

和

$$1,3,5,7,9,11,13,15$$

用下述方法将这些偶数相乘:第一个数乘以第二个数,它们的乘积乘以第三个数,再乘以第四个数、第五个数,依此类推;将奇数用同样的方法相乘:第一个数乘以第二个,它们的乘积乘以第三个,等等.

偶数相乘得到的结果作为分母,奇数相乘得到的结果作为分子,这个分数表示的就是八次投掷中第一次的价值,也就是说每个投掷者的金币数量用偶数乘积来表示,放弃投掷的投手从对手获得的金币用奇数乘积来表示. 这也许会被证明,但是正如你想象的那样通过组合来证明是很困难的,而且我还不能用我正要告诉你的其他方法证明出它,只能用组合的方法来证明,下面是推导这一结果的组合数的一些正确算术定理,我发现许多完美的性质.

4)如果给任意数量的字母,以 8 个为例

$$A,B,C,D,E,F,G,H$$

列出取 4 个字母的所有可能组合,取 5 个字母的所有可能组合,取 6 个字母,取 7 个字母,取 8 个字母的组合数. 因此你能得到所有可能的组合,如果你将 4 个字母的组合数的一半和每一个更大的组合数相加,其和等于以 2 为首项,以 4 为公比的等比级数的总组合数的一半.

给出任意数量的字母,例如 8 个

$$A,B,C,D,E,F,G,H$$

概括出所有可能的组合数,用这 8 个字母组合成 4 个,5 个,6 个,7 个,8 个字母,如果把 4 个字母的所有可能组合数的一半也就是 35(70 的一半)加上 5 个字母的所有可能组合数 56,加上 6 个字母所有可能组合数 28,加上 7 个字母所有可能组合数 8,加上 8 个字母所有可能组合数 1,它们的和是首项为 2,公比为 4 的等比级数的第四项,项数 4 是 8 的一半.

以 2 为首项,以 4 为公比的等比级数的各项为

$$2,8,32,128,512,\cdots$$

2 是第一项,8 是第二项,32 是第三项,128 是第四项. 128 等于

+35	4 个字母所有可能组合数的一半
+56	5 个字母所有可能组合数
+28	6 个字母所有可能组合数

369

+8   7个字母所有可能组合数

+1   8个字母所有可能组合数

5)这是纯算术的第一定理,关于点数的其他理论如下所述:

首先有必要说:如果一个投手在五次投掷中已经得了1分,缺少4分,游戏将会绝对无误地由八次掷骰子决定,8也就是4的2倍.

在5次投掷中,第一次从对方金币获得的钱数是个分数:分子为8次投掷中4的组合的一半(取4是因为它等于投手所丢失的分数,取8是因为8正是4的2倍).

因此如果我在5次投掷中已经得到了1分,对手金币的$\frac{35}{128}$将会属于我.那也就是说,如果他下了128枚金币的赌注,我将会得到35枚金币,给他剩下93枚金币.

但是分数$\frac{35}{128}$和$\frac{105}{384}$是相等的,后者的分母是(从2开始的连续4个)偶数的乘积,分子是(从1开始的连续4个)奇数的乘积.

如果你不觉得麻烦继续探索,你会发现这一切都是毋庸置疑的,所以我觉得没有必要在这方面进行更深入的探讨.

6)尽管如此,我把我的一个之前的表寄给你,我没有空闲时间来抄写它,我将以它为参考.

你可以看到,第一投的价值和第二投的价值是一样的,这可以很容易地用组合数证明出来.

同样你可以看到第一行的数是递增的,第二行、第三行的数也如此.

但是,第四行的数是递减的,第五行第六行的数也是如此,这是很奇怪的.

每个人有256个金币,对手金币中属于我的金币数(图1)

	6投	5投	4投	3投	2投	1投
第一投	63	70	80	96	128	256
第二投	63	70	80	96	128	
第三投	56	60	64	64		
第四投	42	40	32			
第五投	24	16				
第六投	8					

图1

(第 n 行第 m 列的数表示进行 m 投第 n 投得分的情况下,获得对方的金币

数)

每个人有 256 个金币,我在前几投中都得分,对手赌金中属于我的金币数(图 2)

	6 投	5 投	4 投	3 投	2 投	1 投
第一投	63	70	80	96	128	256
第二投	126	140	160	192	256	
第三投	182	200	224	256		
第四投	224	240	256			
第五投	248	256				
第六投	256					

图 2

7)我没有时间给你证明这一难点,这个难点使梅累大吃一惊,尽管他有能力但是他不是几何学者(如你所知,对他来说这是一个缺乏的方面).他甚至不理解数学中线是无限可分的,他坚信线是由有限数量的点组成的.我一直没能把他纠正过来,如果你能做到这一点,可以使他更加优秀.

他告诉我,由于下述原因,他发现了一个错误:

如果一个人保证用一个骰子可以投出 6 点,进行 4 次投掷,获得 6 点的机会是 671 到 625.

如果一个人保证用两个骰子可以掷出两个 6 点,承担的风险是 24.

但是,24 到 36(是两个骰子的面数)就好比 4 到 6(是一个骰子的面数).

这是他的一大丑闻,因为他曾傲慢地说,定理是不一致的,而算术是疯狂的.

当我把已经研究了许久的几何论著完成后,我将把我在这方面所做的都整理好.

8)我也做了一些算术上的工作,请你给我一些建议.

我提出了一个每个人都可以接受的引理:从 1 开始的任意多个数组成的连续级数中,如 1,2,3,4,这几个数的和等于最后一项 4 乘以下一项 5 再除以 2.那也就是说在 A 中包含的所有整数和等于下面这个结果除以 2.

$$A \times (A+1)$$

现在我给出定理:

如果从任意两个连续数的立方差中减去 1,则结果是较小数中包含的所有数之和的 6 倍.

设 R 和 S 两个自然数相差 1, 则 $R^3 - S^3 - 1$ 等于 S 中包含的所有数的总和

371

的 6 倍.

令 S 等于 A,那么 $R = A + 1$,因此 R 或者 $A + 1$ 的立方是

$$A^3 + 3A^2 + 3A + 1^3$$

S 的立方,或 A 的立方是 A^3,它们的差是 $R^3 - S^3$. 因此,两边减去单位 1,即 $3A^2 + 3A = R^3 - S^3 - 1$. 但是根据引理,包含在 A 或 S 中的所有数之和的二倍是等于 $A \times (A + 1)$,也就是 $A^2 + A$. 因此 A 中数字之和的 6 倍等于 $3A^2 + 3A$. 又由于 $3A^2 + 3A = R^3 - S^3 - 1$. 因此 $R^3 - S^3 - 1$ 等于 A 或 S 中的数字之和的 6 倍. 证明完成. 关于上述证明,没有人给我带来任何困难,但是他们告诉我他们没有这样做是因为现如今每个人都习惯了这种方法. 至于我自己,我认为证明出来对我并没有什么好处,人们应该承认这是一种很好的证明. 无论如何,我期待你的评论,我在算术上所证明的一切都是出于这个目的.

9)这里还有两个更困难的问题:我用一条直线的立方与另一条直线的立方相比较,证明了一个平面定理. 我想说,这是纯粹的几何学上的问题,而且是非常精准的. 通过这些方法,我解决了下述问题:任意给定的四个平面、四个点、四个球,都可以找到一个球,这个球与给定的球相切,通过给定的点,经过四个面围成的四面体的顶点;另一个问题:任意给定的三个圆、三个点、以及三条线,都能找到一个与各圆相切和通过各点的圆,与三条直线围成的三角形外接.

我在平面上只用圆和直线解决了这些问题,但在证明上我使用了圆锥曲线——抛物线或双曲线. 然而,由于结构是在一个平面上,所以我认为我的解是平面解.

感谢您包容我对您的困扰并对我的论述给予肯定,我从来没有想过我会和你交谈几句,如果我告诉你我心中最重要的东西——那就是我越了解你,我就越尊敬你——如果你了解这个程度有多深,我希望在您的友情中会有我的一席之地.

帕斯卡回信给费马

1654 – 08 – 24 星期一

先生:

1)我未能在最后一个帖子中告诉你我对点数问题的全部想法,同时,我有些不愿意这样做,因为我担心我们之间取得的这种令人钦佩的和谐关系会开始动摇,我也担心我们在这个问题上可能有不同的意见. 我想把我的全部理由摆在你面前,如果我错了,请你帮我改正一下,如果我是对的,请你支持我. 我诚心诚意地问你这个问题,因为我不确定你是否会站在我这一边.

当只有两名玩家时,你通过组合论证的理论是非常公正的. 但当有三名玩家时,我有证据表明,你用我的方法以外的任何其他方法来解决都是不公正的. 但是,我已经向你公开我经常使用的方法,对所有能想到的点的分布条件是普

遍适用的,而不是组合方法(我不会使用它,除非使用它在特殊情况下比使用一般方法更简短),这种方法只在个别情况下有效,不适用于多数情况.

我确定我可以把这个问题弄清楚,但是需要我的一些解释和你一点点耐心.

2)以下是当有两名玩家时的解决方法:在几次投掷中,发现他们正处于,第一名玩家缺少2分,第二名玩家缺少3分的状况,找到游戏在多少分时能分出胜负是必要的.

假设在4分时将会分出胜负,从这一点你可以得出结论:了解在两名玩家中这4分有多少种分配方式是必要的,了解使第一名玩家获胜和第二名玩家获胜的组合数,并根据这个比例划分金币是必要的.

如果我以前不知道这个道理,那么我几乎不能理解这个推理,但是你也在讨论中写过. 为了了解4分在两个玩家之间的分配方式,有必要想象他们玩两个面的骰子(因为只有两个玩家),并投掷这样的4个骰子(因为他们进行4次投掷). 现在知道这些骰子会掷出多少种方式是必要的,那很容易计算,是16,即4的平方. 现在假设其中有一面被标记为 a,对第一名玩家有利. 设另一面被标记为 b,是对第二名玩家有利. 那么可以根据这16个排列找到这4个骰子的组合方式(图3).

a	a	a	a	a	a	a	a	b	b	b	b	b	b	b	b
a	a	a	a	b	b	b	b	a	a	a	a	b	b	b	b
a	a	b	b	a	a	b	b	a	a	b	b	a	a	b	b
a	b	a	b	a	b	a	b	a	b	a	b	a	b	a	b
1	1	1	1	1	1	1	2	1	1	1	2	1	2	2	2

图3

并且,因为第一名玩家缺少了2分,所有排列中有2个 a 的是使他获胜的,因此有11种这样的排列使他获胜.因为第二名玩家缺少了3分,所有排列中有3个 b 是使他获胜的,符合有3个 b 的有5种排列.因此他们以11:5这个比例来划分金币是合适的.

当有两名玩家时,你的方法是这样的.因此你说如果有更多的玩家时,用这种方法做出划分也不是很难.

3)先生,在这一点上,我告诉你对于两个玩家时基于这样的组合划分是非常公平和有效的,但是如果有两名以上的玩家,它不总是公正的,我将告诉你造成这种差异的原因.我把你的方法传达给了我们的先生德·罗伯瓦尔使我持有异议:

这个错误的划分方法是建立在4次投掷中,并且是在第一名玩家缺少2分,第二名玩家缺少3分的基础上.事实上他们没有必要投4次因为比赛也许在进行第 2 次投掷、第 3 次投掷或者第 4 次投掷时结束.

因为他不明白为什么要在假设一个人投 4 次骰子的条件下进行公正的划分,事实上一名玩家已经赢得了比赛之后他们就不会继续掷骰子了,而且如果这一结论不是错误的,那至少它要被证明出来. 结果是他怀疑我们得到了谬论.

我回复他,基于组合的方法我没有发现我的推理有那么多的可能性,事实上在这种情况下,组合方法是不存在的,就像我的万能方法一样,任何问题都能得到解决,它本身就能证明这一点. 这与组合法的划分正好相同,此外,我用下述的组合方式向他展示了两个玩家之间划分的真相:如果两个玩家在一个人丢失 2 分另一个人丢失 3 分的假设条件下,互相同意扔 4 次骰子,那也就是说,一次性掷出 4 个两面骰子——那是不正确的. 如果他们在 4 次投掷中出现中途停止,我们应该根据对他们彼此有利的组合来划分. 他同意这一点,事实也证明了这一点,但是当他们没有必要进行 4 次投掷时,他同样否认了这件事情. 因此我做了以下回复:

它是不明确的,同样的玩家不被限制地掷 4 次骰子,但是希望在他们中的一个人得到了分数之前停止比赛,可以没有损失也没有获益地被迫投掷 4 次,这一协议并没有改变他们的条件? 如果第一个人得了 4 分中的前 2 分,鉴于如果他赢了他不会赢得更多,如果他输了他也不会输得更少,那已经赢的那个人会拒绝多投两次吗? 对于另外一个人赢得 2 分是不够的,因为他缺少 3 分,而且在 4 次投掷中没有足够的分数来弥补他缺少的分数.

考虑到他们是否以正常的方式比赛,即只要有人得到分数,比赛就结束,或者他们是否完成了全部的 4 次投掷,这当然是很方便的. 因此由于这两个条件是相等和无关的,所以彼此的划分应该相似. 但是正如我展示的那样,当他们必须掷 4 次骰子时它是公正的,因此在另一情况下它也是公正的.

这就是我证明它的方法,正如你所记得的,这个证明是基于两个条件相等和对有两个玩家时的假设,每一种方法中的划分是一样的,如果一个玩家在一种方法下赢了或者输了,那么在另一种方法下它还是会获胜或者输掉,两种方法总会有同样的金币数.

4) 让我们按照同样的观点来讨论有 3 个玩家的情况,假设第一名玩家缺少 1 分,第二名玩家缺少 2 分,第三名玩家也缺少 2 分. 根据同样组合的方法来进行划分,首先有必要来探究一下游戏在多少分被分出胜负,就像有两名玩家时那样,这将会在 3 分时被分出胜负,因此他们要掷 3 次来到达决赛点.

现在有必要来看看在三名玩家掷 3 次时有多少种组合方法,以及分别有多少种方法是对第一名玩家、第二名玩家和第三名玩家有利的,然后根据这个比例来划分金币,就像有两个玩家的假设情况下我们做的那样.

容易知道一共有多少种组合方法. 它是 3 的三次幂,那也就是 3 的立方

27. 如果一个人一次性地掷 3 个骰子(因为有必要掷 3 次),每个骰子都有 3 面(因为这里有 3 名玩家),对第 1 名玩家有利的标记为 a,对第 2 名玩家有利的标记为 b,对第 3 名玩家有利的标记为 c,显然一起掷 3 个骰子可以有 27 种不同的方法(图 4).

a	a	a	a	a	a	a	a	a	b	b	b	b	b	b	b	b	b	c	c	c	c	c	c	c	c	c
a	a	a	b	b	b	c	c	c	a	a	a	b	b	b	c	c	c	a	a	a	b	b	b	c	c	c
a	b	c	a	b	c	a	b	c	a	b	c	a	b	c	a	b	c	a	b	c	a	b	c	a	b	c
1	1	1	1	1	1	1	1	1	1	1	1	1			1			1	1	1	1			1		
				2						2		2	2	2		2						2				
								3									3			3			3	3	3	3

图 4

因为第一名玩家只是缺少 1 分,那么在所有的方法中有一个 a 的是对他有利的,这里有 19 种排列方式. 第二名玩家缺少 2 分,那么在所有的方法中有两个 b 的是对他有利的,这里有 7 种排列方式. 第三名玩家缺少 2 分,那么在所有的方法中有两个 c 的是对他有利的,这里有 7 种排列方式.

如果我们由此得出结论:根据 19,7,7 这个比例对每一名玩家进行赋值是合理的,那么我们正在犯一个很严重的错误,并且我会毫不犹豫地相信你会这么做. 这里有几种情况对第一名玩家和第二名玩家都有利,如 abb 有第一名玩家需要的 a,也有第二名玩家需要的两个 b. 同理,acc 对第一名玩家有利也对第三名玩家有利.

因此计算出两个人共同的排列组合并作对他们彼此赢得整个金币的值是不可取的,而是仅作为半分. 如果排列 acc 出现,第一名玩家和第三名玩家将会有相同的权利获得金币,因此他们应该平分金币. 如果排列 aab 出现,第一名玩家自己赢得金币,有必要做下面的假设:这里有 13 种排列组合将全部的金币给第一名玩家,6 种给第一名玩家一半金币的排列组合,以及 8 种使第一名玩家什么都不会得到的排列组合. 因此如果总额是 1 枚金币,这里有 13 种将这一枚金币给他的排列组合,有 6 种给他 $\frac{1}{2}$ 枚金币的排列组合,以及有 8 种使他获得 0 枚金币的排列组合.

在这种情况下的划分,有必要作以下乘法:

13 乘以 1 枚金币等于 13;

6 乘以 $\frac{1}{2}$ 枚金币等于 3;

8 乘以 0 枚金币等于 0.

根据总的排列组合数 27 分离出 16,得到了分数 $\frac{16}{27}$,这个数额在划分中是属于第一个玩家的;也就是说,27 枚金币中的 16 枚属于第一个玩家.

对于第二名玩家和第三名玩家的金币也同样如此:

4 乘以 1 枚金币等于 4;

3 乘以 $\frac{1}{2}$ 枚金币等于 $1\frac{1}{2}$;

20 乘以 0 枚金币等于 0.

因此在 27 枚金币中有 $5\frac{1}{2}$ 枚金币是属于第二名玩家,第三名玩家与第二名玩家获得的金币数额相同. $5\frac{1}{2}$,$5\frac{1}{2}$ 和 16 的和是 27.

5)在我看来,根据你的方法进行的组合划分是必要的,除非你有我不知道的有关这个问题的地方. 如果我没有弄错的话,这种划分是不公正的.

原因是我们做出了一个错误的假设,那就是他们无一例外地掷了 3 次,这不是游戏的自然条件,即除非有人没有达到比赛分数,如果分数达到,比赛即停止.

这并不是说他们不会掷 3 次,而是说他们可能会掷一次或者两次就不需要再投掷了.

但是,你会说,为什么在两个玩家的情况下做出同样的假设呢? 原因如下:在 3 名玩家比赛真实的条件下,只有一个人能赢,因为根据比赛条件,当一名玩家已经赢了的时候,比赛就结束了. 但是在这个假设条件下,另外两个人也许会得到它们的分数,第一名玩家也许会获得他缺少的一分,剩下的两个人也许会获得他们各自缺少的两分,因为他们仅仅掷 3 次骰子. 当只有两名玩家时,假设条件和实际情况恰好符合. 正是这一点使得假设条件和真实条件之间产生很大的差别.

如果玩家发现自己处于假设中所给的状态——也就是说,如果第一名玩家缺 1 分,第二名玩家缺 2 分,第三名玩家缺 2 分,并且他们彼此现在同意规定每人投掷满 3 次;如果他得到了他所缺少的分数,并且是唯一一个得到分数的,那他将拿走全部的金币;如果两个人得到分数,他们应该平分——这种情况下,划分应按照我在这里给出的:金币总额是 27 枚金币,第一名玩家有 16 枚金币,第二名玩家 $5\frac{1}{2}$ 枚金币,第三名玩家 $5\frac{1}{2}$ 枚金币,这就有了对上述假设条件的证明.

但是如果他们在不一定掷 3 次骰子的条件下比赛,他们会进行比赛直到他们中有人获得了缺少的分数,不给另一个人得到他缺少的分数的机会,比赛就会终止,那么在 27 枚金币中,17 枚金币将会属于第一名玩家,5 枚金币属于第二名玩家,5 枚金币属于第三名玩家. 这是由我的一般方法发现的,它也确保了在前面的条件下,第一名玩家应该有 16 枚金币,第二名玩家有 $5\frac{1}{2}$ 金币,第三名玩家有 $5\frac{1}{2}$ 枚金币,没有使用组合法——因为它可以毫无疑问地应用到所有的情况.

6) 先生,这些是我对这个问题的思考,除非我思虑良久,否则我没有能超越你的优势,但这是微小的,但对于我的优点来看这是微不足道的. 从你的角度来看,因为你的第一眼比我的长期努力更具有穿透力.

我不应该向你透露我期待你发表意见的理由. 我相信你已经认识到,组合理论恰好对两名玩家是有益的,有时对三名玩家的情况也是有益的,就像一名玩家缺少一分,另一名玩家缺少一分,还有一名玩家缺少两分,因为在这种情况下,游戏结束的分数不允许让两个玩家获胜,但这不是一般方法,它只有在进行某一确定次数的情况下才是好的.

因此,当你不知道我的方法,只知道组合的方法时,你让我在几个玩家中划分,我担心我们会在这个问题上持有不同的观点.

我恳请你告诉我你是如何着手研究这个问题的. 即使你的意见与我的意见不同,我也会以尊敬和喜悦的态度接受你的答复.

费马回信给帕斯卡

1654 - 08 - 29 星期六

先生:

1) 我们的交流仍在继续,我很高兴我们的想法正在进行调整,朝的是同一方向,走的是同一条路. 你最近提及的三角形算法及其应用是一个可靠的证明. 如果我没有算错,你的第十一个结果是从巴黎邮寄到图卢兹的,而与此同时我的关于数字的理论正在从图卢兹邮寄往巴黎.

我处理这个问题的时候并没有留意失败,我相信避免失败真正的方法是同意你的意见. 但是如果我想多说一些,那将是自然流露的赞美,我们已经去掉了多余的对话.

现在轮到我给你多说一些我在数字上的发现了,但是议会的结束增加了我的职责,我希望出于你们的善意,你们能允许我先暂缓一段时间.

2) 不过,我会回答你,在 3 名玩家中进行两次投掷的问题. 当第一名玩家已经得了 1 分,另外两名玩家没有得分,你的第一个解决方案是正确的,金币的划分应该是 17,5 和 5. 这样划分的原因是不言而喻的. 采取同样的原则,组合很清晰地表明第一名玩家有 17 枚金币,而另外两个人每人有 5 枚金币.

3) 至于其余的,在以后我都会坦率地写给你. 然而,如果你方便的话,请沉思一下这个定理:2 的平方幂加上 1^3 总是素数.

2 的平方加 1 等于 5,结果是一个素数;

4 的平方等于 16,再加上 1 等于 17,结果是一个素数;

16 的平方是 256,加上 1 是 257,结果是一个素数;

256 的平方是 65 536,加上 1 是 65 537,结果是一个素数;

一直到无穷远.

这是我要回答你问题的一个真相. 它的证明是非常困难的,我向你说明我还不能完全证明出这个问题. 这个定理的作用是发现数字与它们的"整除部分"的比率,对此我已经有了很多发现. 我们下一次再谈这个问题.

等你回信.

1654 年 8 月 29 日在图卢兹.

费马

费马回信给帕斯卡

1654 - 09 - 25 星期五

先生:

1)不用担心,我们的争论即将结束. 你在思考上否认它的同时也强化了它,在我看来,你回复了德·罗伯瓦尔的同时,你也回复了我.

以 3 个玩家为例,第一名玩家缺少 1 分,第二名玩家和第三名玩家缺少 2 分,这种情况是你所反对的. 我发现第一名玩家只有 17 种组合,第二名玩家和第三名玩家各有 5 种组合;当你说组合 acc 是对第一名玩家有利的,回忆一下:在一名玩家赢得了比赛之后一切都不值得一提了. 但是这个组合已经使得第一名玩家在第一投中获胜,第三名玩家在这之后获得了 2 分又有什么关系呢? 即使他获得了 30 分,这一切都是多余的. 结果,正如你所说的"虚构",把游戏推广到一定数量的玩家,只会让规则变得简单,在我看来,可以让所有的机会都相等,或者更好、更明智的是将所有的分数都简化为同分母.

毋庸置疑,如果把假定投掷 3 次拓展到 4 次,这里就不仅仅有 27 种组合了,而是 81 种;有必要看看有多少种组合是在其他两名玩家得到两分之后第一名玩家得到他的分数,有多少种组合是第一名玩家获得一分后其他两名玩家获得两分的情况. 你将会发现使第一名玩家赢得比赛的组合有 51 种,其余两名玩家赢的组合数都为 15 种,把他们化简后与投掷 3 次最后的比例相同. 因此如果你投掷 5 次或者其他你喜欢的数字,你会发现它们组合数的比例总是 17,5,5. 因此,说组合 acc 只对第一名玩家有利对第三名玩家无利;组合 cca 只对第三名玩家有利对第一名玩家无利. 因此,我的组合法则在有 3 名玩家时与有两名玩家时的结果相同,并且一般来说对于所有的数字都是相同的.

2)你从我以前的信可以看出我不反对三个玩家问题的答案为 17,5,5. 但是因为德·罗伯瓦尔可能对直观的方法更为满意,因为那可能会使结果更简

洁,这里有一个例子:

第一名玩家在第一次投掷、第二次投掷、第三次投掷中获胜都有可能.

如果他在第一次投掷中赢了,那么第一次试验中用三面的骰子掷出有利的投掷是必要的.一个骰子将产生三种结果,那么因为只投了一次,玩家获得 $\frac{1}{3}$ 的金币.

如果投掷两次,他有两种方式获胜,要么是第二个金币在第一局中获胜,他在第二局中获胜,要么第三个金币在第一局中获胜他在第二局获胜.但是两个骰子产生了 9 种结果,当他进行二次投掷时他可以获得 $\frac{2}{9}$ 的金币.

但是如果他投掷三次,他只有两种方式获胜.第一种,第二个玩家在第一次投掷中获胜第三个金币在第二局中获胜然后他在第三局中获胜;第二种,第三个玩家在第一次投掷中获胜第二个玩家在第二局中获胜然后他在第三局中获胜,如果第二名玩家或者第三名玩家赢得了两次,那么他将会获得金币,第一名玩家将得不到金币. 3 个骰子有 27 种结果,当他们投掷 3 次时第一名玩家有 $\frac{2}{27}$ 次的机会赢.

使第一名玩家获胜的机会是 $\frac{1}{3}$, $\frac{2}{9}$, $\frac{2}{27}$,它们的和是 $\frac{17}{27}$.

一般地,这个规则适用于所有情况,在没有重复的假设条件下,每次投掷次数的组合给出了解决方案,并且使我在开始时所说的更加清楚了:延伸到不同数目的点数无非是将不同的分数简化为同分母的分数.

三言两语就可以解释整个谜团,尽管我们每个人都只追求理智和真相,但毫无疑问它使我们和解了.

3)我希望把我在圣马丁发现的关于数字的笔记的删节本寄给你,请允许我简明扼要地(因为这就足够了)向像你一样从半个字就能理解整体的人说明.你会发现关于这个定理中最重要的是:它是由 1,2 或 3 个三角形;1,2,3 或 4 个正方形;1,2,3,4 或 5 个五边形;1,2,3,4,5 或 6 个六边形依此类推至无穷,这样构成的数字.

为了得到这一点,有必要证明每一个比 4 的整数倍大 1 的素数由两个平方数组成,如 5,13,17,29,37 等.

已经给出了这种类型的素数,如 53,可以通过一般规则找到组成它的两个平方数.

每一个比 3 的整数倍大 1 的素数由一个平方数和另一个平方数的 3 倍组成,如 7,13,19,31,37 等.

每一个比 8 的整数倍大 1 或者大 3 的素数由一个平方数和另一个平方数

的 2 倍组成,如 11,17,19,41,43 等.

没有一个三角形的面积等于一个平方数.

这源于许多定理中的发现,包括发誓自己是一无所知的巴赫特的定理和丢番图的定理.

我相信,只要你理解了我在这类定理中的证明方法,你就会认可它,并且它将会给你很多新发现的机会,正如你所知道的,那样多方面的解释是科学的结果.

在我有时间的时候,我们再进一步讨论这神奇的数字,关于这个课题我将会总结我之前的工作.

我是费马先生,真诚地等待你的回信.

我正在乡下回信,这假期里可能会推迟我的回复.

费马

帕斯卡回信给费马

1654 – 10 – 27 星期四

先生:

你最后的来信使我非常满意. 我欣赏你关于点数问题的方法,因为我能很好地理解它. 它完全是你的观点,与我没有任何关系,它很容易地达到了相同的目的. 现在我们又一致了.

但是,先生,我同意你的观点,你可以找其他人来认可你关于数字的发现,你这个发现的陈述太好了,请寄给我. 就我个人而言,我承认这远远超出了我的能力范围;我只有能力欣赏它,我谦卑地请求你利用你的闲暇时间尽早得出结论. 在上个星期六我们所有人都看到了,并由衷地欣赏你的结论. 人们不可能常常希望事物如此美好和令人向往. 如果你愿意思考它,你一定可以. 等你回信.

1654 年 10 月 27 日在巴黎.

帕斯卡

§1 棣莫弗关于正态概率的定理

(本文由纽约哥伦比亚大学教师学院的海伦·沃克教授编写)

在南特法令被撤销时,亚伯拉罕·棣莫弗(1667—1754)离开法国,并在伦敦度过了他的余生,在那里他为富有的赞助商解决问题,并做了私人的数学家庭教师. 他在三角学、概率和保险年金方面的研究最为著名. 1733 年 11 月 12

数学之源

380

日,他私下向一些朋友介绍了一篇 7 页的简短论文,题目是《在连续扩张中,$\sqrt[n]{a+b}$ 的近似值》,只有两份副本被认为是现存的. 他自己翻译的加上一些补充的被收录在《机会学说》第二版(1738)的第 235～243 页中.

这篇论文首次给出"正态曲线"公式的陈述;当误差表示为作为一个整体的分布规律可变性时,这篇论文首次给出在样本容量给定的情况下,误差发生的概率. 这个值后来被称为概率误差. 它还表明,在斯特林之前,棣莫弗已经给出阶乘 n 的解决方法.

一种近似于二项式 $\sqrt[n]{a+b}$ 的各项求和的近似方法被扩展成一个级数,从中推导出一些实际的规则来估计试验的满意程度.

尽管机会问题的解决方案通常要求将二项式 $\sqrt[n]{a+b}$ 的项加在一起,即使有能力,算这个东西也会显得如此费力,而且很困难,除了两位伟大的数学家詹姆斯和尼古拉斯·伯努利很少有人完成这个任务,我知道没有一个人尝试过. 他们展示了非常高超的能力并且因为他们的成果得到赞扬,但仍有些事情进一步被要求,因为他们所做的并不是一个近似值,而是一个非常广泛的限制范围,在这个范围内,他们证明了这些项的总和. 现在他们所遵循的方法已经在我的分析杂说中简要地描述过了,如果愿意,读者可以查阅,除非他们更喜欢用,咨询他们自己对这个问题的看法也许是最好的. 就我而言,让我自己去研究的原因并不是说我应该超越别人,尽管这个原因本身也是可以原谅的. 但是我所做的符合一个有价值的绅士的愿望,一位优秀的数学家鼓励我去做. 我在前者的基础上添加了一些新的想法;但是为了使它们的关系更清晰,我有必要重新阐述一些在不久前已经交付的东西.

1)距我发现下面的事情已经有十几年了:如果二项式 $1+1$ 乘很高的幂次,用 n 表示,中间项和所有项的和,也就是 2^n,可以用分数表示为 $\dfrac{2A \times \sqrt[n]{n-1}}{n^n \sqrt{n-1}}$,其中 A 为双曲对数为 $\dfrac{1}{12} - \dfrac{1}{360} + \dfrac{1}{1\,260} - \dfrac{1}{1\,680} + \cdots$ 级数之值,但是因为数 $\dfrac{\sqrt[n]{n-1}}{n^n}$ 或 $\sqrt[n]{1 - \dfrac{1}{n}}$ 几乎是确定的,当 n 是一个很大的数,这是不难证明的. 因此,在一个无限的幂中,这个数是给定的,并表示了双曲对数是 -1 的这个数. 由此可以看出如果 B 表示双曲对数的数量,那么它就是这样的 $-1 + \dfrac{1}{12} - \dfrac{1}{360} + \dfrac{1}{1\,260} - \dfrac{1}{1\,680} + \cdots$,上面的表达式将变成 $\dfrac{2B}{\sqrt{n-1}}$ 或 $\dfrac{2B}{\sqrt{n}}$. 因此,如果我们改变了这个级数的符号,现在假设 B 代表了双曲对数为 $1 - \dfrac{1}{12} + \dfrac{1}{360} - \dfrac{1}{1\,260} + \dfrac{1}{1\,680} + \cdots$ 的这个

数,这个表达式将变为 $\dfrac{2}{B\sqrt{n}}$.

当我刚开始研究时,通过在级数中添加一些项来确定 B 的值;但当我意识到它收敛但缓慢的时候,同时看到我所做的一切都很好地回答了我的目的,我不再继续研究,直到遇见有学问的朋友詹姆斯·斯特灵先生,在我之后进行研究,发现 B 确实表示半径为1的圆的周长的平方根,如果这个周长被称为 c,那么中间项和所有项的和的比值就会被表示为 $\dfrac{2}{\sqrt{nc}}$.

但是没有必要知道 B 与圆的周长有什么关系,只要它的值可以通过在前面提到的对数级数,或者任何其他方法得到;我很高兴这个发现,除此之外,它还省去了麻烦,在解决方案上传播了一种独特的见解.

2) 我还发现,一个高次幂的中间项的和与之相距 l 的任意项的比值,用一个非常接近的近似来表示为

$$\sqrt{m+l-\frac{1}{2}} \times \log \sqrt{m+l-1} + \sqrt{m-l+\frac{1}{2}} \times \log \sqrt{m-l+1} - 2m \times \log m + \log \frac{m+l}{m}$$

推论1 我的结论是,如果 m 或 $\dfrac{1}{2}n$ 是一个无限大的量,那么与项相距 l 的项到中间项比值的对数是 $-\dfrac{2ll}{n}$.

推论2 答案是双曲对数 $-\dfrac{2ll}{n}$ 的这个数字是

$$1 - \frac{2ll}{n} + \frac{4l^4}{2nn} - \frac{8l^6}{6n^3} + \frac{16l^8}{24n^4} - \frac{32l^{10}}{120n^5} + \frac{64l^{12}}{720n^6} - \cdots$$

接下来,在被中间项和与中间项间隔为 l 的项所获得的项和的距离表示为 l,会是 $\dfrac{2}{\sqrt{nc}}$ 到

$$l - \frac{2l^3}{1\times 3n} + \frac{4l^5}{2\times 5nn} - \frac{8l^7}{6\times 7n^3} + \frac{16l^9}{24\times 9n^4} - \frac{32l^{11}}{120\times 11n^5} + \cdots$$

现在假设 $l = s\sqrt{n}$,那么这个求和用级数来表示是 $\dfrac{2}{\sqrt{c}}$ 到

$$\int -\frac{2\int^2}{3} + \frac{4\int^5}{2\times 5} - \frac{8\int^7}{6\times 7} + \frac{16\int^9}{24\times 9} - \frac{32\int^{11}}{120\times 11} + \cdots$$

此外,如果 $\int$ 被解释为 $\dfrac{1}{2}$,那么这个级数就会变成 $\dfrac{2}{\sqrt{c}}$ 到

$$\frac{1}{2} - \frac{1}{3\times 4} + \frac{1}{2\times 5\times 8} - \frac{1}{6\times 7\times 16} + \frac{1}{24\times 9\times 32} - \frac{1}{120\times 11\times 64} + \cdots$$

它收敛得如此之快,通过不超过 7 或 8 项的帮助,总和可以计算到小数点后 6 位或 7 位:现在这个和的结果是 0. 427 812,独立于普通的乘数 $\frac{2}{\sqrt{c}}$,因此,对于 0. 427 812 的表格对数,也就是 $\overline{9}$. 631 252 9,加上 $\frac{2}{\sqrt{c}}$ 的对数,即 $\overline{9}$. 901 940 0,总和是 $\overline{19}$. 533 192 9,答案是 0. 341 344.

引理 1 如果事件取决于偶然性,其发生或失败的概率相等,进行 n 次试验,观察事件发生和失败的次数,l 是另一个给定的数字,不超过 $\frac{n}{2}$,那么其发生频率既不超过 $\frac{n}{2} + l$ 次,也不少于 $\frac{n}{2} - l$ 次的概率如下.

L 和 $\mathcal{L}$ 表示为距二项 $\sqrt[n]{1+1}$ 展开的中间项间隔为 l 的两项,$\int$ 表示 L 和 $\mathcal{L}$ 之间的项和两端的总和,那么这个概率就可以用分数 $\frac{\int}{2^n}$ 来表示,它建立在概率论的共同原则基础上,这里证明.

推论 3 因此,如果有可能进行无数次的试验,一个事件发生或失败的机会相等的概率既不多于 $\frac{n}{2} + \frac{\sqrt{n}}{2}$ 次,也不少于 $\frac{n}{2} - \frac{n\sqrt{n}}{2}$ 次,将通过第二个推论中所展示的数字的两倍来表达,也就是 0. 682 688,因此,相反的结果,即发生的频率比上面所分配的比例更多或更少,发生的概率是 0. 317 312,这两种概率合在一起就是 1,这是确定性的衡量:现在这些概率的比值在很小的范围 28 到 13 内.

推论 4 尽管进行无数次的试验是不可能的,但是之前的结论很可能适用于有限次实验中,前提是它是很大的数,例如,如果做 3 600 次试验,$n = 3\ 600$,则 $\frac{n}{2} = 1\ 800$ 并且 $\frac{\sqrt{n}}{2} = 30$,那么这个出现的次数既不多于 1 830 次,也不少于 1 770 次的概率也就是 0. 682 688.

推论 5 因此,我们可以把这个归结为一个基本准则,在高次幂中,这个比值为与中间项的间隔等于 $\frac{\sqrt{n}}{2}$ 的两端项的和,对所有项的总和,将正确地表示为小数,约为 0. 682 688,即 $\frac{28}{41}$.

尽管如此,我们也不能想象,有必要让数字 n 变得非常大,假设它不超过 900th,也不低于 100th. 这里的规则将是相当准确的,我已经通过试验证实了这一点.

但值得注意的是,这一小部分$\frac{\sqrt{n}}{2}$是关于n的,随着n增加而减少,很快就会给出$\frac{28}{41}$或28:13的概率,我们可以自然地去思考,在什么范围内包含了相等的比例;我回答说,这些界限将会在间隔中间项的距离上设定,就像$\frac{1}{4}\sqrt{2n}$所表示的那样;所以在上面提到的情况n应该等于3 600,$\frac{1}{4}\sqrt{2n}$将接近21.2,关于3 600,不是上面$\frac{1}{169}^{th}$的部分,所以这几乎是一个平等的机会,或者说更多的东西在3 600个实验中.在每一个事件中,每一个事件都可能发生或失败,超过1800次的事件发生或失败的次数将不会超过21次.

推论6 当l被$\sqrt{n}$解释的时候,这个级数不会像之前的情况那样收敛,当l被$\frac{1}{2}\sqrt{n}$解释的时候,在这里级数中不少于12或13项将提供一个可允许的近似,它仍然需要更多的约束,根据l和$\sqrt{n}$的比例,我在这个例子中使用了技巧,这个技巧最初是由艾萨克牛顿发明的,后来被科斯特先生、詹姆斯・斯特林先生、我本人以及其他一些人使用,它包括确定一条曲线的面积;等间距放置特定数量的点$A,B,C,D,E,F,\cdots$.数量越多,积分越精确;但在这里,我取4个点足以达到我的目的:让我们假设这四个顺序是A,B,C,D,第一个和最后一个之间的距离是l,那么第一个和最后一个之间的面积是$\frac{1\times\sqrt{A+D}+3\times\sqrt{B+C}}{8}\times l$;现在让我们取距离$0\sqrt{n},\frac{1}{6}\sqrt{n},\frac{2}{6}\sqrt{n},\frac{3}{6}\sqrt{n},\frac{4}{6}\sqrt{n},\frac{5}{6}\sqrt{n},\frac{6}{6}\sqrt{n}$,其中每一个都比前一个多$\frac{1}{6}\sqrt{n}$,最后一个是$\sqrt{n}$,我们取最后的四个,也就是$\frac{3}{6}\sqrt{n},\frac{4}{6}\sqrt{n},\frac{5}{6}\sqrt{n},\frac{6}{6}\sqrt{n}$,然后取它们的平方,把它们都翻倍,把它们都除以$n$,每一项都添"−"号,得到$-\frac{1}{2},-\frac{8}{9},-\frac{25}{18},-\frac{2}{1}$,被看作是双曲对数,因此对应的数字,也就是0.606 53,0.411 11,0.249 35,0.135 34将代表4个点A,B,C,D.现在l用$\frac{\sqrt{n}}{2}$解释,这个面积等于$0.170\ 203\times\sqrt{n}$,乘以$\frac{2}{\sqrt{nc}}$,结果是0.271 60;因此,把这个加上之前的面积,也就是0.682 688,总和为0.954 28,经过n次试验后,事件的概率将不会超过$\frac{n}{2}+\sqrt{n}$次,也不会比$\frac{n}{2}-\sqrt{n}$次更少,因此,与之相反的概率是0.045 72,这表明,事件发生的概率,也不会比在规定的范围内发生的概率更小,比是

21∶1.

通过同样的推理,我们会发现事件发生的概率不会超过 $\frac{1}{2}n + \frac{3}{2}\sqrt{n}$,也不会少于 $\frac{1}{2}n - \frac{3}{2}\sqrt{n}$,将是 0.998 74. 这样一来,这个情况下的概率比率就会是 369∶1.

为了将其应用于特定的例子,有必要用已经发生的试验次数或被设计出来的试验次数的平方根来估计事件成功或失败的频率;这个平方根,在第四个推论中已经暗示过了,它将会是用来调节估计的系数;因此,假设试验的次数是 3 600,它被要求分配事件发生的概率小于 2 850 次,但也不超过 1 750 次,这两个数可以随意变化,前提是它们与 1 800 次的中间值相等,然后取 1 850 和 1 750 差的一半,即 $50 = \int \sqrt{n}$. 假设 $3\,600 = n$,那么 $\sqrt{n} = 60$,这将使 $50 = 60\int$,结果 $\int = \frac{50}{60} = \frac{5}{6}$;因此,在无限项中如果我们取这个比例,与对应区间间隔 $\frac{5}{6}\sqrt{n}$ 的项的和的两倍,我们将在附近取得概率.

引理 2 在 $\sqrt[n]{a+b}$ 展开中,最大项是 a 和 b 的幂指数与数 a 和 b 的数量有相同的比例;取 $a+b$ 的 10 次方,即

$$a^{10} + 10a^9b + 45a^8b^2 + 120a^7b^3 + 210a^6b^4 + 252a^5b^5 +$$
$$210a^6b^4 + 120a^3b^7 + 45a^2b^8 + 10ab^9 + b^{10}$$

假设 a 与 b 的比例是 3∶2,那么项 $210a^6b^4$ 是最大的,这是因为 a 和 b 的指数,在这一项中,比例是 3∶2;但是假设 a 与 b 的比例是 4∶1,那么项 $45a^8b^2$ 是最大的.

引理 3 如果一个事件取决于机会,发生或失败的概率为任意给定的比例,比如 $a∶b$,为了观察事件发生或失败的概率,需进行一定次数的试验;

那么,它发生的频率不会比用 $\frac{an}{a+b} + l$ 表示的次数更多,也不会比用 $\frac{an}{a+b} - l$ 表示的次数更少,概率为:令 L 和 R 距离最大项 l 的区间内保持相等的距离;令 S 也是 L 和 R 之间的项的和,加上极值,那么所需的概率就是 $\frac{S}{\sqrt[n]{a+b}}$.

推论 8 n 表示的无限次幂中,最大项与所有其他项之和的比值将用 $\frac{a+b}{\sqrt{abnc}}$ 表示,如前所述,c 表示一个半径等于一个单位的圆的周长.

推论 9 如果,在无限次幂中,与最大项之间的距离都是 1 的项与最大项之比的双曲对数将用 $-\frac{\overline{a+b}^2}{2abn} \times l$ 表示,假设 l 与 n 的比值不是一个有限比,但

是可以设想在任意给定的数 p 和 $\sqrt{n}$ 之间进行考虑,使 l 可以用 $p\sqrt{n}$ 来表示,在这种情况下,L 和 R 这两项是相等的①.

推论 10　如果事件发生和失败的概率不相等,则关于二项 $\overline{a+b}^n$ 的所有项和的问题可以用与事件发生和失败的概率相等的情形下相同的方法来解决.

据前面所述,根据一些确定的规律,这个机会很少会扰乱按自然规律发生或失败的事件;为了帮助我们的理解,我们想象一个圆形的金属片,有两个抛光的对立面,除了它们的颜色以外,别的什么都一样,一个可能是白色的,另一个是黑色的;我们甚至可能会认为它是用一种特定的视角来展示的,有时是这一面,有时是另一面,这样一来,试验次数就决定了它的比例;但是在"LXXXVIIth"问题中可以看到,纵使试验次数可能产生不平等的比例,产生根据时间长短的不平等,要么这样要么那样的,总会趋向一个相对稳定的比例;但是,除了在目前的问题中所看到的,在大量的实验中,如 3 600 次,这将是 2∶1 的概率,其中的一面,假设是白色的,出现次数不应该超过 1 830 次,也不会多于 1 770 次,以上或在完全平等的情况下,超过总的出现次数的 $\dfrac{1}{120}$;按照同样的规则,如果试验的次数是 14 400 而不是 3 600,那么仍然会超过 2∶1 的概率,这样出现次数无论是单独的还是其他的,完全平等情况下,偏差不会超过整体的 $\dfrac{1}{260}$,但在 1 000 000 次试验中,超过 2∶1 的概率,完全平等情况下的偏差不会超过整体的 $\dfrac{1}{2\,000}$. 如果不是在双方的平等条件下采取如此狭隘的限制范围,如果我们把这些限制扩大一倍或增加三倍,那么这种可能性就会大大增加. 因为在第一种情况下,概率会变成 21∶1. 在第二种情况下为 369∶1,如果我们将它们翻两番的话,仍然要大得更多,而且最后是无限变大. 然而,无论我们是双倍的、三倍的还是四倍的扩大,这些极限的扩大对整体产生的影响比例不大,或者没有产生影响. 总之,如果整体是无限的,这其中的原因很容易被数学家们所接受,他们知道任何指数幂的平方根与指数幂的比例都不那么大,因为它的指数很大.

从第 9 个推论可以看出,我们说的也适用于不相等情况下的概率. 因此,在所有的情况下,都可以发现,尽管试验次数产生了不规律性,但是概率比是无限大的,在这个过程中,这些不规律结果与先前实验的重复次数相比是不成比例的.

---

① 　按原样编号. 文中没有推论 7.

§2 勒让德论最小二乘

（本文由来自纽约哥伦比亚大学教师学院的亨利·A.鲁格教授和海伦·沃克教授译自法语）

在19世纪早期,数学天文学取得了巨大的进步,这在很大程度上归功于最小二乘法的发展.该方法是在目前社会、经济、生物学和心理问题科学研究中占据重要地位的观测误差的基础.

高斯在他的著作《天体运动理论》(1809年)中说他从1795年就开始使用这一原理.但它是由勒让德首次出版的.在勒让德1805年所著的《论轨道的判定》一书中,这种方法的第一个表述是作为附录出现的,题为《论最小二乘法》,此处翻译的部分内容见第72~75页.

阿德利昂·玛利·勒让德(1752—1833)在巴黎的巴黎军事学院担任了五年的数学教授,他早期对射弹路径的研究为后期的天体路径研究提供了背景.他写了天文学、数字理论、椭圆函数、微积分、高等几何、力学和物理学.他在《几何学》一书中重新整理了欧几里得命题,这是有史以来最成功的教科书之一.

1. 关于最小二乘法

在大多数的问题调查中,是要从观察所得的测量结果中获得它们所能提供的最精确结果,几乎总是出现这种形式的方程组

$$E = a + bx + cy + fz + \cdots$$

其中 a, b, c, f 和 c 是已知的系数,从一个方程变化到另一个方程它们是不同的和 x, y, z 是未知量,必须根据 E 的值的条件来确定,每一个方程的值都要减为 0 或者非常小的量.

如果方程的数量和未知量 x, y, z,和 c 的数量相等,那么确定未知数没有困难,误差 E 几乎为零.但更多时候是方程的数量多于未知量的数量,并且消除所有的误差是不可能的.

这种情况,在物理和天文问题中是常见的.如果试图通过确定一些重要成分,那么一定程度的任意性必然导致错误的发生.所有的假设导致相同的结果这是不可能的.但是,特别重要的是,应以这样一种方式进行,即极端错误,无论是积极的还是消极的,应被限制在尽可能狭窄的范围内.

在为此目的提出的所有原则中,我认为没有比在前面的研究中我们已经使

用并将误差的平方和减到最小更普遍、更精确、更简单的原则了. 用这种方法在错误中建立了一种平衡,防止极端情况产生不应有的影响. 它很好地揭示了最接近真理的系统状态.

误差平方和是 $E^2 + E'^2 + E''^2 + \cdots$ 等于

$$(a + bx + cy + fz + \cdots)^2 + (a' + b'x + c'y + f'z + \cdots)^2 +$$
$$(a'' + b''x + c''y + f''z + \cdots)^2 + \cdots$$

要求它的最小值,当 x 单独变化时. 得到的方程将为

$$0 = \int ab + x \int b^2 + y \int bc + z \int bc + \cdots$$

这里我们将 $\int ab$ 理解为相似乘积的和,也就是 $ab + a'b' + a''b'' + \cdots$. $\int b^2$ 理解为 x 系数的平方和,即 $b^2 + b'^2 + b''^2 + \cdots$. 其他项是类似的.

类似地,对于 y 的最小值,方程将为

$$0 = \int ac + x \int bc + y \int c^2 + z \int fc + \cdots$$

类似地,对于 z 的最小值,方程将为

$$0 = \int af + x \int bf + y \int cf + z \int f^2 + \cdots$$

显然相同的系数对于两个方程来说是共同的,这有助于计算.

一般来说,建立关于某个未知量的最小值方程,将每个给定的方程乘以该方程中未知量的系数(注意它的符号)并且找到这些乘积的和是必要的.

以这种方式得到的最小值方程的个数将等于未知量的个数,然后用所建立的方程解决这些方程. 但是,通过在每个操作中保留许多重要的数字、整数或小数,就可以减少在多元化中的计算数量和解决方案中的计算量,这正如近似度所要求的那样.

即使有可能通过使所有的误差为零来满足所有的方程,我们也可以从最小值方程得到同样的结果;如果得到了使 E, E', $\cdots$ 等于 0 的 x, y, z, $\cdots$ 的值,我们让 x, y, z, $\cdots$ 随 $\delta x, \delta y, \delta z, \cdots$ 变化而变化. 很明显,通过这个变化 $(a\delta x + b\delta y + c\delta z + \cdots)^2$, E^2 将为 0. E'^2, E''^2, $\cdots$ 的情况也是如此. 因此,我们可以看出,误差平方和将通过变化成为关于 $\delta x, \delta y, \delta z, \cdots$ 的二阶量. 这与最小值的性质是一致的.

如果确定了所有未知数 x, y, z 以及我们把它们的值代入给定的方程中会得到不同的误差 $E, E', E'', \cdots$ 的值,这些误差是系统产生的,不能在不增加平方和的情况下被减少. 如果在这些误差中,有一些因为太大而不能被接受,那么产生这些误差的方程式将被删去,因为它们来自于错误的实验. 未知数将由其他的方程式来决定,这样做会产生更小的误差.

它进一步指出,一个人没必要重新开始计算,因为最小值方程是由在每个

给定的方程中添加一些项生成的. 因此,只要把产生较大误差的方程中的添加项删去即可.

在不同的观测结果中发现均值的规则只是我们应用一般方法得到的一个非常简单的结果,我们称之为最小二乘法. 事实上,如果实验给出了不同的值 $a', a'', a''', \cdots$. 对于一定数量的 x,误差平方和将会是

$$(a' - x)^2 + (a'' - x)^2 + (a''' - x)^2 + \cdots$$

我们把这个和最小值相加,有

$$0 = (a' - x) + (a'' - x) + (a''' - x) + \cdots$$

由此得出结论 $x = \dfrac{a' + a'' + a''' + \cdots}{n}$, n 是观测值的个数.

同样,如果要确定一个点在空间中的位置,第一个实验给出了坐标 a', b', c';第二个实验,给出坐标 a'', b'', c'';依此类推. 如果点的真实坐标表示为 x, y, z;那么第一个实验中的误差是点 (a', b', c') 到点 (x, y, z) 的距离,这个距离的平方是

$$(a' - x)^2 + (b' - y)^2 + (c' - z)^2$$

如果使所有这些距离的平方和最小,我们得到三个方程

$$x = \frac{\int a}{n}, y = \frac{\int b}{n}, z = \frac{\int c}{n}$$

n 是实验给出的点的个数. 根据这些公式,我们可以找到几个质量相等的物体重心,它们都位于一定的点上,显然,任何物体的重心都具有这个一般性质.

如果我们将一个物体的质量分成相等的粒子,把它们当作点来对待,那么从粒子到它们的重心的距离的平方和将是最小的.

我们看到,最小二乘法在某种程度上向我们揭示,实验中所提供的所有结果都倾向于以这种方式分布,从而使它们的偏差尽可能小. 我们现在要将这种方法应用到子午线的测量中,将最清楚地显示它的简单性和丰富性.

§3 切比雪夫关于均值的定理

(本文由纽约哥伦比亚大学教师学院的海伦·沃克教授译自法语)

切比雪夫(1821—1894)在其关于均值的论文中导出的不等式是对离散理论的重要贡献. 在本文中,通过简单的代数,没有近似或微积分的帮助,导出了特殊情况下的"雅克·伯努利定理"和泊松"大数定律"的结论. 这里所述的选段是由卡尼科夫从俄语翻译成法语的,并出现在利乌维尔的杂志上. 同样的材

料也可以在他的书(欧瑞斯)中找到. 继洛巴·切夫斯基之后, 切比雪夫是俄罗斯最著名的数学家. 在他很小的时候就对机械发明产生了浓厚兴趣, 据说在他的第一堂数学课上, 他就看出了这门学科与机械的关系, 因此他决定要掌握它. 二十岁的时候, 他获得了莫斯科大学的文凭, 此前他曾因研究高阶代数方程的数值解法而获得过奖章.

切比雪夫的父亲是俄国贵族, 但在 1840 年的饥荒之后, 其父产业减少了, 以至于他被迫实行极端经济, 除了他各种发明的机械模型之外, 什么也不花钱. 他从来没有结过婚, 只献身于科学.

切比雪夫与波尼亚科夫斯基合作, 在 1849 年出版了两卷欧拉的文集, 这似乎将他的思想转变为数字理论, 尤其是关于"素数的分布"的难题. 1850 年, 他创立了极限的存在性. 其中必须包含小于给定数字的质数的对数之和. 1860 年, 他被授予"次等对数建立者"的相应称号 (并当选为法兰西科学院院士). 1874 年, 他成为一名伦敦皇家学会会员.

从 1847 年到 1882 年, 他在圣彼得堡大学学习数学, 在这段时间里, 他教授解析几何、高等代数、数论、积分学、普罗帕的理论、有限差分的微积分、椭圆函数的理论、定积分的理论, 人们都认为, 他的教学质量与他的研究成果一样显著. 切比雪夫对数论、最小二乘法理论、插值理论、变分法、无穷级数和概率理论做出了重要贡献, 并发表了近百篇关于这些和其他数学问题的论文, 以他在素数方面的研究而闻名. 在他去世的前一天, 他和往常一样接待了他的朋友们, 并讨论了他为修正一条曲线而发现的一条简单规则和问题.

1. 论平均值

如果我们认定数学期望是它的所有可能取值乘以各自的概率的和, 那么对于我们来说, 建立一个关于极限的定理非常简单. 应当包含任何值的总和.

定理 1 如果我们用 $a, b, c, \cdots$ 表示变量 $x, y, z, \cdots$ 的数学期望, 用 $a_1, b_1, c_1, \cdots$ 表示它们平方 $x^2, y^2, z^2, \cdots$ 的数学期望, 则对任意的 α 和 $x + y + z + \cdots$, 落在

$$a + b + c + \cdots + \alpha \sqrt{a_1 + b_1 + c_1 + \cdots - a^2 - b^2 - c^2 - \cdots}$$

和

$$a + b + c + \cdots - \alpha \sqrt{a_1 + b_1 + c_1 + \cdots - a^2 - b^2 - c^2 - \cdots}$$

之间的概率总是大于 $1 - \dfrac{1}{a^2}$.

证明 令

$$x_1, x_2, x_3, \cdots, x_l$$
$$y_1, y_2, y_3, \cdots, y_m$$
$$z_1, z_2, z_3, \cdots, z_n$$

......

是变量 $x, y, z, \cdots$ 的所有可能取值,并且令

$$p_1, p_2, p_3, \cdots, p_l$$
$$q_1, q_2, q_3, \cdots, q_m$$
$$r_1, r_2, r_3, \cdots, r_n$$

......

是这些值对应的概率,或者说是假设的概率

$$x = x_1, x_2, x_3, \cdots, x_l$$
$$y = y_1, y_2, y_3, \cdots, y_m$$
$$z = z_1, z_2, z_3, \cdots, z_n$$

......

根据这个表示方法,变量 $x, y, z, \cdots$ 和 $x^2, y^2, z^2, \cdots$ 的数学期望将表示如下

$$\begin{cases} a = p_1 x_1 + p_2 x_2 + p_3 x_3 + \cdots + p_l x_l \\ b = q_1 y_1 + q_2 y_2 + q_3 y_3 + \cdots + q_m y_m \\ c = r_1 z_1 + r_2 z_2 + r_3 z_3 + \cdots + r_n z_n \end{cases} \tag{1}$$

......

$$\begin{cases} a_1 = p_1 x_1^2 + p_2 x_2^2 + p_3 x_3^2 + \cdots + p_l x_l^2 \\ b_1 = q_1 y_1^2 + q_2 y_2^2 + q_3 y_3^2 + \cdots + q_m y_m^2 \\ c_1 = r_1 z_1^2 + r_2 z_2^2 + r_3 z_3^2 + \cdots + r_n z_n^2 \end{cases} \tag{2}$$

......

由我们对变量 x, y, z 所作的假设,它们的概率将满足下列方程

$$\begin{cases} p_1 + p_2 + p_3 + \cdots + p_l = 1 \\ q_1 + q_2 + q_3 + \cdots + q_m = 1 \\ r_1 + r_2 + r_3 + \cdots + r_n = 1 \end{cases} \tag{3}$$

......

现在我们很容易通过方程(1)和(3)得到表达式的值的和

$$(x_\lambda + y_\mu + z_\nu + \cdots - a - b - c - \cdots)^2 p_\lambda q_\mu r_\nu \cdots$$

如果我们连续进行下去,会减少

$$\lambda = 1, 2, 3, \cdots, l$$
$$\mu = 1, 2, 3, \cdots, m$$
$$\nu = 1, 2, 3, \cdots n$$

实际上,当表达式被展开时,我们有

$$p_\lambda q_\mu r_\nu \cdots x_\lambda^2 + p_\lambda q_\mu r_\nu \cdots y_\mu^2 + p_\lambda q_\mu r_\nu \cdots z_\nu^2 + \cdots +$$
$$2 p_\lambda q_\mu r_\nu \cdots x_\lambda y_\mu + 2 p_\lambda q_\mu r_\nu \cdots x_\lambda z_\nu + 2 p_\lambda q_\mu r_\nu \cdots y_\mu z_\nu + \cdots - 2(a + b + c + \cdots) \cdot$$

$$p_\lambda q_\mu r_v \cdots x_\lambda - 2(a+b+c+\cdots)p_\lambda q_\mu r_v \cdots y_\mu - 2(a+b+c+\cdots) \cdot$$
$$p_\lambda q_\mu r_v \cdots z_v - \cdots + (a+b+c+\cdots)^2 p_\lambda q_\mu r_v \cdots$$

将 $\lambda = 1$ 到 $\lambda = l$ 代入表达式，并将这些替换的结果相加，即得

$$q_\mu r_v \cdots (p_1 x_1^2 + p_2 x_2^2 + p_3 x_3^2 + \cdots + p_l x_l^2) +$$
$$(p_1 + p_2 + p_3 + \cdots + p_l) q_\mu r_v \cdots y_\mu^2 +$$
$$(p_1 + p_2 + p_3 + \cdots + p_l) q_\mu r_v \cdots z_v^2 +$$
$$2(p_1 x_1 + p_2 x_2 + p_3 x_3 + \cdots + p_l x_l) q_\mu r_v \cdots y_\mu +$$
$$2(p_1 x_1 + p_2 x_2 + p_3 x_3 + \cdots + p_l x_l) q_\mu r_v \cdots z_v +$$
$$2(p_1 + p_2 + p_3 + \cdots + p_l) q_\mu r_v \cdots y_\mu z_v + \cdots -$$
$$2(a+b+c+\cdots)(p_1 + p_2 + p_3 + \cdots + p_l) q_\mu r_v \cdots y_\mu -$$
$$2(a+b+c+\cdots)(p_1 + p_2 + p_3 + \cdots + p_l) q_\mu r_v \cdots z_v - \cdots +$$
$$(a+b+c+\cdots)^2 (p_1 + p_2 + p_3 + \cdots + p_l) q_\mu r_v \cdots$$

通过方程 (1)(2)(3) 我们用 a, a_1 和 1 分别代替

$$p_1 x_1 + p_2 x_2 + p_3 x_3 + \cdots + p_l x_l$$
$$p_1 x_1^2 + p_2 x_2^2 + p_3 x_3^2 + \cdots + p_l x_l^2$$

和
$$p_1 + p_2 + p_3 + \cdots + p_l$$

我们可以获得如下公式

$$a_1 q_\mu r_v \cdots + q_\mu r_v \cdots y_\mu^2 + q_\mu r_v \cdots z_v^2 + \cdots +$$
$$2a q_\mu r_v \cdots q_\mu + 2a q_\mu r_v \cdots z_v + 2 q_\mu r_v \cdots y_\mu z_v + \cdots -$$
$$2(a+b+c+\cdots)a q_\mu r_v \cdots - 2(a+b+c+\cdots) q_\mu r_v \cdots z_v \cdots +$$
$$(a+b+c+\cdots)^2 q_\mu r_v \cdots$$

如果我们给出公式中的 μ 值

$$\mu = 1, 2, 3, \cdots, m$$

那么通过方程 (1)(2)(3) 我们用 b, b_1 和 1 分别代替

$$q_1 y_1 + q_2 y_2 + q_3 y_3 + \cdots + q_m y_m$$
$$q_1 y_1^2 + q_2 y_2^2 + q_3 y_3^2 + \cdots + q_m y_m^2$$

和
$$q_1 + q_2 + q_3 + \cdots + q_m$$

我们可以获得如下表达式

$$a_1 r_v \cdots + b_1 r_v \cdots + r_v \cdots z_v^2 + \cdots +$$
$$2ab r_v \cdots + 2a r_v \cdots z_v + 2b r_v \cdots z_v + \cdots -$$
$$2(a+b+c+\cdots)a r_v \cdots - 2(a+b+c+\cdots)b r_v \cdots -$$
$$2(a+b+c+\cdots)r_v \cdots z_v \cdots + (a+b+c+\cdots)^2 r_v \cdots$$

用同样的方法对 v 进行处理，我们可以得到和的表达式

$$(x_\lambda + y_\mu + z_v + \cdots - a - b - c - \cdots)^2 p_\lambda q_\mu r_v \cdots$$

令

$$\lambda = 1,2,3,\cdots,l$$
$$\mu = 1,2,3,\cdots,m$$
$$v = 1,2,3,\cdots,n$$

将等于

$$a_1 + b_1 + c_1 + \cdots + 2ab + 2bc + 2ac + \cdots - 2(a+b+c+\cdots)a - 2(a+b+c+\cdots)b -$$
$$2(a+b+c+\cdots)c - \cdots + (a+b+c+\cdots)^2$$

展开这个表达式可以简化为

$$a_1 + b_1 + c_1 + \cdots - a^2 - b^2 - c^2 - \cdots$$

在当 λ,μ,v 取值为

$$\lambda = 1,2,3,\cdots,l$$
$$\mu = 1,2,3,\cdots,m$$
$$v = 1,2,3,\cdots,n$$

我们可以总结出表达式的和

$$\frac{(x_\lambda + y_\mu + z_v + \cdots - a - b - c - \cdots)^2}{\alpha^2(a_1 + b_1 + c_1 + \cdots - a^2 - b^2 - c^2 - \cdots)} p_\lambda q_\mu r_v \cdots$$

将会等于 $\frac{1}{\alpha^2}$. 显而易见,从上述表达式的求和中去掉使因子

$$\frac{(x_\lambda + y_\mu + z_v + \cdots - a - b - c - \cdots)^2}{\alpha^2(a_1 + b_1 + c_1 + \cdots - a^2 - b^2 - c^2 - \cdots)}$$

小于 1 的项,大于 1 的用 1 代替,则新的和将减小,将小于 $\frac{1}{\alpha^2}$. 但是减少的和只

是由满足

$$\frac{(x_\lambda + y_\mu + z_v + \cdots - a - b - c - \cdots)^2}{\alpha^2(a_1 + b_1 + c_1 + \cdots - a^2 - b^2 - c^2 - \cdots)} > 1 \tag{4}$$

的 $x_\lambda, y_\mu, z_v, \cdots$ 值相对应的乘积 $p_\lambda q_\mu r_v \cdots$ 所构成的. 显然,它表示 $x, y, z, \cdots$ 的取值满足条件(4)的概率.

如果我们用 P 表示 x, y, z 的值不满足条件(4)的概率,或者

$$\frac{(x + y + z + \cdots - a - b - c - \cdots)^2}{\alpha^2(a_1 + b_1 + c_1 + \cdots - a^2 - b^2 - c^2 - \cdots)}$$

不大于 1 的概率,它们是一样的. 那么 $1 - P$ 表示的是 $x, y, z, \cdots$ 的取值满足条件 (4)的概率. 因此 $x + y + z \cdots$ 包含在

$$a + b + c + \cdots + \alpha\sqrt{a_1 + b_1 + c_1 + \cdots - a^2 - b^2 - c^2 - \cdots}$$

和

$$a + b + c + \cdots - \alpha\sqrt{a_1 + b_1 + c_1 + \cdots - a^2 - b^2 - c^2 - \cdots}$$

之间.

因此显然易见,概率 P 一定满足不等式

$$1 - P < \frac{1}{\alpha^2}$$

推出

$$P > 1 - \frac{1}{\alpha^2}$$

这是要证明的.

如果 N 是变量 x, y, z, $\cdots$ 的个数,如果在我们刚刚证过的定理中,我们令 $\alpha = \dfrac{\sqrt{N}}{t}$,并且用 N 除以 $x + y + z + \cdots$ 和它的上下限

$$a + b + c + \cdots + \alpha \sqrt{a_1 + b_1 + c_1 + \cdots - a^2 - b^2 - c^2 - \cdots}$$

和

$$a + b + c + \cdots - \alpha \sqrt{a_1 + b_1 + c_1 + \cdots - a^2 - b^2 - c^2 - \cdots}$$

我们将得到关于均值的以下定理.

定理 2 如果变量 x, y, z, $\cdots$ 和 x^2, y^2, z^2, $\cdots$ 的数学期望分别由 $a, b, c, \cdots$, $a_1, b_1, c_1, \cdots$ 表示,那么 N 个变量 x, y, z, $\cdots$ 的算术平均和它们的数学期望的算术平均的差不超过

$$\frac{1}{t} \sqrt{\frac{a_1 + b_1 + c_1 + \cdots}{N} - \frac{a^2 + b^2 + c^2 + \cdots}{N}}$$

的概率当不论 t 取何值时,将总大于 $1 - \dfrac{t^2}{N}$.

由于分数 $\dfrac{a_1 + b_1 + c_1 + \cdots}{N}$ 和 $\dfrac{a^2 + b^2 + c^2 + \cdots}{N}$ 表示量 $a_1, b_1, c_1, \cdots$ 和 $a^2, b^2, c^2, \cdots$ 的均值,当数学期望 $a, b, c, \cdots$ 和 $a_1, b_1, c_1, \cdots$ 不超过给定的有限值时,不论表达式 N 多大,将会是一个有限值. 因此通过令 t 充分大,可以使

$$\frac{1}{t} \sqrt{\frac{a_1 + b_1 + c_1 + \cdots}{N} - \frac{a^2 + b^2 + c^2 + \cdots}{N}}$$

充分小. 因此不管 t 的值是多少,如果 N 趋近无穷大,则分数 $\dfrac{t^2}{N}$ 将趋近于零. 通过上述定理,我们得出结论:

定理 3 如果变量 U_1, U_2, U_3, $\cdots$ 和它们的平方 $U_1^2, U_2^2, U_3^2, \cdots$ 的数学期望不超过给定的有限值,当 N 变成整数时,这些量的算术平均值和数学期望的算术平均之间的差将小于一个给定的数,这就是概率. 当 N 趋近于无穷大时,即为 1.

对于一个特定的假设,变量 $U_1, U_2, U_3, \cdots$ 要么是 1,要么是 0,$U_1, U_2, U_3, \cdots$ 就像事件在第 $1, 2, 3, \cdots n$ 次试验,我们注意到 $U_1 + U_2 + U_3 + \cdots + U_N$ 将给出,N 次试验中事件 E 的重复次数,以及算术平均值

$$\frac{U_1 + U_2 + U_3 + \cdots + U_N}{N}$$

将表示事件的重复次数与试验次数的比值. 为了把我们最后一个定理应用到这个例子中,让我们用 $P_1,P_2,P_3,\cdots,P_N$ 表示事件在 $1,2,3,\cdots n$ 次试验的概率. 数量 $U_1 + U_2 + U_3 + \cdots + U_N$ 的数学期望. 和它们的平方 $U_1^2,U_2^2,U_3^2,\cdots,U_N^2$ 的数学期望按照我们的表示法为

$$P_1 1 + (1 - P_1)0, P_2 1 + (1 - P_2)0, P_3 1 + (1 - P_3)0, \cdots$$

$$P_1 1^2 + (1 - P_1)0^2, P_2 1 + (1 - P_2)0^2, P_3 1 + (1 - P_3)0^2, \cdots$$

因此我们看到数学期望是 $P_1,P_2,P_3,\cdots$,第 N 个期望的算术平均值是

$$\frac{P_1 + P_2 + P_3 + \cdots + P_N}{N}$$

也就是说,$P_1,P_2,P_3,\cdots,P_N$ 概率的算术平均值,因此,根据前面的定理,我们得出以下结论:

当实验次数变为无穷时,我们得到一个概率.

如果我们在实验中得出的概率的算术平均数的差值以及该事件的重复次数与试验总次数的比值小于任何给定的量,则试验次数甚至可以近似为 1.

在所有试验中概率保持不变的特殊情况下,我们得到了伯努利定理.

§4 拉普拉斯论大量观测均值误差的概率及其最优均值

(本文由马萨诸塞州剑桥市哈佛大学的朱利安·吉斯博士译自法语)

皮埃尔·西蒙·拉普拉斯侯爵(1749—1827),出生于卡尔瓦多斯的博蒙昂诺日,他的父亲是一位农场主,他曾在家乡的军事学校当过数学教授. 他参与了巴黎理工学校和巴黎高等师范学院的创建. 拉普拉斯主要研究天体力学问题以及牛顿、哈雷、克莱劳特、达朗贝尔和欧拉关于万有引力方面的工作,他做出了许多个人贡献,这些贡献涉及月球运动的变化、行星木星和土星的扰动、木星卫星理论、土星环的自转速度、彗星运动和潮汐. 他因发明了以他的名字命名的宇宙动力学系统而闻名. 他的《概率分析理论》是概率论领域中最重要的著作之一. 1820 年,考西尔夫人以标题《概率论试验》将这本书在巴黎第一次出版,并对其作了非常有趣的导言,1886 年,由法国科学院主办出版了此书.

正在审议的摘要摘自《拉普拉斯全集》第七卷,由巴黎学术学院主持出版,1886 年(卷 2,第四章,304~327 页).

这篇文章的关键在于介绍了拉普拉斯所发现的一般称之为"高斯错误定

律"的推理路线. 拉普拉斯在高斯发表他的关于误差假设的推导方法之前,确实发现了这个定律. 拉普拉斯与高斯研究此问题的方法完全不同. 应该指出的是,棣莫弗在 1733 年给出了同一定律的证明.

第四章(概率误差问题)

关于大量观测均值误差的概率及其最优均值.

18)现在我们来考虑大量观测的平均值,这些观测的误差频率规律是已知的. 首先假设,对于每一个观察结果,误差可能等于

$$-n, -n+1, -n+2n, \cdots -1, 0, 1, \cdots, n-2, n-1, n$$

每个误差的概率是 $\frac{1}{2n+1}$. 如果我们称观测数为 s,那么多项式

$$\left(\begin{array}{l} c^{-n\omega\sqrt{-1}} + c^{-(n-1)\omega\sqrt{-1}} + c^{-(n-2)\omega\sqrt{-1}} + \cdots + \\ c^{-\omega\sqrt{-1}} + 1 + c^{\omega\sqrt{-1}} + \cdots + c^{n\omega\sqrt{-1}} \end{array} \right)^s$$

中 $c^{l\omega\sqrt{-1}}$ 的系数将是误差之和为 l[①] 的组合数. 这个系数独立于 $c^{\omega\sqrt{-1}}$ 同时也独立于它在同多项式乘以 $c^{-l\omega\sqrt{-1}}$ 时的幂值,显然该系数等于独立于同一多项式乘以 $\frac{c^{l\omega\sqrt{-1}} + c^{-l\omega\sqrt{-1}}}{2}$ 或乘以 $\cos l\omega$ 时的 ω,因此得到该系数的表达式

$$\frac{1}{\pi}\int d\omega \cdot \cos l\omega (1 + 2\cos\omega + 2\cos 2\omega \cdots + 2\cos n\omega)^s$$

积分是从积分下限 $\omega = 0$ 到积分上限 $\omega = \pi$.

已知这个积分值是[②]

$$\frac{(2n+1)^s\sqrt{3}}{\sqrt{n(n+1)2s\pi}} \cdot c^{-\frac{3/2l^2}{n(n+1)s}}$$

误差的组合总数是 $(2n+1)^s$. 用前者(积分)除以后者(组合总数),我们得到了 s 次观测误差之和为 l 的概率, $\frac{\sqrt{3}}{\sqrt{n(n+1)2s\pi}} \cdot c^{-\frac{3/2l^2}{n(n+1)s}}$.

如果设 $l = 2t\sqrt{\dfrac{n(n+1)s}{6}}$,误差之和在 $-2T\sqrt{\dfrac{n(n+1)s}{6}}$ 和 $+2T\sqrt{\dfrac{n(n+1)s}{6}}$ 范围之内的概率将会等于 $\dfrac{2}{\sqrt{\pi}}\int dt \cdot c^{-t^2}$,定积分是从积分下限 $t = 0$ 到积分上限 $t = T$. 这个概率表达式在 n 为无穷大时成立. 称 $2a$ 是每个

---

① 这里的 c 代表我们现在所熟知的 e.

② 在卷 1 的第 36 节,指数很大的情况下,拉普拉斯计算在多项式 $(a^{-n} + a^{-n+1} + \cdots + a^{-1} + 1 + a + \cdots + a^{n-1} + a^n)$ 中 $\alpha^{\pm l}$ 的系数,其中 $a = c^{\omega\sqrt{-1}}$.

观测值误差界限(最大值与最小值)之间的间隔,从而有 $n = a$,此时前面的界限

变成 $\pm \dfrac{2T \cdot a \cdot \sqrt{s}}{\sqrt{6}}$;因此,误差之和被包含在 $\pm ar \cdot \sqrt{s}$ 范围内的概率为 $2\sqrt{\dfrac{3}{2\pi}} \cdot$

$\displaystyle\int dr \cdot c^{-3/2 r^2}$. 这也是平均误差被包含在 $\pm \dfrac{ar}{\sqrt{s}}$ 范围内的概率,因为平均误差是通

过将误差之和除以 s 得到的.

假设从零角到 90° 角的所有倾角都是相等的,那么 s 彗星轨道的倾角之和

将包含在给定范围内的概率显然与前面的概率相同. 在这种情况下,每个观测

误差的间隔 $2a$ 是可能倾斜角的界限区间 $\dfrac{\pi}{2}$. 因此,倾角之和被含在 $\pm \dfrac{\pi r \sqrt{s}}{4}$ 范围

之内的概率为 $2\sqrt{\dfrac{3}{2\pi}} \displaystyle\int dr \cdot c^{-3/2 r^2}$,这与原文第 13[①] 节中的结果一致.

一般地,我们假设每个误差可能为正,可能为负的概率用 $\varphi\left(\dfrac{x}{n}\right)$ 来表示,x

和 n 是无穷大的数. 然而,在函数 $1 + 2\cos \omega + 2\cos 2\omega + 2\cos 3\omega + \cdots + 2\cos n\omega$

中每一项,如 $2\cos \omega$ 必须乘以 $\varphi\left(\dfrac{x}{n}\right)$. 但由于

$$2\varphi\left(\frac{x}{n}\right) \cdot \cos x\omega = 2\varphi\left(\frac{x}{n}\right) - \frac{x^2}{n^2} \cdot \varphi\left(\frac{x}{n}\right) \cdot n^2\omega^2 + \cdots$$

故令 $$x' = \frac{x}{n}, \quad dx' = \frac{1}{n}$$

则函数

$$\varphi\left(\frac{0}{n}\right) + 2\varphi\left(\frac{1}{n}\right) \cdot \cos \omega + 2\varphi\left(\frac{2}{n}\right) \cdot \cos 2\omega + \cdots + 2\varphi\left(\frac{n}{n}\right) \cdot \cos n\omega$$

变形为 $$2n\int dx' \cdot \varphi(x') - n^3\omega^2 \int x'^2 dx' \varphi(x') + \cdots \qquad (*)$$

积分是从积分下限 $x' = 0$ 到积分上限 $x' = 1$. 设

$$k = 2\int dx' \varphi(x'), k'' = \int x'^2 dx' \varphi(x'), \cdots$$

则前面级数($*$)变为

$$nk\left(1 - \frac{k''}{k} \cdot n^2\omega^2 + \cdots\right)$$

现在,正如前面论证所证明的那样,s 次观测值的误差之和在 $\pm l$ 范围内的概率

---

① 在该节中,拉普拉斯通过考虑将轨道倾角的问题作为该问题的应用而找到相同的
结果:给出了装有 $(n+1)$ 个球,并从 0 到 n 编号的盒子,以便在每次有放回地取球时通过绘
制 i 形图获得总和 S 的概率.

为

$$\frac{2}{\pi}\iint d\omega \cdot dl \cdot \cos l\omega \left\{ \begin{array}{l} \varphi\left(\frac{0}{n}\right) + 2\varphi\left(\frac{1}{n}\right) \cdot \cos \omega + 2\varphi\left(\frac{2}{n}\right) \cdot \cos 2\omega + \cdots + \\ 2\varphi\left(\frac{n}{n}\right) \cdot \cos n\omega \end{array} \right\}$$

关于 ω 的积分是从积分下限 $\omega = 0$ 到积分上限 $\omega = \pi$. 因此这个概率是

$$2 \cdot \frac{(nk)^s}{\pi} \cdot \iint d\omega \cdot dl \cdot \cos i\omega \left(1 - \frac{k''}{k} \cdot n^2\omega^2 - \cdots\right)^s \qquad (u)$$

假设
$$\left(1 - \frac{k''}{k} \cdot n^2\omega^2 - \cdots\right)^s = c^{-t^2}$$

对上式取双曲对数,当 s 是一个很大的数时,有

$$s \cdot \frac{k''}{k} \cdot n^2\omega^2 = t^2$$

解得
$$\omega = \frac{t}{n} \cdot \sqrt{\frac{k}{k''s}}$$

如果我们观察到数 nk 或 $2\displaystyle\int dx \cdot \varphi\left(\frac{x}{n}\right)$ 在表示观测误差在 $\pm n$ 范围之内的概率时应该等于 1,函数 (u) 变形为

$$\frac{2}{n\pi} \cdot \sqrt{\frac{k}{k''}}\iint dl \cdot dt \cdot c^{-t^2} \cdot \cos\left(\frac{lt}{n} \cdot \sqrt{\frac{k}{k''s}}\right)$$

关于 t 的积分是从积分下限 $t = 0$ 到积分上限

$$t = \pi n\sqrt{\frac{k''s}{k}} \text{ 或 } t = \infty$$

假定 n 是无穷大的. 根据卷 I,25[①] 节有

$$\int dt \cdot \cos\left(\frac{lt}{n} \cdot \sqrt{\frac{k}{k''}}\right) \cdot c^{-t^2} = \frac{\sqrt{\pi}}{2} \cdot c^{-\frac{l^2}{4n^2} \cdot \frac{k}{k''s}}$$

设 $\dfrac{l}{n} = 2t' \cdot \sqrt{\dfrac{k''s}{k}}$,则函数 (u) 变为 $\dfrac{2}{\sqrt{\pi}}\displaystyle\int dt' \cdot c^{-t'^2}$. 因此,区间包含上述每个观测

值的误差界限为 $2a$,如果 $\varphi\left(\dfrac{x}{n}\right)$ 是一个常数,那么 s 次观测误差之和被包含在

$\pm ar \cdot \sqrt{s}$ 范围内的概率为 $\sqrt{\dfrac{k}{k''\pi}} \cdot \displaystyle\int dr \cdot c^{-\frac{kr^2}{4k'}}$,若 $\dfrac{k}{k''} = 6$,则概率值为 $2\sqrt{\dfrac{3}{2\pi}}\displaystyle\int dr \cdot$

$c^{-3/2r^2}$,这与我们在上面发现的结果是一致的.

---

① 拉普拉斯在其关于积分的一章中所发现的结果,即微分的逼近,其中包含了高次升幂的因素.

如果 $\varphi(\dfrac{x}{n})$ 或 $\varphi(x')$ 是 x' 的一个有理整函数,利用 15 节中的方法,误差之和应包含在 $\pm ar \cdot \sqrt{s}$ 的范围内的概率可由 $s, 2s$ 等的幂级数表示,在该形式下的界限范围是 $s - \mu \pm r\sqrt{s}$. 其中 μ 在数项级数中是递增的,这些值是连续的,直到它们的值变为负数. 通过将该级数与相同概率的前面表达式比较,我们得到了这个级数的精确值. 相对于这类序列,我们得到了类似于卷 I,第 42 节中给出的关于一个变量幂的有限差定理.

如果误差的频率定律用一个负指数表示,那么它可以扩展到无穷大,而在一般情况下,如果误差可以扩展到无穷大,那么就会出现无穷大的误差,并且在应用前一种方法时可能会遇到一些困难. 在任何情况下,我们都设 $\dfrac{x}{b} = x'$, $\dfrac{1}{b} = \mathrm{d}x'$,其中 b 是任意一个有限数. 通过上述分析,我们发现,s 次观测误差之和在 $\pm br\sqrt{s}$ 范围内的概率是 $\sqrt{\dfrac{k}{k''\pi}} \cdot \int \mathrm{d}r \cdot c^{-\frac{kr^2}{4k'}}$,我们观察 $\varphi(\dfrac{x}{b})$ 或 $\varphi(x')$ 表示误差 $\pm x$ 的概率的表达式,则有

$$k = 2\int \mathrm{d}x' \cdot \varphi(x'), k'' = \int x'^2 \mathrm{d}x' \cdot \varphi(x')$$

关于 x 的积分是从积分下限 $x' = 0$ 到积分上限 $x' = \infty$.

19)现在,我们来确定大量观测结果的误差之和在给定范围内的概率,忽略误差的符号,即将它们都看作是正的. 为此,我们考虑级数

$$\varphi(\frac{n}{n}) \cdot c^{-n\omega\sqrt{-1}} + \varphi(\frac{n-1}{n}) \cdot c^{-(n-1)\omega\sqrt{-1}} + \cdots + \varphi(\frac{0}{n}) + \cdots +$$

$$\varphi(\frac{n-1}{n}) \cdot c^{(n-1)\omega\sqrt{-1}} + \varphi(\frac{n}{n}) \cdot c^{n\omega\sqrt{-1}}$$

$\varphi(\dfrac{x}{n})$ 作为误差概率曲线的纵坐标,与误差 $\pm x$ 一致,x 和 n 被认为是由无穷多个单位元构成的. 通过将这个级数提高到 s 次幂,在改变了负指数的符号之后,任一个指数的系数,即 $c^{(l+\mu s)\omega\sqrt{-1}}$,是忽略误差符号的误差之和的概率,即 $l + \mu s$;因此概率等于

$$\frac{1}{2\pi}\int \mathrm{d}\omega \cdot c^{-(l+\mu s)\omega\sqrt{-1}} \left\{ \varphi(\frac{0}{n}) + 2\varphi(\frac{1}{n}) \cdot c^{\omega\sqrt{-1}} + 2\varphi(\frac{2}{n})c^{2\omega\sqrt{-1}} + \cdots + 2\varphi(\frac{n}{n}) \cdot c^{n\omega\sqrt{-1}} \right\}$$

关于 ω 的积分是从积分下限 $\omega = -\pi$ 到积分上限 $\omega = \pi$. 在区间 $(-\pi, \pi)$ 中,对于不为 0 的所有 r 值不成立. 积分 $\int \mathrm{d}\omega \cdot c^{-(l+\mu s)\omega\sqrt{-1}}$ 或 $\int \mathrm{d}\omega \cdot (\cos \omega - \sqrt{-1}\sin r\omega)$ 为 0.

关于 ω 的幂展开式得到

$$\log\left\{c^{-\mu s\omega\sqrt{-1}}\left[\varphi\left(\frac{0}{n}\right)+2\varphi\left(\frac{1}{n}\right)c^{\omega\sqrt{-1}}+2\varphi\left(\frac{2}{n}\right)c^{2\omega\sqrt{-1}}+\cdots+2\varphi\left(\frac{n}{n}\right)c^{n\omega\sqrt{-1}}\right]^{s}\right\}=$$

$$s\cdot\log\left\{\begin{array}{l}\varphi\left(\frac{0}{n}\right)+2\varphi\left(\frac{1}{n}\right)+2\varphi\left(\frac{2}{n}\right)+\cdots+2\varphi\left(\frac{n}{n}\right)+\\ 2\omega\sqrt{-1}\leqslant\left[\varphi\left(\frac{1}{n}\right)+2\varphi\left(\frac{2}{n}\right)+\cdots+n\varphi\left(\frac{n}{n}\right)\right]-\mu s\omega\sqrt{-1}\ (1)\\ -\omega^{2}\left[\varphi\left(\frac{1}{n}\right)+2^{2}\varphi\left(\frac{2}{n}\right)+\cdots+n^{2}\varphi\left(\frac{n}{n}\right)\right]\end{array}\right.$$

因此,设$\frac{x}{n}=x',\frac{1}{n}=\mathrm{d}x'$

$$2\int\mathrm{d}x'\cdot\varphi(x')=k,\int x\mathrm{d}x'\cdot\varphi(x')=k',\mathrm{d}x'^{2}\cdot\varphi(x')=k''$$

$$\int\mathrm{d}x'^{3}\cdot\varphi(x')=k''',\int\mathrm{d}x'^{4}\cdot\varphi(x')=k^{\mathrm{IV}},\cdots$$

关于x的积分是从积分下限$x'=0$到积分上限$x'=1$,方程(1)等号右边的式子变为

$$s\cdot\log nk+s\cdot\log\left(1+\frac{2\cdot k'}{k}\cdot n\omega\sqrt{-1}-\frac{k''}{k}n^{2}\omega^{2}-\cdots\right)-\mu s\omega\sqrt{-1}$$

由于每个观测结果的误差必然在$\pm n$之间,因此我们有$nk=1$,则上式变为

$$s\cdot\left(\frac{2\cdot k'}{k}-\frac{\mu}{n}\right)\cdot n\omega\sqrt{-1}-\frac{(kk''-2k')^{2}\cdot s\cdot n^{2}\omega^{2}}{k^{2}}-\mu s\omega\sqrt{-1}-\cdots$$

令$\frac{\mu}{n}=\frac{2k'}{k}$,且忽略高于$\omega$的二次幂的项,此时化简到它的第二项,并且它前面的概率变为

$$\frac{1}{2\pi}\int\mathrm{d}\omega\cdot c^{-l\omega\sqrt{-1}-\frac{(kk''-2k')^{2}\cdot s\cdot n^{2}\omega^{2}}{k^{2}}}$$

设 $$\beta=\frac{k}{\sqrt{kk''-2k'^{2}}},\omega=\frac{\beta t}{n\sqrt{s}},\frac{l}{n}=r\sqrt{s}$$

则前面的积分变为

$$-\frac{\beta^{2}r^{2}}{4}\omega=\frac{1}{2\pi}\cdot\frac{c}{n\sqrt{s}}\int\beta\mathrm{d}t\cdot c^{-\left(t+\frac{l\beta\sqrt{-1}}{2n\sqrt{s}}\right)^{2}}$$

此积分是从积分下限$t=-\infty$到积分上限$t=\infty$,则积分值为

$$\frac{\beta}{2\sqrt{\pi n\sqrt{s}}}\cdot c^{-\frac{\beta^{2}r^{2}}{4}}$$

通过乘以$\mathrm{d}l$或乘以$n\mathrm{d}r\cdot\sqrt{s}$ 积分$\frac{1}{2\sqrt{\pi}}\int\beta\mathrm{d}r\,c^{-\frac{\beta^{2}r^{2}}{4}}$ 将是l值和观测误差之和在界限

为$\frac{2k'}{k}\cdot as\pm ar\sqrt{s}$ 的概率,$\pm a$是每个观测误差的界限,当我们想象它们分裂成

无穷大的部分时,我们将其指定为 $\pm n$.

因此,我们发现,不考虑符号,误差之和的最大概率是对应于 $r = 0$ 时的值,这个和是 $\dfrac{2k'}{k} as$. 当 $\varphi(x)$ 为常数时,$\dfrac{2k'}{k} = \dfrac{1}{2}$,误差之和是最大可能误差和的一半的可能性最大,最大可能误差之和等于 sa,但如果 $\varphi(x)$ 不是一个常数且如果随 x 增大 $\varphi(x)$ 减小,那么 $\dfrac{2k'}{k}$ 将小于 $\dfrac{1}{2}$,而忽略符号的误差之和小于最大误差和的一半.

通过同样的分析,我们可以得到误差平方和的概率为 $1 + \mu s$. 很容易看出概率的表达式是积分

$$\frac{1}{2\pi} \int d\omega c^{-(l+\mu s)\omega\sqrt{-1}} \left\{ \varphi\left(\frac{0}{n}\right) + 2\varphi\left(\frac{1}{n}\right) c^{\omega\sqrt{-1}} + 2\varphi\left(\frac{2}{n}\right) c^{2^2\omega\sqrt{-1}} + \cdots + 2\varphi\left(\frac{n}{n}\right) c^{n^2\omega\sqrt{-1}} \right\}^s$$

关于 ω 的积分是从积分下限 $\omega = -\pi$ 到积分上限 $\omega = \pi$. 按照前面的分析,我们有

$$\mu = \frac{2n^2 . k''}{k}$$

令

$$\beta' = \frac{k}{\sqrt{kk^{\mathrm{IV}} - 2k''}}$$

s 次观测值误差平方和在 $\dfrac{2k''}{k} a^2 s \pm a^2 r\sqrt{s}$ 范围内的概率是 $\dfrac{1}{2\pi} \int \beta' dr \, c^{-\frac{\beta'^2 r^2}{4}}$.

最可能的误差和是对应于 $r = 0$ 的,因此它是 $\dfrac{2k''}{k} a^2 s$. 如果 s 是一个非常大的数,观测值将与此值差异很小,从而产生令人满意的因子 $\dfrac{a^2 k''}{k}$.

20)当我们希望通过大量观测来校正已知为良好近似的未知数时,我们形成如下条件方程:设 z 为未知数的校正,β 为观测值,其解析表达式关于未知数的函数. 通过将该未知数替换为其近似值加上校正值 z,并将其归为关于 z 的级数,忽略 z 的平方,该函数将采用形式 $b + pz$ 的形式. 设函数等于观测值 β,能得到 $\beta = b + pz$;因此,如果观察值是准确的,则 z 将被确定,但由于它容易出现误差,确切地说,误差 ε 是关于 z^2 的表达式(在上面忽略了 z 的平方所产生的误差)$\beta + \varepsilon = b + pz$;设 $\beta - b = \alpha$,则有

$$\varepsilon = pz - \alpha$$

每个结果都有一个类似于这种形式的方程,可用于第 $(i + 1)$ 次观测,如下所示

$$\varepsilon^{(i)} = p^{(i)} \cdot z - \alpha^{(i)}$$

联立这些方程,有

$$S \cdot \varepsilon^{(i)} = z \cdot S \cdot p^{(i)} - S \cdot \alpha^{(i)} \tag{2}$$

其中,符号 S 表示 $i=0$ 到 $i=s-1$ 所有 i 的值,s 是观测的总数. 假设误差和是 0,可得 $z=\dfrac{S\cdot\alpha^{(i)}}{S\cdot p^{(i)}}$,这就是我们常说的观测平均值.

在18)节中 s 次观测误差和在 $\pm ar\sqrt{s}$ 范围内的概率是 $\sqrt{\dfrac{k}{k''\pi}}\displaystyle\int dr\, c^{-\frac{kr2}{4k'}}$,在结果 z 中 $\pm u$ 是误差. 用 $\pm ar\sqrt{s}$ 代替方程(1)中 $S\varepsilon^{(i)}$,用 $\dfrac{S\alpha^{(i)}}{Sp^{(i)}}\pm u$ 代替 z,得到 $r=$ $\dfrac{uS\cdot p^{(i)}}{a\sqrt{s}}$. 结果 z 的误差在 $\pm u$ 范围内的概率是

$$\sqrt{\frac{k}{k''s\pi}}\cdot S\cdot p^{(i)}\cdot\int\frac{du}{a}\cdot c^{-\frac{ku2(S\cdot p(i))2}{4k'a2s}}$$

与其假定误差和为零,不如假设这些误差的任意线性函数为零,如下

$$m\varepsilon+m^{(1)}\varepsilon^{(1)}+m^{(2)}\varepsilon^{(2)}+\cdots+m^{(s-1)}\varepsilon^{(s-1)}\tag{m}$$

$m,m^{(1)},m^{(2)}$ 是正整数或负整数. 在这个函数(m)中,用 $\varepsilon,\varepsilon^{(1)}$ 等代替条件方程所给的值,这就变成了 $zSm^{(i)}p^{(i)}-Sm^{(i)}\alpha^{(i)}$.

设函数(m)等于 0,得到 $z=\dfrac{Sm^{(i)}\alpha^{(i)}}{Sm^{(i)}p^{(i)}}$. 设 u 是结果误差,则

$$z=\frac{Sm^{(i)}\alpha^{(i)}}{Sm^{(i)}p^{(i)}}+u$$

函数(m)变为 $u,S,m^{(i)}p^{(i)}$. 当观测数很大时,我们可以确定误差 u 的概率.

为此,我们考虑乘积

$$\int\varphi\left(\frac{x}{a}\right)\cdot c^{mx\omega\sqrt{-1}}\cdot\varphi\left(\frac{x}{a}\right)c^{m(1)\cdot\omega\sqrt{-1}}\cdot\cdots\cdot\int\varphi\left(\frac{x}{a}\right)c^{m(s-1)x\omega\sqrt{-1}}$$

符号 $\int$ 推广到 x,从极端负值(负无穷大)到极端正值(正无穷大)的所有值. 如上所示,$\varphi\left(\dfrac{x}{a}\right)$ 是误差 x 在每个观测中出现误差的概率,将 x 看作 a,假定是由无穷多个被认为是整体的部分组成的. 很明显,在这个乘积展开式中,任意指数 $c^{l\omega\sqrt{-1}}$ 的系数将是观测误差和分别乘以 $m,m^{(1)}$ 等的概率;换句话说,函数(m)等于 l. 然后将后一乘积乘以 $c^{-l\omega\sqrt{-1}}$,则独立于 $c^{\omega\sqrt{-1}}$ 且独立于这个新乘积中的幂的项将表示相同的概率. 如果像这里假设的这样,那么正误差的概率和负误差的概率是一样的,我们可以在表达式 $\int\varphi\left(\dfrac{x}{a}\right)c^{mx\omega\sqrt{-1}}$ 中把这些项乘以 $c^{mx\omega\sqrt{-1}}$ 和 $c^{-mx\omega\sqrt{-1}}$. 然后这个和的表达式将变为 $2\int\varphi\left(\dfrac{x}{a}\right)\cos mx\omega$. 对所有类似的和都如此. 因此函数(m)等于 l 的概率为

$$\frac{1}{2\pi}\int d\omega \left\{ \begin{array}{l} c^{-l\omega\sqrt{-1}} \cdot 2\int\varphi\left(\frac{x}{a}\right) \cdot \cos mx\omega \cdot \\ 2\int\varphi\left(\frac{x}{a}\right)\cos m^{(1)}x\omega \cdot \cdots \cdot \int\phi\left(\frac{x}{a}\right) \cdot \cos m^{(s-1)}x\omega \end{array} \right\}$$

关于 ω 的积分是从积分下限 $\omega = -\pi$ 到积分上限 $\omega = \pi$. 将余弦函数变为级数,有

$$\int\varphi\left(\frac{x}{a}\right)\cos mx\omega = \int\varphi\left(\frac{x}{a}\right) - \frac{1}{2}m^2a^2\omega^2\int\frac{x^2}{a^2}\varphi\left(\frac{x}{a}\right) + \cdots$$

设 $\frac{x}{a} = x'$,观察到变化 x 是 1, $dx' = \frac{1}{a}$,可得 $\int\varphi\left(\frac{x}{a}\right) = a\int dx'\varphi(x')$. 如上所述,我们称 k 积分 $2\int dx' \cdot \varphi(x')$ 从 $x' = 0$ 取到 ∞, k'' 积分 $\int x'^2dx'$ 有同样的积分区间,从而有

$$2\int\varphi\left(\frac{x}{a}\right)\cos mx\omega = ak\left(1 - \frac{k''}{k}m^2a^2\omega^2 + \frac{k^{\text{IV}}}{12k}m^4a^4\omega^4 - \cdots\right)$$

此方程等号右边的项取对数是

$$-\frac{k''}{k}m^2a^2\omega^2 + \frac{kk^{\text{IV}} - 6k''^2}{12k^2}m^4a^4\omega^4 - \cdots + \log ak$$

ak 或 $2a\int dx' \cdot \varphi(x')$ 表示每个观察误差在界限内的概率,这是肯定的. 我们有 $ak = 1$,这将上面的对数简化为

$$-\frac{k''}{k}m^2a^2\omega^2 + \frac{kk^{\text{IV}} - 6k''^2}{12k^2}m^4a^4\omega^4 - \cdots$$

从这一点很容易得出这样的结论,乘积

$$2\int\varphi\left(\frac{x}{a}\right)\cos mx\omega \cdot 2\int\varphi\left(\frac{x}{a}\right)\cos^{(1)}x\omega \cdot \cdots \cdot 2\int\varphi\left(\frac{x}{a}\right)\cos^{(s-1)}x\omega$$

是

$$\left(1 + \frac{kk^{\text{IV}} - 6k''^2}{12k^2}a^4\omega^4 \cdot S \cdot m^{(i)4} + \cdots\right)c^{-\frac{k''}{k}a^2\omega^2 \cdot S \cdot m^{(i)2}}$$

将前面的积分 (i) 化简得

$$\frac{1}{2\pi}\int d\omega\left\{1 + \frac{kk^{\text{IV}} + 6k''^2}{12k^2}a^4\omega^4 \cdot S \cdot m^{(i)4} + \cdots\right\} \times c^{-i\omega\sqrt{-1} - \frac{k''}{k}a^2\omega^2 \cdot S \cdot m^{(i)2}}$$

设 $sa^2\omega^2 = t^2$,则积分为

$$\frac{1}{2a\pi\sqrt{s}}\int dt\left\{1 + \frac{kk^{\text{IV}} - 6k''^2}{12k^2}\frac{Sm^{(i)4}}{s^2}t^4 + \text{etc}\right\} \times c^{-\frac{lt\sqrt{-1}}{a\sqrt{s}} - \frac{k''}{k}\frac{Sm^{(i)2}}{s}t^2}$$

$Sm^{(i)2}$, $Sm^{(i)4}$ 显然是 s 阶的值,因此 $\frac{Sm^{(i)4}}{s^2}$ 是 $\frac{1}{s}$ 阶的值. 忽略 $s + 1$ 阶函数关于统一性的条件,上述积分可简化为

$$\frac{1}{2a\pi\sqrt{s}}\int dtc^{-\frac{l\sqrt{-1}}{a\sqrt{s}}-\frac{k''}{k}\cdot\frac{Sm(i)2}{s}t^2}$$

关于 ω 的积分是从积分下限 $\omega = -\pi$ 到积分上限 $\omega = \pi$, 关于 t 的积分是从积分下限 $t = -a\pi\sqrt{s}$ 到积分上限 $t = a\pi\sqrt{s}$, 在这种情况下, 根号下的指数在这两个界限处可以忽略不计, 或者是因为 s 是一个很大的数, 或者是因为 a 应该被划分为视为单位的无穷大部分. 因此, 可以将关于 t 的积分从积分下限 $t = -\infty$ 到积分上限 $t = \infty$ 进行计算.

设

$$t' = \sqrt{\frac{k''\cdot S\cdot m^{(i)2}}{ks}}\cdot\left\{t+\frac{l\cdot\sqrt{-1}\cdot k\cdot\sqrt{s}}{2a\cdot k''\cdot S\cdot m^{(i)2}}\right\}$$

前面的积分函数变成

$$\frac{c^{-\frac{kl2}{4k''\cdot a2\cdot S\cdot m(i)2}}}{2a\pi\sqrt{\frac{k''}{k}\cdot S\cdot m^{(i)2}}}\cdot\int dt'c^{-t'2}$$

关于 t' 的积分应与 t 的积分一样, 从 $t' = -\infty$ 积分到 $t' = \infty$, 所以上述的值化简为

$$\frac{c^{-\frac{kl2}{4k''\cdot a2\cdot S\cdot m(i)2}}}{2a\cdot\sqrt{\pi}\sqrt{\frac{k''\pi}{k}\cdot S\cdot m^{(i)2}}}$$

设 $l = ar\sqrt{s}$, 观察到变化 l 是 $1, adr = 1$ 则有

$$\frac{\sqrt{s}}{2\cdot\sqrt{\frac{k''\pi}{k}\cdot S\cdot m^{(i)2}}}\int drc^{-\frac{kr2\cdot s}{4k''\cdot S\cdot m(i)2}}$$

对于函数 (m) 在 0 和 $ar\sqrt{S}$ 范围内的概率, 从 r 开始的积分值等于零.

在这里, 我们需要知道元素中误差 u 的概率, 这是通过设函数 (m) 等于零来确定的. 假设这个函数等于 l 或等于 $ar\sqrt{s}$, 根据前面的关系式, 我们有

$$u\cdot S\cdot m^{(i)}p^{(i)} = ar\sqrt{s}$$

将其代入前面的积分函数, 则有

$$\frac{S\cdot m^{(i)}p^{(i)}}{2a\sqrt{\frac{k''\pi}{k}\cdot S\cdot m^{(i)2}}}\int duc^{-\frac{ku2\cdot(S\cdot m(i)p(i))2}{4k''\cdot a2\cdot S\cdot m(i)2}}$$

这是 u 值在 0 和 u 范围内的概率表达式, 也是 u 在 $-u$ 和 0 范围内的概率表达式. 设

$$u = 2at\sqrt{\frac{k''}{k}}\cdot\frac{\sqrt{S\cdot m^{(i)2}}}{S\cdot m^{(i)}p^{(i)}}$$

前面积分函数变为 $\dfrac{1}{\sqrt{\pi}} \cdot \int dt c^{-t^2}$，现在当概率保持不变时，$t$ 保持不变，u 的两个界

限区间变得越来越小，区间中较小的端点是 $a\sqrt{\dfrac{k''}{k}} \cdot \dfrac{\sqrt{S \cdot m^{(i)2}}}{S \cdot m^{(i)} p^{(i)}}$．区间保持不

变，t 值和该未知数误差落在这个区间内的概率将变大，因为数 $a \cdot \sqrt{\dfrac{k''}{k}} \cdot$

$\dfrac{\sqrt{S \cdot m^{(i)2}}}{S \cdot m^{(i)} p^{(i)}}$ 是变小的，所以就有必要选择系数 $m^{(i)}$ 的一个系统，使得这个量最

小. 当 a, k, k'' 在所有这些系统中相同时，我们必须选择一个使 $\dfrac{\sqrt{S \cdot m^{(i)2}}}{S \cdot m^{(i)} p^{(i)}}$ 取得

最小值的系统.

可以通过以下方式得出相同的结果. 我们再一次考虑 u 值在 0 至 u 的范围内的概率表达式，该表达式的微分中 du 的系数是元素误差的概率曲线的纵坐标，该曲线的误差由曲线的横坐标表示，该曲线在与 $u = 0$ 对应坐标的两侧可以延伸到无穷大. 这就是说，在某些情况中，所有的误差无论是正的还是负的都必须被看作是一种劣势或一种真正的损失. 现在利用概率论，在本书的开头已经详细阐述过，通过将每一个劣势的乘积按其相应的概率相加来计算这个不足值. 因此，超出范围的误差平均值等于积分

$$\frac{\int u du \cdot S \cdot m^{(i)} p^{(i)} \cdot c^{-\frac{ku2 \cdot (S \cdot m(i) p(i))2}{4k'' \cdot a2 \cdot S \cdot m(i)2}}}{2a\sqrt{\dfrac{k''\pi}{k} \cdot S \cdot m^{(i)\,2}}}$$

关于 u 的积分是从积分下限 $u = 0$ 到积分上限 $u = \infty$. 因此误差是 $a \cdot \sqrt{\dfrac{k''}{k}} \cdot$

$\dfrac{\sqrt{S \cdot m^{(i)2}}}{S \cdot m^{(i)} p^{(i)}}$. 与符号相同的数量给出了不足的平均误差. 显然，元素 $m^{(i)}$ 所在系

统必然会被选择，使这些误差极小化且 $\dfrac{\sqrt{S m^{(i)2}}}{S m^{(i)} p^{(i)}}$ 是最小值.

如果我们把这个函数与 $m^{(i)}$ 相提并论，则有，用一个最小值条件，使这个导

数等于零，$\dfrac{m^{(i)}}{S m^{(i)2}} = \dfrac{p^{(i)}}{S m^{(i)} p^{(i)}}$. 对于 i 取任意值方程都成立，i 变量不影响分式

$\dfrac{S m^{(i)2}}{S m^{(i)} p^{(i)}}$，设这个分式等于 μ，则有

$$m = \mu \cdot p, \quad m^{(1)} = \mu \cdot p^{(1)}, \cdots, m^{s-1} = \mu \cdot p^{(s-1)}$$

无论 $p, p^{(1)}, \cdots$ 是什么，我们都可以取 μ，使得 $m, m^{(1)}, \cdots$ 是整数，就像上面的分

析假设一样. 这样我们有 $z = \dfrac{Sp^{(i)}\alpha^{(i)}}{Sp^{(i)2}}$, 误差变为 $\pm\dfrac{a\sqrt{\dfrac{k''}{k\pi}}}{Sp^{(i)2}}$, 在对 $m, m^{(i)}$ 等每一个元素都做了假设的情况下, 这是可能的最小平均误差.

如果我们将 $m, m^{(1)}, \cdots$ 的值设为 ± 1, 则当确定符号 $\pm$ 时, 不确定的平均误差会更小, 从而使 $m^{(i)}m^{(p)}$ 为正. 这些假定 $1 = m = m^{(1)} = \cdots$, 并以这样的方式构造条件方程, 使它们中 z 的系数是正的. 这是利用一般的方法来解决的. 观测的平均值是 $z = \dfrac{S\alpha^{(i)}}{Sp^{(i)}}$, 而平均误差不论是过高的或是不足的都等于

$\pm\dfrac{a\sqrt{\dfrac{k''\cdot s}{k\pi}}}{Sp^{(i)}}$, 但是这个误差比前者要大, 正如我们所看到的, 前者是最小的误差. 而且如下所示, 证明不等式

$$\frac{\sqrt{s}}{S\cdot p^{(i)}} > \frac{1}{\sqrt{S\cdot p^{(i)2}}}$$

或 $s\cdot S\cdot p^{(i)2} > (S\cdot p^{(i)})^2$ 就足够了. 实际上, 因为 $(p^{(1)} - p)^2$ 是正的, 所以 $2pp^{(1)} < p^2 + p^{(1)2}$. 因此允许在上述不等式的右侧式子中用数 $p^2 + p^{(1)2} - f$ 来代替 $2pp^{(1)}$, f 是正数. 对所有类似的结果做类似的替换, 则不等式右侧式子将等于平方的和减去一个正数, 结果 $z = \dfrac{S\cdot p^{(i)}\alpha^{(i)}}{S\cdot p^{(i)2}}$ 对应于平均误差的最小值, 与观测误差的最小二乘法相同; 由于这些平方的和是

$$(p\cdot z - \alpha)^2 + (p^{(1)}\cdot z - \alpha^{(1)})^2 + \cdots + (p^{(s-1)}\cdot z - \alpha^{(s-1)})^2$$

当 z 变化时, 这个函数的最小条件就是前面的不等式表达式成立. 因此, 应该优先考虑这种方法, 对于误差的所有频率定律, 无论它们是什么, 都是比率 $\dfrac{k''}{k}$ 所依赖的定律.

如果 $\varphi(x)$ 是一个常数, 则此比率等于 $\dfrac{1}{6}$, 如果 $\varphi(x)$ 的变化方式是使其随 x 的增加而减小, 则比率小于 $\dfrac{1}{6}$. 采用第 15 节给出的误差的平均定律, 即 $\varphi(x)$ 等于 $\dfrac{1}{2a}\cdot\log\dfrac{a}{x}$, 有 $\dfrac{k''}{k} = \dfrac{1}{18}$. 对于范围 $\pm a$, 我们可取这些限制范围, 即平均值误差, 这将导致观测结果的重新确定.

但是, 通过观察本身, 可以确定平均误差表达式中的元素 $a\sqrt{\dfrac{k''}{k}}$. 实际上, 在前面的部分中已经看到, 观测值的误差平方和非常接近 $2s\cdot\dfrac{a^2k''}{k}$, 而且当有大

量的观测数据,观察得到的误差之和不与该值相差很大时,这种近似就变得非常有可能. 假设这两个值相等,现在观察到的和等于 $S \cdot \varepsilon^{(i)2}$ 或等于 $S \cdot (p^{(i)2} \cdot z - \alpha^{(i)})^2$,替换 z 的值 $\dfrac{S \cdot p^{(i)} \alpha^{(i)}}{S \cdot p^{(i)2}}$,得到

$$2s \cdot \frac{a^2 k''}{k} = \frac{S \cdot p^{(i)2} \cdot S \cdot \alpha^{(i)2} - (S \cdot p^{(i)} \alpha^{(i)})^2}{S \cdot p^{(i)2}}$$

在结果 z 中,表示平均误差的上述表达式变成

$$\pm \frac{\sqrt{S \cdot p^{(i)2} \cdot S \cdot \alpha^{(i)2} - (S \cdot p^{(i)} \alpha^{(i)})^2}}{S \cdot p^{(i)2} \cdot \sqrt{2s\pi}}$$

表达式中没有由观测值或条件方程的系数所确定的元素.

微积分、函数、方程

卡瓦列里(Cavalieri)关于微积分的研究
(本文由纽约亨特大学的伊芙林·沃克(Evelyn Walker)教授译自拉丁文)

第 五 章

博纳文图拉·弗兰切斯科·卡瓦列里(Bonaventura Francesco Cavalieri,1598 年生于米兰,1647 年卒于博洛尼亚),耶稣会会士,伽利略的学生.为了证明他有能力担任博洛尼亚大学(University of Bologna)的数学教席,他于1629 年提交其著作《用新方法促进的连续不可分量几何学》(Geometria Indivisibilibus Cotinuorun Nova quadam ratione promota)的手稿,该手稿在 1635 年出版.它的出版对微积分的发展产生了巨大的影响.卡瓦列里还写过一些其他的书,其中他的《六道几何问题》(Exerciationes Geometries Sex),有时仍会被提到.

以下的内容即著名的卡瓦列里定理,摘自《不可分量几何学》一书中的第七卷,定理 1,命题 1[①].

夹在两条平行直线之间的两个平面图形,它们被平行于这两条直线的任意直线所截,如果所得的截线长度是相等的,那么这两个平面图形面积相等;类似地,夹在两个平行平面之间的两个立体图形,它们被平行于这两个平面的任意平面所截,如果所得的截面面积相等,那么这两个立体图形体积相等.

现在,假定有两个待比较的图形——平面的或者立体的,可称之为类似图(analogue),事实上也可以说它们是被夹在一对平行线或平行平面之间.

设有任意两个平面图形 ABC,XYZ,其夹在两条平行线 PQ,RS 之间,任意作直线 DN,OU 平行于 PQ,RS,两图形被截得的线段 JK,LM 相等,除此之外,被 OU 截得的线段 EF,GH(图

---

① 这篇译文已与 G. W. Evans 发表的内容(《美国数学月刊》,XXIV,10(1917 年 12 月),44～451 页)做了比较和校对.普遍认为 G. W. Evans 所使用的图表和文字比卡瓦列里更方便,卡瓦列里所用的图表不好印刷,而且其点既由数字表示,也由罗马字母和希腊字母表示.

形内可以有空洞,例如在 ABC 内部有 FgG)相加之和等于 TV,即 $TV = EF + GH$;进而,与 PQ 等距的直线在 ABC 和 XYZ 中截得的线段都相等. 我断言图形 ABC 和 XYZ 的面积也彼此相等.

任取两图形 ABC,XYZ(图1)中其一,例如取图形 ABC,在平行线 PQ,RS 上取线段,记为 PA,RB,将图形平移到图形 XYZ 上,线段 PA,RB 会落在 AQ 和 CS 上;此时若整个图形 ABC 与 XYZ 是重合的,则它们的面积相等,然而也有可能两个图形只有部分重合,如图中的 $XMC'YThL$.

显然,在平行线 PQ,RS 间的图形 ABC 或 XYZ 中的任何两条线段(需平行于 PQ),若在平移之前共线,则平移之后仍然共线. 例如,EF 和 GH 在同一条直线 TV 上,平移之后,相应的 $E'F'$ 和 TH' 仍在 TV 上,因为 EF 和 GH 与 PQ 的距离等于 TV 与 PQ 的距离. 不管怎样平移,EF,GH 总在直线 TV 上. 显然对于两个图形中任何平行于 PQ 的线段,情形都是这样的.

但当一个图形上的一部分如 ABC 与另一个图形的一部分 XYZ 重合而不与其整体重合,若按照以上陈述的方法平移,这个结论是可以被证明的. 例如,$E'F'$ 与 TH' 合在一起等于 TV,由此可见,若 $E'F'$ 与 TH' 合在一起不完全重合于 TV,则它们的一部分重合,且不重合的部分相等. 如图1,TH' 与自身重合(即 GH 平移后与 TV 的一部分重合),而 $E'F'$ 等于 $H'V$. 实际上,$E'F'$ 是图形 ABC 中未盖住 XYZ 的部分,$H'V$ 则是平移后 XYZ 中未被 ABC 盖住的部分. 同理可证,平移后包含 ABC 中未与 XYZ 重合的平行于 PQ 的任何线段,如 $LB'YTF'$ 中的线段,都对应着图形 XYZ 中的相等的未重合线段. 因此,平移总遵循这样的规则:只要一个图形中有未重合的部分,另一个图形中必有相应的未重合的部分.

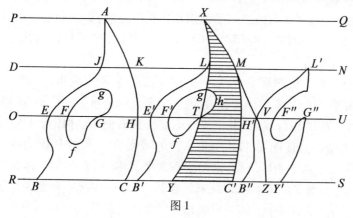

图1

平行于 PQ 的平移图形 ABC 或 XYZ 中相应的不重合线段是位于同一对平行线之间的. 既然图形 $LB'YTF'$ 夹在平行线 DN,RS 之间,则对应的 XYZ 中不与 ABC 重合的部分 Thg 与 $MC'Z$ 也夹在 DN 和 RS 之间,因为若设 XYZ 中不与 ABC 重合的部分不是夹在 DN 与 RS 而是夹在 DN 与 OU 之间,则图形 XYZ 中

没有与图形 *E'B'YfF'* 中平行于 *PQ* 的线段相对应的线段, 这与已知矛盾. 所以, 图形 *ABC* 与 *XYZ* 中的未重合部分位于同一对平行线之间, 并且如前所述, 其中与 *PQ* 和 *RS* 平行的线段或线段之和相等. 因此图形 *ABC* 与图形 *XYZ* 是所设想的相似图形.

现在作第二次平移, 即平移 *ABC* 中未重合的部分, 让平行线 *KL,CY* 分别落在 *LN,YS* 上, 则图形 *LB'YfF'* 与图形 *MC'Z* 中的 *VB"Z* 部分重合. 同前次平移一样, 只要一个图形有未重合的部分, 另一个图形必有未重合部分, 且这些未重合部分位于同一对平行线之间. 如图 1, *L'VZY'G"F"* 是图形 *ABC* 中的未重合部分, *MC'B"V* 及 *Thg* 是图形 *XYZ* 的未重合部分, 它们显然位于同一对平行线 *DN,RS* 之间. 我们将图形继续(沿 *DN,RS*)平移, 则又有新的重合部分及未重合部分. 这一过程可以不断地进行下去, 直到图形 *ABC* 完全与 *XYZ* 重合. 因为只要 *XYZ* 中有未重合部分, *ABC* 中便会有相应的未重合部分, 可以再作平移. 既然整个图形 *ABC* 可平移到图形 *XYZ* 上, 它们的面积当然相等.

现在假设 *ABC* 和 *XYZ* 是平行于平面 *PQ* 与 *RS* 间的两个立体图形. *DN* 和 *OU* 是位于 *PQ,RS* 之间的与其等距的任意两个平面, 且它们在两个立体图形上的截面面积分别相等, 即平面 *JK* 的面积等于 *LM* 的面积, 平面 *EF* 的面积与 *GH* 的面积之和等于平面 *TV* 的面积(同平面图形类似, 立体中也可以有任意形状的空洞, 如 *FfGg* 便是立体图形 *ABC* 中的空洞). 我断言立体图形 *ABC* 与 *XYZ* 的体积相等.

如果我们把立体图形 *ABC* 连同平面 *PQ,RS* 的一部分 *PA* 和 *RC* 一起平移, 使其平移在立体图形 *XYZ* 上, 平面 *PA* 仍落在 *PQ* 上, 平面 *RC* 仍落在 *RS* 上. 我们将会看到, 与前述平行线之间平面图形的情况类似, 立体图形 *ABC* 或 *XYZ* 中的位于同一平面的图形, 在平移后仍位于同一平面, 且平移后两体中与 *PQ* 等距的平面面积相等.

若平移后两立体图形完全重合, 则体积相等. 若不完全重合, 则每个立体图形中必有重合部分及未重合部分, 且同一平面上的未重合部分相等. 如图, 截面 *E'F'* 与截面 *TH'* 的和与截面 *TV* 相等, *TH'* 是公共截面, 立体图形 *ABC* 中未重合的截面 *E'F'* 等于立体图形 *XYZ* 中未重合的截面 *H'V*. 同样情况会在任何平行于平面 *PQ* 的与立体 *ABC,XYZ* 相交的截面上发生. 只要一个立体图形中有未重合部分, 另一个立体图形中必有未重合部分. 通过在这一命题的平面情形中讨论过的方法, 可知两个立体图形中相应的未重合部分必在同一对平行平面之间, 如立体 *LB'YfF'*, *MC'Z* 及 *Thg* 都位于平行平面 *DN,RS* 之间. 这些未重合的立体也是类似图.

我们可以对未重合部分进行平移, 使平面 *DL* 落在 *LN* 上, 平面 *RY* 落在 *YS* 上, 并不断进行, 直到图形 *ABC* 中的所有部分都与图形 *XYZ* 重合. 如果 *ABC* 与

XYZ 不完全重合,其中的一个图形就会有未重合部分,不妨设此图形为 *XYZ*,于是在 *XB'C'* 或 *ABC* 中也会有未重合的部分,这与前面证明的相矛盾. 既然立体图形 *ABC* 与 *XYZ* 重合,所以二者体积相等. 这就证明了结论成立.

§1 费马关于极大值和极小值的研究

（本文由纽约哥伦比亚大学的维拉·桑福德(Vera Sanford)博士译自法语）

本小节是补充费马写给帕斯卡的书信,其内容是关于他在解析几何上的一些想法,下面写给罗贝瓦尔(Roberval)的信中,充分展示了费马是如何结合笛卡儿坐标系研究微积分的. 这封信写于 1636 年 9 月 22 日,星期一,也就是在笛卡儿发表《几何学》的前一年,见《费马全集》(由 Tannery 和 Henry 编辑,1894年,巴黎,第二卷,第 71 ~ 74 页).

先生:

1)如果你允许,我将延迟给你写关于力学命题的回信,直到你寄给我有关你的理论证明,我相信你会按照你给我的承诺尽快来做.

2)关于求极大值和极小值的方法,当你看到德帕尔(M. Despagnet)给你的回信时,你应该知道,那是我在波尔多的那七年时间里寄给他的.

在那段时间,我记得 M. Philon 收到你寄给他的一封信,你在信上建议他找出圆锥面等于给定圆的最大圆锥体. M. Philon 将这封信转寄给了我,我把答案交给 M. Prades 并由他转交给你. 如果你仔细回忆,可能就会想起此事,那时,你把这个问题视作一个还未被解决的难题. 如果当时我收到你的信,我一定把它保存并写到我的论文中,再亲自寄给你.

3)如果德帕尔先生将我的方法摆在你面前就像我寄给他的那样,那么你还没有看到它最漂亮的应用,因为我又对它做了一点补充:

①关于劈锥曲面.

②对于构造曲线的切线,我向你提出一个问题:作尼科梅德斯蚌线上一个已知点的切线.

③为了找到各种类型图形的重心,甚至是不同于一般图形的图形,如我的圆锥体和其他无穷图形,如果你需要,我会给你举出例子.

④对于数值问题中的"整除部分"问题,是非常难解决的.

4)通过这个方法,我发现了 672 的因数的和是其自身的两倍,就像 120 的因数的和等于 120 的两倍.

类似地，我还发现了与 220 和 284 相同①的无限数，也就是说，第一个数的因数和等于第二个数，第二个数的因数和等于第一个数，如果你想找到一个例子来验证这个问题，数 17 296 和 18 416 也满足这个条件.

我相信你告诉我的这个问题以及它的其他类型题都是非常困难的. 不久前我已经把这个问题的答案寄给了博朗格（M. de Beaugrand）.

我还发现，在一个给定的比例中有些数字超出了给定数字的其余部分.

5）这是我的方法中包含的四种类型问题，也许你还不知道.

关于第一个问题，我已经找到了以曲线为界的无限图形的平方；例如，如果你想象一个像抛物线这样的图形，其类型是，纵坐标的立方与从直径中切割至与图形相交处得到的线段的长成比例②. 这个图形就像一个抛物线，它与抛物线的不同之处在于，在抛物线中，我们取纵坐标的平方与之成比例，而在这个图中，我取了纵坐标的立方与之成比例. 出于对博朗格先生的敬意，我把这个问题称为立方③抛物线.

我还证明了这个图形的面积是同底同高的三角形面积的一倍半④. 在研究中你会发现我必须采用比阿基米德（Archimedes）方法更适合求抛物线面积的方法，而且我也不该用他的方法来求解.

6）你在劈锥曲面体上发现了我的定理，这是它应用最普遍的情况：如图 1，如果有一个以 B 为顶点，BF 为对称轴，纵坐标为 AF 的抛物线绕直线 AD 旋转，那么就会得到一种新的劈锥曲面体. 用与轴垂直的平面切割劈锥曲面体得到的部分立体图形与同底同轴的圆锥体的体积比为 8∶5.

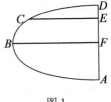

图 1

事实上，如果平面将轴切成不相等的两部分，例如在 E 处切割，则劈锥曲面体的一部分 ABCE 与同底同轴的圆锥体的体积比是，5 倍的曲面 ED 面积加上 2 倍的曲面 AED 面积加上曲面 DF 与曲面 AE 的面积与 5 倍的曲面 ED 面积之比. 同样地，劈锥曲面体的另一部分 DCE 与等底等轴的圆锥体的体积比是，5 倍的曲面 AE 面积加上 2 倍的曲面 AED 面积加上曲面 DF 与曲面 DE 的面积与 5 倍的曲面 AE 面积之比.

上述证明，除了借助我的方法，我借助了内接和外切圆柱.

7）我省略了我的方法在找到平面和立体轨迹中的主要用途. 但这对我特别有帮助，它帮助我找到我以前认为很难找到的平面轨迹：

---

① "亲和数"220 和 284 早在毕达哥拉斯时代就为人所知，费马发现了第二对亲和数，其表达方式"无穷数"意味着作者已经发现了这些数字形成的一般规律.

② 纵坐标的立方与它与直径相交的线段长成比例.

③ 立方抛物线.

④ 即 3∶2.

如果从任意数目的给定点出发,画直线只交于一点,且这些直线的间距相等,则该点位于给定位置的圆上.

我告诉你的只是一些例子,因为我可以向你保证,对于前面的每一点,我都发现了很多非常漂亮的定理. 如果你想要,我可以把它们的证明寄给你. 不过,请允许我请求你尽快尝试解决它们,并给我你的解决办法.

8)最后,自从上一次写信给你后,我发现了我向你提出的定理是非常复杂的,而我提前并没有发现.

我请求你与我分享你的一些想法并相信我.

§2 牛顿论流数

(本文由纽约亨特学院的伊芙林·沃克教授译自拉丁文)

艾萨克·牛顿爵士出生于英格兰林肯郡伍尔索普村的一个农民家庭. 1660年,他进入了剑桥大学的三一学院,成为了艾萨克·巴罗(Isaac Borrow)的学生,这对他未来的工作产生了巨大的影响. 他对数学和物理方面的研究早在1664年就开始了,尽管他的作品在多年之后才出版. 1669年,他接替巴罗成为三一学院的数学教授. 后来,他出任了皇家铸币局局长和国会议员等职务,并被安妮女王封为爵士. 1672年,他被选为皇家学会会员. 从1703年直至去世,一直担任皇家学会会长. 1699年,他被授予为法国科学院外籍院士. 最后牛顿被葬在威斯敏斯特大教堂[①].

他最著名的著作是《原理》,全称为《自然哲学的数学原理》(*Pbilosopbiae Naturalis Prinacipia Mathematica*),出版于1687年,其中包含了他基于万有引力定律的宇宙理论. 每一个高中生都知道二项式定理与牛顿有关,他在无穷级数和方程式理论方面更加先进. 但他的数学声名主要归功于他发明了微积分. 正如沃利斯在他的《代数学》(1685)中所讲的那样,牛顿对这一主题的第一次发展是通过无穷级数进行的,后来牛顿使用了最常与他的名字联系在一起的方法,即流数法,又或是1704[②]年的曲线求积术. 这两种方法自然都需要使用无穷小的量. 最后,在他的原理中,他解释了首末比法. 以下引文表明了这三种观点.

[①] 关于牛顿的生平简介和参考书目,请参阅大卫·尤金·史密斯(David Eugene Smith),《数学史》,第一卷,第398页.

[②] 查尔斯·海斯(Charles Hayes)在他自己的著作《流数论或数学哲学导论》中发表了牛顿的这种方法(伦敦,1704年). 牛顿去世九年后,约翰·科尔森(John Colson)发表了《流数法和无穷级数》,摘自作者尚未公开的拉丁文原文……伦敦,1736年.

1. 利用无穷级数进行积分①

在这其中他不仅给了我们许多这样的近似值……而且制定了一般的规则和方法……并给出如何求曲线的切线……；求曲线图形的面积；求出弓形的长度等等的实例.

2. 牛顿的流数法②

因此，考虑那些在相等时间内增长的量以及通过增长而生成的量，随着增量和生成量的速度大小变化而增大或减少. 我在寻求通过运动速度来确定量或者生成增量的方法；称运动速度或增量速度为流数，称生成的量为流量，在1665 年和 1666 年，我逐渐地采用了流数法，并在曲线求积中使用了这种方法.

流数非常接近于在相等但却很小的时间间隔内生成流量的增量；准确地说，它们是初生增量的最初比，但是它们可以用任何与它们成正比的线段来表示.

······

如果流数是按照消失部分的最终比例来计算的那就是一样的道理了③.

······

设量 x 均匀地流动，欲求 x^n 的流数.

与量 x 均匀变为 $x+o$ 的同时，量 x^n 变为 $(x+o)^n$，也就是说，使用无穷级数方法有

$$x^n + nox^{n-1} + \frac{n^2-n}{2}oox^{n-2} + \cdots$$

而增量 o 与

$$nox^{n-1} + \frac{n^2-n}{2}oox^{n-2} + \cdots$$

的比等于 1 和

---

① 约翰·沃利斯在他的《代数学》(1685 年，330 页) 中提到，他看到了牛顿写给奥尔登堡的两封信，分别在 1676 年 6 月 13 日和 10 月 24 日，这两封信包含了牛顿在无穷级数领域的发现. 引自沃利斯.

② 接下来的引文来自《求积术》，随牛顿光学:《光的反射、折射、拐点和颜色》和两篇有关《流线型图形的种类和大小》论文一起出版，伦敦，1704 年. 上述第二篇论文见《求积术》，第 165～211 页. 我们引用了引言部分，并从论著本身提出了一个命题. 这里给出的译本与约翰·斯图尔特在 1745 年在伦敦出版的译本没有什么不同.

③ 这里牛顿举了一些例子. 他通过使割线与曲线相交的第二个点的纵坐标移至与第一个点的纵坐标重合，使切线与割线的极限位置重合.

$$nx^{n-1} + \frac{n^2-n}{2}ox^{n-2} + \cdots$$

的比.

现在假设增量消失,它们最终的比将是 $1 : nx^{n-1}$.

从流数中确定流量是一个更困难的问题,解决这个问题的第一步是找到求曲线积分的方法;关于这一点,我在前一段时间提到过.

在接下来的内容中,我把不定量看作随连续的增加或减少,也就是流动或消退.我用字母 z, y, x, v 表示这些不定量,用相同的字母上加点 $\dot{z}, \dot{y}, \dot{x}, \dot{v}$ 来表示流数或增长速度.同样的,这些流数或流数的变化率,可称为相同量 z, y, x, v 的二阶流数,记作 $\ddot{z}, \ddot{y}, \ddot{x}, \ddot{v}$ 也可以认为是前一个量的一阶流数,或者说量 z, y, x, v 的三阶流数即 $\dddot{z}, \dddot{y}, \dddot{x}, \dddot{v}$,量 z, y, x, v 的四阶流数即 $\ddddot{z}, \ddddot{y}, \ddddot{x}, \ddddot{v}$.以同样的方式,$\dddot{z}, \dddot{y}, \dddot{x}, \dddot{v}$ 是 $\ddot{z}, \ddot{y}, \ddot{x}, \ddot{v}$ 的流数,$\ddot{z}, \ddot{y}, \ddot{x}, \ddot{v}$ 是 $\dot{z}, \dot{y}, \dot{x}, \dot{v}$ 的流数,$\dot{z}, \dot{y}, \dot{x}, \dot{v}$ 是 z, y, x, v 的流数;所以量 z, y, x, v 也可能是其他量的流数,把这个量记作 z', y', x', v',它们又可以看作是其他量 z'', y'', x'', v'' 的流数;还可以看作是其他量 z''', y''', x''', v''' 的流数.因此对于指定的一系列量 $z''', z'', z', z, \dot{z}, \ddot{z}, \dddot{z}, \ddddot{z}, \cdots$,其中后面的每一个量都是前面量的流数,而前面的每一个量都是一个有后继作为它的流数的流数.

我们要记住,在这个数列中,前一个量是曲线图形的面积,后面的量是矩形纵坐标,横坐标是 $z, y, x, \cdots$.

问题 1 在任意方程中给定任意多个量的流量,求流数.

解法 让方程的每一项分别乘以它所包含的每一个流动量的幂的指数,在每一个乘法中,把幂的一个流动量(或根)变成它的流数,对所有乘积求和,加上适当的符号,将会得到新的方程.

说明 令 a, b, c, d 等是确定的常数,并给出任意一个包含 z, y, x, v 等的方程,例如

$$x^3 - xy^2 + a^2 z - b^3 = 0$$

首先让这些项乘以 x 的幂的指数,然后在每一个乘法中,将一维的根或者 x 替换为 $\dot{x}$,则这些项的和为 $3\dot{x}x^2 - \dot{x}y^2$.

对 y 作同样的替换,得到 $-2xy\dot{y}$.

对 z 作同样的替换,得到 $a^2\dot{z}$.

设这些结果之和等于零,则会得到方程

$$3\dot{x}x^2 - \dot{x}y^2 - 2xy\dot{y} + aa\dot{z} = 0$$

我说过,流数的关系是由这个方程定义的.

证明 设 o 是一个非常小的量,设 $\dot{o}z, \dot{o}y, \dot{o}x$ 为瞬时变化量,也就是说在无限小时间内 z, y, x 的增量.如果现在的流量是 z, y, x,经过无限小的时间间隔之后, z, y, x 这些量分别增加了 $\dot{o}z, \dot{o}y, \dot{o}x$,这些量将变为

$$z + \dot{z}o, y + \dot{y}o, x + \dot{x}o$$

将它代入关于 z, y, x 的第一个方程,将会得到以下方程

$$x^3 + 3x^2\dot{o}x + 3xoo\dot{x}\dot{x} + o^3\dot{x}^3 - xy^2 - o\dot{x}y^2 - 2xo\dot{y}y -$$

$$2xo^2\dot{y}y - \dot{x}o^2y^2y - \dot{x}o^3\dot{y}y + a^2z + a^2\dot{o}z - b^3 = 0$$

从此方程中减去上文中出现的方程,余下的部分除以 o,得到

$$3\dot{x}x^2 + 3\dot{x}\dot{x}ox + \dot{x}^3o^2 - \dot{x}y^2 - 2xy\dot{y}y - 2\dot{x}oy\dot{y} - xoy\dot{y} - \dot{x}o^2\dot{y}y + a^2z = 0$$

现使 o 无限小,忽略要消失的项,就会得到

$$3\dot{x}x^2 - \dot{x}y^2 - 2xy\dot{y}y + a^2z = 0$$

证毕[①].

如果这些点之间的距离为一个区间,无论区间多小,割线与切线之间仍有距离.若要与切线重合,求出最终比,这两个点就必须完全重合.在数学中,最微小的误差也不能忽略.

······

3. 首末比法[②]

数量以及数量的比率,在任何有限的时间内连续趋于相等,并且在这段时间结束之前,彼此非常接近,其差小于任意给定差,那么它们最终会相等.

反对的理由是不存在消失量的比率[③],显然,在它们消失之前,它们并不是最终的量;而当它们消失时,就不存在比率了.但也可以用同样的论点,认为到达某一位置的物体是没有最终速度的;因为在物体到达某一位置之前,此时不

---

① 求积术, 1704 年,除了用于解释流数法,还预测了素数和极限比法,这实际上是现代极限法.接下来的段落出现在正文的前面.

② 这个翻译来自 "*Philosopbix Naturalis Guitia Matbtmatica Auctore Isaaco Newtono*, Amsterdam, *Amsterdam*", 1714 年.第一版于 1687 年出版.该部分选自第 24 和 33 页.

③ 牛顿所用词为 "proportio".

是最终速度;当到达这一位置时,速度就没有了.答案很简单:根据最终速度的定义,我理解的是物体处于移动时,既不是到达最终位置和运动停止之前,也不是在运动停止之后,而只在它到达之时;也就是说是物体到达最终位置和运动停止时刻的速度.同样的,对于消失量的运动是要理解这些量的比率,不是在它们消失之前,也不是在它们消失之后,而是在它们消失时刻的比率.同样的,第一个最初比是它们开始时刻的比率.而最初量和最终量分别是它们在开始时刻和停止时刻(如果你愿意的话,可以使其增加或者减少).在运动结束时速度可能达到一个极限,但它不能完全达到.这就是最终速度.在开始和停止时,所有量和比例的极限比是相等的……

消失量的最终比不是最终量的比,而是无限减少的量之比所趋向的极限;并且它们可以比任何给定差都更接近于这个极限,但在这些量无限减少之前,它们既不能超过也不能达到这个极限①.

§3 莱布尼茨关于微积分的研究

(本文由纽约亨特学院的伊芙林·沃克教授译自拉丁文)

戈特弗里德·威廉·莱布尼茨(Gottfried Wilhelm Leibniz,1646—1716),与牛顿并称为微积分的发明者之一.他是一个神童,8岁时自学拉丁语,21岁前取得法学学位.先后服务于美因茨总统选举人、布伦瑞克-吕讷堡(Braunschweig-Lüneburg)公爵,他游历过英国、法国、德国、荷兰、意大利,广结学者.最终定居在汉诺威,担任公爵的图书管理员.1709年,他被任命为帝国公爵.1714年,汉诺威公爵继任为英国国王乔治一世,他拒绝让莱布尼茨陪伴他.这使莱布尼茨生命的最后几年痛苦不已.

莱布尼茨是一个多才多艺的天才,在数学、自然科学、历史学、政治学、法理学、经济学、哲学、神学还有文学方面都留有著作.他发明了一种计算器,可以进行加减乘除运算,甚至包括开根号运算.

1673年他被选为伦敦皇家学会的会员,1700年被选为法国科学院(Académie des Scince)会员.1700年他创立了柏林科学院,并成为终身主席.他的许多文章都发表在《教师学报》(*Acta Eruditorum*)上,这是最后一个被命名的

---

① 在此向 G. H. 格雷夫斯致谢,他在《数学教师》(1910—1911)第Ⅲ卷第82~89页的文章《微积分基本思想的发展》在此可以自由引用.

报刊机关.①

  他对微积分的兴趣一定是在 1672 年访问英国时激起的,他可能从奥尔登堡听说过牛顿有这样的想法.然而,他自己对这一课题的发展似乎与牛顿的理论无关,而是受到了巴罗(Barrow)和帕斯卡②(Pascal)的影响.他从未出版过有关微积分的著作,仅局限于《教师学报》中他发表过的论文,以及在写给其他数学家的信中对他的发现做了零碎的解释.

  当然,我们感谢他对微积分的发展所做的下列贡献:

  1)他发明了一种简便的符号.

  2)他阐述了明确的计算规则,称之为算法.

  3)他认识到并教导说,求积分是一种特殊的整合;或者正如他所说的,是求切线的逆方法.

  4)他用微分方程来表示超越线.

  这些观点在发表于《教师学报》上的两篇文章中得到证实.

  以下内容来自于莱布尼茨作的"一种求极大值与极小值的新方法".

  已知轴 AX 和某些曲线,VV,WW,YY,ZZ,曲线的纵坐标分别为 VX,WX,YX,ZX,与已知轴相垂直且分别记为 v,w,y,z.在轴上截出的线段 AX 称为 x.设切线为 VB,WC,YD,ZE,分别与轴相交于点 B,C,D,E.现将某个任意选定的直线段叫作 dx,将与 dx 之比等于 v(或 w,或 y,或 z)与 VB(或 WC,或 YD,或 ZE)之比的线段叫作 dv(或 dw,或 dy,或 dz),或称之为 $v's$(或 $w's$,或 $y's$,或 $z's$)的微分.从这些假设出发,我们可以得到以下的计算法则:

  如果 a 是一个给定常数,则 $da=0$,并有 $d\,\overline{ax}=adx$;如果 $y=v$(就是说曲线 YY 的任意纵坐标等于曲线 VV 的任意相应的纵坐标),那么 $dy=dv$.

  现在是加减法则:如果

$$z-y+w+x=v$$

那么

$$d\,\overline{z-y+w+x}=dv=$$

或

$$dz-dy+dw+dx$$

  乘法法则:$d\,\overline{vx}=xdv+vdx$,或者令 $y=xv$,则有 $dy=xdv+vdx$.

  然而必须注意的是,从一个微分方程出发,并不一定能进行相反的运算,除非适合一定的条件.关于这一点,我将在其他场合来讨论.

---

  ① 关于莱布尼茨的生平,请参阅史密斯的《数学史》,Ⅰ卷,第 417 页;以及其他数学史和各种百科全书.

  ② 例如,他使用的特征三角形.

接着是除法法则：d $\dfrac{v}{y} = \pm \dfrac{v\mathrm{d}y \mp y\mathrm{d}v}{yy}$ （或者令 $z = \dfrac{v}{y}$），此时有

$$\mathrm{d}z = \frac{\pm v\mathrm{d}y \mp y\mathrm{d}v}{yy}$$

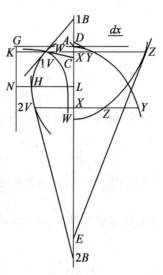

图 1

关于符号，我们必须牢记以下规则。如果在计算中只是用微分代替字母，则符号保持不变，$+x$ 将写为 $+\mathrm{d}x$，$-x$ 写为 $-\mathrm{d}x$，这一点从上面所作的加减中可以明显看出；但若涉及具体的表达式，或者说要考虑到 z 与 x 的关系时．那就必须指出 $\mathrm{d}z$ 的值是正量，还是小于零的量，或者如我所说的是负量；如果是最后一种情形，那么切线 ZE（图 1）就不是朝 A，而是向相反方向即由 X 处向下，也就是说，纵坐标随着横坐标 x 的增加而减小．由于纵坐标 v 有时增加，有时减少，所以 $\mathrm{d}v$ 有时为正，有时为负；在前一种情况下，切线 $IVIB$ 将朝 A，而在后一种情况下，切线 $2V2B$ 朝向相反，在中间位置点 M 处，则上述两种情况都不发生，此时 $v's$ 既不增加也不减少，而是处于静止状态．因此，$\mathrm{d}v = 0$，这个量已无所谓正负，因为 $+0 = -0$；在该处 v 即纵坐标 LM 达极大值（或当曲线凸向轴时，达极小值），而曲线在点 M 处的切线既不从 X 向上朝 A 趋近于轴，也不取向下的另一方向，而是与轴平行．如果 $\mathrm{d}v$ 相对于 $\mathrm{d}x$ 是无限的，那么切线将与轴相垂直，即为纵坐标线本身．如果 $\mathrm{d}v$ 和 $\mathrm{d}x$ 是相等的，那么切线将与轴相交成半直角．如果随着纵坐标 v 的增加，其增量或微分 $\mathrm{d}v$ 也增加（就是说 $\mathrm{d}v's$ 是正数，$\mathrm{d}v v's$，微分的微分，亦为正，而当 $\mathrm{d}v's$ 是负数，$\mathrm{d}v v's$ 亦为负），则曲线将凸向轴；否则，曲线将凹向轴．在增量达到极大值或极小值处，或者说当增量是由增变减或由减变增时，就会出现一个拐点．在该处曲线的凹凸性将会改变，只要纵坐标本身并不由增变减或由减变增，则曲线的凹凸性将不会改变；但是当纵坐标由增变减或由减变增时，其变化量不会持续增加或减少．在拐点处，$v \neq 0$，$\mathrm{d}v \neq 0$，$\mathrm{d}\mathrm{d}v = 0$．此外，拐点问题没有两个相等的根，如极大值问题，有三个根．

乘幂法则

$$\mathrm{d}x^a = ax^{a-1}\mathrm{d}x$$

例如

$$\mathrm{d}x^3 = 3x^2\mathrm{d}x$$

$$\mathrm{d}\frac{1}{x^a} = -\frac{a\mathrm{d}x}{x^{a-1}}$$

例如，若

$$w = \frac{1}{x^3}$$

则

$$\mathrm{d}w = -\frac{3\mathrm{d}x}{x^4}$$

根的问题

$$\mathrm{d}\sqrt[b]{x^a} = \frac{a}{b}\sqrt[b]{x^{a-b}}\mathrm{d}x$$

（所以 $\mathrm{d}^2\sqrt{y} = \frac{\mathrm{d}y}{2\sqrt[2]{y}}$，因为在此情形 $a=1$，$b=1$，故 $\frac{a}{b}\sqrt[b]{x^{a-b}} = \frac{1}{2}\sqrt[2]{y^{-1}}$；但由几何

级数中指数的性质，y^{-1} 与 $\frac{1}{y}$ 是一样的，同时 $\frac{1}{2\sqrt[2]{y}} = \sqrt[2]{y^{-1}}$．）

$$\mathrm{d}\frac{1}{\sqrt[b]{x^a}} = \frac{-a\mathrm{d}x}{b\sqrt[b]{x^{a+b}}}$$

对整数幂的法则也适用于分式以及根式的情形，因为一个幂当指数为负数时就变为分式，当指数为分数时就变成根式．但我更倾向于自己推导这些结果，而不是把麻烦留给别人，因为所有这些结果都相当一般并经常出现，在本身很复杂的问题中，以上结果可以用于简化计算．

知道了这种我称之为微分学的算法，所有其他的微分方程就都能用一种共通的方法来求解．我们可以求极大值和极小值以及求切线而不必像以往的方法那样去消除分式、无理式或者其他的限制．所有关于这些事情的证明对于一个精通这些问题的人说是很容易的，这些人了解这样一个迄今为止都没有得到充分认识的事实，即 $\mathrm{d}x,\mathrm{d}y,\mathrm{d}v,\mathrm{d}w,\mathrm{d}z$ 可以被视为与相应的 x,y,v,w,z（按其顺序排列）的瞬时变化量（即瞬时增量或减量）成正比．

······

因为研究不定积分或其不可能性的方法对我来说不过是我所说的反切线方法的更一般的问题中的特殊情形（并且事实上是比较容易的情形），而这种反切线方法包括了整个超越几何的绝大部分；因为它总是可以用代数的方式来解决，其中的一切都被看成是已知；不过到目前为止我仍然没有看到令人满意的结果；所以，我要来说明反切线问题如何能像不定求积分本身一样来进行求解．然而，就像以前数学家为求数量而假定字母或一般数字一样，在这种超越的问题中，我也假定了一般的或不定的方程来表示所求曲线，例如，横坐标和纵坐标通常用 x 和 y 表示，所求曲线的方程为

$$0 = a + bx + cy + exy + fx^2 + gy^2 + \cdots$$

利用这个不定方程，求出一条具体曲线的切线（因为它总是可以根据需要来确定），并将我所发现的与给定的切线性质进行比较，得到 a,b,c 等假设字母的

值,进而得到所求曲线的方程,其中某些量仍不能确定;在这种情况下,满足这个问题的曲线可以找到无数多条,问题变得如此复杂,以致很多人认为它几乎不可能被解决.利用级数也可以进行同样的过程.但根据所施行的运算,我使用了许多方法(我将在别处说明).如果这种对比没有意义,我就确定所求的线不是代数的,而是超越的.

在这种情况下为了发现超越类(因为有些超越量与比的不定问题或对数有关;另一些超越量与角的不定问题或圆弧有关;还有一些超越量则依赖于更复杂的不定问题),除了字母 x 和 y 之外,我还假设了第三个字母 v,用来表示超越量,由这三个字母形成所求曲线的方程,由这方程再按我发表于 1684 年 10 月《教师学报》上的求切线的方法得到了所求切线的一般方程,这不排除超越的情况.在此基础上,将所发现的结果与曲线切线的给定性质进行比较,这样不仅可以求出字母 a,b,c 等,而且可以发现该超越量的特殊性质.

设纵坐标是 x,横坐标是 y,让垂线和纵坐标之间的区间为 p,用我的方法可以立刻得到

$$p\mathrm{d}y = x\mathrm{d}x$$

把上面的微分方程求和可得到

$$\int p\mathrm{d}y = \int x\mathrm{d}x$$

但是根据我在切线法中阐述的情况来看,很明显

$$\mathrm{d}\,\overline{\frac{1}{2}xx} = x\mathrm{d}x$$

因此,反之可得

$$\frac{1}{2}xx = \int x\mathrm{d}x$$

(像通常的乘方与开根运算一样,这里的和与差,即 $\int$ 和 d,也是互逆的运算).

因此我们可以得到

$$\int p\mathrm{d}x = \frac{1}{2}xx$$

证毕.

在这里我选择采用 $\mathrm{d}x$ 作为符号而不用特殊的字母,因为 $\mathrm{d}x$ 是 x 的某种变化,由此表明这种运算仅涉及 x 与其乘幂和微分,并可表示 x 与另一个变量之间的超越关系.这种超越关系可以用方程来表示,例如,如果弧是 a,正矢(正弦)是 x,那么我们就有

$$a = \int \mathrm{d}x : \sqrt{2x - xx}$$

如果 y 是摆线的纵坐标,则

$$y = \sqrt{2x - xx} + \int dx : \sqrt{2x - xx}$$

该方程完美地表达了纵坐标与横坐标之间的关系,并由此证明了摆线的所有性质;将分析计算推广到那些迄今仅仅以不适用为由而遭排斥的曲线上;而且,沃利斯的插值法和其他许多问题也是源自于此.

在这方面我当时还是初出茅庐的新手,通过对球面面积证明有关的研究,我突然看到一片光明. 因为我认识到,一般情况下,由一条曲线的法线形成的图形,即将这些法线(在圆的情形就是半径)按纵坐标方向置于轴上所形成的图形,其面积与曲线绕轴旋转而成的立体的面积成正比. 这一定理使我欢欣鼓舞,因为我不知道还有其他人知道这样的事情,我立即对任意曲线构造了所谓特征三角形,这种三角形的边是不可分量(更确切地说是无限小量)或微分量;由此,我又迅速地、毫无困难地建立了大量的定理,其中有些定理我后来才在格雷戈里和巴罗的著作中看到.

我终于发现了代数学对超越量的推广,也就是我的无限小算法,它包括了微分以及求和或求积,我称这种算法为不可分量及无限的分析(如果我想的不错,这是一个十分恰当的名字),自从它被发现,所有这类我曾绞尽脑汁的问题,似乎都变成"儿戏"了.

§4 伯克利的《分析学家》及其对微积分的影响

(本文由加州大学伯克利分校的卡约里(Florian Cajori)教授选定并编辑)

伴随着 1734 年出版的《分析学家》,迪安·伯克利(Dean Berkeley)(后来的基督教主教)对英国的数学思想的影响持续了半个多世纪. 他用伯克利分析(伦敦,1734 年)对剑桥的詹姆斯·尤里恩(James Jurin)和都柏林的约翰·沃尔顿(John Walton)的批判做出精彩辩护. 有两本重要的英文书籍来澄清数学思想:1735 年《牛顿流数方法论及素数比和极限比》中本杰明·罗宾斯(Benjamin Robins)的《自然论》和 1742 年的麦克劳林《流数论》. 罗宾斯极大地改进了极限理论. 这一说法会受到这样一个历史事实的限制:在 18 世纪,固定无穷小已经被排除在罗斯宾、麦克劳林(Maclaurin)和西蒙·勒维勒(Simon Lhuilier)所著的微积分作品之外.

微积分是由莱布尼茨发明,英国知道流数理论要比微积分早. 1685 年,苏格兰人约翰·克雷格(John Craig)在印刷版上使用了莱布尼兹符号. 牛顿流数最早在 1693 年约翰·沃利斯的《代数》中出现海因斯(Harris)、海斯(Hayes)、斯通(Stone),虽然使用了流数法和牛顿符号,但他们是在追随莱布尼茨的本土作家那里,从与数学概念有关的问题上得到了灵感. 这些事实说明了伯克利致力于莱布尼茨微积分的原因.

《分析学家》(The Analyst)是一本书,全书共 104 页. 它是写给"一个异教徒的数学家"的,这个数学家通常被认为是天文学家埃德蒙·哈雷(Edmund Halley). 在哈雷的著作中,没有证据表明宗教怀疑论;他所谓的"不忠"只是建立在共同的声誉上. 在这里的选集中,没有完全保留原始版本中的许多文字.

1.《分析学家》:致一位不信神的数学家

先生,虽然我对您来说是个陌生人,但对于您在特殊研究的那门学科中所获得的声誉来说,对于您在与您的职业不相符的事情上所承担的权威来说,对于您误导那些本应在高度重视的事情上却粗心大意的人以及和那些与您有类似特征的人来说……(类似特征是指人们知道你们乱用不应有的权威),我不是陌生人. 你的数学知识绝不能使您成为一名称职的法官.

既然您比其他人理解得更清楚,考虑得更仔细,推断得更公正,结论也更准确,那么您就不那么虔诚了,因为您更明智,所以我将保留自由思想家的特权;并以您所设想的对待宗教的原则和奥秘的自由,来探讨当代数学家所承认的论证的目的、原则和方法;直到最后,所有人都会看您有什么领导权,或者用什么去鼓励别人跟随您……

流数法是当代数学家解开几何奥秘,进而揭示自然奥秘的万能钥匙. 而且,正是由于这个方法使得他们在发现定理和解决问题方面远远地超越了古人,因此,它的练习和应用成为所有在这个时代研究几何问题的人的主要工作,甚至是唯一的工作. 但是,无论这种方法是清晰的还是模糊的、一致的还是令人厌恶的、稳定的还是不稳定的,我将以最公正的态度去探究,并把我探究的结果提供给每一个坦诚的读者,你们自己会有判断. 点动成线,线动成面,面动成体. 而等时产生的量是增大的还是减小的,是根据生成它们的运动速度来确定的,于是我找到了一种方法,从它们产生运动的速度来确定量.

将这样的速度称为"流数":而生成的量称为"流量". 这些流数被认为是近似等于在最小相等时间间隔内生成的流量的增量. 准确地说,就是初生增量的最初比和消逝增量的最终比. 有时,代替速度,被考虑的是未知流量的瞬时增量或减量,并称之为瞬.

所谓瞬,我们不要把它理解为有限小量,有限小量不是瞬,而是由瞬所生成的量. 因此瞬只是有限量的初生元素. 据说在数学中,最微小的误差也不可以忽略;据说流数是瞬变量,不能与有限的增量成比例,而不管这些增量多么小;流数只能与瞬和初生增量成比例,这时所考虑的仅仅是比而不是量本身. 除了上述的流数,还有其他流数. 其中流数的流数,是二阶流数. 二阶流数的流数叫作三阶流数. 如此等等,四阶,五阶,六阶,等等,直到无穷. 因为我们的感观很难察知并接受极微小的对象,那么来源于感觉的想象就很难形成关于最小时间间隔和由它生成的最小增量的清晰概念,同时也很难理解瞬,或是流量处于初生状态及在它们最初存在和变成有限小量之前的增量概念了. 至于要想象这种初生的、未完成的存在物的抽象速度,那就更是难上加难了. 如果我没有弄错的话,这些速度的速度,即二阶,三阶,四阶和五阶速度等等,全都超出了整个人类理解能力的范围. 人的思维越是进一步分析和研究这些难以捉摸的概念,它感到迷惑不解的地方就越多. 所有这些对象都是稍纵即逝. 从任何意义上看,二阶和三阶流数都是模糊而不可思议的东西. 初始瞬变的初始瞬变、初生增量的初生增量,也就是一种根本没有大小的东西的增量,无论你从哪种观点去理解,我相信都不可能获得其清晰的概念. 究竟是否如此,我想请每个有思想的读者来判断. 如果二阶流数都无法想象. 我们又怎么能想象三阶,四阶,五阶乃至无穷阶的流数呢?

我说的所有这些观点,都是由宗教中一些严格的坚持实证者所支持和相信的,这些人假装相信他们看不到更深的东西. 对于只知道这类观点的人来说,应该很难承认那些模糊的问题可能看起来并不完全是没有道理的. 但是他可以接受二阶或三阶流数,二阶或三阶微分,在我看来,人们不需要对神的每一点都严格服从.

最简单的事情就是为一阶、二阶、三阶、四阶和更高阶的流数和无穷小设计表达式或符号,以相同的形式进行,没有结束或限制,例如 x, $\dot{x}$, $\ddot{x}$, $\dddot{x}$, $\ddddot{x}$, 或 $\mathrm{d}x$, $\mathrm{dd}x$, $\mathrm{ddd}x$, $\mathrm{dddd}x$ 等. 事实上,这些符号是清晰且易区分的,在构思它们的过程中没有任何困难. 但是如果把这些符号拆开来看,或者将符号放到一边,只考虑要表达或标记的事物本身,我们就会产生许多困惑;不但如此,如果我没弄错,结果是直接否定和矛盾的. 无论情况如何,每一位认真思考的读者都会自己去审视和判断.

我们来看一个证明[①],假设乘积或矩形 AB 通过连续运动而增加:边 A 和 B 的瞬时增量是 a 和 b. 当边 A 和 B 不足 a 和 b,或者分别减少它们的瞬的一半,矩形就变为是 $\overline{A - \frac{1}{2}a} \times \overline{B - \frac{1}{2}b}$,即 $AB - \frac{1}{2}aB - \frac{1}{2}bA + \frac{1}{4}ab$. 当边 A 和 B 分别增加它们瞬的一半,矩形变成 $\overline{A + \frac{1}{2}a} \times \overline{B + \frac{1}{2}b}$ 或 $AB + \frac{1}{2}aB + \frac{1}{2}bA + \frac{1}{4}ab$. 由

---

① 《自然哲学的数学原理》.

后者减去前者,余下的差是 $aB + bA$. 因此,由整个增量 a 和 b 生成的矩形的增量是 $aB + bA$. 证毕. 但很显然,获得矩形 AB 的瞬时量或增量的直接而正确的方法,是通过将每条边都加上它的全部增量,并将它们相乘,即 $(A + a) \times (B + b)$,该乘积 $AB + aB + bA + ab$ 是增大后的矩形;如果我们减去 AB,余下的差 $aB + bA + ab$ 将是矩形的真正增量,比用上述间接的、不合理的方法所得增量要大一个量 ab. 无论 a 和 b 是什么量,是大还是小,是有限量还是无穷小量,是增量、瞬还是速度,这一结论普遍成立,即使你认为 ab 是极小的量也不会改变:因为我们知道,在数学中最微小的误差也不能忽略①.

令人感兴趣的是 1862 年威廉·罗文·哈密顿爵士(William Rowan Hamilton)在给奥古斯都·德·摩根(Augustus De Morgan)的一封信中对牛顿的推理所做的评论:"很难理解牛顿提出的证明逻辑,如果边(或因子)A 和 B 的改变量记作为 a 和 b,那么矩形(或乘积)AB 的改变量等于 $aB + bA$. 我很久以前(我必须承认),认为他消去 ab 的方式似乎涉及很多问题,理应被称为强词夺理;尽管我不愿公开这样说. 你知道,他从 $\left(A + \frac{1}{2}a\right)\left(B + \frac{1}{2}b\right)$ 中减去 $\left(A - \frac{1}{2}a\right)\left(B - \frac{1}{2}b\right)$,当然,$ab$ 在结果中被消去了. 但是,除了给计算带来了便利,他还有什么能力或理由来计算乘积呢? 难道不是有类似的论点

$$\left(A + \frac{1}{2}a\right)^3 - \left(A - \frac{1}{2}a\right)^3 = 3aA^2 + \frac{1}{4}a^3$$

是 A^3 的改变量,这难道不足以说明所采用的计算方式不适合这一主题吗? 它完全掩盖了极限的概念;或者更确切地说,尽管在卷 I 的第一节中已经说得那么好了,但这种概念是否被看作是外来的和无关的呢? 牛顿似乎并不关心在他的《哲学》中内容是否保持一致,如果他无论如何都能得到真理,或者他认为就是这样的……"选自《威廉·若克·哈密尔顿先生的一生》,R. P. Rraves 著,第三卷,第 569 页.

我们还给出了韦森伯恩(Weissenborn)对于牛顿把增量和的一半代入计算过程的反驳;他说,在可能取相等的情况下

$$\left(A + \frac{2}{3}a\right)\left(B - \frac{2}{3}b\right) - \left(A - \frac{1}{3}a\right)\left(B - \frac{1}{3}b\right)$$

其结果是 $Ab + Ba + \frac{1}{3}ab$.

但是,由于在前面的论证中似乎存在某种内在的顾虑或缺陷,而且由于这一发现对某一特定幂的流数是至关重要的,因此以不同的方式证明同样的情

---

① 引言,求积分曲线(ad Quadraturam Curvarum).

况,而不依赖于前面的论证是恰当的. 但是,这种方法是否比前者更合理,更有根据,我现在开始研究;为此,我将以下引理作为前提:"如果为了证明任何命题,假定某一观点是确定的,并据此得到某些其他观点;这样的假设观点本身就被相反的假设破坏或排斥;在这种情况下,由此获得的所有其他观点,以及随之产生的结果也必须被破坏和排斥,以便从此以后不再被假定或应用于论证中."这个引理非常浅显,不需要证明①.

现在,另一种推导任意次幂的流数的方法是:让量 x 均匀流动,欲求 x^n 的流数. 与 x 通过流动变成 $x+o$ 的同时,幂 x^n 变成 $\overline{x+o}^n$,即通过无穷级数的方法有

$$x^n + nox^{n-1} + \frac{nn-n}{2}oox^{n-2} + \cdots$$

而增量 o 和 $nox^{n-1} + \frac{nn-n}{2}oox^{n-2} + \cdots$ 之比为

$$1 : nx^{n-1} + \frac{nn-n}{2}ox^{n-2} + \cdots$$

现在假设增量消失,其最终比是 $1 : nx^{n-1}$. 然而,这种推理看来是不合理和不能令人信服的. 因为如果让增量消失,亦即让增量变为零,或者说没有任何增量,那么原先关于增量存在的假设也就不能成立,而由这一假设引出的结果,即借助于增量而得到的表达式却必须保留. 根据前面的原理可知,这种推理是站不住脚的. 因为如果我们假设增量消失了,理所当然也就必须假设它们的比、它们的表达式、以及由于假设其存在而导出的一切东西都将随之而消失.

……

我所非议的不是您的结论,而是您的逻辑和方法,您是怎样进行证明的? 您所熟悉的对象是什么? 关于它们您的表述是否清楚? 您依据的原理是什么?

---

① 注:(引理)

伯克利的引理被詹姆斯·尤林(James Jurin)和其他一些数学作家所否定. 第一个公开承认伯克利引理有效性的数学家是罗伯特·伍德豪斯(Robert Woodhouse),在他的《分析计算原则》(*Principles of Analytical Calculation*)一书中提到,剑桥,1803 年. 关于这一点,怀特海德(A. N. Whitehead)的数学导论中的一段可解具有参考意义,纽约和伦敦,1911 年,第 227 页. 怀特海德没有提到伯克利的引理,也可能没有想到它. 然而,怀特海德提出了一个与伯克利的论点基本等价的论点,但是用不同的术语表示. 当讨论差商 $\frac{(x+h)^2 - x^2}{h}$ 时,怀特海德说:"在阅读牛顿的陈述方法时,人们很容易通过这样的说法来简化计算:当 $h=0$ 时,$2x+h$ $=2x$. 但这是行不通的,因为忽略了 x 到 $x+h$ 的间隔,计算出了平均增长. 问题是,如何保持长度 h 的间隔来计算平均增长,同时把 h 当作零来处理. 牛顿用极限的概念做了这件事,我们现在开始给出维尔斯特拉斯(Weierstrass)对其真正含义的解释.

它们是否可靠？您是如何应用他们的？……

现在我要首先指出，在这里正确结论的获得，并不是因为被丢弃的平方是无限小，而是因为这个错误被另一个相反的，但程度相等的错误抵消了①……

《流数术》的伟大作者感受到了这一困难，因而才提出那样一些精巧的抽象方法和几何的形而上学，没有它们，他认为就不可能在公认的原理基础上有任何作为．至于他的证明方法成效又如何呢？读者将会做出自己的判断．必须承认，他使用流数就像建筑中使用脚手架一样，一旦发现了与之成比例的有限线段，就立即将它们弃之一边．然而这些有限的范例却是借助于流数而获得的，不论你通过有限的范例和比例得到什么结果，他们都应被归功于流数，所以必须首先理解流数，那么什么是流数呢？消失增量的速度．这些消失的增量又是什么呢？它们既不是有限量，也不是无限小，又不是零，难道我们不能称它们为消逝量吗？

你可能希望逃避所有言论的力量，并通过一个普遍的借口，如这些反对的评论都是形而上学的来掩饰错误的原则和不一致的推理，但这是一种虚荣的伪装．对于上述言论中先进的常识和真理，我呼吁每一位毫无偏见的聪明读者都能理解它们．

最后，为了使你能更清楚地理解上述言论的力量和意图，并在你自己的冥想中进一步探讨这些意见，我将附上以下问题：

问题1：几何对象是不是具有可变的扩大比例？以及是否需要考虑无穷大量或无穷小量？

……

问题4：人们是否可以恰当地说，以科学的方法进行研究，而模糊地构想出他们所熟悉的对象，提出的目的以及追求它的方法？

问题8：绝对时间、绝对位置和绝对运动的概念是不是最抽象的形而上学？我们是否有可能测量、计算或了解它们？

问题16：《分析学家》中的某些箴言是否没有传递到令人震惊的、某种意义上的、普遍的假设，即有限的数除以零得到的数是无限的，难道不是这个数本身

---

① 伯克利解释说，莱布尼茨的微积分是通过"错误的抵消"从错误的原理引导到正确的结果．后来麦克劳林和拉格朗日做出了同样的解释以及 L. N. M. 卡诺在 1797 年的《微积分无限小的反身词》中也提出了同样的解释．

吗?①

问题31:若没有增量,是否可以有任一增量的比率? 是否可以认为没有事物与实数成正比? 或者谈论它们的比例是不是胡说八道? 另外,在某种意义上我们是否要理解一个曲面到一条直线的比例,一个区域到一个纵坐标的比例? 以及种类或数字,虽然正确地表达了非均匀的数量,但是否可以说是彼此之间成比例?

问题54:现在由无限量定义的事物能否用有限量来完成? 这是否能对学习数学的人的想象力和理解力产生巨大的影响?

问题63:这些反对神秘的数学家们是否曾经检验过他们自己的原则?

问题64:在宗教问题上如此细腻的数学家,在自己的科学上是否严格谨慎? 他们是否不服从权威,不听信于人,不相信不可思议的观点? 他们是否没有自己的神秘感,更重要的是,他们是否自相矛盾?

§5 柯西关于一元函数导数与微分的研究

(本文由纽约大学亨特学院的伊夫林·沃克森(Evelyn Walker)教授译自法文)

奥古斯丁·路易·柯西②(Augustin Louis Cauchy)(1789—1857),是法国著名的数学家和物理学家. 24 岁时,他为了全身心投入纯数学的研究而放弃了曾从事的工程师的工作. 不久后,柯西成为综合工科大学的一名教师. 1816 年,他凭借其关于波传播的理论著赢得了学院大奖赛. 他对数学最大的贡献在于他提出的严谨化的证明方法以及在科学期刊上发表的 789 篇文章. 他在微积分领域的最大成就体现在他通过极限论为函数的微分推导建立了严格的理论基础. 对此,他是这样做的③:

---

① 在普通初等代数中,最早在除数中排除零的理由是,在这一代数的基本假设下,根据推理,0 为除数的情况是不可接受的,这是马丁·欧姆(Martin Ohm)于 1828 年在他的 *Versuch eines vollkommen consequeriten Systems der Matbematik*,著作中提出的,卷 1,第 112 页. 1872 年,罗伯特·格拉斯曼(Robert Grassmann)采取了同样的立场,但直到 1881 年左右,才将小学代数课本中的除数零排除在外.

② 见 C. A. Valson,*La Vie et les Travaux du Baron Cauchy*,巴黎,1868 年.

③ 引用的两段摘要摘自《皇家理工学院无限计算学院》,巴黎,1823 年. 目前的译本来自重新出版的 *Euvres Complèces d'Augustin cauchy*,Sér. II,第四卷,巴黎,1889 年.

第三课　一元函数的导数[①]

当函数 $y=f(x)$ 在定义区间内连续,在定义域内任取变量的一个值,那么给一个无穷小增量,相应地就会得到一个无穷小增量.因此,如果我们令 $\Delta x=i$,那么,差比

$$\frac{\Delta y}{\Delta x}=\frac{f(x+i)-f(x)}{i}$$

中的两项都是无穷小量.但是,当这两项同时无限趋向于 0 时,差比就可能趋于另一个极限,而这个极限可正可负.当该极限存在时,那么对于 x 的每个特殊值都有唯一确定的值与之对应,且这个值随 x 的变化而变化.例如,函数 $f(x)=x^m$,其中 m 取正整数.那么,两个无穷小量的差比就为

$$\frac{(x+i)^m-x^m}{i}=mx^{m-1}+\frac{m(m-1)}{1\cdot2}x^{m-2}i+\cdots+i^{m-1}$$

当 i 无穷小时,极限值为 mx^{m-1},即关于变量 x 的一个新函数.一般情况下,差比 $\dfrac{f(x+i)-f(x)}{i}$ 的极限所对应的新的函数形式由已知函数 $y=f(x)$ 的形式所决定.为了便于表示这种关系,我们将新的函数称为导函数(derived function),记作 y' 或 $f'(x)$[②].

……

第四课　一元函数的微分

设 $y=f(x)$ 是 x 的函数,i 是一个无穷小量,b 是一个常数.如果 $i=\alpha b$,那么 α 也为一个无穷小量.因此我们有

$$\frac{f(x+i)-f(x)}{i}=\frac{f(x+\alpha b)-f(x)}{\alpha b}$$

整理得

$$\frac{f(x+\alpha b)-f(x)}{\alpha}=\frac{f(x+i)-f(x)}{i}b \qquad (1)$$

当 α 趋近于 $0,b$ 值保持不变时,方程(1)的左端所收敛的极限,叫作函数 $y=f(x)$ 的微分.我们用符号 d 来表示这个微分,记作

$$\mathrm{d}y \text{ 或 } \mathrm{d}f(x)$$

如果已知导函数 y' 或 $f'(x)$,那么我们很容易得到它微分的值.事实上,如果将式(1)的两端同时取极限,则有

---

① 柯西用的词是"derivées".

② 柯西使用上述定义来区分各种函数.

$$df(x) = bf'(x) \tag{2}$$

特殊地,当 $f(x) = x$ 时,式(2)变成

$$dx = b \tag{3}$$

因此,自变量 x 的微分等于有限常数 b. 那么,式(2)就可以写成

$$df(x) = f'(x)dx \tag{4}$$

或者,同样地

$$dy = y'dx \tag{5}$$

从上述方程中,可以得到,任意函数 $y = f(x)$ 的导函数 $y' = f'(x)dx$ 是严格等于 $\dfrac{dy}{dx}$ 的,也就是说,是等于函数的微分与其自变量的微分的比. 或者,我们也可以将导函数视为一个系数,用这个系数乘以自变量的微分即得到函数的微分. 这就解释了为什么我们有时会称导函数为微分系数①.

§6 欧拉关于二阶微分方程的研究

(本文由加州大学伯克利分校的卡约里(Florian Cajori)教授译自拉丁文)

我们引用的欧拉的文章是最早的尝试介绍处理二阶微分方程的一般方法的文章. 这篇文章是莱昂哈德·欧拉(Léonhard Euler)21 岁住在圣彼得堡,也就是现在的列宁格勒时所写的.

本文的标题是《将二阶微分方程化为一阶方程的新方法》(*Nova methodvs innvmerabiles aeqvationes differentials secvndi gradvs redvcendi ad aequationes differentiales primi gradvs*). 这篇文章于 1728 年发表在英国剑桥大学的学术期刊上,彼得波利,第 1732 期,第 Ⅲ 册,第 124 ~ 137 页.

当欧拉在这篇文章中谈到微分方程的"度"时,他指的是我们现在所说的这个方程的"阶". 还要注意,他使用字母 c 来指定 2.718. 这是对数自然系统的基础. e 作为 2.718 的符号第一次出现在欧拉力学(Euler' Mecbanica)的印刷本中(第 95 页). 我们引用了欧拉 1728 年的文章:

1)当分析学家们遇到二阶或更高阶的微分方程时,他们会求助于两种求解方法. 在第一种方法中,他们会探究这些方程是否容易被积分,如果是,他们目的就达到了. 然而,如果这些方程根本不可能被积分或者积分起来很困难,他们就会试图将它们化简成一阶微分方程,此时肯定更容易判断它们能否求解.

---

① 在此之后,柯西给出了各种基本函数的微分法则,代数函数、指数函数、三角函数和反三角函数.

到目前为止,除一阶方程外,没有其他的微分方程可以用已知的(一般)方法求解……

3)但是,如果在一个二阶微分方程中,一个和另一个不定量(即变量)没有出现,那就很容易把它化为简单的微分式.为此,只需将一个新变量与另一个微分相乘并用乘积表达式去代替那个缺少的量的微分…….例如,在方程 $Pdy^n = Qdv^n + dv^{n-2}ddv$ 中,P 和 Q 表示 y 的任意函数,dy 是常数.因为 v 不出现在方程中,设 $dv = zdy$,则 $ddv = dzdy$.代入上式,得到方程

$$Pdy^n = Qz^n dy^n + z^{n-2} dy^{n-1} dz$$

除以 dy^{n-1},得到方程 $Pdy = Qz^n dy + z^{n-2} + z$;这是一个简单的微分式.

4)据我所知,迄今为止,还没有人能用其他方法将二阶微分方程简化为一阶微分方程,很容易直接积分的情形除外.在这里,我提出了一种方法,不能确保适用于所有的二阶微分方程,但是有无数的二阶微分方程,无论其中变量以何种方式影响该方程,都可以被简化成更简单的微分方程.这样,我就得到了这样的简化过程:通过某种替换,将微分方程消去一个变量,经过这样处理得到的方程,借助于前一节所述的方法,就可以把方程最终化为一阶微分方程.

5)为此我来考察指数量(或者更确切地说是其指数是变量而被自乘保持不变)的下列性质:如果这些量被反复微分,变量本身受到约束,以致它总只出现在指数中,而微分是由积分本身(被微分的量)乘以指数的微分组成的.c^x 就是这样的一个量,其中表示对数为 1 的数,它的微分是 $c^x dx$,它的二阶微分是 $c^x(ddx + dx^2)$,这里 x 只出现在指数中.考虑到这些情况,我注意到,如果在二阶微分方程中,用指数量来替换变量,那么这些变量将只在指数中存在.因此,若用这些量去替换一个变量,它们经过替代之后,一定可以通过除法被消去.以这种方式,可实现将一个或另一个变量消去而只留下其微分.

6)这个过程并不适用于所有情况.但是我注意到它适用于三种类型的二阶微分方程.其中第一类包括了所有那些仅有两项的方程……

7)所有的第一类方程具有如下的一般形式

$$ax^m dx^p = y^n dy^{p-2} ddy$$

其中 dx 被看作常数……,为了化简这个方程,取 $x = c^{\alpha v}$,$y = c^v t$,于是有 $dx = \alpha c^{\alpha v} dv$ 和 $dy = c^v(dt + tdv)$ 由此可得 $ddx = \alpha c^{\alpha v}(ddv + adv^2)$ 和 $ddy = c^v(ddt + 2dtdv + tddv + tdv^2)$.但因 dx 被看作常数,所以 $ddx = 0$,$ddv = -\alpha dv^2$,以此代替 ddv,得到

$$ddy = c^v(ddt + 2dtdv + (1-\alpha)tdv^2)$$

用这些值代替已知方程中 x 和 y,则方程变形为

$$\alpha a\alpha^p dv^p = c^{(n+p-1)v} t^n (dt + tdv)^{p-2} [ddt + 2dtdv + (1-\alpha)tdv^2]$$

8)现在,a 应该这样确定,使得指数可以通过除法消除.要做到这一点,

$\alpha v(m+p)=(n+p-1)v$是必要的，从而推断出 $\alpha=\dfrac{n+p-1}{m+p}$. α 被确定后，上面的方程变为

$$a\left(\frac{n+p-1}{m+p}\right)^p \mathrm{d}v^p = t^n(\mathrm{d}t+t\mathrm{d}v)^{p-2}\left(\mathrm{d}\mathrm{d}t+2\mathrm{d}t\mathrm{d}v+\frac{m-1+1}{m+p}t\mathrm{d}v^2\right)$$

如果我令 $x=c^{(n+p-1)v:(m+p)}$，$y=c^v t$，则可以直接从给定的方程推导出来，但是 $n+p-1$ 是由 y 决定的次数; 而 $m+p$ 是由 x 决定的次数. 因此，在任何特殊情况下，都很容易找到 α 并将其代入结果. 在推导的方程中，由于 v 不出现在方程中，令 $\mathrm{d}v=z\mathrm{d}t$，$\mathrm{d}\mathrm{d}v=z\mathrm{d}\mathrm{d}t+\mathrm{d}z\mathrm{d}t$，但

$$\mathrm{d}\mathrm{d}v=-\alpha\mathrm{d}v^2=\frac{1-n-p}{m+p}z^2\mathrm{d}t^2$$

则有 $\mathrm{d}\mathrm{d}t=\dfrac{-\mathrm{d}z\mathrm{d}t}{z}+\dfrac{1-n-p}{m+p}z\mathrm{d}t^2$. 将这些代入方程，得到

$$a\left(\frac{n+p-1}{m+p}\right)^p z^p\mathrm{d}t^p = t^n(\mathrm{d}t+tz\mathrm{d}t)^{p-2}\left(\frac{1-n-p}{m+p}z\mathrm{d}t^2-\frac{\mathrm{d}z\mathrm{d}t}{z}+2z\mathrm{d}t^2+\frac{m-n+1}{m+p}tzz\mathrm{d}t^2\right)$$

将上式两端除以 $\mathrm{d}t^{p-1}$ 得到

$$a\left(\frac{n+p-1}{m+p}\right)^p z^p\mathrm{d}t = t^n(1+tz)^{p-2}\left(\frac{1+2m-n-p}{m+p}z\mathrm{d}t-\frac{\mathrm{d}z}{z}+\frac{m-n+1}{m+p}tz^2\mathrm{d}t\right)$$

9) 在所得的方程两端乘以 z，原来的一般方程 $ax^m\mathrm{d}x^p=y^n\mathrm{d}y^{n-2}\mathrm{d}\mathrm{d}y$ 就被简化为下面的一阶微分方程

$$a\left(\frac{n+p-1}{m+p}\right)^p z^{p+1}\mathrm{d}t = t^n(1+tz)^{p-2}\left(\frac{1+2m-n+p}{m+p}z^2\mathrm{d}t+\frac{m-n+1}{m+p}tz^3\mathrm{d}t-\mathrm{d}z\right)$$

这个方程可以从已知方程中得到，只要将第一个代换中的 v 改为 $\int z\mathrm{d}t$. 因此我们应取 $x=c^{(n+p-1)\int z\mathrm{d}t:(m+p)}$，让 $c^{\int z\mathrm{d}t}t$ 代替 y; 或者取 $x=c^{(n+p-1)\int z\mathrm{d}t}$，$y=c^{(m+p)\int z\mathrm{d}t}t$ 也一样……

10) 我们将用一些特例来说明前面在一般情形下获得的结果. 设 $x\mathrm{d}x\mathrm{d}y=y\mathrm{d}\mathrm{d}y$，除以 $\mathrm{d}y$，化简为 $x\mathrm{d}x=y\mathrm{d}y^{-1}\mathrm{d}\mathrm{d}y$. 将其与一般方程相比较，得到 $a=1,m=1,p=1,n=1$，将它们代入到一阶微分方程中，已知方程被化简为

$$\frac{1}{2}z^2\mathrm{d}t = t(1+tz)^{-1}\left(\frac{3}{2}z^2\mathrm{d}t+\frac{1}{2}tz^3\mathrm{d}t-\mathrm{d}z\right)$$

亦即

$$z^2\mathrm{d}t+tz^3\mathrm{d}t=3tz^2\mathrm{d}t+t^2z^3\mathrm{d}t-2t\mathrm{d}z$$

已知方程 $x\mathrm{d}x\mathrm{d}y=y\mathrm{d}\mathrm{d}y$，也可以用 $x=c^{\int z\mathrm{d}t}$ 和 $y=c^{2\int z\mathrm{d}t}t$ 来替换，直接得到这一方程. 因此，原来方程的求解（即解法）取决于推导出的微分方程的求解.

11) 第二类通过我的方法可以化为一阶微分方程的微分方程是这样的: 方

程各项中变量及微分确定的次数保持相同.①这类方程的一般形式如下

$$ax^m y^{-m-1} dx^p dy^{2-p} + bx^n y^{-n-1} dx^q dy^{2-q} = ddy$$

其各项中变量(以及它们的微分)次数是 1. 同样地, dx 被看作常数. 这个方程只有三项. 但可根据需要在上式中添加任意多项, 而整个过程保持不变. 例如可加上 $ex^r y^{-r-1} dx^q dy^{2-q}$ 以及如此类所需的任意多项……

12) 通过以 c^v 代换 x, $c^v t$ 代换 y 来化简给定方程, 因此由 $x = c^v$ 和 $y = c^v t$ 可得到 $dx = c^v dv, dy = c^v (dt + tdv)$; 进而得到 $ddx = c^v (ddv + dv^2)$ 和 $ddy = c^v (ddt + 2dtdv + tdv^2 + tddv)$. 因为 x 被看作常数, 故 $ddx = 0, ddv = -dv^2$, 由此可得 $ddy = c^v (ddt + 2dtdv)$. 将 x, y, dx, dy 和 ddy 的值, 代入方程中, 方程化为

$$ac^v t^{-m-1} dv^p + (dt + tdv)^{2-p} + bc^v t^{-n-1} dv^q (dt + tdv)^{2-q} = c^v (ddt + 2tdv)$$

两边同时除以 c^v, 上式变为

$$at^{-m-1} dv^p (dt + tdv)^{2-p} + bt^{-n-1} dv^q (dt + tdv)^{2-q} = ddt + 2dtdv$$

因为 v 不在方程中, 我用 zdt 代替 dv, 于是有

$$ddv = -zddt + dzdt$$

但

$$ddv = -dv^2 = -z^2 dt^2$$

因此

$$ddt = -zdt^2 - \frac{dzdt}{z}$$

结果得到方程

$$at^{-m-1} z^p dt^p (dt + ztdt)^{2-p} + bt^{-n-1} z^q dt^q (dt + ztdt)^{2-q} = -zdt^2 - \frac{dzdt}{z} + 2zdt^2$$

或者写成更好的形式为

$$at^{-m-1} z^p dt (1 + zt)^{2-p} + bt^{-n-1} z^q dt (1 + zt)^{2-q} = zdt - \frac{dt}{z}$$

13) 一阶微分方程也可以从给定方程一步得到, 即直接假设

$$x = c^{\int zdt}, y = c^{\int zdt} t$$

18) 第三类可以用我的方法来处理的方程包括那些在各项中有一个变量次数保持相同的方程. 这里需要根据在各项中次数相同的那个变量的微分是否等于常数来区分出两种情形. 具有下列一般形式的方程属于第一种情形②

$$Px^m dy^{m+2} + Qx^{m-b} dx^b dy^{m+2-b} = dx^m ddy$$

在这个方程中, 每一项中 x 的次数都是 m, dx 被看作常数. 此处 P 和 Q 表示关于 y 的任意函数. 为了化简这个方程, 只需要一种替换, 即 $x = c^v$, 这样 $dx = c^v dv$ 和 $ddx = c^v (ddv + dv^2) = 0$, 因此, $ddv = -dv^2$. 根据这个替换得到

$$Pdy^{m+2} + Qdv^b dy^{m+2-b} = dv^m ddy$$

---

① 也就是说, 微分方程对于 x, y, dx, dy 和 $d^2 y$ 是齐次方程.

② 即微分方程对 x 和 dx 是齐次的.

当然这个结果是在方程两端除以 c^{mv} 之后得到的.

19) 由于在导出的方程中不出现 v,我们就可以通过用 $z\mathrm{d}t$ 代替 $\mathrm{d}v$ 来化简方程.

20) 第三类方程的另一种情况则与下列一般方程有关,即

$$Px^m\mathrm{d}y^{m+1} + Qx^{m-b}\mathrm{d}x^b\mathrm{d}y^{m-b+1} = \mathrm{d}x^{m-1}\mathrm{d}\mathrm{d}x$$

在这个方程中,$\mathrm{d}y$ 被看作常数. P 和 Q 表示 y 的任意函数. 正如我们所看到的那样,每一项中 x 的次数都是 m[①]. 和前面一样,令 $x = c^v$,则有 $\mathrm{d}x = c^v\mathrm{d}v$ 和 $\mathrm{d}\mathrm{d}x = c^v(\mathrm{d}\mathrm{d}v + \mathrm{d}v^2)$. 将代换代入到方程中,两边除以 c^{mv},化简得到

$$P\mathrm{d}y^{m+1} + Q\mathrm{d}v^b\mathrm{d}y^{m-b+1} = \mathrm{d}v^{m+1} + \mathrm{d}v^{m-1}\mathrm{d}\mathrm{d}v$$

该方程可进一步化简:因为 v 不出现,取 $\mathrm{d}v = z\mathrm{d}y$,由于 $\mathrm{d}y$ 是常数,从而有 $\mathrm{d}\mathrm{d}v = \mathrm{d}z\mathrm{d}y$. 结果,上述最后的方程就变为

$$P\mathrm{d}y^{m+1} + Qz^b\mathrm{d}y^{m+1} = z^{m+1}\mathrm{d}y^{m+1} + z^{m-1}\mathrm{d}y^m\mathrm{d}z$$

但此方程在除以 $\mathrm{d}y^m$ 后得到

$$P\mathrm{d}y + Qz^b\mathrm{d}y = z^{m+1}\mathrm{d}y + z^{m-1}\mathrm{d}z$$

因此,已知方程的求解就取决于该导出方程的求解.

21) 我相信,通过以上所述不难理解,应该怎样处理与这三种类型的微分方程中任一类有关的二阶微分方程……

§7 伯努利对最速降线问题的研究

(本文由芝加哥大学的林肯·拉·巴斯(Lincoln La Paz)博士译自拉丁文)

吉恩·伯努利(Jean Bernoulli),1667 年出生于瑞士的巴塞尔. 他自 1695 年起在格罗宁根大学(Groningen)担任物理和数学教授,直到 1705 年他的哥哥雅各(Jacques)也称雅各布(Jakob)或詹姆斯(James)逝世. 巴塞尔数学委员会主席一职空缺. 此后,吉恩·伯努利开始在巴塞尔大学担任数学教授,一直到 1748 年他去世为止.(履历详情可查阅梅里安(Merian)的 Die Mathematiker Bernoulli(Bseel,1860)和 Allgemeine Deutscbe Biographie,Ⅱ,473 – 76.)

接下来的几页译文材料都是从 Johannis Bernoulli, Opera Omnia, Lausanne and Geneva,1742 年,卷Ⅰ,161 页,166～169 页,187～193 页收集来的. 被引用的原始材料与译文有所联系.

---

① 即微分方程对 x,$\mathrm{d}x$ 和 $\mathrm{d}\mathrm{d}x$ 是齐次的.

变分法在吉恩·伯努利的最速降线问题的论文中广泛使用. 在 1630—1638[1] 年伽利略提出过, 1686 年[2]牛顿也提出过. 之后, 最速降线问题归为变分法领域. 伽利略和牛顿的提出并没有使最速降线问题像组成课题的根本那样得到重视; 因为大多数人不仅在他们的问题的相关概念及公式化中逃避最速降线问题, 而且在他们设计方法中也逃避最速降线问题.

相反, 吉恩·伯努利的著作表明, 他不仅充分认识到极大值和极小值的一般问题与他提出的更困难问题之间的区别, 而且还对一般变分法中的简单问题有了相当完整的甚至精确的认识.

他在论述最速降线问题时所提出的术语也许是为了在平面内能够更方便地描述在一般情况下, 最简单的变量问题的公式. 吉恩·伯努利为这个问题引入了等时线(synchrones), 给出这一系列重要曲线的第一张图解, 现在也称为截线(transversals), 它与变分法中的极值问题有关; 在他注意到的事实中, 在通过一个不动点的最速降线问题的摆线极值上, 沿弧形截割的等时线下落的时间是相等的, 我们有横截定理的第一个例子. 在他的记录中, 摆线的下落次数等于最速降线问题中的过不动点的摆线的极值曲线(cycloidal extremam)被等时线所截的弧. 这样我们就得到了卡诺的截线定理. [3]

以下译文的读者将会注意到吉恩·伯努利的说法, 即他找到了他提出的问题的第二种或直接的解决办法. 事实上, 在莱布尼茨和吉恩 1696 年通过的几封信中, 以及莱布尼茨在 1697 年 5 月的《教师学报》中对最速降线问题所做的评论中, 都提到了这种直接的解决办法. 然而, 这一直接论证建立在雅各·伯努利在获得问题的解决办法时所采用的普遍适用性的基本理念上(即, 如果一条曲线作为一个整体时存在一个最小值, 那么它的每个部分都有相同的属性), 直到 1718 年雅各和莱布尼茨都过世之后, 第二种方法才得以发表. [4]

那些相信吉恩·伯努利抄袭了他的哥哥雅各·伯努利的人认为吉恩·伯努利的第二种解决方法是无效的. 吉恩·伯努利对此声称, 他推迟了第二种方法的公布, 以尊重莱布尼茨在 1696 年给他的建议.

---

① Galileo, *Dialog über die hciden bauptsachtsen Weltsysteme*(1630 年), Strauss 译. 第 471 ~ 472 页; 《关于两门新科学的对话》(1638), Grew 和 De Saivio 译, 第 239 页.

② 牛顿, 《原理》, 第二卷第七节, 第三十四号命题.

③ Kneser, *Lehrbucd der Variationsrechnung*, 1990 年, 第 48 页; Bolza, *Lectures on the Calculus of Variations*, 芝加哥大学出版社, 1904 年, §33.

④ 康托尔, *Geschichte der Mathematik*, 第三卷, 第 96 章, 特别是第 226 页, 第 430 页, 第 439 页; 莱布尼茨和伯努利, *Commercium Philosopbicum et Malbematicum*, *Lausanne and Geneva*, 1745 年, 第 1 卷, 第 167 页, 第 178 页, 特别是第 183 页, 第 253 ~ 254 页, 第 266 页; 伯努利 *Opera Omnia*, 第二卷, 第 266 ~ 267 页.

无论如何,这确实令人感到遗憾. 对于两兄弟的解决方法哪一个更加成熟的评价似乎常常受到一些观点的影响. 这些观点中,最多的是争论谁先找到了最速降线问题的解决方法. 而在大多数情况下,这些观点对于吉恩·伯努利是不利的. 在这方面值得注意的是,拉格朗日(Lagrange)是最具有发言权的学生. 如果我们用他在1762[①]年的著名论文中所说的话来判断,最速降线问题的所有早期解决办法都是通过特殊过程找到的. 事实上,拉格朗日强调吉恩的部分不亚于雅各在关于变分法的一种一般方法的开创性工作中的部分.

1. 新问题——向数学家们征解[②]

已知垂直平面上两点 A 和 B,要求一条路径 AMB,使一动点 M 在其自身重力作用下沿此路径由 A 下滑至点 B 所用时间最短.

为了激发人们解决这一问题的兴趣,需要指出的是,所提问题并不像初看的那样仅仅是无用的思辨. 相反,尽管很少有人会轻易相信,但它在诸如力学这样的其他科学分支中有重大的应用. 同时(为了避免草率的判断)有必要指出,尽管直线段 AB 确实是 A,B 两点间最短的曲线,但它却不是穿过 A,B 用时最短的那条路径.

然而曲线 AMB 是几何学家所熟知的一种曲线,如果在今年年底没有其他人找到答案,我将对它进行命名.

……

1)1697 年 1 月在格罗宁根大学公开发表的声明.

作为一位知名的数学教授,吉恩·伯努利向全世界最有才能的数学家们致以最崇高的敬意.

众所周知,几乎没有任何事能够比提出困难而又有用的问题更能极大地激发天才人物为增长知识而去努力工作的了. 通过也只有通过解决这些问题,他们方能扬名于世,并在子孙后代之中为自己树立起永恒的纪念碑. 因此,如果我效仿梅森、帕斯卡、费马等人的例子,尤其是最近佛罗伦萨的匿名作家[③]和其他在我之前做出同样工作的人,向这个时代的主要分析家提出一些问题,我希望这一做法能得到数学界的感激;这个问题像试金石一样,能够测试他们的方法,激发他们的能力. 如果他们找到了方法,并和我们进行交流,就理应受到我们公开的赞赏.

事实上,半年前,在 6 月份的《莱比锡学报》上,我提出了这样的一个问题,

---

① 拉格朗日,*Miscellanea Taurinensia*,第二卷,第 173 页.

② 摘自《教师学报》,莱比锡,1696 年 6 月,第 269 页.

③ 这个问题的其他提出者都很有名.

它的用处将会被所有成功地致力于其求解的人所公认. 当时给几何学家的期限是从公布之日起 6 个月. 最后,如果没有人能找到解决的方法,我将允诺公布出我的解答. 这段时间过去了,并没有出现找到解决方法的迹象. 只有在几何学领域有很高声望的莱布尼茨写信给我说他有幸解决了这个问题[①],(正如他所表达的)这是一个非常完美的、前所未闻的问题;莱布尼茨礼貌性地建议我将时间期限延长到复活节,以便在此期间,将这个问题在法国和意大利广为传知,这样就没有人会有理由抱怨分配的时间太短. 我不仅同意了这一值得赞扬的建议,而且决定亲自宣布延长期限,看在经历这么长久的时间后最终究竟鹿死谁手. 为了方便那些看不到《莱比锡学报》的人,我在这里重复这个问题.

2)关于最速降的力学 – 几何问题.

给定与水平面距离不等且不在同一垂线上的两点,求连接这两点的曲线,使一在自身重量作用下从上方一点出发运动的质点沿此曲线最快地降落至下方一点.

这个问题的意义在于:在无数条过给定两点或者从一点到另一点的曲线中,我们应该选择哪一条曲线,使得:若用一根细管或狭槽来代替该曲线时,其上放置的小球被释放后将以最短的时间从一点滑至另一点.

为了排除所有歧义之处,我们接受伽利略的假设——摩擦忽略不计. 任何明智的几何学家都不会怀疑这一假设的真实性:一自由下落的重物所具有的实际速度,与它下落高度的平方根成正比. 然而,我们的解决方法是完全一般化或者在任何假设的前提下都适用的.

因为没有含糊不清的概念了,所以我热切请求当代所有的几何学家们都摩拳一试,运用他们珍藏的一切秘密武器,全力以赴攻克堡垒. 愿他们能尽快获得我们允诺的奖赏. 当然这奖赏既不是黄金也不是白银. 金银只能诱惑那些卑劣而容易收买的灵魂,对这些人,我们绝不指望任何值得称赞和有益科学的东西. 相反,美德是她自身最需求的奖赏,名誉是一种强有力的激励,因此我们提供的奖赏是由荣誉和赞美编织的桂冠,适合具有高尚品格的人. 我们将公开和私下地,以书信和口耳相传的方式,对我们伟大的阿波罗(Apollo)的洞察力予以冠冕、荣誉和赞颂.

但如果过了复活节,还是没有人发表他对问题的解决方法,那么,我们将不再隐瞒我们的解决方法. 因此,我们希望,无与伦比的莱布尼茨将允许我们看到他的解决方法和我们很久之前和他交流的解决方法. 如果几何学家们要研究这些来自深层次的已经陈列出的本源,我们确信他们会意识到普通几何学的局限

---

① 莱布尼茨和吉恩·伯努利,*Commercium Pholosophicum et Mathmaticum*,第一卷,第172 页. 莱布尼茨《教师学报》,1697 年 5 月,第 202 页,伽利略最初最速降线问题.

性,并给我们的发现以更高的评价,因为目前能够解决这一非凡问题的人寥寥无几,尽管一些几何学家们会自夸说他们有很多特别的解决方法,他们不仅能洞悉几何学最深层次的秘密,而且还能通过不可思议的方法延伸几何学的边界线.尽管他们有黄金定律(他们以为没有人知道),但是,早在很久以前就有人发表过了①.

......

光线在不均匀的介质中的曲度,和在 1696 年《教师学报》第 269 页中提出的最速降线问题的解决方法,即一个带有质量的小粒子从给定的一点滑向另一点的所用的时间最短的那条曲线,以及等时线的结构或者是光线的波前.②

到现在为止,处理最大值和最小值的方法如此之多.似乎余下的问题没有任何微妙之处,以至于他们的洞察力无法渗透在一切的有关的概念——因此,他们要么以自己是这些方法的创造者而引以为傲,要么因为自己是其中的追随者而引以为傲.现在学生们可以随心所欲地对他们的老师发誓.如果他们付出努力,他们就能发现,我们提出的问题并不是在任何条件下都可以利用那些方法解决的.而这些方法的使用条件是:在给定的有限的或无限的量中求最大值或最小值.确实,在我们的问题中所涉及的量,其中从它们中找到的最大值或最小值或许并不比它本身更具有决定性,这是一项任务,这是一项困难的劳动.即使是那些曾经为自己的方法的优越性而激烈竞争就像他们为上帝和国家③而战,或者现在为他们的门徒而战一样,那些杰出的人,笛卡儿、费马和其他人,也必须坦率地承认,这些权威人士所传递的方法在这里是完全不够的.嘲笑别人的发现既不是我的天性,也不是我的目的.

他们确实发表了很多内容,同时,也以令人钦佩的方式实现了他们自己所设定的目标.只是在他们的文章中,我们发现他们并没有考虑到最大值和最小值的类型,所以,实际上,他们所提出的解决方法并不适用于普遍问题.

我不打算给出通用的方法,寻找这种方法是徒劳的;相反,我很高兴地解决了这个问题——那些不仅在这个问题上而且在许多其他问题上都是成功的方法.在他人还在寻找解决方法的时候,我决定将我的解决方法交给杰出的莱布尼茨看看.如果莱布尼茨也找到了一个解决方法,我希望可以将自己的解决方法和莱布尼茨的方法一起发表.我毫不惊讶莱布尼茨能找到解决方法,因为莱布尼茨是我所熟识的人中最聪慧的人.事实上,在我写这本书的时候,我从与莱

---

① 这句话被认为是对牛顿的一种隐晦的攻击.事实上,当这个问题最终引起牛顿的注意时,牛顿立即解决了它.

② 摘自《教师学报》,莱比锡,1697 年 5 月,第 206 页.

③ 关于费马和笛卡儿在极大极小问题上的争论,有一份有趣的第一手资料,请参阅 *Euvres de Fermat*,巴黎,1894 年,第二卷,第 126 ~ 168 页.

布尼茨的信件中了解到,莱布尼茨因为我提出的问题对我感到欣赏,这超出了我的预料(莱布尼茨说我所提到的问题吸引了他),而且莱布尼茨立即就找到了解决方法. 之后,我会向其他人展示是怎样解决的. 无论如何,这个问题都值得几何学家花一些时间来解决,因为即使像莱布尼茨这样忙着做许多事情的人都认为把他的时间花在这个问题上是有意义的,对其他几何学家来说,如果他们解决了这个问题,他们就能接触到隐藏的真理,这是对他们足够的奖励,否则他们很难察觉到这些真相.

我们敬佩惠更斯(Huygens),是因为他是第一个发现:若物体在重力的作用下沿一条普通摆线下降,无论从摆线上哪个点开始下降,它到底部所需要的时间都相同. 当我准确地提出这条摆线时,你们会因为吃惊而目瞪口呆,惠更斯提出的等时曲线就是我们要找的最速降线(捷线)①. 我从两个不同的路径得到了这个结果,一个间接的和一个直接的. 当我研究第一条曲线路径时,我发现,如果在连续不断介质中照射一束光,所得到的曲线轨道和最速曲线是保持一致的. 我同时也注意到了其他事情. 我注意到在折射光学(dioptrics)中,那些有用的但却被隐藏了的东西. 因此,当我提出这个问题时,我所断言的是正确的. 即这个问题不仅是一种猜测,它对学科的其他分支也有用,如在折射光学中的例子. 但是,正如我们所说的已经被事物本身所验证,这是第一种解决方法.

费马在写给德拉姆布雷(具体可参考 *Oeuvres de Fermat*,第二部分,354 页)的信中表明,一束光从稀薄的介质射向稠密的介质中,光线以这种方式向正常方向弯曲,即该光线(假设光线能从光源射向指定点)以最短的时间穿过轨道. 根据这一原则,他表明入射角的正弦和折射角的正弦与介质的稀薄性成正比或密度的倒数成正比;即与射线穿过介质的速度有相同的比率. 莱布尼茨最先在《教师学报》,1682,p. 185 et. Seq. 和 de Lumine 第 40 页中发表了相关论文. 其后,极富盛名的惠更斯在他的论文 de lumine 第 40 页中给出了详细的证明,也通过更有说服力的论据解释了这个既物质又抽象的原则. 费马对他的几何证明

---

① 关于摆线及其性质的说明,见 *Teixeira*,*Traité des Courbs Spéciales Refiquables*,1909 年,第二卷,第 133~149 页,特别是第 540 节,另见 R. C. Arhibald,"曲线,特别是《大英百科全书》" 第 14 版特殊曲线.

感到很满意,已经准备宣布此原则的有效性,但迫于克莱塞利尔的压力而放弃了①.

如果我们现在考虑一种介质,它不是密度均匀的,似乎是由层叠在另一层下的无限张薄片隔开,其间隙充满了透明的稀有物质,按照一定的规律增加或减少;那么很明显,一条可视为微小球面的射线不是在一条直线上,而是在一条弯曲的路径上运动.(上述惠更斯在他的著作 *de lumiiie* 中注意到了这一点,但并没有确定曲线本身的性质.)这条路径是这样的,一个粒子以与稀疏性成比例的速度不断增加或减小,在最短的时间内从一个点到另一个点.

在每一点的折射角的正弦值分别对应着介质的稀疏性或是粒子的速度. 很显然,曲线也具有这个特性,这个特性是指:它的纵倾角的正弦处处与速度成正比. 鉴于这一点,人们不难看出,最速降线是一条曲线,它是通过一种介质中的光线来追踪的,这种光线的稀疏性与重粒子垂直下落的速度成正比. 因为速度

---

① 以下备注为伯努利的声明提供了必要的历史背景:

费马在 1657 年给德拉姆布雷(de la Chambre)的一封信(见《费马作品》,Ⅱ,第 354 页)中强调了他相信笛卡儿没有给出他的折射定律的有效证明(现在是斯奈尔(Snell)定律). 费马在这封信中提出了他的最短时间原则,并保证他可以通过使用它解决最大值和最小值问题的方法,从中推断出所有实验已知的折射特性.

1662 年,费马应德拉姆布雷的要求,实际上是将他的原则应用于折射定律的确定. 笛卡儿在假设稀疏介质中的光速小于稠密介质时,推导了笛卡儿(斯奈尔)的折射定律,费马认为这一假设显然是错误的;费马则采用相反的假设,期待发现另一种折射定律. 令他惊讶的是,他发现通过最小化过程的所有细节,应用他的原则所推导的结果与笛卡儿所建立的精确的折射定律一样. 费马被这意外的结果弄糊涂了,所以他同意把胜利让给笛卡儿,尽管他仍然不信任笛卡儿的证明模式.

Cartesion Clerselier 确信,如果时间最短原则是正确的,那么笛卡儿关于光速的假说一定是假的(因为他在费马的几何证明中找不到错误),他积极地用自己的话推翻了这一原则.(*CEuvres*,Ⅱ,letter CXIⅡ第 464 页,letter CXIV,第 472 页.)

(*CEuvres*,Ⅱ第 483 页)很明显,费马对这件事很反感,在给牧师的答复中写道:

"至于原则的问题,在我看来,我不仅经常对德拉姆布雷先生说,而且也对你说,我没有假装,我从来没有假装已经洞察了大自然的秘密. 她行踪隐秘,我从来没有试过要看透它. 我只是向她提供了一点几何学方面的帮助,关于折射问题,这种援助对她有帮助. 但既然你向我保证,她不用这种帮助就能处理自己的事情,而且她满足于遵照笛卡儿先生给她提供的路径,我就放弃了我本全心全意地想要征服物理学的理想(即最短时间原则);如果你能把我的纯几何学问题留给我,我就满足了. 抽象地说,我们可以找到一个运动粒子的路径,它通过两种不同的介质,寻求在最短的时间内实现它的运动. "然而,费马放弃他的原则似乎是暂时的;因为,在 1664 年,我们发现他再次在这个原则的基础上攻击笛卡儿对折射定律的推导.(*CEuvres*,Ⅱ,letter XCIV 第 485 页)

的增加多少取决于介质的性质,取决于光线的阻力的大小,还取决于人们是否移除介质,并假定加速度是由另一种力产生的,但遵循与重力相同的规律,就像重力的情况一样;既然在这两种情况下,曲线最终都应该在最短的时间内被遍历,是什么阻碍了我们用一个代替另一个呢?

通过这个方式,无论我们是怎么假设加速度定律,都可以以更一般的形式解决问题.因为它被简化为在罕见性变化的介质中寻找光线的弯曲路径.

如图 1,假设 FGD 是以水平线 FG 为界限的介质,发射点 A 位于 FG 上.假设 AD 是给定曲线 AHE 的纵轴,AD 与 HC 一同确定了右高度为 AC 的区域内界质的稀疏度,或者说是光线的速率.假设 AMB 即为所求曲线.我们分别将 AC,CH,CM 设为 x,t,y;用微分 dx,dy,dz 分别表示 Cc,nm,Mm,再给出任意一个常数 a.将 Mm 当作整个正弦,将 mn 当作折射角的正弦或是垂直面的曲线倾斜度.这样我们就能得到 mn 与 HC 的比是定值,即 $dy:t = dz:a$.这样就得到了等式 $ady = tdz$ 或 $aady^2 = ttdz^2 = ttdx^2 + ttdy^2$,简化给定微分方程 $dy = tdx\sqrt{aa - tt}$,则得到曲线 AMB.这样,我就能够一次性地解决两个问题(一个属于光学领域,一个属于机械学领域).我已经陈列出了来自不同领域的和数学有关的两个问题它们具有相同的性质.

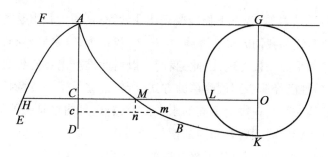

图 1

现在,我们考虑一种特殊的情况,即在第一个假设中的,而且被伽利略证实了的情况:重物下落的速度随下落距离的平方根的变化而变化.在这种假设下,给定的曲线 AHE 就是抛物线,即 $t^2 = ax$ 或 $t = \sqrt{ax}$.若将这个式子代入上式,就会得到最速降线方程 $dy = dx\sqrt{\dfrac{x}{a-x}}$.实际上,如果从点 A 开始,设直径为 a 的圆 GLK 沿 AG 滚动,那么点 K 就可以用来刻画摆线.在此点具有同样的微分方程 $dy = dx\sqrt{\dfrac{x}{a-x}}$,其中 x 为 AC,y 为 CM.上式则可以表示为

$$dx\sqrt{\frac{x}{a-x}} = xdx : \sqrt{ax - x^2} = adx : 2\sqrt{ax - x^2} - (adx - 2xdx) : 2\sqrt{ax - x^2}$$

而$(a\mathrm{d}x - 2x\mathrm{d}x):2\sqrt{ax - x^2}$也是一个微分方程,这个方程的和[1]是$\sqrt{ax - x^2}$或$LO$;$a\mathrm{d}x:2\sqrt{ax - x^2}$是弧$GL$的微分;整理得方程$\mathrm{d}y = \mathrm{d}x\sqrt{\dfrac{x}{a - x}}$,我们得到:$CM = GL - LO$,因此,$MO = CO - GL + LO$.(假设$CO = GLK$的半边像)$CO - GL = LK$,则有$MO = LK + LO$,两边消去$LO$,得到$ML = LK$;这表明$KMA$是一条摆线.

为了使解决问题的方法更完善,我们还将验证给定的点,如最高点. 我们可以画出从最高点滑向第二个给定点的最速降线或摆线. 这很容易完成:如图2,联结点A,B,得到线段AB,在水平面上以A为起点,任取一摆线AL,使得摆线与AB相交于点R;通过点B的摆线ABL的轨迹圆的直径是从线段AB到AR的摆线ARS的轨迹圆的直径[2].

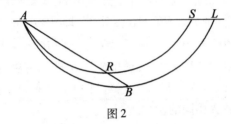

图2

在我进行总结之前,我忍不住地要表达我的惊讶,因为我出乎意料地验证了惠更斯的等时线和我们的最速降线. 更多地,我认为,这是显然的,这一特点仅仅在伽利略的平面内被发现,因此,我们可以由此推测出我们想要得到的结果. 因为这一特性已经演变到最简单的方式,所以他完成了一或两种不同的方式通过一个曲线. 然而,在每个不同的水平面上,有两种曲线是必不可少的. 一种能够满足在持续的时间内有相同的摆动,另一种是为了使下降达到最快. 例如,一个下落物体的速度不仅随下落高度的平方根的改变而改变,还随下落高度的立方根变化. 因此,最速降线问题与代数(algebraic)也有关,等时曲线在某种意义上是一种先验论(transcendental);如果速度随下落高度变化,那么曲线

① 伯努利用和表示积分.
② 参照 Bliss,《变分法》,1925 年,第 55~57 页.

就属于代数领域,一个是圆,另一个是直线①.

我想,如果我最后给出了问题的解决方法(把它视为有价值的考虑因素),几何学家们也会感激我的,因为我在写下以前发生的事情时就想到了这个问题.我们假设在垂直面上的曲线为 PB(也称为等时线),如图3,粒子从最高点 A,沿着摆线 AB 下滑,经过不同的点 B,到达这些点 B 的时间相同.假设 AG 为横轴、AP 为纵轴.问题如下:用 AG 来刻画每一条摆线,AB 就会被刻画出来:让粒子从点 A 开始下落,我们保证粒子从点 A 落到点 P 的时间与粒子沿不同轨迹从点 A 划过点 B 的时间一致,这样得到的点 B 就会落在我们所要求的等时曲线 PB 上.

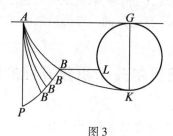

图 3

如果我们前面提及的光线引起了大家的关注,这是很显然的,我们说的曲

---

① 用 B_1 和 B_2 表示伯努利在这里提出的假设,并观察到他所关注的是一个粒子在指定的速度场中从静止处落下.

在 B_1 和 B_2 条件下,当落点的初始速度不为零时,相应的最速降线积分中的被积函数,$T = \int_0^l \frac{ds}{v}$,沿联结给定点 A 和 B 的整个弧是正则的.相反,当初始速度为零时,被积函数在初始点 A 是奇异的,需要进一步研究.对于一般伽利略假设下的相应情形,请参阅 Bliss《变分法》,1925 年,第 68 页;克莱瑟,*Lebrbucb der Variationsrecbnung*,1925 年,第 63 页.

假设条件在等时曲线的情况下是不可接受的.这可以通过使用 Puiseux 的方法来证明(见 Jour, de Matb, (Liouville's), Ser, 9 卷,第 410 页;和 appell 著,*Traité de Mecanique Rationelle*,1 卷,第 351 页,麦克米伦著(MacMillan)《粒子的静力学和动力学》(*Statics and tbe Dynamics of a Particle*),第 225 页)积分 $T = C\int_0^b \frac{\sqrt{1 + [f'(x)]^2}}{(b - x)^k}$,它表示粒子从高度 $x = b$ 到高度 $x = 0$,沿方程为 $y = f(x)$ 曲线的下落时间,下落的速度与下落的距离的 k 次幂成正比.实际上,我们发现,若要使该积分独立于赋值 b,则需要满足 $1 + (f'(x))^2 = \delta^2 x^{2k-2}$.因此,当 $k = 1$ 时,该积分没有定义.

对 B_2 假设的反对首先被提出并被证明是正确的,基本如上,出现在 *Oswald's Klassiker der exakten Wissenscbaften* 中,P. Stäckel 著,46 期,1894 年,注释,第 137 页.最后一段所得到的公式 $f'(x)$ 表明,Stäckel 发现的等时曲线方程是错误的.这一错误在他的文章的修订版(1914 年)中仍未得到纠正.

线与惠更斯在《光论》的第 44 页图中的 *BC* 线所代表的曲线是一样的,称之为波前(wave-front);而且,就像波前可以正交地截断所有由光源散发出的光线一样(如同惠更斯记载的一样);所以,我们的曲线 *PB* 可以在直角上,截断由最高点 *A* 引出的所有摆线. 但是,如果有人仅仅以几何学的方式论述这个问题:找一条可以从直角截断所有从最高点出发的摆线. 那么,这个问题对于几何学家将会非常困难. 但是,从其他角度看来,将它视为重物下落问题,构造曲线将会变得很容易. 假设摆线 *ABK* 是由圆 *GLK* 产生的, *GK* 是圆 *GLK* 的直径. 那么,弧 *GL* 等于给定的 *AP* 和直径 *GK* 的比. 画出 *LB*,使它与 *AG* 水平平行. 如果没有人想要用他的方法解决其他问题,那就让他去找在给定位置上的曲线满足在直角处截断曲线,不是代数上的曲线,(如果是的话就一点也不难找到)而是超验论的曲线),例如,在一个公共轴上并通过同一点的对数曲线(logarithmic curves).

§8 阿贝尔关于积分方程的研究

(本文由普罗维登斯布朗大学的塔玛金(J. D. Tamarkin)教授译自德文)

尼尔斯·亨利克·阿贝尔(生于 1802 年 8 月 5 日,卒于 1829 年 4 月 6 日)同牛顿、欧拉、高斯、柯西、黎曼一样,是科学的创造者. 阿贝尔在他短暂的生命中为数学体系的建立做出了重大贡献. 虽然他主要研究代数学和积分学,但在分析学的众多分支中,特别是对积分方程理论这一方面的研究使他的名字被永远铭记,在阿贝尔工作的 70 年后,沃尔泰拉(Volterra)、弗雷德霍姆(Fredholm)、希尔伯特等人在他的基础上系统性地研究了相关问题.

在这本书中我们只翻译标题为 *Auflösung einer mechanischen Aufgabe* 文章中的一小部分 Journal Jür die reine und angeivandte Mathematik(Crelle),卷 I,1926 年,第 153 ~ 157 页;*CEuvres Complètes*,Nouvelle édition par L. Sylow et S. Lie. 卷 I,1881 年,第 97 ~ 101 页. 这是在前文的基础上修改的版本:Solution de quelques problèmes a l' aide d' integrales définies(挪威文),Magazin for Naturvidenskaberne,卷 I,装订 2,挪威出版,1823 年;*CEuvres Completes*. 卷 I,第 11 ~ 18 页.

阿贝尔在这里解决了著名的等时曲线问题,其方法是将问题转化为一个积分方程,该方程现在以他的名字命名. 他的解法非常简洁,需要稍加修改才能以现代形式呈现. 这个解法和公式

$$\phi(x) = \int_0^\infty \mathrm{d}p f(q) \cos qx, f(q) = \frac{2}{\pi} \int_0^\infty \mathrm{d}x \phi(x) \cos qx$$

是由傅里叶（Fourier）①给出的，这也许是第一个从方程中直接确定未知函数的例子，其中这个未知函数在积分中. 在不谈论解法的前提下，阿贝尔和泊松②几乎同时提出了这一方程. 现在有一本扩展文献，专门研究阿贝尔方程和类似积分方程. 整个问题与积分和非整数阶导数的概念密切相关，这种运算是由莱布尼茨（1695）和欧拉③率先提出的，由刘维尔（Liouville）和黎曼④继续深入研究，现在它在纯分析和应用分析的各种问题上有着许多重要的应用.

1. 力学问题的解决方法

如图1，设 $BDMA$ 为任意一条曲线，BC 是一条水平线，CA 是一条垂直线. 让一粒子在重力作用下沿曲线运动，起点为 D. 设从 D 到 A 时间为 τ，EA 长为 a，故 τ 是 a 的函数，且依赖于曲线的形状，反之，曲线的形状依赖于函数. 如果 τ 是关于 a 的连续函数，我们将研究如何用一个定积分来求曲线方程.

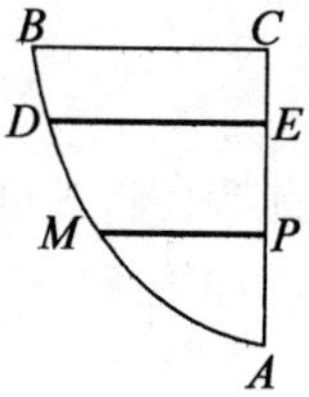

设 $AM = s, AP = x, t$ 为粒子在弧 DM 上运动的时间，根据力学相关知识我们有 $-\dfrac{\mathrm{d}s}{\mathrm{d}t} = \sqrt{a-x}$，⑤于是 $\mathrm{d}t = -\dfrac{\mathrm{d}s}{\sqrt{a-x}}$ 因此，从 $x = a$ 到 $x = 0$ 进行积分

图1

---

① "固体热运动理论"记录在《法国研究所皇家科学院回忆录》，第4卷，1819年至1820年（1824年出版），第185~555页，共489页. 1811年傅里叶将这本回忆录出版，并在1812年获得奖项.

② "关于固体热量分布的第二次报告"《理工学院学报》，第19册，第12卷，1823年，第249~403页，共299页.

③ 莱布尼茨，*Mathematiscbe Scbriften*，由 C. I. Gerhardt, Halle 发表，第3卷，1855年（莱布尼茨写给约翰·伯努利的信件），第4卷，1859年（莱布尼茨写给沃利斯的信件）.

莱昂哈德·欧拉"De progressionibus transcendentibus seu quarum termini generals algebraice dari nequeunt"Commentar ii Academiae Scientiarum Petropolitanae，第5卷，1730—1731年，36~57页（55~57页）；全集（1）14，1~25页（23~25页）.

④ 约瑟夫·刘维尔，"Mémoire sur quelques questions de géométric et de mécanique, et sur un nouveau enre de calcul pour résoudre ces questions，《理工学院学报》，第21册. 第13卷，1832年，1~69页，"Mémoire sur le calcul des différentielles a I'indices quelconques"《理工学院学报》第21册，第13卷，71~162页.

波恩哈德·黎曼，"一体化和一体化意义的分化"沃克著，第二版，1892年，353~366页.

⑤ 如果 $v_0 = 0, v$ 分别表示粒子在点 D, M 处的速度，g 表示粒子的重力加速度，则由 $v^2 - v_0^2 = 2g(a-x)$ 得 $v = \dfrac{\mathrm{d}s}{\mathrm{d}t} = -\sqrt{2g}\sqrt{a-x}$. 因此，本文中的方程与单位的选择相对应，故 $2g = 1$.

$$\tau = -\int_a^0 \frac{\mathrm{d}s}{\sqrt{a-x}} = \int_a^0 \frac{\mathrm{d}s}{\sqrt{a-x}},$$

其中 $\int_\alpha^\beta$ 表示积分上下限分别对应于 $x = \alpha$ 和 $x = \beta$. 现在设 $\tau = \phi(a)$ 是已知函数,则

$$\phi(a) = \int_0^a \frac{\mathrm{d}s}{\sqrt{a-x}}$$

在此方程中, s 作为 x 的函数. 除了这个方程,我们将考虑另一个更一般的方程

$$\phi(a) = \int_0^a \frac{\mathrm{d}s}{(a-x)^n}(0 < n < 1)$$

由此我们将尝试用 x 表示 s.

如果 $\Gamma(\alpha)$ 指定函数

$$\Gamma(\alpha) = \int_0^1 \mathrm{d}x \left(\log \frac{1}{x} \right)^{\alpha-1} \left(= \int_0^\infty \mathrm{e}^{-z} z^{\alpha-1} \mathrm{d}z \right)$$

t 已知且

$$\int_0^1 y^{\alpha-1}(1-y)^{\beta-1} \mathrm{d}y = \frac{\Gamma(\alpha)\Gamma(\beta)}{\Gamma(\alpha+\beta)}$$

其中 α, β 必大于 0. 设 $\beta = 1 - n$,得到

$$\int_0^1 \frac{y^{\alpha-1} \mathrm{d}y}{(1-y)^n} = \frac{\Gamma(\alpha)\Gamma(1-n)}{\Gamma(\alpha+1-n)}$$

再令 $z = ay$,则有

$$\int_0^a \frac{z^{\alpha-1} \mathrm{d}z}{(a-z)^n} = \frac{\Gamma(\alpha)\Gamma(1-n)}{\Gamma(\alpha+1-n)} a^{\alpha-n}$$

再乘以 $\dfrac{\mathrm{d}a}{(x-a)^{1-n}}$,并从 $a = 0$ 到 $a = x$ 进行积分得

$$\int_0^x \frac{\mathrm{d}a}{(x-a)^{1-n}} \int_0^a \frac{z^{\alpha-1} \mathrm{d}z}{(a-z)^n} = \frac{\Gamma(a)\Gamma(1-n)}{\Gamma(a+1-n)} \int_0^x \frac{a^{\alpha-n} \mathrm{d}a}{(x-a)^{1-n}}$$

令 $a = xy$,得到

$$\int_0^a \frac{a^{\alpha-n} \mathrm{d}a}{(x-a)^{1-n}} = x^\alpha \int_0^1 \frac{y^{\alpha-n} \mathrm{d}y}{(1-y)^{1-n}} = x^\alpha \frac{\Gamma(\alpha-n+1)\Gamma(n)}{\Gamma(\alpha+1)}$$

由此

$$\int_0^x \frac{\mathrm{d}a}{(x-a)^{1-n}} \int_0^a \frac{z^{\alpha-1} \mathrm{d}z}{(a-z)^n} = \frac{x^\alpha \Gamma(n)\Gamma(1-n)\Gamma(\alpha)}{\Gamma(\alpha+1)}$$

根据 Γ 函数的一个已知性质 $\Gamma(\alpha+1) = \alpha\Gamma(\alpha)$,从而,通过代换得到

$$\int_0^x \frac{\mathrm{d}a}{(x-a)^{1-n}} \int_0^a \frac{z^{\alpha-1} \mathrm{d}z}{(a-z)^n} = \frac{x^\alpha}{\alpha} \Gamma(n)\Gamma(1-n)$$

将上式乘以 $\alpha\phi(\alpha)\mathrm{d}a$,并在一些常数区间内,对 α 进行不定积分,我们得到

$$\int_0^x \frac{\mathrm{d}a}{(x-a)^{1-n}}\int_0^a \frac{\left(\int\phi(a)\alpha z^{\alpha-1}\mathrm{d}\alpha\right)\mathrm{d}z}{(a-z)^n} = \Gamma(n)\Gamma(1-n)\int\phi(\alpha)x^\alpha\mathrm{d}\alpha$$

设 $\int\phi(\alpha)x^\alpha\mathrm{d}\alpha = f(x)$,求导得

$$\int\phi(\alpha)\alpha x^{\alpha-1}\mathrm{d}\alpha = f'(x),\quad \int\phi(\alpha)\alpha z^{\alpha-1}\mathrm{d}\alpha = f'(z)$$

并代入到上式中,得到

$$\int_0^x \frac{\mathrm{d}a}{(x-a)^{1-n}}\int_0^a \frac{f'(z)\mathrm{d}z}{(a-z)^n} = \Gamma(n)\Gamma(1-n)f(x) \quad ①$$

且已知 $\Gamma(n)\Gamma(1-n) = \dfrac{\pi}{\sin n\pi}$,代入上式有

$$f(x) = \frac{\sin n\pi}{\pi}\int_0^x \frac{\mathrm{d}a}{(x-a)^{1-n}}\int_0^a \frac{f'(z)\mathrm{d}z}{(a-z)^n} \tag{1}$$

利用这个公式很容易从方程 $\phi(\alpha) = \displaystyle\int_0^a \frac{\mathrm{d}s}{(a-x)^n}$ 中求出 s,用它去乘

$\dfrac{\sin n\pi}{\pi}\cdot\dfrac{\mathrm{d}a}{(x-a)^{1-n}}$,从 $a=0$ 到 $a=x$ 进行积分,得

$$\frac{\sin n\pi}{\pi}\int_0^x \frac{\phi(a)\mathrm{d}a}{(x-a)^{1-n}} = \frac{\sin n\pi}{\pi}\int_0^x \frac{\mathrm{d}a}{(x-a)^{1-n}}\int_0^a \frac{\mathrm{d}s}{(a-x)^n}$$

---

① 这个恒等式来自狄利克雷公式

$$\int_0^x \mathrm{d}a\int_0^a F(a,z)\mathrm{d}z = \int_0^x \mathrm{d}z\int_z^x F(a,z)\mathrm{d}a \tag{$*$}$$

(Bocher《积分方程研究导论》1909 年,第 4 页)$f(z)$ 满足某些约束假设. 例如,假设 $f'(z)$ 是连续的,$f(0)=0$,在($*$)中

$$F(a,z) = (x-a)^{n-1}(a-z)^{-n}f'(z)$$

于是,文章中的等式左边化为

$$\int_0^x f'(z)\mathrm{d}z\int_z^x (x-a)^{n-1}(a-z)^{-n}\mathrm{d}a$$

将 $a=z+t(x-z)$ 代入到内部积分中,于是有

$$\int_0^1 t^{-n}(1-t)^{n-1}\mathrm{d}t = \Gamma(n)\Gamma(1-n)$$

最后结果为

$$\int_0^x (x-\alpha)^{n-1}\mathrm{d}a\int_0^a (\alpha-z)^{-n}f'(z)\mathrm{d}z = \Gamma(n)\Gamma(1-n)\int_0^x f'(z)\mathrm{d}z = \Gamma(n)\Gamma(1-n)f(x)$$

严格地说,本文在问题中建立等式的方法,只适用于函数 $f(x)$,其可以表示成形如 $\int\phi(\alpha)x^\alpha\mathrm{d}a$ 的定积分,但是这种表示法的探究需要一个比已知方程更复杂的积分方程.

因此,由(1)得

$$s = \frac{\sin n\pi}{\pi}\int_0^x \frac{\phi(a)\,\mathrm{d}a}{(x-a)^{1-n}} \quad ①$$

现在,取 $n = \dfrac{1}{2}$,且 $\phi(a) = \displaystyle\int_0^a \frac{\mathrm{d}s}{\sqrt{a-x}}$,则 $s = \dfrac{1}{\pi}\displaystyle\int_0^x \frac{\phi(a)\,\mathrm{d}a}{\sqrt{x-a}}$.

这个方程给出 s 关于横坐标 x 的表达式,因此曲线是完全确定的. 我们将上面的表达式应用于一些例子:

如果

$$\phi(a) = \alpha_0 a^{\mu_0} + \alpha_1 a^{\mu_1} + \cdots + \alpha_m a^{\mu_m} = \sum \alpha a^\mu$$

那么 s 的表达式就是

$$s = \frac{1}{\pi}\int_0^x \frac{\mathrm{d}a}{\sqrt{x-a}}\sum \alpha a^\mu = \frac{1}{\pi}\sum\left(\alpha\int_0^x \frac{a^\mu\,\mathrm{d}a}{\sqrt{x-a}}\right)$$

令 $a = xy$ 有

$$\int_0^x \frac{a^\mu\,\mathrm{d}a}{\sqrt{x-a}} = x^{\mu+\frac{1}{2}}\int_0^x \frac{y^\mu\,\mathrm{d}y}{\sqrt{1-y}} = x^{\mu+\frac{1}{2}}\frac{\Gamma(\mu+1)\Gamma\left(\frac{1}{2}\right)}{\Gamma\left(\mu+\frac{3}{2}\right)}$$

因此

$$s = \frac{\Gamma\left(\dfrac{1}{2}\right)}{\pi}\sum \frac{\alpha\Gamma(\mu+1)}{\Gamma\left(\mu+\dfrac{3}{2}\right)}x^{\mu+\frac{1}{2}}$$

又由于 $\Gamma\left(\dfrac{1}{2}\right) = \sqrt{\pi}$,则

$$s = \sqrt{\frac{x}{\pi}}\left(\alpha_0 \frac{\Gamma(\mu_0+1)}{\Gamma\left(\mu_0+\dfrac{3}{2}\right)}x^{\mu_0} + \cdots + \alpha_m \frac{\Gamma(\mu_m+1)}{\Gamma\left(\mu_m+\dfrac{3}{2}\right)}x^{\mu_m}\right)$$

如果 $m = 0, \mu_0 = 0$,那么问题中的曲线就是等时线,并且我们发现

---

① 应该对所得到的解进行讨论.

a. 由于函数 s 代替式(1)中的 $f(x)$,它必须满足对 $f(x)$ 的限制,例如,$s'(x)$ 必须是连续的,$s(0) = 0$,从物理的角度解释 $s(x)$,这是显然的. 对已知函数 $\phi(a)$ 进行一定的限制;很容易证明 $\phi(a)$ 满足上述条件,$\phi'(a)$ 连续,$\phi(0) = 0$. 最后一个条件显然也满足问题的积分方程.

b. 如果上述所有条件都满足,等式(1)就能说明问题的解是唯一的. 如果 $f(z)$ 是一个解,则式(1)中的积分可化简为 $\phi(a)$,从而得到本文中的解.

$$s = \sqrt{\frac{x}{\pi}} \alpha_0 \frac{\Gamma(1)}{\Gamma\left(\frac{3}{2}\right)} = \frac{2\alpha_0 \sqrt{x}}{\pi}$$

恰好是摆线的方程.

注:我们省略了示例 II,其中函数 $\phi(a)$ 是由不同区间内的不同公式给出的.

在前面提到的文章中,阿贝尔给出了同样的解的最终公式,但他的讨论是基于这样的假设:s 可以用形式为 $s = \sum \alpha^{(m)} x^m$ 的和来表示. 接着,他讨论了下降时间与垂直距离 a 的幂成正比或为常数(等时曲线)的特殊情况. 在文章的结尾,阿贝尔用导数和非整数阶积分的符号,以一种引人注目的形式来表示他的解. 我们将函数 $\psi(x)$ 的 α 阶导数的表达式定义为

$$\frac{d^\alpha \psi(x)}{dx^\alpha} = D_x^\alpha \psi(x) = \begin{cases} \dfrac{1}{\Gamma(-\alpha)} \displaystyle\int_c^x (x-z)^{-\alpha-1} \psi(z) dz, \text{如果 } \alpha < 0 \\ \dfrac{d^p}{dx^p} D_x^{\alpha-p} \psi(x), \text{如果 } p \text{ 是整数,且 } 0 \leqslant p-1 < \alpha \leqslant p \end{cases}$$

c 是常数,特别地在阿贝尔的讨论中 c 等于 0. 如果我们假设 $D^\alpha D^\beta \psi = D^{\alpha+\beta} \psi$(没有给出证明),那么阿贝尔的积分方程可以写为

$$\phi(x) = \Gamma(1-n) D_x^{n-1} D_x s = \Gamma(1-n) D_x^{n-1} s$$

则可以直接利用公式

$$s(x) = \frac{1}{\Gamma(1-n)} D_x^{-n} \phi = \frac{1}{\Gamma(1-n)\Gamma(n)} \int_0^x \phi(a)(x-a)^{n-1} da$$

来求解 s. 为了证明这个计算的合理性,阿贝尔证明了等式

$$D_x^{-n-1} D_x^{n+1} f = f$$

该等式也可以从上面的等式(1)中推导出.

在 $n = \dfrac{1}{2}$ 的特殊情况下,阿贝尔分别给出了方程及方程的解

$$\psi(x) = \sqrt{\pi} \frac{d^{\frac{1}{2}} s}{dx^{\frac{1}{2}}}; s = \frac{1}{\sqrt{\pi}} \frac{d^{-\frac{1}{2}} \psi}{dx^{-\frac{1}{2}}} = \frac{1}{\sqrt{\pi}} \int^{\frac{1}{2}} \psi(x) dx^{\frac{1}{2}}$$

在文章的结尾,阿贝尔补充道:"我在方程 $\psi(a) = \displaystyle\int_{x=0}^{x=a} \frac{1}{(a-x)^n}$ 中以同样的方式求得了 s,从方程 $\psi(a) = \int \phi(xa) f(x) dx$ 中找到了函数 ϕ,其中 ψ 和 f 是已知函数,积分在任意极限之间(在上述引文中);但是这个问题的解法太长了."这个解法阿贝尔从来没有发表过.

最后需要指出,阿贝尔方程和其他几个与之类似的方程是由刘维尔用导数和非整数阶积分(上述提到的)的概念解决的. 刘维尔的解法是纯形式上的,他

似乎不知道阿贝尔的结果, 刘维尔还解决了上文提到的泊松方程(sur la détermination d'une function arbitraire place sous un signe d'intégration définiede l'Ecole Polytechnique 期刊, 卷 15, 1835 年, 第 55~60 页), 泊松方程是

$$F(r) = \frac{1}{2}\sqrt{\pi}\, r^{n+1} \int_0^\pi \psi(r\cos\omega)\sin^{2n+1}\omega \, d\omega$$

其中 $F(r)$ 是已知方程, 假设未知函数是偶函数 $\psi(a)$, $\psi(-u) = \psi(u)$. 把 $\left(0, \dfrac{\pi}{2}\right)$ 作为积分区间, 通过做代换 $\cos\omega = \left(\dfrac{u}{x}\right)^{\frac{1}{2}}$, $r^2 = x$, 可将泊松方程化为阿贝尔方程.

§9　贝塞尔关于函数的研究

(本文由加州帕萨迪纳加州理工学院的 H. 贝特曼(H. Bateman)教授译自德文)

　　弗里德里希·威廉·贝塞尔(Friedrich Wilhelm Bessel)生于 1784 年 7 月 22 日, 卒于 1846 年 3 月 17 日. 他的父亲是政府代表, 最终获得"法官"的称号, 他的母亲是雷姆牧师的女儿. 他的妻子是科尼斯堡家族的约翰娜·哈根, 他有两个儿子和三个女儿. 在奥尔伯斯的期望和建议下, 贝塞尔担任了利林塔尔奥勃拉曼施罗德(the Oberamtmann Schröter)私人天文台的检验员一职. 1806 年初, 那时的贝塞尔已经是一位工作十分热忱的专业天文学家了, 工作中, 他专注于对土星的观察. 他的著名工作是钟摆实验, 但他因对函数的研究, 即以他名字命名的贝塞尔函数而闻名.

　　他不是第一个接触这类函数的人, 但无疑是第一个对该类函数有关内容给出系统概述的人, 包括一些关于低阶函数的问题. 贝塞尔只考虑 i 阶函数, 其中 i 是整数, 但非整数阶的类似函数在应用数学中具有重要意义. 目前, 这一课题的文献相当广泛, 许多微分方程都是用贝塞尔函数来求解的. 许多定积分的值也可以用这些函数来表示, 事实上, 这些函数被发现是非常有用的, 因此贝塞尔的研究得到了很大的扩展, 相关文献也完全致力于这些性质的发展. 这些书给了大多数数学家他们所需要的所有公式, 我相信很少有人还会想看原始的文献. 然而, 这仍然是非常有意义的, 并且在使数学进步的最重要贡献中应该占有一席之地. 由于篇幅不长, 文献没有完整地给出, 以下摘录由序言和有关函数性质的部分组成.

　　译文(第 667~669 页)选自他"*Uuntersuchungen des Theils der planetarischen Störungen, welcher aus der Bewegung der Sonne entstelht*"(《研究由太阳运动引起

的行星扰动部分》)发表在 Berlin Abbandlungen(1824 年)和他的 Werke,Bd. 84~109页中译文由帕萨迪纳加州理工学院数学研究员摩根沃德核对.

一个行星被另一个行星的椭圆运动干扰包括两部分:一个是扰动行星对另一个行星有引力作用;另一个是扰动行星引起太阳运动. 这两个部分在以前的行星扰动计算中是结合起来的,但是尝试分离它们是有意义的. 事实上,正如我将在本文中所表明的那样,后者可以得到直接和完全的计算,因此应该将它与迄今尚未进行计算的前者分开;迄今为止,如果我们希望接受扰动行星以同等质量作用于被扰动的行星和太阳这个假设,那么这种分离确实是必要的. ①

出现在前六个公式中的两个积分 $\int \cos i\mu \cdot \cos \varepsilon \cdot d\varepsilon$ 和 $\int \sin i\mu \cdot \sin \varepsilon \cdot d\varepsilon$,可以很容易地化简为 $\int \cos(h\varepsilon - k\sin \varepsilon)d\varepsilon$,其中 h 是一个整数,最后一个整数表示为 $2\pi I_k^h$.

事实上我们知道

$$\int \cos i\mu \cdot \cos \varepsilon \cdot d\varepsilon = \int \cos i\mu \left[1 - (1 - \mathrm{e}\cos \varepsilon)\right] \frac{d\varepsilon}{\mathrm{e}} =$$

$$\frac{1}{\mathrm{e}} \int \cos i\mu \cdot d\varepsilon - \frac{1}{\mathrm{e}} \int \cos i\mu \cdot d\mu$$

当取积分限为 $\mu = 0$ 和 $\mu = 2\pi$ 时,后一项消失,则 $\int \cos i\mu \cdot \cos \varepsilon \cdot d\varepsilon = \frac{2\pi}{\mathrm{e}} I_{i\mathrm{e}}^i$,此外 $\int \sin i\mu \cdot \sin \varepsilon \cdot d\varepsilon = \int \cos i\mu \cdot \cos \varepsilon \cdot d\varepsilon - \int \cos(\varepsilon + i\mu)d\mathrm{e}$,即 $\int \sin i\mu \cdot \sin \varepsilon \cdot d\varepsilon = \frac{2\pi}{\mathrm{e}} I_{i\mathrm{e}}^i - 2\pi \frac{2\pi}{\mathrm{e}} I_{j\mathrm{e}}^{i+1}$

I_n^k 的级数展开式是利用我回忆录中关于开普勒问题的解法得到的,即

$$I_n^k = \frac{\left(\frac{k}{2}\right)^h}{\pi(h)} \left[1 - \frac{1}{h+1}\left(\frac{k}{2}\right)^2 + \frac{1}{1.2(h+1)(h+2)}\left(\frac{k}{2}\right)^4 - \cdots\right]$$

其中 $\pi(h) = h!$. 不仅利用中心方程和量 $\cos \phi, \sin \phi, r\cos \phi, r\sin \phi,$ $\frac{1}{r^2}\cos \phi, \frac{1}{r^2}\sin \phi$ 可推导出这些定积分的展开式,$\log r, r^n, r^n\cos m\phi, r^n\sin m\phi,$

---

① 贝塞尔基础方程是

$$\frac{r}{a}\cos \phi = \cos \varepsilon - \mathrm{e} \tag{1}$$

$$\frac{r}{a}\sin \phi = \sqrt{1 - \mathrm{e}^2}\sin \varepsilon \tag{2}$$

$$u = \varepsilon - \mathrm{e}\sin \varepsilon, r = a(1 - \mathrm{e}\cos \varepsilon)$$

$r^n \cos m\varepsilon, r^n \sin m\varepsilon$ 也可以. 当 n 和 m 是整数时,积分值可能是正整数、负整数或零. 由于物理天文学的大多数问题都会应用这样的级数展开式,因此更充分地了解这些积分是必要的.

为了简单起见,在 0 和 2π 之间取的四个积分,符号表达式如下

$$\frac{2\pi}{e}L = \int \cos i\mu \cdot \cos \varepsilon \cdot d\varepsilon; \frac{2\pi}{e}L' = \int \sin i\mu \cdot \sin \varepsilon \cdot d\varepsilon$$

$$\frac{2\pi}{e}M = \int \frac{\cos i\mu \cdot \cos \varepsilon \cdot d\varepsilon}{1 - e\cos \varepsilon}; \frac{2\pi}{e}M' = \int \frac{\sin i\mu \cdot \sin \varepsilon \cdot d\varepsilon}{1 - e\cos \varepsilon}$$

首先我们必须表明,上述积分的展式涉及这些量.

我们用 H^i 表示在 $\log r$ 展开式中 $\cos i\mu$ 的系数;展开式使得级数包含 i 值的正负,这里我们有

$$2\pi H^i = \int \log r \cdot \cos i\mu du = \frac{1}{i}\log r \cdot \sin i\mu - \frac{e}{i}\int \frac{\sin i\mu \cdot \sin \varepsilon \cdot d\varepsilon}{1 - e\cos \varepsilon}$$

因此,当 $i \neq 0$ 时,有 $H^i = -\frac{1}{i}M'$.

当 $i = 0$ 时,我们得到了一个对数展开式;实际上,如果我们用 λ 表示 $\dfrac{e}{1 + \sqrt{1 - e^2}}$,以半长轴为单位,则有

$$\frac{1}{r} = \frac{1}{\sqrt{1 - e^2}}(1 + 2\lambda \cos \varepsilon + 2\lambda^2 \cos 2\varepsilon + 2\lambda^3 \cos 3\varepsilon + \cdots)$$

如果我们把它乘以 $dr = e\sin \varepsilon d\varepsilon$ 并求积分,得

$$\log r = c - 2\left(\lambda \cos \varepsilon + \frac{1}{2}\lambda^2 \cos 2\varepsilon + \frac{1}{3}\lambda^3 \cos 3\varepsilon + \cdots\right)$$

对于确定常数 c,当 $\varepsilon = 0$ 时

$$\log(1 - e) = c - 2\left(\lambda + \frac{1}{2}\lambda^2 + \frac{1}{3}\lambda^3 + \cdots\right) =$$
$$c + 2\log(1 - \lambda)$$

所以 $\quad \log r = \log \dfrac{1 - e}{(1 - \lambda)^2} = 2\left(\lambda \cos \varepsilon + \dfrac{1}{2}\lambda^2 \cos 2\varepsilon + \dfrac{1}{3}\lambda^3 \cos 3\varepsilon + \cdots\right)$

如果我们把它乘以 $d\mu - (1 - e\cos \varepsilon)d\varepsilon$,并从 0 到 2π 积分,得

$$H^0 = \log \frac{1 - e}{(1 - \lambda)^2} + \lambda e = \log \frac{1 + \sqrt{1 - e^2}}{2} + \frac{e^2}{1 + \sqrt{1 - e^2}}$$

1. 贝塞尔递推公式

在贝塞尔的论文中给出了下列递推公式,在这里我们只给出公式但不作证明

$$o = kI_k^{i-1} - 2iI_k^i + kI_k^{i+1} \tag{3}$$

$$I_k^{-i} = (-)^i I_k^i \tag{4}$$

$$\frac{I_k^i}{I_k^{i-1}} = \cfrac{\dfrac{k}{2i}}{1 - \cfrac{k^2}{(2i)(2i+2)}} {\phantom{1 - \cfrac{k^2}{(2i+2)(2i+4)}}}$$

$$\frac{dI_k^i}{dk} = \frac{i}{k}I_k^i - I_k^{i+1}$$

$$\frac{I_k^{i+h}}{\left(\dfrac{k}{2}\right)^{i+th}} = (-)^h \frac{d^h\left\{\dfrac{I_k^i}{\left(\dfrac{k}{2}\right)^2}\right\}}{\left(d\dfrac{k^2}{4}\right)^h}$$

$$\frac{I_k^i}{\left(\dfrac{k}{2}\right)^i} = (-)^i \frac{d^i\{I_k^0\}}{\left\{d\dfrac{k^2}{4}\right\}^i}$$

$$o = \frac{d^2 I_k^i}{dk^2} + \frac{1}{k}\frac{dI_k^i}{dk} + I_k^i\left(1 - \frac{i^2}{k^2}\right)$$

其他积分可以简化为函数 I_k^i，如下示例所示①

$$\frac{1}{2\pi}\int \cos(i\varepsilon - m\cos\varepsilon - n\sin\varepsilon)d\varepsilon = \cos i\alpha \cdot I_{\sqrt{m^2+n^2}}^i \tag{5}$$

$$\frac{1}{2\pi}\int \cos i\varepsilon \cdot \cos(m\cos\varepsilon + n\sin\varepsilon)d\varepsilon = \begin{cases} \cos i\alpha \cdot I_{\sqrt{m^3+n^3}}^i, & i \text{ 为偶数} \\ 0, & i \text{ 为奇数} \end{cases} \tag{6}$$

$$\frac{1}{2\pi}\int \sin i\varepsilon \cdot \sin(m\cos\varepsilon + n\sin\varepsilon)d\varepsilon = \begin{cases} \cos i\alpha \cdot I_{\sqrt{m^3+n^3}}^i, & i \text{ 为奇数} \\ 0, & i \text{ 为偶数} \end{cases} \tag{7}$$

贝塞尔证明了下列关系

$$\frac{1}{2\pi}\int (\cos\varepsilon)^{2i}\cos(k\sin\varepsilon)d\varepsilon = \frac{1\cdot3\cdot\cdots\cdot(2i-1)}{k^i}I_k^i \tag{8}$$

$$\frac{1}{2\pi}\int_0^1 \cos kz(1-z^2)^{i-\frac{1}{2}}dz = \frac{1\cdot3\cdot\cdots\cdot(2i-1)}{4k^i}I_k^i \tag{9}$$

$$\frac{1}{2\pi}\int e^{n\cos\varepsilon}\cos(m\sin\varepsilon)d\varepsilon = I_{\sqrt{m^2-n^2}}^0 \tag{10}$$

---

① 在方程中，$\tan\alpha = \dfrac{n}{m}$.

$$\cos k \cdot I_k^0 = 1 - \frac{3}{(\pi 2)^2}k^2 + \frac{3 \cdot 5 \cdot 7}{(\pi 4)^2}k^4 - \cdots$$

这里$(\pi 2)$表示$2!$,其他同理

$$\sin k \cdot I_k^0 = k - \frac{3 \cdot 5}{(\pi 3)^2}k^3 + \frac{3 \cdot 5 \cdot 7 \cdot 9}{(\pi 5)^2}k^5 - \cdots \tag{11}$$

$$I_{k+z}^i = \left[\left(1 + \frac{z}{k}\right)^i \left\{ I_k^i - I_k^{i+1} z\left(1 + \frac{z}{2k}\right) + \frac{I_k^{i+2}}{1 \cdot 2}z^2\left(1 + \frac{z}{2k}\right)^2 - \cdots \right\} \right] \tag{12}$$

最后一个级数可以用来计算和插值函数表,实际上,贝塞尔还用它来建立 I_k^0 和 I_k^1 表格,其中 k 从 0 到 3,2.

2. 贝塞尔函数的根

函数 I_k^0 与正弦和余弦函数有共同之处,当它的参数 k 从 $2n\pi$ 增加到 $(2n+2)\pi$ 时,它的显著性质是有两次为零和改变符号.下面我将证明如果

m 是偶数,$I_k^0 > 0$,$k = m\pi$ 至 $k = \left(m + \frac{1}{2}\right)\pi$;

m 是奇数,$I_k^0 < 0$,$k = m\pi$ 至 $k = \left(m + \frac{1}{2}\right)\pi$.

如果我们令 $\sin \varepsilon = z$,$k = \frac{2m + m'}{2}\pi$,这里 m 表示一个合适的分数,根据式 (9) 我们有

$$I_k^0 = \frac{2}{\pi}\int_0^1 \cos\left(\frac{2m + m'}{2}\pi z\right)\frac{\mathrm{d}z}{\sqrt{1 - z^2}}$$

用 v 表示 $(2m + m')z$,表达式变为

$$I_k^0 = \frac{2}{\pi}\int_0^{2m+m'} \cos\frac{\pi v}{2}\frac{\mathrm{d}v}{\sqrt{(2m + m')^2 - v'}}$$

从 $v = a$ 到 $v = b$ 积分,令 $v = h + \mu$,则

$$\int_{a-b}^{b-b} \cos\left(\frac{b\pi}{2} + \frac{\pi u}{2}\right)\frac{\mathrm{d}u}{\sqrt{(2m + m')^2 - (b + u)^2}}$$

取 $h = 1,3,\cdots,2m - 1$,a,b 分别为 $h - 1$ 和 $h + 1$,表达式最终形式如下

$$I_k^0 = \frac{2}{\pi}\int_{-1}^1 \sin\frac{\pi}{2}\mathrm{d}u\left[-\frac{1}{\sqrt{\mu^2 - (1 + u)^2}} + \frac{1}{\sqrt{\mu^2 - (3 + u)^2}} - \cdots + \right.$$

$$\frac{(-)^{m-1}}{\sqrt{\mu^2 - (2m - 3 + u)^2}} + \frac{(-)^m}{\sqrt{\mu^2 - (2m - 1 + u)^2}} +$$

$$\frac{2}{\pi}(-)^m\int_0^{m'} \frac{\cos\frac{\pi u}{2}\mathrm{d}u}{\sqrt{(\mu^2 - 2m + u)^2}}(\mu = 2m + m')$$

表达式里的个别项为正值,显然最后一项的积分为正值是因为 $\frac{\pi\mu}{2} < \frac{\pi}{2}$ 恒成立,其他项是因为它们大于负数;因此我们有

$$\int_{-1}^{1} \frac{\sin\frac{\pi\mu}{2}\mathrm{d}u}{\sqrt{\mu^2 - (b+u)^2}} = \int_0^1 \left\{ \frac{\sin\frac{\pi u}{2}\mathrm{d}u}{\sqrt{\mu^2 - (b+u)^2}} - \frac{\sin\frac{\pi u}{2}\mathrm{d}u}{\sqrt{\mu^2 - (b-u)^2}} \right\}$$

其中,正分式的分母小于负分式的分母. 另外,只对于分式来说,由于分母的不断减小,每个分式的后一项都比前一项大;因此,两个相邻项的和的符号都会与后一项的符号相同. 如果 m 是偶数,则括号里的最后一项将是正数,因此所有项的总和也是正数;如果 m 是奇数,则括号里的最后一项是负数,则括号内从第二项开始到最后一项的和是负数,括号内第一项以及括号外的项也是负数,因此因此所有项的和是负数. 不仅 I_k^0 具有这个性质,对于所有的 I_k 也有这个性质. 事实上为了方便理解,我们记 $I_k^i = \frac{k}{2}R^{(i)}, \frac{k^2}{4} = k$,则

$$R^{(i+1)} = -\frac{\mathrm{d}R^i}{\mathrm{d}x}$$

因此当 R^i 出现极大值或极小值时 $R^{(i+1)} = 0$;但对于 k 或 x 两个值,若 $R^i = 0$,则此时一定有一个极大值或极小值,因此 $R^{(i+1)}$ 也等于 0. 所以,很显然 I_k^1 等于零时,I_k^0 是一个极大值或极小值;对于 k 的两个值,当 $I_k^1 = 0$ 时,R^1 必然有一个极大值或极小值,因此 I_k^2 必有一根. 依此类推.

§10 莫比乌斯关于重心微积分的研究

(本文由纽约市立大学亨特学院的 J. P. Kormes 译自德文)

奥古斯特 · 费迪南德 · 莫比乌斯(Augustus Ferdinand Möbius, 1790—1868)是莱比锡的一名天文学教授,并且在天文学方面发表了几篇重要论文. 由于研究天体力学,使他对几何学有了浓厚的兴趣. 1827 年他发表了一篇对科学发展有巨大贡献的论文,题目为:*Der barycentriscbe Calcul ein neues Hueljsmittel zur anzlytiscben Bebandlung der Geometric dargestellt und insbesondere auj die Bildung neuer Classen von Aujgaben und die Entwickelung mebrerer Eigenscbajten der Kegelscbnitte angewendet*, Leipzig, Verlag von Johann Ambrosius Barth,第 1～454 页.

在这部著作中,莫比乌斯首次在解析几何中引入齐次坐标. 借助于重心微

积分,对各种问题,特别是与圆锥截面有关的问题,进行了化简. 他介绍了根据变换(相似、仿射、共线)对几何图形性质的显著分类,在这些变换下,这些性质保持不变. 莫比乌斯得到了共线群的特征不变量,即非调和比. 他还成功地建立了点和直线对偶性的一般原则.

2)过两个给定的点 A,B 作平行线.

如果 a,b 是任意两个成固定比例的数,且 $a+b\neq0$,那么可以找到一条直线与平行直线分别交于不同的两点 A',B',有 $aAA'+bBB'=0$.

作直线 AB,在 AB 上找到一点 P,满足 $AP:PB=b:a$. 每一条过点 P 且与这两条平行线相交的直线将具备所需的性质. 在相似三角形 $AA'P$ 和 $BB'P$ 中,有 $AA':BB'=AP:BP=AP:-PB=b:-a$[①];因此有 $aAA'+bBB'=0$.

3)c. 如果 A,B 分别与 a,b 成比例,那么点 P 可以被看作是 A 与 B 的质心,其系数分别为 a,b.

8)定理——已知由 $A,B,C,\cdots,N,n$ 个点组成的系统,其系数分别为 $a,b,c,\cdots,n$,其中 $a+b+c+\cdots+n\neq0$,总可以找到一个且只有一个质点 S,满足下面的性质:如果已知平行线从各个方向通过给定的各点及点 S,且分别交任意平面于点 $A',B',C',\cdots,S'$,恒有

$$aAA'+bBB'+\cdots+nNN'=(a+b+\cdots+n)SS'$$

特别地,如果平面过点 S,此时 $aAA'+bBB'+\cdots+nNN'=0$.

9)如果 $a+b+\cdots+n=0$,那么这个质点在由平行线所确定的无穷远点方向上.

13)代替线段 $AA',BB',\cdots$ 其端点 $A,B,\cdots$ 会被用到. 因此如果点 S 是由点 A,B,C 的质心,其系数分别为 $a,b,-c$,则可以写成

$$aA+bB-cC=(a+b-c)S$$

$$\cdots\cdots$$

14)这种简化公式的运算构成了重心微积分或基于质心概念的微积分 $\cdots\cdots$

15)a. 考虑重心微积分点和系数. 点用大写字母表示,系数用小写字母表示.

b. 点 S 是以 $a,b,c,\cdots$ 为系数,点 $A,B,C,\cdots$ 为质点,如下所示

$$aA+bB+cC+\cdots=(a+b+c+\cdots)S\cdots \tag{1}$$

c. 以 $a,b,c,\cdots$ 为系数的点 $A,B,C,\cdots$ 共同组成的系统与由 $f,g,h,\cdots$ 为系

---

① 莫比乌斯仔细研究了有向线段和三角形. 因此如果 A,B 是直线上的任意两个不同点,那么 $AB+BA=0$;如果 B,C,D 是直线上的三点,A 不在这条直线上,那么三角形的面积和为 $S_{\triangle ACD}+S_{\triangle ADB}+S_{\triangle ABC}=0$.

数的点 $F,G,H,\cdots$ 共同组成的系统有相同的质心, 其中 $a+b+c+\cdots=f+g+h+\cdots$, 有下面关系成立

$$aA+bB+cC+\cdots=fF+gG+bH+\cdots \tag{2}$$

d. 方程 $$aA+bB+cC+\cdots=0 \tag{3}$$

这个等式说明以 $a,b,c,\cdots$ 为系数的点 $A,B,C,\cdots$ 共同组成的系统中没有有限质点……①

21）定理——如果 $aA+bB\equiv C$, 那么点 C 在过点 A,B 的直线上, 并且有 $a:b=BC:CA$.

23）定理——如果 $aA+bB+cC\equiv D$, 点 A,B,C 不共线, 点 D 在 A,B,C 构成的平面上, 则有 $a:b:c=DBC:DCA:DAB$②.

24）如果 $aA+bB+cC+dD\equiv0$, 点 A,B,C,D 共面, 则有 $a:b:c:d=BCD:-CDA:DAB:-ABC$.

25）定理——如果 $aA+bB+cC+dD\equiv E$, 点 A,B,C,D 不共面, 则有 $a:b:c:d=BCDE:CDEA:DEAB:EABC\cdots$（棱锥）.

28）为了确定一个点在直线上的位置, 两种类型的平面或空间量是必不可少的; 对于所有的点来说, 第一类的值都是一样的, 就像一般坐标系中的坐标轴一样, 其他坐标, 在一般意义上取决于各点相对于第一类的量的位置. 根据所考虑的方法, 应确定以下几点: 第一类的数量为点, 我们称其为"基本点", 位置待定的点应视为其质心. 将这些基本点作为坐标系. 任意点 P 基于这些基本点的坐标是由基本点系数之间必须存在的关系给出的, 这样点 P 是这些点的质心.

36）将坐标系转化为另一个坐标系, 这个过程是非常简单的. 如果用 $A',B',\cdots$, 来取代基本点 $A,B,\cdots$, 那么可以用 $A',B',\cdots$ 充分表示原基本点 $A,B,\cdots$ 如果在 P 的表达式中替换原基本点, 相应的 P 的坐标也随之改变. 下面的这个例子可以解释这个简单过程: 令新基本点 A',B',C' 分别为基本三角形的三边中点, A' 为 BC③ 中点, B' 为 AC 中点, C' 为 AB 中点, 则有

$$2A'=B+C,2B'=C+A,2C'=A+B$$

从而

$$A=B'+C'-A',B=C'+A'-B',C=A'+B'-C'$$

如果用 ABC 表示点 P 的表达式为 $P\equiv pA+qB+rC$, 那么用 $A'B'C'$ 可表示为

---

① 在重心微积分中以上所有方程成立的前提条件是假设 (1)(2)(3) 式中有一个成立, 并且这个方程适用以上所有的变换.

② DBC 表示三角形 DBC 的面积.

③ 根据情形 (1) 有 $bB+bC=(b+b)S=2bS$; 令 $S=A'$.

$$P \equiv p(B' + C' - A') + q(C' + A' - B') + r(A' + B' - C')$$
或
$$P \equiv (q + r - p)A' + (r + p - q)B' + (p + q - r)C'$$

144）已知点 $A, B, C, \cdots$ 构成一个系统，其中三个点就可以作为基本点，如果给出三点系数比为 $a : b : c$，那么平面内的任意一点都是确定的。如果在 A'，B', C' 构成的新系统中，基本三角形 $A'B'C'$ 与三角形 ABC 对应边相等，并且对于每一点都有 $a' : b' : c' = a : b : c$，那么在新系统下构成的任何图形相等且相似于原系统中对应点组成的图形。如果基础三角形 $A'B'C'$ 的边与三角形 ABC 的边不相等但成比例，那么对应图形是相似的。现在我们假定对应点的系数比相等，但基本三角形的选择是任意的。

145）探究新的基本点 A', B', C' 分别对应于点 A, B, C，所构成的对应图形之间的关系。任意点 D' 与点 D 对应，由于 $D \equiv aA + bB + cC$，则一定可以得到 $D' \equiv aA' + bB' + cC'$。由点 $A', B', C', D', \cdots$ 构成三角形的面积一定与由点 $A, B, C, D \cdots$ 构成的三角形面积对应成比例，满足 $A'B'C' = mABC$。对任意两个对应三角形此关系都成立……由于每一个图形都可以看作是三角形集合，通过思考可知这种关系的本质，其实就是一个图形中任意两部分的面积等于另外一个图形中对应部分面积。

147）两个图形是仿射的。

153）通常来说，在所有仿射图形中由基本点的系数表示的图形，其所有关系和性质都保持不变。因此，在一个图形中两条线平行或者相交于已知点，那么在仿射图形中对应线也会平行或者相交于对应点。另一方面，在仿射图形中所有不能用基本点的系数来表示的关系都是不同的。

217）现在考虑一种关系，它的唯一条件是直线对应于直线，平面对应于平面。这种关系的特征如下：在两个平面的点之间建立对应关系，使得一平面内直线上的一些点对应着另一平面内直线上的一些对应点。因此将这种关系命名为"直射变换"。

200）如图 1，用直线连接平面内任意四点 A, B, C, D。得到三个交点 A', B'，C'，再用直线联结 A', B', C' 三点，则得到 6 个新的交点 A'', B'', C'', F, G, H。用直线将它们再依次相连，并联结前面得到的 7 个点。由任意四点 A, B, C, D 构成的线系叫作网面，并且点 A, B, C, D 叫作网面的四个基本点。

201）定理——如果 A, B, C, D 是网面的四个基本点，其中 $D = aA + bB + cC$，则此面上的每一点 P 可表示为：$P \equiv \varphi aA + \chi bB + \psi cC$，其中 φ, χ, ψ 是包括在 0 内的有理数，而且只与 P 的选取有关，与四个基本点的选取无关。

202）定理——网面内的每一个非调和比都是存在的，并且只与直线的位置有关，而与四个基本点的选取无关。

219）网面 A, B, C, D（其中 $D = aA + bB + cC$）内的每一点 P 都可写成

$$P \equiv \varphi aA + \chi bB + \psi cC$$

φ, χ, ψ 在这里的选取与系数 a, b, c 无关. 因此 A', B', C', D' (其中 $D' \equiv a'A' + b'B' + c'C'$) 组成的网面上的 P', 可表示为

$$P' \equiv \varphi a'A' + \chi b'B' + \psi c'C'$$

这里 φ, χ, ψ 的值与表示点 P 的值相同.

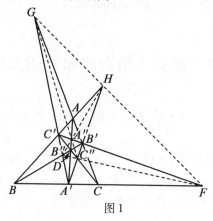

图 1

另外, 平面 ABC 上的每一点都可表示为 $\varphi aA + \chi bB + \psi cC$ 并且 φ, χ, ψ 的值是已知的, 通过作直线这种方法总可以找到这一点, 直射变换也可以定义为: 令任意三点不共线的 A', B', C', D', 对应任意三点不共线的 A, B, C, D. 点 P 总与 P' 对应且满足

$$D \equiv aA + bB + cC, P \equiv pA + qB + rC$$
$$D' \equiv a'A' + b'B' + c'C', P' \equiv p'A' + q'B' + r'C'$$

则有

$$\frac{p}{a} : \frac{q}{b} : \frac{r}{c} = \frac{p'}{a'} : \frac{q'}{b'} : \frac{r'}{c'} (= \varphi : \chi : \psi) \cdots$$

220) 如果已知四对对应点 A 与 A', B 与 B', C 与 C', D 与 D', 那么在平面 $A'B'C'$ 中有且只有唯一的对应点 P' 与平面 ABC 内的点 P 对应. 点 A, B, C, D, P 决定 $a : b : c$ 和 $\varphi : \chi : \psi$, 点 A', B', C', D' 决定 $a' : b' : c'$. 由此可以找到 $\varphi a' : \chi b' : \psi c'$ 和唯一确定的点 P'. 两个对应点的关系式为

$$P \equiv \varphi aA + \chi bB + \psi cC, P' \equiv \varphi a'A' + \chi b'B' + \psi c'C'$$

如果 $\varphi a + \chi b + \psi c = 0$, 则有 $\varphi a' + \chi b' + \psi c' \neq 0$. 因此, 一个有限点可能对应一个无穷远点.

221) 直射变换具有使每一对对应点的 $\varphi : \chi : \psi$ 比值保持不变的性质. 在几何上, $\varphi : \chi : \psi$ 的比值可表示为非调和比.

由于 $D \equiv aA + bB + cC, P \equiv \varphi aA + \chi bB + \psi cC$, 若 $a : b = -BCD : CDA$, $\varphi a : \chi b = -BCP : CPA$. 因此

$$\varphi : \chi = (B, A, CP, CD) = (A, B, CD, CP)$$

类似地有.$\chi : \psi = (B, C, AD, AP)$.

190)(A, B, CE, DE)是点 A, B 与直线 AB 分别与 CE, DE 的交点这四个点组成的非调和比),因此直射变换可直接由非调和比相等来定义:如果 $\dfrac{ACD}{CDB} : \dfrac{AEF}{EFB}$ 等于对应点的同形式表达式,那么这两个图形满足直射变换.

§11 威廉·罗文·哈密尔顿对四元数的研究

(本文由纽约市立大学亨特学院的 Marguerite D. Darkow 博士选编)

威廉·罗文·哈密尔顿(William Rowan Hamilton,1805—1865)1805 年生于都柏林. 年幼时接受过语言训练. 13 岁时因阅读牛顿的《普通物理》(*Newton's Universal Aritbmeticd*)而对数学产生强烈的兴趣. 1827 年,大学未毕业即被聘为都柏林圣三一学院的天文学协会主席.

哈密尔顿在发表了许多与各种课题有关的论文之后,开始专注研究空间中有向线段的运算,以及赋予它们积和商的意义. 1835 年和 1843 年他在《皇家爱尔兰学院学报》(*the Transactions of the Royal Irish Academy*)发表了与此有关的内容,1844 年,他在 the *Pbilosopbical* 杂志上也发表过类似内容. 1853 年,他出版了《四元数讲义》(*Lectures on Quaternions*). 1866 年《四元数基础》(*Elements of Quaternions*)(有一些摘录引用这里的内容)在他逝世后得以问世.

尽管哈密尔顿非常期待他发现的四元数可以极大地推动物理学的发展,但他的愿望并没有完全实现. 或许与负数的平方根这一问题没有解决有关. 发现四元数的意义在于扩展数的概念,以及为迄今没有解决的"代数定律"(Laws of Algebra)提供可能解决的方法.

哈密尔顿开始从事数学研究的时候,数学家们还没有认可 $\sqrt{-1}$ 是一个数,并且没有完全消除对于"虚数"的所有疑问. 哈密尔顿全神贯注于负数和虚数,并通过他对代数的研究使这些概念合理化,他认为这是初级的秩序科学(在时间和空间上),而不是初级的数量科学. 在他 1835 年的一篇论文[①]中,他引入时间上的时刻对 (A, B),两个时刻的差 $A - B$ 作为时间上的步长 a,类似的步长对 (a, b) 与实数对 (a, b),都可以看作是步长对的运算,并定义

$$(a, b)(a, b) = (aa - bb, ab + ba)$$

---

① 《爱尔兰皇家学院学报》,第十七卷,第 293 页.

$$a(\mathrm{a},\mathrm{b}) = (a,0)(\mathrm{a},-\mathrm{b}) = (a\mathrm{a},a\mathrm{b})$$

因此$(0,1)^2(\mathrm{a},\mathrm{b}) = (0,1)(-\mathrm{b},\mathrm{a}) = (-\mathrm{a},-\mathrm{b}) = -(\mathrm{a},\mathrm{b})$,即

$$(0,1)^2 = -1$$

以这为起点,在他 1848 年的论文[①]中,他对时间上的时刻与步长的 n 元组(特别是四元)做了一般推广. 其中他引入了"动力四元数"(momental quaternion)(A,B,C,D),A,B,C,D 表示时刻;"序数四元数"(ordinal quaternion)$(a,b,c,d) = (a_0,a_1,a_2,a_3)$ 以时间 – 步长作为基本元素,16×24 种运算 $R_{\pm\pi,\pm\rho,\pm\sigma,\pm\tau}$,($\pi,\rho,\sigma,\tau$ 是整数 0,1,2,3 的一些置换),使得 $R_{\pi\rho\sigma\tau}(a_0,a_1,a_2,a_3) = (a_\pi,a_\rho,a_\sigma,a_\tau)$. 例如

$$R_{3012}(a,b,c,d) = (d,a,b,c),R_{-3,0,1,-2}(a,b,c,d) = (-d,a,b,-c)$$

定义 $\mathrm{i} = R_{-1,0,-3,2}$,$\mathrm{j} = R_{-2,3,0,-1,2}$,$\mathrm{k} = R_{-3,-2,1,0}$,在这里,$\mathrm{i},\mathrm{j},\mathrm{k}$ 遵循方程

$$\mathrm{i}^2 = \mathrm{j}^2 = \mathrm{k}^2 = -1,\mathrm{ij} = \mathrm{k} = -\mathrm{ji},\mathrm{jk} = \mathrm{i} = -\mathrm{kj},\mathrm{ki} = \mathrm{j} = -\mathrm{ik}$$

但不满足乘法交换律,接下来是几何解释与应用.

在这一论文中,哈密尔顿为线性代数的现代工作奠定了基础,他的工作被认为是对实系数或复系数 n 个线性独立元素的线性组合集合的性质的研究,满足包含 n^3 任意常数的乘法表,集合对此乘法保持封闭. 皮考克(Peacock,1791—1858)与德摩根(De Morgan,1806—1871)可能已经认识到这种代数不同于普通代数. 这类代数的出现,在当时没有引起广泛的关注. 正是哈密尔顿四元数在几何上的应用使人们普遍认识到新代数,在新代数中元素的组合法则不需要保留传统的交换律与结合律等.

哈密尔顿很希望四元数能够得到广泛应用,但从他早期的著作可知,四元数并没有得到广泛应用. 在他后期的著作中,他选择用几何观点来解决问题. 他将向量定义为空间中的有向线段,并为自己设定了解释两个向量商的任务,并做了以下假设(在这些假设中,希腊字母表示向量).

1)$\dfrac{\boldsymbol{\beta}}{\boldsymbol{\alpha}} = q$ 表明 $\boldsymbol{\beta} = q\boldsymbol{\alpha}$,在 q 的基础上,计算 $\boldsymbol{\alpha}$,得 $\boldsymbol{\beta}$.

2)$\dfrac{\boldsymbol{\beta}'}{\boldsymbol{\alpha}'} = \dfrac{\boldsymbol{\beta}}{\boldsymbol{\alpha}}$,$\boldsymbol{\alpha}' = \boldsymbol{\alpha}$,即 $\boldsymbol{\beta}' = \boldsymbol{\beta}$.

3)$q' = q,q'' = q$,即 $q' = q''$.

4)$\dfrac{\boldsymbol{\gamma}}{\boldsymbol{\alpha}} \pm \dfrac{\boldsymbol{\beta}}{\boldsymbol{\alpha}} = \dfrac{(\boldsymbol{\gamma} \pm \boldsymbol{\beta})}{\boldsymbol{\alpha}}$;$\dfrac{\dfrac{\boldsymbol{\gamma}}{\boldsymbol{\alpha}}}{\dfrac{\boldsymbol{\beta}}{\boldsymbol{\alpha}}} = \dfrac{\boldsymbol{\gamma}}{\boldsymbol{\beta}}$.

5)$\dfrac{\boldsymbol{\gamma}}{\boldsymbol{\beta}} \cdot \dfrac{\boldsymbol{\beta}}{\boldsymbol{\alpha}} = \dfrac{\boldsymbol{\gamma}}{\boldsymbol{\alpha}}$.

[①] 《爱尔兰皇家学院学报》,第二十二卷,第 199 页.

两个平行向量的商是根据它们是相同的还是相反的方向加上或减去它们的长度的比率.

1866 年,他在伦敦发表的《四元数基础》又补充了三点:第一点(第 106~110 页)在前边假设的基础上,解释了两个向量商的本质以及用"四元数"解释这个商;第二点(第 157~160 页)定义了 i,j,k,并且定义了由它们组成的乘法法则;第三点(第 149~150 页)解释了四元数乘法不满足交换律的原因.

108)我们可能已经知道了用四元数这个名字来称呼两个向量的商的原因,后者在近来的文献中屡见不鲜. 第一,这样的商通常不是我们所说的标量:换句话说,它一般不等于任何(所谓的)代数实数,不论是正数还是负数. 因为,若设 x 表示任一这样的(实)标量,设 α 表示任一(实)向量;那么我们已经知道,乘积 $x\alpha$ 表示另一个(实)①向量,例如 β,根据标量系数或因子 x 的正负,来判断它与 α 同向或反向;那么,在任何情况下,它都不能表示任何一个这样的向量 β,它与 α 相互倾斜成某个实在的角度,无论是锐角、直角、还是钝角,或者换句话说,在这里假设的条件下,方程 $\beta'=\beta$,或者 $x\alpha=\beta$ 是不可能成立的. 然而在代数中大家公认 $\frac{(x\alpha)}{\alpha}=x$;因此在同样的条件②下,不可能有 $\frac{\beta}{\alpha}=x$,x 仍然表示标量. 所以,两个相互倾斜的向量的商无论如何都是一个标量.

109)现在,在形成标量本身作为两个平行③向量的商的概念时,我们不仅要考虑相对长度或者通常类型的比,还要考虑在相同或相反形式下的相对方向. 在 α 转化为 $x\alpha$ 时,我们一般按 $\pm x:1$ 之比改变线段 α 的长度;根据标量系数 x 的正负判断,该线段是同向还是反向. 类似地,我们可以用迄今最明确的方法来定义两个互相倾斜的向量的非标量商的概念:$q=\beta:\alpha=OB:OA$,为了简单起见,我们可以假设这两个向量有相同的端点,这时我们仍然需要考虑两个做比较的线段的相对长度和相对方向. 但这里所论的两个线段或向量之间的复合关系,其中前一因素仍用(几何中通常类型的)简单比或表示这个比的数④来描述;同一复合关系的后一元素则要用角 AOB 来描述,而不能(像上述那样)仅用一个代数符号" + "或" - "表示.

110)同样地,在估计这个角度时,为了区别两个向量的商,我们不仅需要考虑它的大小(或数),而且还要考虑它所在的平面:否则,将违背最初的假设⑤……而得到 $OB':OA=OB:OA$,这里 OB 和 OB' 是以 OA 为轴的旋转圆锥上的两

---

① "actual"意指非零,下同.

② 第二种假设.

③ 或共线.

④ 商的张量.

⑤ 假设 2.

条不同的射线或边,在这种情况下,它们必然是不相等的向量. 出于类似的原因,我们也区分同一平面上具有相同大小的两个角. 换言之,为了充分了解空间中两条共端线段 OA 和 OB 的相对方向,我们不仅应该知道角 AOB 的范围,而且还该知道从 OA 到 OB 的旋转方向:包括有关旋转所发生的关于平面的假设,以及旋转的方向(即从平面的确定一方看是左旋还是右旋).

111)或者,如果我们同意选择某个固定的方向(假设向右方向为正),然后把所有相同方向的旋转称为正旋转,所有相反方向的旋转称为负旋转,对于任意给定角 AOB,为了研究方便,考虑给定平面上从 OA 到 OB 的一个旋转,我们可以规定与平面 AOB 垂直的直线 OC 为旋转的正轴,与平面 AOB 反向垂直的 OC' 为旋转的负轴:绕正轴的旋转本身是正旋转,反之亦然. 因此旋转 AOB 可以被认为完全确定. 我们需要知道的是,第一,它的数量,或者说它与直角旋转的比;第二,正轴的方向 OC. 缺少关于这两个条件或等价条件是不行的. 但是,无论我们考虑一个轴的方向,还是一个平面的方位,我们都发现(众所周知),这样一个方向或一个方位的确定取决于两个极坐标或其他类型的角元素.

112)因此,从前面的讨论看来,为了完全确定两个共端向量的所谓几何商,一般需要一个四元数组,其中每个元素都分别包含数值表达式. 在这四个元素中,一个元素用于确定两条线的相对长度;另外三个元素则是为了完全确定它们的相对方向. 同样,在后面的三个元素中,一个元素代表两条线的相互倾斜的程度;或两线之间的角度的大小(或数量),而另两个元素则用来确定与它们的公共面相垂直的轴的方向,围绕该轴按事先选定的正方向并给定角度旋转,使作为除数的线段方向变为(以最简单的方式即在两线段所在的平面上进行)被除线段的方向. 对于我们当前的目的来说,不再需要多于四个的元素:因为当两条线段的长度按比例变化时,它们的相对长度保持不变,而当它们形成的角仅在自身所在的平面上转动时,其相对方向也将保持不变. 于是,两线段之间的这种复合关系包括了一个长度关系和一个方向关系,我们称它(通过标量理论推广)为几何商,这是一个四元数组,正是由这种本质的联系,我们有理由说:"两个向量的商一般是一个四元数[①]. "

......

181)如图 1,假设 OI,OJ,OK 为三个互成直角的共端单位线段,围绕第一个线段从第二到第三的旋转是正旋转;令 OI',OJ',OK' 分别为这三个单位向量的相反向量,使得

$$OI' = -OI, OJ' = -OJ, OK' = -OK$$

设三个新的符号 i,j,k 表示一个三元素组,它由三个相互垂直平面上的三

---

① 四元数意味着四个数的集合.

463

个直角转子①组成,使得 i = OK: OJ, j = OI: OK, k = OJ: OI,对于这三个转子,我们还有下列公式

$$i = OJ': OK = OK': OJ' = OJ: OK'$$

$$j = OK': OI = OI': OK' = OK: OI'$$

$$k = OI': OJ = OJ': OI' = OI: OJ'$$

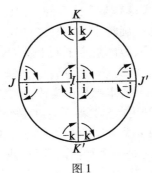

图 1

而三个相反转子则可分别表示成

$$-i = OJ: OK = OK': OJ = OJ': OK' = OK: OJ'$$

$$-j = OK: OI = OI': OK = OK': OI' = OI: OK'$$

$$-k = OI: OJ = OJ': OI = OI': OJ' = OJ: OI'$$

通过这些不同表达方式的比较,又可得到其他一些重要的结果……"

182)首先,因为

$$i^2 = (OJ': OK)(OK: OJ) = OJ': OJ$$

等等,我们得出关于这些新符号的平方的下列等值关系

$$i^2 = -1; j^2 = -1; k^2 = -1 \qquad (1)$$

其次,因为

$$ij = (OJ: OK')(OK': OI) = OJ: OI$$

等等,我们又得到同样这三个符号按一定顺序两两相乘的乘积公式

$$ij = k; jk = i; ki = j \qquad (2)$$

然而最后,因为

$$ji = (OI: OK)(OK: OJ) = OI: OJ$$

等等. 我们却同样得到这三个直角转子按相反次序两两相乘的相反的公式

$$ji = -k; kj = -i; ik = -j \qquad (3)$$

因此,用这三个新符号 i, j, k 表示的三个直角转子每一个的平方等于负单位数,而它们中任意两个的乘积或者等于第三个转子本身,或者等于它的相反转

---

① 直角转子是一个算子,它在给定的方向上产生一个与给定轴成直角的旋转.

子,具体根据按下列循环顺序

$$i,j,k,i,j,\cdots$$

看乘数在被乘数之前还是之后而定,附图(图2)可以帮我们记住这些规则.

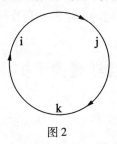

图2

183)这样就得到 $ji = -ij,\cdots$,因此我们看到这些新符号 i,j,k 的组合法则与代数中相应的法则不完全相同.乘法交换律(即当因子交换位置时乘积的值不变),在这里不再成立;这是由于这样的事实,即被组合因子是二维度的转子.不过 i,j,k 的运算法则与通常代数法则也有一致之处,即乘法结合律,注意到这一点是十分重要的.这就是说新符号永远服从结合公式

$$l \cdot (k \cdot \lambda) = (l \cdot k) \cdot \lambda$$

无论你用这些符号中的哪一个代替 l,k,λ;由于两边的值相等,我们可以在任何这样的三元乘积式(其因子或者相等或者不等)中省去点号而简单地写成 $lk\lambda$.特别地我们有

$$i \cdot jk = i \cdot i = i^2 = -1 ; ij \cdot k = k \cdot k = k^2 = -1$$

或简单地写成

$$ijk = -1$$

因此我们可以得到如下重要公式

$$i^2 = j^2 = k^2 = ijk = -1$$

……我们将发现这一公式(实质上)包含了符号 i,j,k 的全部法则,从而成为整个四元数演算的充分的符号基础,因为我们可以证明:每个四元数都可表示成四元标准形式

$$q = w + ix + jy + kz$$

其中,w,x,y,z 构成是四个不同的标量,构成四元标量组,而 i,j,k 是前边提到的三个直角转子.

如果两个相互垂直的平面上的两个直角转子按两种相反的顺序相乘,所得乘积将是两个相反的直角转子,它们都在与上述两平面相垂直的第三平面上.用符号表示为

$$q'q = -qq'$$

因此,在这种情况下,我们将得到一个代数悖论.在最后的分析过程中,当

我们考察最后这个方程到底有何意义时,我们发现可以这样简单地认为:任何两个在互相垂直的平面上的直角旋转,合成第三个直角旋转,结果是在与它们都垂直的平面上.并且第三个旋转或者说结果旋转必然具有两个相反方向中的一个方向,具体根据两个分量旋转发生的先后次序而定.

§12 格拉斯曼关于扩张论的研究

(本文由纽约市的马克·科尔姆斯(Mark Kormes)博士译自德文)

赫尔曼·吉尼瑟·格拉斯曼(Hermann Günther Grassmann,1809—1877)是斯德丁(Stettin,今波兰什切青)的一位大学教授.1844 年,他发表了《线性扩张论》,这是一个新的数学分支.由于其内容过于抽象和偏离传统而难为当时人理解.后来,格拉斯曼重新改写此书,更名为《扩张论》(*Die Ausdehnungslehre*, *Vollstdndig und in strenger Form bearbeitet*)并在柏林(1862 年)出版.除了对数学的许多重要贡献外,他还是梵语文学的学者.

在他的《扩张论》中,格拉斯曼创造了一种符号微积分,它的定义和定理不仅可以很容易地应用于 n 维几何学,而且几乎可以应用于数学的每一个分支.这种微积分构成了向量分析的基础.利用它,格拉斯曼推导出了关于行列式的基本定理,并以最简洁的方式解决了许多消元问题.他的定理对于普法夫(Pfaff,德国数学家)问题和偏微分方程理论是非常重要的.

以下译文选录:非交换乘法思想的发展——组合(外)和内积;涉及几何的段落.摘自 1862 年版,这本书使格拉斯曼具有很大的影响力.

1)如果

$$a = \beta b + \gamma c + \cdots$$

其中 $\beta, \gamma, \cdots$ 可以是实数,也可以是有理数或无理数,也可能等于零,那么我们说量 a 通过数 $\beta, \gamma, \cdots$ 从量 $b, c, \cdots$ 导出.在这种情况中我们也说 a 从 b, c 等数字导出.

2)进而,如果两个或更多个量 $a, b, c, \cdots$ 中的某一个量能由其他数导出,例如

$$a = \beta b + \gamma c + \cdots$$

其中 $\beta, \gamma, \cdots$ 是实数.

3)若一个量可以由一组数字导出,则这个量称为一个单位(unit),特别地,一个不能从其他任何单位数字上导出的单位称为原始单位(primitive unit).数的单位被称为绝对单位(absolute unit),其他所有的单位称为相对单位(rela-

tive). 零永远不能视为一个单位.

5）扩张量（extensive quantity）是通过数从一组单位①（这组单位不应只包含绝对单位）导出的任何表达式. 所用的数称为导出系数（derivation – confficients）. 例如多项式

$$\alpha_1 e_1 + \alpha_2 e_2 + \cdots \text{ 或 } \sum \alpha e \text{ 或 } \sum \alpha_r e_r$$

当 $\alpha_1, \alpha_2, \cdots$ 是实数且 $e_1, e_2, \cdots$ 是一组单位时它们才是一个扩张量. 只有当这组单位只含有绝对单位（1）时，导出量才不是一个扩张量，而是一个数量 ……

6）要将从同一组单位导出的两个扩张量相加，我们将对应单位的导出系数相加

$$\sum \alpha_r e_r + \sum \beta_r e_r = \sum (\alpha_r + \beta_r) e_r \cdots ②$$

9）所有代数加法和减法定律对扩张量都同样适用 ……

10）一个扩张量乘以一个数，是将该扩张量的每一个导出系数乘以这个数

$$\sum \alpha_i e_i \beta = \beta \sum \alpha_i e_i = \sum (\alpha_i \beta) e_i \cdots ③$$

13）所有代数乘法和除法的定律对于扩张量乘以或除以一个数都同样适用.

37）两个扩张量 a 和 b 的乘积（ab）定义成一个扩张量（或一个数量）由下述方法得到：将导出第一个扩张量 a 的每一个单位乘以导出第二个扩张量 b 的每一个单位，使得第一个量的单位总是积的第一个因子，而第二个量的单位是积的第二个因子，然后将每一个这样的积乘以对应的导出系数的积，并将由此得到的所有的积相加

$$\left(\sum \alpha_r e_r \sum \beta_s e_s \right) = \sum \alpha_r \beta_s (e_r e_s) \cdots$$

注：因为根据上述定义，扩张量的乘积或者是一个扩张量，或者是一个数量，所以我们定然能从一组单位数字导出它（见5））. 定义中并没有说明这组单位是什么样的以及我们怎样才能在数字上导出积 $e_r e_s$. 因此，如果我们要准确地确定一个特殊的积的概念，就必须规定某些必要的法则，例如，考虑积

$$P = [(x_1 e_1 + x_2 e_2)(y_1 e_1 + y_2 e_2)] =$$
$$x_1 y_1 [e_1 e_1] + x_1 y_2 [e_1 e_2] + x_2 y_1 [e_2 e_1] + x_2 y_2 [e_2 e_2] \cdots$$

我们可以规定 $[e_1 e_1], [e_1 e_2], [e_2 e_1], [e_2 e_2]$ 这四个积构成了一组单位，P 可从它数字导出，从而数 $x_1 y_1, x_1 y_2, x_2 y_1, x_2 y_2$ 是导出系数. 于是我们就可以得

---

① 一组单元不数字相关，即数字无关（见原文4）.

② 这里有一个类似的减法定义（见原文7）.

③ 这里有一个类似的除法定义（见原文11）.

到一个特殊的积,其特点是不必由方程来确定它. 另一方面我们可以选取其中的三个,$[e_1e_1]$,$[e_1e_2]$和$[e_2e_2]$作为单位并规定$[e_2e_1]=[e_1e_2]$,于是P的导出系数就是:x_1y_1,$(x_1y_2+x_2y_1)$,x_2y_2,这种积的特点是支配它的定律与代数乘法的定律相同. 我们也可以取$[e_1e_2]$为单位并规定$[e_1e_1]=0$,$[e_2e_1]=-[e_1e_2]$,$[e_2e_2]=0$,在这种情形中,积P就只有一个导出系数,即$x_1y_2-x_2y_1$. 这种积以后称为组合积. 最后,我们可以选取一组单位. 约定不包含积$[e_1e_1]$,$[e_1e_2]$,$[e_2e_1]$,$[e_2e_2]$中的任何一项,然后确定怎样从这组单位中导出这四个积. 例如,我们可以将绝对单位取作这组单位并规定$[e_1e_1]=1$,$[e_1e_2]=0$,$[e_2e_2]=1$. 在这样的条件下,P变成一个数量,即$P=x_1y_1+x_2y_2$. 这样的积我们称为内积(inner products).

50)对于每一种乘法,如果我们以从单位数字导出的量代换这些单位后,确定方程①依然成立,则这样的乘法称为线性乘法.

51)除了没有确定方程的乘法和对于它所有的积都是零的乘法外,只存在两种线性乘法:其中一种的确定方程是

$$[e_re_s]+[e_se_r]=0$$

另一种的确定方程是

$$[e_re_s]=[e_se_r]\cdots$$

52)组合积(combinatory product)定义为一个因子是从一组单位导出的积,假如对任意两个单位积,若从其中之一交换最后两个因子可得另一个,则其和等于零,而每个只包含不同单位的积不等于零. 这个积的因子称为简单因子(simple factors).

如果b和c是单位,A是任意一组单位,那么上述条件可用下列形式表示

$$[Abc]+[Acb]=0$$

53)在每个组合积中,我们都可以通过改变积的符号交换后两个因子,或者A是任意一组因子,b和c是简单因子的情形中,$[Abc]+[Acb]=0$.

证明 a.假设b和c是单位. 因为A是任意一组因子且这些因子可从单位数字导出,经过代换后我们得到A的一个表达式,形式是:$A=\sum a_rE_r$,其中E_r是单位的乘积. 于是我们得到

$$[Abc]+[Acb]=[\sum\overline{\alpha_rE_r}bc]+[\sum\overline{\alpha_rE_r}cb]=$$
$$\sum\alpha_r[E_rbc]+\sum\alpha_r[E_rcb)]=$$
$$\sum\alpha_r([E_rbc]+[E_rcb])=$$

---

① 单位的积之间的一个数字关系(见原文48).

$$\sum \alpha_r 0 = 0$$

b. 假设 b 和 c 从单位 $e_1, e_2, \cdots$ 数字地导出来,例如, $b = \sum \beta_r e_r, c = \sum \gamma_r e_r$,于是我们有

$$[Abc] + [Acb] = [A \sum \beta_r e_r \sum \gamma_r e_r] + [A \sum \gamma_r e_r \sum \beta_r e_r] =$$

$$\sum \beta_r \gamma_s [Ae_r e_s] + \sum \gamma_s \beta_r [Ae_s e_r] =$$

$$\sum \beta_r \gamma_s ([Ae_r e_s] + [Ae_s e_r]) =$$

$$\sum \beta_r \gamma_s 0 = 0$$

55) 组合积的任何两个因子都可以通过改变积的符号互换得到

$$P_{(a,b)} = -P_{b,a} \text{ 或 } P_{a,b} + P_{b,a} = 0$$

60) 如果组合积的两个简单因子相等,则组合积等于零,即 $P_{a,a} = 0$.

证明 根据 55) 我们有: $P_{a,b} + P_{b,a} = 0$,因此,如果我们取 $a = b$,则

$$P_{a,a} + P_{a,a} = 0 \text{ 或 } 2P_{a,a} = 0$$

所以 $P_{a,a} = 0$.

61) 一个组合积等于零,如果它的简单因子数字相关,即 $[a_1 a_2 \cdots a_m] = 0$,或者说量 $a_1, a_2, \cdots, a_m$ 中的某一个能从其他数字导出;例如, $a_1 = \alpha_2 a_2 + \alpha_3 a_3 \cdots + \alpha_m a_m$.

证明 如果在积中我们以上述表达式代换 a_1 ,我们会得到

$$[a_1 a_2 a_3 \cdots a_m] = [(\alpha_2 a_2 + \alpha_3 a_3 + \cdots + \alpha_m a_m) a_2 a_3 \cdots a_m] =$$

$$\alpha_2 [a_2 a_3 a_3 \cdots a_m] + \alpha_3 [a_3 a_2 a_3 \cdots a_m] + \alpha_m [a_m a_2 a_3 \cdots a_m] =$$

$$\alpha_2 0 + \alpha_3 0 + \cdots + \alpha_m 0 = 0$$

63) 为了得到 n 个简单因子的一个组合积,这 n 个因子是从 n 个量 $a_1, a_2, \cdots, a_n$ 数字地导出的,我们建立导出系数的行列式,其中第一个因子的系数排成第一行,等等,我们用这个行列式乘以量 $a_1, a_2, \cdots, a_n$ 的组合积

$$[(\alpha_1^{(1)} a_1 + \cdots + \alpha_n^{(1)} a_n)(\alpha_1^{(2)} a_1 + \cdots + \alpha_n^{(2)} a_n) \cdots (\alpha_1^{(n)} a_1 + \cdots + \alpha_n^{(n)} a_n)] = \sum \mp \alpha_1^{(1)} \alpha_2^{(2)} \cdots \alpha_n^{(n)} [a_1 a_2 \cdots a_n] \text{ ①}$$

68) 如果我们将 n 个原始单位换成从这些单位数字导出的任意一组量,假设这 n 个量数字无关,那么组合积的所有定律都成立.

---

① 格拉斯曼用符号 $\sum_{+}^{-} \alpha_1^{(1)} \alpha_2^{(2)} \cdots \alpha_n^{(n)}$ 表示行列式 $\begin{pmatrix} \alpha_1^{(1)} & \alpha_2^{(1)} & \cdots & \alpha_n^{(1)} \\ \alpha_1^{(2)} & \alpha_2^{(2)} & \cdots & \alpha_n^{(2)} \\ \vdots & \vdots & & \vdots \\ \alpha_1^{(n)} & \alpha_2^{(n)} & \cdots & \alpha_n^{(n)} \end{pmatrix}$

74) 一组量的乘法组合定义为不重复这些量的组合,每个组合是一个组合积,其因子是组合的元素;例如,从三个量 a,b,c 二阶乘法组合是:$[ab]$,$[ac]$ 和 $[bc]$.

77) 原始单位的 m 阶乘法组合称为 m 阶单位(units of order m). 一个由 m 阶单位数字导出的量称为 m 阶量(quantity of order m). 如果一个量可以表示为一阶量的组合积,就称这个量为简单量(simple),否则称其为复合量(composite quantity). 所有能够从一个简单量的简单因子数字导出的量的集合称为这个量的域(domain).

77) 注:作为复合量的一个例子,我们来考虑和式 $(ab)+(cd)$,其中 a,b,c,d 是数字无关的量. 假设 $(ab)+(cd)$ 是一个简单量,例如,等于 $(p \cdot q)$;我们会有 $[(ab+cd)(ab+cd)]=[pqpq]=0$. 但因为 $[abab]$ 和 $[cdcd]$ 等于零,所以 $[(ab+cd)(ab+cd)]=[abcd]+[cdab]$. 然而 $[abcd]=[cdab]$,因此 $[(ab+cd) \cdot (ab+cd)]=2 \cdot [abcd]$. 如果 $(ab)+(cd)$ 是一个简单量,$[abcd]$ 将等于零,因而 a,b,c,d 就是数字相关的,这与假设相矛盾.

78) 将两个高阶单位的外积(outer product),定义为那些量的简单因子的组合积,而这些因子的排列保持不变
$$[(e_1e_2 \cdots e_m)(e_{m+1} \cdots e_n)]=[e_1e_2 \cdots e_n]$$

注:外乘(outer multiplication)这个名称用于强调当且仅当一个因子完全在另一个因子的域外时,这个积才成立.

79) 为了得到两个量 A 和 B 的外积,我们建立第一个量的简单因子和第二个量的简单因子的组合积
$$[(ab \cdots) \cdot (cd \cdots)]=[ab \cdots cd \cdots]$$

80) 小括号不影响外积:$[A(BC)]=[ABC] \cdots$

83) 已知简单量 S 与数字无关的 m 个一阶量 $a_1,a_2, \cdots ,a_m$ 的和. 如果 S 与 $a_1,a_2, \cdots ,a_m$ 中的每一个量的外积都等于零,则 S 可表示成一个 $a_1,a_2, \cdots ,a_m$ 为因子的外积,即如果
$$0=[a_1S]=[a_2S]= \cdots =[a_mS]$$
则
$$S=[a_1,a_2, \cdots ,a_mS_m]$$

86) 主域(principal domain)是导出所考虑的量的原始单位的域……

89) 我们来考虑一个 n 阶主域,并假设本原始单位的乘积等于 1. 如果是一个任意阶的单位(即原始单位中的一个或一些原始单位之积),将 E 的余量(complement)定义为等于不在 E 中的所有单位的组合积 E' 的量. 根据 $[EE']$ 等于 $+1$ 或 -1,即余量是正的或负的. 我们用已知量前面加一条竖线来表示余量. 一个数的余量就是这个数本身. 于是我们有:如果 E 和 E' 包含所有的单位 $e_1,e_2, \cdots ,e_n$ 且 $[e_1e_2 \cdots e_n]=1$,则 $|E=[EE']E'$;当 α 是一个数时,$|\alpha = \alpha$.

90)在任意量 A 的表达式中,将余量换到单位处就得到 A 的余量 $|A$,即 $|(\alpha_1 E_1 + \alpha_2 E_2 + \cdots) = \alpha_1 |E_1 + \alpha_2 |E_2 + \cdots$,其中 $E_1, E_2, \cdots$ 是任意阶的单位.

91)一个单位与它的余量的外积等于 1 : $[E|E] = 1$.

证明 如果 E' 是不包含于 E 中的所有基本单位的组合积(根据 89)),则我们有 $[EE'] = \mp 1$,有 $|E = \mp E'$.

在取正号的情形中我们有: $[E|E] = [EE'] = 1$,在取负号的情形中有: $[E|E] = -[EE'] = -(-1) = 1$.

92) A 的余量根据 A 的阶与它的余量的阶之积是偶数还是奇数而等于 A 或 $-A$,即若 q 和 r 分别是 A 和 $|A$ 的阶,则

$$\| A = (-a)^{qr} A$$

注:如果 r 和 q 都是奇数,例如,在一个二阶域和一阶量的余量的情形中,我们有 $\| A = -A$,于是在这种情形中,符号 $|$ 与 $i = \sqrt{-1}$ 遵循相同的定律,后者对实数域中的虚数给出一种解释……

93)如果主域是 n 阶的,且 n 是奇数,我们有

$$\| A = A$$

如果 n 是偶数,则

$$\| A = (-1)^q A$$

其中 q 是 A 的阶.

94)如果两个单位的阶之和等于或小于 n ,即等于或小于主域的阶,则这些单位的外积称为累进积(progressive product),假设原始单位的累进积等于 1. 另一方面,如果两个单位的阶之和大于 n ,这些单位的回归积由一个量给出,这个量的余量等于这两个单位的余量的累进积. 我们将回归积和累进积统称为相关积(relative products)……

97)两个量的余量之积等于这两个量的积的余量

$$[|A|B] = |[AB]\cdots$$

……如果两个量的积是累进的,它们的余量之积就是回归的,假如我们规定将零阶的积同时视为累进积和回归积……

122)三个量的混合积①(mixed product) $[ABC]$ 等于零,当且仅当 $[AB] = 0$,或者三个量 A, B, C 都包含在一个小于 n 阶的域中,或者 A, B, C 有一个公共的大于零阶的域……

137)两个任意阶单位的内积定义为第一个单位与第二个单位的余量的相关积,即如果 E 和 F 是任意阶的单位,则内积由 $[E|F]$ 给出.

138)两个量 A 和 B 的内积等于第一个量与第二个量的余量的相关积,即

---

① 也就是累进乘法和回归乘法都用到的积.

$[A|B]\cdots\cdots$

139）如果一个内积的两个因子是 α 阶和 β 阶，主域是 n 阶的，则根据 β 大于 α 或小于等于 α，这个内积是 $n+\alpha-\beta$ 或 $\alpha-\beta$ 阶的……

141）两个同阶量的内积是一个数.

证明 由于阶的差是零，所以内积是零阶的，即是一个数.

142）两个相等单位的内积为 1，两个不同单位的内积为零，即 $[E_r|E_r]=1$，$[E_r|E_s]=0\cdots\cdots$

143）如果 $E_1,E_2,\cdots,E_m$ 是任意的同阶单位，则我们有

$$[(\alpha_1 E_1+\alpha_2 E_2+\cdots+\alpha_m E_m)|(\beta_1 E_1+\cdots+\beta_m E_m)]=\alpha_1\beta_1+\alpha_2\beta_2+\cdots+\alpha_m\beta_m\cdots$$

144）假设内积的两个因子同阶，则这两个因子可以互换，即

$$[A|B]=[B|A]$$

证明 如果 $E_1,E_2,\cdots,E_m$ 是单位，且 $A=\sum\alpha_r E_r$，$B=\sum\beta_s E_s$，由 143），我们有 $[A|B]=\sum\alpha_r\beta_r=\sum\beta_r\alpha_r=[B|A]$.

145）为了简单起见，我们记 $[A|A]=A^2$，我们称它为 A 的内平方.

147）两个单位 E 和 F 的内积不等于零，当且仅当其中一个单位与另一个单位关联[①]……

148）如果 E 和 F 是单位，且 $[EF]\neq 0$，则我们有

$$[EF|E]=F \text{ 和 } [F|EF]=|E\cdots$$

151）量 A 的数值定义成这个量的内平方的正平方根. 如果两个量的数值相等，即它们的内平方相等，就称这两个量数值相等.

152）如果两个不为零的量的内积是零，就称这两个量是为正交的（orthogonal）……

153）n 个彼此正交的数值相等的一阶量称为一个 n 阶正交系（orthogonal system）；对于域也是 n 阶的情况，我们称作一个完全正交系（complete orthogonal system）. 给定量的数值称为正交系的数值. 每一个具有数值 1 的正交系都被称为简单的……

157）正交系中的量数字无关且每个一阶量都可以从任意数值完全正交系中导出…….

162）原始单元系是一个完全正交系，其数值为 1.

证明 如果 $e_1,e_2,\cdots,e_n$ 是原始单位，我们有

$$1=e_1^2=e_2^2=\cdots=e_n^2,0=[e_1|e_2]=\cdots$$

---

① 称一个量与另一个量关联，如果其主域是关联的，即第一个量的域中的所有的量也是第二个量的域中的量，但反之不然.

163）在每个 m 阶的域中，我们都可以建立一个具有任意数值的 m 阶正交系，使得这个正交系是完全正交系的一部分……

168）如果我们用任意一个数值为 1 的完全正交系来代替原始单位系，那么之前的所有定理①依然成立.

175）给定两个 m 阶的量 A 和 B，每个量都由 m 个简单因子组成. 于是这两个量的内积等于 m 行 m 列的行列式，这个行列式通过一个量的每个简单因子与另一个量的简单因子作内积得到，即

$$[abc\cdots|a'b'c'\cdots] = 行列式 \begin{vmatrix} [a|a'], & [a|b'], & [a|c'], & \cdots \\ [b|a'], & [b|b'], & [b|c'], & \cdots \\ [c|a'], & [c|b'], & [c|c'], & \cdots \\ & \cdots\cdots & & \end{vmatrix}$$

216）给定一个点 E，我们取三条长度相等且互相垂直的线为主单位. 如果 $\alpha_1, \alpha_2, \alpha_3$ 是任意的数，则表达式

$$E + \alpha_1 e_1 + \alpha_2 e_2 + \alpha_3 e_3$$

定义点 A，方法如下：我们从点 E 出发作等于 $\alpha_1 e_1$ 的线段 EB，根据 α_1 是正数或者负数，EB 与 e_1 的方向相同或相反，且 EB 的距离与 e_1 之比等于 α_1 与 1 之比. 然后与上面同理，从 B 出发作等于 $\alpha_2 e_2$ 的线段 BC，最后用相同的方法由 C 出发作等于 $\alpha_3 e_3$ 的线段 CA. 此外表达式

$$\alpha_1 e_1 + \alpha_2 e_2 + \alpha_3 e_3$$

定义了一条线段，也就是一条给定长度和方向的直线，即一条与联结点 E 和点 $E + \alpha_1 e_1 + \alpha_2 e_2 + \alpha_3 e_3$ 的线有相同的长度和方向的特殊线段……

229）空间中的每条线段都可以从不平行于一个平面的三条任意的线段数字导出……

231）如果三条线段数字相关，则它们平行于一个平面……

232）空间中的所有点都可以从不在同一平面的任意四个点数字导出……

234）一条直线上的每一点都可以从这条直线的任意两个点数字导出……

235）如果三点数字相关，则它们位于一条直线上……

236）如果四个点数字相关，则它们位于一个平面上……

237）在空间中，一阶域是一个点，二阶域是无限直线，三阶域是无限平面，四阶区域是无限空间.

245）两点的组合积为零，当且仅当这两点重合；三点的组合积为零，当且仅当三点在同一条直线上；四点的组合积为零，当且仅当四点在同一平面上；五点的组合积恒为零……

---

① 与内积有关的定理.

473

249）积$[AB]$称为一条线段，我们称其为无穷远直线AB的一部分，它与线段AB有相同的长度和方向.

273）两条相交直线上的两条有穷线段之和是一条线段，它所在的直线穿过所给两条直线的交点；这条线段的方向和长度与一个平行四边形的对角线的方向和长度相同，这个平行四边形由与开始的两条线段同长度同方向的线段构成……

288）平面乘法定义为关于平面的相关乘法；立体乘法定义为关于空间（作为四阶域）的相关乘法……

306）①与点a和b在一条直线上的点x的方程由下式给出

$$[xab] = 0$$

证明　$[xab]$等于零（根据245））当且仅当x与a和b位于一条直线上……

307）与直线A和B过同一点的直线X的方程由下式给出

$$[XAB] = 0 \cdots$$

309）如果$P(n,X)$是一个零阶的平面乘积，其中点x包含n次，其他因子只是固定的点或线，则方程

$$P_{n,x} = 0$$

是一条n阶代数曲线的点方程，但它不满足每一个点x……

310）如果$P(n,X)$是一个阶数为零的平面乘积，其中线X包含n次而其他因子只是固定的点或线，则方程

$$P(n,X) = 0$$

是一条n阶代数曲线的线方程……

311）如果$P_{n,x}$是一个阶数为零的立体乘积，其中包含点x的n次，而其他因子只是固定的点或平面，则方程

$$P_{n,x} = 0$$

是一个n阶代数曲面的点方程……

323）通过五个点a,b,c,d,e（其中任意三个点不在一条直线上）的圆锥曲线方程式由

$$[xaBc_1 \cdot Dex] = 0$$

给出，其中$B = [cd], c_1 = [ab \cdot de], D = [bc]$……

324）如果A,B,C是空间中的三条直线，其中任意两条直线不相交，则

$$[xABCx] = 0$$

是包含三条直线A,B,C的二阶曲面的方程……

---

① 从这开始，格拉斯曼用小写字母表示点，用大写字母表示线.

330）为了作内乘法,我们通常应假设三条长度相等且相互垂直的线段 $(e_1e_2e_3)$ 为主单位,在平面中这样的线段 (e_1,e_2,e_3). 而且我们假设这些线段的长度为单位长度, $[e_1e_2e_3]$ 是体积的单位, $[e_1e_2]$ 是面积的单位.

331）对于平面①来说,长度的概念与数值的概念相符,正交即为垂直……

―――――――――

① 对于空间也成立.

刘培杰数学工作室
已出版(即将出版)图书目录——初等数学

书　名	出版时间	定　价	编号
新编中学数学解题方法全书(高中版)上卷(第2版)	2018—08	58.00	951
新编中学数学解题方法全书(高中版)中卷(第2版)	2018—08	68.00	952
新编中学数学解题方法全书(高中版)下卷(一)(第2版)	2018—08	58.00	953
新编中学数学解题方法全书(高中版)下卷(二)(第2版)	2018—08	58.00	954
新编中学数学解题方法全书(高中版)下卷(三)(第2版)	2018—08	68.00	955
新编中学数学解题方法全书(初中版)上卷	2008—01	28.00	29
新编中学数学解题方法全书(初中版)中卷	2010—07	38.00	75
新编中学数学解题方法全书(高考复习卷)	2010—01	48.00	67
新编中学数学解题方法全书(高考真题卷)	2010—01	38.00	62
新编中学数学解题方法全书(高考精华卷)	2011—03	68.00	118
新编平面解析几何解题方法全书(专题讲座卷)	2010—01	18.00	61
新编中学数学解题方法全书(自主招生卷)	2013—08	88.00	261
数学奥林匹克与数学文化(第一辑)	2006—05	48.00	4
数学奥林匹克与数学文化(第二辑)(竞赛卷)	2008—01	48.00	19
数学奥林匹克与数学文化(第二辑)(文化卷)	2008—07	58.00	36'
数学奥林匹克与数学文化(第三辑)(竞赛卷)	2010—01	48.00	59
数学奥林匹克与数学文化(第四辑)(竞赛卷)	2011—08	58.00	87
数学奥林匹克与数学文化(第五辑)	2015—06	98.00	370
世界著名平面几何经典著作钩沉——几何作图专题卷(共3卷)	2022—01	198.00	1460
世界著名平面几何经典著作钩沉(民国平面几何老课本)	2011—03	38.00	113
世界著名平面几何经典著作钩沉(建国初期平面三角老课本)	2015—08	38.00	507
世界著名解析几何经典著作钩沉——平面解析几何卷	2014—01	38.00	264
世界著名数论经典著作钩沉(算术卷)	2012—01	28.00	125
世界著名数学经典著作钩沉——立体几何卷	2011—02	28.00	88
世界著名三角学经典著作钩沉(平面三角卷Ⅰ)	2010—06	28.00	69
世界著名三角学经典著作钩沉(平面三角卷Ⅱ)	2011—01	38.00	78
世界著名初等数论经典著作钩沉(理论和实用算术卷)	2011—07	38.00	126
世界著名几何经典著作钩沉(解析几何卷)	2022—10	68.00	1564
发展你的空间想象力(第3版)	2021—01	98.00	1464
空间想象力进阶	2019—05	68.00	1062
走向国际数学奥林匹克的平面几何试题诠释.第1卷	2019—07	88.00	1043
走向国际数学奥林匹克的平面几何试题诠释.第2卷	2019—09	78.00	1044
走向国际数学奥林匹克的平面几何试题诠释.第3卷	2019—03	78.00	1045
走向国际数学奥林匹克的平面几何试题诠释.第4卷	2019—09	98.00	1046
平面几何证明方法全书	2007—08	35.00	1
平面几何证明方法全书习题解答(第2版)	2006—12	18.00	10
平面几何天天练上卷·基础篇(直线型)	2013—01	58.00	208
平面几何天天练中卷·基础篇(涉及圆)	2013—01	28.00	234
平面几何天天练下卷·提高篇	2013—01	58.00	237
平面几何专题研究	2013—07	98.00	258
平面几何解题之道.第1卷	2022—05	38.00	1494
几何学习题集	2020—10	48.00	1217
通过解题学习代数几何	2021—04	88.00	1301
圆锥曲线的奥秘	2022—06	88.00	1541

刘培杰数学工作室
已出版(即将出版)图书目录——初等数学

书　名	出版时间	定　价	编号
最新世界各国数学奥林匹克中的平面几何试题	2007－09	38.00	14
数学竞赛平面几何典型题及新颖解	2010－07	48.00	74
初等数学复习及研究(平面几何)	2008－09	68.00	38
初等数学复习及研究(立体几何)	2010－06	38.00	71
初等数学复习及研究(平面几何)习题解答	2009－01	58.00	42
几何学教程(平面几何卷)	2011－03	68.00	90
几何学教程(立体几何卷)	2011－07	68.00	130
几何变换与几何证明	2010－06	88.00	70
计算方法与几何证题	2011－06	28.00	129
立体几何技巧与方法(第2版)	2022－10	168.00	1572
几何瑰宝——平面几何500名题暨1500条定理(上、下)	2021－07	168.00	1358
三角形的解法与应用	2012－07	18.00	183
近代的三角形几何学	2012－07	48.00	184
一般折线几何学	2015－08	48.00	503
三角形的五心	2009－06	28.00	51
三角形的六心及其应用	2015－10	68.00	542
三角形趣谈	2012－08	28.00	212
解三角形	2014－01	28.00	265
探秘三角形:一次数学旅行	2021－10	68.00	1387
三角学专门教程	2014－09	28.00	387
图天下几何新题试卷.初中(第2版)	2017－11	58.00	855
圆锥曲线习题集(上册)	2013－06	68.00	255
圆锥曲线习题集(中册)	2015－01	78.00	434
圆锥曲线习题集(下册·第1卷)	2016－10	78.00	683
圆锥曲线习题集(下册·第2卷)	2018－01	98.00	853
圆锥曲线习题集(下册·第3卷)	2019－10	128.00	1113
圆锥曲线的思想方法	2021－08	48.00	1379
圆锥曲线的八个主要问题	2021－10	48.00	1415
论九点圆	2015－05	88.00	645
近代欧氏几何学	2012－03	48.00	162
罗巴切夫斯基几何学及几何基础概要	2012－07	28.00	188
罗巴切夫斯基几何学初步	2015－06	28.00	474
用三角、解析几何、复数、向量计算解数学竞赛几何题	2015－03	48.00	455
用解析法研究圆锥曲线的几何理论	2022－05	48.00	1495
美国中学几何教程	2015－04	88.00	458
三线坐标与三角形特征点	2015－04	98.00	460
坐标几何学基础.第1卷,笛卡儿坐标	2021－08	48.00	1398
坐标几何学基础.第2卷,三线坐标	2021－09	28.00	1399
平面解析几何方法与研究(第1卷)	2015－05	18.00	471
平面解析几何方法与研究(第2卷)	2015－06	18.00	472
平面解析几何方法与研究(第3卷)	2015－07	18.00	473
解析几何研究	2015－01	38.00	425
解析几何学教程.上	2016－01	38.00	574
解析几何学教程.下	2016－01	38.00	575
几何学基础	2016－01	58.00	581
初等几何研究	2015－02	58.00	444
十九和二十世纪欧氏几何学中的片段	2017－01	58.00	696
平面几何中考.高考.奥数一本通	2017－07	28.00	820
几何学简史	2017－08	28.00	833
四面体	2018－01	48.00	880
平面几何证明方法思路	2018－12	68.00	913
折纸中的几何练习	2022－09	48.00	1559
中学新几何学(英文)	2022－10	98.00	1562
线性代数与几何	2023－04	68.00	1633

刘培杰数学工作室
已出版(即将出版)图书目录——初等数学

书　　名	出版时间	定　价	编号
平面几何图形特性新析.上篇	2019—01	68.00	911
平面几何图形特性新析.下篇	2018—06	88.00	912
平面几何范例多解探究.上篇	2018—04	48.00	910
平面几何范例多解探究.下篇	2018—12	68.00	914
从分析解题过程学解题:竞赛中的几何问题研究	2018—07	68.00	946
从分析解题过程学解题:竞赛中的向量几何与不等式研究(全2册)	2019—06	138.00	1090
从分析解题过程学解题:竞赛中的不等式问题	2021—01	48.00	1249
二维、三维欧氏几何的对偶原理	2018—12	38.00	990
星形大观及闭折线论	2019—03	68.00	1020
立体几何的问题和方法	2019—11	58.00	1127
三角代换论	2021—05	58.00	1313
俄罗斯平面几何问题集	2009—08	88.00	55
俄罗斯立体几何问题集	2014—03	58.00	283
俄罗斯几何大师——沙雷金论数学及其他	2014—01	48.00	271
来自俄罗斯的5000道几何习题及解答	2011—03	58.00	89
俄罗斯初等数学问题集	2012—05	38.00	177
俄罗斯函数问题集	2011—03	38.00	103
俄罗斯组合分析问题集	2011—01	48.00	79
俄罗斯初等数学万题选——三角卷	2012—11	38.00	222
俄罗斯初等数学万题选——代数卷	2013—08	68.00	225
俄罗斯初等数学万题选——几何卷	2014—01	68.00	226
俄罗斯《量子》杂志数学征解问题100题选	2018—08	48.00	969
俄罗斯《量子》杂志数学征解问题又100题选	2018—08	48.00	970
俄罗斯《量子》杂志数学征解问题	2020—05	48.00	1138
463个俄罗斯几何老问题	2012—01	28.00	152
《量子》数学短文精粹	2018—09	38.00	972
用三角、解析几何等计算解来自俄罗斯的几何题	2019—11	88.00	1119
基谢廖夫平面几何	2022—01	48.00	1461
基谢廖夫立体几何	2023—04	48.00	1599
数学:代数、数学分析和几何(10—11年级)	2021—01	48.00	1250
立体几何.10—11年级	2022—01	58.00	1472
直观几何学:5—6年级	2022—04	58.00	1508
平面几何:9—11年级	2022—10	48.00	1571
谈谈素数	2011—03	18.00	91
平方和	2011—03	18.00	92
整数论	2011—05	38.00	120
从整数谈起	2015—10	28.00	538
数与多项式	2016—01	38.00	558
谈谈不定方程	2011—05	28.00	119
质数漫谈	2022—07	68.00	1529
解析不等式新论	2009—06	68.00	48
建立不等式的方法	2011—03	98.00	104
数学奥林匹克不等式研究(第2版)	2020—07	68.00	1181
不等式研究(第二辑)	2012—02	68.00	153
不等式的秘密(第一卷)(第2版)	2014—02	38.00	286
不等式的秘密(第二卷)	2014—01	38.00	268
初等不等式的证明方法	2010—06	38.00	123
初等不等式的证明方法(第二版)	2014—11	38.00	407
不等式·理论·方法(基础卷)	2015—07	38.00	496
不等式·理论·方法(经典不等式卷)	2015—07	38.00	497
不等式·理论·方法(特殊类型不等式卷)	2015—07	48.00	498
不等式探究	2016—03	38.00	582
不等式探秘	2017—01	88.00	689
四面体不等式	2017—01	68.00	715
数学奥林匹克中常见重要不等式	2017—09	38.00	845

书　名	出版时间	定　价	编号
三正弦不等式	2018—09	98.00	974
函数方程与不等式：解法与稳定性结果	2019—04	68.00	1058
数学不等式.第1卷,对称多项式不等式	2022—05	78.00	1455
数学不等式.第2卷,对称有理不等式与对称无理不等式	2022—05	88.00	1456
数学不等式.第3卷,循环不等式与非循环不等式	2022—05	88.00	1457
数学不等式.第4卷,Jensen不等式的扩展与加细	2022—05	88.00	1458
数学不等式.第5卷,创建不等式与解不等式的其他方法	2022—05	88.00	1459
同余理论	2012—05	38.00	163
[x]与{x}	2015—04	48.00	476
极值与最值.上卷	2015—06	28.00	486
极值与最值.中卷	2015—06	38.00	487
极值与最值.下卷	2015—06	28.00	488
整数的性质	2012—11	38.00	192
完全平方数及其应用	2015—08	78.00	506
多项式理论	2015—10	88.00	541
奇数、偶数、奇偶分析法	2018—01	98.00	876
不定方程及其应用.上	2018—12	58.00	992
不定方程及其应用.中	2019—01	78.00	993
不定方程及其应用.下	2019—02	98.00	994
Nesbitt不等式加强式的研究	2022—06	128.00	1527
最值定理与分析不等式	2023—02	78.00	1567
一类积分不等式	2023—02	88.00	1579
邦费罗尼不等式及概率应用	2023—05	58.00	1637
历届美国中学生数学竞赛试题及解答(第一卷)1950—1954	2014—07	18.00	277
历届美国中学生数学竞赛试题及解答(第二卷)1955—1959	2014—04	18.00	278
历届美国中学生数学竞赛试题及解答(第三卷)1960—1964	2014—06	18.00	279
历届美国中学生数学竞赛试题及解答(第四卷)1965—1969	2014—04	28.00	280
历届美国中学生数学竞赛试题及解答(第五卷)1970—1972	2014—06	18.00	281
历届美国中学生数学竞赛试题及解答(第六卷)1973—1980	2017—07	18.00	768
历届美国中学生数学竞赛试题及解答(第七卷)1981—1986	2015—01	18.00	424
历届美国中学生数学竞赛试题及解答(第八卷)1987—1990	2017—05	18.00	769
历届中国数学奥林匹克试题集(第3版)	2021—10	58.00	1440
历届加拿大数学奥林匹克试题集	2012—08	38.00	215
历届美国数学奥林匹克试题集:1972~2019	2020—04	88.00	1135
历届波兰数学竞赛试题集.第1卷,1949~1963	2015—03	18.00	453
历届波兰数学竞赛试题集.第2卷,1964~1976	2015—03	18.00	454
历届巴尔干数学奥林匹克试题集	2015—05	38.00	466
保加利亚数学奥林匹克	2014—10	38.00	393
圣彼得堡数学奥林匹克试题集	2015—01	38.00	429
匈牙利奥林匹克数学竞赛题解.第1卷	2016—05	28.00	593
匈牙利奥林匹克数学竞赛题解.第2卷	2016—05	28.00	594
历届美国数学邀请赛试题集(第2版)	2017—10	78.00	851
普林斯顿大学数学竞赛	2016—06	38.00	669
亚太地区数学奥林匹克竞赛题	2015—07	18.00	492
日本历届(初级)广中杯数学竞赛试题及解答.第1卷(2000~2007)	2016—05	28.00	641
日本历届(初级)广中杯数学竞赛试题及解答.第2卷(2008~2015)	2016—05	38.00	642
越南数学奥林匹克题选:1962—2009	2021—07	48.00	1370
360个数学竞赛问题	2016—08	58.00	677
奥数最佳实战题.上卷	2017—06	38.00	760
奥数最佳实战题.下卷	2017—05	58.00	761
哈尔滨市早期中学数学竞赛试题汇编	2016—07	28.00	672
全国高中数学联赛试题及解答:1981—2019(第4版)	2020—07	138.00	1176
2022年全国高中数学联合竞赛模拟题集	2022—06	30.00	1521

刘培杰数学工作室
已出版(即将出版)图书目录——初等数学

书 名	出版时间	定 价	编号
20世纪50年代全国部分城市数学竞赛试题汇编	2017—07	28.00	797
国内外数学竞赛题及精解:2018~2019	2020—08	45.00	1192
国内外数学竞赛题及精解:2019~2020	2021—11	58.00	1439
许康华竞赛优学精选集.第一辑	2018—08	68.00	949
天问叶班数学问题征解100题.Ⅰ,2016—2018	2019—05	88.00	1075
天问叶班数学问题征解100题.Ⅱ,2017—2019	2020—07	98.00	1177
美国初中数学竞赛:AMC8准备(共6卷)	2019—07	138.00	1089
美国高中数学竞赛:AMC10准备(共6卷)	2019—08	158.00	1105
王连笑教你怎样学数学:高考选择题解题策略与客观题实用训练	2014—01	48.00	262
王连笑教你怎样学数学:高考数学高层次讲座	2015—02	48.00	432
高考数学的理论与实践	2009—08	38.00	53
高考数学核心题型解题方法与技巧	2010—01	28.00	86
高考思维新平台	2014—03	38.00	259
高考数学压轴题解题诀窍(上)(第2版)	2018—01	58.00	874
高考数学压轴题解题诀窍(下)(第2版)	2018—01	48.00	875
北京市五区文科数学三年高考模拟题详解:2013~2015	2015—09	48.00	500
北京市五区理科数学三年高考模拟题详解:2013~2015	2015—09	68.00	505
向量法巧解数学高考题	2009—08	28.00	54
高中数学课堂教学的实践与反思	2021—11	48.00	791
数学高考参考	2016—01	78.00	589
新课程标准高考数学解答题各种题型解法指导	2020—08	78.00	1196
全国及各省市高考数学试题审题要津与解法研究	2015—02	48.00	450
高中数学章节起始课的教学研究与案例设计	2019—05	28.00	1064
新课标高考数学——五年试题分章详解(2007~2011)(上、下)	2011—10	78.00	140,141
全国中考数学压轴题审题要津与解法研究	2013—04	78.00	248
新编全国及各省市中考数学压轴题审题要津与解法研究	2014—05	58.00	342
全国及各省市5年中考数学压轴题审题要津与解法研究(2015版)	2015—04	58.00	462
中考数学专题总复习	2007—04	28.00	6
中考数学较难题常考题型解题方法与技巧	2016—09	48.00	681
中考数学难题常考题型解题方法与技巧	2016—09	48.00	682
中考数学中档题常考题型解题方法与技巧	2017—08	68.00	835
中考数学选择填空压轴好题妙解365	2017—05	38.00	759
中考数学:三类重点考题的解法例析与习题	2020—04	48.00	1140
中小学数学的历史文化	2019—11	48.00	1124
初中平面几何百题多思创新解	2020—01	58.00	1125
初中数学中考备考	2020—01	58.00	1126
高考数学之九章演义	2019—08	68.00	1044
高考数学之难题谈笑间	2022—06	68.00	1519
化学可以这样学:高中化学知识方法智慧感悟疑难辨析	2019—07	58.00	1103
如何成为学习高手	2019—09	58.00	1107
高考数学:经典真题分类解析	2020—04	78.00	1134
高考数学解答题破解策略	2020—11	58.00	1221
从分析解题过程学解题:高考压轴题与竞赛题之关系探究	2020—08	88.00	1179
教学新思考:单元整体视角下的初中数学教学设计	2021—03	58.00	1278
思维再拓展:2020年经典几何题的多解探究与思考	即将出版		1279
中考数学小压轴汇编初讲	2017—07	48.00	788
中考数学大压轴专题微言	2017—09	48.00	846
怎么解中考平面几何探索题	2019—06	48.00	1093
北京中考数学压轴题解题方法突破(第8版)	2022—11	78.00	1577
助你高考成功的数学智慧:知识是智慧的基础	2016—01	58.00	596
助你高考成功的数学智慧:错误是智慧的试金石	2016—04	58.00	643
助你高考成功的数学解题智慧:方法是智慧的推手	2016—04	68.00	657
高考数学奇思妙解	2016—04	38.00	610
高考数学解题策略	2016—05	48.00	670
数学解题泄天机(第2版)	2017—10	48.00	850

刘培杰数学工作室
已出版(即将出版)图书目录——初等数学

书 名	出版时间	定 价	编号
高考物理压轴题全解	2017—04	58.00	746
高中物理经典问题25讲	2017—05	28.00	764
高中物理教学讲义	2018—01	48.00	871
高中物理教学讲义:全模块	2022—03	98.00	1492
高中物理答疑解惑65篇	2021—11	48.00	1462
中学物理基础问题解析	2020—08	48.00	1183
初中数学、高中数学脱节知识补缺教材	2017—06	48.00	766
高考数学小题抢分必练	2017—10	48.00	834
高考数学核心素养解读	2017—09	38.00	839
高考数学客观题解题方法和技巧	2017—10	38.00	847
十年高考数学精品试题审题要津与解法研究	2021—10	98.00	1427
中国历届高考数学试题及解答.1949—1979	2018—01	38.00	877
历届中国高考数学试题及解答.第二卷,1980—1989	2018—10	28.00	975
历届中国高考数学试题及解答.第三卷,1990—1999	2018—10	48.00	976
数学文化与高考研究	2018—03	48.00	882
跟我学解高中数学题	2018—07	58.00	926
中学数学研究的方法及案例	2018—05	58.00	869
高考数学抢分技能	2018—07	68.00	934
高一新生常用数学方法和重要数学思想提升教材	2018—06	38.00	921
2018年高考数学真题研究	2019—01	68.00	1000
2019年高考数学真题研究	2020—05	88.00	1137
高考数学全国卷六道解答题常考题型解题诀窍:理科(全2册)	2019—07	78.00	1101
高考数学全国卷16道选择、填空题常考题型解题诀窍.理科	2018—09	88.00	971
高考数学全国卷16道选择、填空题常考题型解题诀窍.文科	2020—01	88.00	1123
高中数学一题多解	2019—06	58.00	1087
历届中国高考数学试题及解答:1917—1999	2021—08	98.00	1371
2000~2003年全国及各省市高考数学试题及解答	2022—05	88.00	1499
2004年全国及各省市高考数学试题及解答	2022—07	78.00	1500
突破高原:高中数学解题思维探究	2021—08	48.00	1375
高考数学中的"取值范围"	2021—10	48.00	1429
新课程标准高中数学各种题型解法大全.必修一分册	2021—06	58.00	1315
新课程标准高中数学各种题型解法大全.必修二分册	2022—01	68.00	1471
高中数学各种题型解法大全.选择性必修一分册	2022—06	68.00	1525
高中数学各种题型解法大全.选择性必修二分册	2023—01	58.00	1600
高中数学各种题型解法大全.选择性必修三分册	2023—04	48.00	1643
历届全国初中数学竞赛经典试题详解	2023—04	88.00	1624

书 名	出版时间	定 价	编号
新编640个世界著名数学智力趣题	2014—01	88.00	242
500个最新世界著名数学智力趣题	2008—06	48.00	3
400个最新世界著名数学最值问题	2008—09	48.00	36
500个世界著名数学征解问题	2009—06	48.00	52
400个中国最佳初等数学征解老问题	2010—01	48.00	60
500个俄罗斯数学经典老题	2011—01	28.00	81
1000个国外中学物理好题	2012—04	48.00	174
300个日本高考数学题	2012—05	38.00	142
700个早期日本高考数学试题	2017—02	88.00	752
500个前苏联早期高考数学试题及解答	2012—05	28.00	185
546个早期俄罗斯大学生数学竞赛题	2014—03	38.00	285
548个来自美苏的数学好问题	2014—11	28.00	396
20所苏联著名大学早期入学试题	2015—02	18.00	452
161道德国工科大学生必做的微分方程习题	2015—05	28.00	469
500个德国工科大学生必做的高数习题	2015—06	28.00	478
360个数学竞赛问题	2016—08	58.00	677
200个趣味数学故事	2018—02	48.00	857
470个数学奥林匹克中的最值问题	2018—10	88.00	985
德国讲义日本考题.微积分卷	2015—04	48.00	456
德国讲义日本考题.微分方程卷	2015—04	38.00	457
二十世纪中叶中、英、美、日、法、俄高考数学试题精选	2017—06	38.00	783

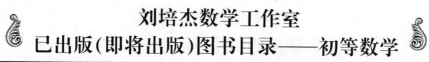

刘培杰数学工作室
已出版(即将出版)图书目录——初等数学

书　名	出版时间	定　价	编号
中国初等数学研究　2009 卷(第 1 辑)	2009－05	20.00	45
中国初等数学研究　2010 卷(第 2 辑)	2010－05	30.00	68
中国初等数学研究　2011 卷(第 3 辑)	2011－07	60.00	127
中国初等数学研究　2012 卷(第 4 辑)	2012－07	48.00	190
中国初等数学研究　2014 卷(第 5 辑)	2014－02	48.00	288
中国初等数学研究　2015 卷(第 6 辑)	2015－06	68.00	493
中国初等数学研究　2016 卷(第 7 辑)	2016－04	68.00	609
中国初等数学研究　2017 卷(第 8 辑)	2017－01	98.00	712
初等数学研究在中国.第 1 辑	2019－03	158.00	1024
初等数学研究在中国.第 2 辑	2019－10	158.00	1116
初等数学研究在中国.第 3 辑	2021－05	158.00	1306
初等数学研究在中国.第 4 辑	2022－06	158.00	1520
几何变换(Ⅰ)	2014－07	28.00	353
几何变换(Ⅱ)	2015－06	28.00	354
几何变换(Ⅲ)	2015－01	38.00	355
几何变换(Ⅳ)	2015－12	38.00	356
初等数论难题集(第一卷)	2009－05	68.00	44
初等数论难题集(第二卷)(上、下)	2011－02	128.00	82,83
数论概貌	2011－03	18.00	93
代数数论(第二版)	2013－08	58.00	94
代数多项式	2014－06	38.00	289
初等数论的知识与问题	2011－02	28.00	95
超越数论基础	2011－03	28.00	96
数论初等教程	2011－03	28.00	97
数论基础	2011－03	18.00	98
数论基础与维诺格拉多夫	2014－03	18.00	292
解析数论基础	2012－08	28.00	216
解析数论基础(第二版)	2014－01	48.00	287
解析数论问题集(第二版)(原版引进)	2014－05	88.00	343
解析数论问题集(第二版)(中译本)	2016－04	88.00	607
解析数论基础(潘承洞,潘承彪著)	2016－07	98.00	673
解析数论导引	2016－07	58.00	674
数论入门	2011－03	38.00	99
代数数论入门	2015－03	38.00	448
数论开篇	2012－07	28.00	194
解析数论引论	2011－03	48.00	100
Barban Davenport Halberstam 均值和	2009－01	40.00	33
基础数论	2011－03	28.00	101
初等数论 100 例	2011－05	18.00	122
初等数论经典例题	2012－07	18.00	204
最新世界各国数学奥林匹克中的初等数论试题(上、下)	2012－01	138.00	144,145
初等数论(Ⅰ)	2012－01	18.00	156
初等数论(Ⅱ)	2012－01	18.00	157
初等数论(Ⅲ)	2012－01	28.00	158

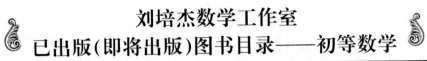

刘培杰数学工作室
已出版(即将出版)图书目录——初等数学

书　名	出版时间	定　价	编号
平面几何与数论中未解决的新老问题	2013—01	68.00	229
代数数论简史	2014—11	28.00	408
代数数论	2015—09	88.00	532
代数、数论及分析习题集	2016—11	98.00	695
数论导引提要及习题解答	2016—01	48.00	559
素数定理的初等证明. 第2版	2016—09	48.00	686
数论中的模函数与狄利克雷级数(第二版)	2017—11	78.00	837
数论:数学导引	2018—01	68.00	849
范氏大代数	2019—02	98.00	1016
解析数学讲义. 第一卷,导来式及微分、积分、级数	2019—04	88.00	1021
解析数学讲义. 第二卷,关于几何的应用	2019—04	68.00	1022
解析数学讲义. 第三卷,解析函数论	2019—04	78.00	1023
分析·组合·数论纵横谈	2019—04	58.00	1039
Hall代数:民国时期的中学数学课本:英文	2019—08	88.00	1106
基谢廖夫初等代数	2022—07	38.00	1531
数学精神巡礼	2019—01	58.00	731
数学眼光透视(第2版)	2017—06	78.00	732
数学思想领悟(第2版)	2018—01	68.00	733
数学方法溯源(第2版)	2018—08	68.00	734
数学解题引论	2017—05	58.00	735
数学史话览胜(第2版)	2017—01	48.00	736
数学应用展观(第2版)	2017—08	68.00	737
数学建模尝试	2018—04	48.00	738
数学竞赛采风	2018—01	68.00	739
数学测评探营	2019—05	58.00	740
数学技能操握	2018—03	48.00	741
数学欣赏拾趣	2018—02	48.00	742
从毕达哥拉斯到怀尔斯	2007—10	48.00	9
从迪利克雷到维斯卡尔迪	2008—01	48.00	21
从哥德巴赫到陈景润	2008—05	98.00	35
从庞加莱到佩雷尔曼	2011—08	138.00	136
博弈论精粹	2008—03	58.00	30
博弈论精粹. 第二版(精装)	2015—01	88.00	461
数学 我爱你	2008—01	28.00	20
精神的圣徒 别样的人生——60位中国数学家成长的历程	2008—09	48.00	39
数学史概论	2009—06	78.00	50
数学史概论(精装)	2013—03	158.00	272
数学史选讲	2016—01	48.00	544
斐波那契数列	2010—02	28.00	65
数学拼盘和斐波那契魔方	2010—07	38.00	72
斐波那契数列欣赏(第2版)	2018—08	58.00	948
Fibonacci数列中的明珠	2018—06	58.00	928
数学的创造	2011—02	48.00	85
数学美与创造力	2016—01	48.00	595
数海拾贝	2016—01	48.00	590
数学中的美(第2版)	2019—04	68.00	1057
数论中的美学	2014—12	38.00	351

刘培杰数学工作室
已出版(即将出版)图书目录——初等数学

书　名	出版时间	定　价	编号
数学王者　科学巨人——高斯	2015—01	28.00	428
振兴祖国数学的圆梦之旅:中国初等数学研究史话	2015—06	98.00	490
二十世纪中国数学史料研究	2015—10	48.00	536
数字谜、数阵图与棋盘覆盖	2016—01	58.00	298
时间的形状	2016—01	38.00	556
数学发现的艺术:数学探索中的合情推理	2016—07	58.00	671
活跃在数学中的参数	2016—07	48.00	675
数海趣史	2021—05	98.00	1314
数学解题——靠数学思想给力(上)	2011—07	38.00	131
数学解题——靠数学思想给力(中)	2011—07	48.00	132
数学解题——靠数学思想给力(下)	2011—07	38.00	133
我怎样解题	2013—01	48.00	227
数学解题中的物理方法	2011—06	28.00	114
数学解题的特殊方法	2011—06	48.00	115
中学数学计算技巧(第2版)	2020—10	48.00	1220
中学数学证明方法	2012—01	58.00	117
数学趣题巧解	2012—03	28.00	128
高中数学教学通鉴	2015—05	58.00	479
和高中生漫谈:数学与哲学的故事	2014—08	28.00	369
算术问题集	2017—03	38.00	789
张教授讲数学	2018—07	38.00	933
陈永明实话实说数学教学	2020—04	68.00	1132
中学数学学科知识与教学能力	2020—06	58.00	1155
怎样把课讲好:大罕数学教学随笔	2022—03	58.00	1484
中国高考评价体系下高考数学探秘	2022—03	48.00	1487
自主招生考试中的参数方程问题	2015—01	28.00	435
自主招生考试中的极坐标问题	2015—04	28.00	463
近年全国重点大学自主招生数学试题全解及研究.华约卷	2015—02	38.00	441
近年全国重点大学自主招生数学试题全解及研究.北约卷	2016—05	38.00	619
自主招生数学解证宝典	2015—09	48.00	535
中国科学技术大学创新班数学真题解析	2022—03	48.00	1488
中国科学技术大学创新班物理真题解析	2022—03	58.00	1489
格点和面积	2012—07	18.00	191
射影几何趣谈	2012—04	28.00	175
斯潘纳尔引理——从一道加拿大数学奥林匹克试题谈起	2014—01	28.00	228
李普希兹条件——从几道近年高考数学试题谈起	2012—10	18.00	221
拉格朗日中值定理——从一道北京高考试题的解法谈起	2015—10	18.00	197
闵科夫斯基定理——从一道清华大学自主招生试题谈起	2014—01	28.00	198
哈尔测度——从一道冬令营试题的背景谈起	2012—08	28.00	202
切比雪夫逼近问题——从一道中国台北数学奥林匹克试题谈起	2013—04	38.00	238
伯恩斯坦多项式与贝齐尔曲面——从一道全国高中数学联赛试题谈起	2013—03	38.00	236
卡塔兰猜想——从一道普特南竞赛试题谈起	2013—06	18.00	256
麦卡锡函数和阿克曼函数——从一道前南斯拉夫数学奥林匹克试题谈起	2012—08	18.00	201
贝蒂定理与拉姆贝克莫斯尔定理——从一个拣石子游戏谈起	2012—08	18.00	217
皮亚诺曲线和豪斯道夫分球定理——从无限集谈起	2012—08	18.00	211
平面凸图形与凸多面体	2012—10	28.00	218
斯坦因豪斯问题——从一道二十五省市自治区中学数学竞赛试题谈起	2012—07	18.00	196

刘培杰数学工作室
已出版(即将出版)图书目录——初等数学

书　名	出版时间	定　价	编号
纽结理论中的亚历山大多项式与琼斯多项式——从一道北京市高一数学竞赛试题谈起	2012—07	28.00	195
原则与策略——从波利亚"解题表"谈起	2013—04	38.00	244
转化与化归——从三大尺规作图不能问题谈起	2012—08	28.00	214
代数几何中的贝祖定理(第一版)——从一道IMO试题的解法谈起	2013—08	18.00	193
成功连贯理论与约当块理论——从一道比利时数学竞赛试题谈起	2012—04	18.00	180
素数判定与大数分解	2014—08	18.00	199
置换多项式及其应用	2012—10	18.00	220
椭圆函数与模函数——从一道美国加州大学洛杉矶分校(UCLA)博士资格考题谈起	2012—10	28.00	219
差分方程的拉格朗日方法——从一道2011年全国高考理科试题的解法谈起	2012—08	28.00	200
力学在几何中的一些应用	2013—01	38.00	240
从根式解到伽罗华理论	2020—01	48.00	1121
康托洛维奇不等式——从一道全国高中联赛试题谈起	2013—03	28.00	337
西格尔引理——从一道第18届IMO试题的解法谈起	即将出版		
罗斯定理——从一道前苏联数学竞赛试题谈起	即将出版		
拉克斯定理和阿廷定理——从一道IMO试题的解法谈起	2014—01	58.00	246
毕卡大定理——从一道美国大学数学竞赛试题谈起	2014—07	18.00	350
贝齐尔曲线——从一道全国高中联赛试题谈起	即将出版		
拉格朗日乘子定理——从一道2005年全国高中联赛试题的高等数学解法谈起	2015—05	28.00	480
雅可比定理——从一道日本数学奥林匹克试题谈起	2013—04	48.00	249
李天岩—约克定理——从一道波兰数学竞赛试题谈起	2014—06	28.00	349
受控理论与初等不等式:一道IMO试题的解法谈起	2023—03	48.00	1601
布劳维不动点定理——从一道前苏联数学奥林匹克试题谈起	2014—01	38.00	273
伯恩赛德定理——从一道英国数学奥林匹克试题谈起	即将出版		
布查特—莫斯特定理——从一道上海市初中竞赛试题谈起	即将出版		
数论中的同余数问题——从一道普特南竞赛试题谈起	即将出版		
范·德蒙行列式——从一道美国数学奥林匹克试题谈起	即将出版		
中国剩余定理:总数法构建中国历史年表	2015—01	28.00	430
牛顿程序与方程求根——从一道全国高考试题解法谈起	即将出版		
库默尔定理——从一道IMO预选试题谈起	即将出版		
卢丁定理——从一道冬令营试题的解法谈起	即将出版		
沃斯滕霍姆定理——从一道IMO预选试题谈起	即将出版		
卡尔松不等式——从一道莫斯科数学奥林匹克试题谈起	即将出版		
信息论中的香农熵——从一道近年高考压轴题谈起	即将出版		
约当不等式——从一道希望杯竞赛试题谈起	即将出版		
拉比诺维奇定理	即将出版		
刘维尔定理——从一道《美国数学月刊》征解问题的解法谈起	即将出版		
卡塔兰恒等式与级数求和——从一道IMO试题的解法谈起	即将出版		
勒让德猜想与素数分布——从一道爱尔兰竞赛试题谈起	即将出版		
天平称重与信息论——从一道基辅市数学奥林匹克试题谈起	即将出版		
哈密尔顿—凯莱定理:从一道高中数学联赛试题的解法谈起	2014—09	18.00	376
艾思特曼定理——从一道CMO试题的解法谈起	即将出版		

刘培杰数学工作室
已出版(即将出版)图书目录——初等数学

书　名	出版时间	定　价	编号
阿贝尔恒等式与经典不等式及应用	2018—06	98.00	923
迪利克雷除数问题	2018—07	48.00	930
幻方、幻立方与拉丁方	2019—08	48.00	1092
帕斯卡三角形	2014—03	18.00	294
蒲丰投针问题——从2009年清华大学的一道自主招生试题谈起	2014—01	38.00	295
斯图姆定理——从一道"华约"自主招生试题的解法谈起	2014—01	18.00	296
许瓦兹引理——从一道加利福尼亚大学伯克利分校数学系博士生试题谈起	2014—08	18.00	297
拉姆塞定理——从王诗宬院士的一个问题谈起	2016—04	48.00	299
坐标法	2013—12	28.00	332
数论三角形	2014—04	38.00	341
毕克定理	2014—07	18.00	352
数林掠影	2014—09	48.00	389
我们周围的概率	2014—10	38.00	390
凸函数最值定理:从一道华约自主招生题的解法谈起	2014—10	28.00	391
易学与数学奥林匹克	2014—10	38.00	392
生物数学趣谈	2015—01	18.00	409
反演	2015—01	28.00	420
因式分解与圆锥曲线	2015—01	18.00	426
轨迹	2015—01	28.00	427
面积原理:从常庚哲命的一道CMO试题的积分解法谈起	2015—01	48.00	431
形形色色的不动点定理:从一道28届IMO试题谈起	2015—01	38.00	439
柯西函数方程:从一道上海交大自主招生的试题谈起	2015—02	28.00	440
三角恒等式	2015—02	28.00	442
无理性判定:从一道2014年"北约"自主招生试题谈起	2015—01	38.00	443
数学归纳法	2015—03	18.00	451
极端原理与解题	2015—04	28.00	464
法雷级数	2014—08	18.00	367
摆线族	2015—01	38.00	438
函数方程及其解法	2015—05	38.00	470
含参数的方程和不等式	2012—09	28.00	213
希尔伯特第十问题	2016—01	38.00	543
无穷小量的求和	2016—01	28.00	545
切比雪夫多项式:从一道清华大学金秋营试题谈起	2016—01	38.00	583
泽肯多夫定理	2016—03	38.00	599
代数等式证题法	2016—01	28.00	600
三角等式证题法	2016—01	28.00	601
吴大任教授藏书中的一个因式分解公式:从一道美国数学邀请赛试题的解法谈起	2016—06	28.00	656
易卦——类万物的数学模型	2017—08	68.00	838
"不可思议"的数与数系可持续发展	2018—01	38.00	878
最短线	2018—01	38.00	879
数学在天文、地理、光学、机械力学中的一些应用	2023—03	88.00	1576
从阿基米德三角形谈起	2023—01	28.00	1578
幻方和魔方(第一卷)	2012—05	68.00	173
尘封的经典——初等数学经典文献选读(第一卷)	2012—07	48.00	205
尘封的经典——初等数学经典文献选读(第二卷)	2012—07	38.00	206
初级方程式论	2011—03	28.00	106
初等数学研究(Ⅰ)	2008—09	68.00	37
初等数学研究(Ⅱ)(上、下)	2009—05	118.00	46,47
初等数学专题研究	2022—10	68.00	1568

书　名	出版时间	定价	编号
趣味初等方程妙题集锦	2014—09	48.00	388
趣味初等数论选美与欣赏	2015—02	48.00	445
耕读笔记(上卷):一位农民数学爱好者的初数探索	2015—04	28.00	459
耕读笔记(中卷):一位农民数学爱好者的初数探索	2015—05	28.00	483
耕读笔记(下卷):一位农民数学爱好者的初数探索	2015—05	28.00	484
几何不等式研究与欣赏.上卷	2016—01	88.00	547
几何不等式研究与欣赏.下卷	2016—01	48.00	552
初等数列研究与欣赏·上	2016—01	48.00	570
初等数列研究与欣赏·下	2016—01	48.00	571
趣味初等函数研究与欣赏.上	2016—09	48.00	684
趣味初等函数研究与欣赏.下	2018—09	48.00	685
三角不等式研究与欣赏	2020—10	68.00	1197
新编平面解析几何解题方法研究与欣赏	2021—10	78.00	1426

书　名	出版时间	定价	编号
火柴游戏(第2版)	2022—05	38.00	1493
智力解谜.第1卷	2017—07	38.00	613
智力解谜.第2卷	2017—07	38.00	614
故事智力	2016—07	48.00	615
名人们喜欢的智力问题	2020—01	48.00	616
数学大师的发现、创造与失误	2018—01	48.00	617
异曲同工	2018—09	48.00	618
数学的味道	2018—01	58.00	798
数学千字文	2018—10	68.00	977

书　名	出版时间	定价	编号
数贝偶拾——高考数学题研究	2014—04	28.00	274
数贝偶拾——初等数学研究	2014—04	38.00	275
数贝偶拾——奥数题研究	2014—04	48.00	276

书　名	出版时间	定价	编号
钱昌本教你快乐学数学(上)	2011—12	48.00	155
钱昌本教你快乐学数学(下)	2012—03	58.00	171

书　名	出版时间	定价	编号
集合、函数与方程	2014—01	28.00	300
数列与不等式	2014—01	38.00	301
三角与平面向量	2014—01	28.00	302
平面解析几何	2014—01	38.00	303
立体几何与组合	2014—01	28.00	304
极限与导数、数学归纳法	2014—01	38.00	305
趣味数学	2014—03	28.00	306
教材教法	2014—04	68.00	307
自主招生	2014—05	58.00	308
高考压轴题(上)	2015—01	48.00	309
高考压轴题(下)	2014—10	68.00	310

书　名	出版时间	定价	编号
从费马到怀尔斯——费马大定理的历史	2013—10	198.00	I
从庞加莱到佩雷尔曼——庞加莱猜想的历史	2013—10	298.00	II
从切比雪夫到爱尔特希(上)——素数定理的初等证明	2013—07	48.00	III
从切比雪夫到爱尔特希(下)——素数定理100年	2012—12	98.00	III
从高斯到盖尔方特——二次域的高斯猜想	2013—10	198.00	IV
从库默尔到朗兰兹——朗兰兹猜想的历史	2014—01	98.00	V
从比勃巴赫到德布朗斯——比勃巴赫猜想的历史	2014—02	298.00	VI
从麦比乌斯到陈省身——麦比乌斯变换与麦比乌斯带	2014—02	298.00	VII
从布尔到豪斯道夫——布尔方程与格论漫谈	2013—10	198.00	VIII
从开普勒到阿诺德——三体问题的历史	2014—05	298.00	IX
从华林到华罗庚——华林问题的历史	2013—10	298.00	X

刘培杰数学工作室
已出版(即将出版)图书目录——初等数学

书　名	出版时间	定　价	编号
美国高中数学竞赛五十讲.第1卷(英文)	2014-08	28.00	357
美国高中数学竞赛五十讲.第2卷(英文)	2014-08	28.00	358
美国高中数学竞赛五十讲.第3卷(英文)	2014-09	28.00	359
美国高中数学竞赛五十讲.第4卷(英文)	2014-09	28.00	360
美国高中数学竞赛五十讲.第5卷(英文)	2014-10	28.00	361
美国高中数学竞赛五十讲.第6卷(英文)	2014-11	28.00	362
美国高中数学竞赛五十讲.第7卷(英文)	2014-12	28.00	363
美国高中数学竞赛五十讲.第8卷(英文)	2015-01	28.00	364
美国高中数学竞赛五十讲.第9卷(英文)	2015-01	28.00	365
美国高中数学竞赛五十讲.第10卷(英文)	2015-02	38.00	366
三角函数(第2版)	2017-04	38.00	626
不等式	2014-01	38.00	312
数列	2014-01	38.00	313
方程(第2版)	2017-04	38.00	624
排列和组合	2014-01	28.00	315
极限与导数(第2版)	2016-04	38.00	635
向量(第2版)	2018-08	58.00	627
复数及其应用	2014-08	28.00	318
函数	2014-01	38.00	319
集合	2020-01	48.00	320
直线与平面	2014-01	28.00	321
立体几何(第2版)	2016-04	38.00	629
解三角形	即将出版		323
直线与圆(第2版)	2016-11	38.00	631
圆锥曲线(第2版)	2016-09	48.00	632
解题通法(一)	2014-07	38.00	326
解题通法(二)	2014-07	38.00	327
解题通法(三)	2014-05	38.00	328
概率与统计	2014-01	28.00	329
信息迁移与算法	即将出版		330
IMO 50 年.第1卷(1959-1963)	2014-11	28.00	377
IMO 50 年.第2卷(1964-1968)	2014-11	28.00	378
IMO 50 年.第3卷(1969-1973)	2014-09	28.00	379
IMO 50 年.第4卷(1974-1978)	2016-04	38.00	380
IMO 50 年.第5卷(1979-1984)	2015-04	38.00	381
IMO 50 年.第6卷(1985-1989)	2015-04	58.00	382
IMO 50 年.第7卷(1990-1994)	2016-01	48.00	383
IMO 50 年.第8卷(1995-1999)	2016-06	38.00	384
IMO 50 年.第9卷(2000-2004)	2015-04	58.00	385
IMO 50 年.第10卷(2005-2009)	2016-01	48.00	386
IMO 50 年.第11卷(2010-2015)	2017-03	48.00	646

刘培杰数学工作室
已出版(即将出版)图书目录——初等数学

书　　名	出版时间	定　价	编号
数学反思(2006—2007)	2020—09	88.00	915
数学反思(2008—2009)	2019—01	68.00	917
数学反思(2010—2011)	2018—05	58.00	916
数学反思(2012—2013)	2019—01	58.00	918
数学反思(2014—2015)	2019—03	78.00	919
数学反思(2016—2017)	2021—03	58.00	1286
数学反思(2018—2019)	2023—01	88.00	1593
历届美国大学生数学竞赛试题集.第一卷(1938—1949)	2015—01	28.00	397
历届美国大学生数学竞赛试题集.第二卷(1950—1959)	2015—01	28.00	398
历届美国大学生数学竞赛试题集.第三卷(1960—1969)	2015—01	28.00	399
历届美国大学生数学竞赛试题集.第四卷(1970—1979)	2015—01	18.00	400
历届美国大学生数学竞赛试题集.第五卷(1980—1989)	2015—01	28.00	401
历届美国大学生数学竞赛试题集.第六卷(1990—1999)	2015—01	28.00	402
历届美国大学生数学竞赛试题集.第七卷(2000—2009)	2015—08	18.00	403
历届美国大学生数学竞赛试题集.第八卷(2010—2012)	2015—01	18.00	404
新课标高考数学创新题解题诀窍:总论	2014—09	28.00	372
新课标高考数学创新题解题诀窍:必修1~5分册	2014—08	38.00	373
新课标高考数学创新题解题诀窍:选修2—1,2—2,1—1,1—2分册	2014—09	38.00	374
新课标高考数学创新题解题诀窍:选修2—3,4—4,4—5分册	2014—09	18.00	375
全国重点大学自主招生英文数学试题全攻略:词汇卷	2015—07	48.00	410
全国重点大学自主招生英文数学试题全攻略:概念卷	2015—01	28.00	411
全国重点大学自主招生英文数学试题全攻略:文章选读卷(上)	2016—09	38.00	412
全国重点大学自主招生英文数学试题全攻略:文章选读卷(下)	2017—01	58.00	413
全国重点大学自主招生英文数学试题全攻略:试题卷	2015—07	38.00	414
全国重点大学自主招生英文数学试题全攻略:名著欣赏卷	2017—03	48.00	415
劳埃德数学趣题大全.题目卷.1:英文	2016—01	18.00	516
劳埃德数学趣题大全.题目卷.2:英文	2016—01	18.00	517
劳埃德数学趣题大全.题目卷.3:英文	2016—01	18.00	518
劳埃德数学趣题大全.题目卷.4:英文	2016—01	18.00	519
劳埃德数学趣题大全.题目卷.5:英文	2016—01	18.00	520
劳埃德数学趣题大全.答案卷:英文	2016—01	18.00	521
李成章教练奥数笔记.第1卷	2016—01	48.00	522
李成章教练奥数笔记.第2卷	2016—01	48.00	523
李成章教练奥数笔记.第3卷	2016—01	38.00	524
李成章教练奥数笔记.第4卷	2016—01	38.00	525
李成章教练奥数笔记.第5卷	2016—01	38.00	526
李成章教练奥数笔记.第6卷	2016—01	38.00	527
李成章教练奥数笔记.第7卷	2016—01	38.00	528
李成章教练奥数笔记.第8卷	2016—01	48.00	529
李成章教练奥数笔记.第9卷	2016—01	28.00	530

刘培杰数学工作室
已出版(即将出版)图书目录——初等数学

书 名	出版时间	定 价	编号
第19～23届"希望杯"全国数学邀请试题审题要津详细评注(初一版)	2014—03	28.00	333
第19～23届"希望杯"全国数学邀请试题审题要津详细评注(初二、初三版)	2014—03	38.00	334
第19～23届"希望杯"全国数学邀请试题审题要津详细评注(高一版)	2014—03	28.00	335
第19～23届"希望杯"全国数学邀请试题审题要津详细评注(高二版)	2014—03	38.00	336
第19～25届"希望杯"全国数学邀请试题审题要津详细评注(初一版)	2015—01	38.00	416
第19～25届"希望杯"全国数学邀请试题审题要津详细评注(初二、初三版)	2015—01	58.00	417
第19～25届"希望杯"全国数学邀请试题审题要津详细评注(高一版)	2015—01	48.00	418
第19～25届"希望杯"全国数学邀请试题审题要津详细评注(高二版)	2015—01	48.00	419
物理奥林匹克竞赛大题典——力学卷	2014—11	48.00	405
物理奥林匹克竞赛大题典——热学卷	2014—04	28.00	339
物理奥林匹克竞赛大题典——电磁学卷	2015—07	48.00	406
物理奥林匹克竞赛大题典——光学与近代物理卷	2014—06	28.00	345
历届中国东南地区数学奥林匹克试题集(2004～2012)	2014—06	18.00	346
历届中国西部地区数学奥林匹克试题集(2001～2012)	2014—07	18.00	347
历届中国女子数学奥林匹克试题集(2002～2012)	2014—08	18.00	348
数学奥林匹克在中国	2014—06	98.00	344
数学奥林匹克问题集	2014—01	38.00	267
数学奥林匹克不等式散论	2010—06	38.00	124
数学奥林匹克不等式欣赏	2011—09	38.00	138
数学奥林匹克超级题库(初中卷上)	2010—01	58.00	66
数学奥林匹克不等式证明方法和技巧(上、下)	2011—08	158.00	134,135
他们学什么:原民主德国中学数学课本	2016—09	38.00	658
他们学什么:英国中学数学课本	2016—09	38.00	659
他们学什么:法国中学数学课本.1	2016—09	38.00	660
他们学什么:法国中学数学课本.2	2016—09	28.00	661
他们学什么:法国中学数学课本.3	2016—09	38.00	662
他们学什么:苏联中学数学课本	2016—09	28.00	679
高中数学题典——集合与简易逻辑·函数	2016—07	48.00	647
高中数学题典——导数	2016—07	48.00	648
高中数学题典——三角函数·平面向量	2016—07	48.00	649
高中数学题典——数列	2016—07	58.00	650
高中数学题典——不等式·推理与证明	2016—07	38.00	651
高中数学题典——立体几何	2016—07	48.00	652
高中数学题典——平面解析几何	2016—07	78.00	653
高中数学题典——计数原理·统计·概率·复数	2016—07	48.00	654
高中数学题典——算法·平面几何·初等数论·组合数学·其他	2016—07	68.00	655

刘培杰数学工作室
已出版(即将出版)图书目录——初等数学

书　名	出版时间	定　价	编号
台湾地区奥林匹克数学竞赛试题.小学一年级	2017—03	38.00	722
台湾地区奥林匹克数学竞赛试题.小学二年级	2017—03	38.00	723
台湾地区奥林匹克数学竞赛试题.小学三年级	2017—03	38.00	724
台湾地区奥林匹克数学竞赛试题.小学四年级	2017—03	38.00	725
台湾地区奥林匹克数学竞赛试题.小学五年级	2017—03	38.00	726
台湾地区奥林匹克数学竞赛试题.小学六年级	2017—03	38.00	727
台湾地区奥林匹克数学竞赛试题.初中一年级	2017—03	38.00	728
台湾地区奥林匹克数学竞赛试题.初中二年级	2017—03	38.00	729
台湾地区奥林匹克数学竞赛试题.初中三年级	2017—03	28.00	730
不等式证题法	2017—04	28.00	747
平面几何培优教程	2019—08	88.00	748
奥数鼎级培优教程.高一分册	2018—09	88.00	749
奥数鼎级培优教程.高二分册.上	2018—04	68.00	750
奥数鼎级培优教程.高二分册.下	2018—04	68.00	751
高中数学竞赛冲刺宝典	2019—04	68.00	883
初中尖子生数学超级题典.实数	2017—07	58.00	792
初中尖子生数学超级题典.式、方程与不等式	2017—08	58.00	793
初中尖子生数学超级题典.圆、面积	2017—08	38.00	794
初中尖子生数学超级题典.函数、逻辑推理	2017—08	48.00	795
初中尖子生数学超级题典.角、线段、三角形与多边形	2017—07	58.00	796
数学王子——高斯	2018—01	48.00	858
坎坷奇星——阿贝尔	2018—01	48.00	859
闪烁奇星——伽罗瓦	2018—01	58.00	860
无穷统帅——康托尔	2018—01	48.00	861
科学公主——柯瓦列夫斯卡娅	2018—01	48.00	862
抽象代数之母——埃米·诺特	2018—01	48.00	863
电脑先驱——图灵	2018—01	58.00	864
昔日神童——维纳	2018—01	48.00	865
数坛怪侠——爱尔特希	2018—01	68.00	866
传奇数学家徐利治	2019—09	88.00	1110
当代世界中的数学.数学思想与数学基础	2019—01	38.00	892
当代世界中的数学.数学问题	2019—01	38.00	893
当代世界中的数学.应用数学与数学应用	2019—01	38.00	894
当代世界中的数学.数学王国的新疆域(一)	2019—01	38.00	895
当代世界中的数学.数学王国的新疆域(二)	2019—01	38.00	896
当代世界中的数学.数林撷英(一)	2019—01	38.00	897
当代世界中的数学.数林撷英(二)	2019—01	48.00	898
当代世界中的数学.数学之路	2019—01	38.00	899

刘培杰数学工作室
已出版(即将出版)图书目录——初等数学

书　名	出版时间	定　价	编号
105 个代数问题:来自 AwesomeMath 夏季课程	2019－02	58.00	956
106 个几何问题:来自 AwesomeMath 夏季课程	2020－07	58.00	957
107 个几何问题:来自 AwesomeMath 全年课程	2020－07	58.00	958
108 个代数问题:来自 AwesomeMath 全年课程	2019－01	68.00	959
109 个不等式:来自 AwesomeMath 夏季课程	2019－04	58.00	960
国际数学奥林匹克中的 110 个几何问题	即将出版		961
111 个代数和数论问题	2019－05	58.00	962
112 个组合问题:来自 AwesomeMath 夏季课程	2019－05	58.00	963
113 个几何不等式:来自 AwesomeMath 夏季课程	2020－08	58.00	964
114 个指数和对数问题:来自 AwesomeMath 夏季课程	2019－09	48.00	965
115 个三角问题:来自 AwesomeMath 夏季课程	2019－09	58.00	966
116 个代数不等式:来自 AwesomeMath 全年课程	2019－04	58.00	967
117 个多项式问题:来自 AwesomeMath 夏季课程	2021－09	58.00	1409
118 个数学竞赛不等式	2022－08	78.00	1526
紫色彗星国际数学竞赛试题	2019－02	58.00	999
数学竞赛中的数学:为数学爱好者、父母、教师和教练准备的丰富资源.第一部	2020－04	58.00	1141
数学竞赛中的数学:为数学爱好者、父母、教师和教练准备的丰富资源.第二部	2020－07	48.00	1142
和与积	2020－10	38.00	1219
数论:概念和问题	2020－12	68.00	1257
初等数学问题研究	2021－03	48.00	1270
数学奥林匹克中的欧几里得几何	2021－10	68.00	1413
数学奥林匹克题解新编	2022－01	58.00	1430
图论入门	2022－09	58.00	1554
澳大利亚中学数学竞赛试题及解答(初级卷)1978~1984	2019－02	28.00	1002
澳大利亚中学数学竞赛试题及解答(初级卷)1985~1991	2019－02	28.00	1003
澳大利亚中学数学竞赛试题及解答(初级卷)1992~1998	2019－02	28.00	1004
澳大利亚中学数学竞赛试题及解答(初级卷)1999~2005	2019－02	28.00	1005
澳大利亚中学数学竞赛试题及解答(中级卷)1978~1984	2019－03	28.00	1006
澳大利亚中学数学竞赛试题及解答(中级卷)1985~1991	2019－03	28.00	1007
澳大利亚中学数学竞赛试题及解答(中级卷)1992~1998	2019－03	28.00	1008
澳大利亚中学数学竞赛试题及解答(中级卷)1999~2005	2019－03	28.00	1009
澳大利亚中学数学竞赛试题及解答(高级卷)1978~1984	2019－05	28.00	1010
澳大利亚中学数学竞赛试题及解答(高级卷)1985~1991	2019－05	28.00	1011
澳大利亚中学数学竞赛试题及解答(高级卷)1992~1998	2019－05	28.00	1012
澳大利亚中学数学竞赛试题及解答(高级卷)1999~2005	2019－05	28.00	1013
天才中小学生智力测验题.第一卷	2019－03	38.00	1026
天才中小学生智力测验题.第二卷	2019－03	38.00	1027
天才中小学生智力测验题.第三卷	2019－03	38.00	1028
天才中小学生智力测验题.第四卷	2019－03	38.00	1029
天才中小学生智力测验题.第五卷	2019－03	38.00	1030
天才中小学生智力测验题.第六卷	2019－03	38.00	1031
天才中小学生智力测验题.第七卷	2019－03	38.00	1032
天才中小学生智力测验题.第八卷	2019－03	38.00	1033
天才中小学生智力测验题.第九卷	2019－03	38.00	1034
天才中小学生智力测验题.第十卷	2019－03	38.00	1035
天才中小学生智力测验题.第十一卷	2019－03	38.00	1036
天才中小学生智力测验题.第十二卷	2019－03	38.00	1037
天才中小学生智力测验题.第十三卷	2019－03	38.00	1038

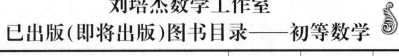

刘培杰数学工作室
已出版(即将出版)图书目录——初等数学

书　名	出版时间	定　价	编号
重点大学自主招生数学备考全书:函数	2020－05	48.00	1047
重点大学自主招生数学备考全书:导数	2020－08	48.00	1048
重点大学自主招生数学备考全书:数列与不等式	2019－10	78.00	1049
重点大学自主招生数学备考全书:三角函数与平面向量	2020－08	68.00	1050
重点大学自主招生数学备考全书:平面解析几何	2020－07	58.00	1051
重点大学自主招生数学备考全书:立体几何与平面几何	2019－08	48.00	1052
重点大学自主招生数学备考全书:排列组合·概率统计·复数	2019－09	48.00	1053
重点大学自主招生数学备考全书:初等数论与组合数学	2019－08	48.00	1054
重点大学自主招生数学备考全书:重点大学自主招生真题.上	2019－04	68.00	1055
重点大学自主招生数学备考全书:重点大学自主招生真题.下	2019－04	58.00	1056
高中数学竞赛培训教程:平面几何问题的求解方法与策略.上	2018－05	68.00	906
高中数学竞赛培训教程:平面几何问题的求解方法与策略.下	2018－06	78.00	907
高中数学竞赛培训教程:整除与同余以及不定方程	2018－01	88.00	908
高中数学竞赛培训教程:组合计数与组合极值	2018－04	48.00	909
高中数学竞赛培训教程:初等代数	2019－04	78.00	1042
高中数学讲座:数学竞赛基础教程(第一册)	2019－06	48.00	1094
高中数学讲座:数学竞赛基础教程(第二册)	即将出版		1095
高中数学讲座:数学竞赛基础教程(第三册)	即将出版		1096
高中数学讲座:数学竞赛基础教程(第四册)	即将出版		1097
新编中学数学解题方法1000招丛书.实数(初中版)	2022－05	58.00	1291
新编中学数学解题方法1000招丛书.式(初中版)	2022－05	48.00	1292
新编中学数学解题方法1000招丛书.方程与不等式(初中版)	2021－04	58.00	1293
新编中学数学解题方法1000招丛书.函数(初中版)	2022－05	38.00	1294
新编中学数学解题方法1000招丛书.角(初中版)	2022－05	48.00	1295
新编中学数学解题方法1000招丛书.线段(初中版)	2022－05	48.00	1296
新编中学数学解题方法1000招丛书.三角形与多边形(初中版)	2021－04	48.00	1297
新编中学数学解题方法1000招丛书.圆(初中版)	2022－05	48.00	1298
新编中学数学解题方法1000招丛书.面积(初中版)	2021－07	28.00	1299
新编中学数学解题方法1000招丛书.逻辑推理(初中版)	2022－06	48.00	1300
高中数学题典精编.第一辑.函数	2022－01	58.00	1444
高中数学题典精编.第一辑.导数	2022－01	68.00	1445
高中数学题典精编.第一辑.三角函数·平面向量	2022－01	68.00	1446
高中数学题典精编.第一辑.数列	2022－01	58.00	1447
高中数学题典精编.第一辑.不等式·推理与证明	2022－01	58.00	1448
高中数学题典精编.第一辑.立体几何	2022－01	58.00	1449
高中数学题典精编.第一辑.平面解析几何	2022－01	68.00	1450
高中数学题典精编.第一辑.统计·概率·平面几何	2022－01	58.00	1451
高中数学题典精编.第一辑.初等数论·组合数学·数学文化·解题方法	2022－01	58.00	1452
历届全国初中数学竞赛试题分类解析.初等代数	2022－09	98.00	1555
历届全国初中数学竞赛试题分类解析.初等数论	2022－09	48.00	1556
历届全国初中数学竞赛试题分类解析.平面几何	2022－09	38.00	1557
历届全国初中数学竞赛试题分类解析.组合	2022－09	38.00	1558

联系地址:哈尔滨市南岗区复华四道街10号　哈尔滨工业大学出版社刘培杰数学工作室
网　　址:http://lpj.hit.edu.cn/
邮　　编:150006
联系电话:0451－86281378　　13904613167
E-mail:lpj1378@163.com